22,-

9783540051084

D1677628

Geschichte der organischen Chemie

Carl Graebe

Geschichte der organischen Chemie

Reprint

Springer-Verlag
Berlin · Heidelberg · New York
London · Paris · Tokyo
Hong Kong · Barcelona · Budapest

Unveränderter Nachdruck des Reprints 1972, 1991

ISBN 3-540-05108-2 Springer-Verlag Berlin Heidelberg NewYork
ISBN 0-387-05108-2 Springer-Verlag NewYork Berlin Heidelberg

Dieses Werk ist urheberrechtlich geschützt. Die dadurch begründeten Rechte, insbesondere die der Übersetzung, des Nachdrucks, des Vortrags, der Entnahme von Abbildungen und Tabellen, der Funksendung, der Mikroverfilmung oder der Vervielfältigung auf anderen Wegen und der Speicherung in Datenverarbeitungsanlagen, bleiben, auch bei nur auszugsweiser Verwertung, vorbehalten. Eine Vervielfältigung dieses Werkes oder von Teilen dieses Werkes ist auch im Einzelfall nur in den Grenzen der gesetzlichen Bestimmungen des Urheberrechtsgesetzes der Bundesrepublik Deutschland vom 9. September 1965 in der jeweils geltenden Fassung zulässig. Sie ist grundsätzlich vergütungspflichtig. Zuwiderhandlungen unterliegen den Strafbestimmungen des Urheberrechtsgesetzes.

© 1920 by Julius Springer in Berlin
Printed in Germany
Library of Congress Cataloging Card Number 74-177353

Die Wiedergabe von Gebrauchsnamen, Handelsnamen, Warenbezeichnungen usw. in diesem Werk berechtigt auch ohne besondere Kennzeichnung nicht zu der Annahme, daß solche Namen im Sinne der Warenzeichen- und Markenschutz-Gesetzgebung als frei zu betrachten wären und daher von jedermann benutzt werden dürften.

Druck: Mercedes-Druck, Berlin
Einband: Lüderitz & Bauer, Berlin
2151/3020-54321

GESCHICHTE DER ORGANISCHEN CHEMIE

ERSTER BAND

VON

CARL GRAEBE

BERLIN
VERLAG VON JULIUS SPRINGER
1920

Vorwort.

Nachdem ich von meiner Lehrtätigkeit zurückgetreten war, habe ich mich mit Vorliebe mit der Geschichte der Chemie beschäftigt. Dadurch wurde in mir der Wunsch rege, ein Buch zu schreiben, das, als Ergänzung zu den Lehrbüchern der organischen Chemie, vielleicht von Nutzen sein werde. Ich habe deshalb versucht, in möglichst knapper aber doch klarer Weise die Entwicklung der organischen Chemie zu schildern und zwar von der Zeit an, in der durch die Arbeiten von Scheele und von Lavoisier die ersten bedeutenden Erfolge auf diesem Gebiete gewonnen wurden.

Da es mir nun nicht möglich schien, meine Schilderung bis zur Gegenwart fortzusetzen, so schließt mein Buch mit dem Zeitpunkt, in dem die Lehre von der Lagerung der Atome im Raum zur Anerkennung gelangte, und in dem die Entdeckung des Phenylhydrazins und dessen Verbindungen mit den Zuckerarten die Brücke zu den mit so großem Erfolg gekrönten Synthesen dieser wichtigen Körperklasse gebildet hatte. Dieser Band enthält daher die Geschichte der organischen Chemie von 1770 bis zu Anfang der achtziger Jahre des vorigen Jahrhunderts.

Gleichzeitig mit der Absendung meines Manuskripts machte ich der Verlagsbuchhandlung Julius Springer den Vorschlag, einem jüngeren Fachgenossen eine Fortsetzung meines Buches zu übertragen. Da dieselbe hiermit einverstanden war, habe ich mich auf gütigen Rat meines hochverehrten Freundes Emil Fischer an Herrn Professor Dr. Hoesch gewandt, der sich auch bereit erklärte, diese Arbeit, zu übernehmen. Ich bin erfreut, dies hier mitteilen zu können und füge hinzu, daß der Band, der im Anschluß an den von mir veröffentlichten, erscheinen soll, ein ganz selbständig von Herrn Professor Hoesch verfaßtes Werk sein wird.

Bei der Abfassung dieses Buches hatte ich das Bestreben, nicht nur über die Resultate der experimentellen und theoretischen Forschungen, denen in erster Linie die Entwicklung der organischen Chemie zu verdanken ist, Bericht zu erstatten, sondern auch zu zeigen, in welcher Form jene Ergebnisse veröffentlicht wurden. Ich habe deshalb eine größere Zahl wörtlicher Zitate mitgeteilt und auch in meinen Darlegungen mit Vorliebe Ausdrücke und Namen angewandt, wie sie in den Originalabhandlungen stehen. Auch die chemischen Formeln habe ich so wiedergegeben, wie sie diejenigen, die sie aufstellten, geschrieben hatten.

Da nun in den Formeln von Berzelius Abkürzungen vorkommen, die heute nicht mehr benutzt werden und daher nicht so leicht verständlich sind wie früher, so scheint es mir zweckmäßig zu sein, dieselben hier in dem Vorwort zu erklären. In den Text des Buches ließ sich dies nicht gut einschalten. Unsere heutige, so zweckmäßige und ganz unentbehrliche Formelsprache ist vor einem Jahrhundert von Berzelius in die Chemie eingeführt worden. Derselbe hatte die glückliche Idee zur Veranschaulichung der Zusammensetzung chemischer Verbindungen an Stelle von Zeichnungen, wie sie Dalton anwandte, „chemische Formeln" zu benutzen. Von diesen sagte er im Jahre 1815[1]): „Diese Formeln werden uns in den Stand setzen, das numerische Resultat einer Analyse so einfach und auf eine so leicht zu behaltende Art auszudrücken, als solches durch die algebraischen Formeln in der Mechanik geschieht." Um dies zu erreichen, benutzte er die Anfangsbuchstaben der lateinischen Namen der Elemente. „Daher ist das Zeichen des Kupferoxyds Cu + O, der Schwefelsäure S + 3 O, der Kohlensäure C + 2 O, des Wassers 2 H + O usw. Wenn wir einen zusammengesetzten Volumteil der ersten Ordnung auszudrücken haben, so werfen wir das + weg und setzen die Volumzahl über den Buchstaben, z. B. CuO + SO^3 = schwefelsaures Kupfer."

Da ihm dann die Formeln für Doppelsalze, wie Alaun, zu lang erschienen sind, so ersetzte er die Zeichen für Sauerstoff durch Punkte[2]). „Zum Ausdruck mannigfaltig zusammengesetzter Körper paßt es besser, das Zeichen des Oxygens O auszuschließen und mit Punkten über dem Radikal anzudeuten, daß es oxydiert sei und wieviel Volumina Sauerstoff es enthält." So ergab sich für obiges Kupfersalz die abgekürzte Formel $\overset{..}{\mathrm{Cu}}\overset{...}{\mathrm{S}}$.

Als Berzelius in den zwanziger Jahren für verschiedene Atomgewichte nur halb so große Werte annahm als vorher, zeigte es sich, daß in verschiedenen Oxyden, z. B. im Stickstoffoxydul und im Kupferoxydul, ein Atom Sauerstoff mit zwei Atomen eines anderen Elementes verbunden ist und in der Tonerde und im Eisenoxyd zwei Atome Metall und drei Atome Sauerstoff enthalten sind. Dadurch gelangte er, wie er 1827 in seinem Jahresbericht[3]) angab, zu einer neuen Art von Atomzeichen. „Hierbei zeigt sich nun hinsichtlich der Formeln die Notwendigkeit eines Zeichens für ein Doppelatom, d. h. für den

---

[1]) Schw. **13**, 240 (1815).
[2]) Schw. **15**, 288 (1815).
[3]) J. Berz. **7**, 72.

Fall, wo ein Oxyd aus zwei Atomen Radikal und einem Atom Sauerstoff zusammengesetzt ist. Das einfachste wäre wohl, den Buchstaben zu verdoppeln, dies läßt sich aber in den Formeln öfters nicht so leicht lesen, weshalb ich es vorgezogen habe, durch den Buchstaben, welcher ein Atom bedeutet, einen Strich zu ziehen, wenn er zwei Atome bedeuten soll, z. B. $\bar{H} = H^2O$ Wasser, $N\bar{H}^3 = N^2H^6$ Ammoniak."

Diese Schreibweise hat Berzelius auch auf organische Verbindungen angewandt. Der wasserfreien Oxalsäure erteilte er die Formel $\bar{C}$. Für die empirischen Formeln bediente er sich jedoch meistens der einfachen Atomzeichen für die rationellen aber der durchstrichenen, was jetzt die Lektüre erschwert. (S. S. 62 und 63.) Auch haben Liebig und Poggendorff, als sie sich mit der Herausgabe des Handwörterbuchs der Chemie beschäftigten[1]) „es für zweckmäßig gehalten, die durchstrichenen Buchstaben ganz zu vermeiden und die Verbindungen auf eine Weise zu bezeichnen, daß sie weder den Mathematikern noch anderen die Veranlassung zu Irrtümern geben können; CO_2 ist gleichbedeutend mit CO^2". Von da an hat sich in der deutschen chemischen Literatur die Gewohnheit eingebürgert, diese Ziffern unten zu schreiben in den französischen Veröffentlichungen ist die ältere Schreibweise beibehalten.

Die durchstrichenen Zeichen und die Punkte für Sauerstoff verschwanden nach und nach wieder aus den chemischen Werken, in den mineralogischen blieben sie aber noch lange erhalten. In der Chemie kamen sie wenig mehr zur Anwendung, nachdem seit Mitte der vierziger Jahre die Berzeliusschen Atomgewichte durch die zuerst von Wollaston und Th. Thomson und dann namentlich durch L. Gmelin empfohlenen Äquivalente ersetzt wurden. Zur Annahme der letzteren hat auch die 1840 erfolgte Ermittlung des richtigen Atomgewichts des Kohlenstoffs beigetragen. Folgende Tabelle möge zum Vergleich der Berzeliusschen Zahlen aus dem Jahre 1827 mit den Gmelinschen Äquivalenten dienen, wobei auch die ersteren für $H = 1$, statt auf $O = 100$, wie es Berzelius vorzog, angegeben sind:

	H	O	C	N	Cl
Berzelius	1	16,02	12,25	14,18	35,47
Gmelin	1	8	6	14	35,5

Frankfurt a. M. im Dezember 1919.

C. Graebe.

---

[1]) A. **9**, 3 (1839).

Inhaltsverzeichnis.

Seite
Einleitung 1

Erster Abschnitt.

Erstes Kapitel:
Scheeles Untersuchungen organischer Verbindungen 3
Zweites Kapitel:
Lavoisiers Einfluß auf die organische Chemie 9
Drittes Kapitel:
Untersuchungen vegetabilischer und animalischer Stoffe nach Scheeles Tod bis 1810 11

Zweiter Abschnitt.

Viertes Kapitel:
Organische Elementaranalyse 17
Fünftes Kapitel:
Untersuchungen über Cyan 24
Sechstes Kapitel:
Zusammensetzung von Alkohol und Äther 26
Siebentes Kapitel:
Untersuchungen über verschiedene aus dem Pflanzen- und Tierreich stammende Stoffe 28
Achtes Kapitel:
Untersuchungen über die Fette 30
Neuntes Kapitel:
Die Entdeckung der Alkaloide 35
Zehntes Kapitel:
Die Oxydation des Alkohols 39
Elftes Kapitel:
Faradays Arbeiten auf dem Gebiete der organischen Chemie 43

Dritter Abschnitt.

Zwölftes Kapitel:
Die Lehre von der Isomerie 49
Dreizehntes Kapitel:
Die ersten Synthesen organischer Verbindungen 54
Vierzehntes Kapitel:
Die Ätherintheorie 57
Fünfzehntes Kapitel:
Untersuchungen über Benzoylverbindungen und Benzin 59
Sechzehntes Kapitel:
Die Radikaltheorie 65
Siebzehntes Kapitel:
Untersuchungen über Kakodyl 72
Achtzehntes Kapitel:
Gesetz und Theorie der Substitution 76

Neunzehntes Kapitel:
Die Kerntheorie und die ältere Typentheorie 88
Zwanzigstes Kapitel:
Ätherbildung und Katalyse 94
Einundzwanzigstes Kapitel:
Die Gärungstheorie 98
Zweiundzwanzigstes Kapitel:
Verallgemeinerung des Begriffs Alkohol und die Entdeckung von Carbolsäure und Kreosot 103
Dreiundzwanzigstes Kapitel:
Theorie der mehrbasischen Säuren und der Wasserstoffsäuren 108
Vierundzwanzigstes Kapitel:
Atomgewicht des Kohlenstoffs 111
Fünfundzwanzigstes Kapitel:
Metamorphosen verschiedener organischer Substanzen 114

Vierter Abschnitt.

Sechsundzwanzigstes Kapitel:
Gerhardts Klassifikation und Laurents Gesetz der paaren Atomzahlen 130
Siebenundzwanzigstes Kapitel:
Untersuchungen aus dem Grenzgebiet von Chemie und Physik 136
Achtundzwanzigstes Kapitel:
Amine und Teerbasen 139
Neunundzwanzigstes Kapitel:
Die zweite Ära der Synthesen 147
Dreißigstes Kapitel:
Isolierung der Alkoholradikale 152
Einunddreißigstes Kapitel:
Die Verbindungen der Metalle mit den Alkoholradikalen und Anfänge der Lehre von der Valenz 157
Zweiunddreißigstes Kapitel:
Asymmetrie bei organischen Verbindungen 160

Fünfter Abschnitt.

Dreiunddreißigstes Kapitel:
Die neuere Typentheorie und die Anfänge der Strukturtheorie 167
Vierunddreißigstes Kapitel:
Die neuere Radikaltheorie 186
Fünfunddreißigstes Kapitel:
Die mehratomigen Alkohole und die Konstitution der Fette 190
Sechsunddreißigstes Kapitel:
Synthesen aus dem sechsten Jahrzehnt 199
Siebenunddreißigstes Kapitel:
Konstitution und Bildung der Oxysäuren 204
Achtunddreißigstes Kapitel:
Untersuchungen aromatischer Verbindungen während dem sechsten Jahrzehnt 208
Neununddreißigstes Kapitel:
Die Entdeckung der Anilinfarben 213
Vierzigstes Kapitel:
Die vitalistische Gärungstheorie und die Enzymtheorie 219
Einundvierzigstes Kapitel:
Einfluß der organischen Chemie auf die Anerkennung der Avogadroschen Theorie 223

Sechster Abschnitt.

Zweiundvierzigstes Kapitel:
Die Entwicklung der Strukturtheorie und die Anwendung graphischer Formeln und Atommodelle 233

Dreiundvierzigstes Kapitel:
Die Gleichwertigkeit der Kohlenstoffvalenzen und die wechselnde Valenz 239

Vierundvierzigstes Kapitel:
Die Konstitution der gesättigten Verbindungen 243

Fünfundvierzigstes Kapitel:
Die Konstitution der ungesättigten Verbindungen 262

Sechsundvierzigstes Kapitel:
Bildung und Zersetzung der Ester 273

Siebenundvierzigstes Kapitel:
Untersuchungen über stickstoffhaltige aliphatische Verbindungen 277

Achtundvierzigstes Kapitel:
Die Entdeckung der Chlorüberträger 284

Siebenter Abschnitt.

Neunundvierzigstes Kapitel:
Die Konstitution der aromatischen Verbindungen 286

Fünfzigstes Kapitel:
Ortsbestimmung der Benzolderivate 298

Einundfünfzigstes Kapitel:
Die Modifikationen der Benzolformel 304

Zweiundfünfzigstes Kapitel:
Benzolderivate mit ungesättigten Seitenketten 312

Dreiundfünfzigstes Kapitel:
Additionsprodukte aromatischer Verbindungen 315

Vierundfünfzigstes Kapitel:
Untersuchungen über Indigo 320

Fünfundfünfzigstes Kapitel:
Die Chinone und die Konstitution von Naphtalin und Anthracen 326

Sechsundfünfzigstes Kapitel:
Pyrogene Synthesen und die Bestandteile des Steinkohlen- und Buchenholzteers 340

Achter Abschnitt.

Siebenundfünfzigstes Kapitel:
Synthesen mittels Kontaktsubstanzen 351

Achtundfünfzigstes Kapitel:
Triphenylmethan, Rosanilin, Rosolsäure und die Phthaleïne 354

Neunundfünfzigstes Kapitel:
Die Azofarben 361

Sechzigstes Kapitel:
Untersuchungen über Alkaloide 365

Einundsechzigstes Kapitel:
Die künstliche Darstellung von Riechstoffen 373

Zweiundsechzigstes Kapitel:
Umwandlung organischer Verbindungen im tierischen Organismus ... 375

Dreiundsechzigstes Kapitel:
Entdeckung neuer stickstoffhaltiger Verbindungen 380

Vierundsechzigstes Kapitel:
Die Lehre von der Lagerung der Atome im Raum 388
Namenregister 404

Die hauptsächlichsten Abkürzungen bei den Literaturangaben.

A.	Annalen der Chemie.
A. ch.	Annales de chimie et de physique.
B.	Berichte der deutschen chemischen Gesellschaft.
Bl.	Bulletin de la Société chimique de Paris.
C. r.	Comptes rendus de l'Académie des Sciences.
C. r. ch.	Comptes rendus des travaux de chimie par Laurent et Gerhardt.
G.	Gazzetta chimica Italiana.
Gilb.	Gilberts Annalen der Physik.
H.	Zeitschrift für physiologische Chemie.
J.	Jahresbericht der Chemie.
J. Berz.	Jahresbericht von Berzelius.
M.	Monatshefte für Chemie.
P.	Poggendorffs Annalen der Physik.
Phil. Mag.	Philosophical Magazine.
Phil. T.	Philosophical Transactions.
Schw.	Schweigers Journal für Chemie und Physik.
Soc.	Journal of the chemical Society of London.
Z.	Zeitschrift für Chemie.

Druckfehlerberichtigung.

S. 33, Z. 13 v. u. lies percaburé statt carburé.
„ 34, „ 20 v. u. „ ne trouve statt trouve.
„ 45, „ 14 v. u. „ H_7 statt H_{17}.
„ 140, „ 3 v. o. „ Säure statt Säuren.
„ 146, „ 9 v. o. „ Diäthylammoniumbromid statt Diäthylammoniumchlorid.
„ 159, am Schluß der Tabelle, lies Hg_2^J statt Hg_3^J.
199, Z. 6 v. u. lies W. statt Alb.
„ 203, „ 9 v. o. „ $\begin{matrix}C_4H_9\\CH_3\end{matrix}\Big\}CO$ statt $\begin{matrix}C_4H_3\\CH_9\end{matrix}\Big\}CO$.
„ 220, „ 16 v. u. „ pepsine statt depsine.
„ 332, in der Mitte der Seite, lies phtalsäure statt naphtalsäure.
„ 362, Z. 18 v. o. lies diazotierter statt azotierter.
„ 389, „ 9 v. o. „ Cohen statt Cohn.

Einleitung.

In diesem Buche soll die Geschichte der organischen Chemie von der Zeit an geschildert werden, in der Scheele es unternahm, in systematischer Weise die vegetabilischen und animalischen Substanzen zu untersuchen, und in der Lavoisier durch seine Reform nicht nur für die anorganischen, sondern auch für die organischen Verbindungen feststellte, aus welchen Elementen sie bestehen. Schon vorher waren verschiedene wichtige Tatsachen aufgefunden worden, doch blieben sie vereinzelt und ohne inneren Zusammenhang. Meist waren sie das Ergebnis von Arbeiten, die im Interesse von Pharmazie und Medizin in Angriff genommen waren oder aus technischen Verfahren entsprungen sind. Auch hatten vor Scheeles Veröffentlichungen die Methoden, welche dazu dienten, die im Pflanzen- und Tierreich vorhandenen Stoffe zu extrahieren und zu untersuchen, sich noch sehr wenig entwickelt und beruhten fast ausschließlich auf der Anwendung höherer Temperatur.

Von den vier vor dem Jahre 1770 bekannten organischen Säuren waren die Essigsäure und die Ameisensäure durch Destillation, die Benzoesäure und die Bernsteinsäure durch Sublimation dargestellt worden. Salze der Oxalsäure und der Weinsäure waren schon wiederholt Gegenstand von Untersuchungen, aber noch fehlte ein Verfahren, diese Säuren zu isolieren. Durch Destillation verstand man aus dem Wein Alkohol darzustellen und diesen in Äther, Salpeteräther und Salzäther überzuführen. Mittels Glühen von getrocknetem Rindsblut mit Alkali, Auslaugen der entstandenen Masse und Fällen mit Eisenvitriol hatten Diesbach und Dippel am Anfang des achtzehnten Jahrhunderts das Berlinerblau erhalten. Macquer entdeckte dann 1752, daß hierbei sog. Blutlaugensalz als Zwischenprodukt entsteht.

Dieser älteren Zeit gehört jedoch auch eine wichtige Entdeckung an, die auf Krystallisation wässeriger Pflanzenextrakte beruht. 1747 fand Marggraf in Berlin, der im Gegensatz zu den meisten seiner Zeitgenossen sich mit Analysen auf nassem Wege beschäftigte, daß in mehreren Wurzeln und namentlich in den Runkelrüben Rohrzucker vorkommt. Auch hat dieser Chemiker zuerst den Traubenzucker rein dargestellt. Der Milchzucker war schon im Jahre 1619 von Bartoletti als Manna seri lactis beschrieben, aber wesentlich nur als Arzneimittel in Betracht gezogen worden.

Um schildern zu können, wie im Lauf der Zeit die organische Chemie in experimenteller und theoretischer Beziehung sich entwickelt hat, ist diesem Buch eine Einteilung nach Zeitabschnitten zugrunde gelegt worden. Dieselben sollen die Probleme umfassen, die gleichzeitig bearbeitet wurden und ein Bild liefern, wie die Untersuchungen sich gegenseitig ergänzt und gefördert haben, auch zeigen, wie in betreff der Theorien die Chemiker sich bekämpften. Innerhalb eines jeden dieser Abschnitte erschien eine weitere Einteilung nach Forschungsgebieten zweckmäßig. Es war aber nicht möglich, die beiden Einteilungen ganz scharf durchzuführen. Das gewählte System dürfte aber doch die Übersicht erleichtern.

In diesem Buch wurde ein besonderer Wert darauf gelegt, überall, wo es mit Sicherheit möglich war, anzugeben, durch welche Gesichtspunkte oder Umstände die Untersuchungen, die einen wesentlichen Einfluß auf die Entwicklung der organischen Chemie ausübten, veranlaßt wurden. Sehr häufig haben zufällige, aber glücklich oder genial benutzte Beobachtungen zu wichtigen experimentellen oder theoretischen Entdeckungen geführt. Hierüber sagte schon Berzelius im Jahre 1825 am Anfang des fünften Bands seines Jahresberichts: „Die Ernte vom Felde der Wissenschaft ist oft wie die des Ackermanns, das gemeinschaftliche Produkt von Arbeit und glücklichen und förderlichen Umständen. Mit der ersteren allein wird täglich die allgemeine Sammlung von Erfahrung vermehrt, und die Wissenschaften schreiten langsam aber sicher vorwärts. Von Zeit zu Zeit tun sie einen größeren Schritt als gewöhnlich, meist die Frucht eines wohlbenutzten glücklichen Zufalls, bisweilen die der hellschauenden Forschung eines ungewöhnlichen Geistes."

Da nun bei der Wahl eines Arbeitsgebiets auch die Zeitumstände sowie die Laboratorien, in denen die Chemiker sich ausgebildet haben, häufig mitwirkten, so sind kurze biographische Notizen in dies Buch aufgenommen worden. Dieselben sollen es dem Leser erleichtern, zu beurteilen, welcher Altersklasse die Forscher angehören und in welcher Lebensstellung sie die eine oder andere Arbeit in Angriff nahmen. Die Notizen beschränken sich aber nur auf die nicht mehr lebenden Chemiker.

Erster Abschnitt.

Dieser Abschnitt soll die Zeit von Scheeles Entdeckungen bis zur ersten erfolgreichen Anwendung der quantitativen Analyse organischer Verbindung, also die Jahre 1770 bis 1810 umfassen. Während dieser Periode wurden wichtige Methoden aufgefunden, um die im Tier- und Pflanzenreich vorkommenden Substanzen zu isolieren und sie qualitativ zu untersuchen. Zugleich wurden eine Reihe interessanter neuer Umwandlungsprodukte erhalten. Da die Chemiker, die sich damals mit der organischen Chemie beschäftigten, meist aus dem Stand der Apotheker oder Ärzte hervorgingen, so stand die organische Chemie in höherem Maße als in späteren Jahrzehnten mit Pharmazie und Medizin in naher Beziehung. Dies zeigt sich namentlich in den Arbeiten von Scheele und denjenigen Forschern, die in ähnlicher Weise Untersuchungen ausführten.

Erstes Kapitel.
Scheeles Untersuchungen organischer Verbindungen.

Carl Wilhelm Scheele entstammt, wie Nordenskiöld in dem unten zitierten Werk genauer angegeben hat, einer angesehenen norddeutschen Familie. Sein Vater war Kaufmann in Stralsund, welches seit dem Westfälischen Frieden unter schwedischer Herrschaft stand. In dieser Stadt wurde er am 9. Dezember 1742 geboren. Da bei der reichen Kinderzahl sein Vater nicht imstande war, ihn studieren zu lassen, so trat er im Alter von vierzehn Jahren als Lehrling in eine Apotheke in Göteborg ein und verbrachte von da an sein Leben in Schweden. Während seines Aufenthalts in Göteborg hat er durch Selbststudium die umfangreichen Kenntnisse und die große Kunst des Experimentierens erworben, die ihn später befähigten, seine epochemachenden Entdeckungen zu machen. Er studierte die chemischen Werke, die in der Apotheke vorhanden waren, namentlich diejenigen von Kunckel und Naumann und wiederholte, sowie er Zeit hatte und häufig in der Nacht, die Experimente. Als 1765 die Apotheke in Göteborg in andere Hände überging, trat er zuerst in Malmö, dann in Stockholm und 1770 in Upsala als Apothekergehilfe in Stellung. Im Sommer 1775 übernahm er in der kleinen schwedischen Stadt Köping die Verwaltung einer Apotheke, die er später käuflich erwarb. Anfangs hatte er mit Schwierigkeiten zu kämpfen, da die Apotheke verschuldet war, doch sein Fleiß und seine Sparsamkeit hat dieselben überwunden. Obwohl ihm 1776 von Friedrich dem Großen eine Berufung an die Akademie in Berlin angeboten wurde, blieb er bis zu seinem Tode in dem stillen Köping und widmete alle seine freie Zeit seinen experimentellen Untersuchungen. Nachdem er 1782 in seinem Hause durch einen Umbau bequeme Wohnräume und ein gutes Laboratorium eingerichtet hatte, verlebte er, wie Nordenskiöld mitteilt, ungestört und glücklich den Rest seiner Tage. Aber leider sollten sie nicht von langer Dauer sein; nur $43^{1}/_{2}$ Jahre alt ist Scheele am 21. Mai 1786 gestorben. Das von dem Geologen und Polarforscher A. E. Nordenskiöld herausgegebene umfangreiche Werk „Carl Wilhelm Scheele", welches 1892 in einer schwedischen und einer deutschen Ausgabe erschienen ist, enthält eine interessante Lebensbeschreibung des großen Chemikers und eine große Zahl von Briefen und Aufzeichnungen. Fast alle seine Briefe an seine schwedischen Freunde sowie seine Laboratoriumsnotizen sind in deutscher Sprache[1]) verfaßt. Aus denselben geht hervor, daß er schon in jungen Jahren selbständige Beobachtungen machte, die häufig später den Ausgangspunkt seiner Entdeckungen bildeten.

Seine Arbeiten sind meist in den Denkschriften der Stockholmer Akademie und auch in Crells chemischen Annalen, der ältesten chemischen Zeitschrift, veröffentlicht. Vollständig sind seine Abhandlungen 1788 lateinisch als „Opuscula chemica et physica" und deutsch durch Hermbstädt als „Scheeles sämmtliche physische und chemische Werke" veröffentlicht. Der zweite Band der letzteren enthält die organischen Arbeiten. Demselben sind die auf den folgenden Seiten enthaltenen Zitate und Titel der Abhandlungen entnommen.

Als erste Entdeckung ist es Scheele 1769 gelungen, die im Weinstein enthaltenen Säure zu isolieren. Dieses Resultat hat er nicht selbst veröffentlicht, sondern seinem Freunde Retzius, der die Versuche ergänzte und darüber an die Akademie berichtete, mitgeteilt. Hierüber hat Nordenskiöld in seinem Werk (S. XVI) folgendes angegeben: „Retzius' Abhandlung[2]) über die Weinsteinsäure wurde in Kongl. Vetenskaps-Akademiens Handlingar für das Jahr 1770 gedruckt. Scheeles Name wird hier zum ersten Male im Druck genannt. Er wird von Retzius als ein geschickter Student der Phar-

---

[1]) Auch sein Hauptwerk „Chemische Abhandlung von der Luft und dem Feuer" hat Scheele in deutscher Sprache veröffentlicht.

[2]) Auf dem Titel der Abhandlung war Scheele nicht genannt.

mazie bezeichnet, auch wird angegeben, daß er durch Digestion des Weinsteins mit Kreide und durch Zersetzung der dabei mit Weinsteinsäure gesättigten Kreideerde mit Vitriolsäure eine völlig reine und liquide Weinsteinsäure erhalten habe, die in ihren chemischen Eigenschaften von allen anderen Säuren unterschieden sei." Scheele hat diese Entdeckung, welche den Ausgangspunkt seiner Gewinnungsmethode der in den Pflanzen vorhandenen Säuren bildet, erst in seiner Abhandlung über den Citronensaft erwähnt, aber seinem bescheidenen Charakter entsprechend, nicht hervorgehoben, daß sie von ihm herrührt.

Die erste Abhandlung auf dem Gebiete der organischen Chemie, die er selbst veröffentlichte, betrifft die Darstellung der Benzoesäure durch Kochen des Benzoeharzes mit Kalkmilch und Fällen der eingekochten Laugen mit Salzsäure. Sie gehört also zu dem Verfahren, die Kalksalze zum Isolieren vegetabilischer Säuren zu benutzen. Diese Arbeit ist 1775 unter dem Titel „Anmerkungen über das Benzoesalz" veröffentlicht, in der er die Bezeichnung Salz, entsprechend dem damaligen Gebrauch, für lösliche und krystallisierbare Substanzen benutzt. In dem darauffolgenden Jahre hat Scheele die Harnsäure entdeckt. Er zeigte, daß die Blasensteine in Alkalien löslich sind und daß durch Säuren dieselbe Materie wieder ausgefällt wird, also aus einer Säure, die er als Blasensteinsäure bezeichnete, bestehen. Auch beobachtete er schon, daß sie durch Salpetersäure, die er häufig als Reagens zur Umwandlung organischer Substanzen benutzte, in eine leicht lösliche Substanz verwandelt wird, die beim Abdampfen rot wird und auch die Haut rot färbt. Daß auch der menschliche Harn „immer etwas derselben Säure enthält", hat er ebenfalls beobachtet. Fourcroy nannte sie daher Acide urique, eine Bezeichnung, die in der Form von Harnsäure im Deutschen adoptiert wurde.

Im Jahre 1780 teilte Scheele mit, daß sich aus den sauren Molken nach Entfernen der übrigen Bestandteile eine Säure als Syrup erhalten läßt. Durch Darstellung verschiedener Salze überzeugte er sich, „daß die Milchsäure von einer besonderen Natur ist". Durch Einwirkung von Salpetersäure auf Milchzucker erhielt er eine Säure, die er Milchzuckersäure nannte. Dann beobachtete er, daß diese sich auch aus vegetabilischen Substanzen erhalten läßt. „Tragantschleim ließ, wenn man ihn mit Salpetersäure behandelt, ein weißes Pulver fallen, welches Milchzuckersäure war." Fourcroy, welcher diese Umwandlung auf verschiedene andere Pflanzenleime ausdehnte, prägte den Namen acide muqueux, das spätere acide mucique (Schleimsäure). Aus Scheeles Beobachtung ergab sich zum ersten Male, daß man eine organische Verbindung sowohl zu den vegetabilischen als zu den animalischen Stoffen rechnen kann.

Als Scheele nach den Angaben des Grafen de Lauraguais den Essigäther durch wiederholtes Destillieren von Essigsäure und Alkohol darstellen wollte, ihm dies aber mißglückte, versuchte er eine neue Methode aufzufinden, was ihm auch vollständig gelungen ist. „Ich habe doch einen Weg gefunden, einen dergleichen Äther zu erhalten; man muß nur ein wenig von einer mineralischen Säure zusetzen und nachher die Destillation anstellen." Zur Gewinnung von Essigäther hat er sowohl Salzsäure wie Schwefelsäure benutzt und in gleicher Weise auch den vorher noch nicht bekannten Benzoeäther dargestellt. Auch machte er die Entdeckung, daß diese Ester sich durch Alkali zersetzen lassen und man so den Alkohol und die Säuren zurückgewinnen kann. So wurde seine Abhandlung „Versuche und Anmerkungen über den Äther" (1782) von grundlegender Bedeutung für die Kenntnis der Ester, für ihre Darstellung und ihre Verseifung.

Zu den vorzüglichsten Arbeiten, mit denen Scheele die organische Chemie beschenkt hat, gehören die in den Jahren 1782 und 1783 veröffentlichten „Versuche über die färbende Materie im Berlinerblau". Durch Destillation von Blutlaugensalz mit verdünnter Schwefelsäure erhielt er eine in Wasser leicht lösliche Säure, die er als färbende Materie des Berlinerblaus bezeichnete. In seinen Briefen nannte er sie auch acidum berolinense. Die Bezeichnungen Berlinerblausäure, Blausäure und acide prussique kamen erst später in Gebrauch. Bei der Untersuchung verschiedener Salze derselben machte er die Beobachtung, daß mehrere derselben beim Erhitzen flüchtiges Alkali (Ammoniak) liefern. Als er dann bei einer Darstellung der Blausäure das erste, noch etwas warme Destillat in eine Flasche goß und zufällig ein brennendes Licht an die Öffnung kam, fingen die Gase im Rezipienten Feuer, aber, wie er hervorhob, ohne Knall. Nun untersuchte er, was bei dieser Verbrennung entsteht, und nachdem er gefunden hatte, daß sich Kohlensäure bildet, versuchte er aus Kohlensäure, Kohle und Ammoniak wieder Blausäure darzustellen. Er hat dies in folgender Weise beschrieben[1]:

„Ich mischte drei Löffel voll pulverisierter Kohle mit drei Löffel von pulverisiertem Weinsteinsalze[2]), tat die Mischung in einen Tiegel und eine gleiche in einen anderen Tiegel; beide Tiegel wurden zugleich zwischen glühende Kohlen gesetzt. Als beide Tiegel eine Viertelstunde durchgeglüht waren, schüttete ich die eine ganz glühend in acht Unzen Wasser. Mittlerweile nahm ich einige Stückchen Salmiak, welche eine halbe Unze wogen, rührte sie geschwind in die andere glühende Masse, drückte sie vorzüglich nach dem Boden hin und setzte den Tiegel wieder ins Feuer. Als nun nach einigen Minuten kein Salmiakrauch

---

[1]) Schoeles Werke II, S. 345.
[2]) D. h. Kaliumcarbonat.

mehr merklich war, so schüttete ich die ganze Masse so glühend wie sie war, in acht Unzen Wasser. Nun seihete ich die erste Lauge durch und versuchte sie auf gewöhnliche Art mit Eisenvitriol und Säure, sie gab nur wenig oder gar kein Zeichen. Darauf seihete ich die letzte Lauge durch und versuchte sie mit Eisenvitriol; und als hinlänglich Säure hinzugesetzt war, zeigte es sich, daß es die beste Blutlauge war, indem sie sehr viel Berlinerblau gab. Ich pulverisierte Reisblei (Graphit), mischte es mit Laugensalz und verfuhr mit Salmiak wie vorher, wodurch ich eine mittelmäßige Blutlauge erhielt."

Diese Versuche darf man als die erste Synthese einer organischen Verbindung bezeichnen. Auch wurde sie von Scheele nicht zufällig, sondern infolge einer genialen Benutzung seiner Beobachtungen aufgefunden. Hervorzuheben ist, daß sie ihm gelang, obwohl er von den Anschauungen der Phlogistontheorie ausging.

In einer Abhandlung „Versuche über eine besondere Zuckermaterie" hat Scheele 1783 seine Entdeckung des Glycerins[1] mitgeteilt. „Vermutlich ist es noch unbekannt, daß alle festen und ausgepreßten Öle von der Natur eine Süßigkeit haben, die durch ihr besonderes Verhalten und ihre Eigenschaft sich von den allgemein bekannten zuckerartigen Materien unterscheidet. Diese Süßigkeit zeigt sich, wenn man solche Öle mit Bleikalk und Wasser kocht, hier entsteht aus ihnen eine Masse, welche in den Apotheken unter dem Namen Emplastrum simplex bekannt ist." Zur Gewinnung dieser Süßigkeit hat er das vom Pflaster abgegossene Wasser filtriert und so lange gekocht, bis der Rest so dick wie Syrup war. Er gibt von derselben an, daß es ihm nicht gelungen ist, sie zum Krystallisieren zu bringen und daß sie nicht gärt. Durch Behandeln derselben mit Salpetersäure erhielt er dieselbe Säure, die er aus Rohrzucker dargestellt hatte, d. h. Oxalsäure.

Im Jahre 1784 hat er, anknüpfend an die von ihm aufgefundene Isolierung der Weinsäure, seine Beobachtungen über die in den Früchten vorkommenden Säuren mitgeteilt. In der Abhandlung „Über den Citronensaft und die Art ihn zu krystallisieren" weist er darauf hin, daß dies bisher deshalb nicht gelungen sei, weil der Saft offenbar etwas enthalte, was die Krystallisation der Säure erschwert, „es aber wahrscheinlich ist, daß alle vegetabilischen Säuren dazu nicht ungeeignet sind, wenn man nur den Weg findet, die fremden Beimengungen wegzuschaffen, welche diese Säure an der Krystallisation hindern. Vermittels Kreide läßt sich die Säure aus dem Weinstein abscheiden, denn hier entsteht ein Mittelsalz (calx tartarisata), welches in Wasser schwer aufzulösen ist; eben diese

---

[1] Bis zur Prägung des Wortes Glycerin durch Chevreul wurde dasselbe als Scheeles Süß oder Ölsüß bezeichnet.

Eigenschaft hat auch der Citronensaft, seine Säure verbindet sich mit dem Kalk, von dem sich ebenfalls nur wenig in Wasser auflöst; hierbei geht weder etwas Gummöses noch Seifenartiges mit dem Kalk in Verbindung, sondern nur die reine Citronensäure, welche aber durch Vitriolsäure wieder abgeschieden werden kann."

Diese Untersuchung auf eine größere Zahl von Früchten und Beeren ausdehnend, entdeckte er 1785 die Äpfelsäure und ermittelte alsdann, welche der drei von ihm aufgefundenen Fruchtsäuren in verschiedenen Pflanzen vorkommen. Kurz vorher hatte er in der Abhandlung „Über die Bestandteile der Rhabarberwurzel und die Art die Sauerkleesäure zu bereiten" angegeben, daß in dieser Wurzel sowie in anderen offizinellen Wurzeln oxalsaurer Kalk vorkommt. Auch gelang es ihm jetzt, aus dem Kleesalz mittels Überführen ins Bleisalz die Oxalsäure darzustellen, und zugleich lieferte er den Beweis, daß die von ihm durch Einwirkung von Salpetersäure auf Zucker erhaltene Säure, die Bergmann genauer untersucht und als Zuckersäure bezeichnet hatte, mit Oxalsäure identisch ist.

Scheeles letzte Abhandlung, „Sal essentiale gallarum oder Galläpfelsalz", welche er drei Monate vor seinem Tode der Akademie einschickte, betrifft wie seine erste Entdeckung die organische Chemie und zwar die Auffindung der Gallussäure. Hierüber hat er folgendes angegeben: „Zufälligerweise wurde ich vor einiger Zeit gewahr, daß in einem Galläpfelaufguß, welchen ich mit kaltem Wasser bereitet hatte, sich ein besonderer Niederschlag zu Boden setzte." Er suchte alsdann die Bedingungen zu ergründen, unter denen sich diese Säure bildet, und fand, daß sie sich ausscheidet, wenn ein Galläpfelaufguß längere Zeit bei warmer Temperatur an der Luft steht. Hieraus zog er die Folgerung, „daß das Salz in dem Aufguß schon gegenwärtig sein muß, ob es gleich auf dem gewöhnlichen Krystallisationswege nicht erhalten werden kann, weil es mit einigen gummösen oder anderen Teilen so genau verbunden ist, daß es ohne innerliche Bewegung oder Gärung nicht geschieden werden kann". So führte auch diese zufällige Beobachtung zu einer wichtigen Arbeit.

Im Laufe weniger Jahre hat Scheele neben seinen großen Entdeckungen auf anorganischem Gebiete grundlegende Untersuchungen organischer Verbindungen ausgeführt. Er hat neun organische Säuren und das Glycerin entdeckt und die erste organische Synthese, die der Blausäure, welche damals allgemein als eine animalische bezeichnet wurde, verwirklicht. Indem er die Gewinnung der im Pflanzen- und Tierreich vorhandenen Substanzen methodisch studierte, wurde er der Begründer jener Arbeitsweisen, die Fourcroy später als analyse immédiate bezeichnete. In allen Untersuchungen Scheeles zeigt sich ein bewunderungswerter Scharfblick im Anstellen von Versuchen und eine selten große Zuverlässigkeit im Beobachten.

Über die Konstitution der organischen Verbindungen hat er sich in den im zweiten Band seiner Werke enthaltenen Abhandlungen nicht ausgesprochen. Dagegen findet sich in seinem Buch „Abhandlung von der Luft und dem Feuer" die Ansicht, daß die vegetabilischen Säuren sowie die Öle aus Wasser, Kohlensäure und Phlogiston zusammengesetzt sind[1]). Den Ideen Lavoisiers hat er sich nicht angeschlossen, doch geht aus Briefen an Bergmann und aus einer Abhandlung „Neuere Beobachtungen über Luft und Feuer" aus dem Jahre 1785, also seinem letzten Lebensjahr, hervor, daß er sich bemüht hatte, in das Verständnis der neuen Lehre einzudringen. Ehe diese vollständig vorlag, drei Jahre ehe Lavoisier seinen Traité veröffentlichte, hatte ihn der Tod der Wissenschaft entrissen.

Zweites Kapitel.
Lavoisiers Einfluß auf die organische Chemie.

Außerordentlich verschieden von dem bescheidenen Lebenslauf Scheeles hat sich derjenige des nur einige Monate jüngeren Antoine Laurent Lavoisier entwickelt. Am 23. August 1743 zu Paris geboren, hat dieser von Jugend an in glänzenden Verhältnissen gelebt. Nachdem er anfangs Jura studiert und 1764 die Licence en droit erworben, widmete er sich ganz den Naturwissenschaften, mit denen er sich schon vorher mit Vorliebe beschäftigt hatte. Er besuchte die Vorlesungen von Rouelle, der im 18. Jahrhundert in Paris eine hervorragende Stellung als Professor einnahm und machte sich in dessen Laboratorium mit den Manipulationen der Chemie vertraut. Bereits 1764 hat er durch die Beantwortung einer von der Akademie gestellten Preisaufgabe über die Beleuchtung von Paris in hohem Maße die Aufmerksamkeit auf sich gezogen und 1765 übergab er der Akademie seine erste chemische Abhandlung, Analyse du gypse. Ehe er das fünfundzwanzigste Lebensjahr vollendet hatte, wählte ihn die Académie des Sciences zu ihrem Mitglied. Bald darauf trat er in die Administration der Ferme générale, einer Finanzgesellschaft, welcher der Staat die Erhebung der indirekten Steuern übertragen hatte, ein. Diese Stellung verschaffte ihm die Unabhängigkeit, sich seinen Studien zu widmen, und die Mittel, sein Laboratorium in glänzender Weise einzurichten. Leider sollte diese Stellung während der Schreckensherrschaft für ihn verhängnisvoll werden. Trotz seiner großen Verdienste um die Wissenschaft und sein Vaterland wurde er, noch

---

[1]) Scheeles Werke Bd. I, S. 161 und Ostwalds Klassiker Nr. 58, S. 63.

nicht ganz 51 Jahre alt, am 8. Mai 1794 durch die Guillotine seiner großartigen Tätigkeit entrissen. Ausführlich ist das Leben und Schaffen des großen Forschers in einem interessanten Werk: Lavoisier, par Edouard Grimaux (Paris 1888) beschrieben.

In dem Jahre 1770, also zu derselben Zeit, in der Scheeles erste Entdeckung bekannt wurde, hat Lavoisier jene Untersuchungen begonnen, die den Ausgangspunkt seiner Reform des ganzen chemischen Systems bilden und durch die auch eine neue Auffassung über die Zusammensetzung der organischen Verbindungen begründet wurde. Er zeigte nicht nur, aus welchen Elementen die organischen Verbindungen bestehen, sondern gab auch als erster den Weg an, der es später möglich machte, ihre quantitative Zusammensetzung zu ermitteln, was in dem vierten Kapitel näher zu besprechen ist.

Wie bei den anorganischen Verbindungen hat Lavoisier auch bei den organischen sein theoretisches System auf den Sauerstoff aufgebaut. Entsprechend dem von ihm in Gemeinschaft mit Guyton de Morveau, Berthollet und Fourcroy bei Ausarbeitung der chemischen Nomenklatur gemachten Vorschlag, die mit dem Sauerstoff verbundenen Körper als Base acidifiable oder kurz als Radical zu bezeichnen, hat er diesen Begriff auch auf die organischen Verbindungen angewandt. Er hat dies in seinem 1789 erschienenen Traité élémentaire de chimie[1]) folgendermaßen entwickelt:

„J'ai déjà fait observer que, dans le règne minéral presque tous les radicaux oxydables et acidifiables étaient simples; que dans le règne végétal au contraire, et surtout dans le règne animal, il n'en existait presque pas qui ne fussent composés au moins de deux substances, d'hydrogène et de carbone; que souvent l'azote et le phosphore s'y réunissaient, et qu'il en résultait des radicaux à quatre bases. Les oxydes et acides animaux et végétaux peuvent différer entre eux, 1° par le nombre des principes acidifiants qui constituent leur base; 2° par la différente proportion de ces principes; 3° par le différent degré d'oxygénation; ce qui suffit et au-delà pour expliquer le grand nombre de variétés qui nous présente la nature."

Lavoisier hat auch die Frage aufgeworfen, ob es möglich sei, die Namen der organischen Verbindungen und speziell die der Säuren so zu bilden wie die der anorganischen, z. B. durch Benennungen wie acide hydrocarbonique, hydrocarboneux, carbone-hydreux, carbonhydrique usw., ist aber zur Ansicht gelangt, daß ein derartiges System nicht möglich ist und man die älteren Bezeichnungen beibehalten, aber insofern modifizieren solle, daß dieselben Endungen eux und ique, wie z. B. bei sulfureux und sulfurique, in Anwendung kommen; „de terminer en eux la dénomination de ceux dans lesquels nous

---

[1]) Bd. I, S. 209.

soupçonnons que le principe acidifiable est en excès et terminer au contraire en ique le nom de ceux dans lesquels nous avons lieu de croire que l'oxygène est prédominant". Für die organischen Säuren kam nach und nach aber die Endung eux in Wegfall. Die deutschen Bezeichnungen von Oxalsäure, Benzoesäure usw. entsprachen dann den französischen acide oxalique, benzoique usw. Die in den Säuren mit Sauerstoff verbundenen Gruppen bezeichnete Lavoisier als deren Radikale, z. B. radical oxalique, radical benzoique. Substanzen wie Zucker, Stärkemehl und Gummi betrachtete er als Oxyde von Radikalen, die aus Kohlenstoff und Wasserstoff bestehen und durch weitere Aufnahme von Sauerstoff in Säuren übergehen. Folgender Satz:[1] „Quand on veut obtenir L'acide oxalique pur, il faut le former artificiellement, et on y parvient en oxygénant le sucre qui parait être le véritable radical oxalique", wörtlich aufgefaßt, scheint dafür zu sprechen, daß er auch schon sauerstoffhaltige Radikale in Betracht zog. Dies stimmt aber mit seinen sonstigen Darlegungen nicht überein. H. Kopp[2] hat daher, und wohl mit Recht, darauf hingewiesen, daß Lavoisier nur angeben wollte, daß in der Oxalsäure dasselbe Radikal wie im Zucker vorhanden sei.

Eigentliche Untersuchungen organischer Verbindungen hat Lavoisier nicht ausgeführt, dagegen schon versucht, den Verlauf der Gärung durch quantitative Berechnungen zu ermitteln. Obgleich der absolute Alkohol noch nicht bekannt war und Lavoisier auch von ganz unrichtigen Zahlen für die Zusammensetzung des Zuckers ausging, gelangte er doch zu einer klaren Ansicht über die Bildung von Alkohol und Kohlensäure[3].

„Les effets de la fermentation vineuse se réduisent donc à séparer en deux portions le sucre qui est un oxyde; à oxygéner l'une au dépens de l'autre pour en former de l'acide carbonique; à désoxygéner l'autre en faveur de la première pour en former une substance combustible qui est l'alcool: en sorte que, s'il était possible de recombiner ces deux substances, l'alcool et l'acide carbonique, on reformerait le sucre."

Drittes Kapitel.

Untersuchungen vegetabilischer und animalischer Stoffe nach Scheeles Tod bis 1810.

Von den beiden Richtungen des Studiums organischer Verbindungen, der qualitativen, wie sie Scheele begründete, und der quantitativen, wie sie Lavoisier erstrebte, kam im 18. Jahrhundert

---

[1] Traité I, 293.
[2] Ostwalds Klassiker Nr. 22, S. 35.
[3] Traité I, p. 150.

und in der Zeit bis 1810 nur die erstere zur Anwendung. Von den Chemikern, die sich mit der Isolierung und Unterscheidung sowie Umwandlung der im Pflanzen- und Tierreich vorkommenden Stoffe beschäftigten, sind in erster Linie Fourcroy und Vauquelin zu nennen. Beiden ist es gelungen, obwohl sie anfangs mit Not zu kämpfen hatten, durch ihre Persönlichkeit und energisches Streben zu hervorragenden Stellungen zu gelangen.

Antoine François de Fourcroy (1755—1809) zu Paris geboren, entstammte einer adligen, aber vollkommen verarmten Familie, so daß er im Alter von vierzehn Jahren eine kleine Stelle als Kopist annehmen mußte, bis ein Freund seines Vaters es ihm möglich machte, Medizin zu studieren. Seit dem Anfang seiner Studienzeit beschäftigte er sich mit Vorliebe mit Chemie und veröffentlichte 1781 sein erstes Werk: Leçons d'histoire naturelle et de chimie. 1784 wurde er Nachfolger von Macquer am Jardin du roi[1]). Zur Zeit der Revolution und unter dem Kaiserreich nahm er eifrigen Anteil an der Reorganisation des öffentlichen Unterrichts. Wie Cuvier in seinen Eloges berichtete, war Fourcroy ebenso unermüdlich in seinem Kabinett wie in seinem Laboratorium. Ein Beweis für seine Arbeitskraft liefert sein umfangreiches Werk „Système des Connaissances chimiques", dessen zehn Bände alle die Jahresangabe, brumaire an IX (1801) enthalten. In demselben ist das gesamte Wissen der theoretischen und der angewandten Chemie vollständig, jedoch in etwas breiter Schreibweise, abgehandelt. Demselben ist es wesentlich zu verdanken, daß die Namen der organischen Verbindungen zweckmäßiger gewählt oder gekürzt wurden, wie die Worte urée, acide urique, acide prussique usw. beweisen

Fourcroys Arbeiten auf dem Gebiet der organischen Chemie betreffen meist Substanzen, die für die Medizin Interesse haben und sind zum größten Teil in Gemeinschaft mit Louis Nicolas Vauquelin ausgeführt. Dieser bedeutende Chemiker war 1763 in der Normandie geboren und ist 1829 gestorben. Als Sohn eines kleinen Bauern hatte er nur eine Dorfschule besucht und war dann, dreizehn Jahre alt, nach Rouen gewandert, wo er bei einem Apotheker Beschäftigung fand. Dieser gab einigen Personen Unterricht in Chemie. Vauquelin hörte dieselben im geheimen mit an und machte sich Notizen. Als sein Herr dies merkte, nahm er ihm die Hefte weg und machte ihm heftige Vorwürfe, was ihn veranlaßte, mit sechs geliehenen Franken nach Paris zu wandern. Daselbst ging es ihm anfangs sehr schlecht, er erkrankte und war ganz ohne Mittel. Glücklicherweise nahm sich ein Apotheker seiner an und verschaffte ihm eine Stelle bei Fourcroy. Zuerst Diener, dann Schüler und Mitarbeiter wurde er dessen intimer

---

[1]) Später Jardin des plantes genannt.

Freund. Neun Jahre blieb er bei demselben. Er wurde dann Professor an der Ecole des mines, später am Collège de France, am Jardin des plantes und der Faculté de Médecine. In seine Laboratorien nahm er Zöglinge auf und errichtete eins der ersten Unterrichtslaboratorien. In demselben haben sich eine Reihe hervorragender Chemiker, wie Thénard, Chevreul, Orfila, Braconnot, Payen, Pelletier und Caventou ausgebildet. Über fünfzig wissenschaftliche Arbeiten haben Fourcroy und Vauquelin gemeinschaftlich veröffentlicht. Über dieses Zusammenarbeiten sagte Cuvier in seinen Eloges: „Dans leurs écrits on reconnait à la fois les vues étendues de Fourcroy, le desir de tout attaquer, de tout connaître qui formait un des caractères de son esprit et le sang-froid, l'activité calme mais soutenue et toujours ingénieuse, par laquelle Vauquelin l'aidait à atteindre son but."

Bei ihren Harnuntersuchungen haben sie zuerst den Harnstoff rein dargestellt. Von der im Harn der Pflanzenfresser enthaltenen, schon von Rouelle beobachteten Säure gaben sie 1797 an, daß dieselbe mit Benzoesäure identisch ist. Dieses trug mit dazu bei, daß später die Chemie der Tierstoffe mit der der Pflanzenstoffe verschmolzen wurde. Längere Zeit wurde angenommen, daß jene Säure Benzoesäure sei, bis Liebig 1829 zeigte, daß sie stickstoffhaltig ist und ihr den Namen Hippursäure gab. Am Ende des achtzehnten Jahrhunderts wiesen Fourcroy und Vauquelin nach, daß der sog. Schwefeläther (éther sulfurique) keinen Schwefel enthält und stellten die Ansicht auf, daß bei der Ätherbildung die Schwefelsäure infolge ihrer disponierenden Affinität dem Alkohol die Elemente entzieht, welche das Wasser bilden, das gleichzeitig mit dem Äther entsteht. Manche älteren Beobachtungen wurden durch die beiden Chemiker ergänzt oder berichtigt. So wiesen sie 1800 nach, daß die bei der trockenen Destillation des Holzes entstehende Säure, acide pyroligneux, keine eigentümliche Substanz, sondern mit brenzlichen Stoffen verunreinigte Essigsäure ist.

Später hat dann Vauquelin neben seinen vortrefflichen Arbeiten auf anorganischem Gebiet noch viele wenig untersuchte organische Verbindungen oder solche, deren Existenz zweifelhaft war, genauer erforscht, wobei er erfolgreich die Arbeitsweisen von Scheele in Anwendung brachte, doch hat er dessen Zuverlässigkeit im Beobachten nicht erreicht. Hervorgehoben sei noch, daß er und Buniva 1800 das Allantoin und er 1805 in Gemeinschaft mit Robiquet das Asparagin entdeckte.

Die Zahl der seit Scheeles Tod bis zu den ersten Jahren des neunzehnten Jahrhunderts neuentdeckten organischen Verbindungen war eine recht bescheidene. Aus dem von Hermbstädt 1785 beschriebenen Chinasalz stellte F. Chr. Hofmann, Apotheker in Leer, 1790 eine Säure dar, von der er nachwies, daß sie von allen bekannten Säuren verschieden sei. Vauquelin, der sie 1805 genauer untersuchte, nannte sie acide Kinique, Chinasäure. Sie war die einzige während dieser Zeit aus einem Pflanzenprodukt isolierte Säure. Reichlicher waren die mittelst Salpetersäure aus vegetabilischen Stoffen erhaltenen Umwandlungsprodukte. 1785 entdeckte Kosegärten die Kampfersäure, 1787 Brugnatelli die Korksäure. Aus Indigo hatte J. M. Hausmann 1788 die Pikrinsäure erhalten, welche Welter 1799 auch aus Seide darstellte und die dann meist als Weltersches Bitter bezeichnet wurde. Für die durch trockne Destillation aus Weinstein erhaltene Säure, die von einigen als Salpetersäure und von andren als Salzsäure angesehen wurde, zeigte de Morveau, daß sie eine eigentümliche vegetabilische Säure ist. Er prägte für dieselbe den Namen acide pyrotartrique, entsprechend dem von ihm in seiner Denkschrift über Nomenklatur gemachten Vorschlag zur Benennung der durch trockne Destillation gebildeten Substanzen, die früher meist als esprits empyromatiques bezeichnet wurden, die Vorsilbe pyro anzuwenden. Im Deutschen wurde meist diese Vorsilbe durch Brenz übersetzt und jene Säure daher als Brenzweinsäure bezeichnet. Auch erhielt jetzt die beim Erhitzen von Schleimsäure schon von Scheele erhaltene saure Substanz den Namen acide pyromuqueux resp. Brenzschleimsäure. Von neuen animalischen Säuren ist die durch trockene Destillation der Fette von Thénard 1802 aufgefundene Sebacinsäure (acide sébacique) zu erwähnen.

Ende des 18. Jahrhunderts erfolgte die Entdeckung, daß auch im Mineralreich eine organische Säure vorkommt. Als Klaproth[1]) den kurze Zeit vorher von dem Geologen A. G. Werner aufgefundenen Honigstein chemisch untersuchte, ergab sich die interessante Tatsache, daß dieses Mineral aus dem Thonerdesalz einer Säure besteht, die Klaproth sofort der Eigenschaft wegen als eine vegetabilische bezeichnete[2]). „Da nun die Säure des Honigsteins sich als eine aus Sauer-, Kohlen- und Wasserstoff zusammengesetzte und daher durch

---

[1]) Martin Heinrich Klaproth, geboren am 1. Dezember 1743 zu Wernigerode, war also mit Scheele fast gleichalterig und gehört auch zu den aus dem Apothekerstand hervorgegangenen Chemikern. Nachdem er 1771 die Verwaltung einer Apotheke in Berlin übernommen hatte, konnte er, seiner Neigung folgend, sich so eingehend mit wissenschaftlichen Untersuchungen befassen, daß er 1787 Mitglied der Akademie der Wissenschaften und Professor an der Artillerie-Akademie wurde. Bei der Errichtung der Universität Berlin wurde er ordentlicher Professor der Chemie. Berzelius hat ihn in seinen biographischen Aufzeichnungen (Kahlbaums Monographien Heft 7, S. 37) als den größten analytischen Chemiker Europas bezeichnet. Klaproth starb am 1. Januar 1817.

[2]) Mit. d. Akademie 13. Juni 1799, Crells A. 1800, I, 1.

Feuer leicht zerstörbare Säure zu erkennen gibt, dabei aber in ihrem Verhalten und ihren Eigenschaften mit keiner der jetzt bekannten Säuren übereinstimmt, so würde sie demnach unter den vegetabilischen Säuren als eine Säure von eigener Natur, und zwar vorerst noch unter dem Namen Honigsteinsäure (Acidum mellilithicum) aufzuführen sein."

Zu Anfang des neunzehnten Jahrhunderts bestand jene am besten untersuchte Gruppe organischer Verbindungen nur aus zwanzig mit Sicherheit bekannten Säuren. Der einzige Alkohol war der Weingeist, der 1796 von Tobias Lowitz, Apotheker in Petersburg, zum erstenmal wasserfrei dargestellt wurde. Von diesem Chemiker war 1792 auch zuerst angegeben worden, daß im Honig zwei Zuckerarten vorkommen, die vom Rohrzucker verschieden sind. Genauer hat aber die einzelnen Zucker erst Proust, nachdem er 1806 den Mannit entdeckt hatte, unterschieden.

Am Ende des 18. Jahrhunderts hat Achard das von seinem Lehrer Marggraf entdeckte Vorkommen von Zucker in den Rüben technisch zu verwerten gesucht und 1801 die erste Runkelrübenzuckerfabrik in Schlesien gegründet. Seine Bemühungen hatten anfangs mit großen Schwierigkeiten zu kämpfen und erlangten erst durch die Kontinentalsperre Erfolg. Nach dem Aufhören derselben gingen aber die meisten Fabriken, sowohl die in Deutschland wie die infolge großer Unterstützungen durch Napoleon in Frankreich entstandenen, wieder ein. Einen neuen Aufschwung erlangte diese wichtige Industrie erst seit Mitte der zwanziger Jahre, nachdem Verbesserungen in der Kultur der Rüben wie der Fabrikationsverfahren sie lebensfähig gemacht hatten.

Vor dem Jahre 1800 war mit Sicherheit nur ein Kohlenwasserstoff bekannt. Die holländischen Chemiker Deimann, Paets van Troostwyk, Niewland und Lauwenbugh hatten 1795 den Nachweis geführt, daß das aus Weingeist durch Einwirkung von Schwefelsäure entstehende Gas keinen Sauerstoff enthält und nur aus Kohlenstoff und Wasserstoff besteht. Auch hatten sie die Beobachtung gemacht, daß dasselbe sich mit Chlor zu einem ölartigen Körper verbindet, weshalb sie ihm den Namen gaz huileux gaben, den Fourcroy in gaz oléfiant (ölbildendes Gas) abänderte. Die Chlorverbindung wurde liqueur des Hollandais oder Öl der holländischen Chemiker genannt.

In dem für die Entwicklung der anorganischen Chemie und der theoretischen Ansichten so bedeutungsvollen ersten Dezennium des 19. Jahrhunderts, hat die organische Chemie verhältnismäßig nur geringe Fortschritte gemacht. Das Interesse der Chemiker hatte sich fast ausschließlich jenen anderen Problemen zugewandt. Berthollet hatte 1803 sein klassisches Werk Essai de statique chimique veröffentlicht. Proust, der schon 1799 auf Grund seiner Analysen zu dem Gesetz der konstanten Proportionen gelangt war, hatte dieses in der berühmten, während der Jahre 1801—1808 dauernden Kontroverse mit Berthollet siegreich zur Anerkennung gebracht, wozu auch die Untersuchungen von Klaproth und Vauquelin beitrugen. In der gleichen Zeit gelangte Dalton zu dem Gesetz der multiplen Proportionen und zur Aufstellung seiner epochemachenden Atomtheorie, über die er 1804 mündlich die erste Mitteilung machte. Im Jahre 1807 hat Humphry Davy seine berühmte Entdeckung, daß sich durch elektrolytische Zerlegung aus den fixen Alkalien die in ihnen enthaltenen Metalle isolieren lassen, mitgeteilt. 1808 gelangte Gay-Lussac zu seinem wichtigen Volumgesetz und daran anschließend 1811 zu der ältesten Methode Dampfdichten zu bestimmen. Bald darauf führten Untersuchungen, die dieser Forscher in Gemeinschaft mit Thénard machte, sowie solche von H. Davy zur Erkenntnis, daß das Chlor als ein Element anzusehen sei. 1810 hat Berzelius die erste seiner klassischen Abhandlungen „Über die bestimmten Verhältnisse, nach welchen die Bestandteile der unorganischen Natur verbunden sind" veröffentlicht, und 1811 stellte Avogadro die nach seinem Namen bezeichnete Theorie auf.

Diesen großen Errungenschaften gegenüber standen die Arbeiten über organische Chemie sehr zurück und erlangten erst einen größeren Aufschwung, als die quantitative Elementaranalyse zur Anwendung kam.

Zweiter Abschnitt.

In diesem Abschnitt sollen die Untersuchungen besprochen werden, die von 1810 bis Mitte der zwanziger Jahre ausgeführt oder wenigstens in Angriff genommen wurden. Des Zusammenhangs wegen hat es sich aber nicht vermeiden lassen, an einigen Stellen, wie namentlich in den Kapiteln über Elementaranalyse und über die Oxydation des Alkohols, diese Grenze zu überschreiten und neben den Arbeiten von Chemikern, die vor dem Jahre 1800 geboren waren, auch schon solche von jüngeren zu besprechen.

Viertes Kapitel.
Organische Elementaranalyse.

Joseph Louis Gay-Lussac, dessen großer experimentaler Begabung wir in erster Linie die quantitative Bestimmung der in organischen Verbindungen enthaltenen Elemente verdanken, war am 6. Dezember 1778 in Saint-Léonard, einer kleinen Stadt in der ehemaligen Provinz Limousin geboren und ist am 9. Mai 1850 gestorben. Sein Großvater war Mediziner, sein Vater Jurist. Nach glänzend bestandenem Examen wurde er 1797 Schüler der Ecole polytechnique, welche er 1800 als einer der ersten du service des ponts et des chaussées verließ. Berthollet, der damals mit dem General Bonaparte aus Ägypten zurückgekehrt war und auf seinem Landsitz in Arcueil bei Paris ein Laboratorium eingerichtet hatte, suchte einen Eleven der polytechnischen Schule, der ihm bei seinen Arbeiten helfen sollte. Die Wahl fiel auf Gay-Lussac. Obwohl dieser bei der ihm übertragenen Arbeit zu Resultaten gelangte, die den erwarteten widersprachen, hatte Berthollet ihn so schätzen gelernt, daß er ihn, wie Arago in einer seiner schönen Gedenkreden[1]) berichtet, zu näherem Verkehr heranzog. „Jeune homme, lui dit-il, votre destinée est de faire des découvertes, vous serez désormais mon commensal; je veux, c'est un titre dont je suis certain que j'aurai à me glorifier un

---

[1]) Oeuvres complètes de F. Arago. III, p. 1.

jour, je veux être votre père en matière de science." Unter diesen Verhältnissen entwickelte sich Gay-Lussacs Laufbahn aufs glücklichste. Er wurde an der Ecole polytechnique einer der berühmtesten und beliebtesten Lehrer. Wesentlich beeinflußt durch den Verkehr mit Laplace und Berthollet hat er zu Anfang seiner wissenschaftlichen Tätigkeit sich mit Untersuchungen befaßt, die das Grenzgebiet von Chemie und Physik betreffen. Dann hat er auf allen Gebieten der Chemie, sowohl der physikalischen, anorganischen und organischen sowie der analytischen und der technischen grundlegende Entdeckungen von bleibendem Wert gemacht. Mit Recht sagt Arago: ,,Gay-Lussac fut physicien ingénieux, chimiste hors ligne."

Von der von ihm in Gemeinschaft mit Thénard dem Institut am 15. Januar 1810 eingereichten Untersuchung[1] ,,Sur l'analyse végétale" datiert die Elementaranalyse, wie sie in der Folge zur Anwendung kam. Lavoisier hatte freilich schon 1784 gezeigt, daß durch Verbrennen organischer Substanzen in einer mit Sauerstoff gefüllten Glocke sich aus der Menge der gebildeten Kohlensäure und des Wassers die Zusammensetzung ermitteln lasse, ist aber noch nicht zu bestimmten Resultaten gelangt, wie daraus hervorgeht, daß er auf Grund der Analyse annahm, Olivenöl und Wachs enthielten nur Kohlenstoff und Wasserstoff. Berthollet machte schon damals darauf aufmerksam, daß dies mit der Tatsache, daß das Öl bei der Destillation etwas Wasser und Kohlensäure liefert, im Widerspruch steht. Wie aus den erst in neuerer Zeit veröffentlichten Laboratoriumsbüchern[2] hervorgeht, hat Lavoisier auch schon bei den organischen Analysen Quecksilberoxyd und Kaliumchlorat als Verbrennungsmittel angewandt. Am Anfang des 19. Jahrhunderts war dies aber noch nicht bekannt. So haben Gay-Lussac und Thénard[3] das Verdienst, die Anwendung einer sauerstoffhaltigen Substanz bei der Elementaranalyse in die Wissenschaft eingeführt zu haben.

[1] Veröffentlicht in den Recherches physico-chimiques par M. M. Gay-Lussac et Thénard, II, p. 265.
[2] Oeuvres de Lavoisier, III, p. 773 (Paris 1865).
[3] Louis Jaques Thénard, geboren am 4. Mai 1777 zu La Loupière an der Seine, als der Sohn eines einfachen Bauern, kam im Alter von 17 Jahren nach Paris, um Medizin zu studieren. Da seine geringen Mittel es ihm nicht erlaubten, als Schüler in ein Laboratorium einzutreten, so bat er Vauquelin um eine Stelle als Laboratoriumsdiener. Dieser kam seinem Wunsch entgegen und verschaffte Thénard, nachdem dieser drei Jahre in dieser bescheidenen Stellung geblieben war, einen Platz als Lehrer an einem Pensionat und ließ sich, um ihn zu fördern, zuweilen durch ihn in den Vorlesungen vertreten. Da Chaptal, als Minister des Innern, Thénard 1799 die Aufgabe stellte, ein Blau aufzufinden, welches einen hohen Hitzegrad verträgt und dieser das Blau, welches nach ihm benannt ist, aufgefunden hatte, wurde seine Karriere eine sehr glückliche. Außer seinen mit Gay-Lussac gemeinschaftlich ausgeführten Arbeiten und der Entdeckung des Wasserstoffsuperoxyds waren es wesentlich seine Lehrbücher, die seinen Ruf begründeten. Achtzig Jahre alt, starb er 1857 als Pair de France und Chancelier de l'Université.

Berthollet hat dies in seinem Bericht[1]) an das Institut in folgender Weise dargelegt.

„On doit se rappeler que Lavoisier chercha à faire l'application de son importante théorie de la combustion, à la composition des substances végétales et animales. Il vit qu'en brûlant ces substances dans une quantité donnée de gaz oxygène, on pouvait par l'eau et l'acide carbonique qui se forment, déterminer les principes constituants de la substance soumise à la combustion. Il fit quelques analyses, et si ces analyses n'ont pas l'exactitude à laquelle on est parvenu, on ne peut douter que sa méthode n'y puisse conduire. Depúis lors cette espèce d'analyse a été trop négligée, cependant on peut citer celle de l'éther et de l'alcool. Mais il y a plusieures substances auxquelles la méthode de Lavoisier ne pourrait être appliquée. Les auteurs (d. h. Gay-Lussac und Thénard) ont imaginé une qui est aussi ingénieuse que générale."

Auch Berzelius[2]) bezeichnete die Analysen der beiden französischen Chemiker als „den ersten geglückten Versuch der Elementaranalyse organischer Körper". Vorher war nur die Zusammensetzung des noch als anorganische Verbindung beschriebenen Grubengases und des ölbildenden Gases durch Dalton mittelst des Voltaschen Eudiometers ermittelt.

Gay-Lussac und Thénard haben als Oxydationsmittel chlorsaures Kalium benutzt, das mit der Substanz gemengt zu Kügelchen geformt wurde. Ihr Apparat bestand aus einer senkrechten Röhre, deren unteres, zugeschmolzenes Ende durch eine Spiritusflamme erhitzt wurde. Das obere Ende war mit einem Hahn versehen, in dem an Stelle einer Durchbohrung eine kleine Vertiefung es möglich machte, die Kügelchen in die erhitzte Röhre fallen zu lassen, ohne daß Luft eindringen oder Gase entweichen konnten. Die beiden französischen Chemiker bezeichneten denselben als „robinet particulier qui fait tout le mérite de l'appareil". Nachdem durch Einwerfen einiger der Kügelchen die Luft durch das bei der Verbrennung entstehende Gasgemenge ersetzt war, wurden die genau abgewogene Menge von Substanz und Chlorat nach und nach einfallen gelassen und die Gase durch die seitlich angeblasene Röhre über Quecksilber aufgefangen. Durch Absorption mittelst Ätzkali wurde das Volumen der Kohlensäure bestimmt und das des übrig gebliebenen Sauerstoffs gemessen. Aus der Menge der erhaltenen Kohlensäure, aus dem dem Chlorat entsprechenden und dem unverbundenen Sauerstoff konnte die Zusammensetzung der Substanz berechnet werden. Mittelst eudiometrischer

---

[1]) In den Recherches phisico-chimiques par Gay-Lussac et Thénard, II, mitgeteilt.
[2]) A. **31**, 4 (1839).

Analyse ließ sich prüfen, ob die Substanz Stickstoff enthielt und eventuell wie viel. Auf diese Weise hatten jene beiden Chemiker fünfzehn vegetabilische und vier animalische Stoffe analysiert.

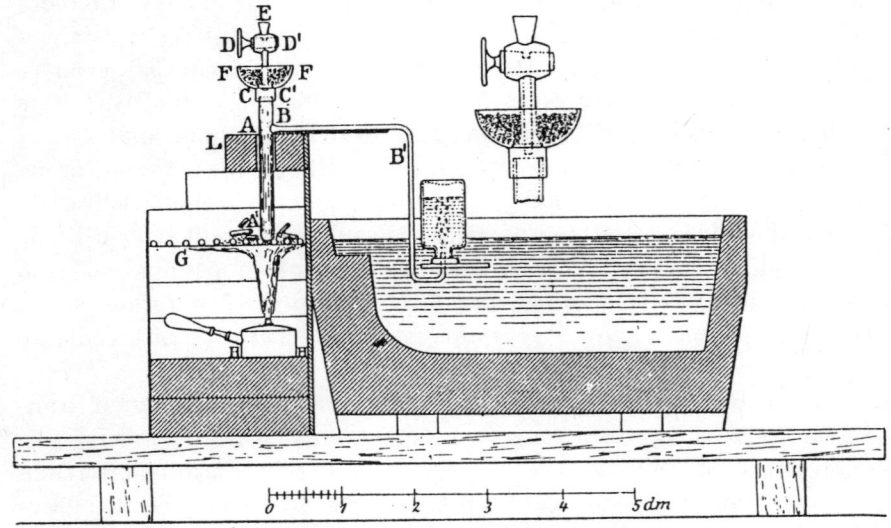

Apparat von Gay-Lussac und Thénard.

Als Berzelius im Anschluß an seine Untersuchungen über die bestimmten und einfachen Verhältnisse, nach welchen die Bestandteile der anorganischen Natur mit einander verbunden sind, auch die organischen Verbindungen in den Bereich seiner Arbeiten zog, hat er die Elementaranalyse aufs wichtigste weiter entwickelt. Jacob Berzelius, am 20. August 1779 zu Väfversunda in Ostgotland geboren und am 7. August 1848 gestorben, war einige Monate jünger wie Gay-Lussac. Der dritte der drei großen Altersgenossen, Humphry Davy, hat sich abweichend von den beiden anderen nicht mit Untersuchungen auf organischem Gebiete befaßt. Die Schwierigkeiten, die Berzelius zu überwinden hatte, um sich seiner Neigung entsprechend ganz dem Studium der Chemie zu widmen, hat Söderbaum[1]) eingehend geschildert. Um zu einem Lebensberuf zu gelangen, hatte Berzelius Medizin studiert, sich aber dann mehr mit Unterricht als mit der ärztlichen Praxis beschäftigt, bis er, 1807 zum Professor an der medizinischen Schule in Stockholm ernannt, sich ganz der wissenschaftlichen Tätigkeit widmen konnte. 1808 wurde er Mitglied der Akademie der Wissenschaften und 1818 deren ständiger Sekretär. Als solcher erstattete er seit 1821 jedes Jahr am 31. März einen Bericht über die neuen Errungenschaften der Chemie,

---

[1]) Berzelius' Werden und Wachsen; übersetzt in Kahlbaums Monographien, Heft 3 (1899).

der Physik und der Mineralogie. Bis zu seinem Tode hat er diese mühevolle und für die Chemie so außerordentlich wichtige Arbeit mit größter Gewissenhaftigkeit ausgeführt. Die deutsche, zuerst von C. G. Gmelin, dann von Wöhler und zuletzt von Wiggers besorgte Übersetzung erschien regelmäßig ein Jahr nach Abfassung des Originals. Die achtundzwanzig Bände dieses Jahresberichts bilden eine reiche Fundgrube für die Geschichte der Chemie. Ebenso interessant ist der Briefwechsel[1]) von Berzelius mit einer Reihe hervorragender Forscher, namentlich derjenige mit seinem treuen Schüler und Freunde Wöhler.

Welche Bedeutung Berzelius der Analyse organischer Verbindungen beilegte und wie langwierig deren Ausführung anfangs war, zeigt sein am 7. Mai 1814 an Berthollet gesandter Brief[2]). „Je me suis occupé cette dernière année et je m'occupe encore d'un travail d'une bien plus grande importance, savoir des expériences sur les proportions déterminées dans la nature organique. J'ai employé un travail d'environ 12 mois à l'analyse de seulement 14 substances végétales."

Die Methode von Gay-Lussac und Thénard verlangte ein Vertrautsein mit den Manipulationen der Gasanalyse. Berzelius, als Meister der Gewichtsanalyse, vereinfachte das Verfahren in der Art, daß sowohl das Wasser wie die Kohlensäure sich mittelst der Wage bestimmen ließ. Um einen ruhigeren Verlauf der Verbrennung zu erzielen, erhitzte er die Substanzen mit einem Gemenge von Kaliumchlorat und Kochsalz in einer horizontalen Röhre.

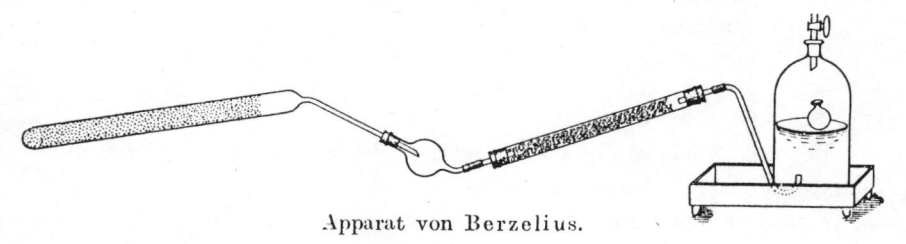

Apparat von Berzelius.

Das Wasser wurde in einer mit einem Chlorcalciumrohr verbundenen Kugel zurückgehalten und Sauerstoff und Kohlensäure über Quecksilber in einer Glocke aufgefangen, in die ein kleines Ätzkali enthaltendes Gefäß eingeführt war, dessen Gewichtszunahme nach 24 Stunden bestimmt wurde. So näherte sich seine Methode schon

---

[1]) Berzelius' und Liebigs Briefe von 1831—45, von Carrière 1893, und Briefwechsel zwischen Berzelius und Wöhler mit einem Kommentar von J. von Braun, von O. Wallach 1901 herausgegeben. In den Jahren 1912—1916 hat Söderbaum unter dem Titel „Jac. Berzelius Bref" in fünf Teilen die Korrespondenz mit Berthollet, H. Davy, Marcet, Dulong und Mulder veröffentlicht.

[2]) Berz. Bref I, 47.

dem jetzt angewandten Verfahren, doch war es nur für stickstofffreie Substanzen geeignet.

Einen weiteren wichtigen Fortschritt verdanken wir Gay-Lussac[1]), welcher 1815, als er seine Untersuchungen der Blausäure ausführte, das chlorsaure Kalium durch Kupferoxyd ersetzte und angab, daß bei stickstoffhaltigen Substanzen es nötig ist, metallisches Kupfer vorzulegen. Die horizontale Verbrennungsröhre und das Chlorcalciumrohr von Berzelius sowie Gay-Lussacs Anwendung des Kupferoxyds wurden sehr bald auch von anderen Chemikern adoptiert. Chevreul führte infolge einer mündlichen Mitteilung von Gay-Lussac[2]) von Anfang an bei seinen Untersuchungen der Fette die Verbrennungen mit Kupferoxyd aus, und auch Döbereiner bediente sich derselben schon 1816[3]). Über diesen wesentlichen Fortschritt sagte Brunner[4]) in Bern, noch ehe er Liebigs Kaliapparat benutzte: „daß Gay-Lussac durch Anwendung von Kupferoxyd als Oxydationsmittel auf einmal die Arbeit auch dem weniger Geübten zugänglich machte".

Wirklich vollendet wurde die organische Elementaranalyse, nachdem Liebig[5]) 1831 seinen Kaliapparat erfunden und dadurch die Anwendung einer Quecksilberwanne unnötig gemacht hatte. Zugleich gab er dem Verbrennungsapparat folgende außerordentlich einfache Form:

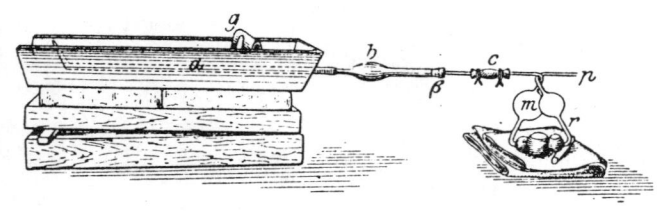

Bei der Analyse stickstoffreier Substanzen hielt Liebig die Anwendung einer Kaliröhre aber für unnötig. Dieselbe führte sich daher allgemein erst ein, nachdem man Sauerstoff zur Vollendung der Verbrennung zur Hilfe nahm. Daß der Liebigsche Kaliapparat die Analysen sehr erleichterte, wurde überall freudig anerkannt. Dumas[6]), der ihn sofort benutzte, sagte: „L'appareil de M. Liebig simplifie tellement l'analyse organique, et donne des résultats tellement précis, qu'on peut le regarder comme une des acquisitions les plus précieuses qu'ait faites depuis longtemps la chimie organique."

---
[1]) A. ch. **95**, 184 (1815).
[2]) A. ch. **96**, 53 (1815).
[3]) Schw. **17**, 569 (1816).
[4]) P. **26**, 498 (1832).
[5]) P. **21**, 1 (1831) und Liebig: Anleitung zur organischen Analyse.
[6]) Traité de Chimie **5**, p. 27.

Ausgehend von Gay-Lussac und Thénard hat zuerst Berzelius, dann Gay-Lussac und schließlich Liebig der Elementaranalyse den Grad der Vollendung gegeben, daß sie in kürzester Zeit bei leichter Ausführung ganz sichere Resultate liefert. Prinzipielle Änderungen hat sie nicht mehr erfahren, doch sind in der Folge zweckmäßige Verbesserungen in Anwendung gekommen. In dem Maße als kohlenstoffreichere Verbindungen der Analyse unterworfen wurden, und sich die Notwendigkeit zeigte, Sauerstoff in Gasform zur Hilfe zu nehmen, bürgerten sich nach dem Vorschlag von Brunner und von Hess (1838) an beiden Seiten offene Verbrennungsröhren und Schiffchen zum Einführen der Substanz immer mehr ein.

Den Stickstoff hatte Gay-Lussac bei seiner Cyanarbeit ermittelt, indem er feststellte, in welchem Verhältnis beim Verbrennen mit Kupferoxyd und vorgelegtem Kupfer die Volumen von Kohlensäure und Stickstoff zu einander stehen. Da es bei diesem Verfahren nicht nötig ist, das Gewicht der angewandten Substanz zu kennen, so wurde es häufig als **qualitative Stickstoffbestimmung** bezeichnet. Diese Methode, welche den Übelstand zeigte, daß sie von der Bestimmung des Kohlenstoffs abhängig ist und auch häufig das Verhältnis der beiden Gase zu Anfang und im Verlauf der Verbrennung nicht dasselbe ist, wurde verlassen, nachdem Dumas 1833[1]) seine Methode der **direkten Bestimmung des Stickstoffs** veröffentlicht hatte. Anfangs war dieses Verfahren wegen Anwendung einer Luftpumpe und einer Quecksilberwanne noch ziemlich kompliziert, doch wurde im Laufe der Zeit seine Ausführung sehr vereinfacht. Den später allgemein zum Auffangen des Stickstoffs angewandten **Schiffschen Apparat** hatte dieser Chemiker 1868 beschrieben.[2]) Von Varrentrapp und Will wurde 1841 vorgeschlagen, den Stickstoff als Ammoniak zu bestimmen und zu diesem Zweck die Substanzen mit Natronkalk zu erhitzen.[3]) Dieses Verfahren kam auch für wissenschaftliche Arbeiten häufig in Gebrauch, hatte aber den Nachteil, daß es nicht wie die Dumassche Methode einer allgemeinen Anwendung fähig ist, weshalb für die wissenschaftlichen Untersuchungen doch die letztere die bevorzugte blieb. Dagegen leistete das Verfahren mittelst Natronkalk in den Fällen, wo es richtige Werte liefert, wie für viele industrielle und physiologische Analysen, gute Dienste, wurde aber später durch das 1883 von Kjeldahl aufgefundene verdrängt.

---

[1]) A. ch. [2] **53**, 171 (1833).
[2]) F. **7**, 430 (1868) und auf denselben nochmals B. **13**, 885 (1880) aufmerksam gemacht.
[3]) A. **39**, 257 (1841).

Eingehend hat 1899 Dennstedt „die Entwicklung der organischen Elementaranalyse"[1]) geschildert und dabei sowohl die älteren wie die späteren Publikationen sehr vollständig berücksichtigt.

Fünftes Kapitel.
Untersuchungen über Cyan.

Welchen überaus wichtigen Einfluß die Elementaranalyse auf das Studium organischer Verbindungen ausübte, zeigten sofort die im zweiten Jahrzehnt des 19. Jahrhunderts veröffentlichten Untersuchungen. Auch ist es wieder Gay-Lussac, der durch seine Abhandlung über die Blausäure vorbildlich wirkte. Als er sich mit den Volumverhältnissen der Gase und Dämpfe befaßte, wollte er die Blausäure in den Bereich seiner Untersuchung ziehen und versuchte daher, ob man sie im gasförmigen Zustand erhalten könne. Es gelang ihm 1811, diese vorher nur in wässeriger Lösung bekannte Säure, durch Zersetzung von Cyanquecksilber mittelst trocknem Chlorwasserstoff als eine bei 26,5° siedende Flüssigkeit darzustellen. Dieses Resultat gab den Anstoß zu seiner 1815 veröffentlichten klassischen Arbeit[2]) „Sur l'acide prussique". Berthollet hatte schon früher als wahrscheinlich angenommen, daß diese Säure nur aus Kohlenstoff, Stickstoff und Wasserstoff bestehe. Jetzt konnte Gay-Lussac dies durch Ermittlung der quantitativen Zusammensetzung beweisen. Sowohl durch Analyse im Voltameter an einem heißen Augusttage, wie durch Verbrennen mit Kupferoxyd fand er, daß für ein Volum Kohlensäure ein halbes Volum Stickstoff entsteht. In sehr origineller Weise bestimmte er, in welchem Volumverhältnis Stickstoff und Wasserstoff in der Blausäure enthalten sind. Die Säure wurde bei Glühhitze durch eine mit eisernem Klavierdraht gefüllte Porzellanröhre geleitet. Der Kohlenstoff schlug sich nieder und das entweichende Gas bestand aus gleichen Volumen Wasserstoff und Stickstoff, so daß er für die Zusammensetzung der Blausäure die folgenden Volumverhältnisse angab:

$$1 \text{ volume de vapeur de carbone}^{3})$$
$$\tfrac{1}{2} \text{ ,, \quad d'hydrogène}$$
$$\tfrac{1}{2} \text{ ,, \quad d'azote .}$$

Mit diesem Resultat stimmte auch der von ihm für die Dampfdichte gefundene Wert überein. Jetzt kam Gay-Lussac zu der Ansicht,

---

[1]) 4. Band der Ahrensschen Sammlung chemischer Vorträge.
[2]) A. ch. **95**, 136 (1815).
[3]) Hierbei ist Gay-Lussac von der Voraussetzung ausgegangen, daß die Kohlensäure aus gleichen Volumen Kohlenstoffdampf und Sauerstoff bestehe. Die hypothetische Dichte des Kohlenstoffs im Dampfzustand hat er daher = 0,4160 angenommen.

die Blausäure sei, wie Salzsäure und Jodwasserstoffsäure, eine Wasserstoffsäure, un hydracide, und zwar eine Verbindung von Wasserstoff mit einem aus Kohlenstoff und Stickstoff bestehenden Radikal, dem er den Namen cyanogène gab. Die Blausäure bezeichnete er als acide hydrocyanique und ihre Salze als cyanures. Die Untersuchung der letzteren führte ihn zur Entdeckung des Cyans in freiem Zustand. Bei der Analyse des Cyans erhielt er für 1 Volum Stickstoff 2 Volum Kohlensäure. Wasser hatte sich dabei nicht gebildet. So war die für die spätere Aufstellung der Radikaltheorie wichtige Tatsache aufgefunden, daß ein den Halogenen analoges Radikal in freiem Zustand sich darstellen läßt. Ferner gelang es ihm, das Einwirkungsprodukt von Chlor auf Blausäure als Gas darzustellen und nachzuweisen, daß es aus Cyan und Chlor besteht. Er bezeichnete es als acide chlorocyanique und knüpfte an deren Bildung die für die Geschichte der Substitutionstheorie interessante Bemerkung: „Le chlore dans l'acide chlorocyanique remplace l'hydrogène dans l'acide hydrocyanique. Il est bien remarquable que deux corps dont les propriétés sont si différentes jouent cependant le même rôle en se combinant avec le cyanogène."

Gay-Lussac hat auch schon die Zusammensetzung der komplexen Salze der Blausäure besprochen, ohne aber damals zu einem bestimmten Urteil über deren Zusammensetzung zu kommen. „Je m'étais flatté en me livrant à des recherches sur l'acide hydrocyanique de jeter quelque jour sur ces combinaisons, mais les devoirs que j'ai à remplir m'ont forcé de les interrompre." So wurde Berzelius derjenige, der die Zusammensetzung jener Salze ermittelte. Auf Grund einer eingehenden Untersuchung[1]) kam dieser zu der Ansicht, „daß die eisenhaltigen blausauren Salze aus 1 Atom Cyaneisen und 2 Atomen der anderen Cyanmetalle bestehen". Das gelbe Blutlaugensalz, für das er die Formel $FeCy^2 + 2 KCy^2$ aufstellte, bezeichnete er als Kaliumeisencyanür und die aus dem Baryumeisencyanür von Porret 1814 erhaltene Säure als eine Doppelverbindung von Eisencyanür und Blausäure, $FeCy^2 + 2 HCy^2$.

Einige Jahre später hat dagegen Gay-Lussac[2]) die Ansicht aufgestellt, daß die Porretsche Säure als eine Wasserstoffsäure anzusehen sei. „Je considère cet acide comme un véritable hydracide, dont le radical serait formé de 1 atome de fer et de 3 atomes de cyanogène." Dieses Radikal nannte er cyanoferre, die Säure acide hydrocyanoferrique und deren Salze cyanoferrures und fügte hinzu, daß die Theorie dieser Säure und Salze dieselbe sei, wie die der Chlorwasserstoffsäure und der Chlorüre.

[1]) Schw. **30**, 1 (1820).
[2]) A. ch. [2] **22**, 320 (1823).

Ein Jahr vorher hatte L. Gmelin die interessante Entdeckung gemacht[1]), daß das gelbe Blutlaugensalz durch Chlor in ein rot gefärbtes Salz übergeht, das Eisen, Kohlenstoff und Stickstoff noch in demselben Verhältnis aber weniger Kalium enthält. Berzelius nahm daher an, daß dasselbe ein Doppelsalz von Eisencyanid mit Cyankalium sei. Liebig, der Gay-Lussacs Ansicht adoptiert hatte, machte dann in seinem Handbuch der Chemie[2]), um die beiden Reihen dieser eisenhaltigen Verbindungen zu unterscheiden, den Vorschlag, das Radikal des gelben Blutlaugensalzes als „Ferrocyan" und das des roten Blutlaugensalzes als „Ferricyan" und die beiden Salze als Ferrocyankalium und Ferricyankalium zu bezeichnen. Längere Zeit blieben beide Theorien, die Berzeliussche und die Gay-Lussacsche neben einander bestehen, später wurde die letztere bevorzugt und Ferro- und Ferricyanwasserstoff als komplexe Säuren aufgefaßt.

Sechstes Kapitel.

Zusammensetzung von Alkohol und Äther.

Gay-Lussac, welcher bei seinen Untersuchungen des Cyans schon die Bestimmung der Dichten im Gaszustand als wichtiges Hilfsmittel zur Kontrolle der durch Analyse ermittelten Zusammensetzung benutzte, hat sie auch in gleicher Weise für Alkohol und Äther angewandt.[3]) Er zeigte, daß de Saussures Analyse des Alkohols ziemlich richtig ist, diejenige des Äthers aber eine erhebliche Korrektur notwendig macht. Aus den von ihm bestimmten Dampfdichten zog er folgende Schlußfolgerung: „Je concluerai donc que l'alcool est composé de

1 volume de gaz oléfiant
1   „   de vapeur d'eau

et que la condensation est de la moitié de la somme de ces deux corps considérés comme éléments de l'alcool." Für den Äther nahm er an, daß er aus

2 volumes de gaz oléfiant
1   „   de vapeur d'eau

besteht. In derselben Abhandlung hat er auch berechnet, wie viel Alkohol aus Zucker entstehen kann, wobei er in charakteristischer

---

[1]) Schw. **34**, 325 (1822).
[2]) S. 634 (1842).
[3]) A. ch. **95**, 311 (1815). Sur l'analyse de l'alcool et de l'éther sulfurique et sur les produits de la fermentation.

Weise an Stelle von Gewichtsprozenten von Volumen ausging. "Le sucre étant composé de

            1 volume de vapeur de carbone
            1   „   de vapeur d'eau
ou de
            1 volume de vapeur de carbone
            1   „   d'hydrogène
           $1/2$ „   d'oxygène."

Um nun auf diese Zusammensetzung die des Alkohols beziehen zu können, verdreifacht er die Volumen für Zucker und entwickelt dann seine Berechnung folgendermaßen:

„Si l'on suppose maintenant que les produits que fournit le ferment puissent être négligés relativement à l'alcool et à l'acide carbonique qui sont les seuls résultats sensibles de la fermentation, on verra en comparant la composition du sucre avec celle de l'alcool, que pour transformer le sucre en alcool, qu'il faut lui enlever 1 volume de vapeur de carbone et 1 volume de gaz oxygène. Si l'on réduit maintenant les volumes en poids, on trouve qu'étant données 100 parties de sucre il s'en convertit pendant la fermentation 51,34 en alcool et 48,66 en acide carbonique."

Diese Ziffern stimmen sehr gut mit der Gleichung

$$C_6H_{12}O_6 = 2\,C_2H_6O + 2\,CO_2,$$

die später als Gay-Lussacsche Gärungsgleichung bezeichnet wurde und der nach unseren Atomgewichten 51,14 Alkohol und 48,86 CO_2 entsprechen, überein.

Gay-Lussac hat durch seine im Jahre 1815 veröffentlichten Arbeiten für die beiden Theorien, die sich später bekämpften, die erste Anregung gegeben. Seine Untersuchung über Blausäure lieferte das wichtigste Rüstzeug für die Aufstellung der Radikaltheorie und seine Abhandlung über Alkohol und Äther den Ausgangspunkt für die Ätherintheorie. Er selbst hat aber an der späteren Entwicklung dieser Theorien keinen Anteil genommen. Als weitere Tatsachen, die jene Betrachtungen über Volumverhältnisse ergänzten, kam dann noch in Betracht, daß Ampère 1816[1]) darauf hinwies, daß mit der Summe der Dichten von ölbildendem Gas und Chlorwasserstoff die Dichte des Salzäthers (Äthylchlorid) genau übereinstimmt und daß, wenn man zur Dichte des ölbildenden Gases die Dichte des Chlors addiert, man die Dampfdichte des Öls der holländischen Chemiker erhält.

---

[1]) A. ch. [2] **1**, 348 (1816).

Siebentes Kapitel.
Untersuchungen über verschiedene aus dem Pflanzen- und Tierreich stammende Stoffe.

Seit Anfang des zweiten Jahrzehntes des vorigen Jahrhunderts erlangte auch das Studium der in der Natur vorkommenden organischen Stoffe wieder größere Bedeutung. Im Jahre 1811 machte Kirchhoff[1]) die für die Wissenschaft und Industrie wichtige Entdeckung, daß sich Stärkemehl durch Kochen mit verdünnten Säuren in Traubenzucker verwandeln läßt.[2]) Dieselbe erregte sofort so lebhaft das allgemeine Interesse, daß schon 1812, auf Anregung von Döbereiner, der Großherzog Carl August in der Nähe von Weimar eine Stärkezuckerfabrik errichten ließ. Wegen der Aufhebung der Kontinentalsperre gingen aber die erhofften Erfolge nicht sofort in Erfüllung, und es bedurfte noch einer Reihe von Jahren, bis jene Entdeckung industrielle Bedeutung erlangte. Im Anschluß an diese Beobachtung hat dann Kirchhoff seine Versuche auch auf die Zuckerbildung aus Malz ausgedehnt. Diesen Vorgang erklärte er auf folgende Weise[3]): „Der Kleber bewirkt die Zuckerbildung im gekeimten Samen und im Mehl, das mit heißem Wasser abgebrüht wird. Durch das Keimen erlangt der Kleber die Eigenschaft, eine noch größere Menge Stärke zu versüßen, als im Samen befindlich ist." Dann haben 1833 Payen und Persoz[4]) die Substanz, welche beim Keimen der Gerste entsteht isoliert und sie als Diastase beschrieben und 1847 hat Dubrunfaut nachgewiesen, daß der aus Malz erhaltene Zucker, le sucre de malt, von dem Traubenzucker verschieden ist.

Acht Jahre nach Kirchhoffs Entdeckung machte Braconnot[5]) die für die Kenntnis der Cellulose grundlegende Beobachtung[6]), daß gebrauchte Leinwand durch Schwefelsäure in eine gummiartige Substanz verwandelt wird, welche durch Verdünnen mit Wasser und Kochen in einen Zucker übergeht, der mit Traubenzucker vollkommen identisch ist. Seine Versuche über Einwirkung der Schwefelsäure auch

---

[1]) G. L. Kirchhoff, geboren 1764 zu Teterow in Mecklenburg, und gestorben 1833 in Petersburg, wohin er als Apothekergehilfe gekommen war und wo er später Oberapotheker und Adjunkt der Akademie wurde, hat wesentlich Arbeiten veröffentlicht, die neben dem wissenschaftlichen auch ein praktisches Interesse besitzen.
[2]) 1811 der Akademie in Petersburg mitgeteilt; Schw. **4**, 108 (1812).
[3]) Schw. **14**, 389 (1814).
[4]) A. ch. [2] **53**, 73 (1833).
[5]) Henri Braconnot (1781—1855), geboren zu Commency, war zuerst Apotheker in Straßburg und wurde 1807 Direktor des botanischen Gartens und Professor der Naturwissenschaften in Nancy. In dieser Stellung verblieb er bis zu seinem Tode. Er hat mit Vorliebe und großem Eifer die in den Pflanzen vorkommenden Substanzen studiert.
[6]) A. ch. [2] **12**, 172 (1819).

auf animalische Produkte ausdehnend, erhielt er aus Leim eine aus Wasser gut krystallisierende Substanz, deren Geschmack, wie er angab, ungefähr mit dem des Traubenzuckers übereinstimmt, und die er daher als sucre de gélatine bezeichnete[1]). Er beobachtete aber, daß derselbe beim Erhitzen ein ammoniakhaltiges Destillat liefert, also Stickstoff enthält. Einer Elementaranalyse hat Braconnot denselben nicht unterworfen, wie es auch bei fast allen seinen Untersuchungen der Fall war. Daß diese neue Substanz, welche später Glykokoll genannt wurde, sich mit Salpetersäure verbindet, ohne zersetzt zu werden, hat er als charakteristisch angegeben. Aus Rindfleisch, welches wiederholt mit Wasser ausgezogen war, erhielt er durch Einwirkung von Schwefelsäure eine weiße Substanz, die er, dieser Eigenschaft wegen, als leucine nannte und von welcher er angab, daß sie gleichfalls mit Salpetersäure eine Verbindung bildet. Daß das schon kurze Zeit vor hervon Prout aus faulem Käse erhaltene Käseoxyd mit Leucin identisch ist, hat erst Mulder 1838 nachgewiesen.

Von Braconnots sonstigen Arbeiten sei noch erwähnt, daß er das aus wässerigen Auszügen der Galläpfel sich ausscheidende Pulver, das zuerst Chevreul bemerkte, als eine eigentümliche Säure erkannte, die sich in Alkalien mit gelber Farbe löst und der er den Namen Ellagsäure gab.[2]) „Embarassé de lui trouver un nom dérivé de propriétés qui ne puissent appartenir qu'à lui seul, j'ai cru devoir l'appeler acide ellagique du mot galle renversé." Dann hat er 1831 erkannt, daß die sogenannte sublimierte Gallussäure verschieden von der nicht erhitzten ist, ohne aber zu ermitteln, wie sich beide Verbindungen inbetreff der Zusammensetzung voneinander unterscheiden. Auch seine sonstigen Arbeiten, wie die über Salicin, die Berzelius[3]) als eine ganz vortreffliche bezeichnete, hatte er nur vom Standpunkt der analyse immédiate ausgeführt.

Nachdem aus den Beobachtungen von Kirchhoff und Braconnot sich ergeben hatte, daß Cellulose, Stärkemehl und Zucker in chemischem Zusammenhang miteinander stehen, wies Prout[4]) auf Grund der Analysen von Gay-Lussac und Thénard sowie seiner eigenen darauf hin, daß die Zuckerarten, Stärke, Gummi und der Holzstoff als Verbindungen von Kohlenstoff mit Wasser angesehen

---

[1]) A. ch. [2] **13**, 119 (1820).
[2]) A. ch. [2] **9**, 187 (1818).
[3]) J. Berz. **11**, 283.
[4]) William Prout (1785—1850) war in London als praktischer Arzt tätig. Er beschäftigte sich nicht nur mit chemischen Untersuchungen, welche für die Medizin von Interesse waren, sondern auch mit Vorliebe mit theoretischen Spekulationen. Am bekanntesten wurde sein Name durch die von ihm aufgestellte Hypothese, daß die Atomgewichte aller Elemente ganze Vielfache des Atomgewichts von Wasserstoff sind.

werden können[1]) und gab denselben den Gruppennahmen saccharine class. Zugleich wurde von ihm zum ersten Male die Einteilung der organischen Nahrungsmittel in die noch jetzt gebräuchlichen drei großen Abteilungen aufgestellt. „The principals alimentary matters might be reduced to the three great classes, namely the saccharine, the oily and the albuminous." Für die der saccharine class angehörenden Verbindungen hat dann 1844 Carl Schmidt den Namen „Kohlenhydrate" geprägt[2].)

Nachdem Fourcroy und Vauquelin 1811 in den Exkrementen der Vögel das reichliche Vorkommen von Harnsäure nachgewiesen hatten, wurden die Ausscheidungen der verschiedenartigsten Tiere auf Harnsäure untersucht. So fand Prout, daß in den Exkrementen der Schlangen bis zu 95% vorkommen. Auch machte er bei seinen Arbeiten „Über die Pathologie der Sekretionen" die interessante Entdeckung des purpursauren Ammoniaks[3]), welches später meist als Murexid bezeichnet wurde. Die schöne Färbung der purpursauren Salze führte ihn schon damals zu der Idee, daß man sie sowohl in der Malerei wie zum Färben von Wolle und anderen animalischen Produkten würde anwenden können. Als 34 Jahre später, wie auf Seite 116 angegeben ist, dies verwirklicht wurde, war Prout kurz vorher gestorben.

Achtes Kapitel.
Untersuchungen über die Fette.

Ein Forscher, der eine wichtige Klasse in der Natur vorkommender Stoffe mit einem ebenso feinen Unterscheidungsvermögen wie es Scheele besaß, studierte und dabei die quantitative Elementaranalyse anwandte, ist Michel Eugène Chevreul. In Angers am 21. August 1786 geboren, starb er, fast 103 Jahre alt, am 9. April 1889. Im Alter von siebzehn Jahren war er, um Chemie zu studieren, in Vauquelins Laboratorium eingetreten. In Übereinstimmung mit der Arbeitsweise seines Lehrers hatte er sich die Aufgabe gesetzt, Substanzen, die sich unmittelbar aus den Pflanzen erhalten lassen, zu untersuchen. Er entdeckte 1808 die Styphninsäure und 1811 das Hämatoxylin. Ein zufälliger Umstand gab dann seinen Arbeiten eine andere Richtung. Als ihm 1811 eine aus Schweineschmalz dargestellte Kaliseife zur Analyse übergeben war, beobachtete er, daß aus deren wässeriger Lösung bei längerem Stehen sich Krystalle ausgeschieden hatten. Diese Beobachtung sollte reiche Früchte tragen; sie wurde

---
[1]) On the ultimate composition of simple alimentary substances; Phil. Tr. 1827, 355.
[2]) A. **51**, 30 (1844).
[3]) Phil. Tr. 1818, 420.

der Ausgangspunkt der Untersuchungen, die seinen Ruhm begründet haben und die ihm eine glänzende Karriere verschafften.

Weder über die Natur der Fette noch über den Verseifungsvorgang waren vor Chevreuls Arbeiten die Chemiker zu klaren Vorstellungen gelangt. Obwohl es schon bekannt war, daß die aus den Seifen oder Bleipflastern wieder ausgeschiedene fette Materie in Alkohol löslicher ist, als das ursprüngliche Fett, so wurde allgemein angenommen, daß bei der Bildung der Seifen eine direkte Verbindung von Fett und Alkali erfolge. Die Beobachtung der verschiedenen Löslichkeit wurde durch eine durch die Luft bewirkte Oxydation erklärt. Auch die Entdeckung des Ölsüß war auf jene Anschauung ohne Einfluß geblieben. Den Vorgang der Seifenbildung wie die Zusammensetzung der Fette aus Säuren und Glycerin hat erst Chevreul auf Grund seiner experimentellen Untersuchungen richtig erklärt. In den vielen in den Jahren 1813—1818 erschienenen Abhandlungen zeigt sich der ganze Entwicklungsgang seiner Arbeiten. In systematischer Weise hat er dann 1823 alle Resultate in einem Buch „Recherches sur les corps gras d'origine animale" zusammengestellt.

In seiner ersten, dem Institut 1813 gemachten Mitteilung bezeichnete Chevreul die Krystalle, die sich aus jener Seife ausgeschieden hatten, wegen ihres der Perlmutter ähnlichen Aussehens, als matière nacrée, und die durch Salzsäure aus derselben erhaltene Substanz als margarine. Nachdem er dann erkannt hatte, daß dieses, im Gegensatz gegen das ursprüngliche Fett, saure Eigenschaften besitzt, nannte er es acide margarique. Es ist dies die erste Säure, welche aus den Fetten isoliert wurde. Aus der Mutterlauge jener Krystalle erhielt er nach dem Ansäuern als zweiten Bestandteil ein Produkt, welches er anfangs als graisse fluide, dann als acide oléique beschrieb. Schrittweise vorangehend, bewies er, daß in den Fetten diese beiden Säuren nicht im freien Zustand, sondern mit dem Ölsüß von Scheele verbunden vorkommen, das erst beim Verseifen in Freiheit gesetzt wird. Für dasselbe prägte er den Namen glycérine. Dann zeigte er, daß das Schweinefett sich durch Alkohol zerlegen läßt und daß der eine Teil beim Verseifen Margarinsäure, der andere Ölsäure liefert. Diese Glycerinverbindungen bezeichnete er nun als margarine und oléine und schuf damit die noch gebräuchliche Nomenklatur für die Fettbestandteile. Indem er seine Untersuchungen auf das Fett der Menschen und verschiedener Tiere ausdehnte, entdeckte er im Hammeltalg eine höher wie die Margarinsäure schmelzende Säure, der er den Namen acide stéarique gab. Außerordentlich gründlich untersuchte er die Verseifung der Fette durch die verschiedenartigen Basen und fand, daß das Gewicht der beiden Produkte, der Säuren und des Glycerins, 5—6% größer ist wie das des angewandten Fetts. Dieses Resultat wurde bei seinen theoretischen Schlußfolgerungen von Bedeutung.

Eingehend hat Chevreul die Frage behandelt, ob die bei 70° schmelzende Stearinsäure und die Margarinsäure vom Schmelzpunkt 60° als voneinander verschiedene Individuen anzusehen sind. Zur Trennung der in den Fetten enthaltenen Säuren hat er die verschiedene Löslichkeit der Kaliumsalze in Alkohol benutzt. Das ölsaure Kalium ist sehr leicht löslich, dann folgt das margarinsaure, und das stearinsaure Salz ist am wenigsten löslich. Um zu erkennen, ob diese rein sind, hat er folgendes Prinzip befolgt[1]: „On a considéré les stéarates et margarates comme purs, lorsqu'en les dissolvant cinq fois de suite dans l'alcool bouillant, le précipité formé pendant le refroidissement contenait un acide donc la fusibilité était la même que celle de l'acide qui restait en dissolution dans l'alcool." Da die Margarinsäure 10° tiefer als die Stearinsäure schmilzt, auch der Analyse nach mehr Sauerstoff enthält als Stearinsäure und Ölsäure, so hat er sie von diesen beiden Säuren unterschieden. Aus diesen Untersuchungen ist zum ersten Male hervorgegangen, daß es für den Nachweis organischer Verbindungen, sowie um zu erkennen, ob sie rein sind, wichtig ist, die Schmelzpunkte zu bestimmen, was früher ebenso wie die Ermittlung der Siedepunkte sehr vernachlässigt wurde. So finden sich in älteren chemischen Werken, wie z. B. in der ersten Auflage von dem Lehrbuch von Berzelius, noch keine Angaben über den Schmelzpunkt der Benzoesäure oder den Siedepunkt der Essigsäure.

Bei der Untersuchung des Delphintrans entdeckte Chevreul die Valeriansäure, die er als acide phocénique beschrieb. Infolge des Geruchs fand er, daß sie auch im Pflanzenreich und zwar in den Beeren von Viburnum vorkommt. Daß dieselbe mit Valeriansäure identisch ist, wurde erst später nachgewiesen. Aus der Butter erhielt er außer Buttersäure noch die Capronsäure und die Caprinsäure, deren Namen er von capra (Ziege) herleitete. So hat Chevreul bei diesen Untersuchungen sieben fette Säuren, ferner das Cholesterin im Gallenfett und das éthal (Cetylalkohol) beim Verseifen des Walrats entdeckt. Das Wort éthal hat er aus den ersten Buchstaben von éther und alcool gebildet, da er in diesen drei Substanzen eine analoge Zusammensetzung annahm. „Ces trois substances sont représentées par l'hydrogène percarboné (d. h. Äthylen) + eau; et l'eau dans l'éther et l'éthal est $1/2$ et $1/8$ de l'eau de l'alcool."

Die Resultate[2] der Elementaranalyse, die er mit Kupferoxyd ausführte, wobei er das Wasser durch Wägen, die Kohlensäure aber

---

[1] Corps gras p. 408.
[2] Diese Resultate sind zum größten Teil erst in dem Buch „Sur les corps gras" mitgeteilt, in dem er auch ausführlich die Ausführung der Analysen beschrieben hat.

volumetrisch bestimmte, zeigen sich durch große Genauigkeit aus und entsprechen, wenn man sie nach dem richtigen Atomgewicht berechnet, sehr gut der später ermittelten Zusammensetzung. Bei den nur wenig Kohlenstoff enthaltenden Verbindungen, wie beim Glycerin, kam er schon zu den richtigen Formeln, dagegen gelangte er für die kohlenstoffreichen Substanzen, infolge des zu hohen Äquivalents für Kohlenstoff, zu einer etwas zu großen Zahl von Atomen für dieses Element. So hat er 17 Atome Kohlenstoff in der Margarinsäure angenommen, weil die Berechnung der Analyse damals 76,37% ergab. Nach dem richtigen Atomgewicht reduziert sich dieser Wert auf 75,2, was gut mit der Formel $C_{16}H_{32}O_2$ übereinstimmt. Nach Umrechnung stimmt auch seine Analyse des Cholesterins ganz scharf mit der jetzt angenommenen Formel überein.

Wie er auf S. 390 seines Buchs angibt, sind die in der Natur vorkommenden Fette Gemenge weniger chemischen Individuen. „La découverte d'un petit nombre d'espèces de corps gras susceptibles de s'unir ensemble en proportions indéfinies explique les différences de fusibilités, d'odeur, de saveur que présente ce nombre prodigieux de suifs, de graisses, de beurres et d'huiles que nous rencontrons dans les êtres organisés, en même temps qu'elle ramène au lois des compositions définies une classe entière qui s'emblait s'y soustraire."

Durch diese Untersuchungen gelangt Chevreul auch zu der Ansicht, daß die Fettbestandteile eine den Estern analoge Konstitution besitzen und man sie, wie diese, mit den anorganischen Salzen vergleichen kann. Der Verseifungsprozeß ist nach ihm eine Zersetzung, bei der die anorganischen Basen die Stelle des wasserfreien Glycerins einnehmen. Letzteres, indem es sich mit Wasser verbindet, liefere das Glycerin. Bei dem Walrat spielt das in dem Äthal vorhandene Äthylen (hydrogène carburé) dieselbe Rolle[1]). „Les stéarines[2]), l'oléine la phocéine, la butyrine, sont des espèces de sels formés d'un acide gras anhydre, fixe ou volatil et de glycérine anhydre; la cétine est également une espèce de sel, mais la base qui neutralise la partie acide est de l'hydrogène percarburé; cette composition rapproche la cétine des éthers, qu'on regarde comme des composés d'un acide et d'hydrogène percarburé. Dans cette hypothèse, la saponification n'est que la décomposition d'un sel gras par une base salifiable qui prend la place de la glycérine anhydre ou de l'hydrogène percarburé, pendant que ces derniers corps, en fixant de l'eau, donnent la glycérine syrupeuse ou l'éthal."

In einem 1824 veröffentlichten Buch „Considérations générales sur l'analyse organique" hat Chevreul die Methoden beschrieben,

---

[1]) Corps gras p. 451.
[2]) Unter les stéarines sind Stearin und Margarin verstanden.

die man anwenden kann, um aus den Naturprodukten reine Substanzen zu isolieren. Besonderen Wert hat er darauf gelegt, anzugeben, wie es möglich ist, zu erkennen, ob es sich um Gemenge oder chemische Arten handelt. Letztere definierte er in folgender Weise (S. 134): „La définition de l'espèce prise dans les corps composés repose sur trois sortes de considération, celle de la nature des éléments, celle de leur proportion et enfin celle de leur arrangement: elle est l'expression pure des résultats de l'expérience; j'ai fait remarquer que les deux premières considérations sont bien mieux définies que la troisième." Diese letztere darf man als einen Hinweis auf das, was man später die Konstitution einer Verbindung genannt hat, ansehen.

Im Zusammenhang mit seiner Ansicht über die Fette und offenbar im Anschluß an Gay-Lussacs Ansicht über die Zusammensetzung von Alkohol und Äther gab er für die sog. zusammengesetzten Äther (Ester) folgende Auffassung[1]: „L'éther nitrique et les éthers végétaux peuvent être représentés comme des composés d'hydrogène percarburé + de l'eau + des acides secs."

Bei der Besprechung der Unterschiede zwischen anorganischen und organischen Verbindungen verwirft Chevreul (S. 193) die damals noch fast allgemein angenommene Ansicht, daß es niemals möglich sein werde, die vegetabilischen und animalischen Stoffe künstlich darzustellen. „Il existe un grand nombre de substances qu'on trouve que dans les animaux ou les végétaux et qu'on ne peut produire par aucun procédé chimique dans l'état actuel de nos connaissances; mais regarder cette distinction comme absolue et invariable serait contraire à l'esprit de la science, se serait déclarer l'inutilité de toutes les tentatives qui auraient pour objet de faire des composés identiques ou analogues à ceux que nous regardons aujourd'hui comme particuliers aux êtres organisés." Daher hält er es auch für unrichtig, anzunehmen, „que la vie ou la force vitale peut seule produire des composés absolument distincts des composés inorganiques". Noch in demselben Jahre, in dem dieses zweite Buch von Chevreul erschienen ist, hat Wöhler die Oxalsäure aus Cyan und vier Jahre später den Harnstoff künstlich dargestellt.

Chevreuls Untersuchungen wurden sehr bald auch industriell von Bedeutung. Die Seifenindustrie entwickelte sich in rationeller Weise. Zugleich bildeten sie den Ausgangspunkt für die Stearinindustrie. Im Jahre 1825 nahmen Gay-Lussac und Chevreul ein Patent auf die Fabrikation von Lichtern aus Stearinsäure, welches aber wegen Kompliziertheit des Verfahrens sowie dem Mangel eines geeigneten Dochtes noch keinen industriellen Erfolg hatte. Einige Jahre später gelang es de Milly durch die Kalkverseifung und einen

---

[1] In analyse organique p. 192.

mit borsaurem Ammoniak getränkten Docht die Fabrikation von Stearinkerzen lebensfähig zu machen. So kann auf diese Industrie wie später auf manche andere der Ausspruch[1]) A. W. Hofmanns: „Aber es ist Eines, wissenschaftliche Tatsachen festzustellen; ein Anderes, diese Tatsachen dem Bedürfnisse des Lebens dienstbar zu machen", bezogen werden. Die Anwendung der Stearinkerzen wurde ein wichtiges Glied in der Entwicklung des Beleuchtungswesens und erfüllte einen Wunsch, den Goethe 1815 in ein poetisches Gewand gekleidet hatte:

„Wüßte nicht, was sie Besseres erfinden könnten,
Als wenn die Lichter ohne Putzen brennten."

Nachdem Chevreul seine Untersuchungen über die Fette abgeschlossen hatte, wollte er, wie er in dem Buch über Analyse organique angab, in ähnlicher Weise die stickstoffhaltigen Bestandteile des tierischen Organismus untersuchen. In dieser Richtung ist er aber nur zu der im fünfundzwanzigsten Kapitel besprochenen Entdeckung des Kreatins gelangt. Seine im Jahre 1824 erfolgte Ernennung zum Directeur des teintures an der Pariser Gobelinfabrik und die nach Vauquelins Tod ihm übertragene Professur der angewandten Chemie am Jardin des plantes lenkten seine Tätigkeit in andere Bahnen. Von da an hat er sich wesentlich mit den Problemen der Technik beschäftigt und zwar vor allem mit Untersuchungen über Farbstoffe und deren Anwendung, sowie auch mit theoretischen Betrachtungen über Gefärbtsein.

Neuntes Kapitel.
Die Entdeckung der Alkaloide.

Dem zweiten Jahrzehnt des vorigen Jahrhunderts gehören die Untersuchungen an, durch welche die Chemie jener organischen Verbindungen begründet ist, die anfangs als vegetabilische Salzbasen und dann von Gerhardt in seinem Précis de chimie organique als alcaloides ou alcalis végétaux bezeichnet wurden. Im Jahre 1803 hatte Derosne, Apotheker in Paris, mitgeteilt, daß er aus dem Opiumextrakt durch Alkali eine krystallisierte Substanz, die er als Opiumsalz bezeichnete, erhalten habe. Ihre basische Natur hat er aber nicht erkannt, sondern angenommen, daß die Grünfärbung, die sie im Veilchensyrup hervorbringt, von anhängendem Alkali herrühre. Der eigent-

---

[1]) In seiner Festrede „Ein Jahrhundert chemischer Forschung unter dem Schirme der Hohenzollern" (Berlin 1881) hat Hofmann diesen Ausspruch auf die Entdeckung des Zuckers in den Runkelrüben bezogen.

liche Entdecker der ersten organischen Base ist Sertürner[1]), der 1805 angab, daß er aus Opium eine eigentümliche organische Säure und einen basisch reagierenden, vegetabilischen Körper, der mit Säuren salzartige Verbindungen zu geben scheine, isoliert habe. Diese Entdeckung wurde damals so gut wie nicht beachtet. In seiner zwölf Jahre später erschienenen Abhandlung[2]) „Über das Morphium, eine salzfähige Grundlage, und die Mekonsäure als Hauptbestandteile des Opiums" sagte er hierüber: „Meine Abhandlung hat man nur wenig berücksichtigt; sie war flüchtig geschrieben; die Mengen, mit denen ich gearbeitet hatte, nur klein." Im Jahre 1817 hat er ausführlich die alkalisch reagierende Verbindung, die er jetzt Morphium nannte. sowie verschiedene Salze beschrieben und dieselbe als „eine der sonderbarsten Substanzen, welche sich dem Ammoniak zunächst anzuschließen scheint", bezeichnet. Auch nahm er an, daß wahrscheinlich die wichtigsten medizinischen Wirkungen des Opiums auf der des Morphiums beruhen. Bei Versuchen, die er und einige andere Personen an sich angestellt hatten, beobachtete er „merkliche Symptome einer wirklichen Vergiftung" und fügte daher hinzu, daß es rätlich sei, beim Gebrauche desselben und seiner Salze sehr vorsichtig zu sein.

Die Abhandlung erregte reges Interesse, was noch durch folgende Anmerkung von Gay-Lussac, der damals Redakteur der Annales de Chimie war, gefördert wurde[3]): „Nous sommes étonnés que le premier Mémoire de M. Sertuerner n'ait pas fixé plutôt l'attention des chimistes non en France ou il ne parait pas qu'il ait été connu, mais dans le reste du continent. La découverte d'une base alcaline, formée par le carbone, l'hydrogène, l'oxygène et l'azote, dans laquelle les propriétés neutralisantes sont très-prononcées, nous parait de la plus grande importance; c'est pour cette raison que nous nous sommes empréssés d'en donner connaissance à nos lecteurs." Auch veranlaßte er Robiquet, die Versuche zu wiederholen. Dieser bestätigte die Angaben von Sertürner und wies zugleich das Vorhandensein eines zweiten Opiumalkaloids, das er Narkotin nannte, nach.

Von verschiedenen Seiten wurden sofort auch andere vegetabilische Produkte auf die in ihnen enthaltenen wirksamen Bestandteile untersucht und im Laufe der Jahre 1818—1820 eine Reihe der wichtigsten Alkaloide aufgefunden. In erster Linie waren Pelletier und Caventou[4]) in dieser Richtung erfolgreich tätig. Ihnen verdankt

---

[1]) Fried. W. Sertürner (1783—1841) war Apotheker in Einbeck, später in Hameln. Außer verschiedenen chemischen hat er auch medizinische Schriften verfaßt.
[2]) Gilb. **55**, 56 (1817).
[3]) A. ch. [2] **5**, 41 (1817).
[4]) Pierre Joseph Pelletier (1788—1842) und Joseph Caventou (1795—1878) waren Professoren an der Ecole de pharmacie in Paris.

die Chemie die Entdeckung von Chinin, Cinchonin, Strychnin und Brucin. Dann entdeckte Meißner das Veratrin, Oersted das Piperin, Lassaigne und Feneulle das Delphinin, Desfosses das Solanin, Pelletier und Magendie das Emetin und Runge das Caffein. So war die Zahl der am Ende des Jahres 1820 bekannten Alkaloide bis auf zwölf angewachsen. Auch die Anwendung der Alkaloide, wie namentlich des Chinins, in der Medizin hatte schon begonnen. In einer Notiz über schwefelsaures Chinin hat Robiquet 1821 angegeben, er habe schon größere Mengen dieses neuen Arzneimittels dargestellt[1]).

Die erste quantitative Untersuchung jener Basen haben Dumas und Pelletier in einer für die damalige Zeit bewunderungswürdigen Weise ausgeführt[2]) und 1823 als „Recherches sur la composition élémentaire des bases salifiables organiques" veröffentlicht. Sie ermittelten die Zusammensetzung von neun Alkaloiden und bestimmten, wieviel Schwefelsäure zu ihrer Sättigung nötig ist. So gelangten sie dazu, anzugeben, wieviel Atome Kohlenstoff, Wasserstoff, Stickstoff und Sauerstoff in denselben enthalten sind und in welchem Verhältnis der Sauerstoff der Base zum Sauerstoff der Säure steht. Die Frage, ob die basischen Eigenschaften durch den Stickstoff bedingt werden, beantworten sie dahin, daß dies nicht wesentlich der Fall zu sein scheine.

„Il résulte, en comparant les rapports, qu'on ne peut supposer l'alcalinité de ces matières comme liée essentiellement à l'existence de l'azote. En effet la morphine et la vératrine qui contiennent à peu près les mêmes quantités d'azote, prennent dans leurs sulfates, le premier 12,465 d'acide et le second 6,644."

Zwei Jahre später stellte dagegen Robiquet[3]) die Ansicht auf[4]), daß die vegetabilischen Salzbasen aus Verbindungen von Pflanzenstoffen mit Ammoniak bestehen und letzteres die Ursache ihrer alkalischen Natur sei. Berzelius hat dann 1827[5]) die Frage erörtert, ob sich die organischen Salzbasen nach Art der anorganischen Oxyde mit den wasserfreien Säuren verbinden oder Ammoniak enthalten, welches den eigentlich alkalischen Bestandteil ausmacht, oder mit dem Ammoniak so verbunden sind, daß sie nicht ohne Zutritt von einem Atom Wasser zu ordentlichen Salzbasen werden. Doch hat er damals sich noch nicht für eine dieser drei Möglichkeiten entschieden.

[1]) A. ch. [2] **17**, 316 (1821).
[2]) A. ch. [2] **24**, 169 (1823).
[3]) Pierre Jean Robiquet (1780—1840) zu Rennes geboren, war Professor und Administrator an der Ecole de Pharmacie in Paris, sowie Besitzer einer chemischen Fabrik.
[4]) J. Berz. **6**, 256.
[5]) Lehrbuch III, 242.

Liebig hatte, als er im Anschluß an die Beschreibung seines Kaliapparats die Ergebnisse von Analysen der vegetabilischen Salzbasen mitteilte[1]), die Sättigungskapazität derselben durch die Gewichtszunahme beim Überleiten von gasförmigem Chlorwasserstoff über die trockenen Basen bestimmt. So gelangte er zu der von ihm als „Gesetz" bezeichneten Annahme, „daß in einem Atom Basis zwei Atome Stickstoff enthalten sind", also ebensoviel, wie er damals im Ammoniak N_2H_6 annahm. Daran anknüpfend entwickelte er folgende Ansicht über die chemische Natur jener Basen: „Es scheint demnach in der Tat, als ob die alkalischen Eigenschaften dieser Körper wesentlich an die Gegenwart des Stickstoffs gebunden seien, den man sich nun als Ammoniak oder als eine andere noch unbekannte Verbindung denken kann. Ich halte das letztere, daß nämlich der Stickstoff nicht als Ammoniak in diesen Körpern enthalten ist, für die wahrscheinlichste." Zugunsten hierfür bezieht er sich darauf, daß beim Zersetzen von Brucin, Strychnin usw. durch Salpetersäure kein Ammoniak in der sauren Flüssigkeit enthalten ist.

Berzelius hielt diesen Grund nicht für stichhaltig und sagte 1837 in seinem Lehrbuch[2]): „Es ist nämlich nicht unwahrscheinlich, daß diese Basen ihre alkalischen Eigenschaften von einem Doppelatom Ammoniak haben, welches darin mit einem stickstofffreien oxydierten Körper verbunden ist, der für sich selbst wohl nicht basisch ist." Hiermit übereinstimmend bezeichnete er später die Alkaloide als gepaarte Ammoniake.

In einer im Jahre 1838 veröffentlichten ausführlichen analytischen Untersuchung der Alkaloide gelangte Regnault[3]) zu der Folgerung: „Die vorstehenden Analysen zeigen, daß das Gesetz der Zusammensetzung, das Liebig bei den organischen Basen zu beobachten glaubte und das seitdem von allen Chemikern angenommen wurde, nicht allgemein gültig ist. Diese Basen enthalten nicht immer 2 Atome Stickstoff, eine große Zahl davon enthalten 4 Atome" (d. h. nach den jetzigen Atomgewichten 1 oder 2 Atome). Während er für Morphin die Formel $C_{35}H_{40}N_2O_6$ annahm, erteilte er dem Chinin $C_{41}H_{50}N_4O_4$.

Liebig, der für Chinin die Formel $C_{20}H_{24}N_2O_2$ aufgestellt hatte, brachte, „um diesen Gegenstand bis zu einem gewissen Grade zum Abschluß zu bringen", eine neue, später viel benutzte Methode zur Anwendung[4]). Aus der Platinbestimmung der Platindoppelsalze berechnete er das Atomgewicht der Basen. So gelangte er zu einer

---

[1]) P. **21**, 13 (1831).
[2]) 3. Aufl. VI, 270.
[3]) A. **26**, 10 (1838).
[4]) A. **26**, 41 (1838).

Bestätigung seiner Formel des Chinins. Da nun seine eigenen früheren Analysen und die von Dumas und Pelletier sowie die von Regnault besser der Zahl von 41 Atomen entsprachen, so nahm er an, daß das damals der Analyse unterworfene Chinin noch Cinchonin enthalten habe und dies den zu hoch gefundenen Kohlenstoffgehalt erkläre. Berechnet man aber jene Analysen nach den richtigen Atomgewichten, so ergibt sich eine gute Übereinstimmung mit Liebigs Chininformel, aber natürlich auch mit der verdoppelten. Spätere Untersuchungen haben dann die Richtigkeit von Regnaults Schlußfolgerung bewiesen, daß die Alkaloide nicht alle denselben Stickstoffgehalt besitzen.

Alle damals analysierten Alkaloide waren sauerstoffhaltig. Daher wurde auch in den am Ende der zwanziger Jahre entdeckten Coniin und Nicotin anfangs, auf Grund von Analysen eines offenbar noch Wasser enthaltenden Materials, das Vorhandensein von Sauerstoff angenommen. Erst 1842 ergab sich aus den Analysen der Platinverbindungen, die Ortigosa[1]) auf Veranlassung von Liebig ausführte, daß jene beiden Basen keinen Sauerstoff enthalten. Dadurch wurde zum erstenmal bewiesen, daß in den Pflanzen auch Basen vorkommen, die nur aus Kohlenstoff, Wasserstoff und Stickstoff bestehen, wie es sich für Anilin schon ein Jahr früher ergeben hatte.

Zehntes Kapitel.
Die Oxydation des Alkohols.

Die in diesem Kapitel zu besprechenden Untersuchungen haben zu einer neuen wichtigen Bildungsweise der Essigsäure und zur Entdeckung des Aldehyds sowie zu Beobachtungen geführt, die später für die Theorie von Kontaktwirkungen von großer Bedeutung wurden. Humphry Davy hatte im Anschluß an die Entdeckung seiner Sicherheitslampe im Jahre 1817 die Beobachtung gemacht, daß bei Gegenwart von Luft ein Platindraht durch Dämpfe von Alkohol oder Äther bei Temperaturen, die unter deren Entzündungstemperaturen liegen, dauernd glühend erhalten werden kann und gefunden, daß hierbei saure Dämpfe auftreten. Er beauftragte Faraday, zu ermitteln, was sich hierbei bildet. Dieser fand, daß eine aus Kohlenstoff, Wasserstoff und Sauerstoff zusammengesetzte Säure entsteht. Genauer wurde dieselbe von Daniell untersucht[2]), der die dazu erforderliche Menge Säure in der Art darstellte, daß er eine Davysche Glühlampe, über welcher er den Helm eines Destillierapparates

---
[1]) A. **41**, 114 und **42**, 313 (1842).
[2]) Gilb. **61**, 350 (1819).

angebracht hatte, während 6 Wochen ununterbrochen brennend erhielt. Eine nach der Methode von Gay-Lussac und Thénard ausgeführte Analyse zeigte, daß die Zusammensetzung dieser Säure, die er lampic acid nannte, einem Atom Kohlenstoff und einem Atom Wasser entspricht. Später fand er, daß seine Lampensäure aus Essigsäure besteht, die noch eine geringe Menge eines Körpers enthält, der reduzierende Eigenschaft besitzt.

Zu derselben Zeit teilte Edmund Davy mit, daß ein von ihm dargestelltes Platinpräparat, dem er den Namen fulminating platinum gab, die merkwürdige Eigenschaft besitzt, schon bei gewöhnlicher Temperatur auf Zusatz von etwas Weingeist so stark zu erglühen, daß der Weingeist sich entzündet.

Diese Beobachtung veranlaßte Döbereiner[1]), der sich mit Vorliebe mit den Verbindungen des Platins beschäftigte, diesen Vorgang genauer zu studieren. In seiner 1822 veröffentlichten Abhandlung[2]) „Verwandlung von Alkohol in Essigsäure mittelst Edm. Davys neuem sog. Knallplatin" betrachtete er dieses Platinpräparat, dem er später den Namen Platinmohr beilegte, als Platinsuboxyd[3]). Den Vorgang der Umwandlung des Alkohols beschrieb er in folgender Weise. „Wenn man den Alkohol in tropfbar flüssigem Zustand mit dem Suboxyd in Berührung bringt unter einer mit atmosphärischer Luft oder Sauerstoff gefüllten Glocke, so beginnt die Tätigkeit mit Absorption von Sauerstoffgas, dann wird Wärme frei, der Alkohol fängt an zu verdampfen und verwandelt sich unter fortwährender Verzehrung von Sauerstoffgas erst in eine dem von mir beschriebenen Sauerstoffäther analoge Substanz und hierauf, wenn noch Sauerstoff vorhanden ist, in Essigsäure und Wasser. Ein Versuch mit 100 Gran (0,62 g) ab-

---

[1]) Johann Wolfgang Döbereiner (1780—1849), in der Nähe von Hof geboren, gehörte zu den Zeitgenossen von Berzelius. Auf dem Lande aufgewachsen, genoß er anfangs nur notdürftigen Unterricht, trat dann aber nach kurzer Vorbereitung durch einen Pfarrer, als Lehrling bei einem Apotheker ein. Während seines Aufenthalts in Karlsruhe und Straßburg konnte er als Apothekergehilfe auch einige naturwissenschaftliche Vorlesungen hören. Zum Chemiker bildete er sich durch Selbststudium aus, da er bei seiner Mittellosigkeit an keiner Universität studieren konnte. Nachdem er während einiger Jahre in verschiedenen technischen Unternehmungen beschäftigt war, wurde er infolge seiner wissenschaftlichen Veröffentlichungen 1810 an die Universität Jena berufen, an der er zuerst als außerordentlicher, dann als ordentlicher Professor bis zu seinem Tod aufs erfolgreichste wirkte. Auch war er immer eifrig bemüht, die Gewerbe zu fördern. Zu Goethe ist er in nähere Beziehung getreten, wie aus dem 1914 von Julius Schiff herausgegebenen interessanten Buch „Briefwechsel zwischen Goethe und Döbereiner" hervorgeht. In demselben hat der Herausgeber auch das Leben und Wirken des Jenaer Chemikers beschrieben, von dessen originellen Arbeiten die 1823 gemachte Entdeckung, daß Wasserstoff sich durch Platinschwamm in atmosphärischer Luft entzünden läßt, eine große und gerechte Bewunderung erregte.

[2]) Gilb. 72, 193 (1822).

[3]) Daß es aus feinverteiltem Platin besteht, hat Liebig 1829 nachgewiesen.

solutem Alkohol absorbierte genau so viel Sauerstoff, wie die Rechnung angibt."

Döbereiner hat als erster für die Umwandlung von Alkohol in Essigsäure eine Gleichung aufgestellt, die er folgendermaßen schrieb:

$$C^2O^2H^6 + 4\,O = C^2O^3H^3 + 3\,HO.$$

In betreff der Rolle des Platins sagte er: „Das Platinsuboxyd erleidet bei dieser Metamorphose keine Veränderung. Ein Umstand, welcher nicht allein für die rein elektrische Funktion des genannten Präparats spricht, sondern auch die Anwendung desselben im großen zulässig macht." Wenn auch das Platin hierzu kaum zu wirklich industrieller Verwendung gelangte, so hat doch jene Abhandlung zu einer neuen Essigbereitung geführt. Kurze Zeit nach Döbereiners Veröffentlichung hat Schützenbach seine technisch wichtige Methode der Schnellessigfabrikation erfunden. Wagemann, der sich an der Einführung derselben beteiligt hatte, sagt[1]), unter Anerkennung der Verdienste Schützenbachs: „Der wahre Begründer der Industrie ist aber ohne Zweifel Hofrat Döbereiner." In theoretischer Beziehung erlangten ungefähr zwölf Jahre später, wie im zwanzigsten Kapitel angegeben ist, die Entdeckungen von H. Davy, Ed. Davy und Döbereiner eine große Bedeutung für die Lehre von den Kontaktwirkungen.

Die ersten Beobachtungen über die Einwirkung oxydierender Substanzen auf Alkohol reichen bis auf Scheele zurück, der in seiner Abhandlung „Über den Äther" angab, daß beim Erhitzen von Braunstein, Vitriolsäure und starkem Weingeist ein vortrefflich riechender Äther und bei verstärktem Feuer zuletzt Essigäther übergeht. Entgegen der von einigen Chemikern vertretenen Annahme, daß jener Äther der gewöhnliche Schwefeläther gewesen sei, haben Fourcroy und Vauquelin auf Grund ihrer Versuche sich 1800 bestimmt dahin ausgesprochen, daß die bei Einwirkung von Braunstein und Schwefelsäure auf Alkohol entstehende ätherartige Flüssigkeit von dem gewöhnlichen Äther verschieden ist. Auch nahmen sie schon an, daß der Braunstein dem Alkohol einen Teil seines Wasserstoffs in Form von Wasser entziehe.

Zwanzig Jahre später hat Döbereiner das Studium des Verhaltens von Alkohol gegen Oxydationsmittel aufgenommen und angegeben[2]): „Wenn man Alkohol mit schwefelsäurehaltiger Chromsäure oder Mangansäure in Berührung setzt, so wird dasselbe unter Entwicklung einer großen Summe von Wärme in Kohlensäure, Essigsäure und einer ölartigen Flüssigkeit verwandelt." Durch Rektifikation stellte er aus dieser ein Destillat dar, den er als Sauerstoffäther be-

---

[1]) P. **24**, 594 (1831).
[2]) Schw. **32**, 269 (1821) und **34**, 124 (1822).

zeichnete. Von dem flüchtigsten Anteil gab er an, daß er sich von dem gewöhnlichen Äther nicht nur durch Geruch und Geschmack, sondern auch dadurch unterscheidet, daß er sich in Alkalien mit gelber Farbe löst und dabei in ein Harz verwandelt wird. 1831 machte er die für die Darstellung des Aldehyds in reiner Form wichtige Beobachtung, daß dieser leicht flüchtige Bestandteil mit Ammoniak eine krystallisierte Verbindung bildet. Er sandte darauf Proben derselben wie vom Sauerstoffäther an Liebig, welcher diese Körper zum Gegenstand einer gründlichen Untersuchung machte, der wir die genaue Kenntnis von Aldehyd und die Entdeckung des Acetals verdanken. Aus dem Sauerstoffäther isolierte er das Acetal[1]) und aus der Ammoniakverbindung den Aldehyd in reinem Zustand[2]). Nachdem er gefunden hatte, daß dieser ebensoviel Kohlenstoff und Sauerstoff wie der Alkohol, aber weniger Wasserstoff enthält, prägte er den Namen Aldehyd aus alcohol dehydrogenatum. Die prozentische Zusammensetzung kontrollierte er durch eine Dampfdichtebestimmung, ermittelte aber das Atomgewicht $= C_4H_8O_2$[3]) durch Analyse der Ammoniakverbindung. Als charakteristisches Erkennungszeichen gab Liebig an, daß, wenn man den Aldehyd mit einigen Tropfen Ammoniak und mit salpetersaurem Silber erwärmt, in der Glasröhre ein glänzender Überzug von Silber entsteht. Er wies zugleich nach, daß hierbei der Aldehyd zu Essigsäure oxydiert wird. So erlangte durch diese Untersuchung der Aldehyd als wohl charakterisierte Verbindung seinen Platz in der organischen Chemie.

Bei der Aufstellung einer rationellen Formel hat Liebig, von der von ihm kurze Zeit vorher für Alkohol angenommenen Konstitution $C_4H_{10}O + H_2O$ ausgehend, die Ansicht entwickelt, daß der Aldehyd als $C_4H_6O + H_2O$ das Hydrat eines unbekannten Oxyds sei. Berzelius nahm dagegen, in seinem Bericht[4]) über Liebigs Arbeit, als wahrscheinlicher an, der Aldehyd sei, entsprechend der Formel $C^4H^6O^2 + 2H$, ein Analogon des Benzoylwasserstoffs. Später in seinem Lehrbuch[5]) sagte er aber: „Wie der Aldehyd betrachtet werden soll, bleibt problematisch." Bis zur Aufstellung der neueren Typentheorie wurde fast allgemein Liebigs Auffassung bevorzugt und, nach Annahme der Gmelinschen Äquivalente, dem Aldehyd die Formel C_4H_3O, HO zuerteilt. Erst durch Gerhardt kam für dasselbe wie für alle Aldehyde die Ansicht zur Geltung, daß diese Substanzen wie das Bittermandelöl als Wasserstoffverbindungen von Säureradikalen anzusehen seien[6]).

---

[1]) A. **5**, 25 (1833).
[2]) A. **14**, 133 (1835).
[3]) D. h. nach unseren Atomgewichten C_2H_4O.
[4]) J. Berz. **16**, 316.
[5]) 4. Aufl. Bd. 8, S. 316 (1839).
[6]) Siehe Kapitel 33.

Elftes Kapitel.
Faradays Arbeiten auf dem Gebiete der organischen Chemie.

Michael Faraday war zu Newington, einem Stadtteil von London, als Sohn eines Schmieds am 22. September 1791 geboren und am 25. August 1867 gestorben. Nachdem er in einer Volksschule sich einige Kenntnisse im Lesen, Schreiben und Rechnen erworben hatte, wurde er im Alter von zwölf Jahren zuerst Laufbursche, dann Lehrling in einer Buchbinderei. Sein reges Streben durch Lektüre seine Bildung zu vervollständigen, seine intelligente und liebenswürdige Persönlichkeit, veranlaßte einen Kunden seines Meisters, ihm die Gelegenheit zu verschaffen, Davys Vorlesungen zu hören. Faraday machte sich Notizen, die er aufs sorgfältigste zu Hause ausarbeitete. Hierdurch erfolgte der Wendepunkt in seinem Leben. Der Wunsch, sich der Wissenschaft zu widmen, veranlaßte ihn, seine Ausarbeitung an Davy einzusenden und diesem seinen Wunsch mitzuteilen. Derselbe kam ihm freundlich entgegen und nahm ihn als Gehilfen in sein Laboratorium auf. So trat er 1813 in das Royal Institution in London ein, an dem er 1828 zum Direktor des chemischen Laboratoriums ernannt wurde und dem er bis zu seinem Lebensende angehörte. In betreff näherer Angaben über sein Leben sei auf Bence Jones: Life and Letters of Faraday (1870) und Ostwalds Buch „Große Männer" verwiesen.

Wenn auch die hohe Stellung, die sich Faraday als Experimentator und Forscher erworben hat, in erster Linie auf seinen Untersuchungen über Elektrizität beruht, so hat er auch auf dem Gebiete der organischen Chemie wichtige experimentelle Tatsachen entdeckt und Arbeiten geliefert, die sich durch Zuverlässigkeit der Beobachtungen und Genauigkeit der Analysen auszeichnen. Überall, wo andere Forscher zu abweichenden Resultaten gelangt sind, ergab sich aus späteren Versuchen, daß die seinigen die richtigen waren, wie bei der Zusammensetzung des Naphtalins, der Bildung von Äthylschwefelsäure aus Äthylen und Schwefelsäure, sowie der Existenz zweier isomerer Naphtalinsulfonsäuren.

Eine seiner ersten Untersuchungen betraf die organische Chemie. Da Kohlenstoff und Chlor sich nicht direkt verbinden, so war es vorher nicht gelungen, ein Chlorid des Kohlenstoffs darzustellen. Im Jahre 1821 machte Faraday die Entdeckung, daß vom Äthylen ausgehend man zwei derartige Verbindungen darstellen kann[1]). Er ließ Chlor bei Gegenwart von Sonnenlicht auf das Öl der holländischen Chemiker so lange einwirken, als Entfärbung eintrat, wobei er die Tatsache ermittelte, daß für jedes Volum Chlor, das in Reaktion

---
[1]) Phil. Tr. 1821. 1.

tritt, sich ein Volum Chlorwasserstoff entwickelt. Aus der Menge des verbrauchten Chlors und aus der Analyse ergab sich übereinstimmend, daß im Äthylenchlorid aller Wasserstoff durch Chlor ersetzt war und die Zusammensetzung des so erhaltenen Chlorkohlenstoffs, den Faraday perchlorid of carbon nannte, 2 Atomen Kohlenstoff (C = 6) und 3 Atomen Chlor entsprach. Derselbe ist unser Perchloräthan.

Wie er dann fand, verliert derselbe beim Leiten durch eine glühende Röhre einen Teil des Chlors und liefert einen flüssigen Chlorkohlenstoff, das Tetrachloräthylen, den er als protochlorid of carbon bezeichnete, da der Analyse nach für ein Atom Kohlenstoff ein Atom Chlor in dieser Verbindung enthalten ist. In Gemeinschaft mit Phillips hat Faraday noch einen auf eigentümliche Weise erhaltenen Chlorkohlenstoff beschrieben. In einer Fabrik in Abo in Finnland wurde Salpetersäure durch Erhitzen von rohem Salpeter mit calciniertem Eisenvitriol in gußeisernen Retorten dargestellt. Dabei hatten sich in kleiner Menge farblose Krystalle gebildet. Die Analyse führte zu der Formel C_2Cl. In der chemischen Literatur wurde diese Substanz nach dem Namen des Fabrikanten in Abo als Julins-Chlorkohlenstoff bezeichnet. Daß dessen Zusammensetzung und Eigenschaften dem Hexachlorbenzol entsprechen, hat Hugo Müller[1]) in den sechziger Jahren angegeben..

Ein Jahr nach obiger Arbeit veröffentlichte Faraday die Abhandlung[2]) „On new Compounds of Carbon and Hydrogen", von der Berzelius[3]) sagte: „Eine der wichtigsten chemischen Arbeiten, womit die Wissenschaft im Laufe des Jahres 1825 bereichert worden ist, ist unleugbar Faradays Untersuchung der ölartigen Verbindungen zwischen Kohlenstoff und Wasserstoff, welche sich durch Kompression aus dem Gase von zersetzten fetten Ölen absetzen." Da beim Aufbewahren der Zylinder, die das damals in London zur Beleuchtung benutzte portative Gas enthielten, sich häufig und namentlich bei niedriger Temperatur der Übelstand zeigte, daß die Leuchtkraft abnahm, so suchten die Fabrikanten bei Faraday Rat und Hilfe. Dieser wies nach, daß jener Übelstand dann auftritt, wenn sich in den Zylindern eine Flüssigkeit ausscheidet, deren Bestandteile für die Leuchtkraft wesentlich sind. Bei der Untersuchung dieser Flüssigkeit entdeckte er zwei bis dahin unbekannte Kohlenwasserstoffe. Den bei gewöhnlicher Temperatur flüssigen und beim Abkühlen fest werdenden Kohlenwasserstoff, dessen Analyse 2 Atom Kohlenstoff und 1 Atom Wasserstoff entsprach, nannte er bicarburet of hydrogen. So hat er zuerst das Benzol entdeckt, welches 1833 Mitscherlich

---

[1]) Z. 7, 42 (1864).
[2]) Phil. T. 1825, 440.
[3]) J. Berz. 6, 92.

aus Benzoesäure darstellte und das später für Wissenschaft und Industrie eine solche Bedeutung erlangte, daß man es mit Recht als den wichtigsten Kohlenwasserstoff bezeichnete. In der damaligen Zeit knüpfte sich aber an den zweiten aus obiger Flüssigkeit isolierten Bestandteil ein größeres Interesse, worauf im Kapitel über Isomerie näher einzugehen ist. Es ist dies der unter 0° siedende Kohlenwasserstoff, das als new carburet of hydrogen beschriebene Butylen, von dem Faraday nachwies, daß es die gleiche Zusammensetzung wie ölbildendes Gas besitzt, seine Dichte aber doppelt so groß ist und also doppelt soviel Proportionen (proportionals) an Kohlenstoff und Wasserstoff enthält. Auch fand er, daß es ebenso wie Äthylen von Schwefelsäure absorbiert wird.

Indem dieser Forscher auch Naphtalin mit Schwefelsäure behandelte, entdeckte er die beiden ersten Sulfonsäuren, die er sulphonaphthalic acids nannte[1]). Er trennte dieselben durch Überführen in die Barytsalze, von denen das eine beim Erhitzen an der Luft mit Flamme verbrennt, das andere verglimmt, weshalb er das erste **flaming**, das andere **glowing** salt of baryta nannte. Genauer hat er die im ersteren Salz enthaltene Säure (die α-Naphtalinsulfonsäure) untersucht. Bei der Analyse dieses erhielt er Zahlen, die ihn zu folgender Zusammensetzung führten, bei der er die auf $H = 1$ bezogenen Äquivalente ($O = 8$) benutzte:

baryta	1	proportional	= 78,
sulphuric acid	2	,,	= 80,
carbon	20	,,	= 120,
hydrogen	8	,,	= 8

Dieselbe entspricht nach unserer Schreibweise der Formel $(C_{10}H_{17}SO_3)_2Ba + H_2O$. Aus der Zusammensetzung der Säure folgt nach Faraday: „It woult seem that one proportional of the acid consists of two proportionals of sulphuric acid, twenty of carbon and eight of hydrogen; these constituents forming an acid equvalent in saturing power to one proportional of other acids. Hence it would seem that the hydro-carbon has diminished the saturing power to one half." Er fügte aber noch hinzu, daß eine zweite Ansicht möglich ist. „It may be observed, that the existence of sulphuric acid in the new compound is assumed, rather than proved. It is possible that part of the naphthaline may take oxygen from one of the proportions of the sulphuric acid, leaving the hyposulphuric acid of Welten and Gay-Lussac, which with the hydro-carbon may constitue the new acid. I have no time at present to persue the refinement of the subject."

---

[1]) Phil. T. 1826, II, 140.

In seinem Referat hierüber sprach sich Gay-Lussac bestimmt zugunsten dieser zweiten Ansicht aus und sagt von Faradays Säure, daß die Zusammensetzng dafür spreche, „qu'il est une combinaison de l'acide hyposulfureux avec une matière végétale qui forme la naphtaline en cédant un atome d'hydrogène à un atome d'oxygène de l'acide sulfurique."

Bei der Analyse des glimmenden Barytsalzes erhielt Faraday ziemlich genau dieselben Zahlen wie die obigen. In betreff dieser zweiten Sulfonaphtalinsäure[1]) hat er auch mitgeteilt, daß sie sich nur in geringer Menge bei niederer Temperatur und reichlicher bei höherer Temperatur bildet „in largest quantity when one volume of naphthaline and two volumes of sulphuric acid were shaken together at a temperature as high as it could be without charring the substances".

[1]) Es ist dies die β-Naphtalinsulfonsäure.

Dritter Abschnitt.

In diesem Abschnitt sollen die Fortschritte besprochen werden, die der Zeit von Mitte der zwanziger bis Mitte der vierziger Jahre angehören. Wichtige neue theoretische Anschauungen haben sich auf Grund experimenteller Arbeiten ergeben, wie die Lehre von der Isomerie und die Aufstellung der ersten Konstitutionsformeln. Viele neue interessante Verbindungen wurden entdeckt und die Synthese organischer Stoffe gelangte zu ihrer ersten Entwicklung. An diesem erfolgreichen Schaffen nahmen neben den ältern Forschern, wie Gay-Lussac, Berzelius und Mitscherlich, namentlich drei Chemiker in jugendlichem Alter teil, die sich sehr rasch zu führenden Stellungen emporschwangen. Es sind dies die beiden fast genau gleichalterigen Dumas und Wöhler sowie der drei Jahre jüngere Liebig.

Jean Baptiste Dumas, zu Alais in Südfrankreich am 15. Juli 1800 geboren und am 11. April 1884 gestorben, war bei einem Apotheker seiner Vaterstadt in der Lehre gewesen und dann 1816 in Genf als Gehilfe in eine Apotheke eingetreten. Daselbst konnte er die Vorlesungen von de Candolle, de la Rive und Pictet besuchen und in Gemeinschaft mit dem Mediziner J. L. Prevost physiologische Arbeiten ausführen, die Alexander von Humboldt, der es in hohem Maße verstand, junge Talente zu finden, veranlaßten, ihn bei einem Aufenthalt in Genf aufzusuchen. Auf dessen Rat siedelte Dumas 1823 nach Paris über, wo er von den dortigen Gelehrten aufs zuvorkommendste in seiner Karriere unterstützt wurde. Er wurde Répétiteur der Vorlesungen von Thénard, dann Professor am Athenäum, 1832 Professor an der École polytechnique und 1835 Gay-Lussacs Nachfolger an der Sorbonne. Durch seine glänzenden Vorlesungen übte er eine große Anziehungskraft aus. Da sein Laboratorium nicht ausreichend war, um Schüler aufzunehmen, hatte er 1832 ein privates Unterrichtslaboratorium eingerichtet, in dem sich viel hervorragende Chemiker ausgebildet haben. Infolge der Revolution war er 1848 genötigt, es aufzugeben. Dumas war auch, wie namentlich die acht Bände seines 1828—1848 erschienenen Traité de chimie, appliquée aux arts beweisen, schriftstellerisch sehr tätig. Vom Jahre 1848 hat er aber keine größere chemische Arbeit mehr in Angriff genommen. Sein Interesse wandte sich der Politik zu. Von 1849—1852 war er Minister des Ackerbaus und Handels und nahm dann als Senator bis 1870 in Frankreich eine sehr einflußreiche Stellung ein. Wiederholt ist ihm später vorgeworfen worden, daß er Forscher wie Laurent und Gerhardt, die ihm gegenüber zu unabhängig auftraten, zu wenig förderte. Sein Leben und Wirken ist in interessanter Weise von A. W. Hofmann geschildert worden[1]).

Im Vergleich mit diesem glänzenden öffentlichen Lebenslauf war derjenige seines Altersgenossen ausschließlich der eines Lehrers und Forschers. Friedrich Wöhler, am 31. Juli 1800 in Eschersheim bei Frankfurt a. M. geboren und am 23. September 1882 gestorben, studierte in Heidelberg Medizin, beschäftigte sich aber von Anfang an mit Vorliebe mit Chemie und ging deshalb auf L. Gmelins Rat 1823 nach Stockholm, wo er bis zum Herbst 1824 unter Berzelius arbeitete. Seine Reise nach Schweden und seinen dortigen Aufenthalt hat er als „Jugend-Erinnerungen eines Chemikers" beschrieben[2]). Bald nach seiner Rückkehr aus Stockholm wurde er Lehrer an der städtischen Gewerbeschule in Berlin, trat 1831 in gleicher Eigenschaft in die neugegründete Gewerbeschule in Cassel ein. 1836 an die Universität Göttingen berufen, wirkte er an derselben bis zu seinem Tode. Seine Laufbahn als Forscher hat Wöhler schon in Heidelberg durch eine Untersuchung von Cyanverbindungen begonnen, die er in Stockholm fortsetzte und die zur Entdeckung der cyansauren Salze und später in Berlin zu der berühmten künstlichen Darstellung des Harnstoffs führte. Außer auf dem Gebiet der organischen Chemie hat er auf dem der anorganischen Hervorragendes geleistet. Wie vortrefflich er seinen Laboratoriumsunterricht eingerichtet hatte, zeigte sich, als er in höherem Alter sich ganz der anorganischen Chemie zuwandte. Das chemische Institut in Göttingen blieb durch die Mitarbeit tüchtiger Assistenten stets auch eine Pflegestätte für organische Chemie. A. W. Hofmann verdanken wir eine ausführliche Lebensbeschreibung[3]) dieses vortrefflichen Chemikers sowie die Herausgabe von „Justus Liebig und Friedrich Wöhlers Briefwechsel". Die außerordentlich lehrreiche Korrespondenz zwischen Berzelius und Wöhler ist schon oben zitiert.

Justus Liebig wurde am 14. Mai 1803 zu Darmstadt geboren und starb am 18. April 1873. Nachdem er fast ein Jahr in einer Apotheke als Lehrling zugebracht hatte, studierte er von 1819—1822 unter Kastner zuerst in Bonn und dann in Erlangen, wohin dieser

---

[1]) B. **17**, c. 630 (1884).
[2]) B. **8**, 838 (1875).
[3]) B. **15**, 3127 (1882).

versetzt wurde. Dieser vermittelte ihm von dem Großherzog von Hessen ein Stipendium, das es ihm möglich machte, seine Studien in Paris fortzusetzen. In dem ehemaligen Vauquelinschen Laboratorium, dessen Direktor Gautier de Glaubry war, beschäftigte er sich mit der in Erlangen begonnenen Untersuchung knallsaurer Salze. Dann hatte er das Glück, daß, infolge der Vermittlung Humboldts, Gay-Lussac ihn in sein Laboratorium aufnahm. Der Empfehlung Humboldts verdankt er auch im Alter von nur 21 Jahren seine Ernennung zum außerordentlichen Professor an der Universität Gießen. Im darauffolgenden Jahre zum ordentlichen Professor der Chemie ernannt, begründete er das berühmte Gießener Laboratorium. Sehr bald kamen aus den verschiedensten Ländern eine stattliche Zahl junger Chemiker nach der hessischen Universität, um unter seiner Leitung zu arbeiten und namentlich sich in Ausführung von Untersuchungen organischer Verbindungen auszubilden. Liebig hat während der sechsundzwanzig Jahre, die er in Gießen verbrachte, als Forscher wie auch als Lehrer eine bewunderungswerte Tätigkeit entfaltet. Als er 1852 einem Ruf nach München Folge geleistet hatte, beschränkte er sich als Lehrer auf seine Vorlesungen und nahm keine Schüler mehr in sein Laboratorium auf. Von da an befaßte er sich hauptsächlich mit dem Bestreben, die Chemie für Landwirtschaft und Physiologie nutzbar zu machen und entfaltete auch auf diesem Gebiet eine ebenso eifrige wie segensreiche Wirksamkeit.

Über seinen Werdegang und seine Tätigkeit in Gießen hat Liebig eigenhändige Aufzeichnungen hinterlassen, die aber erst 1890 durch seinen Sohn veröffentlicht wurden[1]). Eingehend ist das Leben und Wirken des großen Chemikers durch J. Volhard in zwei Bänden „Justus von Liebig" (Leipzig 1909) beschrieben.

Zwölftes Kapitel.

Die Lehre von der Isomerie.

Schon am Ende des achtzehnten Jahrhunderts hat A. von Humboldt auf die Möglichkeit hingewiesen, daß zwei oder mehrere organische Substanzen qualitativ wie quantitativ gleich zusammengesetzt sein können und doch vollkommen verschiedene Eigenschaften besitzen und daß sich dies durch Verschiedenheit der gegenseitigen Bindung erklären lasse[2]). Aber erst, nachdem es gelungen war, die Zu-

---

[1]) B. 23, c. 817 (1890).
[2]) In einem Artikel „Alex. von Humboldt als Vorläufer der Lehre von der Isomerie" (Chem. Zeitung 1909, S. 1) hat E. von Lippmann hierauf hingewiesen und die betreffenden Stellen aus Humboldts Schrift „Versuche über die gereizte Muskel- und Nervenfasser, nebst Vermutungen über den chemischen Prozeß in der Tier- und Pflanzenwelt (1797)" mitgeteilt.

sammensetzung organischer Verbindungen genau quantitativ zu ermitteln, konnte dieser Frage nähergetreten werden. Dies ist zuerst 1814 durch Gay-Lussac geschehen. In einer Notiz[1]) Sur l'acidité et l'alcalimétrie sagte er, unter Bezugnahme auf die von ihm und Thénard ausgeführten Analysen: „Cette composition de l'acide acétique ne diffère pas sensiblement de celle de la matière ligneuse qui ne jouit en aucune manière des propriétés acides. Voilà donc deux corps composés de carbone, d'oxygène et d'hydrogène en mêmes proportions dont les propriétés sont éminemment différentes. C'est une nouvelle preuve que l'arrangement des molécules[2]) dans un composé a la plus grande influence sur le caractère neutre, acide ou alcalin de ce composé. Le sucre, la gomme, l'amidon conduisent encore à la même conclusion, car ces substances, quoique composées d'éléments identiques et en mêmes proportions, ont aussi des propriétées différentes."

Damals kam aber diese Ansicht noch nicht zur weiteren Entwicklung; meist wurde noch angenommen, daß Körper, die verschiedene Eigenschaften besitzen, auch verschiedene Zusammensetzung haben. Zehn Jahre später ist Gay-Lussac für obige Ansicht wieder eingetreten. In Gemeinschaft mit Liebig hatte er 1824 unternommen, die Zusammensetzung der knallsauren Salze zu ermitteln. In der Abhandlung[3]) „Analyse du fulminate d'argent" teilten Liebig und Gay-Lussac mit, daß dieses Salz keinen Wasserstoff enthält und nur aus Cyan, Silber und Sauerstoff besteht. Zu derselben Zeit hatte Wöhler in Stockholm das cyansaure Silber analysiert und Zahlen erhalten[4]), die genau mit denen des knallsauren Silbers übereinstimmten. Beide Veröffentlichungen erfolgten fast gleichzeitig, so daß bei der Abfassung keiner derselben Kenntnis von der andern vorlag. Außerordentlich verschieden war der Eindruck dieser Tatsache auf die einzelnen Forscher.

Gay-Lussac sagte als Redakteur der Annales de Chimie in einer Fußnote[5]) zur Übersetzung von Wöhlers Abhandlung: „Ainsi l'acide cyanique renfermerait les mêmes proportions que l'acide que M. M. Liebig et Gay-Lussac ont désigné par le nom d'acide fulminique. Mais comme ces deux acides sont très-différents, il faudrait pour expliquer leur différence admettre entre leurs éléments un mode de combinaison différent. C'est un object qui appelle un nouveau examen." In ganz anderer Weise urteilte Berzelius. Sofort nach der Lektüre der Abhandlung von Liebig und Gay-Lussac schrieb

---

[1]) A. ch. **91**, 149 (1814).
[2]) Molécules im Sinne von Atomen.
[3]) A. ch. [2] **25**, 285 (1824).
[4]) P. **1**, 120 (1824).
[5]) A. ch. [2] **27**, 197 (1824).

er am 1. Juni 1824 an Mitscherlich[1]): „Ich habe gerade heute das Heft von den Annales de Chimie erhalten, welches die Analyse der knallsauren Salze enthält. Mit dieser Analyse ist es nie und nimmermehr richtig, denn sie gibt absolut dasselbe Resultat wie Wöhlers Analyse der cyansauren Salze. Ich glaube nicht, daß Wöhlers Versuche fehlerhaft sind, da meine eigenen Zweifel ihn zwangen, sie auf so viele verschiedenen Arten zu wiederholen." Auch in seinem Bericht an die Akademie hat er[2]) die Ansicht, daß die Zusammensetzung des knallsauren Silbers eine andere wie die des cyansauren sein müsse und das erstere vermutlich weniger Sauerstoff enthalte, vertreten.

Liebig nahm dagegen an, daß Wöhler sich geirrt habe, da er bei Wiederholung dessen Analyse 6% Silberoxyd weniger fand[3]). Wöhler konnte jedoch aus Liebigs Angaben nachweisen, daß dieser mit unreinem Material gearbeitet hat[4]). Infolge einer persönlichen Aussprache wurde diese Streitfrage ausgeglichen und Liebig überzeugte sich, wie er dann selbst mitteilte[5]), daß das cyansaure Silber dieselbe Zusammensetzung wie das knallsaure besitzt. So war diese Frage im Sinne von Gay-Lussacs Ansicht entschieden.

Ehe noch jene Kontroverse zu diesem befriedigenden Abschluß gelangt war, hatte Faraday, wie im vorigen Kapitel schon angegeben ist, gefunden, daß sein new carburet of hydrogen dieselbe Zusammensetzung wie das ölbildende Gas, aber eine andere Dichte hat. „This I believe, is the first time, that two gaseous compounds have been supposed to exist differing from each other in nothing but density[6])." In betreff dieser Tatsache verweist er auf Gay-Lussacs Ansicht über Cyansäure und Knallsäure und sprach zugleich die Erwartung aus, daß, nachdem die Chemiker auf die Existenz von Körpern, die aus denselben Elementen und nach gleichen Verhältnissen gebildet sind, aufmerksam wurden, sich die Zahl derselben vermehren werde. Im darauffolgenden Jahre hat er, wie auch schon erwähnt, selbst einen neuen derartigen Fall bei der Einwirkung von Schwefelsäure auf Naphtalin aufgefunden. Die wichtige Beobachtung, daß es zwei gleich zusammengesetzte Naphtalinsulfonsäuren gibt, hat aber bei der Aufstellung der Lehre von der Isomerie keine Berücksichtigung gefunden, da Faraday wegen Mangel an Zeit dieselbe nicht weiter studierte und andere Forscher später die Existenz einer zweiten Naphtalinsulfonsäure bezweifelten. Nur Berzelius[7]) hat zehn Jahre

---

[1]) Gesammelte Schriften von Eilh. Mitscherlich S. 65.
[2]) J. Berz. **5**, 85.
[3]) Kastners Archiv **6**, 145 (1825).
[4]) P. **5**, 385 (1825).
[5]) A. ch. [2] **33**, 107 (1826).
[6]) Phil. T. 1825, 440.
[7]) A **28**, 26 (1838).

später einmal, und zwar in äußerst geringer Menge, Faradays zweite Säure (die β-Naphtalinsulfonsäure) erhalten, aber vermutet, daß sie aus einer isomeren Modifikation des Naphtalins entstanden sei. Erst 1868 hat O. Merz[1]) die vollständige Richtigkeit von Faradays Angaben bestätigt.

Als Wöhler an Berzelius am 22. Februar 1828 brieflich mitteilte, daß er den Harnstoff künstlich erhalten habe, wies er auch darauf hin, daß dessen Zusammensetzung mit derjenigen des cyansauren Ammoniak übereinstimme. „So mußte endlich zur völligen Bestätigung dieser paradoxen Geschichte der Pisse-Harnstoff genau dieselbe Zusammensetzung haben, wie das cyansaure Ammoniak. — Dies wäre dann auch eine Bestätigung von Gay-Lussacs Ansicht von der Cyansäure und der Knallsäure und von Faradays zwei Kohlenwasserstoffarten." In seiner in demselben Jahre veröffentlichten Abhandlung über die künstliche Bildung des Harnstoffs zitierte er gleichfalls jene beiden Fälle, fügt aber hinzu, „es muß weiteren Erfahrungen über mehrere ähnliche Fälle überlassen bleiben, welche allgemeinen Gesetze sich darüber ableiten lassen[2])."

Ein Fall, der dann wesentlich dazu beitrug, daß sich die Theorie der Isomerie entwickelte, entstammt der Weinsäuregewinnung. Kestner, Besitzer einer chemischen Fabrik in Thann, hat im zweiten Jahrzehnt des vorigen Jahrhunderts als Nebenprodukt der Weinsäure eine schwerlösliche Säure erhalten, die als Oxalsäure verkauft wurde. John in Berlin, der sie untersuchte, hat sie in seinem Handwörterbuch 1819 als Säure aus den Vogesen beschrieben und angegeben[3]), daß sie weder mit Oxalsäure noch mit Weinsäure identisch ist. Dann hat Gay-Lussac, welcher 1826 Thann besuchte und von Kestner eine Probe dieser Säure erhielt, festgestellt, daß deren stöchiometrische Zahl bis auf einige Tausendstel mit der Weinsäure übereinstimmt und daß sie sich bei der trockenen Destillation auch wie diese verhält[4]). Er hat dieselbe, für die er den Namen acide racémique prägte, auch analysiert, aber das Resultat seiner Analyse nur in seinen Vorlesungen, die 1828 unter dem Titel Cours de Chimie erschienen sind, mitgeteilt. Seine Analyse stimmt mit der von Prout für Weinsäure gefundenen überein.

Berzelius, welcher bisher der Ansicht, daß zwei Verbindungen von verschiedenen Eigenschaften dieselbe Zusammensetzung haben können, noch ablehnend gegenüberstand, kam durch eine Untersuchung der Traubensäure, mit welchem Namen L. Gmelin die Be-

---

[1]) Z. 11, 393 (1868).
[2]) P. 12, 253 (1828).
[3]) Bd. 4, S. 125.
[4]) J. Chim. méd. 2, 335; auch Schw. 48, 38 (1826).

zeichnung acide racémique übersetzte, zur Annahme jener Anschauung, die er dann zu einem System weiter entwickelte. Wie er 1830 mitteilte, wurde er durch folgenden Umstand zu dieser Arbeit veranlaßt[1]): „Ich habe eine sehr kuriose Untersuchung beendigt. Prout hatte in der Weinsäure nur zwei (Doppel)-Atome Wasserstoff gefunden, ich hatte deren $2^1/_2$ (5 einfache) angegeben. Ich wollte meine Analyse wiederholen, um damit auf das Reine zu kommen; dabei fand ich, daß Prouts Angabe die richtige ist. Da ich aber nun einmal auf Untersuchungen der Art war, so nahm ich auch die Traubensäure vor. Es fand sich dann, daß dieselbe absolut die nämliche Zusammensetzung und das nämliche Atomgewicht wie die Weinsteinsäure hat. Wir werden daher ein ganz neues Feld der Chemie zu studieren bekommen, heteromorphe Verbindungen von Körpern, die die nämlichen Elemente in den nämlichen Atomzahlen enthalten, aber verschiedenartig untereinander verbunden sind." In der ausführlichen Abhandlung[2]) prägte Berzelius das Wort Isomerie. „Um mit Leichtigkeit über diese Körper reden zu können, muß man eine allgemeine Benennung für dieselben haben." Er wählte von den Bezeichnungen homosynthetisch und isomerisch die letztere wegen „Kürze und Wohlklang". Für die Unterscheidung der Isomeren benutzte er die Vorsilbe para und bezeichnete daher die Traubensäure als Paraweinsäure. So wurden in der Folge in gleicher Weise häufig die Namen von Isomeren gebildet, doch blieb für das Isomere der Weinsäure meist die Bezeichnung Traubensäure oder acide racémique im Gebrauch.

Den Begriff der Isomerie hatte Berzelius auch auf anorganische Verbindungen, wie auf die beiden Zinnoxyde, sowie auf die geglühte und die krystallisierte Phosphorsäure, denen er beiden die Formel PO_5 zuerteilte, ausgedehnt. In einer späteren Abhandlung[3]) bezeichnete er die Verbindungen, die bei genauer gleicher prozentischer Zusammensetzung aus einer verschieden großen Anzahl von Atomen bestehen, als polymerisch, dagegen solche, die dieselben Atomzahlen gleicher Elemente enthalten, als eigentlich isomerische und als metamerische. Zu den ersteren rechnete er die Weinsäure und die Traubensäure, und zu den metamerischen Verbindungen solche, wie schwefelsaures Zinnoxydul $\overset{..}{Sn}\,\overset{..}{S}$ und schwefligsaures Zinnoxyd $\overset{..}{Sn}\,\overset{\approx}{S}$, denen also verschiedene rationelle Formeln entsprechen. Als Dumas und Peligot nachgewiesen hatten, daß essigsaures Methyl (acétate de méthylène) und ameisensaures Äthyl une isomérie remarquable bilden, bezeichnete Berzelius diese Tatsache „als ein höchst

---
[1]) Mag. f. Pharm. **31,** 260 (1830).
[2]) P. **19,** 305 (1830).
[3]) P. **26,** 320 (1832).

interessantes Beispiel einer metameren Modifikation". Hiermit übereinstimmend wurden dann die Begriffe von metamer und von isomer im engeren Sinne fast allgemein angewandt. Letztere wurden auch als unerklärte Isomerien bezeichnet. So sagte Kekulé in seinem Lehrbuch[1]): „Es ist einleuchtend, daß alle Fälle von unerklärter Isomerie sich später bei genauer Erforschung der betreffenden Substanzen entweder der Polymerie oder der Metamerie werden unterordnen lassen." Von verschiedenen Chemikern wurde der Begriff metamer jedoch enger gefaßt und nur auf solche Verbindungen bezogen, bei denen verschiedene Radikale durch andere Elemente verbunden sind, wie bei essigsaurem Methyl und ameisensaurem Äthyl oder bei Trimethylamin und Äthylmethylamin. Körper wie Butan und Isobutan sowie Propylalkohol und Isopropylalkohol wurden einfach als Isomere bezeichnet. Andere Chemiker aber machten zwischen Isomerie und Metamerie überhaupt keine Unterscheidung. Dieses führte nun zu einer Unsicherheit in der Anwendung dieser Bezeichnungen, woraus sich als weitere Folge ergab, daß das Wort Metamer nach und nach aufgegeben wurde und nur die Einteilung nach isomeren und polymeren Verbindungen bestehen blieb.

Die durch die Untersuchungen von Gay-Lussac, Liebig, Wöhler, Faraday und Berzelius gegründete und von letzterem in ein System zusammengefaßte Lehre von der Isomerie hat das Studium der organischen Verbindungen in hervorragender Weise gefördert. Sie hat dazu beigetragen, daß die Chemiker mit der Ermittlung der Konstitution sich eingehender beschäftigten und eine große Zahl neuer Substanzen entdeckten.

Dreizehntes Kapitel.

Die ersten Synthesen organischer Verbindungen.

Da Scheele 1783 gefunden hatte, daß beim Erhitzen von Kohle mit Salmiak und Kaliumcarbonat Cyankalium entsteht, war schon seit jener Zeit die Möglichkeit gegeben, die Blausäure aus unorganischen Substanzen darzustellen. Diese Bildung blieb mehr wie ein halbes Jahrhundert die einzige Synthese. Dann waren es im Laufe der zwanziger Jahre die Untersuchungen Wöhlers, die den Beginn der glorreichen Entwicklung der Synthesen organischer Substanzen eröffneten. Schon vier Jahre vor seiner epochemachenden Entdeckung der künstlichen Bildung des Harnstoffs hatte dieser Chemiker eine im Pflanzenreich vorkommende Säure, die Oxalsäure, aus Cyan er-

[1]) Bd. I, S. 189.

halten[1]). Daß diese Synthese sowohl damals, wie häufig auch später, geschichtlich nicht in ihrer Bedeutung richtig eingeschätzt wurde, rührt wohl daher, daß Wöhler nur einfach angab, daß bei Einwirkung von wässerigem Ammoniak auf Cyan oxalsaures Ammoniak entsteht, ohne darauf hinzuweisen, daß dies einer Bildung aus den Elementen entspricht.

Größte Bewunderung erregte dagegen sofort seine 1828 erschienene Mitteilung[2]) „Über die künstliche Bildung von Harnstoff". Durch Einwirkung von Salmiaklösung auf cyansaures Silber oder von Ammoniak auf cyansaures Blei hatte er „eine krystallisierte weiße Substanz" erhalten, in der weder Ammoniak noch Cyansäure sich nachweisen ließ. Nachdem er dann beobachtet hatte, daß dieselbe mit Salpetersäure eine Verbindung liefert, aus der sie unverändert wieder abgeschieden werden kann, stellte er „vergleichende Versuche mit vollkommen reinem aus Urin abgeschiedenen Harnstoff an, aus denen ganz unzweideutig hervorging, daß Harnstoff und jener krystallisierte Körper oder das cyansaure Ammoniak, wenn man es so nennen könnte, vollkommen identische Stoffe sind."

In einem Brief vom 22. Februar 1828, in dem er schon vor obiger Publikation Berzelius mitteilte, daß er „Harnstoff machen kann, ohne dazu Nieren oder überhaupt ein Tier, sei es Mensch oder Hund, nötig zu haben", hat er auch die Frage aufgeworfen, wie seine Entdeckung sich zu der Ansicht stellt, daß zur Bildung organischer Verbindungen die Lebenskraft nötig sei. „Kann man die künstliche Bildung von Harnstoff als ein Beispiel von Bildung einer organischen Substanz aus einer unorganischen ansehen? Es ist auffallend, daß man zur Hervorbringung von Cyansäure (und auch von Ammoniak) immer doch ursprünglich eine organische Substanz haben muß, und ein Naturphilosoph würde sagen, daß sowohl aus der tierischen Kohle als aus der gebildeten Cyanverbindung das Organische noch nicht verschwunden und daher immer noch ein organischer Körper daraus wieder hervorzubringen ist."

Dieser Einwand war aber schon durch Scheeles Versuche wiederlegt, da dieser das Cyankalium nicht nur mittelst Kohle, sondern auch mittelst Graphit erhalten hatte. Auch teilte im Jahre 1828 Desfosses mit[3]), daß beim Überleiten von Stickstoff über ein zur Rotglut erhitztes Gemenge von Ätzkali und Kohle sich Cyankalium bildet. Inbetreff des Ammoniaks waren auch schon die Reaktionen bekannt, nach denen der Stickstoff der Luft sich in Salpetersäure überführen und diese sich zu Ammoniak reduzieren läßt.

[1]) P. 3, 177 (1824).
[2]) P. 12, 253 (1828).
[3]) A. ch. [2] 138. 160 (1828).

Kurze Zeit nach Wöhlers Entdeckung wurden mit Hilfe von Cyanverbindungen noch zwei andere organische Säuren künstlich dargestellt. Pelouze beobachtete 1831 die Umwandlung der Blausäure in Ameisensäure und 1832 erhielt Winckler die Mandelsäure aus blausäurehaltigem Bittermandelöl.

Eine Synthese ganz anderer Art wurde 1825 von L. Gmelin[1]) aufgefunden. Aus den grauen Flocken, welche bei der Kaliumbereitung aus Kaliumcarbonat und Kohle als Nebenprodukt entstehen, erhielt er beim Behandeln mit Wasser das Kaliumsalz einer Säure, der er wegen der gelben Farbe den Namen Krokonsäure gab[2]). Für das Kaliumsalz gelangte er zur Formel C_5HO_4, KO. Berzelius knüpfte hieran die Bemerkung[3]): „Der Übergang, auf welchem die unorganische Materie bei Behandlung dieser Produkte mit Wasser zu Verbindungen steht, die nach Art der organischen zusammengesetzt sind, ist so höchst merkwürdig, daß dieser Gegenstand mit Eifer verfolgt zu werden verdient." Gmelin hatte schon als wahrscheinlich angenommen, daß das Produkt, aus dem die Krokonsäure entsteht, sich durch Vereinigung von Kalium mit Kohlenoxyd bilde. Die Richtigkeit dieser Auffassung ergab sich einige Jahre später aus einer Beobachtung von Liebig[4]), der, um zu prüfen, ob das Kohlenoxyd ein Radikal sei, dieses Gas über geschmolzenes Kalium leitete. Er erhielt eine schwarze Masse, die beim Behandeln mit Wasser krokonsaures Kali lieferte. Die Konstitution jenes interessanten Kohlenoxydkaliums und seiner Umwandlungsprodukte wurde, wie im fünfundfünfzigsten Kapitel angegeben ist, erst im Jahre 1885 aufgeklärt.

Dem Jahre 1828 gehören auch die Veröffentlichungen an, aus denen hervorging, daß sich der Alkohol aus seinen Spaltungsprodukten, aus Äthylen und Wasser, wieder aufbauen läßt. Faraday hatte bei seinen Untersuchungen der aus Öl durch Hitze entstehenden Produkte beobachtet, daß Äthylen durch Schwefelsäure absorbiert und in eine Säure verwandelt wird. Er übergab an Hennell[5]), der damals mit

---

[1]) Leopold Gmelin (1788—1853), zu Göttingen geboren, entstammt einer württembergischen Familie, deren Mitglieder sich seit dem 17. Jahrhundert auf dem Gebiet der Medizin, Pharmazie und Chemie ausgezeichnet haben. Er studierte Medizin und Chemie, wurde in Heidelberg 1813 Privatdozent, 1814 außerordentlicher und 1817 ordentlicher Professor der Chemie. Zwei Jahre vor seinem Tod ist er in den Ruhestand getreten. In Deutschland war er einer der ältesten Vertreter der organischen und der physiologischen Chemie. Außerordentlich verdienstvoll machte er sich durch Herausgabe seines vortrefflichen Handbuchs der Chemie, dessen erste Auflage 1814—17 erschienen ist. Von der vierten Auflage hat er noch die fünf ersten Bände selbst herausgegeben.

[2]) P. **4**, 37 (1825).
[3]) J. Berz. **6**, 118 (1826).
[4]) A. **11**, 182 (1834).
[5]) Über diesen Chemiker hat K. Kopp in seiner Geschichte der Chemie folgendes mitgeteilt: „Hennell lebte zu London, wo er während der letzten zwanzig Jahre

dem Studium der Äthylschwefelsäure beschäftigt war, eine Probe jener Säure. Dieser stellte darauf fest, daß die aus Äthylen erhaltene Säure mit Äthylschwefelsäure identisch ist. Da er nun gefunden hatte, daß durch Kochen von Äthylschwefelsäure mit Wasser sich wieder Alkohol regenerieren läßt, so ergab sich aus seinen Versuchen, daß man Äthylen in Alkohol verwandeln kann, wenn man dieses zuerst mit Schwefelsäure verbindet. Unter bestimmten Bedingungen erhielt er dabei auch Äther. Hennell hat dies folgendermaßen hervorgehoben[1]): „I have shown that olefiant gaz by combining with sulfuric acid forms either ether or alcool according circumstances which are under perfect command."

Die verschiedenen in diesem Kapitel besprochenen Vorgänge wurden in der damaligen Zeit noch nicht als Synthesen, sondern als künstliche Bildungen oder als Darstellungsweisen bezeichnet. Ordnet man sie genau nach dem Zeitpunkt des Erscheinens der Abhandlungen, so ergibt sich folgende Reihenfolge:

1783 Scheele, Blausäure aus Kohle, Kohlensäure und Ammoniak.
1824 Wöhler, Oxalsäure aus Cyan.
1825 Gmelin, Krokonsäure aus Kohlenoxyd und Kalium.
1828 Faraday und Hennell, Alkohol aus Äthylen.
1828 Wöhler, Künstliche Darstellung des Harnstoffs.
1831 Pelouze, Ameisensäure aus Blausäure.
1832 Winckler, Mandelsäure aus Bittermandelöl und Blausäure.

Vierzehntes Kapitel.

Die Ätherintheorie.

Die erste Theorie, welche eine Reihe organischer Verbindungen unter einem gemeinschaftlichen Gesichtspunkt zusammenfaßte, hat Dumas im Anschluß an die wichtigen Arbeiten aufgestellt, die er mit seinem Assistenten Polydore Boullay ausgeführt hat. Die von Gay-Lussac aus den Dampfdichten hergeleitete Zusammensetzung von Alkohol und Äther hatten Dumas und Boullay 1827 durch Elementaranalysen bestätigt und dies durch folgende Formeln veranschaulicht[2]):

L'alcool est représenté par $H^2C^2 + {}^1/_2 HH$,
L'éther sulfurique par $2 H^2C^2 + {}^1/_2 HH$.

---

seines Lebens die chemischen Arbeiten in Apothecaries-Hall leitete. Er starb 1842 durch eine Explosion von Knallquecksilber, welches er für die Ostindische Kompanie bereitet hatte."

[1]) Phil. Trans. 1828, 371.
[2]) A. ch. [2] **36**, 294 (1827).

Dann hatten sie durch eine vortreffliche Untersuchung die Frage nach der Zusammensetzung der sauerstoffhaltigen Ester gelöst, welche Thénard als Verbindungen von wasserfreien Säuren mit Alkohol, Berzelius dagegen als aus wasserhaltigen Säuren und Äther bestehend angesehen hatte. Sowohl durch Elementaranalysen wie durch Bestimmung der Dampfdichten ermittelten Dumas und Boullay[1]) für die Äther der Essigsäure, der Benzoesäure, der Oxalsäure und der salpetrigen Säure, daß sie ein Atom Wasser weniger enthalten als nach den früheren Annahmen. Hiermit stimmte auch eine Gewichtsbestimmung der Verseifungsprodukte von Oxaläther überein. Die Zusammensetzung der sauerstoffhaltigen Ester entspricht also der Vereinigung von wasserfreien Säuren mit Äther.

Daß in diesen Estern das Äthylen die Rolle einer Base spiele, hatte schon Chevreul angenommen, und von Hennell[2]) wurde in seiner Untersuchung der Äthylschwefelsäure die Ansicht vertreten, daß diese Säure eine Verbindung von Äthylen mit Schwefelsäure sei. Diese Anschauungen weiter entwickelnd, haben Dumas und Boullay die Verbindungen, in denen sie das Vorhandensein von Äthylen (hydrogène bicarboné) annahmen, mit denen des Ammoniaks verglichen und als „Comparaison des combinaisons de l'hydrogène bicarboné avec celle de l'ammoniaque" eine Tabelle aufgestellt, der die folgenden Beispiele entnommen sind, wobei aber einige offenbare Druckfehler verbessert und in den Formeln das Zeichen N statt Az gesetzt ist. Das Atomgewicht des Kohlenstoffs haben die beiden französischen Chemiker in Übereinstimmung mit Gay-Lussac zu 38,26 ($O = 100$), also halb so groß wie Berzelius angenommen. Demnach $C = 3,07$ für $O = 8$.

Nom du composé	Base	Acide	Eau
Hydrochlorate d'ammoniaque	$2\,NH^3$	$2\,HCl$	—
Hydrochlorate d'hydrogène bicarboné (éther hydrochlorique)	$4\,H^2C^2$	$2\,HCl$	—
Acétate d'ammoniaque	$2\,NH^3$	$H^6C^8O^3$	$\dot{H}H$
Ether acétique	$4\,H^2C^2$	$H^6C^8O^3$	$\dot{H}H$
Oxalate d'ammoniaque	$2\,NH^3$	C^4O^3	$\dot{H}H$
Ether oxalique	$4\,H^2C^2$	C^4O^3	$\dot{H}H$
Ethal	$16\,H^2C^2$	—	$\dot{H}H$
Ether sulfurique	$4\,H^2C^2$	—	$\dot{H}H$
Alcool	$4\,H^2C^2$	—	$2\,\dot{H}H$

Ihre Theorie haben sie dann in folgenden Sätzen entwickelt:

„1. Que l'hydrogène bicarboné joue le rôle d'un alcali très-puissant, doué d'une capacité de saturation égale à celle de l'ammoniaque,

---
[1]) Sur les éthers composés A. ch. [2] 31, 15 (1828).
[2]) Phil. Trans. 1826, 240.

et qu'il en offrirait peut-être la plupart des réactions, s'il était comme lui soluble dans l'eau;

2. Que l'alcool et l'éther sulfurique sont des hydrates d'hydrogène bicarboné;

3. Que les éthers composés sont des sels d'hydrogène bicarboné; sels qui sont anhydres lorsqu'ils sont formés par des hydracides et hydratés lorsqu'ils le sont par des oxacides.

Im fünften Band seines „Traité de chimie appliqué aux arts" ersetzte Dumas obige Schreibweise durch folgende einfacheren Formeln, denen in Klammern die unseren Atomgewichten entsprechenden hinzugefügt sind:

C^8H^8 hydrogène bicarboné   (C_2H_4 Äthylen)
$C^8H^8 \cdot H^2O$ éther sulfurique   ($C_2H_4 \cdot \frac{1}{2} H_2O$ Äther)
$C^8H^8 \cdot H^4O^2$ alcool   ($C_2H_4 \cdot H_2O$ Alkohol)
$C^8H^8 \cdot H^2Cl^2$ éther chlorhydrique ($C_2H_4 \cdot HCl$ Chloräthyl)
$C^8H^8 \cdot C^8H^6O^3 \cdot H_2O$ éther acétique ($C_2H_4 \cdot C_2H_4O_2$ Essigäther).

Nachdem Berzelius für den Atomkomplex C^4H^4 (C_2H_4) den Namen Ätherin vorgeschlagen hatte[1], wurden Dumas' Ansichten als Ätherintheorie (théorie de l'éthérène) bezeichnet. Dumas hat bei seinen Untersuchungen immer großen Wert darauf gelegt, die Resultate der Elementaranalyse durch Dampfdichtebestimmungen zu kontrollieren, aber die von Avogadro und Ampère aufgestellte Regel nicht streng zur Anwendung gebracht, wie seine Formeln beweisen. Die Anwendung der Ätherintheorie auf andere Alkohole, sowie die Beziehungen zu der Äthyltheorie sind in späteren Kapiteln besprochen.

Fünfzehntes Kapitel.

Untersuchungen über die Benzoylverbindungen und über Benzin.

Wöhler und Liebig haben, nachdem sie bei der Kontroverse über Cyansäure und Knallsäure sich kennen gelernt hatten, eine durch ihr ganzes Leben dauernde Freundschaft geschlossen, was sie, obwohl nicht an gleichem Orte wohnend, doch wiederholt zu gemeinschaftlichen Untersuchungen veranlaßte. Am 16. Mai 1832 schrieb Wöhler an Liebig: „Ich sehne mich nach einer ernsten Arbeit, sollten wir nicht die Konfusion mit dem Bittermandelöl ins Reine bringen?" Letzterer stimmte sofort zu, und beide unternahmen diese Aufgabe mit solchem Eifer, daß in kürzester Zeit ihre klassischen Untersuchungen über das Radikal der Benzoesäure vollendet waren[2].

---

[1] J. Berz. **12**, 303 und A. **3**, 282 (1832).
[2] A. **3**, 247 (1832).

Wöhler, damals Lehrer in Kassel, hat einige Wochen in Gießen zugebracht und, nach Hause zurückgekehrt, bereits das Manuskript am 30. August an Liebig geschickt.

Die beiden Freunde hatten die Zusammensetzung des Bittermandelöls und der Benzoesäure sowie die Umwandlung des ersteren in letztere ermittelt. Von neuen Verbindungen entdeckten sie das Benzoylchlorid, das Benzamid und das Benzoylcyanid. Sie fanden, daß die von Robiquet aus Bittermandelöl durch Einwirkung von Ätzkali erhaltene Verbindung „dieselben Atomverhältnisse derselben Elemente wie im Benzoylwasserstoff" zeigt. Sie nannten dieselbe Benzoin.

Die große Bedeutung ihrer Abhandlung beruht nicht nur auf dem experimentellen Teil, sondern wesentlich auch auf ihren „allgemeinen Betrachtungen", in denen sie folgende Gesichtspunkte entwickelten: „Indem wir die in der vorstehenden Abhandlung beschriebenen Verhältnisse noch einmal überblicken und zusammenfassen, finden wir, daß sie sich alle nur um eine einzige Verbindung gruppieren, welche fast in allen ihren Vereinigungsverhältnissen mit anderen Körpern ihre Natur und ihre Zusammensetzung nicht ändert. Diese Beständigkeit, diese Konsequenz in der Erscheinung bewog uns, jene Verbindung als einen zusammengesetzten Grundstoff anzunehmen und dafür eine besondere Benennung, den Namen Benzoyl, vorzuschlagen. Die Zusammensetzung dieses Radikals haben wir durch die Formel 14 C + 10 H + 2 O ausgedrückt." Berzelius, dem Wöhler und Liebig die Resultate ihrer Untersuchung vor der Veröffentlichung mitgeteilt hatten, sagte in einem im Anschluß an die Abhandlung über das Radikal der Benzoesäure abgedruckten Brief: „Die von Ihnen dargelegten Tatsachen geben zu solchen Betrachtungen Anlaß, daß man sie wohl als den Anfang eines neuen Tages in der vegetabilischen Chemie ansehen kann." Am Schluß des Briefes machte Berzelius den Vorschlag, für die Radikale kurze Zeichen einzuführen. „So wird es eine große Erleichterung, bei der Formelsprache jedes Radikal mit einem eigenen Zeichen zu bezeichnen, wodurch der Begriff der Zusammensetzung dem Leser gleich mit Klarheit in die Augen fällt. Ich will dies mit einigen Beispielen erörtern. Wir setzen z. B. $C^{14}H^{10}O^2 = Bz$, so haben wir[1]):

Bz = Benzoylsäure,
BzH = Bittermandelöl,
$BzCl$ = Chlorbenzoyl.

Setzen wir nun Amid = NH^2, so haben wir

$Bz + NH^2$ Benzamid oder richtiger Benzoylamid,
$\ddot{C} + NH^2$ Oxamid.

---
[1]) Der Sinn der Formelsprache von Berzelius ist oben im Vorwort erklärt.

Setzen wir weiterhin Oleum vini, das ich Ätherin zu nennen vorschlage, $C^4H^8 = Ae$, so haben wir:

$Ae + 2\dot{H}$ Alkohol,
$Ae + \dot{H}$ Äther,
$Ae + \overline{HCl}$ Salzäther,
$Ae + Bz\dot{H}$ Benzoyläther,
$Ae \ddot{S} + \dot{H}\ddot{S}$ Weinschwefelsäure,
$Ae + 2 \operatorname{Pt}\overline{Cl}$ Zeises Äthersalz.

So hat damals Berzelius sowohl der Annahme eines sauerstoffhaltigen Radikals wie auch Dumas' Ansichten über Alkohol und Äther zugestimmt. Nach obigen Formeln erscheinen Radikal- und Ätherintheorie noch gleichberechtigt. Die im Jahre 1832 veröffentlichten Arbeiten von Pelouze über Weinphosphorsäure und von Magnus über die Säuren, welche durch Einwirkung von rauchender Schwefelsäure auf Alkohol entstehen, veranlaßten aber Berzelius zu Beginn des Jahres 1833 bei Abfassung seines Jahresberichts, für Alkohol und Äther diejenigen Ansichten zu entwickeln, die dann den Ausgangspunkt der Äthyltheorie bilden. Am Anfang des Artikels[1]) „Zusammensetzung der organischen Atome" bespricht er, was unter empirischen und rationellen Formeln zu verstehen ist: „Um mich mit größerer Leichtigkeit ausdrücken zu können, werde ich zwei Arten von Formeln gebrauchen. Die einen werde ich empirische nennen; sie folgen unmittelbar aus einer richtigen Analyse und sind unveränderlich; die anderen aber will ich rationelle nennen, weil sie bezwecken, einen Begriff zu geben von den beiden elektrochemisch entgegengesetzten Körpern, aus denen man das Atom für gebildet ansieht, d. h. bezwecken, deren elektrochemische Teilung zu zeigen. Die empirische Formel für den Alkohol ist C^2H^6O. Die rationelle, variiert nach der Ansicht, ist z. B. $C^2H^4 + \dot{H}$ oder $\bar{C}H^3 + O$."

Obwohl er von Dumas' Ansicht sagt, daß sie „so einfache Ansichten über eine Menge Erscheinungen gibt und gewiß alle die Aufmerksamkeit verdient, welche sie gefunden hat", so bevorzugte er jetzt die Ansicht, daß für Alkohol $\bar{C}H^3 + O$ und für Äther $\bar{C}^2H^5 + O$ vorzuziehen sei. „Das Radikal des Alkohols wäre also $\bar{C}H^3$ und das des Äthers $\bar{C}^2H^5$." Indem er ausführlich die Arbeiten von Wöhler und Liebig bespricht, sagt er auf S. 203: „Allein das Benzoyl ist zusammengesetzt; es muß auch seine rationelle Formel haben, und wenn die Frage entsteht, wie seine Zusammensetzung zu betrachten sei, so scheint es gewiß am natürlichsten, es als eine Verbindung von einem zusammengesetzten Radikal $C^{14}H^{10}$ mit 2 Atomen Sauerstoff zu

---

[1]) J. Berz. **13**, 185.

betrachten." Er verwendet daher nun das Zeichen Bz für $C^{14}H^{10}$. „Bz ist demnach die rationelle Formel für die Benzoesäure, und Bz+H für den Benzoylwasserstoff oder das Bittermandelöl." Berzelius ist also zu der Ansicht über Radikale zurückgekehrt, wie sie Lavoisier aufgestellt und wie er sie selbst von Anfang an angenommen hatte. In demselben Jahre, in dem er diese Ansicht über Benzoesäure entwickelte, erschien Mitscherlichs Arbeit über diese Säure, die zu einer wesentlich anderen Auffassung führte.

Eilhard Mitscherlich, am 7. Januar 1794 zu Neuende geboren, wollte sich anfangs dem Studium der orientalischen Sprachen widmen und hatte daher in Heidelberg und Paris Philologie studiert. Um seinen Plan, Persien zu besuchen, besser ausführen zu können, suchte er sich vorher medizinische Kenntnisse zu erwerben. Dadurch wurde sein Interesse an den Experimentalwissenschaften rege, und er begann 1818 in Berlin, wo er sich habilitieren wollte, seine Arbeiten über arsen- und phosphorsaure Salze. Er hatte dann das Glück, Berzelius, der sich 1819 einige Tage in Berlin aufhielt, die ersten Resultate seiner Untersuchung über Isomorphismus mitteilen zu können. Dieser schlug infolge dieser Arbeit dem Minister vor, Mitscherlich als Nachfolger von Klaproth in Betracht zu ziehen, aber vorher ihm die Mittel zu bewilligen, sich in Stockholm noch weiter auszubilden. So konnte dieser während zwei Jahre im Laboratorium von Berzelius arbeiten. Nach Deutschland zurückgekehrt, wurde Mitscherlich 1822 zum außerordentlichen und 1824 zum ordentlichen Professor der Chemie an der Berliner Universität ernannt, der er bis zu seinem 1863 erfolgten Tod angehörte. Seine Bedeutung als Chemiker hat A. W. Hofmann in der interessanten Rede „Ein Jahrhundert chemischer Forschung unter dem Schirme der Hohenzollern" (1881) geschildert. Seine Arbeiten und eine Beschreibung seines Lebens hat sein Sohn Alexander in einem Buche 1896 herausgegeben[1]).

Nachdem Mitscherlich in den ersten Jahren seiner Forschertätigkeit wesentlich anorganische und krystallographische Arbeiten veröffentlicht hatte, erschienen anfangs der dreißiger Jahre seine vortrefflichen Untersuchungen[2]) „Über das Benzin". Den Ausgangspunkt derselben bildete die Beobachtung, daß beim Erhitzen von Benzoesäure mit einem Überschuß von Kalkhydrat ein Öl überdestilliert, von dem er nachwies, daß es mit Faradays bicarburet of hydrogen identisch ist. Um die Namen der Verbindungen, die dieser Körper eingeht, bequemer bilden zu können, hat er ihn Benzin genannt. Durch Analyse und Dampfdichtebestimmung wies er nach, daß

---

[1]) Gesammelte Schriften von Eilhard Mitscherlich, Berlin 1896.
[2]) P. **29**, 231 (1833); **31**, 625 (1834); **35**, 370 (1835) und zusammenfassend in Abhandl. der Berliner Akademie 1835.

„1 Maas Benzingas aus 3 M. Kohlenstoffgas und 3 M. Wasserstoffgas besteht". Aus der von Wöhler und Liebig ermittelten Zusammensetzung der krystallisierten Benzoesäure und der von ihm beobachteten Dampfdichte leitete er folgende Beziehung ab:

„1 Maas gasförmiger Benzoesäure $= \begin{cases} 1 \text{ M. Benzin} \\ 1 \text{ M. Kohlensäure} \end{cases}$".

Bei dem Studium des Benzins gelangte er zur Entdeckung einer Reihe der wichtigsten Derivate dieses Kohlenwasserstoffs. Durch Einwirkung von rauchender Salpetersäure erhielt er das von ihm als Nitrobenzid bezeichnete Nitrobenzol; aus diesem stellte er mittelst alkoholischem Kali das Stickstoffbenzid (Azobenzol) dar. Durch Auflösen von Benzin in gewöhnlicher rauchender Schwefelsäure erhielt er die Benzinschwefelsäure (Benzolsulfonsäure) und gleichzeitig das Sulfobenzid (Diphenylsulfon). Faraday hatte 1825 beobachtet, daß im Sonnenlicht bei Einwirkung von Chlor auf sein bicarburet of hydrogen eine feste krystallinische und eine flüssige chlorhaltige Verbindung besteht. Mitscherlich zeigte, daß der feste Körper, den er Chlorbenzin nannte, aus 1 Maß Benzindampf und 3 Maß Chlor, dagegen der flüssige, das Chlorbenzid, aus 3 Maß Kohlenstoffgas, $1^{1}/_{2}$ Maß Wasserstoff und $1^{1}/_{2}$ Maß Chlor besteht. Mittelst Schwefelsäureanhydrid erhielt er aus Benzoesäure die Benzoeschwefelsäure.

In den allgemeinen Betrachtungen wies er schon damals auf die Beziehungen zwischen Carbonsäuren und Sulfonsäuren hin. „Die Benzoesäure und die Benzinschwefelsäure bieten das erste Beispiel einer analogen Zusammensetzung zwischen einer organischen und einer Säure, deren saure Eigenschaften man unzweifelhaft einer unorganischen Substanz der Schwefelsäure zuschreiben muß." Er bezeichnete daher die Benzoesäure als Benzinkohlensäure und dehnte diese Ansicht auch auf andere Säuren aus. „Auf ähnliche Weise wie man sich die Benzoesäure zusammengesetzt vorstellen kann, findet dieses bei vielen anderen organischen Säuren statt, z. B. bei den Säuren des Verseifungsprozesses. Zieht man von der Margarinsäure (34 C 67 H 4 O) den Sauerstoff als mit Kohlensäure verbunden ab, so bleibt 32 C 67 H, also ein Kohlenwasserstoff übrig; verbindet man diese Säure mit Basen, so gibt sie 1 Atom Wasser ab." Seine Auffassung der Benzoesäure entspricht also denjenigen Ansichten, welche die Spaltungsprodukte als die näheren Bestandteile organischer Verbindungen ansehen, wie Gay-Lussacs Annahme, daß im Alkohol ölbildendes Gas mit Wasser verbunden sei, und wie die Ansicht von Döbereiner, daß die wasserfreie Oxalsäure aus Kohlenoxyd und Kohlensäure und die Ameisensäure aus Kohlenoxyd und Wasser gebildet ist[1]).

---

[1]) Schw. **16**, 105 (1816).

In seinem Bericht[1]) über **Mitscherlichs** Abhandlung hat **Berzelius** die Frage aufgeworfen, ob es wahrscheinlicher sei, die Benzoesäure wäre eine Verbindung von Benzin und Kohlensäure oder eine wasserhaltige Sauerstoffsäure, in der das Wasser durch Basen ersetzt werden kann. Er entschied sich dafür, daß die Existenz wasserfreier benzoesaurer Salze die letztere Annahme als die richtige erscheinen lasse. Obige drei Ansichten über die Konstitution den Benzoesäure hat er einige Jahre später folgendermaßen untereinander verglichen[2]): „Alle diese drei Theorien sind in Rücksicht auf die Atomzahlen vollkommen richtig und erklären die Mischungsverhältnisse befriedigend, aber bloß die, welche das Benzoyl als das Radikal der Säure betrachtet, wird durch die Erfahrung unterstützt. Die aber, welche die Säure als das Oxyd des Radikals $C^{14}H^{10}$ betrachtet, hat ohne mit der vorhergehenden im Widerspruch zu stehen, völlige Analogie mit den Vorstellungen über Zusammensetzung anderer organischer Säuren, während dagegen die, welche die wasserhaltige Benzoesäure als Benzinkohlensäure betrachtet, mit keiner der vorhergehenden vereinbar ist und sich gänzlich von der Analogie mit anderen Säuren entfernt."

Mitscherlichs der Zeit vorauseilende Idee, daß die Konstitution der Benzoesäure sich vom Benzin ableiten läßt, gab in der Art, wie er sie auffaßte und durch die Formel 12 C 12 H + 2 C 4 O ($C_6H_6+CO_2$) veranschaulichte, keine befriedigende Erklärung für die Zusammensetzung der benzoesauren Salze. Erst als sich die Ansichten über die Carbonsäuren entwickelten und **Kolbe** eine Formel gegeben hatte, nach der die Benzoesäure als Phenylcarbonsäure erscheint, kam die Grundidee von **Mitscherlich** zur Geltung, und die Salzbildung ließ sich zufriedenstellend erklären.

Bei der Namenbildung von Benzin hatte **Mitscherlich** die früher allgemein für organische Verbindungen gebräuchliche Endsilbe „in" angewandt. **Liebig** veränderte in den Annalen jene Bezeichnung und begründete dies folgendermaßen[3]): „Wir haben den Namen Benzin in Benzol verändert, weil die Endung auf in zu sehr an Strychnin, Chinin usw. erinnert, an Körper, mit denen er nicht die geringste Ähnlichkeit besitzt und die Endung auf ol die Eigenschaften desselben und seine Entstehung viel schärfer bezeichnet. Am besten wäre es freilich gewesen, wenn diesem Körper der Namen geblieben wäre, mit dem es der Entdecker desselben, **Faraday**, bezeichnet hat, da es mit Benzoesäure und den Benzoylverbindungen in keiner näheren Beziehung steht als mit Tran oder Steinkohlen, aus denen er ebenfalls erhalten werden kann." Sehr glücklich war diese Namens-

---

[1]) J. Berz. **14**, 345.
[2]) Lehrbuch 3. Auflage, **6**, 209 (1837).
[3]) A. **9**, 43 (1843).

änderung nicht. In Deutschland bürgerte sie sich ein, in den ausländischen Veröffentlichungen blieb aber meist die ältere Bezeichnung beibehalten. Zuweilen wurde auch schon das Wort benzène, entsprechend der im Französischen benutzten Endsilbe ène für Kohlenwasserstoffe, bevorzugt. Auf dem Nomenklaturkongreß 1892 wurde dann der Vorschlag, den Namen „benzène resp. Benzen" zu adoptieren, angenommen. Am zweckmäßigsten wäre es für die Namensbildung der Derivate gewesen, die von Laurent gewählte Bezeichnung phène[1]) einzuführen und die Vorsilbe „Benz" nur für die Namen derjenigen aromatischen Verbindungen, die sieben Atome Kohlenstoff enthalten, zu benutzen.

Sechzehntes Kapitel.
Die Radikaltheorie.

Lavoisiers Ansicht, daß in den organischen Substanzen die Radikale aus zwei oder mehreren Elementen bestehen, fand ihre erste glänzende Bestätigung durch Gay-Lussacs Untersuchung der Blausäure und die Entdeckung des Cyans. Die weitere Entwicklung dieser Theorie erfolgte durch die Abhandlung von Wöhler und Liebig „Über das Radikal der Benzoesäure". Wie schon gleichfalls im vorhergehenden Kapitel angegeben ist, hat Berzelius in seinem Bericht über die Arbeiten aus dem Jahre 1832, die anfangs von ihm angenommenen Ansichten Dumas' über die Konstitution von Alkohol und Äther aufgegeben und sich dafür ausgesprochen, daß dieselben als Oxyde zusammengesetzter Radikale anzusehen sind. Diese Anschauung wurde die Grundlage jenes Teils der Radikaltheorie, die als Äthyltheorie bezeichnet wurde.

Berzelius hat dann im Laufe des Jahres 1833 die Abhandlung[2]) „Über die Konstitution organischer Zusammensetzung" veröffentlicht, in dem er sich bestimmt dafür aussprach, „daß Alkohol und Äther nicht $Ae + 2\dot{H}$ und $Ae + \dot{H}$ sind" und dann seinen Standpunkt folgendermaßen dargelegt: „Wenn man versucht, sich eine Idee über die organischen Zusammensetzungen zu bilden, so haben wir bis jetzt nur einen unleugbar sicheren und durch unzählige Tatsachen festgestellten Weg: wir müssen nämlich von Vergleichungen unorganischer Verbindungen ausgehen. In der unorganischen Chemie ist man übereingekommen, alle Verbindungen binärisch aus einem positiven und einem negativen Bestandteil zu betrachten." So

---

[1]) Siehe S. 106.
[2]) A. **6**, 173 (1833).

gelangte er zu der Folgerung, „daß der Alkohol und der Äther Oxyde eines zusammengesetzten Radikals sind und zwar Äther C^2H^5+O. Aus der Zusammensetzung des Holzgeistes[1]) ergibt sich, daß es das zweite Oxyd des nämlichen Radikals ist $= C^2H^5 + O$, und wir haben daher zwischen den beiden Oxyden den nämlichen Unterschied wie zwischen $\dot{C}u$ und $\dot{C}u$. Die Ätherarten der Wasserstoffsäuren sind nichts anderes als die Chlorüre, Jodüre und Bromüre des nämlichen Radikals, denn $C^4H^8 + HCl = C^2H^5 + Cl$, und mit dem Verhalten in der unorganischen Natur ganz übereinstimmend sind die Ätherarten, welche Sauerstoffsäuren enthalten, Verbindungen der Säuren mit den Oxyden, $C^2H^5O + \bar{N}$, $C^2H^5O + \bar{A}$ usf." In dieser Mitteilung hat aber Berzelius die Konstitution des Alkohols nicht besprochen.

Einige Monate vor dem Erscheinen dieser Abhandlung war am Anfang des Jahres 1833 Kane[2]) schon zur Ansicht gelangt, daß in den Ätherarten und auch im Alkohol ein Radikal vorkomme, das er Äthereum nannte, und das aus einer Verbindung des Kohlenwasserstoffs $4C + 4H$ mit einem Atom Wasserstoff in gleicher Weise bestehe, wie das Ammonium aus Ammoniak und Wasserstoff. Seine Betrachtungen, die er nur in dem Dublin Journal of Medical and Chemical Science[3]) veröffentlichte, wurden damals außerhalb Dublins nicht beachtet und, wie er später angab, in den dortigen chemischen Kreisen ins Lächerliche gezogen. Erst sechs Jahre später, nachdem schon die Äthyltheorie sich ihre Stellung in der Wissenschaft erworben hatte, ließ er sie wieder erscheinen. Auf die Entwicklung der Äthyltheorie hat seine Abhandlung daher keinen Einfluß ausgeübt, doch gebührt ihr eine Stelle in der Geschichte der Chemie. Ausgehend von den Ansichten von Dumas über die Analogie von ölbildendem Gas und Ammoniak einerseits und der Ammoniumtheorie andererseits, entwickelte er seine Betrachtungen:

„Having devoted some attention to the ammonium theory of Berzelius, in which he regards one atome of hydrogen as converting ammonia in a substance possesing many properties in common of metals, I was induced to try whether the same simplicity of arrangement and classification which was given to the ammonia compounds by that hypothesis, could not be afforded to the different combinations on the aethers by the assumption of similar principles." Durch folgende Formeln erläuterte er seine Ansicht:

---

[1]) Die richtige Zusammensetzung des Holzgeistes wurde erst später ermittelt.
[2]) Robert Kane (1809—1890), in Dublin geboren, hatte in seiner Vaterstadt und Paris Medizin und Chemie studiert. 1831 wurde er Professor der Chemie an der Apothecaries Hall in Dublin, dann Professor an der Royal Dublin Society und 1880 nach der Errichtung der University of Ireland deren vice-chancellor.
[3]) Vol. II, p. 348 (1833); wieder abgedruckt in Phil. Mag. **14**, 167 (1839).

Sulphuric aether (oxide of aethereum) $= (4\,C + 4\,H) + H + O$
Alcool (hydrate of oxide of aethereum) $= (4\,C+4\,H)+H+O+\dot{H}$
Muriatic aether (chloride of acthereum) $= (4\,C + 4\,H) + H + Cl$
Nitrous aether (hyponitrite of oxyde of aeth.) $= \ddot{N}+(4\,C+4\,H)+H+O$.

Er nahm also in dem Äther und den Ätherarten dasselbe Radikal wie im Alkohol an.

Im Jahre 1834 veröffentlichte Liebig seine Abhandlung[1] „Über die Konstitution des Äthers und seiner Verbindungen", durch welche die Radikaltheorie zur weiteren Entwicklung gelangte. Wie er in derselben angab, war es die Herausgabe seines Handwörterbuchs der Chemie, die ihn zur Abfassung derselben veranlaßte: „Mit der Ausarbeitung des Artikels Äther für ein Wörterbuch der Chemie beschäftigt, sah ich mich veranlaßt, alle Tatsachen, welche für die eine oder andere der aufgestellten Ansichten aufgeführt werden, einer genauen Prüfung zu unterwerfen, und einige Versuche, auf die ich geführt wurde, scheinen mir diese Frage auf eine genügende und entscheidende Weise zu lösen; sie haben mich zu dem Schlusse geführt, daß der Äther als das Oxyd eines aus 4 At. Kohlenstoff und 10 At. Wasserstoff zusammengesetzten Radikals[2] betrachtet werden muß, eine Ansicht, welche mit derjenigen zusammenfällt, welche Berzelius entwickelt hat."

Um die Richtigkeit dieser Ansicht zu beweisen, war er vor allem bemüht, die Angaben, die zu Gunsten der Ätherintheorie sprachen, zu widerlegen. Zu diesen gehörte die von Faraday und Hennell gemachte Angabe, daß sich ölbildendes Gas in Äthylschwefelsäure und Alkohol überführen läßt. Da bei einem Versuch, bei dem Liebig Schwefelsäure auf Äthylen hatte einwirken lassen, nur sehr wenig absorbiert wurde, so glaubte er annehmen zu dürfen, daß Faraday mit einem Gas gearbeitet habe, dem noch Äther- und Weingeistdampf beigemengt waren und „daß zwischen Schwefelsäure und ölbildendem Gas keine besondere Verwandtschaft tätig ist".

Ein zweiter Stein des Anstoßes war für Liebig, daß Zeise auf Grund von Analysen zur Ansicht gelangt war, daß die durch Einwirkung von Platinchlorid auf Alkohol erhaltene Substanz eine Verbindung von Äthylen mit Platinchlorür sei. Liebig sebloß aus dem Verhalten dieser Substanz beim Erhitzen, daß sie 2% Sauerstoff enthalte und „nicht ferner als Grund gegen die Richtigkeit der neuen Ansicht über die Konstitution des Äthers gelten kann"

---

[1] A. **9**, 1 (1834).
[2] Daß Liebig für dieses Radikal die Formel C_4H_{10}, Kane dagegen C_4H_5 angenommen hatte, lag daran, daß damals noch keine Übereinstimmung inbetreff der Atomgewichte erreicht war.

Seine weitere Polemik richtete sich gegen Dumas und Boullay wegen dem durch Einwirkung von Ammoniak auf Oxaläther erhaltenen oxalo-vinate d'ammoniaque (Äthylester der Oxaminsäure). „Ich komme nun zur Hebung des dritten Einwurfs, den man der neuen Theorie als den entschiedensten zu machen berechtigt war, nämlich zur Untersuchung des sogenannten oxalweinsauren Ammoniaks. Ich gestehe, daß ich von dem Resultat meiner Analyse überrascht gewesen bin, denn dieser Körper ist nichts anderes als Oxamid in völlig reinem Zustand."

Nachdem Liebig hervorgehoben hatte, daß „wohl der Alkohol, aber nicht der Äther von Chloriden zerlegt wird, welche, wie Chlorphosphor, Chlorarsenik usw. Wasser mit einer eminenten Kraft zu zerlegen imstande sind", fügte er hinzu: „So geht daraus unwiderleglich hervor:

1. daß die Ansicht von Dumas und Boullay mit keiner einzigen Tatsache belegt werden kann, daß sie der Erfahrung nicht entspricht und mithin verworfen werden muß; 2. daß die einzige folgerichtige Ansicht, der keine einzige Tatsache widerstreitet, und welche im Gegenteil alle Erscheinungen befriedigend erklärt, darin besteht, daß man den Äther als das erste Oxyd eines zusammengesetzten Radikals $C_4H_{10} + O$ betrachtet. Ich bin nicht zweifelhaft darüber, daß es gelingen wird, das Radikal des Äthers, nämlich die Kohlenwasserstoffverbindung C_4H_{10} frei von jedem anderen Körper darzustellen."

Als Gründe für seine Ansicht, daß der Alkohol das Hydrat des Äthyls ist, gibt er an: „Abgesehen von dem Widerspruch, der darin liegt, wenn dem Äther als einem Oxyd die Fähigkeit abginge, sich auch mit Wasser zu einem Hydrat zu verbinden, während er sich wie andere Oxyde mit Säuren und sein Radikal wie die Metalle mit den Salzbildern zu vereinigen mag, so kann das spezifische Gewicht des Alkoholdampfes nicht als Grund für seine Konstitution als ein Oxyd eines anderen Radikals angesehen werden." Unter den Gründen für seine Ansicht führt er auch die Bildung von Essigäther an, da dieselbe bei der Annahme, der Alkohol sei das Oxyd eines Radikals C_2H_6, sich nicht mit Wahrscheinlichkeit erklären lasse.

Liebig hat dann für das Radikal C_4H_{10} den Namen Ethyl[1]) vorgeschlagen und für die Verbindungen, in denen er es annimmt, Formeln aufgestellt, denen die folgenden entlehnt sind:

E = Radikal des Äthers = C_4H_{10}
$E + O$ = Äther
$E + 2\,O$ = Holzgeist
$EO + H_2O$ = Hydrat (Alkohol)

---

[1]) In seinen späteren Veröffentlichungen bevorzugte Liebig die Schreibweise Äthyl.

$$E + J_2 = \text{Jodür (Jodwasserstoffäther)}$$
$$EO + N_2O_3 = \text{Nitrit (Salpeteräther)}$$
$$EO + \bar{A} = \text{Acetat (Essigäther).}$$

Diese Ansicht über die Konstitution des Äthers und des Alkohols wurde sehr bald von einem großen Teil der Chemiker angenommen, da sie in befriedigender Weise es möglich machte, die Zusammensetzung dieser organischen Verbindungen, entsprechend dem von Berzelius aufgestellten Grundsatz, auf die der anorganischen zu beziehen. Auch die Gründe, die Liebig gegen die Ätherintheorie vorbrachte, haben vielleicht mit dazu beigetragen, doch hatte er in dieser Beziehung keine glückliche Hand.

Dumas hat sofort nachgewiesen[1]), daß Liebig ein anderes Resultat als er und Boullay gefunden habe, weil er den Oxaläther mit wässerigem Ammoniak und nicht, wie sie in ihrer Abhandlung angegeben, mit trockenem Ammoniak behandelt hat. Nur bei Anwendung des ersteren entstehe Oxamid, dagegen bei Anwendung von trocknem Ammoniak der von ihnen beschriebene Körper C^4O^3, C^4H^4, NH^3, dem Dumas jetzt den Namen oxaméthane gab.

Bald darauf zeigte Zeise[2]) durch eine neue, gründliche Untersuchung, daß sein sogenanntes selbstentzündliches Platinchlorür keinen Sauerstoff enthält und bestätigte die Richtigkeit seiner früheren Analysen. Liebig suchte nun in einer ungerechtfertigt heftigen Entgegnung nachzuweisen, daß in Zeises Verbindung weniger Wasserstoff und daher kein Äthylen enthalten sei. Berzelius[3]) sagte aber bei Besprechung dieser Annahme Liebigs, „sie ist bei einer näheren Kritik nicht haltbar". Durch neue Analysen wurde dann dreißig Jahre später die Richtigkeit der Zusammensetzung, wie sie Zeise gefunden hatte, bestätigt[4]).

Faraday, der, als Liebigs Abhandlung erschien, aufs Intensivste mit seinen elektrischen Untersuchungen beschäftigt war, hat keine Erwiderung veröffentlicht. So blieben die Ansichten über die Bildung der Äthylschwefelsäure geteilt. Viele Chemiker nahmen die Ansicht von Liebig an; Gmelin dagegen ließ die Frage unentschieden und Thénard und Dumas meinten, Faraday und Liebig hätten ihre Versuche unter verschiedenen Bedingungen ausgeführt. Die Zweifel an der Richtigkeit der Angabe, daß sich aus Äthylen und Schwefelsäure Äthylschwefelsäure erhalten läßt, wurden 1855 durch Berthelot beseitigt.

---

[1]) A. ch. [2] **54**, 232 (1833).
[2]) A. ch. [2] **63**, 411 (1836).
[3]) J. Berz. **18**, 448.
[4]) A. **145**, 69 (1868).

Unermüdlich war Liebig in den folgenden Jahren damit beschäftigt, die Äthyltheorie zu verteidigen und weiter zu entwickeln. So wies er darauf hin, daß das von Zeise 1833 entdeckte und als eine Wasserstoffsäure $C_4H_{10}S_2 + H_2$ aufgefaßte Mercaptan, richtiger als ein Analogon des Alkohols als $C_4H_{10}S + H_2S$ anzusehen sei und einen neuen Beweis für die Äthyltheorie liefere. „Die Mercaptan-Verbindungen scheinen nun die neue Ansicht von der Konstitution des Äthers und Alkohols vollständig zu rechtfertigen[1].'' Im März 1835 schrieb Liebig an Berzelius: „Eine Untersuchung, welche mit der Äthertheorie ebenfalls in Beziehung steht, ist vor kurzem von einem jungen Eleven der Ecole des Mines in Paris in meinem Laboratorium vollendet worden'' und fügte hinzu, „daß die Ansicht von Dumas, wonach das Öl des ölbildenden Gases als das erste Glied seiner Äthertheorie wäre, complètement falsch ist''. Dieser junge Eleve war der 1810 in Aachen geborene Henri Regnault. Derselbe wurde, nachdem er seine Studien vollendet hatte, Assistent von Gay-Lussac und brachte im Winter 1834/35 einige Monate in Gießen zu. 1840 wurde er Gay-Lussacs Nachfolger an der Ecole polytechnique, doch wandte er sich inbetreff seiner Forschungen mit Vorliebe den physikalischen Arbeiten zu, denen er in erster Linie sein hohes wissenschaftliches Ansehen verdankt. Er starb 1878.

Bei der in Gießen begonnenen Untersuchung fand Regnault[2], daß das beim Behandeln des Öls der holländischen Chemiker mit weingeistigem Kali sich entwickelnde Gas, dessen Auftreten schon Liebig beobachtet hatte, der Formel C_2H_3Cl entsprechend zusammengesetzt ist, woraus er den Schluß zog, „daß in dem Öl des ölbildenden Gases das Chlor auf zweierlei von einander sehr verschiedene Weise vorhanden ist, und daß mithin die Ansicht von Herrn Dumas, wonach es eine einfache Verbindung von Chlor mit ölbildendem Gase wäre, nicht richtig sein kann''. In der ausführlichen Abhandlung[3], in der Regnault mitteilte, daß auch die Verbindungen des Äthylens mit Brom und Jod sich in gleicher Weise verhalten, kam er zur Ansicht, daß es eine Reihe von Substanzen gibt, die ein hypothetisches Radikal aldéhydène = C^4H^6 enthalten. Der von ihm aufgestellten Tabelle sind folgende Formeln entlehnt:

$C^4H^6Cl^2$ chlorure d'aldéhydène (Monochloräthylen)
$C^4H^6Cl^2H^2Cl^2$ hydrocarbure de chlore (Äthylenchlorid)
$C^4H^6O + H_2O$ aldéhyde
$C^4H^6O^3 + H_2O$ acide acétique.

---

[1] A. **11**. 10 (1834).
[2] A. **14**, 22 (1835).
[3] A. ch. [2] **59**, 358 (1835).

Für das Radikal Aldehyden, dem nach unseren Atomgewichten die Formel C_2H_3 zukommt, ist durch Berzelius, da er es als Radikal der Essigsäure ansah, der Name Acetyl eingeführt worden; später wurde es von Kolbe Vinyl genannt.

Als Berzelius mit einer neuen Auflage seines Lehrbuchs beschäftigt war, schrieb er am 3. Januar 1837 an Liebig: „Das Kapitel vom Ether habe ich mit besonderer Vorliebe ausgearbeitet. Ich habe dabei die von Ihnen vorgeschlagene Nomenklatur, Ethyl, Ethyloxyd usw., ganz unentbehrlich gefunden." Dagegen sagte er inbetreff des Alkohols: „Ich kann immer noch nicht in meinen Kopf kriegen, daß der Alkohol ein Hydrat des Ethyloxyds sein soll. Wenn der Alkohol Wasser enthielte, so würde dieses Wasser sich mit Ca oder Ba verbinden und Ethyloxyd abgeschieden werden."

Wie aus Briefen von Berzelius an Wöhler hervorgeht, war aber ersterer mit dem Ton in Liebigs polemischen Artikeln sehr wenig zufrieden; auch beurteilte er die vielen Veröffentlichungen desselben über die Äthyltheorie folgendermaßen[1]): „Obgleich er und ich dieselbe Ansicht über die Zusammensetzung des Äthers haben, so bin ich doch des ewigen Predigens mit Worten zu Gunsten dieser Ansicht ganz überdrüssig. Liebig vergißt ganz und gar, daß das, was taugt, sich selbst verteidigt." Aus den Streitschriften des letzteren ist aber die in der umfangreichen Kritik von Laurents Theorie der organischen Verbindungen enthaltene bemerkenswerte Erklärung von dem, was man unter einem Radikal zu verstehen hat, zu erwähnen[2]):

„Wir nennen also Cyan ein Radikal, weil es 1. der nicht wechselnde Bestandteil in einer Reihe von Verbindungen ist, weil es 2. sich in diesen ersetzen läßt durch andere Körper, weil 3. sich in seinen Verbindungen mit einem einfachen Körper dieser letztere ausscheiden und vertreten läßt durch Äquivalente von andern einfachen Körpern. Von diesen drei Hauptbedingungen zur Charakteristik eines zusammengesetzten Radikals müssen zum wenigsten zwei stets erfüllt werden, wenn wir es in der Tat als ein Radikal betrachten sollen." Auf Seite 5 fügte er hinzu: „Die organischen Radikale existieren für uns demnach in den meisten Fällen nur in unserer Vorstellung, über ihr wirkliches Bestehen ist man aber ebensowenig zweifelhaft, wie über das der Salpetersäure[3]), obwohl uns dieser Körper ebenso unbekannt ist wie das Äthyl."

Für Liebig war es ein großer Triumph, daß es ihm im Herbst 1837 bei einem Besuch in Paris gelang, Dumas von der Richtigkeit der Radikaltheorie zu überzeugen. Dieser hatte sich freilich derselben

---

[1]) Brief vom 26. September 1837 von Berzelius an Wöhler.
[2]) A. **25**, 3 (1838).
[3]) d. h. Salpetersäure gleich NO_5.

schon genähert, als er am Schluß einer mit Peligot veröffentlichten Abhandlung angab, man könne in den Verbindungen des Holzgeistes an Stelle von Methylen auch ein Radikal C^4H^6, das also unserem Methyl entspricht, annehmen.

Infolge ihrer Besprechungen wurde von Dumas und Liebig im Oktober 1837 der Pariser Akademie eine Abhandlung[1]: „Note sur l'état actuel de la chimie organique" übergeben, in der sie mitteilten, daß sie zur Förderung der organischen Chemie sich zu gemeinschaftlichem Arbeiten entschlossen hätten: „En effet, quand nous avons pu traiter les questions qui nous divisent, dans quelques conférences amicales, nous avons reconnu bientôt que nous étions d'accord sur tous les principes et qu'à l'application, nous différions de si peu qu'il serait facile de nous accorder. Dès-lors nous avons compris que nous pouvons réunis entreprendre un ouvrage devant lequel nous eussions reculé chacun pris isolément; c'est la classification naturelle des matières organiques; c'est la discussion approfondie des radicaux qu'il faut admettre et l'exposition de leurs caractères directes ou secondaires; c'est en un mot la philosophie des substances organiques."

Wie sehr Dumas sich damals der Radikaltheorie angeschlossen hatte, zeigen auch folgende Sätze aus der gemeinschaftlichen Abhandlung:

„Ainsi la chimie organique possède ses éléments à elle, qui tantôt jouent le rôle qui appartient au chlore ou à l'oxygène de la chimie minérale, qui tantôt au contraire jouent le rôle des métaux. Le cyanogène, l'amide, le benzoyle, les radicaux de l'ammoniaque, des corps gras, des alcools et des corps analogues, voilà les vrais éléments sur lesquels la chimie organique opère."

Lange sollte die Übereinstimmung beider Forscher nicht dauern. Die im dreiundzwanzigsten Kapitel besprochene Abhandlung über die mehrbasischen Säuren war die einzige Frucht ihrer Verabredung. Schon wenige Jahre später stellte Dumas, im Gegensatz zu den Ansichten, denen er sich angeschlossen hatte, seine Theorie der Typen auf. Die Radikaltheorie aber erreichte zu derselben Zeit ihren Höhepunkt durch Bunsens Arbeiten über die Kakodylreihe und namentlich durch die Entdeckung des Kakodyls in freiem Zustand.

Siebzehntes Kapitel.
Untersuchungen über Kakodyl.

Mit seinen klassischen Arbeiten über diese organischen Arsenikverbindungen eröffnete im jugendlichen Alter Robert Bunsen seine glänzende Forscherlaufbahn. Er war am 31. März 1811 zu Göttingen, wo sein Vater an der Universität die Stelle eines Biblio-

---

[1] C. r. **5**, 567 (1837).

thekars und Professors der Sprachwissenschaften einnahm, geboren. In seiner Vaterstadt hat er unter Stromeyer, dem Entdecker des Cadmiums, studiert und dann einen Teil des Winters 1832/33 in Paris zugebracht. Daselbst hatte er Gelegenheit, die Vorlesungen von Gay-Lussac zu hören. In nähere Beziehung trat er zu dem fast gleichaltrigen Regnault und zu dem vier Jahre älteren Pelouze. Nachdem er noch einige Zeit sich in Wien und Berlin aufgehalten hatte, habilitierte er sich in Göttingen. Im Jahre 1836 wurde er Wöhlers Nachfolger in Kassel und 1839 Professor an der Universität Marburg. 1851 wurde er nach Breslau und 1852 nach Heidelberg berufen. An dieser badischen Universität eröffnete er 1855 das unter seiner Leitung erbaute berühmte Laboratorium und entfaltete an derselben eine mit Recht bewunderte Tätigkeit als Forscher und Lehrer. Seine Vorlesungen, die sich durch Reichtum an Experimenten auszeichneten, wirkten außerordentlich anregend. Im Jahre 1889 ist er in den Ruhestand getreten und am 16. August 1899 hochbejahrt und hochverehrt gestorben. Eine erschöpfende Biographie über diesen großen Forscher ist noch nicht erschienen, wir besitzen aber eine Reihe schöner Gedenkreden, wie diejenigen von Curtius und von Roscoe[1]). Seine gesammelten Werke haben Ostwald und Bodenstein veröffentlicht.

Als Privatdozent hatte Bunsen die wichtige Beobachtung gemacht, daß Eisenoxydhydrat ein wertvolles Gegengift gegen arsenige Säure ist, was dann für ihn den Anstoß gab, sich auch mit organischen Arsenikverbindungen zu beschäftigen. Diese Arbeiten hat er in Kassel in Angriff genommen und in Marburg vollendet. Bei denselben zeigte sich sofort seine hervorragende Kunst im Experimentieren; auch erregten der Mut und die Ausdauer, mit welchen er die gefährlichen und beschwerlichen Versuche ausführte, wohlverdiente Bewunderung.

Am Anfang der ersten Mitteilung[2]) „Über eine Reihe organischer Verbindungen, welche Arsenik als Bestandteile enthalten", hat Bunsen darauf hingewiesen, „daß bei der großen Übereinstimmung, welche das Arsenik mit dem Stickstoff in seinem chemischen Verhalten darbietet, die Aussicht zur Darstellung organischer Arsenikverbindungen naheliegt, und daß sich ihre Existenz in der Cadetschen Flüssigkeit[3]) vermuten lasse, doch sei dieses interessante Produkt bisher nicht einer sorgfältigen Prüfung unterworfen worden, und zwar vermutlich wegen der damit verbundenen Gefahr und Beschwerden".

---

[1]) Th. Curtius: Robert Wilhelm Bunsen ein akademisches Gedenkblatt (1900) und Robert Bunsen als Lehrer in Heidelberg (1906); Sir William Roscoe: Bunsen Memorial Lecture, Soc. **77**, 513 (1900).

[2]) P. **40**, 219 und **42**, 145 (1837).

[3]) Cadet, Apotheker in Paris, hatte 1760 die nach ihm benannte Flüssigkeit durch Destillieren von arseniger Säure mit essigsaurem Kali erhalten.

Aus dieser Flüssigkeit isolierte Bunsen durch Destillation ein Produkt, welches er Alkarsin nannte, da er anfangs annahm, seine empirische Zusammensetzung sei C_4H_6As und entspräche daher dem Alkohol C_4H_6O. Die aus demselben durch Oxydation erhaltene Säure nannte er Alkargen. In einer dritten vorläufigen Mitteilung[1]) adoptierte er für den in den neuen Verbindungen enthaltenen, gemeinschaftlichen Bestandteil den von Berzelius vorgeschlagenen Namen Kakodyl, und in den Jahren 1841—43 veröffentlichte er seine endgültigen Resultate in drei umfangreichen Abhandlungen[2]): „Untersuchungen über die Kakodylreihe."

In der ersten dieser Mitteilungen charakterisierte er die Kakodylverbindungen folgendermaßen: „Überblicken wir diese Körperklasse, so erkennen wir darin ein unveränderliches Glied, dessen Zusammensetzung durch die Formel

$$C_4H_{12}As_2 \ ^3)$$

repräsentiert wird. — Die konstituierenden Elemente dieses Gliedes, durch eine vorwaltende Verwandtschaft mit einander vereinigt, nehmen nur in ihrer Gesamtheit Teil an den Zersetzungserscheinungen, welche diese Stoffe charakterisieren. Sie bilden in ihrer Verbindung eine jener höheren Einheiten, die wir organische Atome oder Radikale nennen."

Nachdem Bunsen durch Analysen und Dampfdichtebestimmungen gefunden hatte, daß der Hauptbestandteil des Alkarsins sauerstoffhaltig ist und seine Zusammensetzung der Formel $C_4H_{12}As_2O$ entspricht, bezeichnete er es als Kakodyloxyd. Aus demselben stellte er eine Reihe anderer Derivate, wie die Haloidverbindungen, das Sulfür und Selenür dar.

Im Jahre 1842 teilte er die wichtige Entdeckung des Kakodyls in freiem Zustand mit. „Im Nachstehenden werde ich nun versuchen, den Beweis zu führen, daß dieses Glied weit entfernt eine hypothetische Fiktion zu sein, in der Wirklichkeit existiert und sich in der Tat in isolierter Gestalt durch die Art seiner Verwandtschaft den Metallen anreiht." Er zeigte dann, daß aus dieser an der Luft leicht entzündlichen Flüssigkeit sich die früher beschriebenen Verbindungen des Kakodyls zusammensetzen lassen und bezeichnet daher dieses Radikal als „ein wahres organisches Element".

In der letzten Abhandlung hat Bunsen ausführlich Darstellung und Verhalten der Kakodylsäure beschrieben. Dabei machte er die Beobachtung, daß bei Einwirkung von Salzsäure Methylchlorid auf-

---

[1]) A. **31**, 179 (1839).
[2]) A. **37**, 1 (1841); **42**, 14 (1842) und **46**, 1 (1843).
[3]) Nach unseren Atomgewichten C_2H_6As.

tritt, woraus sich ergab, daß im Kakodyl Methyl enthalten ist. Als eine besondere Eigentümlichkeit hat er auch angegeben, daß sie einen anderen pharmakodynamischen Charakter wie die löslichen unorganischen Verbindungen des Arseniks besitzt. „Dieser Charakter geht der Kakodylsäure gänzlich ab, obwohl sie nicht weniger als $71^1/_2 \%$ Arsenik und Sauerstoff in demselben Verhältnis enthält, wie die arsenige Säure. Sie ist selbst in größeren Dosen nicht im mindesten giftig." Er gab dann an, daß seine eigenen Beobachtungen an Fröschen durch Versuche, die Prof. Kürschner an Kaninchen ausführte, vollkommen bestätigt wurden und fügte hinzu: „Gehen wir auf den Grund dieser unerwarteten Erscheinung zurück, so bietet sich dafür nur in der Annahme eine Erklärung dar, daß die Verbindungsweise des Arseniks im Kakodyl eine andere ist, als in seinen unorganischen Verbindungen."

Diese Mitteilung veranlaßte dann in späterer Zeit die therapeutische Anwendung organischer Arsenikverbindungen. Etwa zwanzig Jahre nach deren Veröffentlichung empfahl der Darmstädter Arzt Ph. Jochheim in einer Broschüre „Über chronische Hautkrankheiten" (Darmstadt 1864)[1] die Kakodylsäure zum medizinischen Gebrauch. Definitiv wurde sie aber erst durch den französischen Mediziner Gautier am Ende des vorigen Jahrhunderts in die Therapie eingeführt.

Berzelius, der von Anfang an sich in hohem Maße anerkennend über Bunsens Untersuchungen ausgesprochen hatte, fällte, nachdem sie vollständig erschienen waren, folgendes Urteil[2]: „Diese Arbeit ist ein Grundpfeiler für die Lehre von den zusammengesetzten Radikalen, von denen das Kakodyl noch das einzige ist, welches in Übereinstimmung mit einfachen Radikalen in allen Einzelheiten verfolgt werden konnte. Für diese mühsame und wegen des ekelhaften Geruchs der Verbindungen so widrig gewesene Untersuchung ist die Wissenschaft diesem ausgezeichneten Naturforscher den größten Dank schuldig." In diesem Satz hat Berzelius das Cyan wohl deshalb nicht in Betracht gezogen, da er es zu den anorganischen Verbindungen rechnete.

Bunsen hat nach Vollendung dieser Arbeiten keine Untersuchung mehr auf dem Felde der organischen Chemie ausgeführt. Er wandte sich von da an seinen anderen hervorragenden Forschungen zu.

---

[1] Die wichtigsten der in dieser wenig bekannten Broschüre enthaltenen Angaben sind in Mercks Jahresbericht Jahrgang 24, S. 7 (1911) mitgeteilt.
[2] J. Berz. **24**, 640.

Achtzehntes Kapitel.
Gesetz und Theorie der Substitution.

Die Entdeckung chlorhaltiger organischer Verbindungen wurde im vierten Jahrzehnt des vorigen Jahrhunderts von hervorragender Bedeutung für die Entwicklung der theoretischen Ansichten. Aus früherer Zeit lagen hierüber nur wenig Beobachtungen vor. Das von den holländischen Chemikern 1795 aufgefundene Öl war das erste Beispiel derartiger Substanzen. Dann folgte 1815 die Entdeckung des Cyanchlorids durch Gay-Lussac und 1821 der von Faraday beschriebenen Chlorkohlenstoffe. In den zwanziger Jahren hatte Gay-Lussac Chlor auch auf Wachs, Fette und Fettsäuren einwirken lassen, sich aber darauf beschränkt, seine Resultate in seinen Vorträgen mitzuteilen. Der zweite Band des Cours de Chimie par M. Gay-Lussac[1]) enthält in der Vorlesung vom 16. Juli 1828 folgende Angabe[2]):

„Quand on fait arriver le chlore à l'état gazeux sur les huiles, il leur enlève une portion d'hydrogène avec laquelle il se combine pour former de l'acide hydrochlorique que l'on peut recueillir; et en même temps une partie du chlore se combine avec l'huile et prend la place de l'hydrogène enlevé de sorte qu'on a une autre substance inflammable. Voici du suif qui a été traité de cette manière; il présente maintenant une substance molle dans laquelle il y a beaucoup de chlore. Voici de la cire qui a été traitée d'une manière analogue. — On blanchit la cire par le chlore; mais il se combine avec la cire, et en brûlant, elle répand dans les appartements des vapeurs épaisses d'acide hydrochlorique. Il faut renoncer à ce moyen de la blanchir."

Drei Jahre später gelangte Liebig bei der Untersuchung der Einwirkung von Chlor auf Alkohol[3]) zur Entdeckung des Chlorals und des Chloroforms. Letzteres, das er durch Behandeln des Chlorals mit einer Kalilösung dargestellt hatte, war genau zu derselben Zeit von Soubeiran[4]) durch Behandeln von wässerigem Alkohol mit Chlorkalk erhalten worden. Beiden Chemikern war aber nicht gelungen, die richtige Zusammensetzung dieser Verbindungen zu ermitteln. Liebig nahm an, das Chloral bestehe aus 9 Atomen Kohlenstoff, 12 Chlor und 4 Sauerstoff und das Chloroform bezeichnete er als einen neuen Chlorkohlenstoff C_2Cl_5, während Soubeiran

---

[1]) Dieses Werk enthält Vorlesungen, die eine Buchhandlung hatte stenographieren lassen. Von Gaultier de Claubry wurden die Stenogramme durchgesehen, da Gay-Lussac, wie er in A. ch. [2] **37**, 491 mitteilte, nichts mit dieser Spekulation zu tun haben wollte.
[2]) 28 leçon, p. 11 et 22.
[3]) P. **24**, 444 (1831) und ausführlich A. **1**, 189 (1832).
[4]) A. ch. [2] **48**, 131 (1831).

angab, letzterer bestehe aus 1 Atom Kohlenstoff, 2 Wasserstoff und 2 Chlor.

Bei ihrer Untersuchung des Bittermandelöls hatten Wöhler und Liebig 1832 gefunden, daß durch Chlor das Bittermandelöl in Benzoylchlorid übergeht, und darauf hingewiesen, daß, entsprechend ihrer damaligen Formel, zwei Atome Chlor an Stelle von zwei Atomen Wasserstoff treten, die als Chlorwasserstoff weggehen. Dumas hat anfang der dreißiger Jahre, im Anschluß an die oben erwähnten Gay-Lussacschen Versuche, die Einwirkung von Chlor auf Terpentinöl studiert und war dadurch zu seinen Substitutionsregeln gelangt. Über diesen Zusammenhang mit jenen älteren Beobachtungen hat er in einer späteren Publikation folgende historische Angabe gemacht[1]):

„Il y a quelques années M. Gay-Lussac mentionnait dans ses cours une expérience fort simple, qui est devenue le point de départ d'une immense suite de recherches et de découvertes. En traitant la cire par le chlore, disait l'illustre professeur, j'ai vu cette substance perdre de l'hydrogène et prendre précisément un volume de chlore pareil à celui de l'hydrogène enlevé. De mon côté j'avais soumis à de semblables épreuves l'essence de térébenthine."

Wie Hofmann in seinem Nekrolog[2]) auf Dumas angibt, hatte dieser ihm mündlich aber den Ursprung der Substitutionstheorie folgendermaßen geschildert: Bei einem Fest in den Tuilerien hätten die Wachslichter heftig reizende Dämpfe verbreitet, und er wäre mit der Untersuchung dieser Kerzen betraut worden, was ihn dann veranlaßte, sich mit dem Problem der Substitution zu beschäftigen. Hieran knüpfte Hofmann die Bemerkung: „Wie seltsam! Ein Sonnenstrahl glänzend von einem Fenster des Luxembourg zurückgeworfen und zufällig von Malus durch eine Platte von Doppelspat betrachtet, enthüllt die Polarisationserscheinungen, dem Gebiet der Physik eine neue Provinz gewinnend, während akride Dämpfe, welche trübe brennende Kerzen in den Ballsälen der Tuilerien entsenden, Dumas veranlassen, die Einwirkung von Chlor auf organische Körper zu studieren, und ihn schließlich zu Spekulationen über die Natur derselben führten, welche während langer Jahre die Wissenschaft beherrscht haben und auch heute noch einen mächtigen Einfluß auf ihre Entfaltung ausüben."

In keiner seiner Schriften und auch nicht in der 1857 veröffentlichten Notiz über die Entstehung der Substitutionstheorie hat Dumas jenen Vorfall erwähnt. So scheint das, was er später erzählte, mit seinen Veröffentlichungen im Widerspruch zu stehen. Vielleicht erklärt sich dies aber durch die Annahme, daß für ihn persönlich das

---

[1]) C. r. **10**, 150 (1840).
[2]) B. **17** c, 667 (1884).

Ereignis in den Tuilerien doch die Veranlassung war, im Anschluß an Gay-Lussacs Beobachtungen sich mit der Einwirkung von Chlor auf organische Verbindungen zu befassen.

Nachdem Dumas gefunden hatte, daß Chlor auf Terpentinöl in ähnlicher Weise einwirkt wie auf Wachs, unternahm er das Studium der aus Alkohol erhaltenen chlorhaltigen Produkte[1]). Als er die Dampfdichte der nach Soubeiran dargestellten Chlorverbindung bestimmte, ergab sich, daß der gefundene Wert weder mit der Formel dieses Chemikers noch mit der von Liebigs Chlorkohlenstoff übereinstimmte: „Parmi les circonstances qui m'ont paru difficiles à concilier avec la composition de M. Liebig je citerai en particulier la densité de vapeur." Nachdem Dumas darauf die richtige Zusammensetzung ermittelt und beobachtet hatte, daß diese Verbindung sich durch Kalilauge in Ameisensäure überführen läßt, prägte er den Namen chloroforme. Dann gelangte er auch für Chloral und Chloralhydrat zur Feststellung der richtigen Formeln und ebenso für Bromoform und Jodoform, bei denen vorher gleichfalls der Wasserstoff übersehen war.

Gestützt auf diese Tatsachen, stellte er 1834 folgende Substitutionsregeln[2]) auf, von denen die dritte sich auf die Bildung des Chlorals bezieht.

„1. Quand un corps hydrogéné est soumis à l'action déshydrogénante du chlore, du brome, de l'iode, de l'oxygène etc. pour chaque atome d'hydrogène qu'il perd, il gagne un atome de chlore, de brome ou d'iode, ou un demi-atome d'oxygène;

2. Quand le corps hydrogéné renferme de l'oxygène, la même règle s'observe sans modification;

3. Quand le corps hydrogéné renferme de l'eau celle-ci perd son hydrogène sans que rien le remplace, et à partir de ce point, si on lui enlève une nouvelle quantité d'hydrogène celle-ci est remplacée comme précédemment."

Diese Gesetzmäßigkeiten hat Dumas als métalepsie oder als loi de substitution und auch als théorie de substitution bezeichnet, doch später erklärte er, daß sie nur als loi empirique zu betrachten seien. Es war dann Laurent, der dieses empirische Gesetz erweiterte und Betrachtungen anstellte, die wesentlich bewirkten, daß sich dasselbe zu einer Theorie entwickelte. Dumas hatte 1832[2]) bei Versuchen über Naphtalin gefunden, daß das Chlor diesen Kohlenwasserstoff anfangs in eine flüssige und dann in eine feste Substanz verwandelt die aus 1 Volumen Naphtalin und 2 Volumen Chlor besteht. Er war daher geneigt, anzunehmen, daß der Kohlenwasserstoff, ohne ver-

---

[1]) A. ch. [2] **56**, 113 (1834).
[2]) A. ch. [2] **50**, 182 (1832).

ändert zu werden, sich mit Chlor verbindet, ebenso wie dies bei der Bildung des Öls der holländischen Chemiker der Fall ist.

Laurent hatte bei seinen umfangreichen und für die Kenntnis der Naphtalinderivate grundlegenden Untersuchungen[1]) auch jene beiden Chlorverbindungen genauer untersucht und ermittelt, daß die flüssige Substanz aus 1 Volumen Naphtalin und 1 Volumen Chlor gebildet ist. Von derselben wie vom festen Chlorid hat er dann festgestellt, daß sie die Hälfte ihres Chlors als Chlorwasserstoff an Ätzkali abgeben und in Substitutionsprodukte des Naphtalins übergehen[2]). Er stellte daher jetzt folgende Formeln für jene beiden Chloride auf:

$C^{40}H^{14}Cl^2 + H^2Cl^2$ $\qquad$ $(C_{10}H_7Cl + ClH)$
Hydrochlorate de chloronaphtalase $\qquad$ Naphtalindichlorid.

$C^{40}H^{12}Cl^4 + H^4Cl^4$ $\qquad$ $(C_{10}H_6Cl_2 + 2\ ClH)$
Hydrochlorate de chloronaphtalèse $\qquad$ Naphtalintetrachlofid.

Bei seiner Nomenklatur der Substitutionsprodukte gibt Laurent in den Endsilben durch die Buchstaben a, e, i, o, u an, wie viel Äquivalente (Doppelatome) Wasserstoff durch Chlor, Brom oder Sauerstoff ersetzt sind; chloronaphtalase entspricht unserem Monochlornaphtalin und chloronaphtalèse dem Dichlornaphtalin. Obige eingeklammerten Formeln veranschaulichen nach unseren Atomgewichten seine damalige Ansicht. Als beweisend für die Annahme, daß bei jenen Chlorverbindungen Substitution erfolgt, führt er an, daß Brom direkt Naphtalin in Substitutionsprodukte verwandelt, da der hierbei gebildete Bromwasserstoff entweicht.

Im Jahre 1835 machte Laurent[3]) die Entdeckung, daß Paranaphtalin (Anthracen), für welches Dumas und er die Formel $C^{60}H^{24}$ aufgestellt hatten, durch Salpetersäure in eine Verbindung $C^{60}H^{16}O^4 = 4$ Volumen übergehe. Er nannte sie paranaphtalèse und später anthracénuse, und nahm an, daß sie ein Substitutionsprodukt sei. ,,Cette composition est assez remarquable parce qu'elle vient parfaitement confirmer la théorie des substitutions découverte par M. Dumas et la théorie des radicaux dont j'ai déjà donné un léger aperçu." Was er hier radicaux nennt, ist das, was er später als noyaux (Kerne) bezeichnete.

Für die Einwirkung von Chlor, Brom, Sauerstoff und Salpetersäure gelangte er nun zu folgenden Sätzen, von denen der erste von Dumas herrührt: ,,appartient à M. Dumas," der zweite aber ihm angehöre. ,,1° Toutes les fois que le chlore, le brome, l'acide nitrique ou l'oxygène exercent une action déshydrogénante sur un hydrogène

---

[1]) A. ch. [2] **59**, 196 (1835).
[2]) Diese Resultate waren schon 1834 der Akademie mitgeteilt worden, also in der gleichen Zeit, in der Regnault das analoge Verhalten für Äthylenchlorid auffand.
[3]) A. ch. [2] **60**, 220 (1835).

carboné, chaque équivalent d'hydrogène enlevé est remplacé par 1 équivalent de chlore, de brome ou d'oxygène.

2° Il se forme en même temps de l'acide hydrochlorique, hydrobromique, nitreux ou de l'eau, qui tantôt se dégagent, tantôt restent combinés avec le nouveau radical formé."

Bei Aufstellung seiner Kerntheorie, die er damals noch als Théorie des radicaux bezeichnete, hat er großen Wert darauf gelegt, daß in denjenigen Substitutionsprodukten, in denen die Salzsäure mit dem neuen chlorhaltigen Kern verbunden bleibt, sich eine wesentliche Verschiedenheit im Verhalten der Chloratome zeigt. Anknüpfend an die Formel

$$C^8H^6Cl^2 + H^2Cl^2 \qquad (C_2H_3Cl + ClH)$$

für das Öl der holländischen Chemiker sagte er[1]): „La place que H^2Cl^2 occupe dans la combinaison fait voir qu'on peut l'enlever par la potasse, tandis que le chlore qui est dans le radical resiste à cet égard."

Diese Tatsache, die er wiederholt bei seinen Untersuchungen organischer Chlorderivate hervorhob, führte ihn nun zu der Ansicht, daß das Chlor, welches in den Kern eintritt, nicht nur den Platz einnimmt, den vorher der Wasserstoff innehatte[2]), sondern sich auch wie dieses verhält. Da diese Folgerungen in vollem Gegensatz zu der elektrochemischen Theorie von Berzelius standen, so hat dieser Forscher sie in einem an Pelouze gerichteten und vor der Akademie in Paris gelesenen Brief[3]) bekämpft, wobei er seine Kritik durch folgenden Satz einleitete: „La Théorie des substitutions établie par M. Dumas, dans laquelle, par exemple, le chlore peut échanger l'hydrogène en se mettant à sa place m'a paru d'une influence nuisible au progrès de la science, elle jette un faux jour sur les objets et empêche d'en distinguer les véritables." Berzelius hatte in diesen Darlegungen nicht unterschieden, was von Dumas und was von Laurent herrührte.

In seiner Antwort sagte[4]) daher Dumas: „J'ai dit en général un corps hydrogéné qui perd de l'hydrogène sous l'influence du chlore, prend pour chaque atome d'hydrogène enlevé un atome de chlore. Mais je n'ai jamais dit que le nouveau corps formé par substitution eût le même radical, la même formule rationelle que le premier." In der zweiten Entgegnung fügte er hinzu: „Si l'on me fait dire que l'hydrogène est remplacé par du chlore qui joue le même rôle

---

[1]) A. ch. [2] **61**, 131 (1836).
[2]) Gay-Lussac hatte, wie oben erwähnt, schon dies für die Umwandlung des Wachses durch Chlor angenommen.
[3]) C. r. **6**, 633 (1838).
[4]) C. r. **6**, 647 und 689 (1838).

que lui, on m'attribue une opinion contre laquelle je proteste hautement, car elle est en contraction avec tout ce que j'ai écrit sur ces matières."

Laurent beanspruchte dagegen, der Urheber dieser weitgehenden Ansichten zu sein[1]): „J'assume pour moi seul toute la responsabilité savoir: que si l'hydrogène est enlevé dans un radical et remplacé par son équivalent d'un corps négatif, comme le chlore, l'oxygène, on obtient un nouveau composé analogue à celui qui lui a donné naissance et dans lequel les propriétés du corps négatif sont pour ainsi dire dissimulées."

Dumas hat später in seiner historischen Notiz[2]) über diesen Gegenstand dies anerkannt. Nachdem er darauf hingewiesen, daß von ihm selbst zuerst die empirischen Gesetze der Substitution aufgestellt wurden, sagte er: „M. Laurent reconnu plus tard que dans les phénomènes des substitution le type est conservé, c'est-à-dire que non seulement le chlore prend la place de l'hydrogène, mais qu'il joue le même rôle que lui. L'importance de ce point de vue est évidente, mais il est venu après les précédents."

Daß Dumas kurze Zeit nachher diese Ansichten adoptierte, war die Folge seiner Entdeckung der Trichloressigsäure. Im Jahre 1838 teilte er in einer vorläufigen Notiz[3]) mit, daß im Sonnenlicht die Essigsäure in eine chlorhaltige Säure umgewandelt wird, und gab dann in der ausführlichen Mitteilung[4]) an, daß in der Essigsäure, wasserfrei gedacht, aller Wasserstoff durch Chlor ersetzt wird und daß die so entstandene, von ihm acide chloracétique genannte Säure inbetreff von Eigenschaften und Verhalten die größte Analogie mit Essigsäure zeigt und daß dies auch bei deren Salzen und Äthern der Fall ist. Nachdem er gefunden hatte, daß die Chloressigsäure beim Erwärmen mit Alkalien in Chloroform und Kohlensäure gespalten wird, wies er darauf hin, daß die Beziehungen zwischen jenen beiden Säuren ganz denen zwischen Aldehyd und Chloral entsprechen:

C^8H^6O , H^2O aldéhyde $C^8H^6O^3$, H^2O acide acétique
C^8Cl^6O , H^2O chloraldéhyde $C^8Cl^6O^3$, H^2O acide chloracétique.

Jetzt war für Dumas der Moment gekommen, in dem er nicht nur Laurents Ansichten annahm, sondern auch die Frage aufwarf, wie sie sich zu der elektrochemischen Theorie verhalten: „Dans tous ces corps le chlore en prenant la place de l'hydrogène, n'a rien changé aux propriétés du composé, qu'il fut acide, corps neutre ou base, car

---

[1]) A. ch. [2] 72, 407 (1839).
[2]) A. ch. [3] 49, 487 (1857).
[3]) C. r. 7, 444 (1838).
[4]) C. r. 8, 609 (1839).

il est demeuré acide, corps neutre ou base et il a même conservé son pouvoir saturant exact. Il est évident qu'en m'arrêtant à ce système des idées dicté par les faits, je n'ai pris en rien en considération les théories électrochimiques sur lesquelles M. Berzelius a généralement basé les idées qui dominent dans les opinions que cet illustre chimiste a cherché à faire prévaloir. Mais ces idées électrochimiques, cette polarité spéciale attribuée aux molécules des corps simples, reposent-elles donc sur des faits tellement évidents qu'il faille les ériger en articles de foi? Il faut bien en convenir il n'en est rien: ce qui nous sert, ce qui nous guide en chimie minérale c'est l'isomorphisme, théorie fondée sur les faits, comme on sait, et fort peu d'accord, comme on sait encore, avec la théorie électrochimique. Et bien en chimie organique la théorie des substitutions joue le même rôle."

In einem sofort nach der Kenntnisnahme dieser Abhandlung veröffentlichten Artikel[1]) sagt Berzelius: „Diese Darstellung enthält unbedingt den Umsturz des ganzen chemischen Lehrgebäudes so wie er jetzt ist, und diese Revolution gründet sich auf die Zersetzung der Essigsäure durch Chlorgas." Er suchte daher nachzuweisen, daß die gechlorte Säure ganz verschieden von Essigsäure ist und man sie als eine Verbindung von einem Atom Oxalsäure und einem Chlorkohlenstoff, als $C_2Cl_6 + C_2O_3$ anzusehen habe. Um eine derartige Ansicht wahrscheinlich zu machen, stellte er für eine Reihe chlorhaltiger Verbindungen ähnliche Formeln, wie z. B. die folgenden, auf:

Chlorkohlenoxyd $CCl_4 + CO_2$,
Benzoylchlorid $C_{14}H_{10}Cl_6 + 2\,C_{14}H_{10}O_3$,
Chloral $(CO_2 + CCl_4) + C_2H_2Cl_2$.

Anerkennung haben aber diese nicht gefunden; auch sprach sich Liebig in einer Fußnote gegen dieselbe aus: „Im Interesse der Sache selbst glaube ich erklären zu müssen, daß ich die Ansichten von Berzelius nicht teile, weil sie auf einer Menge hypothetischer Voraussetzungen beruhen, für deren Richtigkeit jede Art von Beweis fehlt." Indem er darauf hinwies, daß „das Mangan in der Übermangansäure durch Chlor vertreten werden kann, ohne die Form der Verbindungen zu ändern, welche die Übermangansäure zu bilden vermag", sagte er: „Gerade die Auffassungen dieser Erscheinungen, so wie sie von Dumas hingestellt wird, scheint mir den Schlüssel zu den meisten Erscheinungen in der organischen Chemie zu geben."

Ein weiterer Beweis für die Analogie im Verhalten von Essigsäure und Trichloressigsäure hat Dumas[2]) im darauffolgenden Jahre mitgeteilt. Er fand, daß sich die Essigsäure ebenso spalten läßt, wie es

---

[1]) A. **31**, 115 (1839).
[2]) A. ch. [2] **73**, 95 (1840).

bei der Bildung von Chloroform aus Trichloressigsäure der Fall ist. Beim Erhitzen von essigsaurem Natron mit Barythydrat erhielt er einen Kohlenwasserstoff, der dieselbe Zusammensetzung wie Sumpfgas hat, und der durch Chlor in das von Regnault 1839 beim Behandeln von Chloroform mit Chlor entdeckte Perchlormethan übergeht. Daß der aus der Essigsäure durch Abspalten von Kohlensäure entstehende Kohlenwasserstofff nicht nur die gleiche Zusammensetzung wie das Sumpfgas besitzt, sondern mit diesem identisch ist, hat dann Melsens[1]) in Dumas' Laboratorium nachgewiesen. Er zeigte, daß das aus einem Bach stammende Gas, welches nach dem Entfernen von Kohlensäure und Schwefelwasserstoff bei der eudiometrischen Analyse dieselben Zahlen wie das aus Essigsäure lieferte, durch Chlor in den gleichen Chlorkohlenstoff übergeführt wird. Es ist dies das erste Beispiel einer Identitätsermittlung zweier Kohlenwasserstoffe durch Überführung in ein Substitutionsprodukt.

Eine Untersuchung von Malaguti[2]) über die Einwirkung von Chlor auf verschiedene Äther gab die Veranlassung zu neuen Erörterungen über die Konstitution der Substitutionsprodukte. Berzelius[3]), der diese Arbeit als eine vortreffliche bezeichnete, suchte für die neuen Chlorderivate ähnliche Formeln zu entwickeln wie früher für Chloral usw. Auch diesen gegenüber sprach sich Liebig ablehnend aus: „Ich kann nicht umhin, die obige Auseinandersetzung von Berzelius mit einigen Bemerkungen zu versehen. Ich teile nämlich die Ansichten nicht, welche er der Zusammensetzung der von Malaguti entdeckten Verbindungen zu Grunde legt, ich glaube vielmehr, daß diese Materien durch einfache Substitutionen entstanden sind." Im darauf folgenden Jahre sprach er sich dagegen, im Anschluß an Dumas' große Abhandlung über das Gesetz der Substitutionen,- weniger zustimmend über dessen Ideen aus[4]). „Ich bin weit entfernt, die Vorstellungen zu teilen, welche Herr Dumas mit den sogenannten Gesetzen der Substitutionstheorie verbindet; ich glaube, daß sich einfache und zusammengesetzte Körper nach ihren Äquivalenten vertreten, und daß in sehr beschränkten Fällen die Form und die Konstitution der neuen Verbindungen sich nicht ändert. Diesen Fällen steht eine große Anzahl anderer gegenüber, wo

---

[1]) A. ch. [2] **74**, 110 (1840).
[2]) Faustino Jovito Malaguti (1802—1878), zu Bologna geboren, nahm als junger Apotheker an der revolutionären Bewegung der dreißiger Jahre teil und flüchtete dann nach Paris, wo er in Gay-Lussacs Laboratorium arbeitete. 1840 wurde er Chemiker der Porzellanfabrik in Sevres, 1850 Professor der Akademie in Rennes und 1855 deren Rektor. Er wirkte daselbst bis zu seinem Tod. Seine Leçons élémentaires de chimie waren ein sehr geschätztes Lehrbuch.
[3]) A. **32**, 72 (1839).
[4]) A. **33**, 301 (1840).

sich dies nicht zeigt, daß man sie eher für die Ausnahme einer Regel als für den Ausdruck der Regel gelten lassen darf."

Da Dumas auch die Ansicht aussprach[1]), daß man in den organischen Verbindungen nicht nur Wasserstoff, sondern auch den Sauerstoff und den Stickstoff sowie, obwohl nur viel schwieriger, den Kohlenstoff ersetzen kann, verfaßte Wöhler als privaten Scherz für Berzelius in französischer Sprache ein Schreiben, daß er auch Liebig mitteilte. Dieser antwortete[2]): „Dein Brief über die Substitutionstheorie wird gedruckt, ich habe ihn noch etwas zugestutzt und halte ihn für die kräftigste Entgegnung." So erschien derselbe als von Paris eingeschickt mit der Unterschrift S. C. H. Windler[3]). Der angebliche Briefschreiber teilte in demselben mit, es sei ihm gelungen, im essigsauren Mangan nicht nur den Wasserstoff, den Sauerstoff und das Mangan, sondern auch den Kohlenstoff Atom für Atom durch Chlor zu ersetzen. In Betreff der Zusammensetzung des so entstandenen Körpers gab er an: „Aussi ne contenait elle que du chlore et de l'eau. Mais en prenant la densité de sa vapeur, j'ai trouvé qu'elle était formé de 24 atomes de chlore et de 1 at. d'eau. Voilà la substitution la plus parfaite. — La formule de la matière devait être exprimée par $Cl_2Cl_2 + Cl_8Cl_6Cl_6 + aq$." Dem Satz, daß in England jetzt die Baumwolle nach den Gesetzen der Substitution gebleicht werde, ist folgende Fußnote hinzugefügt: „Je viens d'apprendre qu'il a déjà dans les magasins à Londres des étoffes en chlore filé, très recherchés dans les hopitaux et préférés à tout autre pour bonnets de nuits, caleçons etc."

Einen Nachteil für die Anerkennung der Substitutionstheorie bewirkte diese humoristische Satire aber nicht. Wichtige neuere experimentelle Untersuchungen haben vielmehr dieselbe weiter gefördert. Zu denselben gehören außer den schon erwähnten Arbeiten von Malaguti, die Untersuchungen Laurents über gechlorte Phenole und dienigen von Regnault über die Einwirkung von Chlor auf Äthylchlorid und Methylchlorid. Von besonderer Bedeutung wurde die Entdeckung der sogenannten Rückwärtssubstitution durch Melsens[4]), zu der dieser Chemiker durch folgende Überlegung gelangte[5]): „En prenant pour guide la théorie des types et la loi des substitutions on devait nécessairement, en substituant l'hydrogène au chlore de l'acide chloracétique reproduire l'acide acétique.

---

[1]) C. r. **10**, 156 (1840).
[2]) Briefwechsel I, 156.
[3]) A. **33**, 308 (1840).
[4]) Louis Henri Frédéric Melsens (1814—1886), in Löwen geboren, war ein Schüler Dumas' und wurde dahn Professor der Chemie an der Ecole de médecine vetérinaire in Brüssel.
[5]) C. r. **14**, 114 (1842).

Il fallait faire agir l'hydrogène à l'état naissant." Melsens hatte diese Reduktion anfangs in wässeriger Lösung durch Kaliumamalgam und dann auch mittelst Zink und verdünnter Schwefelsäure bewirkt.

Dieses Resultat machte es Berzelius unmöglich, die Ansicht, die Trichloressigsäure hätte eine andere Konstitution wie die Essigsäure, aufrecht zu erhalten. Um die elektrochemische Theorie zu retten, nahm er seine Zuflucht zur Annahme, die Essigsäure sei, wie die chlorhaltige Säure, eine gepaarte Oxalsäure,

$$C_2H_3 + C_2O_3,$$

und begründete dies folgendermaßen[1]: „Wenn wir uns die Zersetzung der Essigsäure durch Chlor zu Chlorkohlenoxalsäure (Chloressigsäure) ins Gedächtnis zurückrufen, so bietet sich eine andere Ansicht über die Zusammensetzung der Acetylsäure als möglich dar, nach welcher sie nämlich eine gepaarte Oxalsäure wäre, deren Paarling[2] C_2H_3 ist, wie der Paarling der Chlorkohlenoxalsäure C_2Cl_3 ist; demnach würde die Einwirkung des Chlors auf die Acetylsäure in der Verwandlung des Paarlings C_2H_3 in C_2Cl_3 bestehen." Indem er nun den Ersatz durch Chlor in den Paarling verlegte, lag hierin doch ein Zugeständnis, daß in der Chloressigsäure das Chlor dieselbe Stelle einnimmt, den vorher der Wasserstoff innehatte. Diese von Berzelius jetzt für Essigsäure entwickelte Formel konnte aber nicht verhindern, daß die elektrochemische Theorie von den Chemikern aufgegeben wurde. In jener Essigsäureformel lag aber der entwicklungsfähige Gedanke, daß die Kohlenstoffatome dieser Säure nicht alle die gleiche Funktion haben. Derselbe wurde dann für Kolbe bald darauf der Ausgangspunkt für wichtige Untersuchungen und theoretische Betrachtungen.

Nachdem es A. W. Hofmann 1845 gelungen war, Chlor- und Bromderivate des Anilins, die basische Eigenschaften besitzen, darzustellen, nahm Liebig in bestimmter Weise in einer Fußnote zu jener Arbeit[3] die von Laurent herrührende Ansicht an: „Er (d. h. Hofmann) scheint durch diese Arbeit den definitiven Beweis geführt zu haben, daß der chemische Charakter einer Verbindung keineswegs, wie dies die elektrochemische Theorie voraussetzt, von der Natur der darin enthaltenen Elemente, sondern lediglich von ihrer Lagerung bedingt ist." Hofmann hat aber in dieser Abhandlung, wie im achtundzwanzigsten Kapitel noch ausführlicher zu besprechen ist, aus seinen Beobachtungen geschlossen, daß nicht ausschließlich die Lagerung, sondern auch die Natur der Substituenten auf den chemischen Charakter von Einfluß ist.

---

[1] Lehrbuch 5. Auflage I, 709.
[2] Paarling ist die Übersetzung von Gerhardts Bezeichnung „la copule". Siehe S. 88.
[3] A. **53**, 1 (1845).

Im Anschluß an die vielen wichtigen Ergebnisse, welche die Chemie dem Studium der Einwirkung von Chlor auf organische Substanzen verdankt, darf wohl an dieser Stelle noch angegeben werden, daß Beschäftigung mit Chlor auch die Anregung dazu gab, daß das Chloroform für die leidende Menschheit zu so segensreicher Anwendung gelangte. Der in Boston lebende Chemiker Charles Jackson hatte, als er unter den Folgen von Arbeiten mit Chlor litt und diese durch Einatmen von Ätherdämpfen bekämpfen wollte, beobachtet, daß hierbei Empfindungslosigkeit eintritt. Er veranlaßte daher einen Zahnarzt, diese Beobachtung beim Zahnausziehen zu verwerten. Nachdem dessen Versuche günstig ausfielen und dies durch die Zeitungen bekannt geworden war, hat er hierüber im November 1846 der Pariser Akademie eine Mitteilung[1]) eingesandt, in der er die Bedeutung seiner Entdeckung folgendermaßen einschätzte: „Une découverte que j'ai faite et que je crois importante pour le soulagement de l'humanité souffrante et d'une grande valeur pour l'art chirurgicale." Sofort wurden überall Versuche mit Äther als anästhetisches Mittel angestellt. Infolge derselben unternahm James Simpson, Professor der Medizin in Edinburg, wie er im November 1847 der dortigen medizinischen Gesellschaft und auch den Annalen der Chemie[2]) mitteilte, Versuche mit anderen ätherartigen Substanzen. Letztere Mitteilung beginnt mit den Worten: „Seitdem ich die Einatmung von Ätherdampf erfolgreich angewandt sah (im verflossenen Januar), hatte ich die Überzeugung, daß man später andere Mittel finden würde, welche auf demselben Weg in den Körper eingeführt, mit gleicher Schnelligkeit sich anwenden ließen. Mit verschiedenen Kollegen, die mit der Chemie vertrauter sind als ich, habe ich darüber gesprochen und, um einige dem Ätherdampf vorgeworfene Unannehmlichkeiten zu vermeiden, an mir selbst und an anderen Personen das Einatmen von verschieden flüchtigen Flüssigkeiten versucht, wie z. B. Aceton, Salpeteräther, der Flüssigkeit der holländischen Chemiker, Benzol und Jodoform[3]). Weit wirksamer aber als alle diese Substanzen zeigte sich das Chloroform, und ich kann jetzt nach mehr als fünfzig Versuchen mit verschiedenen Individuen mit Bestimmtheit dasselbe als das vorzüglichste Mittel bezeichnen."

Im Zusammenhang mit den Betrachtungen über Substitution klärten sich auch die Ansichten über die Konstitution der Nitrokörper. Mitscherlich hatte sich begnügt, darauf hinzuweisen, daß bei der Bildung des Nitrobenzids (Nitrobenzol) aus dem Benzol und der Salpetersäure 2 Atome Wasserstoff und 1 Atom Sauerstoff

---

[1]) C. r. **22**, 497 (1847).
[2]) A. **65**, 121 (1848).
[3]) Soll wohl Jodäthyl heißen. Vgl. S. 144.

als Wasser austreten, und daß das Nitrobenzid mit Kali erhitzt nicht in Benzin und Salpetersäure zerfällt. Eine rationelle Formel hat er aber nicht aufgestellt. Berzelius[1]) hat in seinem Bericht über die betreffende Arbeit schon die unserer jetzigen Ansicht entsprechende Formel $C^{12}H^{10} + \overset{...}{N}$, $(C_6H_5 + NO_2)$ inbetracht gezogen, aber als unwahrscheinlich erklärt. „Bei einem solchen Sauerstoffgehalt ist schwer zu begreifen, wie diese Verbindung sich so indifferent gegen Alkalien verhält. Da der süße Geschmack auf die Zusammensetzung einer ätherartigen Flüssigkeit hindeutet, so könnte man es für eine ätherartige Verbindung der salpetrigen Säure mit einem Oxyd des Benzids = $C^{12}H^{10}O + \overset{...}{N}$ halten." Diese Auffassung hat er auch später in seinem Lehrbuch bevorzugt. Dagegen hat Gerhardt 1839 in einer theoretischen Abhandlung[2]) „Sur la constitution des sels organiques à acides complexes" die Ansicht entwickelt, daß das Nitrobenzid als Benzol anzusehen sei, indem 1 Äquivalent Wasserstoff durch den Rest der Elemente der Salpetersäure ersetzt ist und es daher als nitrobenzine zu bezeichnen sei. Über die Auffassung des Nitrobenzols als einen Äther der salpetrigen Säure sagte er: „Une resemblance de formules plutôt qu'une analogie de réaction a conduit certains chimistes à classer les corps de l'espèce de la nitrobenzine parmi les sels en les envisageant comme des nitrites d'oxydes inconnus ayant comme radical un hydrogène carboné inconnu." Die beiden von Laurent entdeckten Nitroderivate des Naphtalins bezeichnete Gerhardt als nitro- und binitronaphtaline und nahm an, bei der Bildung des ersten werde 1 Äquavilent und bei der des zweiten 2 Äquivalente Wasserstoff durch N^2O^4 [3]) ersetzt. Nachdem Laurent bei der Einwirkung von Salpetersäure auf Phenol Pikrinsäure erhalten und deren Zusammensetzung endgültig festgestellt hatte, zählte er diese Säure auch zu den Nitroderivaten.[4]) „Elle représente l'hydrate de phényle dont 3 équivalents d'hydrogène ont été remplacés par 3 équivalents d'acide hyponitrique." Von dieser Zeit an ist die Ansicht, daß diese Nitrokörper als Substitutionsprodukte aufzufassen sind, zu allgemeiner Anerkennung gelangt.

Gerhardt[5]) betrachtete auch Mitscherlichs Sulfobenzid $C^{12}H^{10}SO^2$ für ein substituiertes Benzol. Für die Benzolsulfonsäure war er aber zu der eigentümlichen Ansicht gelangt, daß dieselbe, wasserfrei gedacht, aus einer Verbindung von Sulfobenzid mit wasserfreier

---

[1]) J. Berz. **15**, 431 (1835).
[2]) A. ch. [2] **72**, 163 (1839).
[3]) Gerhardt hatte damals noch nicht die später von ihm vertretenen Atomgewichte angenommen.
[4]) C. r. **12**, 430 (1841).
[5]) A. ch. [2] **72**, 199 (1839).

Schwefelsäure, $C^{12}H^{10}SO^2 + SO_3$, bestehe. Aus der Zusammensetzung von deren Kalksalz $C^{12}H^{10}SO^2$, $SO^3 + CaO$ hat er den Schluß gezogen, daß sie zu den Verbindungen gehört, die nach ihm auf accouplement (Paarung) beruhen: „que l'acide sulfurique peut s'unir à des corps qui ne sont pas des oxydes métalliques et sans changer de capacité de saturation. Il faut donc que ce soit une forme particulière de combinaison chimique, et pour la distinquer des autres nous les désignerons sous le nom de **forme d'accouplement**. L'acide sulfobenzique (Benzolsulfonsäure) est donc de l'acide sulfurique uni par accouplement à la sulfobenzine que nous appeleront la **substance copulative ou la copule**." In der deutschen Ausgabe von dem Berzeliusschen Jahresbericht ist dieser Ausdruck durch Paarling übersetzt. Die Bezeichnung gepaarte Säuren ist dann in der Folge bei den Verbindungen, für die eine ähnliche Konstitution angenommen wurde, zu häufiger Anwendung gekommen. Gerhardt hat aber später die Benzolsulfonsäure als den sauren Äther der schwefligen Säure, als acide phénylsulfureux, aufgefaßt. Doch wurden noch längere Zeit die Sulfonsäuren als gepaarte Säuren betrachtet. Erst 1857 haben Limpricht und Uslar darauf hingewiesen, daß es richtiger sei, sie als Substitutionsprodukte zu bezeichnen[1]). „Wir haben also mit einer Wirkung der Schwefelsäure zu tun, die mit der der Salpetersäure bei der Bildung der Nitrokörper, mit der des Chlors bei der Bildung der Chlorsubstitutionsprodukte usw. zusammenfällt."

Daß man den Begriff von Substitution noch weiter ausdehnen und alle organischen Verbindungen in dieser Weise von den Kohlenwasserstoffen herleiten kann, hat schon Laurent in seiner Kerntheorie ausgesprochen, aber erst durch die Strukturtheorie ist dieser Gedanke weiter entwickelt worden.

Neunzehntes Kapitel.
Die Kerntheorie und die ältere Typentheorie.

Auguste Laurent, der zuerst versuchte, auf Grundlage der Substitutionsgesetze eine alle organischen Verbindungen umfassende Theorie zu entwickeln, war als Sohn eines kleinen Bauern am 14. November 1807 zu La Folie bei Langres (Haute-Marne) geboren. Er wurde 1826 externer Schüler der Ecole des mines und dann 1831 Repetent der Chemie an der Ecole centrale des arts et métiers, an der Dumas Professor war und in dessen Laboratorium er seine ersten Untersuchungen ausführte. Nachdem er in industriellen Unternehmungen Beschäftigung gefunden hatte, wurde er 1838 Professor an

---
[1]) A. **102**, 248 (1857).

der Faculté des Sciences in Bordeaux, wo er seine meisten experimentellen Arbeiten ausführte. Diese Stellung gab er 1846 auf, um nach Paris zurückkehren zu können und erhielt an der Münze eine Stellung als essayeur, hatte aber daselbst nur ein zu wissenschaftlichen Untersuchungen ungenügendes Laboratorium zu seiner Verfügung. Obwohl sich Biot[1]) die größte Mühe gab, ihm eine Professur zu verschaffen, verblieb er, bis er am 15. April 1853 an Tuberkulose starb, in jener bescheidenen Stelle. Sein Biograph Grimaux[2]) sagt von dem durch Glück wenig geförderten Lebenslauf: „Il usa sa vie dans un labeur constant à la recherche désintéressé de la vérité en proie aux critiques malveillantes des uns, aux attaques grossières des autres. Il ne connut ni la fortune ni les honneurs, ni même la joie de voir poindre enfin le triomphe des doctrines pour lesquelles il avait lutté sans relâche." In seinen letzten Lebensjahren verfaßte er das originelle, nach seinem Tode mit einer Vorrede von Biot erschienene Werk „Méthode de Chimie", in dem er die Ideen über Molekül und Atom sowie die Konstitution der organischen Verbindungen, zu denen er im Laufe der Jahre gelangt war, ausführlich entwickelte.

Die Sätze, auf denen sowohl seine Theorie der Substitution wie seine Kerntheorie beruhen, hat er zuerst 1836 in der Abhandlung „Théorie des Combinaisons organiques" veröffentlicht. Er hat dabei als erster die Ansicht aufgestellt, daß alle organischen Verbindungen sich von Kohlenwasserstoffen herleiten.[3]) „Toutes les combinaisons organiques dérivent d'un hydrogène carboné, radical fondamental, qui souvent n'existe plus dans ces combinaisons, mais y est représenté par un radical dérivé renfermant autant d'équivalents que lui." Laurent hat hier das Wort radical in anderem Sinne gebraucht als es sonst gebräuchlich war. Später ersetzte er es durch die zweckmäßigere Bezeichnung noyaux (Kern) und ebenso théorie des radicaux durch théorie des noyaux. Als Kerntheorie haben seine Ideen ihren Platz in der Geschichte der Chemie gefunden.

Nach Laurent entstehen aus den nur aus Kohlenstoff und Wasserstoff gebildeten noyaux fondamentaux (Stammkerne) durch Ersatz des Wasserstoffs durch andere Elemente die noyaux dérivés (abgeleiteten Kerne). An die Kerne können sich auch außerhalb andere Elemente oder Verbindungen anlagern und zwar so, daß sie, wieder wie vorher, ein Ganzes bilden. Um dies verständlich zu machen, hat er, 1837 in seiner Inauguraldissertation, dies durch eine räumliche

---

[1]) Ein diese Bemühungen betreffender interessanter Brief von Biot ist in den Comptes rendus de Gerhardt t. **6**, 441, sowie in dem Werk „Charles Gerhardt" veröffentlicht.
[2]) Revue scientifique 1896, 2ᵉ semestre, 161—203.
[3]) A. ch. [2] **61**, 125 (1836).

Vorstellung erläutert, die er dann gelegentlich einer Diskussion 1840[1]) wörtlich wieder mitteilte:

„Pour mieux faire comprendre ma théorie, je traduirai ma pensée par une figure géométrique. Qu'on imagine un prisme droit à 16 pans, dont chaque base aurait par conséquent 16 angles solides et 16 arêtes. Plaçons à chaque angle une molécule[2]) de carbone et au milieu de chaque arête des bases une molécule d'hydrogène; ce prisme représentera le radical fondamental $C_{32}H_{32}$. Suspendons au-dessus de chaque base des molécules d'eau, nous aurons un prisme terminé par des espèces de pyramides; la formule du nouveau corps sera $C_{32}H_{32} + 2 H_2O$. Par certaines réactions on pourra, comme en cristallographie, cliver ce cristal, c'est-à-dire lui enlever les pyramides ou son eau pour le ramener à la forme primitive ou fondamentale. Mettons en présence du radical fondamental de l'oxygène ou du chlore; celui-ci ayant beaucoup d'affinité pour l'hydrogène, en enlèvera une molécule: le prisme privé d'une arête se détruirait si l'on ne mettait à la place de celle-ci une arête équivalente soit d'oxygène, soit de chlore, d'azote etc."

Inbezug auf Laurents Ansichten sagte Berzelius[3]): „Für eine Theorie von dieser Beschaffenheit halte ich eine weitere Berichterstattung für überflüssig." Liebig[4]) griff sie dagegen in einer Abhandlung „Über Laurents Theorie der organischen Verbindungen" in äußerst heftiger Weise an, und da er annahm, sie sei eine Folge der Ätherintheorie, sagte er: „Man werde bei aufmerksamer Beachtung sehen, daß die Theorie des ölbildenden Gases die Mutter der seinigen ist. Es ist eben der Fluch, der auf einer falschen Ansicht liegt, daß sie in sich den Keim zu immer neuen Irrtümern trägt."

L. Gmelin dagegen hat die Kerntheorie nicht nur als Grundlage seiner Klassifikation benutzt, sondern sie auch in seinem Handbuch der Chemie[5]) außerordentlich günstig beurteilt, wie folgende Sätze zeigen: „Die Laurentsche Theorie ihren wichtigsten Lehren nach hier mitzuteilen hielt ich mich um so mehr verpflichtet, je weniger sie bis jetzt, besonders in Deutschland, die verdiente Beachtung gefunden hat. Wer dieselbe einer Prüfung unterwirft, wird, wenn er auch nicht in allen Einzelheiten beipflichten kann, doch zugestehen, daß die Kerntheorie die umfassendste und einfachste Übersicht der Tausende organischen Verbindungen gewährt und dieselben in die natürlichsten Familien oder Reihen vereinigt." Jeder, der das vortreffliche Gmelinsche Werk benutzte, konnte sich auch, ehe das erst 1870 erschienene

---

[1]) C. r. **10**, 409 (1840).
[2]) Molécule hier im Sinn von Atom.
[3]) J. Berz. **17**, 226.
[4]) A. **25**, 1 (1838).
[5]) 2. Auflage Bd. 4, 23 (1848).

alphabetische Register vorlag, in demselben außerordentlich leicht zurechtfinden.

Gmelin hat die Kerntheorie auch auszubauen versucht, indem er, entsprechend Laurents geometrischen Darlegungen, Vermutungen über die gegenseitige Stellung der Atome aufstellte. Er sagt darüber auf Seite 29: „Der Kern Äthen (ölbildendes Gas) = C^4H^4 diene als Beispiel. Er hat vielleicht die Gestalt des Würfels, von welchem 4 Ecken aus C-Atomen und die 4 diametral entgegengesetzten aus H-Atomen bestehen. Zur Äthenreihe gehören unter vielen anderen Verbindungen auch Aldehyd, Weingeist und Essigsäure. In diesen drei Verbindungen kann man mit Wahrscheinlichkeit den abgeleiteten Kern = C^4H^3O annehmen. Die rationelle Formel des Weingeistes wäre dann = C^4H^3O , H^3O d. h. an dem abgeleiteten Kern C^4H^3O haben sich außerhalb noch 3 H und 1 O angelagert. Die 3 H haben sich vermöge ihrer besonders großen Affinität zum O auf die drei Würfelflächen gesetzt, deren eine Ecke das O-Atom bildet, und das äußere O-Atom hat sich auf das dem O-Atom des Kerns diametral entgegengesetzte C-Atom gesetzt, weil es nach dieser Stelle vermöge der vereinten Wirkung der C- und H-Atome am stärksten angezogen werden muß." Im Vergleich mit der Ätherin- und der Radikaltheorie betrachtet es Gmelin als einen Vorzug der Kerntheorie, daß nach dieser im Äther und im Alkohol kein Wasser vorhanden ist, da „man im Äther und selbst im Weingeist kein gebildetes Wasser annehmen darf; sie sind keine Hydrate".

Während früher Ampère und nachher Gaudin den Versuch gemacht hatten, von geometrischen Anschauungen ausgehend zu Vorstellungen über die Lage der Atome im Raum zu gelangen, haben Laurent und Gmelin versucht, chemische Ergebnisse räumlich zu veranschaulichen. Beides war verfrüht; erst einer späteren Zeit war es vorbehalten, mit Erfolg räumliche Anschauungen aus den Tatsachen herzuleiten. Etwas später wie Laurent seine Kerntheorie entwickelte Dumas seine Typentheorie, die in vielen Punkten mit der ersteren übereinstimmt.

Am Schluß seiner Abhandlung über die Trichloressigsäure[1] sagte letzterer: „En Chimie organique il existe certains types qui se conservent alors même qu'à la place de l'hydrogène, on vient introduire des volumes égaux de chlore, de brome etc." In diesem Satz ist zum erstenmal die Bezeichnung von Typen in die organische Chemie eingeführt worden. Im Jahre 1840 entwickelte er dann seine Anschauungen über chemische und mechanische Typen[2]. Alle Verbindungen, die bei einer gleichen Anzahl von Äquivalenten dieselben chemischen

---

[1] C. r. **8**, 609 (1839).
[2] C. r. **10**, 149 (1840).

Fundamentaleigenschaften besitzen, gehören nach Dumas einer bestimmten Gattung oder chemischem Typus an: „Je range donc en un même genre, ou, ce qui revient au même, je considère comme appartenant au même type chimique les corps qui renferment le même nombre d'équivalents, unis de la même manière et qui jouissent des mêmes propriétés chimiques fondamentales."

Zu einer natürlichen Familie rechnet er alle jenen Körper, welche dem gleichen mechanischen Typus angehören, d. h. alle, die eine gleich große Zahl von Äquivalenten enthalten, und also sowohl die, welche in ihren wesentlichen Eigenschaften untereinander übereinstimmen, wie die, bei denen es nicht der Fall ist. Er sagt daher: „L'alcool, l'acide acétique hydraté, l'acide chloracétique appartiennent à la même famille naturelle. L'acide acétique et l'acide chloracétique font partie du même genre." Folgende Beispiele sind einer Tabelle entnommen, die er für eine größere Zahl von Verbindungen zusammenstellte und als eine natürliche Familie bezeichnete:

Le gaz des marais	$C^4H^2H^6$	(CHH_3)
l'éther méthylique	C^4OH^6	$(CO_{1/2}H_3)$
l'acide formique	$C^4H^2O^3$	$(CHO_{3/2})$
le chloroforme	$C^4H^2Cl^6$	$(CHCl_3)$
le chlorure de carbone	$C^4Cl^2Cl^6$	$(CClCl_3)$.

Versucht man, wie in den eingeklammerten Formeln, die Vorstellung von Dumas nach unseren jetzigen Atomgewichten zu veranschaulichen, so gelangt man für Sauerstoff zu halben Atomgewichten, doch tragen sie seiner Idee, daß der Ersatz nach Äquivalenten erfolgt, Rechnung.

In dem Schlußkapitel hat er auch die elektrochemische Theorie besprochen und als wesentlichsten Unterschied derselben von der Substitutionstheorie folgendes hervorgehoben: „Dans les vues d'électrochimie la nature de leurs particules élémentaires doit déterminer les propriétés fondamentales des corps, tandis que dans la théorie de substitution, c'est de la situation de ces particules que les propriétés dérivent surtout." Immerhin lag in dem Ausdruck „surtout" eine gewisse Einschränkung, die später, wie schon oben angegeben, Hofmann stärker betonte.

In seiner ebenfalls 1840 erschienenen Abhandlung[1] „Les types chimiques" hat Dumas den Gedanken, daß, im Gegensatz zur dualistischen Theorie, in den organischen Verbindungen die Atome ein geschlossenes System bilden, durch einen Hinweis auf das Planetensystem erklärt: „Dans la Théorie de Lavoisier avec laquelle depuis

---

[1] A. ch. [2] 73, 205 (1840).

quelques années est venue se confondre la théorie électrochimique, on est convenu de considérer tous les composés comme étant formés de deux molécules[1]) ou de deux groupes moléculaires antagonistes. — Si l'on envisage au contraire les divers composés chimiques comme constituant autant de systèmes planétaires formés de particules maintenues par les diverses forces moléculaires dont la résultante constitue l'affinité, on n'aperçoit plus la nécessité de cette application universelle de la loi du dualisme admise par Lavoisier. Ces particules pourront être plus ou moins nombreuses; elles seront simples ou composées: elles joueront dans la constitution des corps le même rôle que jouent dans notre système planétaire, des planètes simples comme Mars ou Vénus, des planètes composées comme la Terre avec sa Lune, et Jupiter avec ses satellites."

Obwohl diese ältere Typentheorie nicht so allgemein Anerkennung fand wie die Radikaltheorie oder wie später die neuere Typentheorie, so hatte sie doch einen großen fördernden Einfluß auf die Entwicklung der theoretischen Ansichten ausgeübt. Dies ergibt sich vor allem aus den Abhandlungen, durch welche die Wertigkeitstheorie begründet wurde. Frankland hat dies bei Darlegung seiner Ansichten über die Sättigungskapazität der Elemente der Stickstoffgruppe, wie auf Seite 158 angegeben, ausdrücklich hervorgehoben. Dann hat Kekulé bei Aufstellung des Grubengastypus Formeln benutzt, von denen er angab, daß sie dem Sinne nach dem Typus entsprechen, wie ihn Dumas bei seinen folgenreichen Untersuchungen angewandt hat (vergl. S. 180).

Inbetreff des Verdienstes, die Typentheorie aufgestellt zu haben, hat Kekulé folgendes Urteil, das man als zutreffend bezeichnen darf, gefällt[2]): „Wenn man die Typentheorie mit Laurents Substitutionstheorie vergleicht, so sieht man leicht, daß sie in den Hauptpunkten nur eine Erweiterung derselben, aber eine wesentliche Erweiterung derselben ist. Bei unbefangener Betrachtung kommt man also zu der Ansicht, daß Laurent und Dumas gleich sehr bei Entwicklung dieser Ansichten beteiligt sind, daß weder der eine noch der andere als einziger Urheber der Substitutions- und Typentheorie betrachtet werden kann; daß vielmehr die Verdienste beider nicht getrennt werden können. Dabei muß aber gleichzeitig zugegeben werden, daß Dumas insofern einen größeren Einfluß auf die Entwicklung der Wissenschaft ausübte, als er zuerst mit Energie den Ansichten von Berzelius und besonders den elektrochemischen Hypothesen entgegentrat."

[1]) Molécules im Sinne von Atomen.
[2]) Lehrbuch I, 68 (1859).

Zwanzigstes Kapitel.
Ätherbildung und Katalyse.

Wie schon im dritten Kapitel angegeben, haben im Jahre 1797 Fourcroy und Vauquelin gefunden, daß bei der Ätherdarstellung die Schwefelsäure unverändert zurückbleibt und daraus geschlossen, daß diese Säure infolge ihrer prädisponierenden Affinität für Wasser dem Alkohol Wasserstoff und Sauerstoff entziehe und der Rest der Alkoholbestandteile den Äther bilde. Diese Ansicht wurde in den ersten Dezennien des vorigen Jahrhunderts allgemein adoptiert. So hat Gay-Lussac unter Bezugnahme auf die von ihm ermittelte Zusammensetzung von Alkohol und Äther folgende Erklärung gegeben[1]): „L'acide sulfurique s'empare de la moitié de l'eau que renferme l'alcool et de cette manière il produit l'éther. Voilà toute la théorie." Das gleichzeitige Auftreten von Äthylschwefelsäure (acide sulfovinique) betrachtete er als eine Nebenreaktion: „Elle n'est pas liée essentiellement à celle de l'éther; est elle le produit d'une opération particulière."

Im Gegensatz zu dieser Ansicht gelangte Hennell 1828 infolge einer eingehenden Untersuchung zu der Ansicht, daß die Äthylschwefelsäure ein notwendiges Zwischenprodukt ist, aus dem der Äther erst durch Zerfallen entsteht[2]): „That the ether was the product of the decomposition of the sulphovinic acid, and the formation of sulphovinic acid is a necessary and intermediate step to the production of ether from alcool and sulfuric acid." Daß auch Äther sich bei der Destillation von Alkohol mit Äthylschwefelsäure bildet, hatte er beobachtet, aber die Bedeutung dieser Tatsache noch nicht richtig erkannt, sondern angegeben: „Sulphovinic acid will produce ether without the assistance of alcool." So nahm er an, daß bei der kontinuierlichen Darstellung des Äthers die Äthylschwefelsäure in Äther und Schwefelsäure zerfalle und letztere von neuem in Wirkung trete: „That at the same time that one portion of sulphovinic acid is resolved in sulphuric acid and ether, another may be formed from alcool and sulphuric acid."

Bei Besprechung der Theorie der Ätherbildung sagte einige Jahre später Liebig[3]), er sei „zu dem Resultat gekommen, daß wenn auch Äther gebildet werden kann, ohne daß Weinschwefelsäure erforderlich ist, so spielt letztere dennoch bei der gewöhnlichen Ätherbereitung, eine sehr wichtige Rolle, denn auf ihrer Bildung und ihrem Verhalten beruht einzig und allein die Ursache, daß die Schwefelsäure ihr Vermögen,

---
[1]) Cours de Chimie II, 30 leçon (1828).
[2]) Phil. T. 1828, 385.
[3]) A. **9**, 31 (1834).

Alkohol in Äther zu verwandeln, bis ins Unendliche fortbehält". Er nahm dabei an, daß da, wo Alkohol zufließt, Abkühlung eintritt und derselbe in Weinschwefelsäure verwandelt wird, die dann bei steigender Temperatur wieder zerfällt. Mitscherlich, der in demselben Jahre seine auf Kontaktwirkung beruhende Äthertheorie aufstellte, teilte später[1]), als er Liebigs Ansicht diskutierte, mit, daß sich auch Äther bildet, wenn man in siedende Schwefelsäure, die so viel Wasser enthält, daß sie bei 145° kocht, Alkoholdampf einleitet und daher „die Teile der Flüssigkeit, welche damit in Berührung kommen, seine latente Wärme aufnehmen, so daß an dieser Stelle die Temperatur höher als 145° sein muß".

In einer 1834 veröffentlichten Abhandlung[2]) hat Mitscherlich seinen zu Versuchen über kontinuierliche Ätherdarstellung im Kleinen bequemen Apparat beschrieben und aus den mit demselben erhaltenen Resultaten folgende Schlüsse gezogen: „Aus den angeführten Tatsachen folgt also, daß Alkohol in Berührung mit Schwefelsäure bei 140° in Äther und Wasser zerfalle. Zersetzung und Verbindungen, welche auf diese Weise hervorgebracht werden, kommen sehr häufig vor; wir wollen sie Zersetzung und Verbindungen durch Kontakt nennen. Das schönste Beispiel bietet das oxydierte Wasser dar; die geringste Spur von Mangansuperoxyd, von Gold, von Silber und anderen Substanzen bringt ein Zerfallen der Verbindung in Wasser und Sauerstoffgas hervor, ohne daß diese Körper die mindeste Veränderung erleiden. Das Zerfallen der Zuckerarten in Alkohol und Kohlensäure, die Oxydation des Alkohols, wenn er in Essigsäure umgeändert wird, das Zerfallen des Harnstoffs und des Wassers in Kohlensäure und Ammoniak gehören hierher. Für sich erleiden diese Substanzen keine Veränderung, aber durch den Zusatz einer sehr geringen Menge Ferment, welches dabei die Kontaktsubstanz ist, und bei einer bestimmten Temperatur, findet dies sogleich statt. Die Umänderung der Stärke in Stärkezucker, wenn man Stärke mit Wasser und Schwefelsäure kocht, ist der Ätherbildung ganz ähnlich."

So wurde zum ersten Male und in genialer Weise durch Mitscherlich eine Reihe chemischer Vorgänge, die durch die Gegenwart eines Stoffs, der nach der Reaktion unverändert zurückbleibt, unter dem gemeinschaftlichen Gesichtspunkt von Wirkungen durch Kontakt zusammengefaßt. In einer späteren Abhandlung wurde auch von ihm die Bildung der Ätherarten, also der Ester, zu denselben hinzugerechnet[3]).

Berzelius, der in seinem Jahresbericht Mitscherlichs Untersuchung aus dem Jahre 1834 als eine geistreiche bezeichnete, knüpfte

---
[1]) A. **40**, 228 (1841).
[2]) P. **31**, 273 (1834).
[3]) P. **55**, 22 (1842).

an dieselbe folgende Betrachtung[1]): „Die Bereitungsweise selbst sowie das gleichzeitige Übergehen von Wasser mit Äther war schon vor Mitscherlichs Versuchen bekannt; allein die Schlüsse, zu welchen dieselben führten, hat niemand vor ihm eingesehen. — Es ist also erwiesen, daß viele, sowohl einfache als zusammengesetzte Körper, sowohl in fester als in aufgelöster Form, die Eigenschaft besitzen, auf zusammengesetzte Körper einen von der gewöhnlichen chemischen Verwandtschaft ganz verschiedenen Einfluß ausüben, indem sie dabei in dem Körper eine Umsetzung der Bestandteile in anderen Verhältnissen bewirken, ohne daß sie dabei mit ihren Bestandteilen notwendig teilnehmen." Die Kraft, die dies bewirkt, nannte Berzelius katalytische Kraft und die Zersetzung durch dieselbe Katalyse. Ergänzend fügte er hinzu: „Die katalytische Kraft scheint eigentlich darin zu bestehen, daß Körper durch ihre bloße Gegenwart und nicht durch Verwandtschaft die bei dieser Temperatur schlummernden Verwandtschaften zu erwecken vermögen."

Berzelius erwähnte in seinem Bericht außer den von Mitscherlich angeführten Tatsachen auch die Entdeckung H. Davys, daß ein bis zu einer gewissen Temperatur erhitztes Platin die Eigenschaft besitzt, die Verbrennung der Alkoholdämpfe zu unterhalten, sowie diejenige von Döbereiner, daß Platinschwamm das Vermögen hat, den Wasserstoff zu entzünden, als auf Katalyse beruhend. Bezugnehmend auf die Wirkung der Diastase auf Stärkemehl hat Berzelius zugleich auf Seite 245 mit bewundernswertem divinatorischem Geiste auf die Rolle, welche vermutlich die Katalyse in der lebenden Natur spielt, hingewiesen: „Wir bekommen dadurch gegründeten Anlaß, zu vermuten, daß in den lebenden Pflanzen und Tieren tausende von katalytischen Prozessen zwischen den Geweben und den Flüssigkeiten vor sich gehen und die Menge ungleichartiger chemischer Zusammensetzungen hervorbringen, von deren Bildung aus dem gemeinschaftlichen rohen Material, dem Pflanzensaft oder dem Blut, wir nie eine annehmbare Ursache einsehen konnten."

Zwei Jahre, nachdem Berzelius jene Betrachtungen veröffentlicht hatte, erschien die vortreffliche Arbeit[2]) „Über die Bildung des Bittermandelöls" von Wöhler und Liebig, in der sie die Zusammensetzung des 1830 von Robiquet und Boutron-Charlard entdeckten Amygdalins ermittelten und nachwiesen, daß dessen Umwandlung in Bittermandelöl, Blausäure und Zucker auf Katalyse beruht. Von Wöhler und Liebig wurde die Substanz, welche diese Spaltung hervorbringt, isoliert und als Emulsin bezeichnet und deren Wirkung folgendermaßen charakterisiert: „Die geringe Menge Emul-

---

[1]) J. Berz. **15**, 241 (1835).
[2]) A. **22**, 1 (1837).

sin, welche verhältnismäßig erforderlich ist, um das Zerfallen des Amygdalins in die erwähnten Produkte hervorzubringen, sowie der ganze Vorgang dieser Zersetzung zeigen, daß man es mit keiner gewöhnlichen chemischen Wirkung hierbei zu tun habe; eine gewisse Ähnlichkeit besitzt sie mit der Wirkung der Hefe auf den Zucker, welche Berzelius einer eigentümlichen Kraft, der katalytischen Kraft zuschreibt."

In dieser Abhandlung hat Wöhler, der, wie aus der Korrespondenz mit Berzelius hervorgeht, dieselbe verfaßt hat, sich ganz des letzteren Ansicht angeschlossen. Liebig hat dagegen in der gleichen Zeit in dem Geigerschen Handbuch der Pharmazie die Ansicht über Katalyse heftig angegriffen und an Wöhler geschrieben[1]): „Gibst Du nicht zu, daß die ganze Idee von der katalytischen Kraft falsch ist?"

Obigem ersten Beispiel der Zuckerabspaltung folgte ein Jahr später die Mitteilung von Piria[2]), daß das Salicin durch Behandeln mit Säuren in Saliretin und Zucker zerlegt wird.[3]) Als Dumas der Akademie hierüber berichtete, sagte er[4]): „L'action des acides sur la salicine rentre dans cette classe de phénomènes obscurs qu'on range aujourdhui provisoirement dans un même groupe sous le nom de phénomènes de contact." Ebenfalls im Jahre 1838 machte Stas die Beobachtung, daß das Phlorizin durch verdünnte Säuren in Phloretin und Zucker gespalten wird.

Piria[5]) begründete im weiteren Verlauf jener Untersuchung die Chemie der Salicylsäuregruppe. Es sei daher hier noch angegeben, daß er aus dem Salicin durch Oxydation den Salicylaldehyd erhielt, den er als hydrure de salicyle beschrieb und von dem er angab, daß er dem Bittermandelöl analog sei. Aus jenem Aldehyd erhielt er durch Schmelzen mit Kalihydrat die Salicylsäure, deren Entdeckung die Chemie ihm verdankt. Daß der Salicylaldehyd mit dem Öl der Spirea ulmaria identisch ist, wurde dann von Dumas nachgiewesen.

Nachdem aufgefunden war, daß in der Natur eine größere Zahl von Verbindungen vorkommt, die, ebenso wie Amygdalin und Salicin, als eines der Spaltungsprodukte Zucker liefern, prägte Laurent[6]) für dieselben den Gruppennamen glucosamides, den Gerhardt in seinem „Traité" in glucosides zusammenzog.

---

[1]) Brief vom 2. Juni 1837.
[2]) Rafaele Piria (1815—1865) war in Turin geboren und arbeitete, als er obige Untersuchung ausführte, in Dumas' Laboratorium. Als Professor in Pisa und später in Turin förderte er außerordentlich das Studium der organischen Chemie in Italien.
[3]) C. r. **7**, 935 (1838).
[4]) C. r. **8**, 479 (1838).
[5]) A. **30**, 151 (1839) und A. ch. [69], 298.
[6]) A. ch. [3] **36**, 330 (1852).

Einundzwanzigstes Kapitel.
Die Gärungstheorien.

Kurze Zeit nachdem Mitscherlich die Ansicht aufgestellt hatte, daß die Gärung auf Kontaktwirkung beruhe, gelangten unabhängig voneinander der Physiker Cagniard Latour in Paris, der Physiologe Theodor Schwann in Berlin und der Botaniker Friedrich Kützing in Nordhausen zu der Ansicht, daß die Hefe aus kleinen, mikroskopischen Organismen besteht und daß die Gärung durch deren Entwicklung bedingt ist. Cagniard Latour hatte schon 1835 der Pariser Akademie angezeigt, daß nach seinen mikroskopischen Beobachtungen die Bierhefe aus lebenden Organismen gebildet sei. Seine Resultate hat er dann 1837 veröffentlicht[1]) und daselbst folgendes angegeben: „La levûre de bière est un amas de petits corps globuleux susceptibles de se reproduire, conséquemment organisée et non une substance purement chimique comme on le supposait. Ces corps paraissent appartenir au règne végétal et se régénérer de deux manières différentes. Ils semblent n'agir sur une dissolution de sucre qu'autant qu'ils sont à l'état de vie, d'où l'on peut conclure que c'est très probablement par quelques effets de leur végétation qu'ils dégagent de l'acide carbonique de cette dissolution, et la convertissent en une liqueur spiritueuse."

Nachdem Schwann bei Versuchen über Generatio aequivoca gefunden hatte, daß eine auf 100° erhitzte Fleischinfusion nicht fault, wenn sie nur mit ausgeglühter Luft in Berührung kommt, führte er in gleicher Weise Gärungsversuche aus[2]). Vier Fläschchen wurden mit Rohrzuckerlösung gefüllt, etwas Bierhefe hinzugetan, dann verkorkt und in siedendem Wasser erhitzt. Nach dem Umstülpen unter Quecksilber und Erkalten wurde $1/3$ bis $1/4$ Volum Luft aufsteigen gelassen. Bei zwei Fläschchen war die Luft durch eine glühende Röhre geleitet worden. In diesen Fläschchen trat selbst nach längerer Zeit keine Gärung ein. In den beiden anderen Fläschchen, in die nichtgeglühte Luft eingetreten war, kam dagegen die Zuckerlösung in Gärung. Dieses Ergebnis führte Schwann zu der wichtigen Folgerung:

„Es ist also bei der Weingärung wie bei der Fäulnis nicht der Sauerstoff, der dieselbe veranlaßt, sondern ein in der atmosphärischen Luft enthaltener durch Hitze zerstörbarer Stoff. Es drängt sich sofort der Gedanke auf, daß vielleicht auch die Weingärung eine Zersetzung des Zuckers sei, welche durch die Entwicklung von Infusorien oder irgendeiner Pflanze bewirkt wird." Er untersuchte dann die Bierhefe mikroskopisch und schloß aus seinen Beobachtungen: „Das Ganze

---
[1]) C. r. **4**, 903 (1837) und ausführlich A. ch. [2] **68**, 206 (1838).
[2]) P. **41**, 184 (1837).

hat große Ähnlichkeit mit manchen gegliederten Pilzen und ist ohne Zweifel eine Pflanze. Der Zusammenhang der Weingärung und des Zuckerpilzes ist also nicht zu verkennen, und es ist höchst wahrscheinlich, daß letzterer durch seine Entwicklung die Erscheinung der Gärung veranlaßt."

Kützing, der, als diese beiden Abhandlungen erschienen, beschäftigt war, seine Untersuchungen über Hefe zu veröffentlichen, hatte das gleiche Resultat erhalten. Über diese Übereinstimmung hat er sich in seiner Arbeit[1]) in folgender Weise geäußert: „Indem von uns Dreien ein und dasselbe in Hinsicht auf die wirklich organische Natur der Hefe beobachtet wurde, ohne daß einer von den Untersuchungen des anderen Kunde hatte, so ist mir dies um so erfreulicher, da ich meine Resultate auch durch andere Naturforscher bestätigt sehe." Anschließend an die Beschreibung seiner Beobachtungen sagte er: „Es versteht sich von selbst, daß jetzt die Chemie die Hefe aus der Zahl ihrer chemischen Verbindungen zu streichen habe, da sie keine chemische Verbindung, sondern ein Organismus ist. — Sicher hängt der ganze Prozeß bei der geistigen Gärung von der Bildung der Hefe und bei der sauren von der Bildung der Essigmutter ab."

Auch der Botaniker Turpin, dem die Akademie den Bericht über Cagniard Latours Arbeit übertragen hatte, kam nach sorgfältiger Wiederholung von dessen Versuchen sowie durch eigene Beobachtungen zu der gleichen Ansicht[2]): „Toute fermentation alcoolique ou acéteuse n'a pur être produite jusqu'à ce jour que par la présence de globulins organiques, vivants, capables de végéter dans le liquide sucré et jamais par les matières inorganiques essayées." So wurde übereinstimmend durch diese Forscher ermittelt, daß die Hefe aus lebenden niederen Organismen besteht und zugleich über den Verlauf der Gärung die Ansicht, die als **vitalistische Gärungstheorie** bezeichnet wird, aufgestellt. Bei den Chemikern fand dieselbe anfangs keinen Anklang. Berzelius verhielt sich gegen diese Theorie sowie gegen die Annahme, daß die Hefe aus lebenden Organismen bestehe, ganz ablehnend.

Schärfer wurden jene Anschauungen in den Annalen der Chemie durch eine Satire[3]) „Das enträtselte Geheimnis der geistigen Gärung" angegriffen. Der nicht genannte Verfasser behauptet, daß es ihm mit Hilfe eines ausgezeichneten Mikroskops gelungen sei, dieser bisher so unbegreiflichen Zersetzung auf die Spur zu kommen. Von der Bierhefe sagt er: „Sie besteht aus unendlich kleinen Kügelchen, die in Zuckerwasser anschwellen und platzen. Es entwickeln sich daraus

---

[1]) Mikroskopische Untersuchungen über Hefe und Essigmutter, J. p. **11**, 385 (1837).
[2]) C. r. **7**, 369 (1838).
[3]) A. **29**, 100 (1839).

kleine Tiere, die sich mit einer unbegreiflichen Schnelligkeit vermehren. Die Form dieser Tiere ist abweichend von jeder der beschriebenen 600 Arten, sie besitzen die Form einer Beindorfschen Destillierblase (ohne Kühlapparat)." Nach Beschreibung ihrer Ernährungsweise sagte er: „Mit einem Worte, diese Infusorien fressen Zucker, entleeren aus dem Darmkanal Weingeist und aus den Harnorganen Kohlensäure." Auch gibt der Verfasser an, daß er die Zusammensetzung der Tiere durch Verbrennen mit Kupferoxyd ermittelt habe.

Wie wir jetzt aus einem an Berzelius gerichteten Brief von Wöhler[1]) wissen, hat dieser die Satire in Gemeinschaft mit Liebig „als Scherz" verfaßt. Da dieselbe aber unmittelbar nach einem Bericht über Turbins Abhandlung abgedruckt ist, so mußte sie auch in ihrer humoristischen Form als eine ablehnende Kritik wirken.

Noch in demselben Jahre unternahm es Liebig, eine Erklärung über jene Phänomene zu geben. In einer Abhandlung[2]): „Über die Erscheinungen der Gärung, Fäulnis und Verwesung" sagte er: „Ich will nun jetzt die Aufmerksamkeit der Naturforscher auf eine bis jetzt nicht beachtete Ursache lenken, durch deren Wirkung die Metamorphosen und Zersetzungserscheinungen hervorgerufen werden, die man im allgemeinen mit Verwesung, Fäulnis, Gärung und Vermoderung bezeichnet. Die Ursache ist die Fähigkeit, welche in der Zersetzung oder Verbindung d. h. in einer chemischen Aktion begriffener Körper besitzt, in einem anderen ihn berührenden Körper dieselbe Tätigkeit hervorzurufen oder ihn fähig zu machen, dieselbe Veränderung zu erleiden, die er selbst erfährt. Diese Wirkungsweise läßt sich am besten durch einen brennenden Körper (einen in Aktion begriffenen) versinnlichen, mit welchem wir in anderen Körpern, indem wir sie dem brennenden nähern, dieselbe Tätigkeit hervorrufen."

Weitere Beispiele aus der anorganischen und organischen Chemie anführend, bezeichnet Liebig „das Ferment als einen in Fäulnis und Verwesung begriffenen Körper. Faulendes Muskelfleisch, Urin, Hausenblase, Osmazon, Eiweiß, Käse, Gliadin, Blut bringen, in Zuckerwasser gebracht, die Fäulnis des Zuckers (Gärung) hervor."

Schloßberger zitierte dann in einer in Liebigs Laboratorium ausgeführten Arbeit[3]) über Hefe folgende Stelle aus Stahls Zymotechnica fundamentalis (1697), entsprechend der 1734 erschienenen deutschen Übersetzung: „Ein Körper, der in Fäulung begriffen ist, bringt in einem, von der Fäulung noch befreiten sehr leichtlich die Verderbung zuwege; ja es kann ein solcher, bereits in innerer Be-

---

[1]) Briefwechsel II, 72.
[2]) A. **30**, 262 (1839).
[3]) A. **51**, 193 (1844).

wegung begriffener Körper einen anderen annoch ruhigen, jedoch zu einer sothanen Bewegung geneigten, sehr leicht in eine solche innere Bewegung hinreißen." Schloßberger fügte inbetreff dieser Idee hinzu: „Sie ging fast gänzlich wieder verloren, bis sie Liebig in der neuesten Zeit durch Induktion wieder entdeckte und an den sprechendsten Beispielen klar entwickelte."

H. Kopp sagt in seiner Geschichte der Chemie bei Besprechung der Gärung[1]): „Von besonderer Wichtigkeit für die Geschichte der Chemie sind Willis' und Stahls Ansichten über die Gärung, weil sie, in der Ausbildung, die ihnen der letztere gab, bis zum Sturze des phlogistischen Systems allgemein angenommen blieben, und weil sich in ihnen Behauptungen finden, welche, in einer dem jetzigen Zustande der Wissenschaft entsprechenden Weise, in neuerer Zeit wieder diskutiert worden sind. In Willis' und Stahls Gärungstheorien ist zuerst der Satz deutlich ausgesprochen, ein in Zersetzung begriffener Körper könne diesen Zustand auf einen anderen übertragen."

Von den Chemikern war Mitscherlich der erste, der die Ansicht, daß die Hefe aus Mikroorganismen besteht, adoptierte; er nahm aber wie früher an, daß ihre Wirkung auf Kontakt beruhe. Als Beweis für diese Ansicht teilte er in einer Abhandlung[2]) „Chemische Zersetzung und Verbindung mittels Kontaktsubstanzen" folgenden Versuch mit: „Bringt man etwas Hefe in ein Glasrohr, welches unten mit einer Papierscheibe (feines Filtrierpapier) verschlossen ist, und stellt dieses Glas in eine Zuckerlösung, so findet während mehrerer Tage nur in dem Glasrohr die Gärung statt, der Zucker tritt durch das Papier hinein, wird dort zersetzt, und der Alkohol tritt heraus und verbreitet sich in der Flüssigkeit, und die Flüssigkeit sättigt sich mit Kohlensäure, gasförmige Kohlensäure entweicht nur aus dem Rohr, aber in großer Menge. Erst wenn nach längerer Zeit das Papier, indem es weich wird, Hefekügelchen durchläßt, beginnt an der Oberfläche derselben der Gärungsprozeß. — Nie hat der Verfasser eine Gärung ohne Hefekügelchen und nie an einer anderen Stelle als an der Oberfläche derselben beobachtet. Die Hefezellen verhalten sich demnach zum Zucker oder zum Zucker und Wasser, die die Bestandteile enthalten, woraus sich Alkohol und Kohlensäure bilden, wie das Platin zum oxydierten Wasser." Nachdem er daran erinnerte, daß Berzelius die Kraft, die diese Wirkungen hervorruft, katalytische Kraft genannt hat, fügte er hinzu, er habe, „um nur den Vorgang zu bezeichnen, die Substanzen, welche bei dieser Zersetzung chemisch sich nicht verändern, Kontaktsubstanzen und den Prozeß selbst eine chemische Zersetzung oder Verbindung durch Kontakt genannt".

---
[1]) Bd. 4, S. 293 (1847).
[2]) P. **55**, 209 (1842).

Auch Schloßberger, der Liebigs Theorie in der oben zitierten Abhandlung einen eleganten Erklärungsversuch nannte, hat die von Schwann, Cagniard Latour und Kützing mitgeteilten Beobachtungen als beweisend für die Natur der Hefekügelchen als Organismen anerkannt, ohne die Folgerung, daß die Gärung auf einer physiologischen Funktion der Hefe beruhe, anzunehmen. Ähnlich urteilten auch andere Chemiker, die sich mit Untersuchungen über Hefe beschäftigt hatten. Liebig, der in verschiedenen Abhandlungen und in seinen chemischen Briefen für seine Übertragungstheorie eintrat, sprach sich hierüber in dem 1848 erschienenen Band des Handwörterbuchs folgendermaßen aus[1]): „Auch wenn man sich die Hefe als ein organisches Wesen denkt, so ist die Gärung des Zuckers stets die Wirkung einer chemisch mechanischen Ursache." Daß schon damals die Hefe allgemein als der Pflanzenwelt angehörend angesehen wurde, hat in demselben Band des Handwörterbuchs Strecker in dem Artikel über Hefe angegeben. Es handelte sich daher von da an nur noch darum, zu entscheiden, in welcher Weise der chemische Vorgang erfolgt.

Diese Streitfrage suchte Lüdersdorff 1846 durch das Experiment zu lösen.[2]) Er stellte genau unter denselben Bedingungen Gärungsversuche mit einer Hefe an, von der er einen Teil auf einer matten Glasplatte so lange zerrieben hatte, bis unter dem Mikroskop keine unzerstörten Hefekügelchen mehr zu erkennen waren. Durch die nicht zerriebene Hefe erfolgte die Gärung einer Zuckerlösung nach einer halben Stunde, und aller Zucker wurde in Alkohol und Kohlensäure verwandelt, während aus der mit zerriebener Hefe versetzten sich auch nach längerer Zeit kein einziges Gasbläschen entwickelte. Dieses Resultat, das Lüdersdorff zu Gunsten der Ansicht anführte, daß nur die lebende Zelle die Gärung bewirke, wurde damals aber noch nicht als entscheidend angesehen. C. Schmidt, der die Richtigkeit obiger Versuche bestätigte, jedoch fand, daß die zerriebene Hefe die Gärung des Harnstoffs und auch die Milchsäuregärung bewirken kann, nahm an, daß die in der Hefe enthaltenen Stoffe, die durch ihre Zersetzung auf den Zucker die Umwandlung übertragen, durch das lange Reiben verändert werden.[3])

In seinem 1850 erschienenen Lehrbuch der organischen Chemie und auch in den folgenden Auflagen hat Schloßberger[4]) diejenigen Gärungstheorien, die er als die drei Haupterklärungsversuche der

---

[1]) Bd. 3, S. 332.
[2]) P. 67, 408 (1846).
[3]) A. 61, 168 (1847).
[4]) Julius Eugen Schloßberger (1819—1860) war ursprünglich Mediziner, widmete sich dann der Chemie und arbeitete wesentlich auf dem Gebiete der physiologischen Chemie. 1846 wurde er Professor in Tübingen.

Gärungserscheinungen bezeichnete, einer vergleichenden Besprechung unterworfen und daran folgende für die damalige Zeit charakteristische Beurteilung geknüpft: „Wir ersehen aus dem Gesagten, daß eine Theorie, die alle Gärungsvorgänge befriedigend erläuterte, noch nicht gefunden ist, daß aber von den Erklärungsversuchen der Liebigsche wenigstens für einen Teil der Gärungserscheinungen noch der gelungenste ist." Weiter in der Anerkennung ist Gerhardt bei Besprechung der Gärungsphänomene gegangen, wie folgende Stelle aus seinem Traité zeigt[1]): „Évidemment la théorie de M. Liebig explique seule tous les phénomènes de la manière la plus complète et la plus logique; c'est à elle que tous les bons esprits ne peuvent manquer de, se rallier."

Im darauf folgenden Jahre und also genau 20 Jahre, nachdem Cagniard Latour, Schwann und Kützing die vitalistische Gärungstheorie aufgestellt hatten, erschien die erste von Pasteurs klassischen Abhandlungen, durch die diese Theorie zum Sieg gelangte, worüber im vierzigsten Kapitel das Nähere berichtet ist.

Zweiundzwanzigstes Kapitel.
Verallgemeinerung des Begriffs Alkohol und die Entdeckungen von Carbolsäure und Kreosot.

Im Laufe der dreißiger Jahre gelangte die organische Chemie durch den Nachweis, daß es verschiedene Verbindungen gibt, die sich wie der Weingeist verhalten, zu einer der wichtigsten Verallgemeinerungen. Die erste derartige Verbindung war die von Taylor 1812 aus der wässerigen Flüssigkeit, die bei der trockenen Destillation des Holzes entsteht, isolierte leicht flüssige und als aether pyrolignicus beschriebene Substanz. Diese später als Holzgeist bezeichnete Flüssigkeit hatte Liebig bei Aufstellung der Äthyltheorie als ein höheres Oxyd des Äthyls aufgefaßt.

Die richtige Zusammensetzung und die wahre Natur derselben wurden dann 1834 von Dumas und Peligot[2]) ermittelt. Wie sie in ihrer hervorragenden Abhandlung[3]) „Sur l'Esprit de Bois" mitteilten, haben sie den im Holzgeist enthaltenen Bestandteil ganz rein dar-

---
[1]) 4me Tome, 546 (1856).
[2]) Eugène Melchior Peligot (1811—1890), in Paris geboren, arbeitete während seiner Studienzeit an der Ecole centrale in dem von Dumas errichteten privaten Unterrichtslaboratorium. Er wurde dessen Répétiteur und dann Professor der Chemie am Conservatoire des arts et métiers und zugleich essayeur an der Münze, später directeur du service des essais. Von seinen Arbeiten sind außer den über organische Verbindungen diejenigen über Uran und Chrom hervorzuheben. Ein Nachruf auf ihn ist in Bl. 1891, XXI, erschienen.
[3]) A. ch. [2] 58, 5 (1835). Vorläufige Mitteilung J. de pharmacie 1834, 548.

gestellt und nachgewiesen, daß er sich dem Alkohol aus Weingeist vollkommen analog verhält und sich in ein Oxyd und in zusammengesetzte Äther überführen läßt. Sie fanden ferner, daß er durch den Sauerstoff der Luft bei Gegenwart von feinverteiltem Platin in Ameisensäure und durch Chlorkalk in Chloroform verwandelt wird. Entsprechend der Äthertheorie bezeichneten sie ihn als bihydrate de méthylène $C^4H^4 + H^4O^2$ $(CH_2 + H_2O)$[1]) und den durch Einwirkung von konzentrierter Schwefelsäure erhaltenen Äther als hydrate de méthylène $C^4H^4 + H^2O$. In den Estern nahmen sie gleichfalls das Radikal Methylen $C^4H^4(CH_2)$ an. Sie haben jedoch in dieser Abhandlung hinzugefügt, daß man den Äther des Holzgeistes auch als Oxyd eines Radikals C^4H^6 und den Holzgeist als $C^4H^6O + H^2O$ ansehen könne. Für dieses Radikal hat Berzelius dann den Namen Methyl vorgeschlagen.

In ihrer Abhandlung haben Dumas und Peligot auch schon auf die große, später etwas in Vergessenheit geratene Reaktionsfähigkeit des Dimethylsulfats hingewiesen. „Nous remarquerons pourtant que parmi les combinaisons éthérées connues aujourdhui, il est une, le sulfate de méthylène, qui à l'aide de la chaleur douce, produit des phénomènes de double décomposition tout à fait comparables à ceux que les sels proprement dits nous présentent. — Le sulfate de méthylène présente de propriétés fort importantes en ce qu'elles permettent de produire à son aide toutes les combinaisons analogues du méthylène." So haben sie aus Fluorkalium und Dimethylsulfat die erste bekannte organische Fluorverbindung, das gasförmige Methylfluorid, erhalten. Das Dimethylsulfat hatten sie durch Destillation von Holzgeist mit konzentrierter Schwefelsäure dargestellt. Einige Jahre später machte Regnault[2]) die Beobachtung, daß es sich auch bildet, wenn man Methyläther und Dämpfe von Schwefelsäureanhydrid zusammenleitet[3]) und wies darauf hin, daß dieselbe als erstes Beispiel der Bildung eines zusammengesetzten Äthers durch direkte Verbindung einer wasserfreien Säure mit einem basischen Äther von Interesse für die Äthertheorie sei. Daß der Methylalkohol in Form seines Salicylsäureesters im Pflanzenreich vorkommt, hat Cahours 1844 nachgewiesen. Aus dem Hauptbestandteil des Gaultheriaöls erhielt er beim Verseifen Methylalkohol und Salicylsäure.

Durch Dumas und Peligot wurde auch bewiesen, daß das Äthal[4]) sich von einem Homologon des Äthylens herleitet. Während es ihnen nicht gelungen war, das Methylen zu isolieren, erhielten sie

---

[1]) Die eingeklammerten Formeln entsprechen unseren Atomgewichten.
[2]) A. ch. [2] **66**, 106 (1838).
[3]) Nach diesem Verfahren wird seit 1895 das Methylsulfat technisch dargestellt. A. **340**, 205 (1905).
[4]) A. ch. [2] **62**, 5 (1836).

aus Äthal durch Destillation mit wasserfreier Phosphorsäure den von ihnen cétène genannten Kohlenwasserstoff $C^{64}H^{64}$ ($C_{16}H_{32}$) und erteilten daher dem éthal die Formel $C^{64}H^{64} + H^4O^2$.

Schon Scheele hatte gefunden, daß der schlechte Geschmack von rohem Kartoffelbranntwein von einem Öl herrührt. Dumas hatte dann dieses Öl, das sogenannte Fuselöl, analysiert und war zur Formel $C^{20}H^{24}O^2$ ($C_5H_{12}O$) gelangt. Von der Ansicht ausgehend, daß dasselbe ein Alkohol sei und von einem Radikal $C^{20}H^{20}$ (C_5H_{10}) sich ableite, unterwarf Cahours[1] es einer Untersuchung[2]. Durch Destillation des Fuselöls mit Phosphorsäureanhydrid erhielt er einen Kohlenwasserstoff, dessen Analyse obiger Formel entsprach und den er als amilène bezeichnete. In Übereinstimmung mit der Ätherintheorie betrachtete er das Fuselöl als bihydrate d'amilène $C^{20}H^{20}$. H^4O^2. Bei den Dampfdichtebestimmungen ergab sich aber die Anomalie, daß die Dichte des Amylens nicht wie diejenige des Amylalkohols und des Jodamyls einer Raumerfüllung von 4 Volumen, sondern nur von 2 entsprach. Balard[3] hat diese Anamolie aufgeklärt, indem er feststellte, daß aus Amylalkohol bei Einwirkung von Zinkchlorid oder von Schwefelsäure sowohl zwei polymere Modifikationen als auch das eigentliche Amylen entstehen, das inbetreff der Dampfdichte zum Amylalkohol in derselben Beziehung steht wie das Äthylen zum Weingeist. Da er das Vorhandensein von Amylalkohol auch im Tresterbranntwein auffand, stellte er die Ansicht auf, dieser Alkohol sei ein konstantes Produkt alkoholischer Gärung.

Bei diesen Untersuchungen kam auch die Kalischmelze zur Anwendung. Mittels derselben hatte Gay-Lussac im Jahre 1829 aus einigen organischen Substanzen, wie Sägemehl, Zucker, Stärkemehl usw. Oxalsäure erhalten[4]. Jetzt zeigten Dumas und Stas[5], daß die vier damals bekannten Alkohole durch Einwirkung von Ätzkali unter Entwicklung von Wasserstoff in Säuren verwandelt werden, die ebensoviel Kohlenstoffatome enthalten wie die angewandten Alkohole. Sie bezeichneten diese Umwandlung als ein allgemein für

---

[1] Auguste Cahours (1813—1891), zu Paris geboren, war Schüler der Ecole polytechnique und gehörte dann bis 1835 dem Generalstab an, widmete sich darauf der Literatur, wurde aber bald nachher Préparateur von Chevreul, arbeitete später bei Dumas und unterrichtete an der Ecole polytechnique. Er wurde Professor an der Ecole centrale; 1881 zog er sich ins Privatleben zurück. Notes sur sa vie et ses travaux par Etard, Bl. 1892.
[2] A. ch. [2] **70**, 81 (1839).
[3] A. ch. [3] **12**, 320 (1844).
[4] A. ch. [2] **41**, 389 (1829). Diese Beobachtung wurde 1857 von Roberts, Dale & Co. zur industriellen Gewinnung der Oxalsäure benutzt, die von da an in großem Maßstab durch Einwirkung von Alkali auf Sägemehl fabriziert wurde.
[5] A. ch. [2] **73**, 128 (1840).

Alkohole charakteristisches Verhalten. Um die Versuche in Glasgefäßen anstellen zu können, benutzten sie ein Gemenge von Ätzkali und kaustischem Kalk, das sie chaux potassée nannten und das von da an als Kalikalk oder als Natronkalk häufige Anwendung fand.

Den dreißiger Jahren gehört auch die Entdeckung des Phenols an. Runge[1]) hatte 1834 aus dem Steinkohlenteer eine Reihe interessanter Körper, die später wissenschaftlich wie technisch große Bedeutung erlangten, isoliert und neben den basischen, dem Kyanol (Anilin), Pyrrol und Leukol (Chinolin) einen in Alkali löslichen, den er Carbolsäure oder Kohlenölsäure nannte, beschrieben[2]). Eingehend hat er als charakteristische Eigenschaft die Färbungen, welche die von ihm entdeckten Körper mit verschiedenen Reagentien geben, studiert. Die Elementarzusammensetzung hat er aber nicht ermittelt.

Als Laurent, um reines Naphtalin darzustellen, sein Rohprodukt mit Chlor behandelte, erhielt er zwei chlorhaltige Säuren[3]). Um nun auf Grund dieser Zusammensetzung zu einem Urteil zu gelangen, aus welcher Substanz sie sich gebildet haben, ist er von folgender Überlegung ausgegangen: „Étant donné un radical dérivé on peut découvrir le radical qui lui a donné naissance, en remplaçant par la pensée, les corps substituants par l'hydrogène primitivement enlevé." Diesen Gedanken wandte er an ehe die Rückwärtssubstitution entdeckt war und gelangte so von den Formeln der beiden Säuren, der acides chlorophénésique und chlorophénisique (Di- und Trichlorphenol) zur Ansicht, daß im Teer eine alkoholartige Substanz enthalten sei: „J'en conclus qu'il existe dans le goudron un hydrate de benzine ou un esprit de goudron, analogue de l'esprit de bois et de l'esprit de vin, et qu'il a pour formule $C^{24}H^8 + H^4O^2$ ($C_6H_4 + H_2O$). In bezug auf die Namenbildung sagte er: „J'ai changé le nom de benzine contre celui de phène ($\varphi\alpha\iota\nu\epsilon\iota\nu$ éclairer)[4]) parce qu'il est impossible de faire dériver les noms de la benzine sans les confondre avec du benzène ou de l'acide benzoique."

Nachdem es ihm 1841[5]) gelungen war, das Phenol aus dem Steinkohlenteer als krystallisierte Substanz zu isolieren und zu analysieren,

---

[1]) Friedlieb Ferdinand Runge (1795—1867), zu Billwärder bei Hamburg geboren, war anfangs Pharmazeut, studierte dann Medizin und hielt in Berlin als Privatdozent Vorlesungen über Pflanzen- und Tierchemie. Er wurde in Breslau außerordentlicher Professor, übernahm aber am Anfang der dreißiger Jahre die Direktorstelle an der der Preußischen Seehandlung gehörenden chemischen Fabrik in Oranienburg. 1854 trat er in den Ruhestand. Er beschäftigte sich außer mit Arbeiten über die Teerbestandteile auch mit Vorliebe mit organischen Farbstoff n.
[2]) P. **31**, 63 und 315; **32**, 308 (1834).
[3]) C. r. **3**, 494; A. ch. **63**, 27 (1836).
[4]) In einer späteren Abhandlung fügte er hinzu, weil das Benzin im Leuchtgas vorkommt.
[5]) A. ch. [3] **3**. 145 (1841).

bezeichnete er es als acide phénique oder hydrate de phényle $C^{24}H^{10}O + H^2O$. Dasselbe mit Runges Carbolsäure vergleichend, spricht er sich dahin aus, daß letztere nichts anderes sei, als weniger reine Phenylsäure. Der Siedepunkt 197,5° sowie der niedrige Schmelzpunkt, den Runge fand, zeigt in der Tat, daß seine Carbolsäure aus einem Gemenge von Phenol und Kresol bestand. Immerhin darf man ihn als den ersten Entdecker des Phenols bezeichnen. Laurent hat aber das Verdienst, dasselbe rein dargestellt, seine Zusammensetzung ermittelt und zahlreiche Derivate desselben entdeckt zu haben. Den Namen Phenol hat Gerhardt[1]) geprägt, nachdem er gefunden hatte, daß es aus Salicylsäure beim Erhitzen mit Kalkhydrat erhalten wird. Er hat diese Bezeichnung gewählt, da dieselbe dem Namen Anisol, den Cahours dem Zersetzungsprodukt der Anissäure gegeben hatte, entspricht.[2]) Hiermit übereinstimmend bürgerte sich für das 1854 von Williamson und Fairlie im Steinkohlenteer aufgefundene Homologe des Phenols an Stelle von Cresylhydrat die Bezeichnung Kresol ein.

Ungefähr zu derselben Zeit, in der Runge sich mit dem Studium des Steinkohlenteers befaßt, hatte Reichenbach[3]) den Buchenholzteer zum Gegenstand einer Reihe von Untersuchungen gemacht. Im Jahre 1830 entdeckte er das Paraffin[4]), dem er diesen Namen gab, weil „das Auffallendste in seinem Verhalten seine wenigen und schwachen Verwandtschaften sind". Er hat dasselbe eingehend studiert und dann auch auf die Möglichkeit seiner Anwendung hingewiesen: „Es verspricht zu Tafelkerzen ein passendes neues Material abzugeben, dann könnte es zu Überzügen von Stoffen und Gefäßen, die Säuren Widerstand zu leisten haben, gute Dienste leisten, wie bis jetzt kein bekannter anderer Körper. Es ist ferner die Grundlage einer guten Reibungsschmiere." Berzelius bezeichnete diese Arbeit als eine ganz vortreffliche.

Reichenbach veröffentlichte dann 1832 und 1833 seine grundlegenden Untersuchungen[5]) über die in Alkalien löslichen Bestandteile des Buchenholzteers. Durch Destillation derselben erhielt er eine

---

[1]) Revue scientifique **10**, 210 (1841).
[2]) A. ch. [3] **2**, 296 (1841).
[3]) Karl Freiherr von Reichenbach (1788—1869), geboren zu Stuttgart, hatte in Tübingen studiert und sich dann der Industrie gewidmet, aber zugleich als Chemiker und Naturforscher vielseitig betätigt. Als junger Mann errichtete er Eisenwerke in Villingen und die ersten großen Holzverkohlungsöfen in Hausach. Dann gründete er 1821 mit dem Grafen zu Salm die gleichen Industrien zu Blansko in Mähren. Seit 1836 lebte er auf Schloß Reisenberg bei Wien. Allgemein wurde er durch seine Veröffentlichungen über eine neue vermeintliche Kraft, die er Od nannte, bekannt.
[4]) Schw. **59**, 436 (1830) und **61**, 1 und 57 (1831).
[5]) Schw. **65**, 461; **66**, 301 und 345 (1832); **67**, 1 und 57 (1833).

bei 203° siedende ölige Substanz, von der er angab: „Sie tötet in geringer Menge in Wasser gelöst kleine Tiere. Sie ist das mumifizierende Prinzip des Holzessigs, denn Fleisch in die Wasserlösung gebracht, fault nicht mehr. Es ist nicht zu zweifeln, daß sie medizinische Anwendung finden wird." Er fügte hinzu, daß sie auch „das fleischerhaltende Prinzip des Rauches ist" und nannte sie daher Kreosot. Liebig, dem er eine Probe zur Analyse übersandte, gelangte zur Formel $C_{15}H_{25}O_4$. Obwohl Runge bestimmt angab, daß Carbolsäure und Kreosot verschieden sind, wurden in der Folge nicht nur im Handel, sondern auch in wissenschaftlichen Werken beide meistens verwechselt. Erst Untersuchungen aus den sechziger Jahren haben die Frage vollständig aufgeklärt (vgl. sechsundfünfzigstes Kapitel).

Runge hat aus dem Buchenholzteer noch einen zweiten in Alkalien löslichen, aber höher (285°) siedenden Anteil isoliert[1]) und denselben, des außerordentlich bitteren Geschmackes wegen, Picamar genannt. Aus demselben erhielt er durch Oxydation zwei Farbstoffe, das Cedriret und das Pitakal. Ein halbes Jahrhundert später wurde deren interessante Bildungsweise durch A. W. Hofmann, der bei dieser Gelegenheit dazu beitrug, daß „Reichenbachs bewunderungswerte Untersuchungen", die etwas in Vergessenheit geraten waren, wieder mehr berücksichtigt wurden, aufgeklärt (Seite 350).

Dreiundzwanzigstes Kapitel.
Theorie der mehrbasischen Säuren und der Wasserstoffsäuren.

Es war die Untersuchung der Citronensäure, die den Anstoß zu der Theorie der organischen mehrbasischen Säuren gab, wie aus einem in den Annalen veröffentlichten Briefwechsel[2]) hervorgeht. Berzelius teilte im November 1832 Liebig mit, daß er bei der Analyse einiger citronensaurer Salze Zahlen erhalten habe, die sich nur schwierig mit der damals für diese Säure angenommenen Formel in Einklang bringen lassen. Liebig antwortete, „daß das Ungewöhnliche in der Zusammensetzung zum großen Teil verschwinde, wenn man in der Citronensäure anstatt $C^4H^4O^4$ die Zusammensetzung $C^6H^6O^6$ oder noch einfacher die Formel $C^3H^3O^3$ gelten läßt". Berzelius hatte aber dagegen Bedenken und meinte, „daß es besser ist, die Erklärung von erweiterter Erfahrung im Felde der organischen Chemie abzuwarten".

Nachdem bald nachher Graham (1834) seine für die Theorie der mehrbasischen Säuren grundlegende Arbeit über die Phosphorsäuren

---
[1]) Schw. **68**, 295 und 381 (1833).
[2]) A. **5**, 129 (1833).

veröffentlicht hatte, unternahm es Liebig, die Konstitution der Citronensäure und einiger anderen organischen Säuren in ähnlicher Weise aufzuklären und schrieb am 7. Januar 1837 an Berzelius: „Die Cyanursäure ist absolut analog der Phosphorsäure. Ich betrachte durch die Analyse der cyanursauren und mekonsauren Salze als festgestellt, daß es organische Säuren gibt, die ein, zwei oder drei Atome Basis neutralisieren. Auch die Citronensäure gehört zu der Phosphorsäure-Reihe."

Als Liebig 1837 aus Paris zurückgekehrt war, unternahmen er und gleichzeitig auch Dumas die Analyse des citronensauren Silbers. Darauf haben beide Chemiker in einer „Note sur la constitution de quelques acides par M. M. Dumas et Liebig[1])" die grundlegenden Ideen für eine Theorie der mehrbasischen organischen Säuren und der Wasserstoffsäuren entwickelt: „L'atome de l'acide citrique doit être triplé, de telle sorte qu'il aurait réellement trois atomes de base dans les citrates neutres proprement dites. L'acide méconique et l'acide cyanurique nous ont offert des phénomènes analogues."

Von der Zusammensetzung der Kaliumsalze der Weinsäure und des Brechweinsteins ausgehend gelangten sie zur Ansicht, daß diese Säure entsprechend der Formel

$$C^{16}H^4O^{12}, H^8(C_4H_2O_6, H_4)$$

eine Wasserstoffsäure (hydracide) sei und fügten hinzu, sie könnten ohne Mühe zeigen, daß man auch die Citronensäure, Cyanursäure und die Mekonsäure als Wasserstoffsäure auffassen kann, und schließen ihre vorläufige Mitteilung mit dem Satz: „On trouvera dans notre mémoire, une discussion expérimentale de ce nouveau point de vue, qui donnerait aux opinions de M. Dulong, concernant l'acide oxalique, une extension inattendue." Dieses Mémoire ist aber nicht erschienen; es war inzwischen ein Bruch zwischen den beiden Forschern eingetreten und obige Note blieb das einzige Ergebnis der mit so vielem Pomp angekündigten gemeinschaftlichen experimentellen Arbeiten.

Liebig, dem, wie aus dem ganzen Sachverhalt hervorgeht, die Initiative und das Hauptverdienst zukommt, hat dann 1838 seine hervorragende Abhandlung „Über die Konstitution der organischen Säuren" veröffentlicht[2]). In dem ersten Teil derselben hat er die Analysen einer großen Zahl von Säuren und deren Salzen mitgeteilt. Im zweiten „Theorie" überschriebenen Abschnitt sagt er: „Wir sind gewohnt gewesen, diejenige Quantität Säure, welche sich mit einem Atom Basis vereinigt, als das Gewicht von einem Atom Säure zu betrachten. Diese Annahme ist entschieden irrig für neun organische

---

[1]) C. r. 5, 863 (1837).
[2]) A. 26, 113 (1838).

Säuren, sowie sie falsch ist für die Phosphorsäure und die Arsensäure."

Liebig betrachtete auf Grund seiner Analysen die Cyanursäure, Citronensäure, Mekonsäure als dreibasisch, die Weinsäure, Traubensäure, Schleimsäure, Äpfelsäure, Malein- und Fumarsäure als zweibasisch und zieht aus seinen Resultaten folgende Schlußfolgerung: „Wir kennen also im allgemeinen drei verschiedene Klassen von organischen Säuren, die erste Klasse neutralisiert 1 Atom Basis, wie die Essigsäure, Ameisensäure usw., die zweite Klasse verbindet sich mit 2 Atomen, die dritte mit 3 Atomen Basis. Bei der Ausmittlung des Atomgewichts einer organischen Säure ist es, wie sich aus dem Vorhergehenden ergibt, unerläßlich, daß man zweierlei Salze mit einer und derselben fixen Basis darzustellen suchen muß."

Liebig hat auch seine Betrachtungen noch auf einige andere Säuren wie Asparaginsäure, Gerbsäure, Pyrogallussäure usw. ausgedehnt, die er als zweibasisch bezeichnet. Wenn sich auch diese letzteren Annahmen später etwas änderten, so blieb doch die von ihm begründete Unterscheidung verschiedenbasischer organischer Säuren als eine wichtige Errungenschaft dauernd bestehen.

In dem dritten Teil dieser Abhandlung, welchem Liebig die Überschrift „Hypothese" gegeben hat, entwickelte er ausführlich die Gründe, welche zugunsten der Davy-Dulongschen Anschauungen sprechen: „Neben der Ansicht über die Konstitution der Salze, welche in diesem Augenblick die herrschende ist, besteht noch eine andere, welche Herr Davy für die Chlor- und Jodsäure aufgestellt und welche Herr Dulong auf die Verbindungen der Oxalsäure anzuwenden versucht hat. Ich wage kaum zu gestehen, daß ich schon seit Jahren mir Mühe gegeben habe Beweise zur Begründung dieser Hypothese aufzufinden, indem in ihr selbst, so verkehrt und widersinnig sie auch erscheinen mag, eine tiefe Bedeutung liegt, insofern sie alle chemischen Verbindungen überhaupt in eine harmonische Beziehung mit einander bringt, insofern sie die Schranke niederreißt, welche von uns zwischen den Verbindungen der Sauerstoff- und Haloidsalze gezogen worden ist." So gelangte er zu der Definition: „Säuren sind hiernach gewisse Wasserstoffverbindungen, in denen der Wasserstoff ersetzt werden kann durch Metalle". In seinem Handbuch[1]) hat er diesen Satz noch folgendermaßen ergänzt: „Unter dem Hydrat einer Säure verstehen wir Verbindungen von 1, 2 und 3 Äquivalenten Wasserstoff mit gewissen anderen Elementen, die mit einander verbunden gedacht das Radikal der Säuren darstellen. Essigsäure-Hydrat ist hiernach eine Verbindung von H_2 mit $C_4H_6O_4$. In der Beschreibung selbst bedienen wir uns aber der gewöhnlichen Be-

---

[1]) Handbuch der Chemie S. 6 (1843).

zeichnungsweise." Liebig hat daher in dem beschreibenden Teil für Essigsäure die Formel $C_4H_6O_3$ + aq. angewandt.

Während er die Ermittlung der Formeln und der Basizität ausschließlich aus der Analyse der Salze herleitete, hat Gerhardt bei seiner Reform der Äquivalente darauf hingewiesen, daß die Dampfdichten der Ester noch ein zweites geeignetes Verfahren liefern. „Comme ces éthers sont ordinairement volatils il convient d'en prendre la densité de vapeur; 2 volumes correspondent à 1 équivalent d'éther."[1]) Er bezeichnete daher, entgegen der damals allgemein angenommenen Ansicht, die Oxalsäure als eine zweibasische Säure $C_2H_2O_4$ (C = 12).

Vierundzwanzigstes Kapitel.
Atomgewicht des Kohlenstoffs.

Im Laufe der dreißiger Jahre tauchte die für die Ermittlung der Zusammensetzung organischer Verbindungen so überaus wichtige Frage auf, ob der damals für dieses Atomgewicht angenommene Wert richtig sei. Die älteste Bestimmung beruhte auf den von Biot und Arago ermittelten Dichten von Kohlensäure und Sauerstoff, die Gay-Lussac und Thénard auch bei ihren Elementaranalysen der Berechnung zugrunde legten. Aus jenen Werten hatte Wollaston 1814 das Atomgewicht zu 7,54 (O = 10) abgeleitet, und Berzelius 1817 für O = 100, C = 75,33, also C = 12,05 für O = 16 angenommen. Dieser Forscher hat dann 1819 bei einem Aufenthalt in Paris in Gemeinschaft mit Dulong jene Dichten neu bestimmt, wodurch diese beiden Chemiker zu dem Atomgewicht 76,438 (12,30) gelangten[2]). Auch gaben sie an, daß dieser neue Wert besser den bisherigen organischen Analysen entspricht. „Il nous a paru que cette nouvelle détermination s'accorda mieux avec les résultats de l'analyse végétale." Jener Wert wurde dann während zwei Jahrzehnten fast ausschließlich den Berechnungen der Analysen zugrunde gelegt.

Die ersten Zweifel an der Richtigkeit dieser Zahl ergaben sich aus den Untersuchungen über Naphtalin. Faraday, der als erster es analysiert hat, war zur Formel $C_{20}H_8$ gelangt, da er bei der Berechnung von C = 6 und O = 8 für H = 1 ausging. Oppermann, der einige Jahre später diesen Kohlenwasserstoff in Liebigs Laboratorium der Analyse unterwarf[3]), erhielt für C = 76,44 fast 1% mehr an Kohlenstoff und nahm daher an, daß das Naphtalin aus 3 Atomen Kohlenstoff und 2 Atomen Wasserstoff bestehe, was auch Liebig

---
[1]) Précis de chimie organique I, 83 (1844).
[2]) A. ch. [2] 15, 386 (1820).
[3]) Mag. f. Pharm. 35, 135 (1831).

damals vertreten hat. Als dann Dumas die Dampfdichte des Naphtalins bestimmte, entsprach der erhaltene Wert der Formel von Faraday, ließ sich aber mit keinem Multiplum von C_3H_2 in Übereinstimmung bringen; Dumas kam daher zu der Folgerung[1]): „La naphtaline est donc un composé qu'il faut représenter par dix volumes de carbone et quatre d'hydrogène, sauf les restrictions que l'on est obligé de faire à cause d'une légère incertitude qui règne encore sur le poids atomique du carbone."

Als er einige Jahre später, ebenso wie Woskresensky, bei neuen Analysen des Naphtalins für Kohlenstoff und Wasserstoff 101 bis 101,5% gefunden hatte, sprach er sich bestimmter dahin aus, daß das Atomgewicht des Kohlenstoffs zu verringern sei[2]). „On tire de ces résultats la nécessité de réduire le poids atomique du carbone à 76 ou même à 75,9; ce dernier poids parait le plus vraisemblable." Berzelius erkannte sofort die ganze Tragweite dieser Frage:[3]) „Daß in der Analyse des Naphtalins ein Fehler liegt, erhellt aus dem Überschuß, welchen Alle bei der Berechnung der Verbrennungsprodukte erhalten haben; es muß ausgemittelt werden, woran der Fehler liegt." Er führte sofort von neuem Analysen von kohlensaurem und oxalsaurem Blei aus, kam aber zum Ergebnis, daß sich daraus kein Grund ergebe, das Atomgewicht 76,44 als fehlerhaft zu bezeichnen. Doch schrieb er am 11. Dezember 1840 an Liebig: „Daß Du Dich mit der Bestimmung des Atomgewichts des Kohlenstoffs beschäftigst, macht mir eine große Freude, denn es ist in diesem Augenblick die wichtigste Frage, die wir zu beantworten haben."

Die Beantwortung erfolgte noch am Ende desselben Monats durch Dumas und Stas[4]), welche den einfachsten und, wie sich zeigte, auch besten Weg wählten, jenes Atomgewicht durch Verbrennen von Kohlenstoff und Wägen der Kohlensäure zu bestimmen. 5 Analysen mit Diamant, 5 mit Graphit und 4 mit künstlichem Graphit gaben Zahlen, welche vortrefflich mit dem Atomgewicht 75, also 12 für $O = 16$ übereinstimmten. Die beiden Chemiker führten zugleich mit aller Sorgfalt eine Reihe von Verbrennungen der verschiedenartigsten organischen Substanzen aus und zeigten, daß auch diese Resultate viel besser mit dem neuen Atomgewicht wie mit dem älteren übereinstimmen, und daß die Anomalien, wie sie beim Naphtalin beobachtet wurden, verschwinden.

Sie beantworteten die Frage, warum bei der Berechnung der organischen Analysen jener Fehler nicht schon früher beobachtet

---

[1]) A. ch. [2] **50**, 1186 (1832).
[2]) C. r. **6**, 460 (1838).
[3]) P. **47**, 199 (1839).
[4]) C. r. **11**, 991 (1840); ausführlich A. ch. [3] **1**, 5 (1841), auch A. **38**, 141.

wurde, durch den Hinweis, daß bisher häufig bei der Analyse ebenso viel Kohlenstoff zu wenig gefunden wurde, als nachher die Rechnung zu viel ergab. „On perdait d'un côté ce qu'on ajoutait par le calcul et les analyses semblaient excellentes, alors qu'elles étaient réellement très-fautives." Die Ursachen lagen wesentlich darin, daß damals die Verbrennungen mit Kupferoxyd gewöhnlich ohne Zuhilfenahme von Sauerstoff ausgeführt und meist bei stickstoffreien Substanzen auch keine Kaliröhrchen benutzt wurden. Daher ergaben viele ältere Analysen ausgezeichneter Forscher beim Umrechnen nach dem richtigen Atomgewicht Fehler bis zu 1%. Die Analysen von Wöhler und Liebig für Benzoesäure liefern alsdann 68,22, 68,02 und 67,96 statt 68,85% Kohlenstoff, während sie nach dem früheren Atomgewicht ganz scharf stimmten. In anderen Fällen hatte das zu hohe Atomgewicht die Ermittlung der richtigen Formeln erschwert, worauf schon bei der Besprechung der Arbeiten über die Fette und die Alkaloide hingewiesen wurde.

Einige Monate nachdem die französischen Chemiker ihre erste Mitteilung veröffentlicht hatten, teilten Redtenbacher und Liebig[1]) mit, daß sie in den Silbersalzen von Essig-, Wein-, Trauben- und Äpfelsäure die Menge von Silber bestimmt haben. Aus diesen Analysen berechneten sie für das Atomgewicht des Kohlenstoffs 75,854. Regnault machte aber in einer Fußnote[2]) zu dem Referat dagegen geltend, daß das Atomgewicht des Silbers auf dem des Chlors und dieses auf dem des Kaliums beruht und daher die Bestimmungen von Redtenbacher und Liebig weniger sicher sind, „moins simples et moins sûres qu'une pesée à la balance de Fortin". Er fügte dann hinzu: „Nous demeurons parfaitement convaincus que le poids atomique du carbone est représenté de 75."

Erdmann und Marchand[3]), welche die Versuche von Dumas und Stas „nicht ohne einige Zweifel an der Richtigkeit der neuen Zahl" wiederholten, gelangten zu einer vollständigen Bestätigung des Atomgewichts 75. Einen Wert, der nicht erheblich von demselben verschieden ist, erhielt 1842 der Physiker Baron Wrede[4]) durch neue Bestimmungen der Dichten von Sauerstoff und Kohlensäure, die er auf Veranlassung von Berzelius ausführte. Aus denselben ergab sich 75,12.

Wenn auch die meisten Chemiker jetzt das Atomgewicht 75 adoptierten, so wurden doch von einigen noch die Werte 75,85 oder 75,12 der Berechnung der Elementaranalysen zugrunde gelegt. Dies

---

[1]) A. 38, 113 (1841).
[2]) A. ch. [3] 5, 82 (1842).
[3]) J. p. 23, 159 (1841).
[4]) J. Berz. 22, 72.

änderte sich erst, nachdem Marignac[1]) zeigte, daß auch die Bestimmung des Silbers im essigsauren Silber mit dem Atomgewicht 75 übereinstimmt, wenn man verhindert, daß beim Erhitzen dieses Salzes die entweichenden Gase etwas Silber mitreißen. Er hatte daher dessen Verbrennung in einer Röhre vorgenommen, in der die Gase eine Schicht von schwammförmigem Silber durchströmen mußten.

Einige Jahre später hat Stas[2]) das Atomgewicht des Kohlenstoffs auch aus der Menge Kohlensäure, die beim Erhitzen einer gewogenen Menge von Kupferoxyd in einem Strom von Kohlenoxyd entsteht, berechnet und auch nach diesem Verfahren den Wert 75 gefunden.

Fünfundzwanzigstes Kapitel.
Metamorphosen verschiedener organischer Substanzen.

Dem Beispiel Scheeles folgend wurde in älterer Zeit bei dem Studium organischer Substanzen die Salpetersäure meist nur in verdünntem Zustand als Oxydationsmittel benutzt. Erst später kam sie als konzentrierte Säure zur Überführung stickstofffreier Körper in stickstoffhaltige zur Anwendung. In beiden Formen blieb sie auch fernerhin zur Gewinnung neuer Substanzen eins der wichtigsten Reagentien. Scheele hatte aus Zucker außer Oxalsäure noch eine andere Säure erhalten, von der er annahm, daß sie mit Äpfelsäure identisch sei. Erst Döbereiner hat darauf hingewiesen, daß sie als eine eigentümliche Säure zu betrachten ist, und daher den Vorschlag gemacht, ihr den früher für Oxalsäure benutzten Namen Zuckersäure zu geben. Hess[3]) hat die Richtigkeit dieser Annahme bewiesen und festgestellt, daß sie die gleiche Zusammensetzung wie die Schleimsäure besitzt und also mit dieser isomer ist.

Zu den wichtigen, durch Oxydation erhaltenen Verbindungen gehört die seit 1836 von Laurent[4]) entdeckte Phtalsäure. Er erhielt dieselbe aus dem Naphtalintetrachlorid durch Behandeln mit verdünnter Salpetersäure und bezeichnete sie anfangs als Naphta-

---

[1]) Archives **1**, 57 (1846); auch A. **59**, 284.

[2]) Jean Servais Stas (1813—1891), in Löwen geboren, hatte 1835 mit de Koninck das Phlorizin entdeckt und war dann in Dumas' Laboratorium eingetreten. Nach Belgien zurückgekehrt, wurde er Professor an der Militärschule in Brüssel, an der er mehr als ein Vierteljahrhundert tätig war, bis ein Kehlkopfleiden ihn zwang, diese Stellung aufzugeben. Es wurde ihm dann die Stellung eines Commissaire des monnaies im Finanzministerium übertragen. Seine hauptsächlichste Lebensarbeit bilden seine klassischen Atomgewichtsbestimmungen. Siehe Nachruf B. **25**, 1 (1892).

[3]) Germain Henri Hess (1802—1850) war in Genf geboren und gehörte zur Altersklasse von Wöhler und Liebig. In Petersburg, wo er seit seinem dritten Lebensjahr lebte, wurde er 1829 Professor der Chemie an der Universität. Nachdem er sich mit organischen Verbindungen und Verbesserung der Elementaranalyse befaßt hatte, veröffentlichte er seit 1840 seine grundlegenden Untersuchungen über Thermochemie.

[4]) A. ch. [2] **61**, 113 (1836); A. **41**, 107 (1841).

linsäure. Nachdem er die richtige Zusammensetzung ermittelt hatte, prägte er den Namen Phtalsäure. Auch hat er schon den leichten Übergang in ein Anhydrid beobachtet und das Phtalimid entdeckt. Marignac[1]) machte 1842 die für die Beurteilung der Konstitution wichtige Beobachtung, daß die Phtalsäure beim Erhitzen mit gelöschtem Kalk glatt in Benzol und Kohlensäure gespalten wird.

Zu den hervorragendsten Errungenschaften, über die in diesem Kapitel zu berichten ist, gehören die „Untersuchungen über die Natur der Harnsäure von F. Wöhler und J. Liebig"; von dieser Arbeit sagte Berzelius[2]), daß sie „von noch höherem Interesse als ihre Arbeit über Bittermandelöl ist. Der Reichtum an neu entdeckten und analysierten Körpern ist ohne Beispiel". Wöhler hatte schon 1828 gefunden, daß bei der trockenen Destillation von Harnsäure sowohl Cyansäure wie Harnstoff entstehen. Wöhler und Liebig gingen daher bei der Inangriffnahme ihrer Arbeit[3]) von der Annahme aus, „die Harnsäure wäre eine Harnstoffverbindung", und dieses veranlaßte sie das beim Behandeln mit Salpetersäure entstehende Produkt, welches Scheele schon in Händen hatte und Brugnatelli 1817 als acido ossieritico beschrieb, zu untersuchen. Sie ermittelten seine Zusammensetzung und nannten es Alloxan, weil sie vermuteten, es enthielte die Elemente von Allantoin und Oxalsäure. Sie gelangten dann zur Entdeckung von Alloxantin, Thionursäure, Uramil und Dialursäure. Nachdem sie ihre Beobachtungen sowie die Analysen mitgeteilt hatten, stellten sie folgende Ansicht über die Konstitution auf:

„In allen diesen Verbindungen läßt sich nur eine einzige unveränderlich verfolgen, und dies ist der hypothetische Körper, den wir mit Harnstoff verbunden in der Harnsäure voraussetzen. Es ist dies die Verbindung $C_8N_4O_4$,[4]) wir wollen sie Uril nennen. Die Harnsäure ist $C_8N_4O_4$ + Harnstoff. Bei der Verwandlung der Harnsäure in Alloxan treten 2 Atome Sauerstoff an das Uril, die neue Oxydationsstufe verbindet sich mit 4 Atomen Wasser: $\left.\begin{array}{l}C_8N_4O_4\\O_2\end{array}\right\} + 4$ aq. = Alloxan $C_8N_4H_8O_{10}$." So sehr Berzelius den experimentellen Teil

---

[1]) Jean-Charles Galisard de Marignac (1817—1894), zu Genf geboren, ist aus der Ecole polytechnique in Paris hervorgegangen und arbeitete dann ein Semester in Liebigs Laboratorium. 1841 wurde ihm eine Stelle an der Manufacture de Sèvres übertragen, er folgte aber noch in demselben Jahre einem Ruf als Professor an die Genfer Akademie, der Vorgängerin der Universität. Nach seiner Arbeit über Phtalsäure hat er sich dem Gebiet der anorganischen und physikalischen Chemie zugewandt und seine klassischen Atomgewichtsbestimmungen in Angriff genommen. Sein Lebenslauf ist zugleich mit dem Abdruck seiner Abhandlungen in Oeuvres complètes de Marignac und in B. **27** (4), 979 beschrieben.
[2]) J. Berz. **18**, 558.
[3]) A. **26**, 241 (1838).
[4]) $C_4N_2O_2$ nach den jetzigen Atomgewichten.

der Abhandlung lobte, so wenig war er mit den theoretischen Betrachtungen einverstanden. Er schrieb daher an Wöhler, „der Artikel über Konstitution hätte wirklich nie gedruckt werden dürfen".[1])

Beim Behandeln der Harnsäure in der Wärme mit mäßig konzentrierter Salpetersäure entdeckten Wöhler und Liebig das zweite charakteristische Abbauprodukt, die Parabansäure und die zwei Atome Wasser (d. h. ein Molekül) mehr enthaltende Oxalursäure. Für letztere nahmen sie an, daß sie 2 Atome Kleesäure, C_4O_6 und 1 Atom Harnstoff = $C_6N_4O_8H_8$ ($C_3N_2O_4H_4$) enthalte; „die Oxalursäure ist demnach Harnsäure, worin Uril durch 2 Atome Kleesäure ersetzt ist". In dem letzten Abschnitt, „Metamorphosen und Zersetzungsprodukte des Alloxans und des Alloxantins" haben sie die theoretisch wichtige Tatsache mitgeteilt, daß durch Zerlegen der alloxansauren Salze eine neue Säure, die sie Mesoxalsäure nannten, entsteht. Das letzte der Umwandlungsprodukte, das sie in Betracht zogen, ist das von Prout entdeckte purpursaure Ammoniak, dem sie den Namen Murexid gaben, da diese Substanz „kein Ammoniaksalz im gewöhnlichen Sinne ist, sondern, daß es in die Klasse der Amide gehört, aber eine Art repräsentiert, von der bis jetzt kein Analogon existiert". Die Untersuchung von Wöhler und Liebig hat dann später, freilich erst nach 25 Jahren, dazu beigetragen, daß das Murexid zu industrieller Anwendung gelangte. Die ersten Versuche gingen von Sacc in Mülhausen aus, der darauf zusammen mit A. Schlumberger dieses Problem weiter bearbeitete. Letzterer hat dann berichtet,[2]) daß Murexid auf Wolle, die mit Zinnchlorid oder Quecksilbersalzen gebeizt wurde, schöne und dauerhafte rote Färbungen liefert. Als Rohmaterial diente der seit 1840 als Handelsware nach Europa gekommene Guano. Vorher wäre die Fabrikation von Murexid nicht möglich gewesen. Sie sollte aber bald nach dem sie angefangen hatte sich zu entwickeln, infolge der Entdeckung der Anilinfarben wieder aufhören. Nach Berlinerblau und Pikrinsäure war das Murexid der älteste künstliche organische Farbstoff, der zu industrieller Anwendung gelangte.

Im Anschluß an Wöhler und Liebigs Arbeiten hat Schlieper[3]) im Laboratorium des letzteren eine ausführliche Untersuchung von

---

[1]) Briefwechsel II, 55.
[2]) Bull. Soc. ind. de Mulhouse **25**, 242; Dingl. **135**, 54 (1854). Nähere Angaben über das Murexid in industrieller Beziehung in Dictionnaire de Chimie II, 477.
[3]) Adolf Schlieper (1825—1887) war zu Elberfeld geboren, gehört zu den hervorragenden Industriellen, die sich in Liebigs Laboratorium ausgebildet haben. Nach Abschluß seiner Studienzeit war er einige Zeit in Nordamerika in einer Fabrik tätig und trat 1851 in die Kattundruckerei von Schlieper und Baum ein, zu deren Gründern sein Vater gehörte. Ein von A. W. Hofmann verfaßter Nachruf ist B. **10**, 3167 erschienen.

Alloxan und Alloxansäure ausgeführt[1]) und außerdem einige neue Abkömmlinge der Harnsäure entdeckt. Da er wegen Eintritt in die Industrie sie nicht näher untersuchen konnte, so sagte er, sie seien „nur als Entwürfe für neue Arbeiten zu betrachten". Er übergab sie dreizehn Jahre später an Adolf Baeyer, so daß sie die Brücke bilden zu den Arbeiten dieses Chemikers über Harnsäure von denen von Wöhler und Liebig.

Bei seinen Untersuchungen über die Fleischflüssigkeit hat Liebig auch das von Chevreul entdeckte Kreatin genauer untersucht,[2]) welches vorher von anderen Chemikern nicht oder nur in äußerst geringen Mengen dargestellt werden konnte. Liebig gelang es 1847, dasselbe in größeren Mengen zu erhalten; er ermittelte seine Zusammensetzung und entdeckte dessen Umwandlung in Kreatinin und Sarkosin. Wöhler, dem er seine Resultate brieflich mitteilte, antwortete[3]): „Ich freue mich, daß Du das Kreatin so in die Gewalt bekommen und ihm zu solcher Bedeutung verholfen hast. Man sieht aber auch, was diese Alten, wie Chevreul, für gute Seher waren."

Bei der großen industriellen Bedeutung des schon im Altertum bekannten und seit dem sechzehnten Jahrhundert in Europa zur allgemeinen Anwendung gekommenen Indigo hatten sich auch die älteren Chemiker wiederholt mit demselben beschäftigt. Auch war es wieder die Salpetersäure, mit der das erste Umwandlungsprodukt erhalten wurde. So fand J. M. Hausmann 1788, daß auf diese Art aus jenem Farbstoff Pikrinsäure entsteht. Berthollet erklärte 1791 in seinem Buch, Eléments de l'art de la teinture, die Bildung der Indigoküpe durch Sauerstoffentziehung und die Wiederherstellung des Blaus durch Absorption des Sauerstoffs der Luft. Doch erst seit den zwanziger Jahren wurde der Indigo der Gegenstand von Analysen und das Ausgangsmaterial von neuen Umsetzungsprodukten.

Walter Crum[4]) zeigte 1823, daß beim Behandeln desselben mit Schwefelsäure zwei Verbindungen, das Cerulin und das Phönizin entstehen, deren wahre Natur als Indigosulfonsäuren erst später erkannt wurde. Er war auch der erste, der eine gute Elementaranalyse des Indigos ausführte, nur fand er etwas zu wenig Wasserstoff, weil er denselben nicht durch Wägen des gebildeten Wassers, sondern aus der Gewichtsabnahme des Kupferoxyds berechnete. Er gelangte

---

[1]) A. 55, 21 und 56, 1 (1845).
[2]) A. 62, 282 (1847).
[3]) Briefwechsel Bd. I, 288.
[4]) Walter Crum, 1796 zu Glasgow geboren und 1867 gestorben, war nach seiner Studienzeit in die Kattundruckerei seines Vaters eingetreten. Seine Veröffentlichungen stehen daher meist mit seinem Beruf im Zusammenhang. Doch war er immer und namentlich als Präsident des Anderson College bemüht, die Chemie zu fördern.

daher zu der Formel $C_{16}NO_2H_4$ statt $C_{16}NO_2H_5$. Die vollkommen genaue Zusammensetzung von Indigblau und auch von Indigweiß hat Dumas 1840 ermittelt.

In den zwanziger Jahren wurde das Anilin als das erste der Abbauprodukte, die es später möglich machten, die Konstitution jenes Farbstoffs aufzuklären, entdeckt. Bei Versuchen, den Indigo zu destillieren, erhielt im Jahre 1826 Unverdorben[1]) ein Öl, das mit Schwefelsäure und mit Phosphorsäure gut krystallisierte Verbindungen liefert, weshalb er demselben den Namen Kristallin gab. Vierzehn Jahre später fand Fritzsche[2]), daß beim Erhitzen des Indigos mit kaustischem Kali eine flüssige Base entsteht, deren Zusammensetzung er ermittelte. Da er sie als neu ansah, nannte er sie Anilin, wobei er diesen Namen von der in Spanien gebräuchlichen Bezeichnung Anil für Indigo ableitete.[3]) Als Redakteur wies Erdmann darauf hin, daß nach den Eigenschaften das Anilin mit dem Krystallin identisch ist.

Im darauf folgenden Jahre machte Fritzsche die weitere Beobachtung, daß aus Indigo beim Kochen mit Kalilauge, wenn die Temperatur nicht 150° übersteigt, eine Säure entsteht, die beim Erhitzen in Anilin und Kohlensäure zerfällt. Er nannte sie Anthranilsäure.

Daß sich das Anilin auch künstlich durch Aufbau erhalten läßt, entdeckte Zinin[4]), der 1842 die für die Gewinnung aromatischer Amine wichtige Tatsache fand, daß durch Schwefelwasserstoff sich Nitroderivate in Amine verwandeln lassen.[5]) Nachdem er zuerst aus Nitronaphtalin das Naphtalidam (Naphtylamin) erhalten hatte, stellte er aus Nitrobenzol eine Base dar, die er Benzidam nannte. Jetzt war es Fritzsche, der darauf aufmerksam machte, „daß das Benzidam nichts anderes wie Anilin ist". Im Jahre 1843 hat dann Hofmann, wie im achtundzwanzigsten Kapitel näher angegeben ist, bewiesen, daß auch Runges Kyanol mit Anilin identisch ist, und dasselbe zum Gegenstand einer eingehenden Untersuchung gemacht.

---

[1]) Unverdorben (1806—1873), anfangs Pharmazeut, dann Kaufmann in Dahme (Reg.-Bez. Potsdam).

[2]) Carl Julius Fritzsche (1808—1871) war in Neustadt (Sachsen) geboren, wurde Assistent von Mitscherlich und 1833 Direktor einer Fabrik künstlicher Mineralwasser in Petersburg. Die dortige Akademie wählte ihn 1833 zum Adjunkten und später zum ordentlichen Mitglied. Nähere Angaben über seine wissenschaftliche Tätigkeit hat Butlerow B. 5, 132 veröffentlicht.

[3]) J. p. 20, 261 (1840).

[4]) Nicolaus Zinin (1812—1880), in Transkaukasien geboren, arbeitete, als er schon Professor in Kasan war, Ende der dreißiger Jahre, einige Zeit in Liebigs Laboratorium über Verbindungen der Benzoylreihe, mit der er sich auch später mit Vorliebe beschäftigte. Nach Rußland zurückgekehrt, wurde er Professor an der Petersburger Universität.

[5]) A. 44, 283 (1842).

Eine weitere für die Erforschung des Indigos wichtige Entdeckung ist die des Isatins. Mit diesem Namen belegte Laurent die Substanz, die er 1841 aus Indigo durch Oxydation mittels Salpetersäure erhalten hatte.[1]) Auch zeigte er, daß dasselbe mit Chlor Substitutionsprodukte liefert, die mit den kurze Zeit vorher von Erdmann[2]) durch Einwirkung von Chlor auf Indigo erhaltenen Körpern identisch sind. Letzterer zeigte darauf, daß zur Darstellung des Isatins auch Chromsäure als Oxydationsmittel angewandt werden kann. Die Untersuchungen beider Chemiker, die ziemlich gleichzeitig dies Feld bearbeiteten, haben sich vielfach ergänzt, doch erwies sich von Anfang an, daß Laurents Analysen die zuverlässigeren waren. Aus den gechlorten Isatinen erhielt Erdmann durch Behandeln mit Chlor das Chloranil und aus diesem die Chloranilsäure[3]). In seinem Bericht über diese verschiedenen Abhandlungen sagte Berzelius[4]): „Seit Liebigs und Wöhlers gemeinschaftlicher Arbeit über die Metamorphosen der Harnsäure und seit Bunsens Untersuchungen über die Kakodylverbindungen ist gewiß keine für die Theorie der organischen Chemie so wichtige Arbeit ausgeführt worden, wie diese über die Metamorphosen des Indigos. Laurents Arbeit überrascht durch den Reichtum an neuen Verbindungen, die charakteristisch beschrieben werden, sowie die große Anzahl von Analysen, welche sorgfältig angestellt zu sein scheinen." Eine gute vergleichende, von A. W. Hofmann verfaßte Zusammenstellung dieser Forschungen ist in den Annalen erschienen[5]).

Ebenso wie es bei Indigo der Fall ist, haben schon im Altertum die Wurzeln von Rubia tinctorum, die später als Krapp oder Garance bezeichnet wurden, Anwendung zum Färben gefunden. Während die älteren Mitteilungen wesentlich die Art der Benutzung betrafen, wurden durch Colin und Robiquet[6]) die beiden im Krapp enthaltenen Farbstoffe im Jahre 1826 isoliert. Die in Alkali mit violetter Farbe sich lösende Substanz nannten sie Alizarin und die andere,

[1]) C. r. **12**, 539 (1841).
[2]) Otto Linné Erdmann, geboren am 11. April 1804 zu Dresden, war in jungen Jahren Lehrling in einer Apotheke, widmete sich dann, als er in Leipzig studierte, so eifrig dem Studium der Chemie, daß er im Alter von 23 Jahren zum außerordentlichen Professor an der Leipziger Universität ernannt wurde. Drei Jahre später erhielt er den neugeschaffenen Lehrstuhl für technische Chemie. Unter seiner Leitung wurde 1842 ein Laboratorium eingerichtet, welches damals als ein Muster angesehen wurde. Bis zu seinem 1869 erfolgten Tod wirkte er an der sächsischen Universität. 1828 gründete er das Journal für technische Chemie, aus welchem 1834 das Journal für praktische Chemie hervorging. Seine Persönlichkeit hat Kolbe in B. **3**, 374 geschildert.
[3]) J. p. **22**, 280 (1841).
[4]) J. Berz. **22**, 445 (1842).
[5]) A. **48**, 253 (1843).
[6]) Jour. d. pharm. **14**, 407 (1826); A. ch. [2] **34**, 225.

die eine rote Lösung liefert, Purpurin. Die erstere Substanz hatten sie sowohl durch Sublimation wie mit Hilfe von Lösungsmitteln in charakteristischen roten Krystallen vollkommen rein erhalten und genauer beschrieben: „Comme désormais elle doit prendre rang au nombre des principes immédiats des végétaux nous proprosons de la nommer alizarine que nous tirons du mot alizari usité dans le Levant pour désigner la racine de garance." Sie wiesen auch darauf hin, daß das Alizarin das eigentlich färbende Prinzip des Krapps ist.

Mehrere Jahre später hat Robiquet[1]) dasselbe der Elementaranalyse unterworfen und Zahlen erhalten, die nach dem richtigen Atomgewicht des Kohlenstoffs berechnet genau der Formel $C_{14}H_8O_4$ entsprechen, damals war er aber zu $C_{37}H_{24}O_{10}$ gelangt. Gerhardt hat jedoch schon in seinem Précis darauf hingewiesen, daß Robiquets Analyse für C = 12 berechnet mit $C_7H_4O_2$ übereinstimmt. Schunck[2]) hat dann einige Jahre später aus Analysen des Alizarins und seiner Metallverbindungen die Formel $C_{14}H_5O_4$ ($C_7H_5O_2$) abgeleitet;[3]) aber auch seine Analysen entsprechen besser der ein Atom Wasserstoff weniger enthaltenden Formel Gerhardts. Gleichzeitig machte Schunck die wichtige Beobachtung, daß das Alizarin durch verdünnte Salpetersäure in eine Säure verwandelt wird, die er Alizarinsäure nannte, da er annahm, daß sie neu sei. Gerhardt erkannte sofort, daß sie mit Phtalsäure identisch ist.[4])

Auf Grund dieser Tatsache und der Ähnlichkeit zwischen Alizarin und Chlornaphtalinsäure gelangten dann Wolff und Strecker[5]) zu der Ansicht, daß das Alizarin ein Naphtalinderivat, entsprechend der Formel $C_{20}H_6O_6$ ($C_{10}H_6O_3$) sei. Auch gaben sie an, daß mit dieser Formel die Alizarinanalysen von Schunck und Debus recht gut übereinstimmen. Obwohl Schunck nochmals für seine Formel eintrat, erschienen die von Wolff und Strecker angeführten Gründe den meisten Chemikern beweisend dafür zu sein, daß das Alizarin ein Naphtalinderivat ist. Ihre Formel wurde fast allgemein so lange adoptiert, bis es 1868 Graebe und Liebermann gelang, das Alizarin zu Anthracen zu reduzieren.

Die erste Beobachtung, daß das Alizarin nicht in freiem Zustand in der Krappwurzel enthalten ist, geht auf Zenneck[6]) zurück, der 1828 die Beobachtung machte, daß man diesen Farbstoff am reich-

---

[1]) Jour. d. pharm. **21**, 387 (1835).
[2]) Eduard Schunck (1820—1903) entstammt einer in Manchester ansässigen deutschen Familie. Er studierte in Berlin und Gießen. Nachdem er einige Jahre in seines Vaters Kattundruckerei tätig war, widmete er sich als Privatmann bis in sein hohes Alter wissenschaftlichen Arbeiten.
[3]) A. **66**, 174 (1848).
[4]) C. r. ch. 1849, 222.
[5]) A. **75**, 1 (1850).
[6]) P. **13**, 261 (1828).

lichsten erhält, wenn der Krapp vorher einer Gärung unterworfen wird, und daher annahm, daß er in diesem Rohmaterial an Zucker und Extraktivstoffe gebunden ist. Schunck[1]) isolierte zwei Jahrzehnte später die Substanz, die durch ein in der Krappwurzel enthaltenes Ferment sowie durch Kochen mit verdünnten Säuren in Zucker und Alizarin gespalten wird. Er nannte sie Rubian, während Rochleder[2]) sie als Ruberythrinsäure beschrieb.

Ein Jahr nach der Auffindung des Alizarins wurde aus den zur Fabrikation der Orseille benutzten Flechten das Orcin erhalten. Verschiedene Arten dieser Pflanzen waren schon im alten Ägypten und Persien zum Färben benutzt worden. Um das Jahr 1300 hatte dann ein Deutscher Frederico Rucellai oder Oricellari[3]), der wohl ursprünglich Friederich hieß und einige Zeit im Orient zubrachte, in Florenz die Fabrikation des als Oricello, Orseille oder auch als Archyl bezeichneten roten Farbstoffes eingerichtet. Anfangs wurden die Flechten mit im Faulen begriffenem Harn behandelt, dann, nach Zusatz von etwas Kalk, durch Umrühren der Zutritt von Luft gefördert und dadurch die Bildung des Farbstoffs bewirkt. Später wurde dies Verfahren durch Ersatz des Harns durch Ammoniaklösung verbessert. Der erste Chemiker, der es unternahm, die betreffenden Flechten genauer zu untersuchen, war Robiquet[4]), der 1829 das Orcin entdeckte und nachwies, daß dasselbe durch Ammoniak und den Sauerstoff der Luft in den Farbstoff übergeht, der den Hauptbestandteil der Orseille ausmacht. Er nannte denselben Orcein. Von da an wurden die Flechten häufiger der Gegenstand chemischer Untersuchungen.

Heeren entdeckte 1830 das Erythrin, dann veröffentlichte Kane 1840 eine Abhandlung über Archil (Orseille) und Lakmus, in der er eine Reihe aus Roccella tinctoria erhaltene Verbindungen beschrieb. Im Laufe der vierziger Jahre haben sich eingehend Schunck und Stenhouse[5]) mit den Flechtenbestandteilen und deren Umwandlungen befaßt. Es zeigte sich, daß verschiedene derselben sich durch Spaltung oder Abbau in Orcin verwandeln lassen und daher auch für die Orseillegewinnung von Bedeutung sind. Auf Grundlage der von Robiquet und Dumas veröffentlichten Analysen hat zuerst Ger-

---

[1]) A. **66**, 174 (1848).
[2]) A. **80**, 321 (1851).
[3]) Hoefer, Histoire de la Chimie I, 471.
[4]) A. ch. [2] **42**, 236 (1829).
[5]) John Stenhouse (1809—1880) hatte zuerst Jura, dann unter Graham Chemie studiert und in den Jahren 1837—1839 in Liebigs Laboratorium gearbeitet. Von da beschäftigte er sich mit organischer Chemie und zwar mit Vorliebe mit vegetabilischen Produkten. 1850 wurde er in London Professor am St. Bartholomäushospital und 1865 Hofmans Nachfolger an der Münze.

hardt (1845) die richtige Formel $C_7H_8O_2$ für Orcin aufgestellt und die Bildung des Orceins durch folgende Gleichung erklärt:

$$C_7H_8O_2 + NH_3 + 3\,O = C_7H_7NO_3 + 2\,H_2O\,.$$

Anschließend an jene Abhandlungen hat dann 1860 O. Hesse das Studium der Flechtenbestandteile weiter gefördert.

Im Laufe der zwanziger Jahre war aus Ostindien unter dem Namen Puree oder Pioury ein gelb gefärbtes Produkt in den Handel gekommen, aus dem durch Reinigen die als Indischgelb (Jaune indien) geschätzte Malerfarbe dargestellt wurde. Sowohl das Rohprodukt wie der gereinigte Farbstoff wurden gleichzeitig in den vierziger Jahren von Stenhouse[1]) und von Erdmann[2]) untersucht. Dieselben fanden, daß derselbe aus dem Magnesiumsalz und etwas Kalksalz einer kompliziert zusammengesetzten Säure besteht, die der erstere purreic acid, der andere Euxanthinsäure nannte. Durch Sublimation wie durch Behandeln mit konzentrierter Schwefelsäure erhielten sie aus derselben eine in langen gelben Nadeln sublimierende Substanz, das purrenon oder Euxanthon, dessen Zusammensetzung der Formel $C_{13}H_4O_4$ (C = 6) entsprach. Spätere Untersuchungen zeigten, daß dieselbe zu verdoppeln ist, also nach neuen Atomgewichten $C_{13}H_8O_4$ entspricht.

Über die Frage des Ursprungs des Indischgelbs gingen die Ansichten auseinander. Erdmann teilte mit, daß nach seinen Erkundigungen es zu sein scheine, daß dasselbe aus Kamelharn gewonnen werde. Stenhouse dagegen hielt es für wahrscheinlicher, daß es einem mit Magnesia neutralisierten Pflanzenextrakt seine Entstehung verdanke. Erst vier Jahrzehnte später ist aus einem ausführlichen Bericht[3]) über Piuri, wie in demselben der Namen des Farbstoffs geschrieben ist, bestimmt hervorgegangen, daß derselbe durch Erhitzen des Harns von Kühen, die zum Zweck der Farbstoffbildung mit Mangoblättern gefüttert werden, gewonnen wird.

Unter den Verfahren, organische stickstofffreie Stoffe in stickstoffhaltige zu verwandeln, beginnt mit den dreißiger Jahren die konzentrierte Salpetersäure eine größere Rolle zu spielen. Aus älterer Zeit war diese Säure in konzentriertem Zustand nur bei der Darstellung des sogenannten Salpeteräthers angewandt worden. In demselben Jahre, in dem mit Hilfe derselben Mitscherlich das Nitrobenzol entdeckte, untersuchte Braconnot[4]) deren Einwirkung auf Stärkemehl und auf Holzfaser und erhielt dabei eine leicht entzünd-

---

[1]) A. **51**, 425 (1844).
[2]) J. p. **33**, 190 (1844).
[3]) Journal of the Soc. of Arts (5) **32**, 6 (1883); in wörtlicher Übersetzung A. **254**, 268 (1889).
[4]) A. ch. **52**, 290 (1833).

liche Substanz, die er **Xyloidin** nannte. Daß sie Stickstoff enthält, hat er nicht angegeben. **Pelouze**[1]), der dasselbe 1838 genauer untersuchte,[2]) wies nach, daß sie stickstoffhaltig ist, sich bei 180° entzündet und ohne Rückstände zu lassen mit großer Lebhaftigkeit verbrennt. Auch hatte er auf die Möglichkeit hingewiesen, daß sie sich verwenden lasse. „Cette propriété m'a conduit à une expérience que je crois susceptible de quelques applications, particulièrement dans l'artillerie. En plongeant du papier dans de l'acide nitrique à 1,5 de densité, l'y laissant le temps nécessaire pour qu'il en soit pénétré, ce qui a lieu en général au bout de 2 ou 3 minutes, l'en retirant pour le laver à grande eau, on obtient un espèce de parchemin imperméable à l'humidité et d'une extrême combustibilité. La même chose arrive avec des tissus de toile et de coton." **Berzelius** ergänzte dies in seinem Jahresbericht durch die Bemerkung, daß in Xyloidin umgewandelte Papierstreifen als Zünder in der Feuerwerkerei angewandt werden können.

Diese Aussprüche fanden keine Berücksichtigung und die Aufmerksamkeit wurde erst darauf gelenkt, als **Schönbein**[3]) 1846 die explosive Baumwolle entdeckte und sofort sich mit deren Anwendung in den Geschossen befaßte. Am 11. März 1846 zeigte er die Substanz, die er Schießwolle nannte, in einer Sitzung der Naturforschenden Gesellschaft in Basel und teilte mit, daß er sie aus Baumwolle erhalten habe, daß sie sich leichter als Schießpulver entzündet, ohne Rückstand verbrennt, daß auch, wie aus Versuchen mit Gewehren hervorgeht, sie eine bedeutend größere Triebkraft entwickelt, als ein gleiches Gewicht des besten Schießpulvers. Diese Angaben wurden sehr rasch durch die Tagespresse bekannt. Auch sandte **Schönbein** Proben seiner Schießwolle an wissenschaftliche Freunde und an Personen, von denen er Förderung für die Anwendung derselben erwartete.

---

[1]) **Théophile Jules Pelouze** (1807—1867), in Valognes (Depart. La Manche) geboren, war Schüler und Assistent von Gay-Lussac. 1830 wurde er Professor der Chemie in Lille, 1831 in Paris Répétiteur der Ecole polytechnique und Essayeur an der Münze, später Präsident der Münzkommission und Thénards Nachfolger am Collège de France. Letztere Stelle gab er 1851 auf, behielt aber die Leitung eines von ihm 1846 gegründeten Unterrichtslaboratoriums noch einige Jahre.

[2]) C. r. **7**, 713 (1838).

[3]) **Christian Friedrich Schönbein** (1799—1868), zu Metzingen in Württemberg geboren, war im Alter von 14 Jahren in eine Fabrik chemischer und pharmazeutischer Produkte eingetreten, erhielt dann 1820 eine Stelle in einer Fabrik in der Nähe von Erlangen. Um sich an der dortigen Universität zum Lehrer ausbilden zu können, vertauschte er sie mit der Stelle eines Hauslehrers. Nachdem er noch in Tübingen studiert hatte, unterrichtete er in dem Fröbelschen Institut in Thüringen und dann in einer Schule in England, bis er 1828 einen Ruf an die Universität Basel erhielt, der er bis zu seinem Tode angehörte. Seinen interessanten Lebenslauf, seine eigenartige Persönlichkeit und seine wissenschaftlichen Leistungen haben **Kahlbaum** und **Schaer** im 4. und 6. Heft der Monographien aus der Geschichte der Chemie beschrieben.

Das große Aufsehen, welches dadurch entstand, veranlaßte sofort von anderer Seite Versuche, die Schießwolle, dessen Darstellungsweise Schönbein noch geheim hielt, gleichfalls darzustellen. Die älteren Angaben von Pelouze führten auf den richtigen Weg. R. Böttger, der erste der Nacherfinder, teilte schon im Juni 1846 Schönbein mit, daß es ihm gelungen sei, die explosive Baumwolle darzustellen, und schlug demselben vor, sich mit ihm zur Verwertung der Entdeckung zu vereinigen. Schönbein, obwohl wenig erfreut über diese Nachentdeckung, hielt es doch, damit das Verfahren geheim blieb, für zweckmäßig, auf den Vorschlag einzugehen. Aber im Oktober desselben Jahres teilte Julius Otto in der hannoverschen Zeitung mit, daß sich die Schießbaumwolle durch kurzes Eintauchen von Baumwolle in höchst konzentrierte Salpetersäure darstellen läßt. Von da an wurde sofort, wie Dingler in seinem polytechnischen Journal angab, in ganz Deutschland mit Schießbaumwolle geknallt.

Auch Berzelius hatte, wie aus einem Brief an Wöhler vom 27. Oktober 1846 hervorgeht, schon die Beobachtung gemacht, daß die Schießbaumwolle durch Nitrieren entsteht, war aber so rücksichtsvoll gewesen, nichts darüber zu veröffentlichen. Auch sagte er in demselben Schreiben: ,,Ich kann weder Böttgers noch Ottos Handlungsweise in dieser Sache recht billigen." Kurze Zeit nachher gab W. Knop an, daß es am zweckmäßigsten sei, die Baumwolle mit einem Gemisch von Salpetersäure und Schwefelsäure zu behandeln. Dies war das Verfahren, das Schönbein anwandte und zu dem er auf sehr originelle Weise gelangt war. Wie er am 26. Dezember 1846 an Faraday schrieb[1]), sei er durch die Ansicht, daß das Monohydrat der Salpetersäure nicht als $NO_5 + HO$, sondern als $NO_4 + HO_2$ zu betrachten sei, zu der Vermutung gekommen, daß in der Mischung von Schwefelsäure $= SO_2 + HO_2$ und Salpetersäure sich der Rosesche Körper $2 SO_2 + NO_4$ unter Freiwerden von HO_2 (Wasserstoffdioxyd) bilde und daß ,,dies Säuregemisch ein starkes Oxydationsmittel sein würde, etwa wie Königswasser, in welchem das Chlor durch HO_2 vertreten wäre. Nachdem ich viele Versuche mit anorganischen Verbindungen und diesem Säuregemisch angestellt hatte, untersuchte ich, eingedenk des merkwürdigen Verhaltens von ölbildendem Gas zu Ozon, eine Reihe organischer Materien und machte mit dem gewöhnlichen Zucker den Anfang. Einmal dahin gelangt, war die Entdeckung derjenigen Substanzen, von denen ich mir erlaubt habe, Ihnen im letzten März einige Proben zu senden, und die seither in Paris so viel von sich reden machten, nur eine selbstverständliche Folge."

Das Hauptverdienst von Schönbein war nicht, daß er die Cellulose stärker nitrierte wie Pelouze, sondern daß er sofort die

---

[1]) Kahlbaums Monographien, 6. Heft, 112.

Möglichkeit ins Auge faßte, die Schießbaumwolle an Stelle des alten Schwarzpulvers anzuwenden. Dies hat auch Pelouze[1]) anerkannt, als er in einem Bericht über dasselbe auf seine Mitteilung über Xyloidin hinwies: „J'avais même prévu qu'une propriété aussi remarquable ne pouvait pas rester longtemps sans application; mais je dois me hâter de le dire, je n'avai pas pensé un seul instant à l'employer dans les armes au lieu de poudre. C'ést à M. Schönbein que le mérite de cette application revient tout entier."

Wie lebhaft auch in den wissenschaftlichen Kreisen das Interesse war, zeigt die große Zahl von Publikationen über Darstellung, Eigenschaften sowie über Zusammensetzung der Schießbaumwolle und der bei der Explosion oder dem Abbrennen derselben auftretenden Gase. In seinem Bericht über das Jahr 1847 zitiert Berzelius nicht weniger als 26 derartige Mitteilungen.[2]) An Stelle des von Pelouze vorgeschlagenen Namens pyroxyline bevorzugte Berzelius die Bezeichnung Nitrolignin, welche dann in der Form von Nitrocellulose gebräuchlich wurde. Aus den Elementaranalysen ergab sich, daß je nach der Art der Einwirkung des Nitrierungsgemisches verschiedene Produkte entstehen, wie folgende damals aufgestellte Formeln zeigen:

$$C_{24}H_{17}O_{17}, 5\,NO_5 \text{ (Pelouze)}$$
$$C_{12}H_{7}O_{7}, 3\,NO_5 \text{ (W. Crum)}.$$

Während diese Formeln den Estern der Salpetersäure entsprechen, wurde von anderen Chemikern angenommen, daß bei der Bildung der Nitrocellulose derselbe Vorgang stattfinde wie beim Übergang von Benzol in Nitrobenzol oder von Phenol in Pikrinsäure. Entschieden wurde diese Frage erst, nachdem die Lehre der mehrwertigen Alkohole begründet und auf Cellulose angewandt war.

Die Versuche, die Schießbaumwolle für Geschosse zu verwerten, führten auch dazu, andere organische Substanzen zu nitrieren. So entdeckten Flores da Monte und Ménard 1847 den Nitromannit und im gleichen Jahre Sobrero das Nitroglycerin. Das Bestreben Schönbeins, die Schießbaumwolle an Stelle des Schwarzpulvers einzuführen, war damals noch nicht von Erfolg. Erst vier Jahrzehnte später wurde dasselbe durch Vieille verwirklicht, der 1886 entdeckte, daß man die Nitrocellulose durch Gelatinieren mit Äther-Alkohol oder Essigäther in eine plastische Masse verwandeln und diese durch Auswalzen und Zerkleinern in ein für die verschiedenartigsten Waffen verwendbares Pulver, in das sogenannte rauchlose Pulver, verwandeln kann.

Jedoch schon sofort nach der Entdeckung der Schießbaumwolle erhielt die Lösung in Äther-Alkohol eine friedliche Verwendung als

---
[1]) C. r. **23**, 809 (1846).
[2]) J. Berz. **28**, 342.

Kollodium in der Medizin und seit 1851 in der Photographie zur Darstellung der Negative. Dann bereitete 1867 Hyatt aus Kollodiumwolle und Campher das durchsichtige und elastische Celluloid. 1884 machte Chardonnet die schöne Entdeckung der künstlichen Seide, indem er aus syrupdicken Kollodiumlösungen durch Denitrierung seidenglänzende Fäden herstellte.

Früher wie die Schießbaumwolle erlangte das Nitroglycerin als Explosivstoff durch Alfred Nobel[1]) Bedeutung, der trotz der damit verbundenen Gefahr in den sechziger Jahren dessen Fabrikation unternahm. Dann machte derselbe 1869 die Entdeckung des aus Nitroglycerin und Kieselgur bestehenden Dynamits und 1878 des aus Schießbaumwolle und Nitroglycerin dargestellten gelatinierten Dynamits.

Außer den zur Klasse der Ester gehörenden Substanzen gelangten in neuester Zeit auch eigentliche Nitroderivate zu wichtiger Anwendung als Sprengstoffe. Hier kann nur auf den zweiten Band dieser Geschichte sowie auf den Vortrag von W. Will[2]), „Die Fortschritte der Sprengtechnik seit der Entwicklung der organischen Chemie", verwiesen werden.

Während der vierziger Jahre wurde auch der Vorgang bei der Umwandlung des Rohrzuckers in Invertzucker aufgeklärt. Daß hierbei Traubenzucker gebildet wird, hatte 1811, wie im siebenten Kapitel besprochen ist, Kirchhoff entdeckt. Daß gleichzeitig eine zweite Zuckerart entsteht, wurde erst aufgefunden, nachdem das optische Drehungsvermögen als wichtiges Hilfsmittel in Anwendung kam. Biot hatte im Jahre 1833[3]) darauf hingewiesen, daß sich durch dasselbe nachweisen läßt, welche Zuckerart in den Pflanzensäften vorkommt. Er machte zugleich die überraschende Beobachtung, daß der Saft der Trauben die Polarisationsebene nach links, die Lösung des krystallisierten Traubenzuckers sie aber nach rechts dreht. „Le sucre de raisin possède la singulière propriété de faire tourner les plans de polarisation des rayons lumineux vers la gauche, tant qu'il n'a pas prix l'état solide et les tourner constamment vers la droite une fois qu'il a été solidifié."

Im Anschluß an diese Abhandlung teilte Persoz mit, daß der durch Umwandlung des Rohrzuckers erhaltene Zucker sich genau ebenso verhält. Es wurde daher damals angenommen, daß dieser, der noch meist als Schleimzucker bezeichnet wurde, sowie der Fruchtzucker beim Übergang in den krystallisierten Traubenzucker eine

---

[1]) Den interessanten Lebenslauf dieses hervorragenden Industriellen, der 1833 geboren und 1896 gestorben ist, hat P. J. Cleve im ersten Band über die Erteilung der Nobelpreise in „Les Prix Nobel 1901" (Stockholm 1904) geschildert.

[2]) B. 37, 268 (1904).

[3]) A. ch. [2] 52. 58 (1833).

Umwandlung erfahre. Hiermit übereinstimmend sagte Mitscherlich in seiner Abhandlung über Gärung[1]): „In den Weinbeeren war nur Fruchtzucker nachzuweisen. — Solange in der Flüssigkeit nichts Krystallisiertes sich gebildet hat, besteht sie aus Fruchtzucker, was krystallisiert, dagegen aus Traubenzucker, so daß also, wie Biot dies zuerst angegeben hat, durch die Kraft, womit der Traubenzucker Krystallform annimmt, die Umsetzung des Fruchtzuckers bewirkt wird." Dieser Ansicht stimmte auch Berzelius zu.[2])

Ein Umschwung in diesen Anschauungen erfolgte drei Jahre später durch Dubrunfaut,[3]) der bei seinen Studien über den Verlauf der Gärung[4]) zu der Ansicht gelangte, daß der sucre interverti, wie er das Umwandlungsprodukt des Rohrzuckers nannte, zwei Bestandteile enthält, von denen der eine leichter wie der andere in Gärung übergeht. Er bezeichnete dies als „fermentation alcoolique élective". Weiter beobachtete er, daß, nachdem sich aus dem Invertzucker oder dem Zucker der Früchte reichlich Traubenzucker ausgeschieden hatte, der flüssig gebliebene Teil eine viel größere Ablenkung nach links besitzt als der ursprüngliche Sirup. Dann fand er, daß man mittels der Kalksalze den linksdrehenden von dem rechtsdrehenden Zucker trennen kann. So kam er zu der Folgerung: „Le sucre interverti et ses similaires les sirops de raisin, des fruits etc. ne sont pas des sucres chimiquement simples; ils ne se transforment pas en glucose par cristallisation ainsi qu'on l'a annoncé. — Le sucre de canne bien interverti est essentiellement formé de deux espèces de sucre différents mélangés ou combinés à équivalents égaux." In einer späteren Abhandlung veranschaulicht er die Umwandlung des Rohrzuckers durch folgende Gleichung:

$$2 (C^{12}H^{11}O^{11}) + 2 HO = C^{12}H^{12}O^{12} + C^{12}H^{12}O^{12}.$$

Auch hat er angegeben, daß der flüssige Zucker mit dem von Bouchardat aus Inulin erhaltenen Zucker identisch ist. Von da an wurde auf diese Zuckerart der Name Fruchtzucker übertragen. Auch wurden die beiden sechs Atome Kohlenstoff enthaltenden Zucker häufig als Dextrose und Lävulose bezeichnet. Doch blieb der Name Glucose der gebräuchliche, und für die Lävulose hat E. Fischer in späterer Zeit die Bezeichnung Fructose eingeführt.

[1]) P. **59**, 96 (1843).
[2]) J. Berz. **24**, 253.
[3]) A. B. Dubrunfaut (1797—1881), in Lille geboren, hat sich schon als Professor der technischen Chemie an der Ecole de Commerce in Paris mit der Fabrikation des Zuckers aus Runkelrüben beschäftigt. Um sich ganz dieser Industrie zu widmen, gab er 1833 seine Lehrerstelle auf. Seine wissenschaftlichen Arbeiten betreffen daher auch wesentlich Gebiete, die mit seiner industriellen Tätigkeit zusammenhängen.
[4]) A. ch. [3] **21**. 169 (1847).

Anfang der vierziger Jahre wurden auch aus den kompliziert zusammengesetzten Alkaloiden einfachere Körper erhalten, die es später möglich machten, näheren Einblick in die chemische Konstitution jener für die Medizin so wichtigen Stoffe zu erlangen. 1842 erhielt Gerhardt[1]) durch Erwärmen von Chinin und von Cinchonin mit Kalilauge eine flüssige Base, die er quinoléine nannte. Berzelius schlug vor, Chinolin und nicht Chinoleïn zu sagen, da letzteres zu sehr an Oleïn erinnere. Nachdem Hofmann das Rungesche Leucol analysiert und genauer charakterisiert hatte, wies Gerhardt darauf hin, daß diese Teerbase mit dem Chinolin identisch ist[2]). Grundlegend für die Kenntnis des Narcotins wurde Wöhlers 1844 veröffentlichte Arbeit über diesen Opiumbestandteil[3]). Er zeigte, daß dasselbe bei der Oxydation mittels verdünnter Schwefelsäure und Mangansuperoxyd in eine stickstoffreie Säure, die er Opiansäure nannte, und eine neue Base, das Cotarnin, deren Namen er durch Versetzung der Buchstaben des Wortes Narcotin bildete, gespalten wird. Aus der Opiansäure erhielt er beim Behandeln mit Bleisuperoxyd die Hemipinsäure.

Das 1838 von Woskresensky aus der Chinasäure durch Oxydation erhaltene Chinon[4]) wurde 1844 von Wöhler zum Gegenstand einer Untersuchung gemacht, die zur Entdeckung einer Reihe charakteristischer Tatsachen führte. Dieser Forscher[5]) zeigte, daß das gelb gefärbte Chinon durch Reduktion in das farblose Hydrochinon übergeht. Er entdeckte das grüne Hydrochinon (Chinhydron) und mehrere schwefelhaltige Derivate. Daß auch das schon erwähnte, aus Indigo erhaltene Chloranil zu den Chinonabkömmlingen gehört, ergab sich aus der Beobachtung Hofmanns[6]), daß es beim Behandeln von Chinon mit Kaliumchlorat und Salzsäure gebildet wird. Vervollständigt wurde diese interessante Gruppe durch eine ausführliche Arbeit von Städeler[7]) über die chlorhaltigen Zersetzungsprodukte der Chinasäure.[8])

---

[1]) Revue scientif. **10**, 186 (1842); J. p. **27**, 439.
[2]) C. r. ch. 1845, 30.
[3]) A. **50**, 1 (1844).
[4]) Woskresensky hatte es Chinoyl genannt und Wöhler diesen Namen mit glücklichem Griff in Chinon abgeändert, „da man mit yl ein Radikal zu bezeichnen pflegt".
[5]) A. **51**, 145 (1844).
[6]) A. **52**, 55 (1844).
[7]) Georg Städeler (1821—1871) zu Hannover geboren, war Schüler und Assistent von Wöhler, auf dessen Veranlassung er die Einwirkung von Chlor auf organische Säuren studierte. Infolge seiner Beziehungen zu dem Mediziner Frerichs hatte er später eine Vorliebe für Arbeiten, die ein physiologisch-chemisches Interesse besitzen. Von 1853—1870 wirkte er als Professor der Chemie in Zürich. Nachruf B. **4**, 425.
[8]) A. **69**, 300 (1849).

Vierter Abschnitt.

Im Laufe der vierziger Jahre haben sich die Forscher, die während der vorhergehenden beiden Jahrzehnte in so hervorragender Weise die Entwicklung der organischen Chemie gefördert hatten, meistens anderen Arbeitsgebieten zugewandt. Nachdem Liebig 1840 sein epochemachendes Werk, „Die organische Chemie in ihrer Anwendung auf Agrikultur und Physiologie", veröffentlicht hatte, nahm sein Interesse an der organischen Chemie ab. Er befaßte sich von da an wesentlich mit dem Bestreben, die Chemie nach jenen beiden Richtungen hin nutzbar zu machen. Wöhlers Arbeiten über Narkotin und Chinon aus dem Jahre 1844 waren seine letzten größeren Untersuchungen über organische Verbindungen. Dumas, der im Anschluß an die Atomgewichtsbestimmung des Kohlenstoffs im Laufe der vierziger Jahre sich der Ermittlung dieser Konstanten für andere Elemente zuwandte, veröffentlichte als letzte organische Arbeit 1847 seine Untersuchungen über Säurenitrile. Nachdem Mitscherlich seine Abhandlungen über Gärung und Hefe publiziert hatte, beschäftigte er sich von da an hauptsächlich mit krystallographischen und geologischen Untersuchungen. Daß Bunsen nach Vollendung seiner Kakodylarbeit keine organische Arbeit mehr in Angriff nahm, ist schon früher erwähnt worden. Nur Laurent hat, wie seine letzten Publikationen und sein 1854 erschienenes Werk „Méthode de Chimie" beweisen, bis zu seinem Tode sich eingehend mit organischer Chemie beschäftigt.

Von Anfang der vierziger Jahre an gelangte eine Generation jüngerer Chemiker zu führender Stellung. In erster Linie waren es die in den Jahren 1816—1818 geborenen Gerhardt, Würtz, Hofmann und Kolbe. Im Gegensatz zu den Forschern, in deren Laboratorien sie sich ausgebildet hatten, wurde während ihres ganzen Lebenslaufs die organische Chemie ihr fast ausschließliches Arbeitsgebiet

In diesem vierten Abschnitt sollen diejenigen Untersuchungen besprochen werden, die in der Zeit von Mitte der vierziger Jahre bis zum Ende der fünfziger in Angriff genommen wurden, jedoch mit Ausnahme derjenigen, über die schon in dem vorhergehenden eingehend berichtet ist.

Sechsundzwanzigstes Kapitel.
Gerhardts Klassifikation und Laurents Gesetz der paaren Atomzahlen.

Charles Gerhardt, der einer in der Rheinpfalz ansässigen Bierbrauerfamilie entstammte, war am 21. August 1816 in Straßburg geboren, wo sein Vater sich niedergelassen hatte. Da dieser eine Bleiweißfabrik gegründet hatte, in die der Sohn eintreten sollte, so besuchte dieser im Alter von fünfzehn Jahren als Hospitant die Polytechnische Schule in Karlsruhe und dann die Handelsschule in Leipzig. Im Frühjahr 1834 mußte er in das väterliche Geschäft eintreten, welches zum Unglück für seine wissenschaftlichen Bestrebungen in schlechte Verhältnisse geraten war. Doch konnte er es möglich machen, im Winter 1836/37 in Liebigs Laboratorium zu arbeiten. Nachdem er wieder im Geschäft tätig sein mußte, wanderte er im Herbst 1838 nach Paris. Er hörte die Vorlesungen von Dumas und Despretz, war aber gezwungen, den größten Teil des Tages mit Übersetzungen zuzubringen. Nur nebenbei konnte er in Chevreuls Laboratorium arbeiten, in dem er seine Untersuchungen über Hellenin und in Gemeinschaft mit Cahours eine Arbeit über ätherische Öle ausführte. 1841 wurde ihm provisorisch und 1844 definitiv die Professur der Chemie an der naturwissenschaftlichen Fakultät in Montpellier übertragen. Als Laurent, mit dem er in ein inniges Freundschaftsverhältnis getreten war und mit dem er zusammen arbeiten wollte, nach Paris übergesiedelt, nahm er 1848 einen sechsmonatlichen Urlaub, und als dieser nicht verlängert wurde, seinen Abschied und gründete in Paris ein privates Unterrichtslaboratorium. Nachdem er einen Ruf an das neugegründete Polytechnikum in Zürich abgelehnt hatte, wurde ihm 1855 die Professur der Chemie in Straßburg übertragen. Jetzt gelangte er endlich in eine Stellung, in der er ohne Sorgen wissenschaftlich arbeiten konnte, aber am 19. August 1856, zwei Tage vor seinem vierzigsten Geburtstag, ist er an akuter Peritonitis gestorben. Ausführlich sind Leben und Leistungen in dem Werk „Charles Gerhardt, sa vie, son oeuvre et sa correspondance par E. Grimaux et Ch. Gerhardt"[1]) beschrieben. In betreff der Beziehungen zu Laurent sagte Würtz[2]): „La grande figure de Gerhardt ne sera point séparée de Laurent, leur oeuvre fut collective, leur talent complémentaire, leur influence réciproque."

Von Anfang seiner chemischen Studien zeigte Gerhardt eine große Vorliebe für Systematik, so hatte er, erst achtzehn Jahre alt, versucht, durch eine Neuberechnung der Silikatanalysen die richtigen Formeln der Mineralien zu ermitteln. Berzelius bezeichnete diese

---

[1]) Letzterer war sein Sohn und von Beruf Ingenieur.
[2]) Moniteur scientifique 1862, 473.

Arbeit als eine sehr verdienstvolle. Nachdem er sich der organischen Chemie zugewandt hatte, veröffentlichte er 1842 eine Abhandlung[1]) „Recherches sur la classification chimique des corps organiques". Der scharfe Ton, in dem er die damals als richtig angesehenen Äquivalente als falsch erklärte, erregte nicht nur Widersprüche, sondern auch Unwillen. Auch war er in dieser ersten Publikation nicht glücklich in der Wahl der Äquivalente und des für die Feststellung der Formeln benutzten Gasvolumens. Im darauf folgenden Jahre[2]) hat er aber die Atomgewichte so gewählt, daß sie den Formeln H_2O, CO_2 und NH_3 entsprechen, für $O = 100$, $H = 6{,}25$, $C = 75$ und $N = 87{,}5$, in den späteren Publikationen ist er von $H = 1$ ausgegangen, also von $O = 16$, $C = 12$ und $N = 14$.

Von den Chemikern war Gerhardt der erste, der in konsequenter Weise alle Formeln auf dasselbe Gasvolum und zwar auf zwei Volume bezog. Hierzu gelangte er aber nicht von physikalischen, sondern von rein chemischen Betrachtungen über die bei der Zersetzung organischer Verbindungen auftretenden Körper. Auf Grund derselben nahm er an, daß der größte Teil der damals angenommenen Formeln zu halbieren sei. „Pour moi il est demontré que nos formules organiques sont pour la plupart de moitié trop fortes comparativement aux formules minérales." Er nimmt daher für Essigsäure $C_2H_4O_2$ und für Silberacetat $C_2AgH_3O_2$ an. Aus der Zusammensetzung der Chloressigsäure $C_2HCl_3O_2$ zieht er die wichtige Folgerung, daß diese Säure kein Wasser enthalten könne, da nach seiner Ansicht für Wasser H_2O und für Silberoxyd Ag_2O anzunehmen ist. „D'après cela je tiens la preuve la plus directe qu'il n'y a pas d'eau dans nos acides et point d'oxydes dans les sels."

Ferner hat er aus der Formel C_2H_6O für Alkohol und $C_4H_{10}O$ für Äther die Folgerung gezogen, daß zur Bildung von Äther zwei Äquivalente Alkohol und für Aceton $= C_3H_6O$ zwei Äquivalente Essigsäure nötig sind. Diese und ähnliche Vorgänge erklärte er durch die Annahme, daß jede der beiden in Reaktion tretenden Atomgruppen bei der Elimination von H_2O oder von CO_2 einen Teil ihrer Atome verlieren und sich dann die Reste verbinden. Diese Erklärung bildet die Anfänge der später von ihm entwickelten théorie des résidus. Diese Anschauungen hat er dem in den Jahren 1844 und 1845 in zwei Bänden erschienenen Lehrbuch „Précis de chimie organique" zu Grunde gelegt. Während nun Liebig zu derselben Zeit in seinem Handbuch die organische Chemie als die Chemie der zusammengesetzten Radikale bezeichnete, sagte Gerhardt, „on peut dire qu'elle est la chimie du carbone". Er hat aber in seinem Précis den

---

[1]) Revue scient. **9**, 196; J. p. **27**, 439 (1842).
[2]) A. ch. [3] **7**, 129 (1843).

Kohlenstoff als Element nicht abgehandelt, sondern nur dessen Verbindungen. Seine Definition darf man daher so auffassen, daß sie mit der Bezeichnung Chemie der Kohlenstoffverbindungen, die Kolbe 1854 und Kekulé 1859 in ihren Lehrbüchern gegeben haben, übereinstimmt.

Da häufig für ein und dieselbe Substanz in damaliger Zeit eine große Zahl verschiedener rationeller Formeln aufgestellt waren, so hat Gerhardt in seinem Précis nur Bruttoformeln angewandt. Er zitierte, um dies zu rechtfertigen, sieben verschiedene Konstitutionsformeln für Alkohol und knüpfte daran die Bemerkung: „Chacune de ces formules n'est que l'expression d'une ou de deux réactions. Autant de réactions autant de formules rationelles." Da seine Atomgewichte mit Ausnahme derjenigen für die schweren Metalle mit unseren übereinstimmen, so erscheinen uns seine Bruttoformeln sehr vertraut. Von denselben sagte Dumas[1]): „Il en corrige beaucoup, et il le fait en général avec finesse et bonheur; car les formules qu'il adopte sont presque toujours plus simples que celles qu'elles remplacent." Nach dem Erscheinen des ersten Bandes hat dagegen Berzelius folgendermaßen geurteilt[2]): „Diese Arbeit ist für diejenigen von Interesse, welche genaue Kenntnis von den eigentümlichen theoretischen Ansichten der französischen Schule und insbesondere von denen des Verfassers über die organische Zusammensetzungsart nehmen wollen."

Gerhardt hat in diesem Lehrbuch die Verbindungen nach Familien klassifiziert, von denen jede alle Substanzen mit der gleichen Anzahl von Kohlenstoffatomen enthält. So zweckmäßig eine solche Einteilung sich für ein Lexikon wie das Richtersche bewährt hat, so besaß sie für ein Lehrbuch den Nachteil, daß Verbindungen, die naturgemäß im Zusammenhang abzuhandeln sind, wie Alkohol und Äther oder die Säuren mit ihren Estern, auseinander gerissen werden. So gehört in dem Précis die Ameisensäure zur ersten, ihr Methylester aber zur zweiten und der Äthylester zur dritten Familie. Dagegen bilden Benzol und Mannit Arten der sechsten Familie. Laurent schrieb ihm daher[3]): „Votre classification est mauvaise; poursuivez vos homologues et qu'ils servent à faire votre classification — Un système de formules brutes est trop absolu, et que s'il était adopté, il empêcherait de découvrir une foule de rapports intéressants."

Gerhardt nahm diese Kritik nicht nur freundlich auf, sondern befolgte auch die Ratschläge. Die homologen Reihen, die er im ersten Band jenes Werkes nur an einigen Beispielen erörtert hatte,

---

[1]) C. r. **18**, 809 (1844).
[2]) J. Berz. **25**, 208.
[3]) Vie de Gerhardt, 474 et 475.

entwickelte er ausführlich am Ende des zweiten Bandes, und in seinem in den fünfziger Jahren veröffentlichten Traité de chimie organique benutzte er sie als wesentliche Grundlage der Klassifikation. Auf Gerhardts Veröffentlichungen ist die wichtige und allgemeine Anwendung dieser Reihen zurückzuführen. Er war aber nicht der erste, der derartige Reihen aufstellte. Schon vorher war in beschränktem Maße dies geschehen.

J. Schiel[1]) hatte 1842 darauf aufmerksam gemacht, daß „die Radikale der Körper, welche man gewöhnlich als Alkohole bezeichnet, nicht allein eine höchst einfache rege'mäßige Reihe bilden, sondern es läßt sich auch in den Eigenschaften dieser Körper eine entsprechende Regelmäßigkeit nachweisen. Wenn man die Kohlenwasserstoffverbindung C_2H_2 ($C = 6$) mit R bezeichnet, so ist

$$R_1H = \text{Methyl}$$
$$R_2H = \text{Äthyl}$$
$$R_3H = \text{Glyceryl}$$
$$R_4H = ?$$
$$R_5H = \text{Amyl}$$
$$R_{16}H = \text{Cetyl}$$
$$R_{24}H = \text{Cerosyl}.$$

Vergleicht man die Siedepunkte der Oxydhydrate der Radikale bis zum Amyl, Verbindungen, welche noch flüchtig sind, miteinander, so scheint mit jedem R der Siedepunkt um $18°$ zuzunehmen." Von H. Kopp war kurz vorher angegeben worden, daß die Siedepunkte der Äthylverbindungen $18°$ höher liegen als die der entsprechenden Methylverbindungen.

Einige Monate nach Schiel wies Dumas auf dieselbe Regelmäßigkeit bei den fetten Säuren hin[2]). „En partant de l'acide margarique $C^{68}H^{68}O^4$ ($C_{17}H_{34}O_2$) et soustrayant le carbone et l'hydrogène par équivalents égaux C^4H^4 (CH_2) on forme une série de dixsept acides, dont neuf sont déjà connus au moins, qui renferme les principaux acides gras et qui vient rattacher par des liens imprévus l'acide margarique à celui qui semble le plus éloigné, l'acide formique."

Gerhardt hat dann 1843 diese Ansicht verallgemeinert und 1845 als Théorie des Homologues auf eine große Zahl organischer Verbindungen angewandt. „On trouve des séries entières de corps dans lesquels l'oxygène et l'azote sont atomiquement les mêmes et qui ne diffère que par CH^2; ces substances se métamorphosent d'après

---

[1]) A. **43**, 107 (1842).
[2]) C. r. **15**, 935 (1842).

les mêmes équations, et il n'est besoin que de connaître les métarmorphoses d'une seule pour prédire les réactions des autres." Diese Reihen hat er séries homologues[1]) genannt. Als isologe Körper hat er später solche bezeichnet, die bei ähnlichem Verhalten eine andere Zusammensetzungsdifferenz wie CH_2 besitzen, wie z. B. bei Essigsäure und Benzoesäure. Dann hat er noch von den Homologen und Isologen die Heterologen unterschieden[2]). Zu letzteren rechnet er die Körper, die durch Metamorphosen ineinander übergehen. Alkohol, Aldehyd und Essigsäure bilden daher eine série hétérologue. Indem er darauf hinweist, daß „une classification vraiment scientifique n'est possible que par l'analyse et le rapprochement de ces séries", veranschaulicht er diese durch ein nach Farbe und Wert in Reihen geordnetes Kartenspiel. Alle Karten von derselben Farbe entsprechen einer heterologen Reihe, alle Karten von gleichem Wert einer homologen oder isologen Reihe.

Die theoretischen Ansichten, zu welchen Gerhardt in Gemeinschaft mit Laurent und auch in Anlehnung an Dumas' Typentheorie gekommen war, hat er 1848 in einer kleinen Schrift, Introduction à l'étude de la chimie par le système unitaire, dargelegt und, im Gegensatz gegen die dualistische Theorie, als Unitätstheorie bezeichnet und in folgender Weise charakterisiert: „Dans le système dont je propose l'adoption, tous les corps sont considérés comme des molécules uniques, dont les atomes sont disposés dans un ordre déterminé que les réactions chimiques n'indiquent que d'une manière relative." Da er inzwischen auch die Ansicht, daß die Moleküle der Elemente aus Atomen bestehen, angenommen hatte, fügte er hinzu: „Nous considérons tout corps simple ou composé comme un édifice, comme un système unique formé par un assemblage d'atomes. Ce système s'appelle la molécule d'un corps."

In einer Abhandlung über Klassifikation hatte Gerhardt 1842 die Behauptung aufgestellt[3]), daß die Zahl der Wasserstoffäquivalente in den stickstoffreien organischen Substanzen eine paare sein müsse, wenn sie aber stickstoffhaltig sind, so könne der Wasserstoff in ungrader Anzahl von Äquivalenten vorhanden sein. Laurent hat dann 1845 dies zu einer Regel, die er als loi des nombres pairs bezeichnete, ausgebildet[4]). „Dans toute substance organique la somme des atomes de l'hydrogène, de l'azote, du phosphore, de l'arsenic, des métaux et des corps halogènes doit être un nombre pair." Welchen Wert er dieser Gesetzmäßigkeit beilegte, zeigt folgen-

---

[1]) Précis II, 489.
[2]) Traité 1, 127 (1853).
[3]) C. r. **15**, 498 (1842).
[4]) C. r. **20**, 850 (1845) und ausführlich A. ch. [3] **18**, 266 (1846).

der Satz: „La règle que je viens de donner, en y joignant les équivalents de M. Gerhardt rendra, je l'espère, un grand service à la chimie, puisque une analyse étant donnée, elle permettra de déterminer plus rigoureusement la formule qui y correspond." Durch Anwendung dieser Regel konnte Laurent für sehr viele Verbindungen die Formeln berichtigen. Er zeigte, daß die Formel der Hemipinsäure zu verdoppeln, daß für Morphin und die Opiansäure ein Atom Wasserstoff zu wenig, für Chinolin eins zu viel angenommen wurde. Da Wöhlers Chinonformel $C_{25}H_{16}O_8$ sich nicht mit den Gerhardtschen Atomgewichten in Einklang bringen ließ, so wies er durch neue Analysen nach, daß demselben die Zusammensetzung $C_6H_4O_2$ zukommt, die schon Woskresensky als wahrscheinlich ansah.

Auf Grund seines Gesetzes hat Laurent schon damals sich dahin ausgesprochen, daß für die Radikale, Amid, Äthyl usw., wenn es gelingen sollte, sie zu isolieren, sich verdoppelte Formeln ergeben würden. „Si l'on parvient un jour à isoler l'amide, l'ammonium, l'éthyle etc. on verra que les formules par lesquelles on représente ces corps devont être doublées." Auch später hat in vielen Fällen das Gesetz der paaren Atomzahlen bei Aufstellung der Formeln gute Dienste geleistet, obwohl es sich damals theoretisch noch nicht begründen ließ, sondern ihre Aufstellung nur einem glücklichen chemischen Gefühl, einer gewissen Vorahnung der Theorie der Wertigkeit der Elemente, verdankte. So war Laurent auch zu der Ansicht gekommen, daß alle Elemente in zwei Klassen zu teilen sind. Diejenigen, welche in ihrer Gesamtheit in organischen Verbindungen in einer graden Zahl vorhanden sind, wie Wasserstoff, Chlor, Brom, Stickstoff, Phosphor, Arsenik, Bor und die Metalle bezeichnete er als Dyades; sie entsprechen den Elementen mit ungraden Valenzen. Diejenigen, welche, wie Sauerstoff, Schwefel, Selen, Tellur, Kohlenstoff und Silicium, seiner Ansicht nach in beliebiger Anzahl vorhanden sein können, nennt er Monades. Letztere Klasse umfaßt also die zwei- und vierwertigen Elemente. Es bezieht sich das Gesetz der paaren Atomzahlen demnach nur auf die erste Klasse, und Laurent hat es daher auch in folgender Weise formuliert: „La somme des dyades est un nombre pair." Nachdem die Lehre von der Wertigkeit und der Verkettung der Atome in die Wissenschaft eingeführt war, ergab sich die Laurentsche Regel als Konsequenz derselben.

Siebenundzwanzigstes Kapitel.
Untersuchungen aus dem Grenzgebiet von Chemie und Physik.

Zu derselben Zeit, in der Gerhardt darauf hinwies, daß die Formeln, welche am besten mit dem chemischen Verhalten organischer Verbindungen im Einklang stehen, gleichen Gasvolumen entsprechen, gelangte Kopp[1]) auch für den flüssigen Zustand zu Gesetzmäßigkeiten. In der für die Erkenntnis von Siedepunktsregelmäßigkeiten grundlegenden Abhandlung „Über die Vorausbestimmung einiger physikalischen Eigenschaften bei mehreren Reihen organischer Verbindungen" stellte er die Regel auf[2]): „Der Siedepunkt einer Äthylverbindung liegt bei mittlerem Barometerstand um 18° höher als der der entsprechenden Methylverbindung Der Siedepunkt eines Säurehydrats liegt um 45° höher als der entsprechenden Äthylverbindung und 63° höher als der Methylverbindung." Zwei Jahre später hat er jene Regel verallgemeinert und gestützt auf ein größeres Beobachtungsmaterial die Siedepunktsdifferenz zu 19° angenommen[3]). „Es sei höchst wahrscheinlich, daß, wenn aus einer gewissen Verbindung durch Zutritt von C_2H_4 (d. h. CH_2 nach unseren Atomgewichten) eine andere analoge wird, der Siedepunkt stets um 19° steigt."

Zu derselben Zeit hat H. Schröder in einer Abhandlung[4]) „Die Siedehitze der chemischen Verbindungen, das wesentlichste Kennzeichen zur Ermittlung ihrer Komponenten", zu beweisen gesucht, „daß die so häufigen Siedepunktsdifferenzen bei Körpern, welche sich um die gleichen Elemente in ihrer Formel unterscheiden, auf die Siedepunktseinflüsse gewisser Komponenten oder Elementenkomplexen sich zurückführen lassen." Während Kopp die berechneten Siedepunkte auf empirische Formeln bezog, legte Schröder seinen Berechnungen rationelle Formeln zu Grunde. Daher haben die beiden Gelehrten die Frage, ob bei analogen Verbindungen die Isomeren denselben Siedepunkt haben müssen, verschieden beantwortet. Kopp

---

[1]) Hermann Kopp (1817—1892), zu Hanau geboren, war ein Altersgenosse von Gerhardt und Hofmann. Seit Anfang seiner Forschertätigkeit hat er sich dem Grenzgebiet zwischen Chemie und Physik zugewandt und auch schon als junger Dozent mit der Abfassung seiner hervorragenden historischen Werke begonnen. Nachdem er in Heidelberg und Marburg studiert hatte, habilitierte er sich an der Universität Gießen, wurde 1843 an derselben außerordentlicher und darauf ordentlicher Professor. 1864 folgte er einem Ruf nach Heidelberg, wo er bis zu seinem Tode wirkte. Unmittelbar nach seinem Hinscheiden hielt A. W. Hofmann eine schöne Gedenkrede auf ihn. B. **25**, 505 (1892).

[2]) A. **41**, 79 (1842).

[3]) A. **50**, 130 (1844).

[4]) P. **62**, 184 und 337 (1844). Ein Resümee der betreffenden Ansichten hat Schröder P. **79**, 34 (1850) veröffentlicht.

bejahte sie und nahm an, daß die beobachteten Verschiedenheiten auf Ungenauigkeit der Versuche beruhen. Schröder erklärte aber, daß diese Übereinstimmung nicht notwendig sei und berief sich namentlich auf die Verschiedenheit der Siedepunkte von valeriansaurem Äthyl und essigsaurem Amyl. Die Annahmen, von denen er bei seinen Berechnungen ausging, schienen jedoch den Chemikern damals zu willkürlich.

In einem sehr klaren Bericht über die Veröffentlichungen von Kopp und von Schröder sagte Marignac[1]), daß die von denselben über die Siedepunkte sowie die spezifischen Gewichte aufgestellten Regeln nicht als Gesetze, sondern nur als „formules empiriques approximatives, applicables dans certains cas et pas dans d'autres", bezeichnen dürfe. Doch erkennt er den Wert jener Arbeiten an: „Ces savants ont excité par là l'attention des chimistes et ont attiré leur intérêt sur des propriétés qui ont été regardées auparavant comme isolées et peu importantes."

Wesentlich waren es Kopps Abhandlungen, welche die Chemiker veranlaßten, den Siedepunktsbestimmungen mehr Sorgfalt zu widmen wie früher. Daraus ergab sich, daß einerseits die Tatsachen, die zu Gunsten seiner Sätze sprachen, anderseits aber auch die Ausnahmen sich vermehrten. Um diesen Gegenstand einer Revision zu unterziehen, führte er eine größere Zahl von Bestimmungen aus[2]) und gelangte, gestützt auf ein umfangreiches Beobachtungsmaterial, 1855 zu folgender Schlußfolgerung: „Bei homologen Verbindungen, welche derselben Reihe angehören, zeigt sich im Allgemeinen die Siedepunktsdifferenz der Zusammensetzungsdifferenz proportional. Die Siedepunktsdifferenz, welche der Zusammensetzungsdifferenz C_2H_2 entspricht, ist in sehr vielen Verbindungsreihen gleichgroß und $= 19°$ zu setzen. Diese Siedepunktsdifferenz zeigt sich aber, wenn alle Siedepunkte für den gewöhnlichen mittleren Luftdruck verglichen werden, nicht bei allen Reihen; sie ist bei einzelnen größer, bei anderen kleiner."

Erst nach der Entwicklung der Strukturformeln und nach Auffindung zahlreicher neuer Isomeren ergab es sich, daß die Höhe der Siedepunkte nicht nur von der Bruttoformel, sondern in hohem Maße auch von der Konstitution der Verbindungen abhängig ist. Aus den vielen interessanten Beziehungen zwischen Konstitution und Siedepunkt folgte also, daß in dem Versuch von Schröder bei der Berechnung der Siedepunkte bis auf die Komponenten zurückzugehen, ein gesunder Kern vorhanden war. Doch war es auch später nicht möglich, zu bestimmten Gesetzmäßigkeiten zu gelangen. Die empiri-

[1]) Arch. phys. nat. **1**, 137 (1846).
[2]) A. **96**, 1 (1855).

schen Regelmäßigkeiten haben aber häufig bei Untersuchungen gute Dienste geleistet. Für diejenigen, die sich für dieses Gebiet interessieren, mag auf den von A. Naumann bearbeiteten und 1877 erschienenen ersten Band von Gmelin-Krauts Handbuch (S. 552) oder auf die ausführliche Zusammenstellung der Literatur im Handwörterbuch der Chemie (2. Auflage 6, S. 653 [1898]) hingewiesen sein.

In den auf den vorhergehenden Seiten besprochenen Abhandlungen haben Kopp und Schröder auch die Beziehungen zwischen der Zusammensetzung organischer Verbindungen und dem spezifischen Volum im flüssigen Zustand besprochen. Auch hierbei hat Kopp das Verdienst derartige Untersuchungen zuerst angeregt zu haben. Da deren Bedeutung aber wesentlich dem Gebiet der physikalischen Chemie angehört, so sei hier nur angegeben, daß Kopp 1855 die von 1842—1855 erhaltenen Resultate über das Molekularvolumen zusammenstellte und dann 33 Jahre später seine Arbeiten und die anderer Chemiker in einer umfangreichen Abhandlung einer vergleichenden Besprechung unterzogen hat.[1])

Von hervorragender Bedeutung für die Entwicklung der Wissenschaft wurde wenn auch nicht bei ihrem Erscheinen so doch später, die im Jahre 1850 von Wilhelmy[2]) veröffentlichte Abhandlung[3]) „Über das Gesetz, nach welchem die Einwirkung der Säuren auf den Zucker stattfindet". Als Zweck seiner Untersuchung gab er folgendes an: „Da man mit Hilfe eines Polarisationsapparats mit großer Leichtigkeit und Sicherheit der Ablesung in jedem Augenblick bestimmen kann, wie weit die Umwandlung vorgeschritten ist, so schien mir hierdurch die Möglichkeit gegeben, die Gesetze des in Rede stehenden Vorgangs zu ermitteln." Von der Annahme ausgehend, daß in der Zeiteinheit stets der gleiche Bruchteil der eben vorhandenen Zuckermenge umgewandelt wird, entwickelte er den Verlauf mathematisch und gelangte zu einer Formel, die mit den vielen von ihm gemachten Beobachtungen in vorzüglicher Übereinstimmung stand. So ist es ihm als erster gelungen, Gesetze aufzufinden, nach denen chemische Vorgänge zeitlich verlaufen.

Am Schluß der Abhandlung sagte er: „Ich muß es den Chemikern überlassen, wenn diese anders meiner Arbeit einige Aufmerksamkeit schenken, zu entscheiden, ob und wie weit die gefundenen Formeln für andere chemische Vorgänge Anwendung finden; jedenfalls scheinen mir doch alle diejenigen, deren Eintreten man der Wirksamkeit einer

---

[1]) A. **250**, 1 (1888).
[2]) Ludwig Wilhelmy, 1812 zu Stargard geboren und 1864 gestorben, war anfangs Pharmazeut, verkaufte aber 1843 seine ererbte Apotheke, um sich ganz der wissenschaftlichen Tätigkeit zu widmen. Von 1849—1854 lebte er als Privatdozent der Physik in Heidelberg und dann als Privatgelehrter in Berlin.
[3]) P. **81**, 413 und 499 (1850).

katalytischen Kraft zuschreibt, hierher zu gehören." Seine Arbeit ist aber damals nicht beachtet worden; sie war ihrer Zeit zu sehr vorangeeilt, so daß das von ihm behandelte Problem den Chemikern noch zu fern lag. Erst 34 Jahre später hat W. Ostwald in einer Abhandlung[1]) „Studien zur chemischen Dynamik" auf ihre Bedeutung hingewiesen. Von da an hat Wilhelmys Arbeit bahnbrechend gewirkt; sie wurde mustergültig für ähnliche Untersuchungen und eines der klassischen Beispiele für die Ermittlung von Reaktionsgeschwindigkeiten.

Achtundzwanzigstes Kapitel.
Amine und Teerbasen.

Im Laufe der vierziger Jahre entwickelte sich, infolge der Arbeiten von zweien der oben genannten jungen Forscher, die Chemie derjenigen Basen, die zu den Alkoholen in derselben Beziehung stehen wie die Amide zu den Säuren. Es sollen hier zuerst einige Notizen über den Lebenslauf dieser beiden Chemiker eingeschaltet werden.

August Wilhelm Hofmann, geboren zu Gießen am 8. April 1818, wollte anfangs neuere Sprachen studieren. Da dies seinem Vater, dem damaligen Universitätsbaumeister, zu aussichtslos erschien, so ließ er sich in der juristischen Fakultät immatrikulieren, wandte aber bald sein Interesse den Naturwissenschaften zu und trat in Liebigs Laboratorium ein, dessen Assistent er 1843 wurde. Er habilitierte sich in Bonn, hielt aber daselbst nur im Sommersemester 1845 Vorlesungen, da er schon im Herbst dieses Jahres einem Ruf an das College of Chemistry in London Folge leistete. In dieser Stadt entfaltete er eine außerordentlich erfolgreiche Tätigkeit, bis er 1865 Nachfolger von Mitscherlich an der Berliner Universität wurde. Auch in dieser Stellung hat er ebenso unermüdlich und fruchtbringend bis zu seinem am 5. Mai 1892 erfolgten Tod gewirkt. In einem ausführlichen Nachruf hat Volhard das Leben des hervorragenden Chemikers geschildert und E. Fischer eine außerordentlich interessante Beurteilung der wissenschaftlichen Arbeiten veröffentlicht[2]).

Adolf Würtz, am 26. November 1817 in Straßburg geboren, war der Sohn eines Predigers; auch der Großvater mütterlicherseits gehörte demselben Stande an. Bei ihm entwickelte sich aber schon frühe das Interesse zu den Naturwissenschaften. Um zu einer sicheren Lebensstellung zu gelangen, entschloß er sich, Medizin zu studieren, beschäftigte sich aber mit solcher Vorliebe mit Chemie und Physik, daß er während seiner Studienzeit zum aide préparateur de chimie

---

[1]) J. p. [2] **29**, 385 (1884).
[2]) B., Sonderheft 1902.

ernannt wurde. Ehe er das Studium der Medizin vollendet hatte, verbrachte er das Sommersemester 1842 in Gießen und arbeitete in Liebigs Laboratorium über unterphosphorige Säuren. In Straßburg promovierte er als Mediziner und ging dann 1844 nach Paris, wo er zuerst bei Balard, dann bei Dumas arbeitete und 1850 mit Verdeil und Dollfus eine Chemieschule gründete, die aber wegen zu großer Kosten nur kurze Zeit bestand. 1851 Professor an dem agronomischen Institut, wurde er 1853 Nachfolger von Dumas an der Ecole de Médicine, wo er sein berühmtes Forscherlaboratorium schuf, dessen Leitung er auch noch beibehielt, als ihm 1876 der Lehrstuhl der organischen Chemie an der Sorbonne übertragen wurde. In ausführlicher und interessanter Weise hat A. W. Hofmann das Leben seines Altersgenossen zugleich mit der Umwelt, in der Würtz aufgewachsen war und später lebte, beschrieben[1]).

Ehe diese beiden Forscher zu ihren Entdeckungen über organische Basen gelangten, war aus der Gruppe der später Amine genannten Körper nur das Anilin bekannt. In dem Artikel über organische Basen im Handwörterbuch der Chemie hat Liebig 1842 aber schon in prophetischer Weise die Idee entwickelt, daß es Verbindungen geben müsse, die aus den Alkoholradikalen und Amid (Ad = N_2H_4) bestehen. Die betreffende Stelle lautet: „Wenn wir imstande wären, den Sauerstoff in dem Äthyl- und Methyloxyd, in den Oxyden von zwei basischen Radikalen, zu vertreten durch 1 Äquivalent Amid, so würden wir ohne den geringsten Zweifel Verbindungen haben, die sich ganz dem Ammoniak ähnlich verhalten würden. In einer Formel ausgedrückt, würde also eine Verbindung

$$C_4H_{10} + N_2H_4 = Ae + Ad\ ^2)$$

basische Eigenschaften besitzen. Es ist nun neuerdings von Fritzsche das von Unverdorben entdeckte Krystallin, das alle Eigenschaften des Ammoniaks, als Salzbase betrachtet, besitzt, untersucht worden; seine Formel ist $C_{12}H_{14}N_2$, und es ist leicht möglich, daß es die Amidverbindung eines dem Äthyl ähnlichen Radikals $C_{12}H_{10}$ + Ad darstellt."

Diese Ansicht hat dann Hofmann 1843 in seiner ersten Arbeit, die den Ausgangspunkt eines großen Teils seiner hervorragenden Untersuchungen bildet, adoptiert. Zu dieser Arbeit hat, wie er später mitteilte[3]), folgender Umstand die Veranlassung gegeben. Liebig hatte von seinem früheren Schüler Ernst Sell, der einige Zeit in Reichenbachs Kohlenwerken in Mähren gearbeitet und dann in

---

[1]) B. **20**, 815 R.
[2]) Nach unseren Atomgewichten $C_2H_5 \cdot NH_2$.
[3]) Im Nachruf auf Peter Grieß, B. **24**, N. 1019 (1891).

Offenbach a. M. eine Teerdestillation gegründet hatte, eine Flasche Teeröl erhalten und dessen Untersuchung an Hofmann übergeben. Diesem gelang es, Runges Kyanol darin nachzuweisen. Um sich eine genügende Menge desselben zu verschaffen, hatte er in der Offenbacher Fabrik 500—600 kg der durch Destillation des Teers erhaltenen schweren Öle mit Salzsäure ausgezogen und aus den Lösungen 2 kg roher Basen erhalten, die er als wertvolles Material mit nach Gießen nahm. Aus demselben erhielt er sowohl reines Kyanol wie reines Leukol. Seine Resultate hat er unter dem Titel ,,Chemische Untersuchungen der Basen im Steinkohlenteeröl" veröffentlicht[1]).

Von dem Kyanol wies er nach, daß es mit Fritzsches Anilin und daher auch mit Krystallin und mit der von Zinin durch Reduktion von Nitrobenzol erhaltenen Base identisch ist. Anschließend an die Beschreibung seiner experimentellen Resultate, hat er auf die Beziehungen zwischen Anilin und Phenol hingewiesen. ,,Das gleichzeitige Auftreten des Kyanols und der Karbolsäure unter den Destillationsprodukten der Steinkohle, sowie die ähnliche Erzeugung von Chlorphenissäure, Chlorphenussäure und Picrinsäuresalpeter aus beiden Körpern führte mich auf die Idee, eine Beziehung zwischen denselben aufzusuchen. Diese Beziehung ergibt sich auf den ersten Blick bei einer Vergleichung der beiden Formeln. Wenn man mit Laurent die Carbolsäure als das Hydrat eines organischen Radikals $C_{12}H_{10}$ ansieht, so läßt sich das Kyanol als die Amidverbindung desselben betrachten und man erhält:

Karbolsäure $C_{12}H_{10}$, $O + H_2O$ Phenoxydhydrat
Kyanol $C_{12}H_{10} + N_2H_4$ Phenamid."

Hofmann hat auch angegeben, daß er schon versucht habe, das Phenol in Anilin überzuführen, ihm dies aber nicht gelungen sei. Einige Jahre später zeigte Hunt[2]), daß sich die Umwandlung in entgegengesetztem Sinne, d. h. die Bildung von Phenol aus Anilin, verwirklichen läßt, wenn man das salzsaure Anilin mit salpetrigsaurem Silber behandelt. Hofmann gab bei einer Wiederholung des Versuchs an, daß man hierbei das Silbersalz zweckmäßig durch salpetrigsaures Kali ersetzen kann.

In seiner ersten Abhandlung hatte er die Frage, welcher von den verschiedenen Namen für jene Teerbase zu wählen sei, erörtert. ,,Es dürfte vielleicht der alte, von einer sehr charakteristischen Eigenschaft dieses Körpers abgeleitete Name Krystallin beizubehalten sein, bis es gelingt, den wissenschaftlichen Namen Phenamid durch ein Experiment zu ergründen." Berzelius sprach sich aber für

[1]) A. **47**, 37 (1843).
[2]) Sill. Am. J. [2] **8**, 372 (1849).

Anilin aus, ,,da kein Grund vorhanden sei, einem Körper den Namen von einer Eigenschaft zu geben, die den meisten Körpern angehört." Von da an wurde allgemein die Bezeichnung Anilin benutzt.

Im Zusammenhang mit jener Untersuchung steht Hofmanns Arbeit[1]): ,,Metamorphosen des Indigos. Erzeugung organischer Basen, welche Chlor und Brom enthalten", deren Bedeutung für die Substitutionstheorie schon im achtzehnten Kapitel erwähnt wurde, und die er unternommen hatte, um eine Lücke in dieser Theorie auszufüllen. ,,Bis jetzt ist das Substitutionsgesetz in einer großen und wichtigen Klasse von Verbindungen unrepräsentiert geblieben. Es ist mir keine organische Basis bekannt, in welcher der Wasserstoff in dem oben angegebenen Sinn durch Chlor ersetzt ist." Da er bei Einwirkung von Chlor auf Anilin gechlorte Phenole erhielt und da das von Fritzsche aus Anilin dargestellte Bromanilid (Tribromanilin) nichtbasisch ist, so nahm Hofmann an, daß die Einwirkung des Chlors oder Broms zu weit gegangen sei, und suchte daher nach einer neuen Methode. Die Beobachtung, daß beim Schmelzen des Isatins mit Ätzkali Anilin entsteht, benutzend, erhielt er aus Chlorisatin ein Chloranilin, welches mit Säuren gut krystallisierende Salze bildet. Dagegen hat das aus diesem dargestellte Trichloranilin nicht mehr die Eigenschaft, sich mit Säuren zu verbinden. Ähnliche Beobachtungen ergaben sich bei den Bromderivaten, und so gelangte er zu der Folgerung[2]), ,,daß Chlor oder Brom unter Umständen die Rolle des Wasserstoffs in einer organischen Verbindung zu übernehmen vermögen", fügte aber einschränkend hinzu, ,,daß das Chlor in den Verbindungen, in welchen es den Wasserstoff ersetzt, seinen ursprünglichen elektronegativen Charakter mit hineinnimmt und daß dieser Charakter sich der Verbindung selbst in dem Verhältnis mehr aufdrückt, als sich die Anzahl der durch Chlor oder Brom vertretenen Wasserstoffäquivalente vermehrt. In dem Tribromanilin endlich haben sich die elektronegativen Eigenschaften der eingetretenen Bromäquivalente mit dem elektropositiven Charakter, welcher dem ursprünglichen System angehört, ins Gleichgewicht gesetzt."

Auch hat er später darauf hingewiesen, daß durch Eintritt von Chlor oder Brom ins Phenol dessen Charakter verändert und es im Tribromphenol zur starken Säure geworden ist[3]). Muspratt und Hofmann[4]) zeigten, daß auch das von ihnen durch Reduktion des Dinitrobenzols erhaltene Nitroanilin mit Säure krystallisierbare Salze liefert, jedoch eine wesentlich schwächere Base wie Anilin ist. Das

---

[1]) A. 53, 1 (1845).
[2]) S. 54 und 55.
[3]) A. 74, 148 (1850).
[4]) Gelesen vor der Chemical Soc. Dezember 1845. A. 57, 201 (1846).

zu dieser Arbeit notwendige Dinitrobenzol haben diese beiden Chemiker nicht wie Deville durch anhaltende Einwirkung von rauchender Salpetersäure auf Nitrobenzol, sondern mit Hilfe eines Gemisches von Salpetersäure und konzentrierter Schwefelsäure dargestellt. Es ist dies die erste Angabe über die später so wichtig gewordene Anwendung der Salpeterschwefelsäure zum Nitrieren. Schönbein hat, wie S. 124 erwähnt, ziemlich gleichzeitig ein derartiges Gemisch auf organische Substanzen einwirken lassen, doch wurde dies erst später bekannt.

Im Laufe seiner Untersuchungen über Anilin hat Hofmann auch die Frage nach der Konstitution der organischen Basen ausführlich erörtert[1]) und angenommen, daß die Berzeliussche Ansicht, nach der dieselben gepaarte Ammoniakverbindungen sind, „als in hohem Grade wahrscheinlich" anzusehen ist, obwohl wir, wie er erwähnt, nicht imstande sind, das Ammoniak aus diesen Verbindungen abzuscheiden. Er nahm damals für Anilin die Formel

$$NH_3, (C_{12}H_4)$$

an, kehrte aber bald darauf infolge der Entdeckung von Methyl- und Äthylamin zu seiner ursprünglichen Ansicht zurück.

Wie Würtz der Akademie im Februar 1849 mitteilte[2]), entstehen bei Einwirkung von Ätzkali auf die Methyl- und Äthylester der Cyansäure oder der Cyanursäure Basen, deren Zusammensetzung den Formeln C_2H_5N und C_4H_7N (C = 6) entsprechen und deren Konstitution er folgendermaßen erklärte: „Les combinaisons C^2H^5N et C^4H^7N peuvent être envisagées comme l'éther méthylique C^2H^3O et l'éther ordinaire C^4H^5O dans lesquels l'équivalent d'oxygène serait remplacé par 1 éq. d'amidogène NH^2 ou comme de l'ammoniaque dans lequel 1 éq. d'hydrogène est remplacé par du méthylium C^2H^3 ou de l'éthylium C^4H^5 :

$NH^2 \cdot C^2H^3$ méthylamide, $NH^2 \cdot C^4H^5$ éthylamide."

So waren jetzt die Basen entdeckt, deren Existenz Liebig als wahrscheinlich angenommen hatte. In einer zweiten Mitteilung[3]) über diese neuen gasförmigen Substanzen beschrieb sie Würtz als méthylamine und éthylamine. Von da an bürgerte sich für alle analogen Basen die Bezeichnung Amine ein. Hofmann, der sofort die Bedeutung jener Entdeckung voll erkannte, unternahm die Untersuchung der Einwirkung von Äthylbromid auf Anilin, und nachdem er gefunden hatte, daß dabei sowohl Äthylanilin wie Diäthylanilin

---

[1]) A. **67**, 166 (1849).
[2]) C. r. **28**, 233 (1849).
[3]) C. r. **29**, 169 (1849).

entsteht, nahm er jetzt in einer Mitteilung an die Pariser Akademie[1]) für Anilin die Formel $(C_{12}H_5)H_2N$ an: „De cette manière l'aniline rentrait dans la série des bases qui ont été découvertes par M. Würtz." Auch hat er in dieser Mitteilung aus dem Jahre 1849 schon erwähnt, daß sich mittels Äthylbromid im Ammoniak die Wasserstoffatome Äquivalent für Äquivalent durch Äthyl ersetzen lassen. Ausführlich hat er dann 1850 die Körper, die aus Anilin und Ammoniak bei Einwirkung der Bromüre des Methyls, Äthyls und Amyls entstehen, beschrieben[2]). Bei der Erörterung der Konstitution bezeichnet er das Ammoniak als „Typus", von dem sich alle diese Verbindungen in folgender Weise ableiten:

$$\left.\begin{array}{l}H\\H\\H\end{array}\right\}N \text{ Ammoniak,} \qquad \left.\begin{array}{l}H\\X\\Y\end{array}\right\}N \text{ zweite Reihe Imidbasen,}$$

$$\left.\begin{array}{l}H\\H\\X\end{array}\right\}N \text{ erste Reihe Amidbasen,} \qquad \left.\begin{array}{l}X\\Y\\Z\end{array}\right\} \text{ dritte Reihe Nitrilbasen.}$$

Er hat dann auch die Frage, „ob die verschiedenen Wasserstoffäquivalente im Ammoniak gleichen Wert besäßen," experimentell behandelt. Er führte ins Anilin zuerst Äthyl und dann Amyl ein und darauf in umgekehrter Reihenfolge erst Amyl und dann Äthyl. Es ergab sich, daß die so erhaltenen Nitrilbasen vollkommen identisch sind.

Hofmann hatte, wie er auf S. 193 angibt, Bromäthyl auf Diäthylanilin einwirken lassen, „obwohl die Möglichkeit einer weiteren Einwirkung beinahe ausgeschlossen schien. Allein es würde ein völliges Abkommen von dem Wesen induktiver Forschung gewesen sein, hätte ich mich nicht bestrebt, diese Frage durch direkte Versuche zu erledigen". Er fand, daß das Diäthylanilin fast vollständig unverändert blieb und, als er den Versuch mit Triäthylamin anstellte, waren neben unveränderter Base nur eine zu einer Untersuchung ungenügende Menge einer krystallinischen Substanz entstanden. Jetzt kam er infolge eines glücklichen Zufalls dazu, an Stelle von Äthylbromid das damals noch kaum in der organischen Chemie als Reagens benutzte Jodäthyl[3]) anzuwenden. Wie E. Fischer[4]) in dem Nekrolog auf Hofmann angegeben hat, erhielt dieser von einem Apotheker, der Jodäthyl für Versuche über die schlafbringende Wirkung organischer Halogenderivate dargestellt hatte, ein Fläschchen dieser kostbaren Substanz.

---

[1]) C. r. **29**, 184 (1849).
[2]) A. **74**, 117 (1850).
[3]) Nur Frankland hatte das 1814 von Gay-Lussac entdeckte Jodäthyl 1849 als Reagens benutzt. Siehe S. 155.
[4]) B., Sonderheft 1902, 215.

Bald darauf teilte Hofmann[1]) mit, „daß das gewünschte Resultat fast augenblicklich eintrat, wenn man sich statt des Bromäthyls des Jodäthyls bediente". Er erhielt das Jodid des Tetraäthylammoniums in Form weißer Krystalle, deren Bildung „einfach durch direkte Verbindung des Triäthylamins mit Jodäthyl erfolgt:

$$C_{12}H_{15}N + C_4H_5J = C_{16}H_{20}NJ$$
Triäthylamin.   Jodäthyl.   Neue Verbindung

In völligem Einklang mit obiger Formel steht das Verhalten der Krystalle unter dem Einfluß der Wärme. Beim raschen Erhitzen schmelzen sie und zerlegen sich unter Rückbildung von Triäthylamin und Jodäthyl, welche in gesonderten Schichten überdestillieren, sich aber schnell wieder in die ursprüngliche Substanz verwandeln." Aus dem Studium derselben hat er dann folgende Ansicht über ihre Konstitution hergeleitet: „Diese Reaktionen, in ihrer Gesamtheit aufgefaßt, zeigen uns eine auffallende Analogie der neuen Verbindung mit den metallischen Jodiden, besonders mit denen der Alkalimetalle. In der Tat verhält sich die in dem fraglichen Körper mit Jod verbundene Molekulargruppe genau wie Kalium oder Natrium; sie ist in jeder Beziehung ein organisches Metall. Für dieses Metall schlage ich, mit Bezugnahme auf seine Bildung und Zusammensetzung, den Namen Teträthylammonium vor, welcher andeuten soll, daß es sich als Ammonium betrachten läßt, in welchem sämtliche Wasserstoffäquivalente durch eine entsprechende Anzahl von Äthyläquivalenten vertreten sind." Durch Einwirken von Silberoxyd auf das Jodid erhielt Hofmann die dem Kalihydrat analoge starke Base, die er als Teträthylammoniumoxydhydrat bezeichnete:

$$\left.\begin{array}{l} C_4H_5 \\ C_4H_5 \\ C_4H_5 \\ C_4H_5 \end{array}\right\} NO, HO.$$

Außer den Äthylderivaten hat er in den zitierten Abhandlungen auch eine Reihe von Aminen und Ammoniumverbindungen der Methyl- und Amylreihe beschrieben und in einer „Übersicht der Alkohol-Basen" ihre Formeln, wie früher, auf den Typus Ammoniak bezogen und dann in der Fortsetzung der Abhandlung[2]) die Frage aufgeworfen, „inwieweit die vorstehenden Untersuchungen mit den hergebrachten Ansichten über die Konstitution der Ammoniaksalze stimmen". Diese beantwortete er durch die Darlegung, daß das Verhalten des Teträthylammoniums zugunsten der von Ampère erdachten und von Berzelius weiter ausgeführten Ammoniumtheorie

---
[1]) A. **78**, 257 (1851).
[2]) A. **79**, 31 (1851).

spricht. „In der Vereinigung des Triäthylamins mit Jodäthyl können wir kaum zweifeln, daß das Äthyl wirklich das Jod verläßt, um sich inniger mit dem Triäthylamin zu verbinden, denn wir finden das erhaltene Jodid befähigt, sein Jod gegen Sauerstoff auszutauschen, ohne daß das neugebildete Oxyd augenblicklich wieder zerlegt wird, wie das Ammoniumoxyd." Er fügte S. 37 hinzu: „Es würde inkonsequent sein, noch ferner von chlorwasserstoffsaurem Äthylamin oder bromwasserstoffsaurem Diäthylamin zu sprechen, diese Verbindungen müßten fortan Äthylammoniumchlorid und Diäthylammoniumchlorid heißen."

Die Entdeckung der Amine lieferte auch den Nachweis daß an Stickstoff gebundenes Methyl in einigen Naturprodukten vorkommt. Würtz teilte 1849 mit, daß das von Rochleder kurze Zeit vorher aus dem Coffein erhaltene Formylin C_2H_4N ein Atom Wasserstoff mehr enthält und mit Methylamin identisch ist. Hofmann machte 1852 die Beobachtung, daß die von Wertheim 1851 aus Heringslake isolierte Base sich mit Jodmethyl zu Tetramethylammoniumjodid verbindet, also nicht, wie dieser annahm, als Propylamin sondern als Trimethylamin angesehen werden muß.

Drei Jahre nach Hofmanns erster Mitteilung über Anilin machte Anderson[1]) die interessante Entdeckung, daß im Steinkohlenteer eine Base vorkommt, welche dieselbe Zusammensetzung wie Anilin besitzt, sich aber wesentlich von diesem unterscheidet.[2]) Da er sie aus dem Teer erhalten hatte, nannte er sie Picolin. Die Eigenschaften derselben, die an das von Unverdorben aus dem Dippelschen Öl isolierten Odorin erinnerten, veranlaßten Anderson, die bei der trockenen Destillation der Knochen entstehenden Basen einer eingehenden Untersuchung zu unterwerfen. Er gelangte im Laufe der Jahre 1851—1854 zur Entdeckung von Pyridin, Lutidin und Collidin und zeigte, daß diese zusammen mit Picolin einer interessanten, mit dem Pyridin beginnenden homologen Reihe angehören, deren Glieder nach dem Verhalten gegen Äthyljodid zu den Nitrilbasen zu zählen sind. Zugleich sprach er auch in zutreffender Weise aus, daß sie eine neue Klasse basischer Verbindungen bilden.[3]) „Taking into account all the circumstances connected with them, my impression is that pyridine and its homologues belong to a class of bases of which we have as yet no other examples."

Nachdem er verschiedene rationelle Formeln für Pyridin in Betracht gezogen hatte, nahm er als wahrscheinlich an, daß ein drei-

---

[1]) Thomas Anderson (1819—1874), zu Leith geboren, war ein Schüler Liebigs und wurde Professor der Chemie in Glasgow.
[2]) A. **60**, 86 (1846).
[3]) Trans. Edinb. **21**, 231 (1854); A. **94**, 358.

wertiges Radikal die drei Wasserstoffatome im Ammoniak ersetzt; „in pyridine the tribasic radical $C_{10}H_5$ (C_5H_5 für $C = 12$) replaces three atoms of hydrogen in ammonia". Diese Auffassung entspricht der später für diese Base aufgestellten Ringformel. Daß das Pyridin im Steinkohlenteer vorkommt, hat Williams 1855 nachgewiesen.

Anderson hat auch das Rungesche Pyrrol im Knochenöl aufgefunden und genauer untersucht.[1]) Auf Grund seiner Analysen und Dampfdichtebestimmungen hat er die richtige Zusammensetzung C_8H_5N [2]) ermittelt. Seinen gründlichen Untersuchungen „Über die Produkte der trockenen Destillation tierischer Materien" verdanken wir daher die genauere Kenntnis einer Reihe von Körpern, die später als Muttersubstanzen wichtiger ringförmiger Verbindungen von großer Bedeutung wurden. Hier sei noch erwähnt, daß 1860 Schwanert das Pyrrol bei der Destillation von schleimsaurem Ammoniak erhielt. Die Konstitutionsermittlung dieser Verbindungen ist im Anschluß an die des Indols erfolgt. (Siehe S. 322.)

Neunundzwanzigstes Kapitel.
Die zweite Ära der Synthese.

Anderthalb Jahrzehnte waren verflossen, ohne daß neue Synthesen die im dreizehnten Kapitel erwähnten vervollständigten. Durch Hermann Kolbe wurde dann Mitte der vierziger Jahre eine neue Epoche auf diesem Arbeitsgebiet eröffnet. Dieser am 27. September 1818 zu Ellihausen bei Göttingen geborene und am 25. November 1884 gestorbene, hervorragende Chemiker war ein Schüler Wöhlers. 1842 bis Herbst 1845 war er Assistent von Bunsen in Marburg und von da an bis Frühjahr 1847 in gleicher Stellung bei Playfair in London. Nach Deutschland zurückgekehrt, arbeitete er im Sommer wieder in Marburg und lebte dann als Redakteur des Handwörterbuchs der Chemie in Braunschweig, bis er 1851 Bunsens Nachfolger in Marburg wurde. Die vierzehn Jahre, die er in Marburg zubrachte, waren die Glanzzeit seiner Forscherlaufbahn. Als er 1865 an die Universität Leipzig berufen wurde, konnte er durch den Bau des neuen großen Laboratoriums beweisen, wie vortrefflich er verstand, ein derartiges Institut einzurichten und zu organisieren. Neben seinem Unterricht war er von da an mit Vorliebe kritisch tätig. Das Journal für praktische Chemie, dessen Redaktion er 1870 übernahm, benutzte er, um die neuen Richtungen der Chemie, die Strukturtheorie und die Lehre von der Lagerung der Atome, in einer häufig nur zu heftigen Weise

---

[1]) A. **105**, 349 (1858).
[2]) C_4H_5N für $C = 12$.

zu bekämpfen. Sein Schwiegersohn E. von Meyer hat seinem Andenken einen warm geschriebenen Nachruf gewidmet.[1]) Auf Wöhlers Veranlassung hatte Kolbe eine Arbeit über die Einwirkung von Chlor auf Schwefelkohlenstoff begonnen, die er in Marburg vollendete und 1845 unter dem Titel[2]) „Beiträge zur Kenntnis der gepaarten Verbindungen" veröffentlichte. Von den aus Schwefelkohlenstoff erhaltenen Verbindungen sagte er am Anfang seiner Abhandlung: „Genetisch im genauen Zusammenhange stehend, bilden sie eine fortlaufende Kette, deren Glieder einen so raschen Übergang von den einfachsten unorganischen Stoffen zu solchen Verbindungen vermitteln, welche wir ausschließlich als der organischen Chemie angehörend zu betrachten gewohnt sind, daß es hier, wie in wenigen anderen Fällen, unmöglich wird, zwischen organisch und anorganisch eine Grenze zu ziehen." Nachdem er gefunden hatte, daß durch Chlor aus Schwefelkohlenstoff bei höherer Temperatur Chlorschwefel und Kohlensuperchlorid (d. h. Tetrachlorkohlenstoff) entsteht, untersuchte er die von Berzelius und Marcet bei der Einwirkung von feuchtem Chlor auf Schwefelkohlenstoff erhaltene krystallinische Substanz, die Gmelin als eine Verbindung von schwefliger Säure mit Kohlensuperchlorid ansah. Aus dieser erhielt Kolbe durch Behandeln mit verdünnter Kalilösung das Kaliumsalz der Trichlormethansulfonsäure, die er, entsprechend der Berzeliusschen Ansicht über Trichloressigsäure als eine gepaarte Säure auffaßte·

$HO + C_2Cl_3C_2O_3$ Chlorkohlenoxalsäure (Trichloressigsäure)
$HO + C_2Cl_3S_2O_5$ Chlorkohlenunterschwefelsäure.

Aus der letzteren erhielt er durch Ersatz des Chlors durch Wasserstoff die Säuren mit 2 und 1 Atom Chlor und schließlich die Methylunterschwefelsäure (Methansulfonsäure). Dieses Resultat veranlaßte ihn, an Stelle von Schwefelkohlenstoff das liquide Kohlenchlorid CCl (unser Tetrachloräthylen) unter Wasser im Sonnenlicht der Einwirkung von Chlor auszusetzen Neben Perchloräthan hatte sich Trichloressigsäure gebildet, und indem er letztere mit Wasserstoff im Entstehungszustand behandelte, erhielt er Essigsäure. Da nun Kolbe das zu diesem Versuch benutzte liquide Kohlenchlorid beim Durchleiten von Tetrachlorkohlenstoff durch eine glühende Röhre dargestellt hatte, so war die vollständige Synthese der Essigsäure entdeckt, deren Bedeutung er auch sofort erkannte, wie folgende Sätze beweisen:

„Faßt man die Beobachtungen über die Bildung der Chlorkohlenoxalsäure und der Essigsäure zusammen, so ergibt sich daraus die

---

[1]) J. p. [2] **30**, 417 (1884).
[2]) A. **54**, 145 (1845).

interessante Tatsache, daß die Essigsäure, welche bisher nur als Oxydationsprodukt organischer Materie bekannt gewesen ist, auch durch Synthese aus ihren Elementen fast unmittelbar zusammengesetzt werden kann. Schwefelkohlenstoff, Chlorkohlenstoff und Chlorkohlenoxalsäure sind die Glieder, welche in Verbindung mit Wasser den Übergang des Kohlenstoffs in Essigsäure vermitteln. Gelänge es einmal, die Essigsäure in Alkohol überzuführen und aus letzterem Zucker und Amylum wiederzugewinnen, so wären wir offenbar imstande, diese allgemeinen Bestandteile des Pflanzenreichs auf sogenanntem künstlichen Wege aus ihren entferntesten Bestandteilen zusammenzusetzen." Hervorzuheben ist, daß hier zum ersten Male in einer die organische Chemie betreffenden Untersuchung die Bezeichnung Synthese vorkommt.

Gerhardt hat jedoch schon kurz vorher in seinem Précis[1]) im Anschluß an den Satz, daß die Pflanzen noch allein das Geheimnis besitzen, die komplizierten Verbindungen aus ihren Verbrennungsprodukten zu rekonstruieren, von Synthese gesprochen. „Il est vrai de dire que la chimie possède un petit nombre de procédés synthétiques à l'aide desquels elle parvient à compliquer certaines molécules ou à y fixer du carbone et de l'hydrogène." Er bezieht dies auf den Übergang von Verbindungen in polymere Modifikationen und auch auf die Ätherbildung. Letztere rechnete er daher zu den „phénomènes de synthèses."

Durch die Ansicht, daß die Essigsäure eine gepaarte Säure sei, gelangte Kolbe auf S. 187 seiner Abhandlung zu dem Ausspruch: „Es ist nicht unwahrscheinlich daß wir eine große Zahl derjenigen Säuren, worin wir gegenwärtig noch aus Mangel besserer Einsichten ein hypothetisches Radikal annehmen, künftig ebenfalls als gepaarte Säuren anerkennen werden." In Gemeinschaft mit Frankland hat er daher während seines Aufenthalts in London es unternommen, die Richtigkeit dieser Ansicht zu prüfen. So gelangten Frankland und Kolbe zu der wichtigen Entdeckung, daß es mit Hilfe der Cyanverbindungen möglich ist, von den Alkoholen zu den nächst kohlenstoffreichen Säuren zu gelangen.

Folgendes sind die vorher über die als Cyanwasserstoffäther oder Säurenitrile bezeichneten Substanzen aufgefundenen Tatsachen. Pelouze[2]) hatte 1834 durch Erhitzen von weinschwefelsaurem Baryt und Cyankalium eine Flüssigkeit erhalten, die er als éther cyanhydrique beschrieb. Über das Verhalten derselben gegen Alkalien gab er nur an, daß es von denselben nur schwierig angegriffen wird. Die Ansicht, daß dabei Alkohol und ein Cyanür entstehe, hielt ihn ab, dies weiter

---

[1]) Bd. I, S. 20 und 21 (1844).
[2]) J. Pharm. **10**, 249 (1834).

zu untersuchen. Im darauffolgenden Jahre teilten Dumas und Peligot in ihrer Arbeit über Holzgeist mit, daß beim Erwärmen von Cyankalium mit Dimethylsulfat eine flüssige Substanz entsteht, die sie als cyanhydrate de méthylène bezeichneten, über die sie aber keine näheren Angaben machten. Genauer wurde dann von Fehling[1]) ein Öl $C_{14}H_5N$ untersucht, das er durch Erhitzen von benzoesaurem Ammoniak erhalten und Benzonitril genannt hatte.[2]) Es war dies die erste Darstellung einer derartigen Verbindung aus einer Säure. Auch hat er gefunden, daß dieselbe sowohl durch Einwirkung von Basen wie von Säuren wieder in Benzoesäure zurückverwandelt wird. Eine zweite sich ebenso verhaltende Substanz, das Valeronitril, hatte Schlieper 1846 durch Oxydation von Leim dargestellt.

Wie Frankland und Kolbe 1847[3]) mitteilten, waren sie infolge der Ansicht des letzteren, daß die Benzoesäure aus Oxalsäure und dem Paarling $C_{12}H_5$ bestehe, zur Annahme gelangt, daß das Benzonitril ein Cyanphenyl $= C_{12}H_5 \cdot Cy$ sei. Gestützt auf dessen Verhalten, wie der von Schlieper beobachteten Umwandlung des Valeronitrils in Baldriansäure, erschien es ihnen wahrscheinlich, daß sich der Pelouzesche Äther, den sie als Cyanäthyl bezeichneten, analog umwandeln läßt. Sie gaben dann an, daß dasselbe beim Behandeln mit einer warmen Kalilösung oder beim Destillieren mit verdünnter Schwefelsäure die von Gottlieb aus Zucker erhaltene Metacetsäure (Propionsäure) liefert und also der Versuch ihre Voraussetzung vollkommen bestätige. In ihren ausführlichen Abhandlungen[4]) teilten sie ferner mit, daß sie in gleicher Weise aus Cyanmethyl Essigsäure und aus Cyanamyl Capronsäure dargestellt haben. Die drei zu ihren Versuchen benutzten Cyanüre haben sie durch Destillation von methyl-, äthyl- und amylschwefelsaurem Kali mit Cyankalium dargestellt. Diese wichtigen Synthesen bestärkten sie in der Ansicht, daß die Säuren der Essigsäurereihe sowie die Benzoesäure gepaarte Verbindungen sind. Auch die Ameisensäure bezeichneten sie als eine mit 1 Äquivalent Wasserstoff gepaarte Oxalsäure und veranschaulichten dies durch folgende Formeln:

Ameisensäure $HO + H \cdot C_2O_3$ $H \cdot Cy$ Cyanwasserstoffsäure
Essigsäure $HO + C_2H_3 \cdot C_2O_3$ $C_2H_3 \cdot Cy$ Cyanmethyl
Metacetsäure $HO + C_4H_5 \cdot C_2O_3$ $C_4H_5 \cdot Cy$ Cyanäthyl
Benzoesäure $HO + C_{12}H_5 \cdot C_2O_3$ $C_{12}H_5 \cdot Cy$ Benzoenitril

---

[1]) Hermann Fehling (1812—1885), in Lübeck geboren, hatte in Heidelberg und Gießen studiert und war Professor der Chemie in Stuttgart.
[2]) A. **49**, 91 (1844).
[3]) Phil. Mag. 1847, 266.
[4]) A. **65**. 288 (1848). Über die chemische Konstitution der Säuren.

Von ganz anderen Gesichtspunkten ausgehend hat Dumas[1]) dasselbe Gebiet bearbeitet. Bei dem Studium der Einwirkung von Phosphorsäureanhydrid auf organische Verbindungen hat er aus essigsaurem Ammoniak eine Substanz erhalten, die er als cyanhydrate de méthylène $C^2NH \cdot C^2H^2$ beschrieb und von der er nachwies, daß sie durch Kochen mit Kalilauge unter Ammoniakentwicklung in Essigsäure zurückverwandelt wird.

Die Beobachtung von Frankland und Kolbe über Cyanäthyl und die von Dumas über Cyanmethyl gehören der gleichen Zeit an. Im Jahre 1847 haben dann Dumas, Malaguti und Leblanc[2]) mitgeteilt, daß es zur Darstellung des Cyanmethyls zweckmäßiger sei, Acetamid an Stelle von essigsaurem Ammoniak anzuwenden, oder es durch Einwirkung von Dimethylsulfat auf Cyankalium zu bereiten. Aus dem Amid der Buttersäure haben diese Chemiker gleichfalls die der Säure entsprechende Cyanverbindung und aus dem Amid der Valeriansäure das Schliepersche Valeronitril erhalten. In dieser Arbeit machten sie auch den Vorschlag, den Namen Metacetsäure durch Propionsäure zu ersetzen. ,,Acide propionique, nom qui rapelle sa place dans la série des acides gras; il en est le premier."

Durch die Untersuchungen von Frankland und Kolbe sowie von Dumas und seiner Mitarbeiter wurde ein Arbeitsgebiet begründet, welches auch in der Folge wesentlich zum Ausbau der synthetischen Chemie beigetragen hat.

Bei der im Jahre 1850 entdeckten künstlichen Darstellung von Alanin und Milchsäure durch Strecker[3]) hat auch das Cyan eine Rolle gespielt. Wie dieser angibt, war es die Beobachtung, daß Aldehyd als Zersetzungsprodukt der Milchsäure auftritt, welche ihn zur Inangriffnahme seiner Arbeit[4]) veranlaßte. ,,Es erschien hiernach nicht unwahrscheinlich, daß die Milchsäure eine gepaarte Verbindung von Aldehyd und Ameisensäure sei, ähnlich wie die Mandelsäure:

$$\underset{\text{Ameisen-säure}}{C_2H_2O_4} + \underset{\text{Aldehyd}}{C_4H_4O_2} = \underset{\text{Milchsäure}}{C_6H_6O_6}$$

$$\underset{\text{Ameisen-säure}}{C_2H_2O_4} + \underset{\text{Bitter-mandelöl}}{C_{14}H_6O_2} = \underset{\text{Mandel-säure}}{C_{16}H_8O_6}\text{"} \ .$$

[1]) C. r. **25**, 383 (1847).
[2]) C. r. **25**, 442, 474 und 656 (1847).
[3]) Adolf Strecker (1822—1871), zu Darmstadt geboren, studierte in Gießen Naturwissenschaften, wurde 1842 Lehrer an der Realschule in Darmstadt, 1846 Assistent von Liebig und 1851 Professor der Chemie in Christiania. Von 1860 an wirkte er in gleicher Stellung in Tübingen und von 1869 bis zu seinem Tode in Würzburg. Mit Vorliebe beschäftigte er sich mit organischen Verbindungen, die neben dem chemischen auch ein physiologisches Interesse besitzen. Ein Nekrolog auf ihn enthalten die B. **5**, 125.
[4]) A. **75**, 27 (1850).

Er fügte dann in Übereinstimmung mit der von Liebig vierzehn Jahre früher aufgestellten Ansicht über die Bildung der letzteren hinzu: „Die Mandelsäure entsteht durch Vereinigung von Bittermandelöl mit Ameisensäure in statu nascendi. — Es schien hiernach die Möglichkeit vorhanden, bei Ersetzung des Bittermandelöls durch Aldehyd, Milchsäure zu erhalten. Der Versuch hat in der Tat der Voraussetzung entsprochen, ich habe auf diesem Wege künstlich Milchsäure dargestellt, aber nicht auf die erwartete einfache Weise, sondern auf einem Umwege, welcher mich indessen zur Entdeckung eines in verschiedener Beziehung nicht uninteressanten Körpers führte."

Daß Strecker nicht direkt Milchsäure, sondern eine Aminosäure, die er Alanin nannte, erhielt, kam daher, daß er nicht Aldehyd, sondern Aldehydammoniak mit Blausäure und Salzsäure behandelte. Das Alanin hat er darauf mittels salpetriger Säure in Milchsäure übergeführt. Aus Aldehyd direkt hat erst dreizehn Jahre später Wislicenus Milchsäure dargestellt. Daß bei dieser Bildung sowie bei der des Alanins nicht Ameisensäure es ist, durch die die Synthese bewirkt wird, sondern daß zuerst Cyanverbindungen entstehen, deren Cyan dann in Carboxyl verwandelt wird, ist erst in späterer Zeit bewiesen worden.

Dreißigstes Kapitel.
Isolierung der Alkoholradikale.

Im Anschluß an die Entdeckung des Kakodyls in freiem Zustand hatte Bunsen einige Versuche angestellt, um zu sehen, ob auf ähnliche Art die Radikale der Ätherarten sich isolieren lassen und darüber folgendes angegeben[1]: „Allein dieses Ziel dürfte keineswegs so nahe liegen, als man es nach dem Verhalten des Kakodyls erwarten sollte. Denn keine der organischen Chlorverbindungen, welche ich in dieser Beziehung geprüft habe, läßt sich bei ihrem Kochpunkte wie das Kakodylchlorür durch Metalle reduzieren. Es ist indessen nicht unmöglich, daß der Grund dieser abweichenden Erscheinung in dem geringen Temperaturintervall zu suchen ist, auf welches unsere Versuche bei dem verhältnismäßig niedrigen Kochpunkte dieser Stoffe beschränkt sind. Das Kakodyl würde sich der Beobachtung entzogen haben, wenn der Kochpunkt seiner Chlorverbindung die Temperatur von 90°, bei der die Reduktion durch Metalle beginnt, nicht überstiegt. Es würde daher von großem Interesse sein, organische Chlorüre unter dem Druck ihrer eigenen Dämpfe der Einwirkung von Metallen zu unterwerfen. — Auch beruht die Reduktion des Chlorkakodyls

---

[1] A. **42**, 45 (1842).

mit auf der Verwandtschaft der metallischen und organischen Chlorverbindungen zu einander."

Bunsen hat nach dieser Richtung seine Untersuchung nicht weiter ausgedehnt. Die Richtlinien, die in obigen Sätzen enthalten sind, blieben aber nicht ohne Nachwirkung. Sie veranlaßten Frankland und Kolbe, Versuche über Abscheidung des Äthyls aus dem Cyanäthyl anzustellen[1]), da sie „glaubten voraussetzen zu dürfen, daß das Kalium schon bei einer unter dem Kochpunkte jener Flüssigkeit liegenden Temperatur seine Verwandtschaft zum Cyan äußern würde". Sie fanden in der Tat, daß schon bei gewöhnlicher Temperatur lebhafte Einwirkung eintritt und ein Kohlenwasserstoff sich entwickelt, in dem nach Verbrennung mit Kupferoxyd und nach eudiometrischer Analyse Kohlenstoff und Wasserstoff genau im Verhältnis von $2:3$ stehen. Auch die Dichte bestätigte ihrer Ansicht nach die Formel C_2H_3 ($C = 6$). Es besitze daher „die Zusammensetzung und Konstitution des bis jetzt hypothetischen Methyls".

Um zu ermitteln, ob dasselbe sich direkt mit Chlor verbindet, vermischten die beiden Chemiker diese Gase miteinander. Im Dunkeln erfolgte keine Reaktion, im zerstreuten Licht bildete sich aber neben Chlorwasserstoff ein Gas, dessen Zusammensetzung der Formel C_4H_5Cl entsprach, ihnen aber verschieden von Äthylchlorid zu sein schien. „Wenn gleich jenes Gas in seiner Zusammensetzung, der Kondensation seiner Elemente und folglich seinem spezifischen Gewicht mit dem Chloräthyl genau übereinstimmt, so ist es nicht derselbe Körper, sondern nur eine isomere Verbindung. Denn während das Chloräthyl unter $+12°$ liquid wird, so behält jenes Gas bei $-18°$ seinen Aggregatzustand unverändert bei. Auch unterscheiden sie sich, jedoch weniger bestimmt, durch ihre verschiedene Löslichkeit in Wasser." So kamen Frankland und Kolbe zu der Ansicht, der neue Körper sei vielleicht eine gepaarte Verbindung $C_2H_3 \cdot C_2\begin{pmatrix}H_2\\Cl\end{pmatrix}$.

Der Annahme, daß das Methyl ein Radikal sei, stellte Gerhardt sofort die Ansicht entgegen, daß es als ein Homologes des Grubengases zu betrachten sei[2]): „Il est singulier cependant que ce prétendu radical ne se comporte pas comme tel. Le gaz de M. M. Frankland et Kolbe est evidemment un homologue du gaz des marais:

CH^4 Gaz des marais
C^2H^6 Nouveau gaz."

Inzwischen hatte Kolbe seine für die Elektrolyse organischer Säuren grundlegenden Untersuchungen begonnen. Wiederum von der

---

[1]) A. **65**, 269 (1848).
[2]) C. r. ch. 1849, 19.

Hypothese ausgehend, daß die Essigsäure eine gepaarte Oxalsäure sei[1]), hielt er es „nicht für unwahrscheinlich, die Elektrolyse möchte eine Spaltung derselben in ihre beiden zusammengepaarten Bestandteile etwa in der Weise bewirken, daß infolge gleichzeitiger Wasserzersetzung am positiven Pole Kohlensäure als Oxydationsprodukt der Oxalsäure, am negativen Pole eine Verbindung von Methyl mit Wasserstoff nämlich Grubengas auftreten". Zu seinen in vortrefflicher Weise ausgeführten Versuchen hat er wässerige Lösungen der Kaliumsalze von Essigsäure und von Valeriansäure benutzt, da die freien Säuren den Strom zu schlecht leiten. Die Spaltung trat in der Tat ein, wenn auch nicht genau in der erwarteten Weise. Am negativen Pole entwickelte sich außer freiem Kali nur Wasserstoff und am positiven Pole Kohlensäure und ein Gas, welches dem früher beschriebenen Methyl entsprach. Von der Annahme ausgehend, daß diese Produkte durch die Einwirkung des elektrolytisch entwickelten Sauerstoffs entstehen, stellte er folgende Gleichung auf:

$$\underset{\text{Essigsäure}}{HO \cdot (C_2H_3)C_2O_3} + O = \underset{\text{Methyl}}{C_2H_3} + 2\,CO_2 + HO\,.$$

In seinem Lehrbuch hat er 1854 ein direktes Zerfallen des essigsauren Kalis angenommen, wobei Wasser mit in Betracht kommt.

$$KO \cdot (C_2H_3)C_2O_3 + HO = C_2H_3 + CO_2 + KO \cdot CO_2 + H\,.$$

Den durch Elektrolyse von valeriansaurem Kali erhaltenen flüssigen Kohlenwasserstoff, den er Valyl nannte, betrachtete Kolbe als „das hypothetische Radikal des noch unbekannten, der Buttersäure zugehörigen Alkohols, $C_8H_9O \cdot HO$".

Kurz nach dem Erscheinen obiger Abhandlung teilte Frankland[2]) mit, daß es ihm gelungen sei das Radikal Äthyl zu isolieren. Wegen „der schwachen Verwandtschaft des Jods zu organischen Gruppen und seiner starken Wirkung auf Metalle" hat er das Jodäthyl als Ausgangsmaterial gewählt. Er hat später in seiner Selbstbiographie

---

[1]) A. **69**, 257 (1849).
[2]) Edward Frankland (1825—1899), zu Churchtown geboren, wollte anfangs Medizin studieren, da dies aber seinen Eltern zu kostspielig erschien, trat er im Alter von fünfzehn Jahren als Lehrling in eine Drogerie ein. Nach der recht mühseligen Lehrlingszeit begann er seine Studien unter Playfair, der ihm sehr bald die Stelle eines Vorlesungsassistenten übertrug. Mit Kolbe, damals erster Assistent in demselben Laboratorium, trat er in freundschaftliche Beziehungen, und nach dessen Rückkehr nach Marburg reiste er auch nach Deutschland und arbeitete im Sommersemester 1849 in Bunsens Laboratorium, dann noch kurze Zeit in Gießen. 1851 wurde er Professor am Owns College in Manchester, und 1863 kam er in gleicher Eigenschaft an die medizinische Schule in London und wurde dann 1865 Hofmanns Nachfolger. Sein Leben und seine Leistungen hat Wislicenus beschrieben (B. **33**, 3847). 1901 erschien unter dem Titel „Sketches from the Life of Edward Frankland" seine Selbstbiographie.

(S. 82) darauf hingewiesen, daß er zuerst Jodäthyl bei Untersuchungen organischer Verbindungen anwandte. ,,This is the first time that éthylic jodide was used in research, and it afterwards became, in the hands of Hofmann, Würtz and others one of the most important reagents in organic research." Der obigen Anschauung entsprechend hat er das Jodäthyl mit Zink in zugeschmolzenen Röhren auf 150° erwärmt[1]). Er erhielt ein Gas, welches von geringen Mengen Äthylen befreit, ganz einheitlich war und dessen Zusammensetzung der Formel $C_4H_5 (C = 6)$ entsprach. Frankland nahm daher an, daß es als Äthyl im freien Zustand anzusehen sei. Als er nun Zink auf ein Gemisch von Jodäthyl und Wasser einwirken ließ, erhielt er ein Gas, dessen Eigenschaften mit denen des oben besprochenen Methyls übereinstimmten und dessen Bildung er daher durch die Gleichung

$$C_4H_5J + HO + 2 Zn = 2 C_2H_3 + ZnJ, ZnO$$

erklärte.

Als darauf Frankland auch Jodmethyl mit Zink erhitzt hatte, fand er, daß der Röhre beim Öffnen reines Methyl entströmte, während die in der Röhre zurückbleibende Krystallmasse auf Wasserzusatz unter glänzender Flammenerscheinung Grubengas lieferte. Als er dann bei anderen Versuchen den Röhreninhalt in einer Wasserstoffatmosphäre destillierte, erhielt er eine Flüssigkeit, die er als Zinkmethyl bezeichnete. Zugleich gab er auch an, daß bei Anwendung von Jodäthyl das Zinkäthyl erhalten wird. Diese überaus wichtige Entdeckung ist im nächsten Kapitel genauer besprochen. Für die weitere Diskussion über die Radikale kommt hier in Betracht, daß nach diesen Angaben Zinkmethyl mit Wasser Grubengas, Zinkäthyl aber Methyl liefere[2]). Dies veranlaßte Gerhardt zu folgendem Einwand:[3]) ,,Le zinc-méthyle donne par l'eau du gaz des marais, le zinc-éthyle dans les mêmes conditions du méthyle. Pourquoi cependant le méthyle est-il pour M. Frankland un radical tandis que le gaz des marais ne l'est pas?"

Bald darauf veröffentlichte Frankland seine zweite Abhandlung[4]) über die organischen Radikale, in der er das aus Jodamyl erhaltene Amyl beschreibt. Nachdem er daran erinnerte, daß Liebig gesagt habe, es sei nicht zu zweifeln, daß Äthyl dargestellt werden wird, fügte er hinzu: ,,Die Isolierung von vier dieser zusammengesetzten Radikale der Alkoholreihe schließt nun jeden Zweifel an ihrer wirklichen Existenz aus." Diese vier sind das Methyl, Äthyl, Valyl und Amyl. Doch konnte er nicht alle Chemiker von seiner Ansicht über-

---

[1]) A. **71**, 171 (1849).
[2]) A. **71**, 213 (1849).
[3]) C. r. ch. 1850, 11.
[4]) A. **74**, 63 (1850).

zeugen. Gerhardt[1]) hat von neuem hervorgehoben, daß die von Frankland ermittelten Dichten für Verdopplung der Formeln sprechen. Ebenso sagt Laurent[2]) unter Hinweis auf die schon von ihm vertretene Ansicht, daß Körper von der Formel CH_3 und C_2H_5 nicht existieren können. „Le point d'ébullition, la densité et les réactions de ces corps, démontrent de la manière la plus claire, que ces formules doivent être doublées."

Auch Hofmann[3]) wies darauf hin, daß die Koppschen Gesetze der Siedepunktsregelmäßigkeiten die verdoppelten Formeln wahrscheinlich machen und fügte hinzu, deren „Annahme würde überdies eine andere Schwierigkeit beseitigen, welche das anormale Verhältnis des Amylens, des Amylhydrürs und des Amyls bereiten:

$$\text{Amylen } C_{10}H_{10} \quad 39°$$
$$\text{Amyl } C_{10}H_{11} \quad 155°$$
$$\text{Amylhydrür } C_{10}H_{12} \quad 30°\text{".}$$

Hofmann hatte auch schon versucht, entsprechend von Williamsons Arbeit über Ätherbildung, durch Einwirkung von Amyljodid auf Zinkäthyl einen aus zwei verschiedenen Radikalen bestehenden Kohlenwasserstoff darzustellen und dadurch einen weiteren Beweis für die verdoppelten Formeln aufzufinden. Doch blieb sein Versuch resultatlos. Erst 1855 ist Würtz die Darstellung der sogenannten gemischten Radikale gelungen.

Nachdem Frankland das Zinkäthyl genauer untersucht hatte, kam er, im Gegensatz zu seiner ersten Mitteilung, zu der Ansicht, daß das aus demselben durch Wasser entwickelte Gas nicht als Methyl, sondern als Äthylwasserstoff zu betrachten ist, also eine dem Grubengas und dem Benzol analoge Konstitution besitzt. Er adoptierte hierbei folgende von Kolbe aufgestellte Anschauung[4]): „Vielleicht dürfte sich die Ansicht als die richtige bewähren, daß das Grubengas die Wasserstoffverbindung des Methyls sei $= H \cdot C_2H_3$, wie wir das Benzol nach der Formel $H \cdot C_{12}H_5$ zusammengesetzt betrachten." Von diesen Kohlenwasserstoffen, zu denen er auch den Amylwasserstoff und das Toluol rechnet unterschied Frankland bestimmt das aus Essigsäure durch Elektrolyse und aus Jodmethyl durch Einwirkung von Zink erhaltene Methyl, sowie das Äthyl, das Valyl und das Amyl. Um nun zu beweisen, daß letztere nicht zur Grubengasreihe gehören, vervollständigte er seine Angaben über das Verhalten von Methyl und Äthylwasserstoff gegen Chlor und teilte hierüber

---

[1]) C. r. ch. 1850, 233.
[2]) C. r. ch. 1850, 241.
[3]) A. **77**, 169 (1851).
[4]) Kolbe im Handwörterbuch der Chemie III, 700 (1848).

mit, daß 1 Volum Methyl bei Einwirkung von 2 Volumen Chlor in ein Gas C_2H_2Cl, der Äthylwasserstoff aber unter denselben Bedingungen ein Öl $C_4H_4Cl_2$ liefere.[1]) Hieraus glaubte er „mit Sicherheit schließen zu können, daß die Formel des bei der Elektrolyse der Essigsäure erhaltenen gasförmigen Kohlenwasserstoffs C_2H_3 ist und seinem Atome zwei Volumina Dampf entsprechen, während das durch die Einwirkung von Kalium auf Cyanäthyl (nicht wasserfrei) und durch Einwirkung von Zink auf Jodäthyl in Gegenwart von Wasser gebildete Gas die Formel C_4H_6 hat und sein Atom durch 4 Volumen Dampf repräsentiert wird."

So erschien also bewiesen, daß die Alkoholradikale im freien Zustand von den Kohlenwasserstoffen der Grubengasreihe verschieden sind. Die Chemiker, die aber dabei blieben, die Formeln der isolierten Radikale zu verdoppeln, nahmen daher an, daß dieselben aus zwei Radikalen bestehen. Laurent prägte daher für das Methyl, $CH_3 \cdot CH_3$, den Namen méthylure de méthyle, was mit der Bezeichnung Dimethyl übereinstimmt. Daß aber Gerhardts ursprüngliche Ansicht richtig war, wurde 1864 durch Schorlemmer bewiesen. Wie im dreiundvierzigsten Kapitel genauer angegeben ist, gelangte dieser Chemiker zu dem für die Entwicklung der Strukturtheorie wichtigen Ergebnis, daß Dimethyl und Äthylwasserstoff identisch sind.

Einunddreißigstes Kapitel.

Die Verbindungen der Metalle mit den Alkoholradikalen und die Anfänge der Lehre von der Valenz.

Im vorhergehenden Kapitel wurde schon angegeben, wie Frankland zur Entdeckung von Zinkmethyl und Zinkäthyl gelangte. Ausführlich hat er seine Resultate über Zinkmethyl, Stannäthyl und Jod-Quecksilberäthyl 1852 mitgeteilt[2]) und anknüpfend hieran sich von der Paarungstheorie losgesagt. Er gelangte jetzt zu Ansichten über die Sättigungskapazität der Elemente, die für die Valenzlehre von grundlegender Bedeutung wurden. Gestützt auf die Tatsache, „daß Stannäthyl, Zinkmethyl, Quecksilbermethyl usw. dem Kakodyl vollkommen analog sind", beurteilte er die von Kolbe 1850 aufgestellte Ansicht über Kakodyl[3]) folgendermaßen: „Solange das Kakodyl einen einzeln dastehenden Fall einer metallhaltigen organi-

---

[1]) A. **77**, 242 (1851).
[2]) Phil. Tr. 1852, 467; A. **85**, 329 (1853).
[3]) Kolbe sagte A. **76**, 30: „Ich glaube das Kakodyl als ein gepaartes Radikal ansprechen zu müssen, worin 2 Äq. Methyl den Paarling von 1 Äq. Arsenik ausmachen: Kakodyl $= (C_2H_3)_2$ As".

schen Verbindung abgab, ließ sich diese Ansicht über seine rationelle Konstitution kaum bestreiten. — Aber jetzt, wo wir mit den Eigenschaften und Reaktionen einer beträchtlichen Anzahl analoger Substanzen bekannt sind, zeigen sich Verhältnisse, die mir mindestens sehr kräftig gegen diese Ansicht zu streiten scheinen, wenn sie sie nicht als gänzlich unhaltbar nachweisen." Er erinnert dann daran: „Es wird allgemein angenommen, daß, wenn ein Körper zu einer gepaarten Verbindung wird, sein wesentlicher chemischer Charakter durch das Hinzutreten des Paarlings nicht geändert wird, so haben z. B. die Säuren $C_n H_n O_4$, welche durch die Paarung der Radikale $C_n H_{n+1}$ mit Oxalsäure gebildet werden, dasselbe Neutralisationsvermögen, wie die ursprüngliche Oxalsäure."

Er weist jetzt darauf hin, daß das Kakodyl und ebenso Stannäthyl und Stibäthyl sich nicht mit so viel Sauerstoff verbinden wie Arsen, Zinn und Antimon und gelangte so zu Ansichten über die Zahl der Affinitäten, die später als Sättigung oder Atomigkeit der Elemente und schließlich als Valenz bezeichnet wurden. Genauer entwickelt hat er diese Idee nur für die Elemente der Stickstoffgruppe, und zwar in folgender Weise: „Namentlich die Verbindungen von Stickstoff, Phosphor, Antimon und Arsen zeigen die Tendenz dieser Elemente, Verbindungen zu bilden, in welchen 3 oder 5 Äquivalente anderer Elemente enthalten sind, und nach diesen Verhältnissen wird den Affinitäten jener Körper am besten Genüge geleistet." Er fügte hinzu, „daß die Affinitäten des Atoms der oben genannten Elemente stets durch dieselbe Zahl der zutretenden Atome ohne Rücksicht auf den chemischen Charakter derselben befriedigt wird. Es war vermutlich ein Durchblicken der Wirkung dieser Gesetzmäßigkeit in den komplizierten organischen Gruppen, welches Laurent und Dumas zur Aufstellung der Typentheorie führte; und hätten diese ausgezeichneten Chemiker ihre Ansichten nicht über die Grenzen ausgedehnt, innerhalb welcher sie durch die damals bekannten Tatsachen Unterstützung fanden, hätten sie nicht angenommen, daß die Eigenschaften nur von der Stellung und in keiner Weise von der Natur der einzelnen Atome abhängen, so würde diese Theorie unzweifelhaft noch mehr zur Entwicklung der Wissenschaft beigetragen haben, als bereits geschehen ist."

Frankland bezog, wie die Tabelle S. 159 zeigt, die Formeln der metallhaltigen organischen Substanzen auf unorganische Typen.

Im Jahre 1853 hatte also Frankland die Idee, daß den Atomen der Elemente eine bestimmte Sättigungskapazität zukommt, klar dargelegt. Jedoch muß darauf hingewiesen werden, daß zwei Jahre vorher schon Williamson durch seine Untersuchung über Ätherbildung gezeigt hatte, daß ein Atom Sauerstoff durch zwei Affinitäten

Die Organometalle und die Anfänge der Lehre von der Valenz.

Unorganische Typen	Metallhaltige organische Derivate
$As \begin{cases} S \\ S \end{cases}$	$As \begin{cases} C_2H_3 \\ C_2H_3 \end{cases}$ Kakodyl
$As \begin{cases} O \\ O \\ O \end{cases}$	$As \begin{cases} C_2H_3 \\ C_2H_3 \\ O \end{cases}$ Kakodyloxyd
$As \begin{cases} O \\ O \\ O \\ O \\ O \end{cases}$	$As \begin{cases} C_2H_3 \\ C_2H_3 \\ O \\ O \\ O \end{cases}$ Kakodylsäure
ZnO	$Zn(C_2H_3)$ Zinkmethyl
$Sb \begin{cases} O \\ O \\ O \end{cases}$	$Sb \begin{cases} C_4H_5 \\ C_4H_5 \\ C_4H_5 \end{cases}$ Stibäthin
$Sb \begin{cases} O \\ O \\ O \\ O \\ O \end{cases}$	$Sb \begin{cases} C_4H_5 \\ C_4H_5 \\ C_4H_5 \\ O \\ O \end{cases}$ Stibäthin-Oxyd
SnO	$Sn(C_4H_5)$ Stannäthyl
$Sn \begin{cases} O \\ O \end{cases}$	$Sn \begin{cases} C_4H_5 \\ O \end{cases}$ Stannäthyloxyd
$Hg \begin{cases} J \\ S \end{cases}$	$Hg \begin{cases} C_2H_3 \\ J \end{cases}$ Jod-Quecksilber-methyl.

mit anderen Elementen oder Radikalen verbunden ist.[1]) So darf man also Williamson und Frankland als die ersten Begründer der Ansichten über die Wertigkeit der Elemente bezeichnen, die dann wesentlich Kekulé durch die Annahme, daß der Kohlenstoff vierwertig ist, weiter entwickelte. Derselbe ist aber dabei nicht von Franklands Darlegungen, sondern, wie im folgenden Kapitel angegeben, von Williamson und Gerhardt ausgegangen. Dagegen hat Kolbe, der sich anfangs Franklands Folgerungen gegenüber ablehnend verhielt, später dieselben angenommen und die organischen Verbindungen von der Kohlensäure $= C_2O_4$ abgeleitet.

In der ausführlichen Abhandlung[2]), in der er das Zinkäthyl beschreibt, hat Frankland nochmals dargelegt, daß diese Verbindung nicht als eine gepaarte angesehen werden darf. „Obgleich das Zinkäthyl mit sehr energischen Verwandtschaften begabt ist, welche es fast an die Spitze der elektropositiven Substanzen stellen, scheint es doch nicht fähig zu sein, wahre chemische Verbindungen mit elektro-

---
[1]) Siehe S. 168.
[2]) A. **95**, 28 (1855).

negativen Elementen einzugehen; wo es chemisch einwirkt, geschieht dies durch Zersetzung nach doppelter Wahlverwandtschaft, bei welchen seine beiden Bestandteile sich von einander trennen." Frankland, der damals seinen Formeln noch die Äquivalente zugrunde legte, erklärte das Verhalten des Zinkäthyls gegen Jod und Wasser durch folgende Gleichungen:

$$\left.\begin{array}{c} C_4H_5Zn \\ J \quad J \end{array}\right\} = \left\{\begin{array}{c} C_4H_5J \\ ZnJ \end{array}\right.$$

$$\left.\begin{array}{c} C_4H_5Zn \\ HO \end{array}\right\} = \left\{\begin{array}{c} C_4H_5, H \\ ZnO \end{array}\right. .$$

Nachdem durch Cannizzaro die Ansicht zur Geltung kam, daß das Zink zu den Metallen gehört, deren Atomgewicht zu verdoppeln ist, ergab sich für Zinkäthyl die Formel $Zn(C_2H_5)_2$. Auch lieferten von da an die Dampfdichten metallorganischer Verbindungen, von denen viele bei verhältnismäßig niederer Temperatur unzersetzt in den Gaszustand übergehen, wichtige Werte für die Bestimmung der Größe des Atomgewichts der betreffenden Metalle.

In den Händen Franklands und dann auch anderer Chemiker wurden Zinkmethyl und Zinkäthyl ein wertvolles Hilfsmittel für die organische Synthese, bis dieselben inbetreff vielseitiger und bequemer Anwendung durch die organischen Magnesiumverbindungen übertroffen wurden.

Zweiunddreißigstes Kapitel.
Asymmetrie bei organischen Verbindungen.

Von krystallographischen Beobachtungen über Weinsäure und Traubensäure ausgehend, ist Louis Pasteur zu seinen in diesem Kapitel zu besprechenden bahnbrechenden Untersuchungen und Ideen gelangt. Dieser große Forscher, 1822 zu Dôle (Departement Jura) geboren und 1895 gestorben, hat sich aus bescheidenen Verhältnissen durch Energie und Fleiß zu hoher wissenschaftlicher Stellung emporgeschwungen. Auf den Collèges zu Artois und Besançon vorbereitet, wurde er in der Ecole Normale zu Paris aufgenommen, an der damals Dumas, Balard und der Mineralog Delafosse unterrichteten. Letzterer hat auf ihn den größten Einfluß ausgeübt. Im Jahre 1848 wurde er Lehrer am Lyceum zu Dijon, 1849 Professor der Chemie in Straßburg, 1854 Dekan der neugegründeten Faculté des Sciences in Lille und 1857 Directeur des études scientifiques an der Ecole normale in Paris. Nachdem durch eine großartige Subskription das Institut gegründet war, das nach ihm benannt ist, übernahm er dessen Leitung und legte 1889 seine öffentlichen Ämter nieder. E. Fischer hat, als er in der chemischen Gesellschaft seinen Tod mitteilte, in sehr schöner und klarer Weise Pasteurs Lebenslauf und wissenschaftliche Leistungen geschildert.[1]) In dem von Fernbach verfaßten Nachruf[2]) ist ein Verzeichnis aller Veröffentlichungen von Pasteur und der auf denselben verfaßten Gedenkreden und Biographien enthalten.

Am Anfang seiner wissenschaftlichen Laufbahn beschäftigte sich Pasteur mit den Beziehungen der Zusammensetzung chemischer Verbindungen und der äußeren Form und wiederholte daher eine Arbeit von de la Provostaye über die Krystalle der Weinsäure und Traubensäure und deren Salze. Dabei machte er die diesem Physiker entgangene Beobachtung, daß alle von ihm untersuchten Tartrate hemiedrische Flächen zeigen, während dies bei den Salzen der Traubensäure nicht der Fall ist. Da nun schon Biot angegeben hatte, daß die Weinsäure optisch aktiv, die Traubensäure aber inaktiv ist, so gelangte er zu dem Gedanken von einer Wechselwirkung zwischen der hemiedrischen Krystallform und dem optischen Drehungsvermögen.

Mit dieser Ansicht stimmten aber Angaben von Mitscherlich über ein Doppelsalz der Weinsäure und der Traubensäure nicht überein. Berzelius hatte, als er mit der Untersuchung der Traubensäure beschäftigt war, Mitscherlich aufgefordert, die Krystallform wein- und traubensaurer Salze zu bestimmen, worüber dann dieser 1831 folgendes brieflich berichtete[3]): ,,Vor einiger Zeit habe ich die Krystallformen der vogesensauren (traubensauren) und weinsteinsauren Salze untersucht. Kein weinsteinsaures Salz gleicht den entsprechenden vogesensauren, ausgenommen das weinsteinsaure und vogesensaure Natron-Ammoniak; beide Salze haben dieselbe Form, und zwar die des Seignettesalzes. Ich glaubte zuerst in diesem Salz ein Mittel gefunden zu haben, die Vogesensäure in Weinsteinsäure umzuändern, wenn ich aber von vogesensaurem Ammoniak-Natron die Säure an andere Basen übertrug, erhielt ich wieder vogesensaure Salze.'' Berzelius hat hierauf geantwortet: ,,Hieraus geht hervor, daß wir über diesen Punkt noch nicht im Reinen sind. Ich bitte Dich dringend, Deine Forschungen fortzusetzen, denn schließlich kommst Du wohl der wahren Ursache auf den Grund.'' Er hat daher jene Beobachtungen weder in seinem Jahresbericht noch in seinem Lehrbuch erwähnt. Erst dreizehn Jahre später kam Mitscherlich darauf zurück, nachdem er angefangen hatte, sich mit den optischen Eigenschaften organischer Verbindungen zu beschäftigen und seinen Polarisationsapparat konstruiert hatte. Er sandte dann folgende für die Geschichte

---

[1]) B. **28**, 2336 (1895).
[2]) Bl. [3] **15**, p. I (1896).
[3]) Gesammelte Schriften von Mitscherlich, S. 96.

der Asymmetrie wichtige Notiz an Biot, der sie der Akademie mitteilte[1]).

„Le paratartrate et le tartrate (double) de soude et d'ammoniaque ont la même composition chimique, la même forme cristalline avec les mêmes angles, le même poids spécifique, la même double refraction, et par conséquent le même angle des axes optiques. Mais le tartrate tourne le plan de la lumière polarisée et le paratartrate est indifférent comme M. Biot l'a trouvé pour toutes les séries de ces deux genres de sels." Diese Notiz führte Pasteur zur Vermutung, daß Mitscherlich bei dem weinsauren Doppelsalz die hemiedrischen Flächen übersehen habe. Da er nun sorgfältig danach suchte, gelang es ihm, ihr meist nicht leicht erkennbares Vorhandensein nachzuweisen. Zu seiner Überraschung zeigten auch die Krystalle des traubensauren Doppelsalzes die gleichen hemiedrischen Flächen, jedoch bald nach rechts bald nach links orientiert. Indem er nun entsprechend dieser Verschiedenheit die Krystalle durch Auslesen von einander trennte, machte er die wichtige Entdeckung, daß die Lösungen der Krystalle, deren hemiedrische Flächen wie die des Doppelsalzes der Weinsäure orientiert waren, die Polarisationsebene genau wie diese nach rechts drehen, während die anderen eine Drehung nach links bewirken.

Jetzt stellte Pasteur die Ansicht auf, daß diese Eigenschaft auf einer Asymmetrie der Moleküle beruhe.[2]) „N'est-il pas évident maintenant que la propriété que possèdent certaines molécules de dévier le plan de polarisation a pour cause immédiate, ou du moins est liée de la manière la plus étroite à la dissymétrie des molécules?" Aus den durch Auslesen getrennten Salzen stellte er die Säuren dar. Die mit der Weinsäure identische nannte er anfangs acide dextroracémique und später acide tartrique droit, die andere, deren Entdeckung ihm zu verdanken ist, acide lévoracémique oder tartrique gauche. So hatte er die erste Spaltung eines Racemkörpers[3]) aufgefunden. Daß sich durch Vermischen der Lösungen der beiden Weinsäuren wieder Traubensäure zurückbilden läßt, war ein weiteres grundlegendes Ergebnis seiner Arbeit.

Im Jahre 1852 entdeckte Pasteur seine zweite Spaltungsmethode[4]). Er fand, daß die beiden von ihm aufgefundenen Alkaloide, das Chinicin und das Cinchonicin bei der Vereinigung mit Traubensäure Salze liefern, die sich durch Krystallisation in Salze der beiden Kom-

---

[1]) C. r. **19**, 719 (1844).
[2]) C. r. **26**, 535 (1848).
[3]) Die Bezeichnung acide racémique ist zuerst von Chautard verallgemeinert worden. Er nannte die durch Vereinigung von Rechts- und Linkskampfersäure erhaltene inaktive Säure acide racémique camphorique. C. r. **37**, 166 (1853). Später prägte er auch den Namen camphre racémique.
[4]) C. r. **35**, 176 (1852).

ponenten zerlegen lassen. In der Folge wurde dieses Verfahren sowohl für der Traubensäure analoge Säuren als auch für Alkaloide angewandt. Die ersteren wurden mit aktiven Basen, die letzteren[1]) mit aktiven Säuren verbunden. Im darauf folgenden Jahre hat Pasteur sich mit der Frage nach dem Ursprung der Traubensäure befaßt. Bis zu Anfang der zwanziger Jahre wurde in Thann Traubensäure erhalten, später aber nicht mehr. Wöhler, der zusammen mit anderen deutschen Chemikern 1838 einen Besuch in Thann gemacht hatte, schrieb hierüber an Berzelius[2]): ,,Infolge des veränderten Verfahrens, das uns aber nicht angegeben wurde, soll jetzt keine Traubensäure mehr erhalten werden, und Kestner ist nicht abgeneigt, zu glauben, daß sie früher von der Weinsäure erzeugt worden sei." Pasteur, der aber eine derartige Umwandlung anfangs für unmöglich hielt, zog, um diese Frage aufzuklären, nicht nur Erkundigungen ein, sondern unternahm auch eine Reise nach Deutschland und Österreich, um in Weinsäurefabriken Nachforschungen zu machen. Obwohl er zu keinen entscheidenden Beweisen gelangte, glaubte er doch, wie er in seinem Bericht[3]) an die Akademie mitteilte, annehmen zu dürfen, daß die Traubensäure nur bestimmten Traubensorten entstamme.

In dem gleichen Jahre machte er aber selbst die Beobachtung, daß es möglich ist, Traubensäure aus Weinsäure zu erhalten, wenn man weinsaures Cinchonin längere Zeit erhitzt.[4]) Nachdem er gefunden hatte, daß auch die Linksweinsäure sich in gleicher Weise umwandeln läßt, knüpfte er an diese Tatsachen die Bemerkung: ,,Quelle étrange aptitude dans les combinaisons organiques naturelles! un ensemble de molécules dissymétriques droites ou gauches se transformant à moitié, par la seule influence d'une température élévée, en molécules inverses qui, une fois produite, se combinent aux premières." Dessaignes machte dann die Beobachtung, daß sowohl durch längeres Kochen von Weinsäure mit Salzsäure als auch mit Wasser[5]) Traubensäure entsteht. Im Dictionnaire de Chimie[6]) hat später Scheurer-Kestner angegeben, daß in Thann das Auftreten von Traubensäure nicht mehr zu bemerken war, nachdem die Weinsäurelösungen statt über freiem Feuer in der Luftleere abgedampft wurden.

Bei den Versuchen über Umwandlung von Weinsäure in Traubensäure hatte Pasteur auch das Auftreten einer zweiten optisch

---

[1]) Siehe S. 372.
[2]) Briefwechsel II, S. 62.
[3]) C. r. **36**, 19 (1853).
[4]) C. r. **37**, 162 (1853).
[5]) C. r. **42**, 494 (1856) und Bl. 1863, 355.
[6]) Bd. **3**, 238.

inaktiven Säure, die sich aber nicht spalten ließ, entdeckt. Er bezeichnete sie als acide tartrique inactif.

Eine dritte Methode, die Traubensäure zu zerlegen, hatte dann Pasteur aufgefunden, als er angefangen hatte, sich mit den Gärungsvorgängen zu beschäftigen. Schon 1857, in seiner ersten Mitteilung über alkoholische Gärung, gab er an: „J'ai découvert une mode de fermentation qui s'applique très-facilement à l'acide tartrique droit ordinaire et très-mal ou pas du tout à l'acide gauche." Er teilte dann mit,[1]) daß bei Einwirkung von Fermenten eine Lösung von traubensaurem Ammoniak nach einigen Tagen ein Rotationsvermögen nach links zeigt und dieses Verhalten ein gutes Mittel sei, Linksweinsäure darzustellen. „L'acide paratartrique se dédouble en acide droit qui fermente et en acide gauche qui reste intact." In einer späteren Notiz[2]) gibt er an, daß auch das Penicillium glaucum in gleicher Weise wirkt. „Le Penicillium fait un choix. Il préfère le corps droit au corps gauche."

Als Pasteur seine Untersuchungen ausführte, war optische Aktivität nur bei im Naturreich vorkommenden Substanzen beobachtet worden. Er nahm daher, wie schon vor ihm Biot, an, daß nur die lebenden Organismen derartige aktive Verbindungen erzeugen können. Er hatte nun bei seinen Versuchen gefunden, daß Asparaginsäure aktiv ist, Fumar- und Maleïnsäure aber keinen Einfluß auf das polarisierte Licht ausüben. Hiermit schien aber die kurze Zeit vorher von Dessaignes[3]) gemachte Beobachtung, daß durch Erhitzen von fumar- und maleïnsaurem Ammoniak Asparaginsäure entsteht, im Widerspruch zu stehen.[4]) Die Aufklärung desselben war für Pasteur so wichtig, daß er nach Vendôme zu Dessaignes reiste. An der von diesem dargestellten künstlichen Asparaginsäure konnte er, wie er erwartete, feststellen, daß sie inaktiv ist[5]). Auch die Äpfelsäure, welche er aus derselben darstellte, zeigte dasselbe Verhalten, und so hat er dies als neue Beweise für obige Ansicht anführen können.

Über seine zahlreichen für die Kenntnis der asymmetrischen organischen Verbindungen grundlegenden Beobachtungen und seine theoretischen Schlußfolgerungen hat er in zwei interessanten und formvollendeten Vorträgen[6]): „Sur la Dissymétrie moléculaire des produits

---

[1]) C. r. **46**, 615 (1858).
[2]) C. r. **51**, 298 (1860).
[3]) Victor Dessaignes (1800—1885) hatte in Paris Medizin studiert und den Doktorgrad erworben; um aber Zeit für chemische Untersuchungen zu haben, nahm er in seiner Vaterstadt Vendôme die bescheidene Stelle eines städtischen Steuererhebers an. Er wurde Mitglied der Akademie, lehnte aber eine Berufung als Professor nach Lyon ab.
[4]) C. r. **30**, 324 (1850).
[5]) A. ch. [3] **34**, 30 (1852).
[6]) Leçons professées en 1860 à la Société chimique de Paris.

organiques naturelles" berichtet und bei dieser Gelegenheit, seiner Zeit vorauseilend, sich über die Anordnung der Atome in diesen Verbindungen folgendermaßen ausgesprochen: „Nous savons en effet que les arrangements moléculaires de deux acides tartriques sont dissymétriques et de l'autre, qu'ils sont rigoureusement les mêmes, avec la seule difference d'offrir des dissymétries de sens opposé. Les atomes de l'acide droit sont ils groupés suivant les spires d'une hélix dextrorsum, ou placés aux sommets d'un tétraèdre irrégulier, ou suivant tel ou tel assemblage dissymétrique déterminée? Nous ne saurions répondre à ces questions. Mais ce qui ne peut être l'objet d'un doute, ce qu'il a groupement des atomes suivant un ordre dissymétrique à image non superposable. Ce qui n'est pas moins certain, c'est que les atomes de l'acide gauche réalisent précisément le groupement inversement dissymétrique de celui-ci."

Am Schluß dieser Vorlesungen hat Pasteur die kurz vorher gemachte Entdeckung, daß sich die beiden aktiven Weinsäuren in verschiedener Weise gegen Fermente verhalten, besprochen und auf die Wichtigkeit dieser Tatsache für die Physiologie hingewiesen: „Et ainsi se trouve introduite dans les considérations et les études physiologiques l'idée de l'influence de la dissymétrie moléculaire des produits organiques naturels, de ce grand caractère qui établit peut-être la seule ligne de démarcation bien tranchée que l'on puisse placer aujourdhui entre la chimie de la nature morte et de la nature vivante C'est en effet la théorie de la dissymétrie moléculaire que nous venons d'établir, l'un des chapitres les plus élévés de la science, complètement imprévu, et qui ouvre à la physiologie des horizons tout nouveaux, éloignés mais certains."

Als Pasteur diese Vorlesungen gehalten hatte, war noch von keiner künstlich dargestellten Substanz beobachtet worden, daß sie optisch aktiv ist. So erschien die Ansicht, daß nur die lebende Zelle optisch aktive Substanz hervorbringen kann, vollkommen gerechtfertigt. Aber noch in demselben Jahre wurde die Synthese der Weinsäure aus Bernsteinsäure von Kekulé sowie von Perkin und Duppa entdeckt. Ersterer hatte auch beobachtet, daß die von ihm künstlich dargestellte Säure keine Einwirkung auf die Polarisationsebene ausübt. Für Pasteur war es in betreff seiner Ansicht wichtig zu wissen, ob jene Säure aus Traubensäure oder inaktiver Weinsäure besteht. Er konstatierte dann, daß in der synthetischen Säure, die er von den beiden englischen Chemikern erhalten hatte, Traubensäure enthalten ist; später fand er, daß auch inaktive Säure einen Bestandteil derselben bildet. Diese Entstehung der Traubensäure machte es also jetzt möglich, auch die beiden aktiven Weinsäuren künstlich im Laboratorium darzustellen. Pasteur warf daher die

Frage auf, ob die zur Synthese benutzte, aus dem Pflanzenreich stammende Bernsteinsäure nicht inaktiv durch Kompensation sei[1]: „Il est raisonnable de se demander si l'acide succinique est réellement inactif par nature. Ne serait-ce pas, et notamment celui qui a servi à M. M. Perkin et Duppa, un inactif de compensation auquel on comprendra mieux sa transformation en acide paratartrique."

Diese Anschauungen scheinen längere Zeit ganz unbeachtet geblieben zu sein. Erst zwölf Jahre später wurde Jungfleisch durch dieselben veranlaßt, die Synthese der Traubensäure aus einer mittels Äthylenbromid dargestellten Bernsteinsäure zu wiederholen.[2] Er erhielt auch hierbei Traubensäure und aus dieser ihre beiden Komponenten. So konnte die Ansicht von Biot und Pasteur nicht in der Form beibehalten werden, wie sie von diesen aufgestellt wurde. Dagegen hat Pasteur[3] von neuem mit Recht darauf hingewiesen, daß ein wesentlicher Unterschied zwischen den Synthesen in den Pflanzen und denen im Laboratorium stattfindet. „Les végétaux produisent des substances dissymétriques simples à l'exclusion de leurs inverses, contrairement à ce qui a lieu dans les réactions dans nos laboratoires." Ferner hat er daraus geschlossen, „qu'il faut de toute nécéssité que des actions dissymétriques président pendant la vie à l'élaboration des vrais principes immédiats naturels dissymétriques". Er nimmt daher an, daß die Traubensäure, wie alle künstlich dargestellten Verbindungen, nicht durch asymetrische Wirkungen (actions dissymétriques), sondern durch chemische Wirkungen (actions chimiques) gebildet wird.

Hieran anknüpfend entwickelte er folgende originelle und kühne Betrachtungen: „Quelle peut être la nature de ces actions dissymétriques? Je pense, quant à moi qu'elles sont de l'ordre cosmique. L'univers est un ensemble dissymétrique, et je suis persuadé que la vie, telle quelle se manifeste à nous, est fonction de la dissymétrie de l'univers ou des conséquences qu'elle entraine."

---

[1] A. ch. [3] **61**, 484 (1861).
[2] C. r. **76**, 286 (1873).
[3] C. r. **78**, 1517 (1874).

Fünfter Abschnitt.

Während die im vorhergehenden Abschnitt besprochenen Untersuchungen ihren Anfängen nach den vierziger Jahren angehören, sollen in den Kapiteln dieses Abschnitts diejenigen experimentellen und theoretischen Leistungen besprochen werden, deren Anfänge aus den fünfziger Jahren datieren. Zu diesen gehören jene Abhandlungen, die sowohl zur Aufstellung der neueren Typentheorie und schließlich zur Lehre von der chemischen Struktur führten, sowie diejenigen, die eine Weiterentwicklung der Radikaltheorie betreffen. Neue experimentelle Arbeiten ermöglichten es, die Konstitution vieler Verbindungen, wie namentlich die der Fette, der mehratomigen Alkohole, der Oxysäuren usw. zu ermitteln. Hervorragende Untersuchungen über die Gärung verhalfen der vitalistischen Theorie zum durchschlagenden Sieg. Auch das Gebiet der organischen Synthese erlangte eine größere Bedeutung als früher. Zugleich wurden interessante neue Körperklassen, wie die der Diazoverbindungen, entdeckt. In demselben Jahrzehnt erfolgte auch die Entdeckung der Anilinfarben, die nicht nur für die chemische Industrie von großer Bedeutung wurde, sondern auch auf wissenschaftliche Untersuchungen fördernd einwirkte.

Eine jüngere Generation von Chemikern, wie der Mitte der zwanziger Jahre geborene Williamson und die gegen Ende dieses Jahrzehnts geborenen Berthelot und Kekulé, traten jetzt in die Reihe der führenden Forscher ein.

Dreiunddreißigstes Kapitel.
Die neuere Typentheorie und die Anfänge der Strukturtheorie.

Nachdem durch die Entdeckungen von Würtz und von Hofmann der Typ Ammoniak in die Wissenschaften eingeführt war, fügte 1850 Alexander Williamson den Typus Wasser hinzu. Dieser am 1. Mai 1824 zu Wandsworth geborene Chemiker hatte in Heidelberg seine Studien als Mediziner begonnen, entschloß sich aber sehr bald, Chemiker zu werden und arbeitete von Frühjahr 1844 bis Herbst

1846 in Liebigs Laboratorium. Dann verbrachte er drei Jahre in Paris, wo er sich hauptsächlich mit höherer Mathematik beschäftigte und darin Unterricht bei Auguste Comte, dem Begründer der positiven Philosophie nahm. Er gab aber die Chemie nicht ganz auf. Auf Grahams Empfehlung wurde ihm 1849 am University College in London die Professur für analytische Chemie übertragen, und an demselben wurde er 1855 Nachfolger von Graham. In den fünf ersten Jahren seines Londoner Aufenthalts hat er seine hervorragenden Arbeiten auf dem Gebiet der organischen Chemie ausgeführt. Später hat er sich vorwiegend mit dem Unterricht und der praktischen Anwendung der Wissenschaft beschäftigt. Im Jahre 1887 legte er seine Professur nieder und lebte bis zu dem am 6. Mai 1904 erfolgten Tode auf dem Lande. Ein von Foster verfaßter Nekrolog ist in Soc. 87, 605 und B. 44, 2253 erschienen.

Wie er 1850 in der Abhandlung[1]) "Theorie of aetherification" angab, wollte er aus Weingeist kohlenstoffreichere Alkohole darstellen. "My object in commencing the experiments was to obtain new alcohols by substituting carburetted hydrogen for hydrogen in a known alcohol. With this view I had recourse to an expedients, which may render valuable services on similar occasions. It consist in replacing the hydrogen first by potassium, and acting on the compound thus formed by the chloride or iodide of the carburetted hydrogen which was to be introduced in the place of that hydrogen."

Als er nun Jodäthyl auf Kaliumalkohol einwirken ließ, erhielt er Äther. "To my astonishment the compound thus formed hat none of the properties of an alcohol, it was nothing else than common aether." Sofort erkannte er die Bedeutung dieser Entdeckung. Er adoptierte die Gerhardtschen Atomgewichte, die vor ihm nur Laurent und Chancel in ihren Publikationen angewandt hatten, und gelangte zu folgender für die Entwicklung der neuen Theorie grundlegenden Ansicht: "Thus alcohol is $\begin{matrix}C^2H^5\\H\end{matrix}O$, and the potassium compound is $\begin{matrix}C_2H_5\\K\end{matrix}O$; and by acting upon this by iodide of aethyle we have:

$$\begin{matrix}C^2H^5\\K\end{matrix}O + C^2H^5J = JK + \begin{matrix}C^2H^5\\C^2H^5\end{matrix}O.$$

Alcohol is therefore water in which half the hydrogen is replaced by carburetted hydrogen, and aether is water in which boths atoms of hydrogen are replaced by carburetted hydrogen: thus

$$\begin{matrix}H\\H\end{matrix}O, \quad \begin{matrix}C^2H^5\\H\end{matrix}O, \quad \begin{matrix}C^2H^5\\C^2H^5\end{matrix}O".$$

---

[1]) Phil. Mag. **37**, 350 (1850); A. **77**, 37 (1851).

Um die Richtigkeit dieser Auffassung zu prüfen, ließ er Jodmethyl auf Kaliumalkohol und dann auch Jodäthyl auf die Kaliumverbindung des Methylalkohols einwirken. In beiden Fällen erhielt er den Äther:

$$\begin{matrix} C^2H^5 \\ CH^3 \end{matrix} O \;.$$

In gleicher Weise stellte er mittels Jodamyl die Äther $\begin{matrix} C^2H^5 \\ C^5H^{11} \end{matrix} O$ und $\begin{matrix} CH^3 \\ C^5H^{11} \end{matrix} O$ dar. Durch die Entdeckung dieser „intermediate aether" wurde er der Begründer einer wichtigen Methode, auf chemischem Wege die Moleculargröße zu bestimmen.

Jetzt konnte Williamson auch erklären, welche Rolle die Äthylschwefelsäure bei der gewöhnlichen Ätherdarstellung spielt. Ausgehend von den beiden Gleichungen:

$$\frac{\begin{matrix}H\\H\end{matrix}SO^4}{\begin{matrix}C^2H^5\\H\end{matrix}O} = \frac{\begin{matrix}H\\C^2H^5\end{matrix}SO^4}{\begin{matrix}H\\H\end{matrix}O} \quad \text{und} \quad \frac{\begin{matrix}H\\C^2H^5\end{matrix}SO^4}{\begin{matrix}H\\C^2H^5\end{matrix}O} = \frac{\begin{matrix}H\\H\end{matrix}SO^4}{\begin{matrix}C^2H^5\\C^2H^5\end{matrix}O}$$

entwickelte er dies folgendermaßen:

„We thus see that the formation of aether from alcohol is neither a process of simple separation, nor one of mere synthesis; but that it consists in the substitution of one molecule for another, and is effected by double decomposition between two compounds. I therefore admit the contact theory, in as much as I acknowledge the circumstance of contact as a necessary condition of the reaction of the molecules upon one another."

Indem er also die Ätherbildung zu den durch Kontakt bewirkten Reaktionen rechnet, nimmt er zugleich an, daß sie sich durch das Auftreten eines Zwischenprodukts chemisch erklären läßt. „The alternate formation and decomposition of sulphovinic acid is to me, as to the partisans of the chemical theory, the key to explaining the process of aetherification." Als Beweis der Richtigkeit seiner Ansicht über die Ätherdarstellung mittels Schwefelsäure hat er angegeben, daß wenn man zu dem erhitzten Gemisch von Amylalkohol und Schwefelsäure Alkohol zufließen läßt, Amyläthyläther entsteht. Setzt man den Versuch so lange fort, bis nur noch Äthyläther überdestilliert, so enthält der Rückstand an Stelle von Amylschwefelsäure alsdann Äthylschwefelsäure.

Durch Williamsons Versuche wurde die so oft diskutierte Frage, in welcher Beziehung zu einander die Formeln von Äther und Alkohol stehen, endgültig gelöst. Es zeigte sich, daß die alte Ansicht von Gay-Lussac und Berzelius, daß im Äther doppelt soviel Kohlenstoffatome als im Alkohol anzunehmen sind, richtig war, wie es auch, auf Grund der Dampfdichten, Gaudin[1]) und Gerhardt annahmen. Dagegen war Liebigs Ansicht, daß in beiden Substanzen dasselbe Radikal vorhanden ist, zutreffend, jedoch mit dem Zusatz, daß es im Alkohol einmal, im Äther zweimal vorkommt. Die ältere Annahme, daß der Alkohol eine Verbindung von Äther mit Wasser sei, mußte nach der neuen Formel aufgegeben werden. So zeigte es sich, daß Gmelin recht hatte, als er sich dahin aussprach, daß der Alkohol kein Wasser enthalten könne.

Von $H_2O = 18$ war Gerhardt bei der Feststellung der Molekulargewichte ausgegangen. Nun bezeichnete Williamson 1851 in einer Abhandlung „On the Constitution of salts"[2]) Wasser als den Typus, auf den sowohl die meisten anorganischen wie organischen Verbindungen sich beziehen lassen. „I believe throughout inorganic chemistry, and for the best known organic compounds, one single type will be found sufficient; it is that of water." Er stellte daher für Essigsäure die Formel $\genfrac{}{}{0pt}{}{C^2H^3O}{H}O$, auf. Das den Wasserstoff ersetzende Radikal hat er Othyl genannt, als Abkürzung von oxygen-aethyl, d. h. von Äthyl, in dem 2 Atome Wasserstoff durch 1 Atom Sauerstoff ersetzt sind. Auch wies er darauf hin, daß das noch unbekannte Essigsäureanhydrid sich vom Wasser durch Vertretung beider Wasserstoffatome durch Othyl ableiten werde. „If the 2 atoms of hydrogen in water were replaced by this othyl, we should have anhydrous acetic acid $\genfrac{}{}{0pt}{}{(C_2H_3O)}{(C_2H_3O)}O$."

An den Beispielen von kohlensaurem Kali sowie von Schwefelsäure und den Sulfaten zeigte er, daß Radikale wie CO und SO_2 in dem verdoppelten Wassertypus zwei Wasseratome ersetzen können und dadurch dessen Zusammenhalten bewirken. „1 atom of carbonic oxide is here equivalent to 2 atoms of hydrogen, and by replacing them, holds together the 2 atoms of hydrate in which they were contained, thus necessarily forming a bibasic compound $\genfrac{}{}{0pt}{}{CO}{K_2}O_2$, carbonate of potash." Der Schwefelsäure und deren beiden Kaliumsalzen erteilte er die Formeln:

$$\genfrac{}{}{0pt}{}{SO_2}{H_2}O_2, \qquad \genfrac{}{}{0pt}{}{SO_2}{HK}O_2 \quad \text{und} \quad \genfrac{}{}{0pt}{}{SO_2}{K_2}O_2.$$

Um noch deutlicher zu zeigen, daß die Gruppe SO_2 den Zusammenhalt

---

[1]) A. Gaudin in seiner Abhandlung „Nouvelle manière d'envisager les corps gazeux, avec applications à la détermination du poids relatif des atomes", A. ch. [2] **52**, 113 (1833). Vgl. Graebe, Der Entwicklungsgang der Avogadroschen Theorie, J. p. [2] **87**, 145 (1913).

[2]) Chem. Gaz. 1851, 334; Soc. **4**, 352 (1852).

der beiden Wassertypen bewirkt, schreibt er in einer späteren Abhandlung:

$$SO_2 \begin{matrix} H \\ O \\ O \\ H \end{matrix}\ O \ .$$

In der Absicht, diese Anschauung weiter zu entwickeln, hat er seinen Schüler Kay veranlaßt, Natriumäthylat auf Chloroform einwirken zu lassen. Er wies dann darauf hin, daß in dem auf diese Weise erhaltenen Orthoameisensäureäther drei Moleküle Alkohole durch das dreiatomige Radikal CH zusammengehalten werden. So war das erste Beispiel für den dreifachen Wassertypus gefunden[1]). Odling hat dann denselben auch auf anorganische Verbindungen übertragen, wie auf Phosphorsäure $= \left.\begin{matrix} PO''' \\ H_3 \end{matrix}\right\} O_3$ und Eisenoxyd $= \left.\begin{matrix} Fe''' \\ Fe''' \end{matrix}\right\} O_3$.

Von Williamson wurde das in seiner Arbeit über Äther benutzte Prinzip auch angewandt, um einen chemischen Beweis, daß die Formel des Acetons von zwei Molekülen Essigsäure abzuleiten ist, zu liefern[2]). Durch Erhitzen eines Gemenges von essigsaurem und valeriansaurem Natron erhielt er das Keton „$\left.\begin{matrix} CH_3 \\ C_4H_9 \end{matrix}\right\} CO$". So hat er zugleich zum ersten Male für ein Keton[3]) eine Formel aufgestellt, nach der dasselbe eine Verbindung von zwei Alkoholradikalen mit Carbonyl ist. Auch teilte er mit, daß er bei Versuchen mit anderen Säuren zu ähnlichen Resultaten gelangt sei, aber ohne näheres darüber anzugeben. Doch wies er schon darauf hin: „bei der Destillation eines essigsauren und ameisensauren Salzes würde bei entsprechender Zersetzung sich ein Körper von der Zusammensetzung des Aldehyds bilden." Daß auf diese Weise sich Aldehyde darstellen lassen, wurde einige Jahre später bewiesen. Piria erhielt 1855 aus benzoesaurem und ameisensaurem Kalk Bittermandelöl und in gleicher Weise bei Anwendung von Zimmtsäure Cinamylwasserstoff. Limpricht bereitete 1856 nach demselben Verfahren den Acetaldehyd und die Aldehyde der Propionsäure und Valeriansäure.

Einige Monate nach Williamsons Mitteilung über Ätherbildung zeigte Chancel[4]), daß durch Darstellung der Methyläthyldoppelester

---

[1]) London R. Soc. **7**, 135 (1854).
[2]) London R. Soc. **4**, 238 (1852).
[3]) Den Namen „Ketone für Acetone im allgemeinen" hat Gmelin geprägt, Lehrbuch, 4. Aufl. **4**, 181 (1848).
[4]) Gustave Chancel (1822—1890), zu Paris geboren, war ein Schüler der Ecole centrale, arbeitete bei Pelouze und wurde 1846 Assistent an der Ecole des Mines. Zu derselben Zeit trat er in nähere Beziehung zu Laurent und Gerhardt. 1851 wurde er Nachfolger des letzteren in Montpellier. Von 1879 an war er Rektor der dortigen Universität.

der Kohlensäure und der Oxalsäure in analoger Art sich beweisen läßt[1]), daß diese beiden Säuren, die noch von den meisten Chemikern als einbasisch angesehen wurden, zu den zweibasischen gehören.

Cahours hat 1851 nach dem von ihm als Williamsonsche Methode bezeichneten Verfahren durch Einwirkung von Jodmethyl auf Phenolkalium das Anisol dargestellt, und so die Konstitution dieser von ihm aus Anissäure erhaltenen Verbindung ermittelt[2]).

Von hervorragender Bedeutung wurde im Anschluß an obige Arbeiten die Entdeckung der **Anhydride einbasischer organischer Säuren durch Gerhardt**. Bei derselben spielen die Säurechloride dieselbe wichtige Rolle wie Jodmethyl und Jodäthyl bei der Synthese der Äther. Die Darstellung dieser Chloride mußte daher der Auffindung der Anhydride vorausgehen. Von Säurechloriden war aus älterer Zeit nur das Kohlenoxychlorid und das aus Bittermandelöl erhaltene Benzoylchlorid bekannt. Die erste Methode aus den Säuren die entsprechenden Chloride darzustellen, verdanken wir Cahours. Dieser Chemiker hatte, als er mit der Bestimmung von Dampfdichten anorganischer Verbindungen beschäftigt war, gefunden, daß das Volum des Phosphorchlorids in Dampfform doppelt so groß ist, als dessen Formel entspricht. Er nahm daher an, daß es als eine aus Phosphorchlorür und Chlor bestehende Doppelverbindung anzusehen sei. Dadurch wurde er veranlaßt, das Verhalten des Phosphorchlorids gegen organische Verbindungen zu untersuchen[3]): „D'après cette manière de voir le chlore se trouvait sous forme distincte dans le perchlorure de phosphore. Les matières organiques renfermant presque toutes de l'hydrogène, je me suis proposé d'étudier l'action du perchlorure de phosphore sur ces produits." Bekannt war vorher nur das Verhalten dieses Reagens gegen Alkohol, Holzgeist und Fuselöl. Jetzt zeigte Cahours, daß Kohlenwasserstoffe, wie z. B. Benzol und Naphtalin, nicht durch Phosphorchlorid angegriffen werden, daß dieses aber auf Säuren und Aldehyde in der Art einwirkt, daß es ihnen zwei Äquivalente Sauerstoff entzieht und dafür zwei Äquivalente Chlor abgibt. Eingehend hat er die aus einer Reihe aromatischer Säuren, aus Benzoesäure, Zimtsäure, Anissäure usw., entstehenden Chloride, sowie das Chlorobenzol aus Bittermandelöl und das Chlorocuminol aus Kümmelöl untersucht. Auch die Bildung von Acetylchlorid hatte er schon beobachtet, dieses aber nicht rein erhalten, da es zu schwierig sei, es vollständig von dem Phosphoroxychlorid zu trennen. Da Gerhardt zu seinen Untersuchungen auch Acetylchlorid und Butyrylchlorid nötig hatte, so stellte er im Verlauf seiner Arbeit

---

[1]) C. r. **31**, 521 (1850).
[2]) C. r. **32**, 60 (1851).
[3]) A. ch. [3] **23**, 327 (1848).

diese durch Einwirkung von Phosphoroxychlorid auf die Natriumsalze der entsprechenden Säuren dar. Als dritte Methode zur Darstellung der Säurechloride empfahl einige Jahre später Béchamp, Dreifachchlorphosphor auf die Säuren einwirken zu lassen.

Ausgehend von den Arbeiten und Ansichten von Williamson, dachte Gerhardt, wie er in seiner ersten Mitteilung[1]), die er am 12. April 1852 an Liebigs Annalen einsandte, angab, „daß mittels eines aus einer solchen Säure sich ableitenden Chlorürs und eines Kali- oder Natronsalzes derselben Säure sich ein neutraler, dem Äther entsprechender Körper erhalten lassen müsse, mit anderen Worten, daß man eine wasserfreie Säure erhalten müsse". Durch Einwirkung von Benzoylchlorid auf benzoesaures Natron entdeckte er das erste derartige Anhydrid, die wasserfreie Benzoesäure, und stellte jetzt folgende Formeln auf:

$$\text{Benzoesäure} \begin{array}{c} C_7H_5O \\ H \end{array} \Big\} O \qquad \text{wasserfreie Benzoesäure} \begin{array}{c} C_7H_5O \\ C_7H_5O \end{array} \Big\} O \ .$$

Ein weiteres Ergebnis war die Entdeckung des mittels Benzoylchlorid und essigsaurem Kali erhaltenen gemischten Anhydrids $\begin{array}{c} C_2H_3O \\ C_7H_5O \end{array} \Big\} O$, das er als Benzoyl-Acetat (benzoate acétique ou acétate benzoique) bezeichnete. Indem er dieses der Destillation unterwarf, erhielt er das Essigsäureanhydrid, $\begin{array}{c} C_2H_3O \\ C_2H_3O \end{array} \Big\} O$, welches überging und Benzoesäureanhydrid, das zurückblieb. Das Essigsäureanhydrid stellte er dann auch durch Einwirkung von Acetylchlorid[2]) auf essigsaures Natron dar. Durch eine Dampfdichtebestimmung konnte er die Richtigkeit deren Formel bestätigen. „On voit qu'il existe entre la densité de vapeur de l'acide acétique anhydre et celle de l'acide acétique hydraté le même rapport qu'entre la densité de vapeur de l'éther et celle de l'alcool:

2 volumes	2 volumes
$C^4H^6O^3$ acide acétique anhydre	$C^4H^{10}O$ éther
$C^2H^4O^2$ acide acétique hydraté	C^2H^6O alcool .

Die Resultate seiner Untersuchungen, die noch eine Reihe anderer Säureanhydride umfassen, hat dann Gerhardt 1853 in seiner großen Abhandlung, Recherches sur les acides organiques anhydres[3]) veröffentlicht. Im Anschluß an die Ansichten von Würtz und Hofmann über die Konstitution der Amine und von Williamson über Äther und Säuren und gestützt auf seine Untersuchungen über die Anhydride, entwickelte er die theoretischen Ansichten, die in der Folge als neuere

---
[1]) A. **82** (127), 1852; C. r. **34**, 755 (1852).
[2]) Als Acetyl bezeichnete Gerhardt das Radikal der Essigsäure.
[3]) A. ch. [3] **37**, 285 (1853).

oder Gerhardtsche Typentheorie bezeichnet wurden. Alle organischen Verbindungen bezog er, wie schon in seinen vorläufigen Mitteilungen, auf vier Typen. „Ces types sont

l'eau . . . . H^2O
l'hydrogène . . . . . H^2
l'acide chlorhydrique . HCl
l'ammoniaque . . . . H^3N.

En échangeant leur hydrogène contre certains groupes, ces types donnent naissance aux acides, aux alcools, aux éthers, aux hydrures, aux radicaux, aux chlorures organiques, aux acétones, aux alcalis. La série formée par chaque type à ses côtés extrêmes qu'on peut appeler le côté positif ou le côté gauche et le côté négatif ou le côté droit."

Durch folgende Tabelle veranschaulichte er sein System:

	Extrémité gauche ou positive	Thermes intermédiaires	Extrémité droite ou négative
Type eau $\left.\begin{array}{l}H\\H\end{array}\right\}O$	$\left.\begin{array}{l}C^2H^5\\H\end{array}\right\}O$ alcool	. . . . .	$\left.\begin{array}{l}C^2H^3O\\H\end{array}\right\}O$ acide acétique
	$\left.\begin{array}{l}C^2H^5\\C^2H^5\end{array}\right\}O$ éther	. . . . .	$\left.\begin{array}{l}C^2H^3O\\CH^3O\end{array}\right\}O$ ac. acétique anhydre
	$\left.\begin{array}{l}C^2H^5\\CH^3\end{array}\right\}O$ éther éthyl-méthylique	$\left.\begin{array}{l}C^2H^5\\C^2H^3O\end{array}\right\}O$ éther acétique	$\left.\begin{array}{l}C^2H^3O\\C^6H^5O\end{array}\right\}O$ acétate benzoïque
Type hydrogène $\left.\begin{array}{l}H\\H\end{array}\right\}$	$\left.\begin{array}{l}C^2H^5\\H\end{array}\right\}$ hydrure d'éthyle		$\left.\begin{array}{l}C^2H^3O\\H\end{array}\right\}$ aldéhyde
	$\left.\begin{array}{l}C^2H^5\\C^2H^5\end{array}\right\}$ éthyle	$\left.\begin{array}{l}CH^3\\C^2H^3O\end{array}\right\}$ acétone	$\left.\begin{array}{l}C^2H^3O\\C^2H^3O\end{array}\right\}$ acétyle
Type chlor-hydrique $\left.\begin{array}{l}H\\Cl\end{array}\right\}$	$\left.\begin{array}{l}C^2H^5\\Cl\end{array}\right\}$ éther chlor-hydrique	. . . . .	$\left.\begin{array}{l}C^2H^3O\\Cl\end{array}\right\}$ chlorure d'acétyle
Type ammoniaque $\left.\begin{array}{l}H\\H\\H\end{array}\right\}N$	$\left.\begin{array}{l}C^2H^5\\H\\H\end{array}\right\}N$ éthylamine	. . . . .	$\left.\begin{array}{l}C^2H^3O\\H\\H\end{array}\right\}N$ acétamide
	$\left.\begin{array}{l}C^2H^5\\C^2H^5\\H\end{array}\right\}N$ diéthylamine	. . . . .	. . . . .
	$\left.\begin{array}{l}C^2H^5\\C^2H^5\\C^2H^5\end{array}\right\}N$ triéthylamine	. . . . .	. . . . .

In gemeinschaftlich mit Chiozza[1]) ausgeführten Arbeiten hat Gerhardt die Ansichten von Williamson über die Konstitution

---

[1]) Luigi Chiozza (1828—1899), in Triest geboren, wurde, nachdem er in Genf und Mailand studiert hatte, in Paris Schüler und Mitarbeiter von Gerhardt, der ihn sehr schätzte, wie die in den Memoiren der Turiner Akademie 1908 von Guareschi

der Schwefelsäure auch auf die zweibasisch organischen Säuren übertragen. Die beiden französischen Chemiker fanden, daß durch Phosphorchlorid die Bernsteinsäure zuerst in ihr Anhydrid und dann in Succinylchlorid, das erste Chlorid einer zwei Carboxyle enthaltenden Säure, verwandelt wird. Zur allgemeinen Annahme von sauerstoffhaltigen Radikalen haben dann wesentlich die schönen Untersuchungen von Gerhardt und Chiozza über Amide[1]) beigetragen. Nachdem es ihnen gelungen war, im Ammoniak zwei und drei Atome Wasserstoff durch Säureradikale zu ersetzen, wurden die den Ammoniaktypus betreffenden Lücken in obiger Tabelle ausgefüllt. Sie bezeichneten die Amide, wie Acetamid und Benzamid als primäre, diejenigen wie Benzoylphenylamid als sekundäre und solche wie das Dibenzoylphenylamid als tertiäre. Diese Bezeichnungen kamen dann später für die drei Reihen der organischen Basen sowie für die drei Klassen von Alkoholen in Gebrauch.

Auch die Konstitution des Harnstoffs, über welche die Ansichten noch auseinandergingen, wurde jetzt aufgeklärt. Dumas hatte 1830 die Beobachtung gemacht, daß der Harnstoff beim Kochen mit Schwefelsäure unter Bildung von Kohlensäure und Ammoniak zerlegt wird und deshalb angenommen, der Harnstoff bestehe aus 1 Äquivalent Kohlenoxyd und 2 NH_2. Diese Ansicht erschien aber als widerlegt, nachdem Regnault 1838 mitteilte, daß das durch Einwirkung von Ammoniak auf Chlorkohlenoxyd gebildete Carbamid nicht mit Harnstoff identisch ist. Berzelius nahm dann an, der Harnstoff sei eine Verbindung von Ammoniak mit einem Oxyd C_2HNO_2 und Gerhardt sprach im ersten Band seines Traité die Ansicht aus, der Harnstoff sei das Oxyd von Cyanammonium und Wasserstoff, was also der Formel $\genfrac{}{}{0pt}{}{NH_3Cy}{H}\Big\}O$ entspricht.

Die meisten Chemiker begnügten sich aber mit der Bruttoformel, bis Natanson[2]) 1856 mitteilte, ,,daß Carbamid und Harnstoff identisch sind". Als Beweis führte er an, daß er aus kohlensaurem Äthyl durch Erhitzen mit Ammoniak Harnstoff erhalten habe und daß, wie er bei einer Wiederholung von Regnaults Versuchen fand, das Produkt aus Phosgengas und Ammoniak ,,wahrer Harnstoff" ist. Eine Konstitutionsformel hat er aber nicht aufgestellt. Gerhardt konnte diese Mitteilungen noch am Schluß seines Traité erwähnen und erklärte jetzt die Bildung des Harnstoffs durch folgende Gleichung[3]):

---

veröffentlichten Briefe zeigen. Von 1854—1858 war Chiozza Professor der Chemie in Mailand, dann ließ er sich in Scodovacco (Friaul) nieder, wo er eine Stärkemehlfabrik gründete und sich mit landwirtschaftlichen Studien befaßte.

[1]) C. r. **37**, 86 (1853) und A. ch. [3] **46**, 129 (1856).
[2]) A. **98**, 287 (1856).
[3]) Tome IV, p. 764 (1856).

$$N\begin{Bmatrix} CO \\ H \end{Bmatrix} + N\begin{Bmatrix} H \\ H \\ H \end{Bmatrix} = N_2 \begin{Bmatrix} CO \\ H_2 \\ H_2 \end{Bmatrix}.$$

In betreff der Cyansäure sagte er auf S. 762 (Fußnote): „L'acide cyanique représente aussi bien l'oxyde de cyanogène et de l'hydrogène que l'azoture de carbonyle et d'hydrogène (carbonimide)."

In den vier umfangreichen Bänden seines Traité de chimie organique hat er die Zusammensetzung aller Verbindungen, soweit es möglich war, durch typische Formeln veranschaulicht, aber in dem beschreibenden Teil nicht die von ihm in seinem Précis und seinen Abhandlungen als richtig erklärten Atomgewichte, sondern die damals allgemein gebräuchlichen Äquivalente angewendet. Er sagte hierüber in der Vorrede: „J'ai fait le sacrifice de ma notation pour m'en tenir aux formules anciennes, afin de mieux démontrer par l'exemple combien l'usage de ces derniers est irrationel, et de laisser au temps le soin de consacrer une reforme que les chimistes n'ont pas encore généralement adoptée."

Wesentlich scheinen aber buchhändlerische Interessen die Ursache gewesen zu sein. Als Pebal ihn fragte, warum er seine viel klareren Formeln nicht in dem Lehrbuch benutzt habe, sagte er[1]: „Dann hätte niemand mein Buch gekauft." Auch Rücksichtnahme auf die offizielle Welt, mit der er, wie er an Liebig schrieb, damals gut stand, haben dabei mitgewirkt. In diesem Schreiben[2] fragte er auch an, wie er sich in betreff der deutschen Ausgabe verhalten sollte. „Je voudrais, sauf votre approbation, donner à cette édition un cachet particulier, en y retablissant ma notation." In der Übersetzung wurden aber die Formeln beibehalten wie im Original. Im vierten Band seines Werkes hat er aber in dem Abschnitt ‚Généralités' seine Atomgewichte den Formeln und den Betrachtungen zugrunde gelegt.

In betreff der Radikale, wie sie die Typentheorie aus der Radikaltheorie übernahm, hat Gerhardt in seinem Traité von neuem betont, daß er diese Bezeichnung nur im Sinne von Resten und nicht von selbständig bestehenden, den Atomen analogen Atomengruppen anwende[3]: „J'appelle radicaux ou résidus les éléments de tout corps qui peuvent être transportés dans un autre corps par l'effet d'une double décomposition, ou qui ont été introduits par une semblable réaction. — Contrairement à la plupart des chimistes, je prends l'expression de radical dans le sens de rapport et non dans celui de corps isolable ou isolé." Deshalb hielt er es auch für zulässig, daß man für

---

[1]) In den Anmerkungen zu Cannizzaros Sunto in Ostwalds Klassikern Nr. 50 von L. Meyer mitgeteilt.
[2]) In La vie de Ch. Gerhardt, S. 246.
[3]) Tome IV, p. 568 und 577.

eine organische Verbindung mehrere rationelle Formeln annehmen darf. „Lorsqu'une semblable matière et mise en présence de différents agents capables de lui faire subir la double décomposition, il arrive souvent qu'elle ne présente pas à chacun le même côté pour l'attaque; la double décomposition peut alors s'effectuer dans des sens différents. Une matière organique qui se comporte ainsi, peut être representée par plusieurs formules rationelles." Nachdem er einige Beispiele angegeben, sagte er: „Dans ma manière de noter, je n'ai besoin que de deux formules pour certains corps (aldéhydes, acétones, amides), une seule me suffit pour la plupart des autres corps."

Gerhardt hatte sein Werk noch selbst vollendet, doch erschien das Schlußheft erst nach seinem Tode. Welch großes Interesse die jüngeren Chemiker diesem Werk entgegenbrachten, hat Lothar Meyer[1]), der damals mit einer Reihe fortgeschrittener und später berühmt gewordener Chemiker in Heidelberg arbeitete, folgendermaßen geschildert: „Für die Chemiker war jene Zeit eine sehr erregte und darum auch sehr anregende. Gerhardts großes Lehrbuch war im Erscheinen begriffen, aber der vierte, den Schlüssel des ganzen Systems liefernde Band noch nicht erschienen. Gleichwohl gewann die Typenlehre täglich mehr Anhänger; freilich wurden die meisten derselben nur von dem unbestimmten Gefühle geleitet, daß in den Schablonen dieser Lehre ein tieferer Sinn stecke, den völlig zu enträtseln noch keinem gelingen wollte."

August Kekulé hat als erster den tieferen Sinn der Typentheorie klar entwickelt. Dieser am 7. September 1829 in Darmstadt geborene hervorragende Forscher hatte 1847 die Universität Gießen bezogen, um Architektur zu studieren, doch bewirkten Liebigs Vorlesungen, daß er sich der Chemie zuwandte. 1850 führte er unter Wills Leitung seine Doktorarbeit über Amylschwefelsäure aus und verbrachte dann ein Jahr in Paris, wo er noch Gelegenheit hatte, den Vorlesungen von Dumas beizuwohnen. Auch trat er in regen Verkehr mit Gerhardt, der in jener Zeit die wasserfreien Säuren entdeckte. Nachdem er während $1^1/_2$ Jahren im Schloß Reichenau bei Chur als Assistent von A. von Planta zugebracht hatte, ging er in gleicher Eigenschaft nach London zu Stenhouse. Daselbst hat er freundschaftliche Beziehungen zu Williamson angeknüpft. Von seinen Lehr- und Wanderjahren sagte er bei Gelegenheit der ihm zu Ehren gegebenen 25jährigen Jubiläumsfeier der Benzoltheorie[2]): „Ursprünglich Schüler von Liebig, war ich zum Schüler von Dumas, Gerhardt und Williamson geworden; ich gehöre keiner Schule mehr an."

---

[1]) Im Nekrolog auf Pebal B. **20** c. 1000 (1887).
[2]) B. **23**, 1265 (1890).

Im Jahre 1856 hat er sich in Heidelberg habilitiert und durch seine glänzenden Vorlesungen in hohem Maße zur Annahme der Typentheorie beigetragen. 1858 wurde er an die Universität Gent und 1867 nach Bonn berufen. An beiden Orten hat er als Lehrer und Forscher eine hervorragende Tätigkeit entwickelt, die nur in der letzten Zeit vor seinem am 13. Juli 1896 erfolgten Tode etwas abnahm. Eine große Zahl der Chemiker, die in Wissenschaft und Industrie Hervorragendes leisteten, sind seine Schüler gewesen. Viel größer aber noch ist die Zahl derjenigen, die man, obwohl sie nicht unmittelbar unter ihm sich ausgebildet haben, zu seinen Schülern im weiteren Sinn rechnen darf. Sein Lehrbuch, dessen erste Lieferung 1859 erschien, war damals für die Ausbildung der Chemiker von größter Bedeutung. „Wir waren alle in gewissem Sinne Kekulés Schüler. Der Acker, den seine Ideen gepflügt hatten, wurde von allen Seiten bebaut und trug unaufhörlich die reichsten Früchte", sagte Fittig in einer für den Gelehrtenkongreß in St. Louis (1904) entworfenen Rede[1]).

Wie klar Kekulé sofort den wahren Sinn der typischen Formeln erfaßte, zeigt die in London ausgeführte und 1854 veröffentlichte Untersuchung[2]): „Über eine neue Reihe schwefelhaltiger organischer Säuren." Die Ansicht: „daß in der organischen Chemie die Reihe von Verbindungen, deren Typus der Schwefelwasserstoff ist, vollständig der Reihe des Wassers gleichlaufen müsse", veranlaßte ihn, „eine Reaktion aufzusuchen, welche gestatten würde, durch Einführen von Schwefel an Stelle des Sauerstoffs die Glieder der Wasserreihe in die der Schwefelwasserstoffreihe umzuwandeln". Nachdem er gefunden hatte, daß durch Einwirkung von P_2S_3 oder P_2S_5 auf Alkohol sich Merkaptan erhalten läßt, gelangte er zur Entdeckung der Thiacetsäure. Indem er deren Bildung mit der Einwirkung von Phosphorchlorid auf Essigsäure vergleicht und dies durch folgende Gleichungen veranschaulicht:

$$5 \left. \begin{matrix} C_2H_3O \\ H \end{matrix} \right\} O + P_2S_5 = 5 \left. \begin{matrix} C_2H_3O \\ H \end{matrix} \right\} S + P_2O_5,$$

$$5 \left. \begin{matrix} C_2H_3O \\ H \end{matrix} \right\} + 2\,PCl_5 = \begin{matrix} 5\,C_2H_3OCl \\ \overline{5\,HCl} \end{matrix} + P_2O_5,$$

sagt er: „Man sieht in der Tat, daß die Zersetzung im wesentlichen dieselbe ist, nur zerfällt bei Anwendung der Chloride des Phosphors das Produkt in Chlorothyl[3]) und Salzsäure, während bei der Anwendung der Schwefelverbindungen des Phosphors beide Gruppen vereinigt bleiben; weil die den zwei Atomen Chlor äquivalente Menge

---

[1]) B. **44**, 136 (1904) im Nekrolog auf Fittig.
[2]) A. **90**, 309 (1854).
[3]) Kekulé benutzte den Williamsonschen Namen für Acetyl.

Schwefel nicht teilbar ist. Ich glaube bei der Gelegenheit darauf aufmerksam machen zu müssen, daß die neue (Gerhardtsche) Schreibweise der Formeln wirklich ein besserer Ausdruck der Tatsachen ist, wie die seither gebräuchliche Schreibart. — Es ist eben nicht nur Unterschied in der Schreibweise, vielmehr wirkliche Tatsache, daß 1 Atom Wasser 2 Atome Wasserstoff und 1 Atom Sauerstoff enthält, und daß die einem unteilbaren Atom Sauerstoff äquivalente Menge Chlor durch 2 teilbar ist, während der Schwefel, wie der Sauerstoff selbst, zweibasisch ist, so daß 1 Atom äquivalent ist 2 Atomen Chlor."

Wie intensiv sich Kekulé schon während seines Londoner Aufenthalts mit der Weiterentwicklung dieser Ansichten beschäftigte und wie dann plötzlich, als er an einem Abend von einem Besuch bei seinem Freunde Hugo Müller nach Hause fuhr, die Ideen, welche zur Aufstellung der Strukturtheorie führten, in seinem Hirne auftauchten, hat er in der Festsitzung 1890 folgendermaßen geschildert[1]): „An einem schönen Sommertage fuhr ich mit dem letzten Omnibus durch die zu dieser Zeit öden Straßen der sonst so belebten Weltstadt, auf dem Dach des Omnibus, wie immer. Ich versank in Träumereien. Da gaukelten vor meinen Augen die Atome. Ich hatte sie immer in Bewegung gesehen, jene kleine Wesen, aber es war mir nie gelungen, die Art ihrer Bewegung zu erlauschen. Heute sah ich, wie vielfach zwei kleinere sich zu Pärchen zusammenfügten; wie größere zwei kleine umfaßten, noch größere drei und selbst vier der kleineren festhielten, und wie sich alles in wirbelndem Reigen drehte. Ich sah, wie größere eine Reihe bildeten. Der Ruf des Konducteurs: Clapham road[2]) erweckte mich aus meinen Träumereien, aber ich verbrachte einen Teil der Nacht, um wenigstens Skizzen jener Traumgebilde zu Papier zu bringen. So entstand die Strukturtheorie."

Kekulé übereilte sich nicht, diese Ideen zu veröffentlichen, sondern ließ sie vorher längere Zeit reifen. Inzwischen hatte er eine Untersuchung unternommen, um die Konstitution des Knallquecksilbers aufzuklären[3]). In einer Anlehnung an eine schon von Gerhardt in seinem Précis aufgestellte Formel ging er von der Ansicht aus, daß diese Substanz als $C_2(NO_4)C_2NHg_2$ ($C = 6$ und $O = 8$) anzusehen sei und fand eine Bestätigung in dem Verhalten derselben gegen Chlor. Dadurch gelangte er zur Aufstellung des Grubengastypus. „Diese Formel zeigt auf den ersten Blick, daß das Knallquecksilber in seiner Zusammensetzung die größte Ähnlichkeit zeigt mit einer großen Anzahl von bekannten Körpern, zu denen z. B. das Chloroform gehört. Man könnte es betrachten als nitriertes Chloro-

---

[1]) B. **23**, 1306 (1890).
[2]) Straße, in der Kekulé wohnte.
[3]) A. **101**, 200 (1857).

form, in welchem das Chlor um Teil durch Cyan, zum Teil durch Quecksilber ersetzt ist. Zu demselben Typus können die folgenden Verbindungen gerechnet werden:

C_2HHHH Sumpfgas,
C_2HHHCl Chlormethyl usw.,
$C_2HClClCl$ Chloroform usw.,
$C_2(NO_4)ClClCl$ Chlorpikrin,
$C_2(NO_4)(NO_4)ClCl$ Marignacs Öl,
$C_2HHH(C_2N)$ Acetonitril,
$C_2ClClCl(C_2N)$ Trichloracetonitril,
$C_2(NO_4)HgHg(C_2N)$ Knallquecksilber."

Anknüpfend hieran sagte Kerkulé: „Indem ich diese Körper demselben Typus zuzähle, gebrauche ich dieses Wort nicht im Sinne der Gerhardtschen Unitätstheorie, sondern in dem Sinne, in dem es zuerst von Dumas gelegentlich seiner folgenreichen Untersuchungen über die Typen gebraucht wurde. Ich will dadurch wesentlich die Beziehungen andeuten, in denen die genannten Körper zueinander stehen."

Auffallend ist es, daß Kekulé, der drei Jahre vorher so energisch für Gerhardts Atomgewichte eintrat, bei dieser Gelegenheit wieder die Äquivalente benutzte. Wie Herr Geheimrat Anschütz so freundlich war mir mitzuteilen, hat sich Kekulé darüber später in einer nicht veröffentlichten, aber im Manuskript erhaltenen Abhandlung folgendermaßen ausgesprochen: „Wenn ich in meiner Mitteilung über das Knallquecksilber wieder die alte Schreibweise benutzte, so geschah dies, weil ich den Zeitgenossen ohne Kommentar verständlich sein wollte, und weil es mir in dieser Abhandlung nicht auf Valenzbetrachtungen (die ich gerade damals zu veröffentlichen im Begriff stand), sondern nur auf Darlegung meiner Ansichten über die Konstitution des Knallquecksilbers und seinen Beziehungen zu anderen Körpern des Typus Sumpfgas ankam."

Kekulé hat dann in der einige Monate später erschienenen Abhandlung[1]) „Über die sogenannten gepaarten Verbindungen und die Theorie der mehratomigen Radikale" die Ansichten, die er selbst als eine weitere Ausführung der Ideen von Williamson, Odling und Gerhardt bezeichnete, ausführlich dargelegt. Unter der Überschrift „Idee der Typen" entwickelt er folgende, für den wahren Sinn der Typen und für die Valenzlehre grundlegende Sätze: „Die Zahl der mit einem Atom verbundenen Atome anderer Elemente (oder Radikale) ist abhängig von der Basizität oder Verwandtschaftsgröße

---

[1]) A. **104**, 129 (1857).

der Bestandteile. Die Elemente zerfallen in dieser Beziehung in drei Hauptgruppen:

1. Einbasische oder einatomige (I), z. B. H, Cl, Br, K,
2. zweibasische oder zweiatomige (II), z. B. O, S,
3. dreibasische oder dreiatomige (III), z. B. N, P, As.

Daraus ergeben sich die drei Haupttypen:
$$I + I \quad II + 2I \quad III + 3I,$$
oder in einfachen Repräsentanten
$$HH \quad OH_2 \quad NH_3.\text{“}$$

In einer Fußnote fügte Kekulé hinzu: „Der Kohlenstoff ist, wie sich leicht zeigen läßt und worauf ich später ausführlich eingehen werde, vierbasisch oder vieratomig; d. h. 1 Atom Kohlenstoff $C = 12$ ist äquivalent 4 Atomen H." In diesem Satz ist zum ersten Male bestimmt ausgesprochen, daß der Kohlenstoff vieratomig oder, wie wir jetzt richtiger sagen, vierwertig ist[1]).

Wie vor ihm Frankland, spricht sich Kekulé jetzt dahin aus, daß die „sogenannten gepaarten Verbindungen nicht anders zusammengesetzt sind wie die übrigen chemischen Verbindungen; sie können in derselben Weise auf Typen bezogen werden, in welchen H vertreten ist durch Radikale". Er zeigte, daß sie sich auf multiple oder gemischte Typen beziehen lassen, wie dies schon von Williamson für Chlorschwefelsäure und von Odling für die unterschweflige Säure geschehen ist, indem der Zusammenhang im Molekül durch mehratomige Radikale bewirkt wird, wie folgende Beispiele zeigen:

Typus. Typus

$\left.\begin{matrix}H\\H\\H\\H\end{matrix}\right\}O$ $\left.\begin{matrix}C_6H_5\\SO_2''\\H\end{matrix}\right\}O$ $\left.\begin{matrix}H\\H\\H\\H\end{matrix}\right\}N\atop O$ $\left.\begin{matrix}H\\H\\C_2O_2\\H\end{matrix}\right\}N\atop O$

   Sulfobenzol-   Oxaminsäure
   säure

In seinem Lehrbuch sagte Kekulé im Anschluß an diese Erörterungen: „Es wäre deshalb offenbar am geeignetsten, den Begriff

---

[1]) Die Bezeichnungen monatomique, biatomique usw. hat Gaudin 1833 in der S. 161 zitierten Abhandlung in die Wissenschaft eingeführt, um die Anzahl der Atome in den Molekülen anzugeben. In demselben Sinn haben sie dann Gmelin und Clausius benutzt. In den chemischen Abhandlungen bürgerte sich aber die Gewohnheit ein, mit diesen Worten die Sättigungskapazität der Radikale, die Wertigkeit der Alkohole und nun auch die der Elemente zu bezeichnen. Erlenmeyer machte zuerst 1860 (Z. 3, 540) den zweckmäßigen Vorschlag, dieselben durch einwertig, zweiwertig usw. zu ersetzen. Die Ausdrücke univalent, bivalent usw. rühren von L. Meyer her Moderne Theorie der Chemie S. 67 [1864]).

und die Bezeichnung ge paart vollständig aufzugeben." In derselben Abhandlung aus dem Jahre 1857 hat er in dem Abschnitt über die Basizität der Radikale nochmals den Kohlenstoff als vierwertig bezeichnet, aber die Frage, wie es sich hiermit in den mehr wie ein Atom dieses Elements enthaltenden Verbindungen verhält, noch nicht erwähnt. Dieses Problem wurde im darauffolgenden Jahre fast gleichzeitig von ihm und von Couper durch die Lehre von der Atomverkettung gelöst.

Im Maiheft 1858 der Annalen erschien dann Kekulés klassische Abhandlung[1] ,,Über die Konstitution und Metamorphosen der chemischen Verbindungen und die chemische Natur des Kohlenstoffs", in der er jetzt sich dafür ausspricht, daß bei der Beurteilung der chemischen Konstitution nicht bei den Radikalen stehenzubleiben ist. ,,Ich halte es für nötig und bei dem jetzigen Stand der chemischen Kenntnisse für viele Fälle für möglich, bei der Erklärung der Eigenschaften der chemischen Verbindungen zurückzugehen bis auf die Elemente selbst, die die Verbindungen zusammensetzen." Nachdem er auch in dieser Abhandlung darauf hingewiesen, daß in den einfachsten Verbindungen des Kohlenstoffs immer ein Atom desselben vier einatomige oder zwei zweiatomige Elemente bindet und dies zu der Ansicht führt, daß der Kohlenstoff ,,vieratomig" ist, hat er auf S. 154 die kohlenstoffreicheren Verbindungen besprochen.

,,Für Substanzen, die mehrere Atome Kohlenstoff enthalten, muß man annehmen, daß ein Teil der Atome wenigstens ebenso durch die Affinität des Kohlenstoffs in der Verbindung gehalten werde, und daß die Kohlenstoffatome selbst sich aneinanderlagern, wobei natürlich ein Teil der Affinität des einen gegen einen ebenso großen Teil der Affinität des anderen gebunden wird. Der einfachste und deshalb wahrscheinlichste Fall einer solchen Aneinanderlagerung von zwei Kohlenstoffatomen ist nun der, daß eine Verwandtschaftseinheit des einen Atoms mit einer des anderen gebunden ist. Von den 2×4 Verwandtschaftseinheiten der 2 Kohlenstoffatome werden also zwei verbraucht, um die beiden Atome zusammenzuhalten; es bleiben mithin 6 übrig, die durch Atome anderer Elemente gebunden werden können. Treten mehr als zwei Kohlenstoffatome in derselben Weise zusammen, so wird für jedes weiter hinzutretende die Basizität der Kohlenstoffgruppe um zwei Einheiten erhöht. Die Anzahl der mit n Atomen Kohlenstoff, die in dieser Weise aneinandergelagert sind, verbundenen Wasserstoffatome (chemische Einheiten) wird also ausgedrückt durch:

$$n(4-2) + 2 = 2n + 2.\text{``}$$

[1] A. **106**, 129 (1858); 16. März 1858 gezeichnet.

Als Kohlenstoffskelett einer Verbindung bezeichnete Kekulé die auf diese Weise unter sich verbundenen Kohlenstoffatome. Durch Formeln hat er dies 1858 noch nicht veranschaulicht, sondern erst im folgenden Jahre in der ersten Lieferung seines Lehrbuchs hierzu schematische Figuren benutzt, worauf im zweiundvierzigsten Kapitel zurückzukommen ist.

In betreff der Verbindungen, die außer Kohlenstoff noch andere mehrwertige Elemente enthalten, weist er darauf hin, daß nur ein Teil von deren Verwandtschaftseinheiten an Kohlenstoff gebunden zu sein braucht, wie z. B. im Alkohol oder Äthylamin. Auch können diese Elemente zwei oder mehrere Kohlenstoffgruppen zusammenhalten, wie in den Anhydriden, den sekundären und tertiären Aminen. Um dies anzudeuten, benutzt er „die typische Schreibweise", wie z. B.

$$\left.\begin{array}{c}C_2H_5\\H\end{array}\right\}O \qquad \left.\begin{array}{c}C_2H_5\\H\\H\end{array}\right\}N \qquad \left.\begin{array}{c}C_2H_3O\\C_2H_3O\end{array}\right\}O \qquad \left.\begin{array}{c}C_2H_5\\C_2H_5\\C_2H_5\end{array}\right\}N\,.$$

Der Angabe, daß für eine große Zahl organischer Verbindungen die einfachste Aneinanderlagerung der Kohlenstoffatome angenommen werden kann, fügte er hinzu: „Andere enthalten so viel Kohlenstoffatome im Molekül, daß für sie eine dichtere Aneinanderlagerung des Kohlenstoffs angenommen werden muß." Als Beispiel verweist er auf das Benzol und das Naphthalin.

In derselben Abhandlung hat Kekulé in dem Abschnitt über chemische Metamorphosen auch in geistreicher Weise die Vorgänge, die man gewohnt ist, als wechselseitige Zersetzung oder doppelten Austausch zu bezeichnen, besprochen. Darauf hinweisend, daß von Gerhardt diese auf alle chemischen Vorgänge ausgedehnt worden ist, sagt er auf S. 140: „Sie ist aber, abgesehen von den Additionen, auch auf eine Anzahl anderer Metamorphosen nicht anwendbar, und gibt außerdem nicht eigentlich eine Vorstellung von dem, was während der Reaktion vor sich geht, kann vielmehr zu der offenbar irrigen Vorstellung Veranlassung geben, als existieren die Radikale und Atome während des Austausches, während sie gewissermaßen unterwegs sind, in freiem Zustand. Die einfachste und auf alle chemischen Metamorphosen anwendbare Vorstellung ist die folgende:

Wenn zwei Moleküle aufeinander einwirken, so ziehen sie sich zunächst, vermöge der chemischen Affinität, an und lagern sich aneinander; das Verhältnis zwischen den Affinitäten der einzelnen Atome veranlaßt dann, daß Atome in stärksten Zusammenhang kommen, die vorher den verschiedenen Molekülen angehört hatten. Deshalb zerfällt die Gruppe, welche, nach einer Richtung geteilt, sich aneinandergelagert hatte, jetzt, indem Teilung nach anderer Richtung stattfindet:

$$\begin{array}{ccc} \text{vor} & \text{während} & \text{nach} \\ a\ |\ b & a\ \ b & \dfrac{a\ \ b}{a_1\ b_1} \\ a_1\ |\ b_1 & a_1\ b_1 & \end{array}\ .$$

Vergleicht man dann das Produkt mit dem (angewandten) Material, so kann die Zersetzung als wechselseitiger Austausch aufgefaßt werden." Er fügt nach Besprechung verschiedener Beispiele hinzu: „Sind die sich zersetzenden Moleküle komplizierter zusammengesetzt, so ist es möglich, daß solche Spaltungen gleichzeitig nach verschiedenen Richtungen vor sich gehen."

Unabhängig von Kekulé und fast gleichzeitig ist Couper[1]) zur Hypothese von der Atomverkettung gelangt, seine am 14. Juni 1858 der Akademie vorgelegte Abhandlung[2]): „Sur une nouvelle Théorie chimique", hatte er schon vor Eintreffen des Maiheftes der Annalen übergeben. So durfte er annehmen, daß seine Ansicht über Atomverkettung vorher noch nicht ausgesprochen worden sei. In betreff der Vierwertigkeit des Kohlenstoffs hat er aber keinen derartigen Anspruch erhoben. Bei seinen Darlegungen ist er von den Anziehungskräften der Elemente ausgegangen: „Je remonte aux éléments eux-mêmes dont j'étudie les affinités réciproques." Er unterscheidet dann zwei Arten von Affinitäten:

„1° L'affinité de degré; 2° l'affinité élective. J'entends par affinité de degré, l'affinité qu'un élément exerce sur un autre avec lequel il se combine en plusieurs proportions définies." Couper nimmt für Kohlenstoff wechselnde Valenz an: „Je trouve qu'il exerce son pouvoir de combinaison en deux degrés. Ces degrés sont représentés par CO^2 et CO^4, c'est-à-dire par l'oxyde de carbone et l'acide carbonique, en adoptant pour les équivalents du carbone et de l'oxygène les nombres 12 et 8. Je nomme affinité élective, celle que différents éléments exercent les uns sur les autres, avec des intensités différentes. — Les traits qui caractérisent cette affinité élective du carbone sont les suivants:

1° Il se combine avec des nombres d'équivalents égaux d'hydrogène, de chlore, d'oxygène, de soufre etc. qui peuvent se remplacer mutuellement pour pouvoir satisfaire son pouvoir de combinaison.

---

[1]) Archibald Couper (1831—1892), zu Townhead in Schottland geboren, hat zuerst in Glasgow und Berlin studiert, ist dann 1856 in das Würtzsche Laboratorium eingetreten, wo er Arbeiten über Benzolderivate und Salicylsäure ausführte. In Paris hat er auch seine Abhandlung über eine neue chemische Theorie verfaßt. Im Herbst 1858 nach Schottland zurückgekehrt, erkrankte er und mußte eine Nervenheilanstalt aufsuchen. Obwohl nach einigen Monaten als geheilt entlassen, blieb er bis zu seinem Tod zu geistiger Arbeit unfähig. Eine ausführliche Schilderung seines Lebens und seiner Publikationen hat Anschütz in Proc. Soc. Edinburgh **29**, 194 (1909) und Archiv f. Geschichte d. Naturw. **11**, 219 veröffentlicht.

[2]) C. r. **46**, 1157 (1858).

2º Il entre en combinaison avec lui-même. Ces deux propriétés suffisent à mon avis pour expliquer tout ce que la chimie organique offre de caractéristique. Je crois que la seconde est signalée ici pour la première fois."

Eine eigentümliche Ansicht hat er über den Sauerstoff aufgestellt, durch die seine Formeln weniger klar erschienen und durch die auch damals die Annahme derselben erschwert wurde, wie aus einer Kritik von Butlerow[1]) hervorgeht. Couper machte die Annahme, daß in den organischen Verbindungen immer zwei Atome Sauerstoff unter sich verbunden sind und daher dieses Element als $O = 8$ zweiwertig sei. „En ce qui concerne l'oxygène, j'admets qu'un atome de ce corps en combinaison exerce une affinité puissante sur un second atome d'oxygène qui lui-même est combiné à un autre élément." In betreff der Wertigkeit des Kohlenstoffs und des Sauerstoffs sagt er: „La puissance de combinaison la plus élevée que l'on connaisse pour le carbone est celle du second degré, c'est-à-dire 4. La puissance de combinaison de l'oxygène est représentée par 2." Seine Ansichten hat er dann durch Formeln erläutert, in denen er den Zusammenhang der Atome durch Punktlinien und in der späteren ausführlichen Abhandlung[2]) durch Striche veranschaulichte. Er hat also, wie folgende Formeln zeigen, zuerst die Schreibweise angewandt, die bei den Strukturformeln später in Gebrauch kam.

$$C\left\{\begin{array}{l}O\text{----}OH\\ H^2\end{array}\right. \qquad C\left\{\begin{array}{l}O\text{----}OH\\ O^2\end{array}\right. \qquad C\left\{\begin{array}{l}O\text{-----}O\\ H^2\quad H^2\end{array}\right\}C$$
$$C\text{--------}H^3 \qquad\qquad C\text{--------}H^3 \qquad\qquad C\text{---}H^3\quad H^3\text{---}C$$
$$\text{alcool}\qquad\qquad\qquad\text{acide acétique}\qquad\qquad\qquad\text{éther}$$

$$C\left\{\begin{array}{l}O\text{----}OH\\ H^2\end{array}\right. \qquad C\left\{\begin{array}{l}O\text{----}OH\\ O^2\end{array}\right. \qquad C\left\{\begin{array}{l}O\text{----}OH\\ H^2\end{array}\right.$$
$$C\left\{\begin{array}{l}H^2\\ O\text{----}OH\end{array}\right. \qquad C\left\{\begin{array}{l}O^2\\ O\text{----}OH\end{array}\right. \qquad C\text{---}H^2$$
$$\qquad\qquad\qquad\qquad\qquad\qquad\qquad\qquad\qquad C\text{---}H^3$$
$$\text{glycol}\qquad\qquad\qquad\text{acide oxalique}\qquad\qquad\text{alcool propylique}$$

In der zweiten Abhandlung, in der er für eine größere Zahl von Verbindungen Strukturformeln aufstellte, hat er mit Ausnahme eines Beispiels, das die Cyanursäure betrifft, nur solche Formeln gegeben, in denen der Kohlenstoff vierwertig funktioniert. An der weiteren Entwicklung der neuen Lehre war es ihm durch sein Schicksal versagt, sich zu beteiligen. In den Jahren 1859 und 1860 war es daher nur Kekulé, der durch sein Lehrbuch die Strukturtheorie weiter ausbaute. Von da an haben auch andere Chemiker, wie im zweiundvierzigsten Kapitel angegeben ist, daran teilgenommen.

[1]) A. **110**, 51 (1859).
[2]) A. ch. [3] **53**, 469 (1858).

Vierunddreißigstes Kapitel.
Die neuere Radikaltheorie.

In demselben Jahrzehnt, in dem die Typentheorie aufgestellt wurde, ist auch die Radikaltheorie in bedeutsamer Weise fortgeschritten. In den Jahren 1853 und 1854 hatte Rochleder[1]) in zwei theoretischen Abhandlungen den Gedanken entwickelt, daß sich alle organischen Radikale von dem Methyl, C_2H_3, als Stammradikal durch stufenweisen Ersatz des Wasserstoffs durch Methyl oder durch Phenyl herleiten lassen, wie er es durch folgende Formeln veranschaulichte[2]):

$$C_2\begin{pmatrix}H\\H\\H\end{pmatrix}, \quad C_2\begin{pmatrix}C_2H_3\\H\\H\end{pmatrix}, \quad C_2\begin{pmatrix}C_2H_2\\H\\H\end{pmatrix}\begin{pmatrix}C_2H_2\\H\\H\end{pmatrix}\begin{pmatrix}C_2H_2\\H\\H\end{pmatrix}\begin{pmatrix}C_2H_3\\H\\H\end{pmatrix}$$

Stammradikal   Äthyl   Amyl

$$C_2\begin{pmatrix}C_{12}H_5\\H\\H\end{pmatrix}, \quad C_2\begin{pmatrix}C_2H_3\\O\\O\end{pmatrix}, \quad C_2\begin{pmatrix}C_2H_3\\\square\\\square\end{pmatrix}, \quad C_2\begin{pmatrix}C_{12}H_5\\O\\O\end{pmatrix}.$$

Benzogenyl (Benzyl)   Acetyl   Vinyl   Benzoyl

Von diesen Radikalen leitete er durch Ersatz zweier Äquivalente Wasserstoff durch 2 Äquivalente Sauerstoff die Säureradikale und durch Wegnahme von zwei Wasserstoff ohne Ersatz die wasserstoffärmeren Radikale, die er als Radikale mit Lücken bezeichnete, ab. Diese Lücken deutete er durch das Zeichen $\square$ an. Von einer großen Zahl organischer Verbindungen hat er dann vom dualistischen Gesichtspunkt aus Formeln aufgestellt, wie z. B.:

$$C_2\begin{pmatrix}C_2H_3\\H\\H\end{pmatrix}O + HO, \qquad C_2\begin{pmatrix}C_2H_3\\O\\O\end{pmatrix}O + HO,$$

Alkohol   Essigsäure

$$C_2\begin{pmatrix}C_2H_3\\\square\end{pmatrix}O + HO, \qquad C_2\begin{pmatrix}C_2H_3\\O\\O\end{pmatrix}\begin{pmatrix}C_2H_3\\\square\end{pmatrix}O + HO.$$

Aldehyd   Acrylsäure

---

[1]) Friedrich Rochleder (1819–1874), zu Wien geboren, hatte Medizin studiert und auch als Mediziner promoviert, sich dann dem Studium der Chemie zugewandt und im Jahre 1842 in Liebigs Laboratorium gearbeitet. Zuerst Professor an der technischen Akademie in Lemberg, wurde er 1849 in Prag und 1870 in Wien Redtenbachers Nachfolger. Als hauptsächlichste Lebensarbeit hatte er botanisch einander nahestehende Pflanzen chemisch untersucht und in dieser Richtung mit Ausdauer und Erfolg gewirkt. Daß er sich gern mit theoretischen Spekulationen beschäftigte, ist auch von Hlasiwetz in dem Nachruf (B. 8, 1702) hervorgehoben worden.

[2]) Mitt. der Wiener Akad. **11**, 852 (1853) und **12**, 727 (1854).

Ein Urteil über die Wertigkeit der Elemente hat Rochleder nicht ausgesprochen, auch vertrat er noch die Ansicht, „daß die Radikale wirklich existieren". Indem er bei seinen Formeln bis auf das Methyl zurückging, war er damals der Typentheorie vorangeeilt. Doch schadete er seinen Ansichten dadurch, daß er noch an der dualistischen Auffassung festhielt, die auf dem Gebiet der organischen Chemie anfing überwunden zu werden, und daß er im Zusammenhang mit seinen theoretischen Betrachtungen keine experimentellen Arbeiten ausführte. Ob seine Abhandlungen einen Einfluß ausgeübt haben, läßt sich aus der Literatur nur für die wasserstoffärmeren Verbindungen ersehen. Die Bezeichnung von Verbindungen mit Lücken wurde von verschiedenen Chemikern und namentlich von Berthelot angenommen.

Nachdem Kolbe sich Franklands Ansicht, daß die Annahme von gepaarten Verbindungen aufzugeben ist, angeschlossen hatte, bezeichnete er 1857 die fetten und aromatischen Säuren sowie die Aldehyde und Acetone als Derivate der Kohlensäure und stellte folgende Formeln auf[1]):

$$2\,HO,\ C_2O_4\ \text{Carbonsäure (Kohlensäure)}$$

Einbasische Säuren	Aldehyde	Acetone
$HO,\ (C_2H_3)\ C_2O_3$	$\left.\begin{array}{c}C_2H_3\\H\end{array}\right\}C_2O_2$	$\left.\begin{array}{c}C_2H_3\\C_2H_3\end{array}\right\}C_2O_2$
Methylcarbonsäure (Essigsäure)	Methylhydrocarbonoxyd (Aldehyd)	Dimethylcarbonoxyd (Aceton)
$HO,\ (C_{12}H_5)\ C_2O_3$	$\left.\begin{array}{c}C_{12}H_5\\H\end{array}\right\}C_2O_2$	$\left.\begin{array}{c}C_{12}H_5\\C_{12}H_5\end{array}\right\}C_2O_2$
Phenylcarbonsäure (Benzoesäure)	Phenylhydrocarbonoxyd (Benzoylwasserstoff)	Diphenylcarbonoxyd (Benzophenon)

Am Schlusse dieser Abhandlung deutete er schon an, daß sich wohl auch Alkohol und Äther von derselben Stammsubstanz herleiten lassen. „Die obigen Betrachtungen führen zu der weiteren Frage, ob in der Kohlensäure C_2O_4, nachdem bereits zwei Sauerstoffatome durch positive Radikale ersetzt sind, nicht auch ein drittes Sauerstoffatom eine gleiche Substitution erfahren könne. Wenn diese Annahme statthaft ist, so würden sich der Äther und die Alkohole einfach auf Kohlensäure zurückführen lassen." Genau zu derselben Zeit, zu der Kekulé den Sumpfgastypus aufstellte, hat also Kolbe eine Reihe organischer Verbindungen von der Kohlensäure abgeleitet. Beide Abhandlungen sind mit dem Datum Dezember 1856 versehen.

Drei Jahre später hat Kolbe seine hervorragende Abhandlung[2]) „Über die natürlichen Zusammenhänge der organischen mit den

---

[1]) A. **101**, 257 (1857).
[2]) A. **113**, 293 (1860).

unorganischen Verbindungen, die wissenschaftliche Grundlage zu einer naturgemäßen Klassifikation der organischen Körper" veröffentlicht. Nachdem er sich am Anfang derselben gegen die Gerhardtschen Typen und namentlich gegen die gemischten Typen ausgesprochen, bezeichnete Kolbe als Ausgangspunkt seiner Betrachtungen den Grundsatz: „Die chemischen organischen Körper sind durchweg Abkömmlinge unorganischer Verbindungen und aus diesen, zum Teil direkt, durch wunderbar einfache Substitutionsprozesse entstanden." Er führte als Beweis an: „Es ist besonders Wanklyns Entdeckung der Umwandlung der Kohlensäure in Propionsäure und Essigsäure, wodurch die Ansicht daß die fetten und verwandten Säuren, die Aldehyde, die Acetone, die Alkohole usw. Derivate der Kohlensäure sind, eine Hauptstütze gewinnt." Wanklyn hatte 1858[1]) gefunden, daß bei Einwirkung von Kohlendioxyd auf Natriumäthyl Propionsäure entsteht und 1859 gezeigt[2]), daß sich in analoger Weise Essigsäure aus Natriummethyl erhalten läßt.

Indem Kolbe jene Betrachtungen weiter entwickelte, gelangte er auf S. 306 zu seiner genialen Prognose neuer Alkoholarten: „Denken wir uns, daß in den Alkoholen eins resp. zwei der beiden selbständigen Wasserstoffatome durch ebenso viele Atome Methyl, Äthyl usw. substituiert werden, so resultieren neue alkoholartige Verbindungen von folgender Zusammensetzung:

$$HO \cdot \left\{ \begin{matrix} C_2H_3 \\ H_2 \end{matrix} \right\} C_2, O \text{ normaler Alkohol}$$

$$HO \cdot \left\{ \begin{matrix} C_2H_3 \\ C_2H_3 \\ H \end{matrix} \right\} C_2, O \text{ einfach-methylierter Alkohol}$$

$$HO \cdot \left\{ \begin{matrix} C_2H_3 \\ C_2H_3 \\ C_2H_3 \end{matrix} \right\} C_2, O \text{ zweifach-methylierter Alkohol}$$

$$HO \left\{ \begin{matrix} C_2H_3 \\ C_2H_3 \\ C_4H_5 \end{matrix} \right\} C_2, O \text{ methyl-äthylierter Alkohol.}$$

Der einfach-methylierte Alkohol würde nur isomer nicht identisch sein mit dem Propylalkohol:

$$HO \cdot \left\{ \begin{matrix} C_4H_5 \\ H_2 \end{matrix} \right\} C_2, O \ .$$

Ich glaube, daß, sobald man nur anfängt, diesen Gegenstand experimentell zu bearbeiten, die Entdeckung derselben nicht lange ausbleiben wird. Es läßt sich sogar ihr chemisches Verhalten schon

---

[1]) C. r. **47**, 417 (1858).
[2]) A. **111**, 234 (1859).

in mehreren Punkten vorausbestimmen." Er führte unter anderem an, daß der einfach-methylierte Alkohol (Isopropylalkohol) bei der Oxydation Aceton liefern werde.

Die zweibasischen organischen Säuren leitete Kolbe von zwei und die dreibasischen von drei Atomen Kohlensäure her. Nur die ursprüngliche Schreibweise seiner Formeln änderte er von da an in folgender Weise etwas ab:

$$\text{HO} \cdot (C_2H_3)[C_2O_2]O ; \qquad 2\ \text{HO}(C_2H_4)\begin{bmatrix}C_2O_2\\C_2O_2\end{bmatrix}O_2 \ .$$
Essigsäure $\qquad\qquad\qquad$ Bernsteinsäure

Entsprechend der schon von Mitscherlich angenommenen Analogie zwischen Benzoesäure und Benzolsulfonsäure, stellte er für diese Säuren die Formeln

$$\text{HO}(C_{12}H_5)[C_2O_2]O \quad \text{und} \quad \text{HO}(C_{12}H_5)[S_2O_4]O$$
Benzoesäure $\qquad\qquad$ Phenylschwefelsäure

auf. Berücksichtigt man noch seine Ansicht über die Oxy- und Aminosäuren, wie z. B.

$$\text{HO}\Big(C_2\Big\{{H_2\atop HO_2}\Big)[C_2O_2]O ; \qquad \text{HO}\Big(C_2\Big\{{H_2\atop H_2N}\Big)[C_2O_2]O ,$$
Oxyessigsäure $\qquad\qquad\qquad$ Amidoessigsäure

so sieht man, daß seine Formeln damals in klarerer Weise die Beziehungen der organischen Säuren zueinander veranschaulichen, als es bei den typischen der Fall war. Modifiziert man Kolbes Schreibweise entsprechend unseren Atomgewichten, so gelangt man zu Formeln, die der Strukturtheorie entsprechen, z. B. für Essigsäure und Oxyessigsäure zu den folgenden:

$$(CH_3)[CO]OH \quad \text{und} \quad (CH_2 \cdot OH)[CO]OH \ .$$

In der Form nur etwas verschieden, erteilte Volhard, bei Veröffentlichung der im Marburger Laboratorium ausgeführten Synthese des Sarkosins[1], dieser Verbindung die Formel:

$$CO\Big\{{CH_2\atop HO}\Big({CH_3\atop H}\Big\}N\Big) \ .$$

Wie sehr am Anfang der sechziger Jahre das Vertrautsein mit Kolbes Ansichten das Verständnis der Strukturtheorie erleichterte, lernte der Verfasser dieses Buches aus eigener Erfahrung schätzen.

Kolbe selbst hat aber die Übereinstimmung seiner Formeln mit den Strukturformeln auch noch bestritten, nachdem er 1869 die neuen Atomgewichte angenommen hatte. Er betonte damals und auch noch später, daß, seiner Ansicht nach, die Radikale ebenso

---

[1] A. **123**, 261 (1862).

selbständig bestehende Individuen sind wie die Atome. Auch nahm er an, daß die Atome in den Molekülen eine bestimmte Rangordnung besitzen, so sagte er z. B. 1870[1]): „Jede chemische Verbindung besitzt, was schon Berzelius als selbstverständlich annahm, ein dominierendes Haupt (Stammradikal), welches die Glieder beherrscht und auch die Glieder wie die Teile derselben haben unter sich nicht immer gleichen Rang noch gleiche Funktionen." Nach Kolbe sind z. B. $\underline{C}H_3(NH_2)$ und $\begin{Bmatrix} CH_3 \\ H \\ H \end{Bmatrix} N$ nicht identisch; in der ersteren ist der Kohlenstoff, dagegen in der zweiten der Stickstoff das Haupt, die erstere ist ein Derivat des Methans und die zweite ein Abkömmling des Ammoniaks. So nahm er Isomeriemöglichkeiten an, für die er aber keine experimentellen Erfahrungen anführen konnte und für die auch später keine aufgefunden wurden.

Fünfunddreißigstes Kapitel.

Die mehratomigen Alkohole und die Konstitution der Fette.

Zwischen der Veröffentlichung von Chevreuls Buch über die animalischen Fette und den Arbeiten Berthelots über diese wichtigen Substanzen liegt ein Zeitraum von dreißig Jahren. Während derselben beschäftigten sich die Chemiker, welche dieses Gebiet bearbeiteten, wesentlich, dem Beispiel Chevreuls folgend, mit der Untersuchung der Säuren und weniger mit der des Glycerins. Obwohl diese Arbeiten dem vorhergehenden Jahrzehnt angehören, wurde des Zusammenhangs wegen deren Besprechung für dieses Kapitel aufgeschoben. Verschiedene neue namentlich in den vegetabilischen Ölen enthaltene Säuren, wie die Ricinusölsäure, die Leinölsäure usw. wurden aufgefunden.

Da nun in den die fetten Säuren betreffenden Abhandlungen manche Widersprüche sich zeigten, so veranlaßte Liebig, als er mit Abfassung seines Handbuchs beschäftigt war, mehrere junge Chemiker, dieselben zu untersuchen. So entstanden die im Jahre 1840 veröffentlichten Arbeiten von Redtenbacher, Bromeis, Varrentrapp und H. Meyer über Stearin-Margarin-Öl- und Elaidinsäure. Denselben verdanken wir eine Reihe wertvoller Ermittlungen. In betreff der Zusammensetzung waren sie aber wegen des zu hohen Atomgewichts für Kohlenstoff noch nicht zu richtigen Formeln gelangt. So kam es auch, daß Fremy[2]) für die aus Palmöl isolierte

---

[1]) J. pr. [2] **1**, 294 (1870).
[2]) Edmond Fremy (1814—1894), in Versailles geboren, war Schüler von Gay-Lussac und Pelouze. An Stelle des letzteren wurde er Repetent an der Ecole polytechnique. Später wurde er Professor am Musée d'histoire naturelle. Seine Unter-

Säure, obwohl sie im Schmelzpunkt und sonstigen Eigenschaften der Margarinsäure entsprach, annahm, sie sei neu, weshalb er sie als acide palmitique bezeichnete. Er hatte ihr die Formel $C^{64}H^{64}C^8$ erteilt, die aber nicht mehr seiner Analyse entsprach, wenn man sie nach C = 75 umrechnet. Wie er kurze Zeit nach der Veröffentlichung von Dumas und Stas über das Atomgewicht des Kohlenstoffs angab, hatte er bei seiner Analyse, wie es damals noch häufig geschah, die Verbrennung nur mit Kupferoxyd ausgeführt. Als er dieselbe jetzt unter Hilfe von Sauerstoff wiederholte, gelangte er[1]) zu der gleichen Formel, die er vorher aus der nicht ganz richtigen Analyse abgeleitet hatte.

Auf Grund der Umrechnung der älteren Analysen zeigte Gerhardt[2]), daß die von Dumas aus Cetylalkohol dargestellte acide éthalique und die von Varrentrapp durch Schmelzen von Öl- und von Elaidinsäure erhaltene Säure vom Schmelzpunkt 62° mit Palmitinsäure identisch ist und nahm für diese Säure, entsprechend seiner Atomgewichte die vereinfachte Formel $C^{16}H^{32}O^2$ an. Ebenso fand er, daß für Ölsäure sowie für Elaidinsäure bei Neuberechnung der Analysen sich die Zusammensetzung $C^{18}H^{34}O^2$ ergibt, und nahm, der Zeit vorauseilend, an, daß dieselben nicht als eigentliche Isomere, sondern als physikalische Modifikationen anzusehen sind: ,,Les analyses les plus récentes qu'on a faites de l'acide oléique et de l'acide élaidique me semblent indiquer que ce ne sont que des modifications physiques d'un seul et même corps, leur transformation en acétate et éthalate par la potasse en fusion vient entièrement à l'appui de ma manière de voir."

Aus einer Arbeit von Gottlieb[3]), der gleichfalls die richtige Zusammensetzung von Öl- und Elaidinsäure ermittelte, sei noch erwähnt, daß dieser Chemiker zum ersten Male beobachtet hat, daß der Schmelzpunkt eines Gemisches zweier organischen Substanzen tiefer liegen kann als der Schmelzpunkt der am niedrigsten schmelzenden. Er war daher, wie er angab, über die Natur einer aus Gänsefett erhaltenen, bei 58° schmelzenden Säure ,,durch längere Zeit im Zweifel, indem man bei einem Gemenge von Talg- und Margarinsäurehydrat einen Schmelzpunkt vorauszusetzen berechtigt war, welcher etwa in der Mitte der Schmelzpunkte der beiden Säuren liegt". Er hat dann von neun, in verschiedenen Verhältnissen dargestellten Gemengen dieser Säuren die Schmelzpunkte bestimmt und

---

suchungen auf dem Gebiet der organischen Chemie betreffen wesentlich vegetabilische Stoffe, auch hatte er schon Arbeiten über die Farbstoffe der Blumen ausgeführt. Mit Pelouze zusammen verfaßte er ein umfangreiches Lehrbuch der Chemie.

[1]) C. r. **11**, 872 (1840).
[2]) Précis II, 304 und 343 (1845).
[3]) A. **57**, 36 (1846).

gefunden, daß die Temperatur 58° einem Gemisch gleicher Teile beider Säuren entspricht.

Bei der Feststellung der Formeln durch Umrechnung älterer Analysen war Gerhardt, der für Stearinsäure zu $C_{19}H_{38}O_2$ und Margarinsäure zu $C_{17}H_{34}O_2$ gelangte, weniger glücklich. So war es Heintz[1]) vorbehalten, endgültig für diese beiden Säuren nachzuweisen, welche Stelle sie in der homologen Reihe der Ameisensäure einnahmen. Entprechend $C = 6$ und $O = 8$ stellte er für Stearinsäure $C_{36}H_{36}O_4$ und für Palmitinsäure $C_{32}H_{32}O_4$ auf und knüpfte hieran die Bemerkung, daß wahrscheinlich bei allen durch Verseifung der Fette erhaltenen Säuren die Anzahl der Kohlenstoffatome durch vier teilbar sei. Nach unseren jetzigen Formeln entspricht diese einer durch zwei teilbaren Zahl. In betreff der Margarinsäure gab er, gestützt auf den Schmelzpunkt, an, daß die von Chevreul beschriebene Säure Palmitinsäure gewesen sei, die noch 10% Stearinsäure enthalten habe. Es war ihm durch weitere Reinigung gelungen, sie aus den Fetten, mittels der von ihm angewandten Methode partieller Fällung, ebenso rein zu erhalten wie Varrentrapp seine bei 62° schmelzende aus Ölsäure dargestellte Säure.

Heintz hat durch seine Arbeit wesentlich dazu beigetragen, daß der Name Palmitinsäure bevorzugt wurde, doch blieb auch die Bezeichnung Margarinsäure noch längere Zeit in Gebrauch. Es wäre wohl richtiger gewesen, den alten von Chevreul gegebenen Namen beizubehalten. Immerhin hat das Wort Palmitinsäure den Vorzug, daß es, wie die Namen der anderen, in den Fetten vorkommenden Säuren, von einem Naturprodukt abgeleitet ist. Wie im Handel das Wort Benzin auf eine andere Substanz übertragen wurde, als diejenige, für die es ursprünglich geprägt war, so erging es auch mit der Bezeichnung Margarin. Nachdem es Mège-Mouriès in Paris 1869 gelungen war, aus Rindsfett einen Ersatz für Butter darzustellen und als beurre artificiel in den Handel zu bringen, wurde allmählich diese Kunstbutter auch als Margarin bezeichnet und dann dieser Ausdruck 1887 in Deutschland für die Buttersurrogate gesetzlich vorgeschrieben.

Heintz hat seine in den Jahren 1852—1855 mitgeteilten Untersuchungen in einer größeren Abhandlung[2]) zusammengestellt. Zahlreiche Bestimmungen hat er, im Anschluß an Gottliebs Beobachtung, über die Schmelzpunkte von Gemischen fetter Säuren ausgeführt und auf Grundlage derselben für verschiedene, in der chemischen

---

[1]) Heinrich Heintz (1817—1880) war anfangs Apotheker, widmete sich dann 1842 der Chemie. 1851 wurde er außerordentlicher und 1855 ordentlicher Professor an der Universität Halle, der er bis zu seinem Tode angehörte. Wislicenus, der aus seiner Schule hervorgegangen ist, hat in B. **16**, 3121 einen Nekrolog auf ihn veröffentlicht.

[2]) J. p. **66**, 1 (1855).

Literatur beschriebenen Säuren nachgewiesen, daß sie aus Gemengen bestehen, so daß durch seine Arbeiten größere Klarheit in betreff derselben erreicht wurde. Welch wichtiges Hilfsmittel für den Identitätsnachweis von organischen Verbindungen die Bestimmung des Schmelzpunkts von Mischproben liefert, darauf wurde aber erst mehr als vier Jahrzehnte später durch Blau hingewiesen[1]).

Von dem Glycerin hatte Chevreul angenommen, daß es ebenso wie der Alkohol die Rolle einer Base spiele. Pelouze hat dann, um dies näher zu beweisen, im Jahre 1836[2]) Versuche angestellt und gefunden, daß das Glycerin bei Einwirkung von Schwefelsäure in analoger Weise verwandelt wird wie der Alkohol. Er erhielt eine Säure, die er als acide sulfoglycérique bezeichnete. Dann entdeckte er 1845 die physiologisch wichtige Glycerinphosphorsäure, deren Verbindung mit Ölsäure und Margarinsäure bald darauf Gobley im Gehirn und Eigelb auffand[3]).

Nachdem Pelouze und Gélis 1843 die Entdeckung gemacht hatten, daß aus Zucker durch eine besondere Gärung Buttersäure entsteht, stellten sie mittels der auf diese Weise bereiteten Säure das erste künstliche Fett dar[4]). Durch schwaches Erwärmen der Buttersäure mit Glycerin und etwas Schwefelsäure erhielten sie eine Substanz, die nach Eigenschaften und Verhalten dem Butyrin von Chevreul entsprach.

Zu derselben Zeit hatte Redtenbacher[5]) im Anschluß an seine in Gießen ausgeführte Arbeit über Stearinsäure die Einwirkung der Hitze auf Fette studiert und nachgewiesen[6]), daß die bei der Destillation dieser Substanzen entstehende, stark riechende Substanz, die Brandes 1839 als Acrol bezeichnet hatte, sich aus dem Glycerin bildet. Er ermittelte ihre Zusammensetzung, untersuchte sie genauer und fand, daß sie durch Oxydation in eine Säure übergeht, und daher als ein Aldehyd anzusehen ist. Das Acrol nannte er Acroleïn und die Säure Acrylsäure.

Den fünfziger Jahren gehören die klassischen Untersuchungen von Berthelot an, denen wir die genauere Kenntnis des Glycerins sowie die Synthese der wichtigsten Fettbestandteile verdanken.

---

[1]) M. **18**, 137 (1897).
[2]) A. ch. [2] **63**, 21 (1836).
[3]) J. Berz. **26**, 912 (1846).
[4]) C. r. **16**, 1270 (1843).
[5]) Josef Redtenbacher (1810—1870), zu Kirchdorf in Österreich geboren, hatte Medizin in Wien studiert, sich jedoch so eifrig mit Naturwissenschaften beschäftigt, daß er am botanischen Institut Assistent der Chemie wurde und 1839 ein Staatsstipendium erhielt, das es ihm möglich machte, ein Semester in Berlin und $1^{1}/_{2}$ Jahre in Gießen sich weiter auszubilden. Nach Österreich zurückgekehrt, wurde er Professor der Chemie in Prag und 1849 an die Universität Wien berufen.
[6]) A. **47**, 113 (1843).

Marcelin Berthelot, zu Paris am 25. Oktober 1827 geboren und am 27. März 1907 gestorben, ist aus der Schule von Dumas und Pelouze hervorgegangen. Als er von 1851—1860 Préparateur von Balard am Collège de France war, vollendete er einen großen Teil seiner hervorragenden Arbeiten über organische Verbindungen. Dann wurde er Professor an der Ecole de Pharmacie und 1865 ist ihm die neugegründete Professur für organische Chemie am Collège de France übertragen worden. Diese Stellung hat er auch in der Zeit beibehalten, als er vom 1. Dezember 1886 bis zum 30. März 1887 Minister des Unterrichts und vom 1. November 1895 bis zum 2. März 1896 Minister des Äußeren war. Trotz der vielen Stellungen, die ihm im Laufe seines langen Lebens übertragen wurden, hat er eine staunenswerte große Zahl wissenschaftlicher Untersuchungen ausgeführt und eine Menge Bücher und schriftstellerischer Abhandlungen verfaßt. Auch betreffen sie die verschiedenartigsten Gebiete, zuerst die organische Chemie, dann die physikalische und unter dieser vor allem die Thermochemie, später die Agrikulturchemie und die Geschichte der Chemie. In Paris nahm er, namentlich seit der Errichtung der Republik, eine außerordentlich einflußreiche Stellung ein. Ausführliche Nekrologe sind von Graebe[1]) und von Jungfleisch[2]) veröffentlicht worden. Von letzterem wurde auch die vollständige Liste von Berthelots Publikationen, die fast die Zahl von 1600 erreichen, mitgeteilt.

Die ersten Resultate seiner berühmten Untersuchungen über Glycerin hat Berthelot in den Jahren 1853 und 1854 unter dem Titel[3]) ,,Sur les combinaisons de la glycérine avec les acides" publiziert. In der kurz nachher erschienenen ausführlichen Abhandlung[4]) hat er dieser Überschrift noch die Worte ,,et sur la synthèse des principes immédiats des graisses des animaux" hinzugefügt. Indem er die Fette aus den Spaltungsprodukten wiederaufbaute, ist er zu der richtigen Zusammensetzung derselben gelangt. Vorher war es noch nicht bestimmt ermittelt, wieviel Moleküle Säuren mit dem Glycerin in Verbindung treten. Er zeigte nun, daß beim Erhitzen von Glycerin mit Stearin-Margarin oder Ölsäure, je nach der Temperatur, ein, zwei oder drei Moleküle Säure mit einem Molekül Glycerin sich vereinigen. Dann wies er nach, daß von den so erhaltenen drei Esterreihen, den Mono-, Di- und Triglyceriden, die letzteren, also diejenigen, die er als tristéarine, trimargarine und trioléine bezeichnete, in den natürlichen Fetten enthalten sind. So ist es ihm gelungen, die drei

---

[1]) B. **41**, 4805 (1908).
[2]) Bl. 1913, S. I.
[3]) C. r. **36**, 27 (1853); **38**, 668 (1854).
[4]) A. ch. [3] **41**, 216 (1854).

wichtigsten Bestandteile der Fette wieder aus ihren Spaltungsprodukten aufzubauen. Dieselben erhielt er bei einer Temperatur von 270°, während bei weniger hohem Erhitzen die Glyceride der beiden anderen Reihen entstehen. Die Konstitution dieser Verbindungen veranschaulichte er nicht durch rationelle Formeln, sondern durch Gleichungen, die er als équations génératrices bezeichnete, wie. z. B. für Tristearin durch:

$$C^{114}H^{116}O^{12} = 3\ C^{36}H^{36}O^4 + C^6H^8O^6 - 6\ HO\ ,$$

der nach unserem Atomgewichte folgende Gleichung entspricht:

$$C_{57}H_{118}O_6 = 3\ C_{18}H_{36}O_2 + C_3H_8O_3 - 3\ H_2O\ .$$

Nachdem er die Zusammensetzung dieser Glyceride ermittelt hatte, studierte er das Verhalten des Glycerins gegen die flüchtigen fetten Säuren, gegen Benzoesäure usw. Bei allen diesen Versuchen wurden drei Reihen von Estern erhalten. Um dies bei den Benennungen zum Ausdruck zu bringen, ergänzte er die Chevreulschen Namen durch Vorsilben, die angaben, wie viel Säuremoleküle mit dem Glycerin in Verbindung getreten sind, wie z. B. für die aus Essigsäure und Glycerin entstandenen Acetine:

$$\begin{aligned}
\text{Monoacétine} &\quad C^4H^4O^4 + C^6H^8O^6 - 2\ HO \\
\text{Diacétine} &\quad 2\ C^4H^4O^4 + C^6H^8O^6 - 4\ HO \\
\text{Triacétine} &\quad 3\ C^4H^4O^4 + C^6H^8O^6 - 6\ HO\ .
\end{aligned}$$

Am Schluß seiner Abhandlung hat er dann die Ansicht entwickelt, welche die Grundlage für die Theorie der mehrwertigen Alkohole bildet und nach der das Glycerin zum Alkohol in derselben Beziehung steht wie die dreibasischen Säuren zu den einbasischen. „Ces faits nous montrent que la glycérine présente vis-à-vis de l'alcool précisement la même relation que l'acide phosphorique vis-à-vis de l'acide azotique. En effet, tandis que l'acide azotique ne produit qu'une seule série de sels neutres, l'acide phosphorique donne naissance à trois séries distinctes de sels neutres, les phosphates ordinaires, les pyrophosphates et les métaphosphates. Ces trois séries de sels décomposés par les acides énergiques en présence de l'eau, reproduisent un seul et même acide phosphorique. De même, tandis que l'alcool ne produit qu'une seule série d'éthers neutres la glycérine donne naissance à trois séries distinctes de combinaisons neutres. Ces trois séries par leur décomposition totale en présence de l'eau reproduisent un seul et même corps, la glycérine."

Wenn auch der Vergleich der drei Reihen von Estern mit den Salzen von Phosphor-, Pyrophosphor- und Metaphosphorsäure kein zutreffender ist, so hat doch Berthelot durch obige Darlegung, wie vor allem durch den experimentellen Teil seiner Arbeit das Fundament für die Theorie der mehratomigen Alkohole geschaffen.

Mit Bezugnahme auf Berthelots Abhandlung und im Anschluß an die Mitteilung von Williamson[1]), daß das Nitroglycerin der Formel $C_3H_5(NO_2)_3O_3$ entsprechend zusammengesetzt ist und durch Kalilösung unter Bildung von Salpeter in Glycerin zurückverwandelt wird, hat Würtz[2]) das Glycerin entsprechend der typischen Formel:

$$\begin{matrix} H & & O_2 \\ H & (C_6H_5) & O_2 \\ H & & O_2 \end{matrix}$$

als „alcool tribasique" bezeichnet. Diese Benennung hat dann Berthelot durch „alcool triatomique" ersetzt[3]). Von da an kamen auch die Worte einatomig, zweiatomig usw. allgemein in Gebrauch, bis sie in diesem Sinn, wie auf S. 181 angegeben, durch einwertig, zweiwertig usw. ersetzt wurden. Auch die Bezeichnung polyatomique wurde durch Berthelot für die mehrwertigen Alkohole in die Wissenschaft eingeführt.

Eingehend hat derselbe auch das Verhalten des Glycerins gegen anorganische Säuren untersucht, wodurch er zur Entdeckung der Chlorhydrine, Epichlorhydrine usw. gelangte. In Gemeinschaft mit de Luca erhielt er das für das Studium der Allylgruppe wichtige Allyljodid.

Der Nachweis, daß das Glycerin ein dreiatomiger Alkohol ist, führte sehr bald darauf zu der Entdeckung der zweiatomigen Alkohole durch Würtz. Hierüber hat dieser Chemiker in seiner ersten Abhandlung[4]) über Glykol folgendes angegeben: „Il m'a semblé qu'il devait exister entre l'alcool et la glycérine des combinaisons intermédiaires dont la molécule serait diatomique, et qui corresponderaient aux acides bibasiques. — J'ai réussi en effet à former, par voie synthétique, un pareil alcool, et je propose de le nommer glycol parce qu'il se rapproche à la fois, par ses propriétés de l'alcool proprement dit et de la glycérine."

Durch Einwirkung von Silberacetat auf das von Faraday entdeckte Äthylenjodid erhielt Würtz ein Diacetat, aus dem er durch gepulvertes Kalihydrat das Glykol darstellte. Später fand er es vorteilhafter, das Äthylenjodid durch Äthylenbromid zu ersetzen. Für das Glykol nahm er, der Typentheorie entsprechend, die Formel $\left.\begin{matrix}C^4H^4\\H^2\end{matrix}\right\}O^4$ an, d. h. 2 Moleküle Wasser, indem 2 Atome Wasserstoff

---

[1]) Proc. Soc. London **7**, 130 (1854).
[2]) A. ch. [3] **43**, 482 (1855).
[3]) C. r. **42**, 1111 (1856).
[4]) C. r. **43**, 199 (1856).

durch das zweiatomige Radikal C^4H^4 (C = 6) ersetzt sind. Die Entdeckung des Glykols hat dann wesentlich dazu beigetragen, daß das Äthylen, das die meisten Chemiker damals als das Hydrür von Vinyl ansahen, wieder allgemein zu den Radikalen gerechnet wurde.

Nachdem Würtz noch mitgeteilt hatte, daß er aus den Bromüren von Propylen, Butylen und Amylen die entsprechenden zweiwertigen Alkohole erhalten habe, veröffentlichte er 1859 seine ausführliche Abhandlung[1]) „Sur les glycols ou alcools biatomiques", in der er die Gerhardtschen Atomgewichte adoptierte und die Formel des Glykols jetzt ${C^2H^4 \atop H^2} \Big\} O^2$ schrieb. Durch eine eingehende Untersuchung zeigte er, daß die Reaktionen, die bei den gewöhnlichen Alkoholen einmal erfolgen, sich bei den Glykolen ein- oder zweimal ausführen lassen. So erhielt er aus dem Glykol durch Oxydation mittels Luft bei Gegenwart von Platinschwarz Glykolsäure und bei Einwirkung von Salpetersäure Oxalsäure. Aus dem Propylglykol stellte er Milchsäure dar. Diese Tatsache wurde sehr bald von Bedeutung für das Studium der Oxysäuren. Unter den zahlreichen neuen Verbindungen, die er entdeckte, bot der Glykoläther ein besonderes Interesse.

Würtz hatte anfangs versucht, das Glykol durch Einwirkung von Zinkchlorid in einen Äther zu verwandeln, aber Aldehyd erhalten. Als er dann das aus Glykol dargestellte Glykolchlorhydrin, ${C^2H^4 \atop H} \Big\} {Cl \atop O}$, mit Kalilösung behandelte, erhielt er den mit Aldehyd isomeren Äther, den er als oxyde d'éthylène $(C^2H^4)O$ bezeichnete[2]). Das Verhalten gegen Phosphorchlorid lieferte ihm einen Beweis für diese Formel; es war Äthylenchlorid entstanden. Die weitere Untersuchung dieser neuen Verbindung ergab das interessante Resultat, daß sie, im Gegensatz gegen den gewöhnlichen Äther, außerordentlich reaktionsfähig ist und sich gewissen Metallsalzen gegenüber wie eine Base verhielt. So werden Magnesia, Tonerde, Eisenoxyd und Kupferoxyd durch das Äthylenoxyd gefällt. Würtz hat daher in einem in London gehaltenen Vortrag[3]) das Äthylenoxyd mit den Oxyden der zweiwertigen Metalle verglichen und es als ein Bindeglied zwischen organischer Chemie und Mineralchemie bezeichnet.

Gleichzeitig mit der Entdeckung des Glykols erfolgte auch die des Glyoxals, des ersten zweiatomigen Aldehyds. Debus[4]) hatte, um die ältere Annahme, daß bei der Darstellung sowie der Zersetzung des

---

[1]) A. ch. [3] **55**, 400 (1859).
[2]) C. r. **48**, 101 (1859).
[3]) Soc. **15**, 387 (1862) und A. ch. [3] **69**, 355 (1863).
[4]) Heinrich Debus (1824—1916), in Kassel geboren, war Schüler und Assistent von Bunsen. Vom Jahre 1851 an hat er in England in verschiedenen Schulen unterrichtet und wurde 1873 Professor an dem R. Naval College. Nachdem er 1888 seinen Abschied nahm, lebte er in seiner Vaterstadt.

Salpeteräthers (salpetrigsaures Äthyl) Äpfelsäure entsteht, auf ihre Richtigkeit zu prüfen, das von Black 1769 angegebene Verfahren genauer studiert. Nach demselben hat er in einem hohen Gefäß Salpetersäure, Wasser und Alkohol entsprechend ihrem spezifischen Gewicht vorsichtig übereinander geschichtet. Erst nach einigen Tagen hatten sich die Flüssigkeiten gemischt. Äpfelsäure war nicht in der Lösung aufzufinden, dagegen enthielt sie außer Glykolsäure Glyoxal $C_2H_2O_2$ und die vorher ebenfalls nicht bekannte Glyoxylsäure $C_2H_2O_3$. Da das Glyoxal sich mit zwei Molekülen saurem schwefligsaurem Natron verbindet und bei der Oxydation mit verdünnter Salpetersäure zuerst Glyoxylsäure und dann Oxalsäure liefert, so wurde es von Debus in seiner zweiten Abhandlung[1]) als „Aldehyd des Glykols" bezeichnet. Gleichzeitig mit Sokoloff zeigte er im Jahre 1858, daß durch obige Oxydationsmethode das Glycerin in Glycerinsäure verwandelt wird.

Wie für Glycerin ist Berthelot auch für Mannit zu der Ansicht gelangt, daß es zu den mehratomigen Alkoholen gehört. Er stützte sich dabei gleichfalls auf das Verhalten desselben gegen Säuren, und zwar sowohl auf eigene Versuche wie auf die älteren Angaben über die Zusammensetzung des Nitromannits. Strecker war 1850 für diese Verbindung zu der Formel $C_6H_4N_3O_{18}$ oder $C_6 \begin{Bmatrix} H_4 \\ 3\,NO_4 \end{Bmatrix} O_6$ [2]) (C = 6 und O = 8) gelangt. Knop, der zu derselben Zeit die Konstitution von Mannit besprach, verdoppelte dieselbe und stellte die folgenden Formeln auf[3]):

Mannit $C_{12}H_8O_6$, 6 (HO)
Nitromannit $C_{12}H_8O_6$, 6 (NO_5).

In den fünfziger Jahren hatte Berthelot noch angenommen, daß der Mannit als dreiatomiger Alkohol anzusehen ist[4]): „Ces faits montrent que la mannite de même que la glycérine présente vis-à-vis de l'alcool précisément la même relation que l'acide phosphorique vis-à-vis de l'acide azotique." In seiner Chimie organique fondée sur la synthèse nahm er aber 1860 für Mannit die verdoppelte Formel an und bezeichnete ihn daher von da an als alcool hexatomique. Diese Ansicht hat er dann auch auf die Glucosen ausgedehnt; aber, wie im vierundvierzigsten Kapitel angegeben ist, drei Jahre später, diese Zuckerarten als aldéhyde-alcools aufgefaßt.

---

[1]) A. **100**, 1 (1856) und **102**, 20 (1857).
[2]) A. **73**, 59 (1850).
[3]) Phar. C. 1850, 49 und A. **74**, 347 (1850).
[4]) A. ch. [3] **47**, 297 (1856).

Sechsunddreißigstes Kapitel.
Synthesen aus dem sechsten Jahrzehnt.

Wenn auch die Zahl der in der ersten Hälfte des 19. Jahrhunderts entdeckten Synthesen noch keine sehr große war, so war doch die Ansicht[1]), „daß es nicht unmöglich erscheint, daß man dereinst viele oder alle natürlich vorkommenden organischen Verbindungen auch künstlich wird erzeugen können", Gemeingut geworden und ein Ansporn, in erhöhtem Maße derartige Versuche auszuführen. Es ergab sich dabei, daß diese meist erst dann Erfolg hatten, wenn die Umwandlungs- oder Spaltungsprodukte der natürlichen Substanzen genügend erforscht waren. Dies zeigte sich in charakteristischer Weise bei der Hippursäure.

Nachdem Liebig 1829 die Beobachtung gemacht hatte, daß diese im Harn der Pflanzenfresser vorkommende Säure stickstoffhaltig ist und aus ihr erst die Benzoesäure sich bildet, versuchte Wöhler, sie aus dieser wieder zu erhalten. Nachdem er gefunden, daß im Organismus des Hundes aus Benzoesäure Hippursäure entsteht, suchte er sie auch im Laboratorium darzustellen und schrieb am 23. November 1830 an Liebig: „Was sagst dazu, wenn man einem Hunde Benzoesäure gibt, er Hippursäure pißt? Ich habe einige vergebliche Versuche gemacht, mit Benzoesäure und Harnstoff Hippursäure zu machen." Über seine Beobachtung am Hunde hat er als einzige Veröffentlichung bei der Übersetzung von Berzelius' Lehrbuch[2]) nur folgendes mitgeteilt: „Es wäre möglich, daß die Benzoesäure in Harnbenzoesäure (d. h. Hippursäure) umgewandelt wird. Wenigstens stimmen die schönen soliden Krystalle, welche ich aus dem Harn eines Hundes abscheiden konnte, der Benzoesäure gefressen hatte, in ihrem äußeren Ansehen mehr mit der Harnbenzoesäure als mit Benzoesäure überein."

Zehn Jahre später teilte Ure[3]) mit, „daß er im Harne eines Patienten, dem er Benzoesäure verordnet hatte, das Vorhandensem von Hippursäure nachweisen konnte. Auf Veranlassung von Wöhler untersuchte Alb. Keller[4]) nach Genuß von Benzoesäure seinen Harn und bestätigte die Richtigkeit von Ures Angabe.

Welche stickstoffhaltige Substanz bei der Hippursäurebildung mit der Benzoesäure in Verbindung tritt, wurde 1845 durch Dessaignes[5]), ermittelt, indem dieser die wichtige Beobachtung machte, daß die Hippursäure durch Behandeln mit Salzsäure in Benzoesäure und

---

[1]) Gmelin, Handbuch, 4. Aufl., Bd. 4, S. 38 (1848).
[2]) Lehrbuch, 4. Aufl., Bd. 4, S. 38, Fußnote (1831).
[3]) J. de Pharm. **27**, 646 (1841).
[4]) A. **43**, 108 (1842).
[5]) C. r. **21**, 1224 (1845).

Glykokoll gespalten wird. Nachdem durch Gerhardts Untersuchungen das Benzoylchlorid als wertvolles Reagens zur Anwendung gekommen war, gelang es Dessaignes[1]), durch Einwirkung desselben auf die Zinkverbindung des Glykokolls die Hippursäure synthetisch darzustellen.

Den fünfziger Jahren gehören auch Synthesen neuer Kohlenwasserstoffe an. Würtz hatte bei der Untersuchung des von ihm im Fuselöl entdeckten Butylalkohols durch Einwirkung von Kalium auf Butyljodid den von ihm butyle genannten Kohlenwasserstoff' erhalten. Entsprechend der Dampfdichte erteilte er demselben die Formel $\begin{cases} C^8H^9 \\ C^8H^9 \end{cases}$ $(C = 6)$. Um nun auch einen chemischen Beweis für die Annahme, daß den Radikalen im freien Zustand verdoppelte Formeln zukommen, anführen zu können, ließ er Natrium auf ein Gemenge von Jodäthyl und Jodbutyl einwirken und entdeckte so das éthyl-butyle, den ersten der von ihm als radicaux mixtes bezeichneten Kohlenwasserstoffe[2]). Nachdem er noch das Äthyl-Amyl, das Butyl-Amyl und das Butyl-Caproyl dargestellt hatte, zeigte er, daß nach Dampfdichte und Siedepunkt diese gemischten Radikale mit den Radikalen in freiem Zustand, wie das Methyl, Äthyl usw., eine regelmäßige Reihe bilden, wenn man für die letzteren die verdoppelten Formeln annimmt. Daß diese Kohlenwasserstoffe mit denen der Grubengasreihe identisch sind, hat Schorlemmer 1864 nachgewiesen. Der von Würtz aufgefundene Weg, die gemischten Radikale darzustellen, machte es nicht nur möglich, diese Reihe zu vervollständigen, sondern fand auch eine wichtige Anwendung beim Studium der Homologen des Benzols.

Im Jahre 1855 veröffentlichte Berthelot die Abhandlung[3]): „Sur la formation de l'alcool au moyen du bicarbure d'hydrogène", durch welche die Richtigkeit der Angabe von Faraday und Hennell über Bildung von Alkohol aus Äthylen bestätigt wurde. Er sagte zwar am Anfang derselben: „L'alcool, au contact de l'acide sulfurique, se dédouble en eau et bicarbure hydrogène (gaz oléfiant). Serait-il possible de combiner l'eau et le bicarbure d'hydrogène de manière à reproduire l'alcool? Cette synthèse n'a pas encore été réalisée." Zum Beweis, daß die Versuche dieselben zu realisieren, bisher immer fehlgeschlagen seien, zitiert er Liebigs Abhandlung über das Verhalten von ölbildendem Gas gegen Schwefelsäure. Thénard, Dumas und Ballard wiesen aber in ihrem Bericht[4]) darauf hin, daß

---

[1]) C. r. **37**, 25 (1855).
[2]) A. ch. [3] **44**, 276 (1855).
[3]) A. ch. [3] **43**, 385 (1855).
[4]) C. r. **40**, 222 (1855).

schon aus den älteren Versuchen sich die Reproduktion von Alkohol aus Äthylen ergeben habe. ,,En effet on sait que l'acide sulfurique concentré a la propriété d'absorber le bicarbure d'hydrogène, que dans cette absorption il se forme d'après Faraday un acide que Hennell a regardé comme l'acide sulfovinique et que de l'acide sulfovinique on peut extraire l'alcool par·distillation. Les nouvelles et nombreuses observations de M. Berthelot démontrent évidemment ce fait .remarquable, qui, pour être admis définitivement méritait d'être constaté avec soin et d'une manière directe."

Berthelot zeigte, daß sorgfältig gereinigtes, aus Alkohol dargestelltes Äthylen und auch solches, das er aus aus Leuchtgas erhaltenem Äthylenjodid gewonnen hatte, von konzentrierter Schwefelsäure bei andauerndem Schütteln reichlich aufgenommen wird und daß die entstandene Äthylschwefelsäure beim Destillieren mit Wasser Alkohol liefert. Diese Bildung wurde dann von ihm verallgemeinert; er fand, daß das Propylen in analoger Weise Propylalkohol liefert. Auch wurden nun für ihn diese Beobachtungen der Ausgangspunkt einer Reihe von Synthesen, die sich bis auf die Elemente zurückführen lassen, und die er als synthèses totales bezeichnete.

Die Überlegung, daß das Kohlenoxyd zur Ameisensäure in derselben Beziehung steht, wie das Äthylen zum Alkohol, veranlaßte ihn, zu untersuchen, ob die der Gleichung $CO + H_2O = CH_2O_2$ entsprechende Reaktion sich verwirklichen lasse. Durch siebzigstündiges Erhitzen von Kohlenoxyd mit schwach befeuchtetem Ätzkali auf Wasserbadtemperatur erhielt er ameisensaures Kali[1]). Als Darstellungsmethode hat er diese interessante Bildungsweise nicht ausgearbeitet. Erst im Jahre 1880 teilten Merz und Tibiriçá mit, daß die synthetische Beschaffung der Ameisensäure möglich ist, wenn man das Kohlenoxyd mit Natronkalk oder Kalikalk auf 190° erhitzt, und seit 1894 wird auf Grundlage dieser Angabe Ameisensäure technisch dargestellt. Berthelot, der die Ameisensäure zu seinen Bestrebungen, die Totalsynthese weiter auszubauen, benutzte, hatte 1856 gefunden, daß diese Säure sich in vorteilhafter Weise durch Erhitzen von Oxalsäure mit Glycerin gewinnen läßt[2]).

Bei der trockenen Destillation von ameisensaurem Baryt beobachtete er das Auftreten von Äthylen und Propylen, wodurch die Synthese von Äthyl- und Propylalkohol eine vollständige wurde. Nachdem er durch Überleiten von Schwefelwasserstoff und Schwefelkohlenstoff über glühendes Kupfer Grubengas erhalten hatte[3]), unternahm er es, diesen Kohlenwasserstoff in Methylalkohol überzuführen. Eine

---
[1]) C. r. **41**, 955 (1855).
[2]) C. r. **42**, 447 (1856).
[3]) C. r. **43**, 236 (1856).

Methode, welche dies möglich machte, hat Cannizzaro das Jahr vorher aufgefunden[1]). Diesem Chemiker war es bei seinen Untersuchungen der Benzylverbindungen gelungen, durch Einwirkung von Chlor auf Toluol Benzylchlorid darzustellen und dieses in Essigsäurebenzyläther überzuführen, aus dem er durch Verseifen denselben Benzylalkohol erhielt, den er 1853 durch Behandeln von Bittermandelöl mit alkoholischer Kalilauge entdeckt hatte.

Von Berthelot wurde eine derartige Überführung eines Kohlenwasserstoffs in einen Alkohol von gleichem Kohlenstoff- und Wasserstoffgehalt zum ersten Male in der Gruppe der Fettkörper angewandt[2]). Gleiche Volume Sumpfgas und Chlor lieferten im zerstreuten Sonnenlicht Methylchlorid, das in Eisessig gelöst durch Natriumacetat in essigsaures Methyl und dann durch Verseifen in Methylalkohol übergeführt wurde. Auch zeigte er später, daß sich dieser Alkohol direkt durch achttägiges Erwärmen von Methylchlorid mit Kalilösung erhalten läßt.

In seiner ausführlichen Abhandlung[3]): ,,Synthèse des carbures d'hydrogène" betonte er die Bedeutung, die seiner Ansicht nach diese Resultate in theoretischer Hinsicht besitzen. ,,Le point de départ de la synthèse des composés organiques est donc assuré. Il ne reste plus qu'à remonter des carbures d'hydrogène aux composés organiques. C'est ce que j'ai fait en transformant les carbures d'hydrogène dans les alcools correspondants. Les alcools sont devenus, grâce aux travaux des chimistes modernes, le point de départ de la plupart des autres composés organiques." Von diesem Standpunkt aus hat er dann im Jahre 1860, als Abschluß der ersten Periode seiner schönen synthetischen Versuche, in dem zwei Bände umfassenden Werk ,,Chimie organique fondée sur la synthèse" eine Schilderung der ganzen organischen Chemie veröffentlicht. Er ist aber dabei wesentlich von seinen eigenen Untersuchungen ausgegangen und hat die Arbeiten anderer Forscher nur ungenügend berücksichtigt. Auch in diesem Werke hat er sich wie früher gegen die Radikale als êtres imaginaires ausgesprochen und die Zusammensetzung durch Bruttoformeln oder durch die schon oben erwähnten équations génératrices gegeben. Die Lektüre der an interessanten Betrachtungen und Ansichten reichen Bände wird leider infolge der vielen Wiederholungen sehr erschwert. Im letzten Paragraphen des großen Werkes steht der später oft zitierte Satz: ,,La chimie crée son objet. Cette faculté créatrice, semblable à celle de l'art lui-même, la distingue essentiellement des sciences naturelles et historiques."

---

[1]) A. ch. [3] **45**, 468 (1855).
[2]) C. r. **45**, 916 (1857).
[3]) A. ch. [3] **53**, 69 (1858).

Wie groß die Zahl der Forscher ist, die im Anschluß an die in dem dreizehnten und neunundzwanzigsten Kapitel angegebenen Synthesen sich während der Jahre 1850—1860 an der Entdeckung neuer künstlicher Bildungen beteiligt haben, ergibt sich aus folgender Reihenfolge, die genau nach dem Zeitpunkt der Veröffentlichungen geordnet ist.

1850 Williamson, Die Ätherbildung durch Einwirkung der Jodalkyle auf die Alkoholate.

1851 ——————— Bildung des Ketons $\left.\begin{array}{l}C_2H_3\\CH_9\end{array}\right\}CO$.

1852 Gerhardt, Die Säureanhydride.

1853 Dessaignes, Hippursäure aus Benzoesäure und Glykokoll.
Berthelot, Bildung der Fette aus Glycerin und Säuren.

1855 ——————— Isopropylalkohol aus Propylen.
——————— Ameisensäure aus Kohlenoxyd.
Würtz, Entdeckung der gemischten Radikale.
Limpricht, Leucin aus Valeraldehyd.
Zinin sowie Berthelot und de Luca, Senföl aus Jodallyl.
Cannizzaro, Benylalkohol und β-Toluylsäure aus Toluol.

1856 Würtz, Glykol aus Äthylen.
Chiozza, Zimtaldehyd aus Bittermandelöl und Aldehyd.
Bertagnini, Zimtsäure aus Bittermandelöl und Acetylchlorid.
Berthelot, Äthylen und Propylen aus Ameisensäure.
——————— Grubengas aus Schwefelkohlenstoff.
——————— Methylalkohol aus Grubengas.
Würtz, Milchsäure aus Propylglykol.
Wanklyn, Propionsäure aus Natriumäthyl und Kohlensäure.

1858 R. Hoffmann und Kekulé, Glykolsäure aus Chloressigsäure.
Perkin und Duppa, Glykokoll aus Bromessigsäure.

1859 Limpricht, Pinakon aus Aceton.

1860 Kolbe und Lautemann, Salicylsäure aus Phenol und Kohlensäure.
Simpson, Bernsteinsäure aus Äthylenbromid.
Perkin und Duppa, Weinsäure aus Bernsteinsäure.
Kekulé, Äpfelsäure und Weinsäure aus Bernsteinsäure.
Schlieper und Baeyer, Pseudoharnsäure aus Uramil.

Über die in dieser Tabelle angegebenen Synthesen, die nicht schon besprochen sind, wie namentlich die der Oxysäuren, soll in den folgenden Kapiteln berichtet werden.

Siebenunddreißigstes Kapitel.
Konstitution und Bildung der Oxysäuren.

Unter den experimentellen Untersuchungen, deren Anfänge den fünfziger Jahren angehören, nehmen die Arbeiten über die Säuren, die als Oxysäuren oder Alkoholsäuren bezeichnet werden, eine hervorragende Stelle ein. Wir verdanken dieselben in erster Linie den Arbeiten von Würtz, Kolbe und Kekulé. Der erstere hatte 1857 die wichtige, schon im fünfunddreißigsten Kapitel erwähnte Beobachtung gemacht, daß durch Oxydation aus Glykol Glykolsäure und aus Propylglykol Milchsäure entsteht, und daraus geschlossen, daß diese beiden Säuren auf den verdoppelten Wassertypus zu beziehen und als zweibasische Säuren zu betrachten seien. Um hierfür Beweise zu finden, untersuchte er das Verhalten der Milchsäure gegen Phosphorchlorid[1]). Er hielt dabei ein Chlorid $C^6H^4O^2Cl^2$ ($C_3H_4OCl_2$), von dem er angab, daß es durch Behandeln mit Wasser wieder in Milchsäure übergehe. Er nannte es daher chlorure de lactyle und nahm an, daß in der Milchsäure

$$\left.\begin{matrix}C^6H^4O^2\\H^2\end{matrix}\right\}O^4 \qquad \left(\left.\begin{matrix}C_3H_4O\\H_2\end{matrix}\right\}O_2\right)$$

ein zweiatomiges Radikal Lactyl enthalten sei. Da er bei Einwirkung von Alkohol auf das Chlorid den unzersetzt destillierenden éther chlorolactique $\left.\begin{matrix}C^6H^4O^2\\C^4H^5\\Cl\end{matrix}\right\}O_2$ [2]) erhielt, so konnte er durch eine Dampfdichtebestimmung feststellen, daß in der Milchsäure nur 6 Äquivalente (3 Atome) Kohlenstoff enthalten sind und nicht die doppelte Anzahl, wie noch häufig angenommen wurde. Zugunsten der Ansicht, daß die Milchsäure eine zweibasische Säure sei, bezog er sich auch auf einige von Brüning analysierte Salze.

Die Synthese der Glykolsäure führte dann zur Annahme, daß auch diese Säure zweiatomig sei. Bei einer Untersuchung der Monochloressigsäure hatte Reinh. Hoffmann[3]) die Beobachtung gemacht, daß beim Erhitzen die wässerigen Lösungen der chloressigsauren Salze sauer werden und Chlormetalle enthalten. Als wahrscheinlich nahm er an, daß hierbei eine Säure von der Zusammensetzung der Glykolsäure entstehe. Da er verhindert war, seine Arbeit weiterzuführen, übergab er seine Präparate seinem Freunde Kekulé, der dann nachwies, daß die aus Chloressigsäure entstehende Säure mit Glykolsäure identisch ist[4]). Darauf hinweisend, daß „dies das erste Beispiel der

---
[1]) C. r. **46**, 1228 (1858).
[2]) D. h. Chlorpropionsäureäther $C_3H_4ClO_2 \cdot C_2H_5$.
[3]) A. **102**, 1 (1857).
[4]) A. **105**, 286 (1858).

Bildung einer zweiatomigen Säure aus einer einatomigen Säure der Essigsäuregruppe ist", sagte er: „Es bietet diese Reaktion für die Theorie noch besonderes Interesse, weil sie deutlich zeigt, daß durch Eintritt von Chlor resp. Austritt von Wasserstoff aus dem einatomigen Radikal der Essigsäure, das zweiatomige Radikal der Glykolsäure entsteht, geradeso wie aus dem einatomigen Radikal des Alkohols das zweiatomige Radikal des Glykols erhalten werden kann."

Dieser Auffassung gegenüber vertrat Kolbe[1]) die Ansicht, daß sowohl die Glykolsäure wie die Milchsäure als einbasische[2]) Säuren aufzufassen seien und daß diese beiden Säuren sowie die Leucinsäure „gleiche chemische Konstitution haben wie die Oxybenzoesäure von Gerland, und zur Essigsäure, Propionsäure und Capronsäure in dem nämlichen Verhältnis stehen, wie jene Oxybenzoesäure zur Benzoesäure". Kolbe hatte schon 1853, als Gerland aus Amidobenzoesäure mittels salpetriger Säure die Oxybenzoesäure dargestellt hatte, angenommen, daß diese an Stelle eines Wasserstoffs der Benzoesäure die Gruppe HO_2 ($O = 8$) enthalte. Durch Verallgemeinerung dieser Anschauung führte er den Begriff von Oxysäuren in die Chemie ein. Indem er ferner Cahours' Ansicht[3]) zustimmte, daß Alanin und Leucin der Amidobenzoesäure entsprechen, gelangte er zur Aufstellung folgender Formeln:

$$HO \cdot C_2H_3[C_2O_2]O, \quad HO \cdot C_2\begin{Bmatrix}H_2\\H_2N\end{Bmatrix}[C_2O_2]O, \quad HO \cdot C_2\begin{Bmatrix}H_2\\HO_2\end{Bmatrix}[C_2O_2]O.$$
Essigsäure Amidoessigsäure (Glykokoll) Oxyessigsäure (Glykolsäure)

$$HO \cdot C_4H_5[C_2O_2]O, \quad HO \cdot C_4\begin{Bmatrix}H_4\\H_2N\end{Bmatrix}[C_2O_2]O, \quad HO \cdot C_4\begin{Bmatrix}H_4\\HO_2\end{Bmatrix}[C_2O_2]O.$$
Propionsäure Amidopropionsäure (Alanin) Oxypropionsäure (Milchsäure)

Diese Milchsäureformel ließ ihn vermuten, daß das Lactylchlorid von Würtz als Chlorpropionsäurechlorid anzusehen sei. Er veranlaßte daher seinen Schüler C. Ulrich, diese Auffassung einer experimentellen Prüfung zu unterziehen, aus der sich dann ergab[4]), daß das durch Einwirkung von Phosphorchlorid auf milchsauren Kalk entstehende Produkt durch Wasser nicht in Milchsäure, sondern in Chlorpropionsäure verwandelt wird, die beim Behandeln mit Zink und Schwefelsäure in Propionsäure übergeht. Auf diese Weise wurde zum ersten Male eine Oxysäure in diejenige Säure verwandelt, als deren Derivat man sie ansehen kann. Dieses Ergebnis bestätigte auch die Richtigkeit von Kolbes Ansicht, daß die Milchsäure eine einbasische Säure ist.

---

[1]) A. **109**, 257 (1858).
[2]) Einbasisch und einatomig wurden damals noch als identisch angesehen.
[3]) C. r. **44**, 567 (1857).
[4]) A. **109**, 268 (1859).

Ebenfalls im Jahre 1859 hat Kekulé in seinem Lehrbuch[1]) die Frage nach der Basizität von Glykolsäure und Milchsäure, für die er folgende Formeln annahm, besprochen:

$$\left.\begin{array}{c}C_2H_2O\\H_2\end{array}\right\}O_2 \quad \text{und} \quad \left.\begin{array}{c}C_3H_4O\\H_2\end{array}\right\}O_2.$$

Er wies aber darauf hin, daß es Verbindungen gibt, deren typische Wasserstoffatome nicht gleichwertig sind. „So zeigt z. B. die Glykolsäure (und ebenso die Milchsäure) das Verhalten einer einbasischen Säure, obgleich sie zwei typische Wasserstoffatome enthält. Die beiden Wasserstoffatome der Glykolsäure sind ungleichwertig, obgleich sie beide dem Typus angehören. Das eine verhält sich genau wie der typische Wasserstoff des Alkohols, das andere genau wie der typische Wasserstoff der Essigsäure. Das ungleiche Verhalten dieser beiden Wasserstoffatome ist offenbar durch die verschiedene Stellung veranlaßt, die sie in Beziehung auf die übrigen Atome, namentlich auf den Sauerstoff einnehmen." In einer Fußnote verweist er auf das Hilfsmittel von graphischen Formeln. „Stellt man die Zusammensetzung der Glykolsäure durch die mehrfach schon benutzte graphische Darstellung dar, so tritt die unsymmetrische Konstitution der Glykolsäure und die verschiedene Stellung der Wasserstoffatome besonders deutlich hervor. Indessen scheint es geeignet, gerade bei diesem Beispiel nochmals hervorzuheben, daß diese Darstellung in keiner Weise ein Bild der wirklichen Lagerung der Atome, daß sie vielmehr nur eine Darstellung geben soll von den Beziehungen der sich gegenseitig bindenden Atome." Vermutlich war es diese Befürchtung, die Kekulé davon abhielt, seine obigen Darlegungen durch eine graphische Formel für Glykolsäure zu ergänzen.

Infolge der Kontroverse mit Kolbe hat Würtz in seiner ausführlichen Abhandlung über Milchsäure[2]) die Ansicht, daß dieselbe zu den einbasischen Säuren gehöre, adoptiert, doch hinzugefügt, sie wäre, wie die Glykole, auf den verdoppelten Wassertypus zu beziehen und daher zweiatomig. Er machte daher den Vorschlag, scharf zwischen basisch und atomig zu unterscheiden, was früher nicht der Fall war: „d'employer le mot atomique pour exprimer la complication moléculaire d'un corps, ou l'état du type auquel on le rapporte, et de restreindre le sens du mot basique en ne l'appliquant qu'à exprimer l'idée de la capæcité de saturation d'un äcide." Entsprechend diesem Vorschlag bürgerte sich die Gewohnheit ein, die Milchsäure und die analogen Oxysäuren als einbasisch-zweiatomig zu bezeichnen. Hiermit übereinstimmend nannte man später die Weinsäure eine

---
[1]) Bd. 1, S. 174 in der Ende Mai 1859 erschienenen Lieferung.
[2]) A. ch. [3] **59**, 161 (1860).

zweibasisch-vieratomige und die Citronensäure eine dreibasisch-vieratomige Säure. Diese nicht sehr glücklich gewählten Bezeichnungen blieben während langer Zeit in Gebrauch.

Ebenso wie vorher Kekulé, haben dann Würtz und Friedel in einer Abhandlung „Sur l'acide lactique"[1]) darauf hingewiesen, daß die beiden typischen Wasserstoffatome nicht dieselbe Rolle spielen: „L'un d'eux est fortement basique, c'est-à-dire qu'il peut être remplacé facilement par un métal ou par un groupe organique tel que l'éthyle. L'autre peut être remplacé facilement par les groupes oxygénés tels que les radicaux d'acides monobasiques." Ihre Formeln:

$$\left.\begin{array}{l} H \\ (C^3H^4O)'' \\ H \end{array}\right\} O^2 \qquad \left.\begin{array}{l} H \\ (C^3H^4O) \\ K \end{array}\right\} O^2 \qquad \left.\begin{array}{l} H \\ (C^3H^4O) \\ (C^2H^5) \end{array}\right\} O^2$$

acide lactique · · · · · · · · Lactate potassique · · · · · · Lactate monoéthylique

$$\left.\begin{array}{l} C^4H^7O \\ (C^3H^4O) \\ H \end{array}\right\} O^2 \qquad \left.\begin{array}{l} C^2H^5 \\ (C^3H^4O) \\ H \end{array}\right\} O^2$$

acide lactobutyrique · · · · · acide éthyl-lactique

veranschaulichen aber nicht, warum die beiden Wasserstoffatome sich verschieden verhalten. Dies ist dagegen bei der Kolbeschen Milchsäureformel der Fall. Doch geht aus derselben nicht hervor, daß die Gruppe HO_2 einem Alkohol entspricht, da Kolbe damals den Alkohol noch dualistisch auffaßte. Indem Kekulé es unterlassen hatte, durch eine entwickelte Formel seine Ansicht zu erklären, so sind Formeln, die den doppelten Charakter der Oxysäuren als Säuren und Alkohole bestimmt veranschaulichen, zum ersten Male von Perkin[2]) veröffentlicht worden:

$$\left.\begin{array}{l} H \\ C_2O_2'' \end{array}\right\} O_2 \qquad \left.\begin{array}{l} H \\ C_2O_2'' \end{array}\right\} O_2$$
$$\left.\begin{array}{l} C_2H_2'' \\ H \end{array}\right\} O_2 \qquad \left.\begin{array}{l} C_4H_4'' \\ H \end{array}\right\} O_2$$

Glykolsäure · · · · · · · · · · Milchsäure

Dieselben nach den neuen Atomgewichten hat Limpricht[3]) in seinem Lehrbuch 1862 angenommen.

---

[1]) A. ch. [3] **63**, 101 (1861).
[2]) Z. **4**, 161 (1861).
[3]) Heinrich Limpricht (1827—1909), zu Eutin geboren, studierte in Braunschweig und Göttingen, wurde 1849 Assistent von Wöhler, unterrichtete anfangs die Anfänger, dann wurde ihm die Leitung der organischen Abteilung übertragen. 1859 wurde er an die Universität Greifswald berufen. Sein 1855/56 veröffentlichter Grundriß der organischen Chemie war eins der ersten Bücher, in dem die Ansichten Gerhardts adoptiert sind, auch ist sein 1862 erschienenes vortreffliches Lehrbuch, während vieler Jahre ein wertvolles Nachschlagewerk gewesen. Einen Nachruf auf Limpricht hat v. Auwers verfaßt. B. **42**, 500.

Zu derselben Zeit machte Berthelot in einem Vortrag[1] ,,Sur les principes sucrés" den sehr zweckmäßigen Vorschlag, jene Säuren als Alkoholsäuren, alcools-acides oder acides-alcools zu bezeichnen. Auch prägte er die Bezeichnungen alcools-aldehydes, aldehydes-acides und alcalis-acides. Diese einen doppelten chemischen Charakter besitzenden Verbindungen bezeichnete er in ihrer Gesamtheit als ,,corps à fonctions mixtes".

Ein wichtiges Verfahren, die Oxysäuren durch direkte Reduktion in diejenigen Säuren zu verwandeln, von denen man sie ableiten kann, wurde im Kolbeschen Laboratorium 1860 von E. Lautemann aufgefunden. Indem dieser zeigte, daß durch Erhitzen der Milchsäure mit Jodwasserstoffsäure Propionsäure entsteht, führte er zugleich den Jodwasserstoff als neues Reduktionsmittel in die organische Chemie ein[2]. Mit Hilfe dieses Reagens hat R. Schmitt[3] die Äpfelsäure und die Weinsäure zu Bernsteinsäure reduziert[4] und dadurch einen Beweis für Kolbes Ansicht, daß jene beiden Säuren Oxyderivate der Bernsteinsäure sind, geliefert.

In dem gleichen Jahre wurden dieselben auch synthetisch entsprechend der Bildung der Glykolsäure aus Chloressigsäure erhalten. Kekulé[5]) stellte aus Bernsteinsäure die Monobrom- und Dibrombernsteinsäure und aus der ersten Äpfelsäure und der anderen Weinsäure dar. Zu der gleichen Zeit haben Perkin und Duppa[6]) die Weinsäure nach demselben Verfahren erhalten. Im zweiunddreißigsten Kapitel ist schon angeführt worden, daß Pasteur nachwies, daß die synthetische Weinsäure aus einem Gemenge von Traubensäure und inaktiver Weinsäure besteht; auch sind daselbst dessen Darlegungen in betreff der künstlichen Bildung der Traubensäure besprochen.

Achtunddreißigstes Kapitel.

Untersuchungen über aromatische Verbindungen während des sechsten Jahrzehnts.

Während in den älteren chemischen Werken alle Säuren in ein und derselben Gruppe oder Familie untergebracht wurden und bei den Alkoholen dasselbe geschah, so hat zuerst Gerhardt in seinem

---

[1]) Leçons de chimie professées à la Soc. ch. en 1862 (Paris 1863).
[2]) A. **113**, 217·(1860). Auch hat Lautemann zuerst diese Methode durch Zusatz von Phosphor zu der Jodwasserstoffsäure verbessert. A. **125**, 12 (1863).
[3]) Rudolf Schmitt (1830—1898), in Wippershain in Kurhessen geboren, war Schüler und Assistent von Kolbe, sowie Privatdozent in Marburg. 1865 wurde er Professor an der höheren Gewerbeschule in Kassel, 1869 an der Industrieschule in Nürnberg und 1870 am Polytechnikum in Dresden. Nekrolog B. **31**, 3359.
[4]) A. **114**, 106 (1860).
[5]) Z. **3**, 643 (1860).
[6]) Z. **3**, 596 (1860).

Traité die Verbindungen, die genügend untersucht waren, um sie in Serien einzureihen, in zwei Abteilungen, première et deuxième section, beschrieben, was der Einteilung in Fettkörper und aromatische Verbindungen entspricht. Als Gruppe der Fettkörper bezeichnete Kekulé in seinem Lehrbuch „alle die Substanzen, in welchen man die Kohlenstoffatome als in einfachster Weise aneinandergelagert annehmen kann". Im Jahre 1860 hat er dann in einer Mitteilung an die Brüsseler Akademie la série des corps aromatiques von der série des corps gras und hiermit übereinstimmend in den Annalen[1]) „die Klasse der aromatischen Körper" von den Fettkörpern unterschieden. Auch auf die Dauer hat sich diese Einteilung als zweckmäßig erwiesen und wurden jene Bezeichnungen beibehalten.

Damals schienen beide Klassen so scharf voneinander getrennt zu sein, daß Kekulé noch Anfang des Jahres 1866 angab[2]): „Übergänge aromatischer Substanzen in Verbindungen aus der Klasse der Fettkörper und umgekehrt Umwandlungen von Fettkörpern in aromatische Substanzen, sind, bis jetzt, wenigstens mit Sicherheit, nicht bekannt." Erst kurze Zeit nachher wurde, wie im neunundvierzigsten Kapitel angegeben ist, nachgewiesen, daß das Mesitylen ein Benzolderivat ist und daß sich aus Acetylen synthetisch Benzol erhalten läßt. Dagegen waren schon im Laufe der fünfziger Jahre innerhalb der aromatischen Gruppe aus einfacheren Verbindungen kohlenstoffreichere dargestellt worden.

Wie schon im vorigen Kapitel erwähnt ist, hatte Cannizzaro bei den Untersuchungen, durch die er die Chemie der Benzylgruppe begründete, aus Toluol α-Toluylsäure erhalten. Chiozza, der 1853 die Beobachtung machte, daß Zimtsäure durch Schmelzen mit Ätzkali in Benzoesäure und Essigsäure gespalten wird, gelang es 1856[3]), eine Cinnamylverbindung wieder aus einer Benzoyl- und einer Acetylverbindung aufzubauen. Durch gelindes Erwärmen von Benzoylwasserstoff und Aldehyd mit Salzsäure erhielt er Zimtaldehyd. Im Anschluß an diese Beobachtung fand Bertagnini[4]), daß beim Erhitzen von Benzaldehyd mit Acetylchlorid direkt Zimtsäure entsteht.[5])

Die erste Synthese einer Oxysäure aus einem Phenol und Kohlensäure wurde von Kolbe aufgefunden, als er seine 1853 mitgeteilte Ansicht, daß die Salicylsäure eine der Äthylkohlensäure analoge

---

[1]) A. **117**, 161 (1861).
[2]) Lehrbuch II, 493.
[3]) A. **97**, 350 (1856).
[4]) Cesare Bertagnini (1827—1857), zu Montignoso geboren, gehört zu den ausländischen Chemikern, die einige Zeit bei Liebig arbeiteten. An der Universität in Pisa wurde er Assistent der Chemie und seit 1856 Professor.
[5]) A. **100**, 125 (1856).

Verbindung $\begin{array}{l}C_{12}H_5O \\ HO\end{array}\Big\}\begin{array}{l}CO_2 \\ CO_2\end{array}$ sei, zu beweisen suchte. Nach einigen vergeblichen Versuchen, Salicylsäure aus Phenol und Kohlensäure zu erhalten, gelang ihm 1860 in Gemeinschaft mit Lautemann diese Synthese[1], ,,wenn man Kohlensäure zu Phenyloxydhydrat leitet, während Natrium sich darin auflöst". Da Piria 1855 gefunden hatte, daß in der Salicylsäure zwei Atome Wasserstoff durch Metalle ersetzt werden können und dieselbe fast allgemein als eine zweibasische Säure galt, so haben Kolbe und Lautemann in einer ausführlichen Abhandlung[2] deren Konstitution und Basizität besprochen, wobei sie zur Ansicht kamen, sie sei eine einbasische Oxysäure wie die Oxybenzoesäure und leite sich von einer mit der Benzoesäure isomeren Säure, der Salylsäure, ab. Sie behandelten daher die von Chiozza aus Salicylsäure erhaltene Chlorbenzoesäure in wässeriger Lösung mit Natriumamalgam und gaben von der entstandenen chlorfreien Säure (Salylsäure) an, daß sie sich in betreff der physikalischen Eigenschaften von der isomeren Benzoesäure unterscheide. Im neunundvierzigsten Kapitel ist angegeben, daß der später geführte Nachweis der Identität von Salylsäure mit Benzoesäure für die Aufstellung der Theorie der aromatischen Verbindungen von Wichtigkeit wurde.

In betreff obiger Synthese soll schon hier darauf hingewiesen werden, daß Kolbe nach einer Reihe von Jahren seine Versuche wieder aufnahm und 1874 mitteilte[3], daß die Salicylsäure sich leicht und mit geringen Kosten darstellen läßt, wenn man Kohlensäure in trocknes und hinreichend erhitztes Natriumphenol einleitet, wobei Phenol abdestilliert und ,,Natriumsalicylsaures Natron" zurückbleibt. Nach dieser der Gleichung

$$2\,C_6H_5ONa + CO_2 = C_6\left\{\begin{array}{l}H_4 \\ COONa\end{array}\right\}ONa + C_6H_5 \cdot OH$$

entsprechenden Reaktion hat, wie Kolbe in derselben Abhandlung angibt, schon 1874 von Heyden die Fabrikation der Salicylsäure im großen betrieben. Die Beziehungen dieser Säure zur Carbolsäure hatten Kolbe auch veranlaßt, Versuche über ihre gärungs- und fäulniswidrige Wirkung anzustellen, die er in derselben Mitteilung anführte und die ihn zu folgendem Ausspruch veranlaßten: ,,Die bemerkenswerte Eigenschaft der Salicylsäure, die Pilzbildung zu verhindern und die Fermente unwirksam, unschädlich zu machen, läßt mich vermuten, daß sie für gewisse Krankheiten auch in den Arzneischatz Aufnahme finden wird." Dies ist auch rasch erfolgt.

---

[1] A. **113**, 125 (1860).
[2] A. **115**, 157 (1860).
[3] J. pr. **10**, 89 (1874).

Baumann[1]) hat dann infolge seiner Untersuchung über phenylschwefelsaures Kali als wahrscheinlich angenommen, daß bei der Kolbeschen Synthese zuerst phenylkohlensaures Natrium entsteht, das sich nachher in salicylsaures Natron umlagere. R. Schmitt[2]), der 1885 dieses phenylkohlensaures Salz darstellte, fand, daß es sich beim Erhitzen in geschlossenem Gefäß auf 120—130° glatt in salicylsaures Natron umwandelt. Wie Senhofer und Brunner[3]) 1879 für Resorcin mitteilten, gelingt die Überführung mehrwertiger Phenole in Carbonsäuren schon beim Erhitzen derselben mit konzentrierten Lösungen von Ammoniumcarbonat.

In den fünfziger Jahren wurde auch zum ersten Male bei einem Benzolderivat beobachtet, daß bei ein und derselben Reaktion gleichzeitig zwei Isomere entstehen. Fritzsche teilte 1857 mit, daß beim Nitrieren von Phenol sich ein Gemenge zweier Mononitrophenole bildet[4]). Der einzig vorher bekannte analoge Fall war das von Faraday 31 Jahre früher beobachtete Auftreten zweier isomerer Säuren beim Sulfonieren von Naphtalin.

Am Ende der fünfziger Jahre erfolgte die Entdeckung der für die aromatischen Verbindungen so charakteristischen und wichtigen Diazoverbindungen durch Griess[5]). Bei allen früheren Versuchen, das Amid in den Aminen oder Aminosäure mittels salpetriger Säure durch Hydroxyl zu ersetzen, waren wässerige Lösungen angewandt worden. Um nun die Pikraminsäure, die Kolbe in seinem Lehrbuch als eine Amidosäure bezeichnet hatte, in ähnlicher Weise umzuwandeln, ließ Griess, wegen deren Schwerlöslichkeit, die salpetrige Säure auf eine alkoholische Pikraminsäurelösung einwirken. Wie er dann 1858 in einer vorläufigen Notiz[6]) mitteilte, ergab die Analyse des erhaltenen Produkts gegen Erwarten nicht weniger, sondern mehr Stickstoff, als im Ausgangsmaterial vorhanden war, und entsprach der Formel $C_{12}H_2N_4O_{10}$ ($C = 6$ und $O = 8$). In der ersten seiner vier großen Abhandlungen[7]): „Über eine neue Klasse organischer

---
[1]) B. **11**, 1910 (1878).
[2]) J. p. [2] **31**, 397 (1885).
[3]) Wien. Akad. Ber. 1879, 504.
[4]) Bull. Acad. Petersburg **16**, 11 (1857).
[5]) Peter Griess (1829—1888), geboren in Kirchhosbach (Kurhessen), gehört zu den Altersgenossen von Kekulé. Er hat seine Studien in Jena begonnen und dann in Marburg fortgesetzt. Nachdem er kurze Zeit in Öhlers Fabrik Chemiker gewesen ist, kehrte er nach Marburg zurück, wo er von da an mit Eifer in Kolbes Laboratorium arbeitete und daselbst die Diazoverbindungen entdeckte. 1858 wurde er Assistent von Hofmann in London und 1862 Chemiker in der Brauerei von Allsopp and Sons. In dieser Stellung verblieb er bis zu seinem Tode. Wie groß die Anerkennung ist, die seine Arbeiten gefunden haben, beweist der Nekrolog, in dem durch Hofmann sein Lebenslauf, durch Emil Fischer seine wissenschaftlichen Leistungen und durch H. Caro seine Bedeutung für die Farbenindustrie geschildert sind. B. **24**, R. 1007 (1891).
[6]) A. **106**, 123 (1858).
[7]) A. **113**, 201 (1860); **117**, 1 (1861); **121**, 257 (1862) und **137**, 39 (1866).

Verbindungen, welche Wasserstoff durch Stickstoff vertreten enthalten", hat er für die Bildung jenes Körpers die Gleichung

$$\mathrm{HO \cdot C_{12}} \left\{ \begin{array}{l} \mathrm{H_2} \\ \mathrm{(NO_4)_2} \\ \mathrm{H_2N} \end{array} \right\} \mathrm{O + NO_3 = HO \cdot C_{12}} \left\{ \begin{array}{l} \mathrm{H} \\ \mathrm{(NO_4)_2} \\ \mathrm{N_2} \end{array} \right\} \mathrm{O + 3\,HO},$$

aufgestellt und erklärend hinzugefügt: „In Rücksicht darauf, daß derselbe vollständig den Typus des Phenols bewahrt und namentlich wegen der eigentümlichen Form, in welcher die Hälfte des N in ihm enthalten ist, gebe ich demselben in Ermangelung eines besseren den Namen Diazonitrophenol." Zugunsten der Annahme, daß in dieser neuen Substanz zwei Atome Wasserstoff des Phenyls durch die beiden Stickstoffatome ersetzt sind, führte er an, daß sie beim Erwärmen in alkoholischer Lösung mit ätzenden oder kohlensauren Alkalien in Dinitrophenol verwandelt wird.

Als Ausgangsmaterial der in seiner zweiten Abhandlung enthaltenen Untersuchungen diente die Amidobenzoesäure, aus der er die Diazobenzoe-Amidobenzoesäure erhielt. In der dritten hat er dann seine Resultate über „Diazo-Amidobenzol

$$\mathrm{C_{24}H_{12}N_3} = \left\{ \begin{array}{l} \mathrm{C_{12}H_4N_2} \\ \mathrm{C_{12}H_5(NH_2)} \end{array} \right\} \text{",}$$

beschrieben. Die im Jahre 1866 erschienene vierte Abhandlung betrifft das Diazobenzol und enthält die für die Kenntnis der Diazokörper wichtigsten grundlegenden Tatsachen. Alle diese Arbeiten zeichnen sich durch großen Reichtum an wertvollen Tatsachen und scharfe Beobachtungsgabe aus. Dagegen hat er theoretische Schlußfolgerungen zurücktreten lassen. Nachdem er am Anfang der vierten Abhandlung darauf hingewiesen, daß die Diazokörper „sämtlich durch ihre Eigenschaft, die mannigfaltigsten Verbindungen einzugehen, ausgezeichnet sind, und daß sie in dieser Beziehung Eigentümlichkeiten zeigen, wie sie außerdem im Gebiete der Chemie nicht angetroffen werden", sagte er:

„Was die rationelle Konstitution derselben anbelangt, so habe ich durchweg theoretische Betrachtungen vermieden. Bezüglich der Form jedoch, in welcher sie die beiden Atome Stickstoff enthalten, glaube ich der Ansicht huldigen zu müssen, daß dieselben zwei Atomen Wasserstoff äquivalent darin anzunehmen sind, und in Übereinstimmung hiermit sind auch die Namen der neuen Körper gebildet worden."
Als Ausgangspunkt beschreibt er dann das Salpetersäure-Diazobenzol, das am einfachsten „durch Einwirkung von salpetriger Säure auf wässeriges salpetersaures Anilin" dargestellt wird. Aus diesem Salz erhielt er die Verbindungen des Diazobenzols mit anderen Säuren sowie mit Basen und auf Grund seiner Analysen stellte er für dieselben folgende Formeln auf:

Salpetersäure-Diazobenzol . . . . $C_6H_4N_2$, NHO_3;
Schwefelsäure-Diazobenzol . . . . $C_6H_4N_2$, SH_2O_4;
Bromwasserstoff-Diazobenzol . . . . . . $C_6H_4N_2$, HBr;
Chlorwasserstoff-Diazobenzol-Goldchlorid . . $C_6H_4N_2$, $HClAuCl_3$;
Diazobenzol-Kaliumhydrat . . . . $C_6H_4N_2$, KHO;
Diazobenzol-Silberhydrat . . . . $C_6H_4N_2$, $AgHO$.

Durch Versetzen einer wässerigen Lösung des Kalisalzes mit einer äquivalenten Menge Essigsäure erhielt er ein äußerst unbeständiges Öl, das sich daher nicht analysieren läßt, von dem er aber annahm, seine Zusammensetzung entspräche dem Diazobenzol $C_6H_4N_2$.

Von großem Interesse sind vor allem die von Griess erhaltenen Beobachtungen über die Umwandlungen, welche die Diazoverbindungen unter Entwicklung der beiden Stickstoffatome erleiden. Er zeigte, daß aus den Lösungen des mit Säuren verbundenen Diazobenzols beim Kochen mit Wasser Phenol und bei Einwirkung von Alkohol Benzol entsteht. Dann fand er, daß sie sich in Chlor-, Brom- und Jodbenzol überführen lassen. So hat er die für das Studium der aromatischen Verbindungen außerordentlich wichtigen Reaktionen entdeckt, die es möglich machen, die Gruppe NH_2 durch Hydroxyl, durch Wasserstoff oder durch ein Halogen zu ersetzen.

Die vierte der Griesschen Abhandlungen erlangte auch dadurch sofort große Bedeutung, daß sie genau in derselben Zeit erschien, wie Kekulés Theorie der aromatischen Verbindungen. Dieser Forscher hat in der in demselben Jahre erschienenen Lieferung seines Lehrbuchs[1]) mit großer Ausführlichkeit die Resultate jener „bewunderungswürdigen Untersuchungen" mitgeteilt und daran anschließend, wie genauer im neunundvierzigsten Kapitel angegeben ist, die Ansicht aufgestellt, daß das Diazobenzol kein Di-, sondern ein Monosubstitutionsprodukt des Benzols ist.

Neununddreißigstes Kapitel.

Die Entdeckung der Anilinfarben.

Diese Entdeckung hat nicht nur eine neue großartige chemische Industrie begründet, sie wurde zugleich von hervorragendem Nutzen für das wissenschaftliche Studium organischer Verbindungen. Viele vorher schwer zugängliche Substanzen konnten jetzt besser als früher als Ausgangspunkt experimenteller Arbeiten benutzt werden. Auch datiert von jener Zeit jenes rege Zusammenarbeiten von Wissenschaft und Industrie, dem beide Gebiete eine Fülle wichtiger Anregungen und Fortschritte zu verdanken haben.

[1]) Bd. II, S. 703 (1866).

Schon Runge hatte 1834 beobachtet, daß sein Kyanol durch Chlorkalk in gefärbte Substanzen verwandelt wird, und Fritzsche gab 1840 als charakteristisch an, daß Chromsäure in den Lösungen der Anilinsalze einen dunkelgrünen oder schwarzblauen Niederschlag hervorbringt. Aber ein ganz anderer Gesichtspunkt gab den Anstoß zur Entwicklung der Anilinfarbenfabrikation. Perkin[1]), ein Schüler Hofmanns, beabsichtigte als jugendlicher Eleve, den kühnen Gedanken, Chinin künstlich darzustellen, zu verwirklichen. Von der Bruttoformel dieses Alkaloids ausgehend, glaubte er dieses Ziel durch Oxydation von Allyltoluidin, entsprechend der Gleichung

$$2\,C_{10}H_{13}N + 3\,O = C_{20}H_{24}O_2N_2 + H_2O\,,$$

erreichen zu können. Bei Oxydationsversuchen mit Kaliumbichromat waren aber nur schmutzig rotbraune Substanzen entstanden. Trotz diesem wenig versprechenden Ergebnis wiederholte er den Versuch mit schwefelsaurem Anilin. Aus dem schwarzen Niederschlag gelang es ihm, einen violetten Farbstoff zu isolieren, auf den er am 26. August 1856 ein Patent einreichte und den er im darauffolgenden Jahre als Anilin Purple oder auch unter der Bezeichnung Tyrian Purple in den Handel brachte. So hatte er den ersten Anilinfarbstoff entdeckt und auch selbst, ehe er das zwanzigste Lebensjahr erreicht hatte, dessen Fabrikation in die Hand genommen. Wenn der später als mauve oder Mauvein bezeichnete Farbstoff nur vorübergehend Anwendung fand, so ist es doch die Entdeckung desselben, welche die Anregung zur Teerfarbenindustrie gegeben hat. Die große Entwicklung dieser beginnt aber erst mit der Fabrikation des Fuchsins.

Inzwischen war in zwei wissenschaftlichen Arbeiten die Bildung roter Substanzen aus Anilin beobachtet worden. Natanson[2]) teilte 1856 mit, daß die durch Erhitzen von Vinylchlorid mit Anilin erhaltene Flüssigkeit an der Luft tiefrot wird. Und Hofmann[3]) fand 1858, daß bei Einwirkung von Kohlenstofftetrachlorid auf Anilin neben dem Hauptprodukt, dem Carbotriphenyltriamin, eine in Alkohol mit karmesinroter Farbe lösliche Substanz entsteht, die er aber damals nicht näher untersuchte. Er hatte, wie sich aus späteren Untersuchungen ergab, das salzsaure Pararosanilin in Händen gehabt. Die Entdeckung des Fuchsins verdankt die Industrie dem Professor

---

[1]) William Henry Perkin (1838—1907), in London geboren, war im Alter von fünfzehn Jahren als Schüler in Hofmanns Laboratorium eingetreten, in dem er auch die Entdeckung des Mauveins machte. Obwohl er selbst die Leitung der von ihm gegründeten Fabrik übernahm, hat er doch dauernd mit Erfolg wissenschaftliche Arbeiten ausgeführt, und zwar anfangs auf dem Gebiet der organischen Chemie und später auf dem der physikalisch-chemischen. Einen Perkin-Nekrolog hat Meldola in Soc. **93**, 2214 (1908) und gekürzt in B. **44**, 911 (1911) veröffentlicht.

[2]) A. **98**, 297 (1856).

[3]) C. r. **47**, 492 (1858).

am Collège de Lyon, Emanuel Verguin. Sie wurde dadurch möglich, daß dieser zu seinen Versuchen ein Anilin anwandte, welches aus toluolhaltigem Teerbenzol dargestellt war. Durch Erhitzen dieses Anilins mit Zinnchlorid erhielt er eine die Seide prachtvoll rotfärbende Substanz, deren technische Verwertung er der Seidenfabrik Renard Frères übertrug. Wie diese in ihrem ersten Patent vom April 1859, sowie in den Ergänzungspatenten angab, läßt sich das Fuchsin außer mit Zinnchlorid auch mittels einer Reihe anderer Chloride darstellen, von denen namentlich das Quecksilberchlorid sich geeignet erwies. Der neue Farbstoff kam zuerst unter dem Namen fuchsiasine, später als fuchsine in den Handel und erregte große Bewunderung.

Sofort wurden von verschiedenen Chemikern Versuche angestellt, um neue patentfähige Verfahren aufzufinden. Von denselben kam die 1860 von Medlock und kurz darauf auch von Nicholson aufgefundene Methode, das sogenannte Anilin für Rot mittels Arsensäure zu oxydieren, am meisten zur Anwendung. Nach und nach wurde es dann in den siebziger Jahren[1]) durch ein Verfahren von Coupier verdrängt, der 1866 gefunden hatte, daß man bei der Fuchsingewinnung die anorganischen Oxydationsmittel durch Nitrobenzol ersetzen kann, indem man toluidinhaltiges Anilin mit Nitrobenzol, Eisen und Salzsäure erhitzt.

Das Fuchsin erlangte nicht nur als Farbstoff sofort großen Wert, sondern wurde auch ein wichtiges Ausgangsmaterial für die Gewinnung schöner, violetter, blauer und grüner Farbstoffe. Im Jahre 1861 machten Girard und de Laire die Beobachtung, daß die Salze des Rosanilins durch Erhitzen mit Anilin in Anilinviolett und Anilinblau verwandelt werden. In demselben Jahre erhielt Cherpin durch Einwirkung von Aldehyd auf Fuchsinlösungen das Aldehydgrün.

Sehr bald nach ihrer Entdeckung wurden die neuen Farbstoffe der Gegenstand wissenschaftlicher Untersuchung. A. W. Hofmann, der von einer englischen Fabrik das Fuchsin in sehr reinem Zustand erhalten hatte, teilte 1862 mit[2]), daß sich aus demselben eine Base, $C_{20}H_{19}N_3$, H_2O, isolieren läßt, für die er den Namen Rosanilin vorschlug. Er zeigte dann, daß dasselbe zwei Reihen von Salzen bildet, die beständigen und gut krystallisierenden, die ein Äquivalent Säure enthalten, wie das käufliche Fuchsin, $C_{20}H_{19}N_3$, HCl, und die durch Wasser leicht zersetzbaren, wie das braune Salz $C_{20}H_{19}N_3$, $3 HCl$. Außerdem hat er durch die Analyse einer Reihe anderer Salze obige Zusammensetzung bestätigt. Durch Reduktion erhielt er aus dem Rosanilin eine zwei Atome Wasserstoff mehr enthaltende dreisäurige Base $C_{20}H_{21}N_3$, die im freien Zustand wie in ihren Salzen farblos ist

[1]) Vgl. hierüber B. **6**, 25, 423 und 1072 (1873).
[2]) C. r. **54**, 428 (1862).

und die er daher Leukanilin nannte. Durch Oxydationsmittel konnte er dasselbe wieder in Rosanilin oder dessen Salze verwandeln.

Im Verlauf seiner Untersuchungen machte Hofmann die wichtige Beobachtung, daß reines Anilin beim Erhitzen mit den Chloriden von Zinn oder Quecksilber sowie auch mit Arsensäure kein Anilinrot liefert und daß sich reines Toluidin ebenso verhält, während ein Gemenge beider Basen Anilinrot bildet[1]); so daß also folgende Gleichung die Entstehung des Rosanilins veranschaulicht:

$$C_6H_5NH_2 + 2\ C_7H_7NH_2 + 3\ O = C_{20}H_{19}N_3 + 3\ H_2O\ .$$

Zugleich ermittelte Hofmann, daß die Zusammensetzung des Anilinblaus einem Triphenylrosanilin entspricht und daß bei dessen Bildung Ammoniak frei wird:

$$C_{20}H_{19}N_3,\ HCl + 3\ C_6H_5NH_2 = C_{20}H_{16}(C_6H_5)_3N_3,\ HCl + 3\ NH_3\ .$$

Dieses Resultat veranlaßte ihn, die Einwirkung von Äthyljodid und Methyljodid gegen Rosanilin zu studieren, was ihn zur Entdeckung neuer prächtiger Farbstoffe, den Jod- oder Hofmann-Violetts, führte[2]). Durch trockene Destillation erhielt er aus Rosanilin Anilin, aus Äthylviolett Äthylanilin und aus Anilinblau eine bei 300° siedende Verbindung, von der er annahm, daß es das bisher unbekannte Diphenylamin sei[3]). Die Richtigkeit dieser Vermutung wurde durch die von Girard und Chapotout[3]) aufgefundene Bildung des Diphenylamins durch Erhitzen von salzsaurem Anilin mit Anilin bestätigt[4]).

Aus allen diesen Resultaten zog Hofmann die Schlußfolgerung[5]), „daß das Rosanilinmolekül noch 3 Atome typischen Wasserstoffs enthält und daß somit der Atomkomplex $C_{20}H_{16}$ mit dem Werte von 6 Atomen Wasserstoff in dem Triamin fungiert". Er veranschaulichte dies durch folgende Formeln:

Anilinrot

$$\left.\begin{array}{l}(C_6H_4)''\\(C_7H_6)''_2\\H_3\end{array}\right\}N_3,\ H_2O,$$

Anilinblau

$$\left.\begin{array}{l}(C_6H_4)''\\(C_7H_6)''_2\\(C_6H_5)_3\end{array}\right\}N_3,\ H_2O,$$

Anilinviolett

$$\left.\begin{array}{l}(C_6H_4)''\\(C_7H_6)''_2\\(C_2H_5)_3\end{array}\right\}N_3,\ H_2O\ .$$

Er fügte aber hinzu: „Allein man darf nicht vergessen, daß dies eine einfache Hypothese ist und daß die Elementaratome in der Gruppe $C_{20}H_{16}$ auch noch in mannigfach anderer Weise geordnet sein können." Erst nach Aufstellung der Theorie der aromatischen Verbindungen konnte diese Hypothese einer Prüfung unterzogen

---

[1]) C. r. **56**, 1033 und 1062 (1863).
[2]) Patente hat Hofmann 1863 eingereicht.
[3]) A. **132**, 163 (1864).
[4]) C. r. **63**, 91 (1866).
[5]) A. **132**, 297 (1864).

werden; doch wurde die Konstitution dieser Farbstoffe erst vollständig aufgeklärt, nachdem es gelungen war, nachzuweisen, daß das Rosanilin ein Triphenylmethanderivat ist (siehe achtundfünzigstes Kapitel).

Daß aus dem Fuchsin bei der Umwandlung in Jodviolett als Nebenprodukt ein grüner Farbstoff entsteht, wurde im Laufe der sechziger Jahre in der Industrie aufgefunden. Hofmann und Girard, die denselben 1869 zum Gegenstand einer wissenschaftlichen Untersuchung[1]) machten, zeigten, daß das bei Anwendung von Jodmethyl entstandene Violett der Formel $C_{20}H_{16}(CH_3)_3N_3 \cdot CH_3J$ und das Jodgrün $C_{20}H_{16}(CH_3)_3N_3 \begin{cases} CH_3J \\ CH_3J \end{cases}$ entspricht.

Daß bei der Oxydation von Methylanilin violette Farbstoffe entstehen, hatte schon Lauth[2]) im Jahre 1861 mitgeteilt[3]). Technisch wichtig wurde diese Beobachtung erst, nachdem Charles Bardy, Chemiker in der Fabrik von Poirrier et Chappat, ein Verfahren ausgearbeitet hatte, Anilin im großen zu methylieren. Ausgehend von Berthelots Angabe, daß bei hoher Temperatur durch Einwirkung von Salmiak auf Alkohol oder Holzgeist alkylierte Amine entstehen, erhielt er durch Erhitzen von salzsaurem Anilin und Methylalkohol in Autoklaven auf 200—220° ein methyliertes Produkt, das in der Hauptmenge aus Dimethylanilin besteht, und verwandelte dieses durch Erhitzen mit Kaliumchlorat oder oxydierenden Chloriden wie Zinnchlorid in den seit 1866 als Violet de Paris in den Handel gekommenen Farbstoff[4]). Derselbe wurde später zum Unterschied vom Jodviolett als Methylviolett bezeichnet.

Lauth, der seine früheren Versuche wiederaufnahm, gab an, daß schon Farbstoffbildung beim Erhitzen von Methylanilin mit Salzsäure und Sand entsteht, daß aber zur Darstellung von Violett Oxydationsmittel wie Kupfer- und Quecksilbersalze am geeignetsten sind[5]). Hofmann hat in einer Abhandlung „über die violetten Farbabkömmlinge der Methylaniline", die Anwendung von Kupfervitriol und Kaliumchlorat beschrieben[6]). Allgemein wurde später in der Industrie zur Oxydation Kupferchlorid bevorzugt.

Eine wichtige Rolle spielte das Kupfer auch bei der Entdeckung des Anilinschwarzes. Wie am Anfang dieses Kapitels erwähnt,

---

[1]) B. **2**, 440 (1869).
[2]) Charles Lauth (1836—1913), in Straßburg geboren, studierte in seiner Vaterstadt und war daselbst Assistent von Gerhardt. 1857 wurde er Direktor einer chemischen Fabrik. Von 1861 war er wissenschaftlicher Berater der Poirrierschen Fabrik und von 1879—1887 Direktor der Porzellanfabrik in Sèvres.
[3]) Monit. Scient. 1861, S. 336.
[4]) Diese Verfahren sind in einem Patent von Poirrier et Chappat beschrieben Bl. **6**, 502 (1866).
[5]) Bl. **7**, 363 (1867).
[6]) B. **6**, 352 (1873).

hatte Fritzsche angegeben, daß Chromsäure in den Lösungen der Anilinsalze dunkelgrüne oder schwarzblaue Färbungen hervorbringt. Nachdem das Anilin Handelsware geworden war, wurde es von verschiedenen Seiten unternommen, derartige durch Oxydation erhaltene Niederschläge technisch zu verwerten. John Lightfoot, der in dieser Richtung tätig war, hat in einem Patent vom 13. Januar 1863 angegeben, daß es ihm gelungen sei, ein für den Zeugdruck geeignetes Schwarz durch Einwirkung von Kaliumchlorat und Kupferchlorid auf salzsaures Anilin zu erhalten. Wie er zu dieser für die Textilindustrie so überaus wichtigen Entdeckung gelangte, hat er 1871 in einer Abhandlung über Anilinschwarz[1] mitgeteilt: „Ich hatte beobachtet, daß wenn ein Gemisch von salzsaurem Anilin und chlorsaurem Kali mit einer Holzform aufgedruckt wird, sich fast keine Farbe entwickelt, während dasselbe Gemisch mit einer Kupferwalze aufgedruckt nach Verlauf von zwölf Stunden Grün erzeugt. Diese Beobachtung brachte mich auf den Gedanken, dasselbe Gemisch mit Kupferchlorid aufzudrucken und ich erhielt Grün, welches in fließendem Wasser gewaschen, schwarz wurde." Da das Kupferchlorid die Metallteile angreift, so schlug Lauth 1864 vor[2], dasselbe durch Schwefelkupfer zu ersetzen. Von da an war die Anwendung des Anilinschwarz gesichert und gelangte für die Textilindustrie zu außerordentlich bedeutender Entwicklung. Wissenschaftlich interessant ist es, daß bei diesen Verfahren zum ersten Male für einen Vorgang auf dem Gebiet der organischen Chemie das Kupfer als Kontaktsubstanz in Anwendung kam. Lightfoot hat in der Mitteilung aus dem Jahre 1871 auch die Frage aufgeworfen, „ob die Wirkung des Kupfers eine elektrische, eine katalytische oder bloß ein Oxydationseffekt ist"; doch hinzugefügt, er müsse sie unentschieden lassen. In derselben Abhandlung hat er ferner angegeben, daß er vergleichende Versuche mit vielen anderen Metallen (er führt 29 an) angestellt habe. Das bei weitem wirksamste sei Vanadium, dann komme Kupfer, hiernach Uran und Eisen; alle anderen Metalle gaben nur geringe oder keine Färbung. Die Industrie zögerte nicht, wie aus verschiedenen Mitteilungen hervorgeht, diese Angaben nutzbar zu machen. Im Dezember 1875 reichte A. Guyard[3] eine Abhandlung ein, in der er auf die Bedeutung des Vanadiums für die Anwendung des Anilinschwarzes hinwies. Er gab an, daß die Wirkung der Salze des Vanadiums mehr als tausendmal stärker sei als die des Kupfers, und daß ein Teil Vanadinchlorür genüge, um tausend Teile salzsaures Anilin in Schwarz zu verwandeln. Diese intensive Wirkung erklärt er fol-

---

[1] Bull. Soc. de Mulhouse 1871, S. 285; Dingler 203, 483 (1872).
[2] Bull. 2, 416 (1864).
[3] Bull. 25, 58 (1876).

gendermaßen: „Il n'est pas de métal qui passe avec plus de facilité de l'état d'oxydation minimum à l'état d'oxydation maximum, et il n'en est pas qui revienne plus facilement de l'état d'oxydation maximum à l'état d'oxydation minimum." In einer Mitteilung an die Pariser Akademie gibt G. Witz 1876[1]) an, daß bei der Fabrikation von Anilinschwarz das Vanadium vollständig das Schwefelkupfer ersetzt habe und daß $1/_{100\,000}$ bis $1/_{20\,000}$ Vanadium für 1 Teil Anilinchlorhydrat genüge. „Ce n'est que par cent-millièmes du poids de sel d'aniline qu'il faut opérer. Bien plus, je me suis assuré que pour l'impression on ne peut dépasser notablement ces dosages si minimes, sous peine de décomposer la couleur épaissie elle-même." Er gab ferner an, daß die Geschwindigkeit der Oxydation der angewandten Menge Metall proportional sei.

So waren durch die Arbeiten über Anilinschwarz interessante und industriell wichtige Anwendungen von Kontaktsubstanzen entdeckt worden.

Vierzigstes Kapitel.

Die vitalistische Gärungstheorie und die Enzymtheorie.

Als Pasteur mit seinen Untersuchungen über Asymmetrie beschäftigt war, und ihn Biot darauf aufmerksam machte, daß der Amylalkohol auf die Polarisationsebene drehend einwirkt, unternahm er eine Untersuchung des Fuselöls und fand, daß dieses zwei isomere Amylalkohole, einen aktiven und einen inaktiven enthält. Diese dem Jahre 1855 angehörende Arbeit bildete dann die Brücke von seinen Untersuchungen über Asymmetrie zu seinen grundlegenden Untersuchungen über Gärung. „J'ai été conduit à m'occuper de la fermentation à la suite de mes recherches sur les propriétés des alcools amyliques et sur les particularités crystallographiques de leurs dérivés", sagte er 1857 in der ersten dieses Arbeitsgebiet betreffenden Abhandlung[2]). Im gleichen Jahre erschien auch seine erste Mitteilung über die Alkoholgärung, in der er die Ansicht verteidigte, daß dieselbe mit der Entwicklung der lebenden Hefekügelchen im Zusammenhang stehe[3]). Er adoptierte also vollkommen die von Cagniard Latour, Schwann und Kützing aufgestellte Theorie und unterstützte sie aufs erfolgreichste durch eigene Beobachtungen. Er teilte dann in dem folgenden Jahre, gestützt auf quantitative Versuche, mit, daß bei der Gärung die Hefe eine gewisse Menge Zucker zu ihrer Entwicklung verbraucht und daß neben Alkohol und Kohlensäure als konstante Nebenprodukte Glycerin und Bernsteinsäure entstehen.

---
[1]) C. r. **83**, 348 (1876).
[2]) Sur la fermentation lactique C. r. **45**, 913 (1857).
[3]) C. r. **45**, 1032.

Es werden hierdurch ungefähr 6% von der angewandten Rohrzuckermenge der Alkoholbildung entzogen. Dann zeigte Pasteur, daß die Milchsäuregärung durch ein von der gewöhnlichen Hefe verschiedenes, organisiertes Ferment hervorgebracht wird.

Im Jahre 1860 hat er in einer für die Kenntnis der Gärung epochemachenden großen Abhandlung[1]) seine Beobachtungen und quantitativen Bestimmungen im Zusammenhang beschrieben und dabei auch der Mitteilung seiner Resultate ein Resümee über die früheren Arbeiten und Ansichten vorausgeschickt. Seine eigene Ansicht hat er folgendermaßen formuliert[2]): „Mon opinion présente la plus arrêtée sur la nature de la fermentation alcoolique est celle-ci: L'acte chimique de la fermentation est essentiellement un phénomène correlatif d'un acte vital commençant et s'arrêtant avec ce dernier." Infolge seiner weiteren Untersuchungen hatte er diese Ansichten auch auf andere Gärungen übertragen und obige Sätze daher durch folgende ergänzt: „Je professe les mêmes idées au sujet de la fermentation lactique, de la fermentation butyrique, de la fermentation tartrique et d'autres fermentations proprements dites."

In betreff des chemischen Vorgangs hat er sich dahin ausgesprochen daß er darüber nichts wisse. „Maintenant en quoi consiste pour moi l'acte chimique du dédoublement du sucre et qu'elle est sa cause intime? J'avoue que je l'ignore complètement. Dira-t-on que la levûre se nourrit de sucre pour le rendre ensuite comme un excrément sous forme d'alcool et d'acide carbonique? Dira-t-on au contraire que la levûre produit en se développant une matière telle que la depsine, qui agit sur le sucre et disparaît aussitôt épuisée, car on ne qrouve aucune substance de cette nature dans les liqueurs? Je n'ai rien a répondre au sujet de ces hypothèses. Je ne les admets ni les repousse et veux m'efforcer toujours de ne pas aller au delà des faits."

Im weiteren Verlauf seiner Untersuchungen gelangte dann Pasteur mehr auf das Gebiet der Biologie. Er zeigte, wie die verschiedenen Gärungserreger zu unterscheiden und zu züchten sind und schuf so wichtige Grundlagen für das Studium der Bakteriologie. Zugleich beschäftigte er sich mit der praktischen Anwendung seiner wissenschaftlichen Entdeckungen, mit den Verbesserungen der Bereitung von Wein, Essig und Bier und bewirkte durch seine Abhandlungen und seine vortrefflichen Bücher, Etudes sur le vin, Etudes sur le vinaigre und Etudes sur la bière, daß das Gärungsgewerbe sowie die Weinbehandlung wissenschaftlicher betrieben wurden als vorher.

Pasteur wurde durch seine Studien über Gärung dazu geführt, auch die Frage nach dem Ursprung der Fermente in den Bereich

---

[1]) A. ch. [3] **58**, 323 (1860).
[2]) Auf S. 359.

seiner Untersuchungen zu ziehen. „Parmi les questions que soulèvent les recherches que j'ai entreprises sur les fermentations proprement dites, il n'est pas de plus digne d'attention que celle qui se rapporte à l'origine des ferments. D'ou viennent ces agents mystérieus? Tel est le problème qui m'a conduit à l'étude des générations dites spontanées[1]."

Schon Schwann hatte 1837 auf Grund seiner Versuche mit geglühter Luft[2]) die Ansicht aufgestellt, daß in der Atmosphäre vorhandene und durch Hitze zerstörbare „Stoffe" die Gärungserreger hervorbringen. Sieben Jahre später hat Helmholtz, der Versuche in gleicher Richtung anstellte, dieselbe Ansicht vertreten, und dann zeigten Schröder und Dusch[3]), daß jene unbekannten Beimischungen aus der atmosphärischen Luft auch durch Filtration über Baumwolle entfernt werden können. Sie fanden, daß eine gärungsfähige Malzwürze, zu welcher nur filtrierte Luft Zutritt hatte, wochenlang völlig unverändert blieb.

Als Pasteur seine Arbeiten begann, wurde noch von verschiedenen Forschern die Ansicht vertreten, Gärung oder Fäulnis könne durch Urzeugung hervorgerufen werden. Ein eifriger Verteidiger dieser Ansicht war der Naturforscher Pouchet in Rouen, der dieselbe durch Tatsachen zu beweisen suchte. Durch bewundernswerte und unter den verschiedensten Bedingungen angestellte Versuche gelang es aber Pasteur, zu zeigen, daß alle Beobachtungen, die zugunsten der Urzeugung mitgeteilt wurden, nicht mit der nötigen Sorgfalt ausgeführt waren, und daß es durch die Luft transportierte Keime sind, welche die betreffenden Erscheinungen hervorrufen. So ging er siegreich aus dem Streit mit Pouchet hervor.

Dagegen hat er nicht behauptet, wie manches Mal später angegeben wurde, daß Urzeugung unmöglich sei. Hierüber sagte er in einem Vortrag[4]), Sur les corpuscules qui existent dans l'atmosphère: „Je n'ai pas la prétention d'établir que jamais il n'existe de générations spontanées. Dans les sujets de cet ordre on ne peut pas prouver la négative. Mais j'ai la prétention de démontrer avec rigueur que dans toutes les expériences où l'on a cru reconnaître l'existence de générations spontanées chez les êtres les plus inférieures, où le débat se trouve aujourdhui relégué, l'observateur a été victime d'illusions ou de causes d'erreur qu'il n'a pas aperçues ou qu'il n'a pas su éviter."

Seine Versuche über die Natur der in der Luft enthaltenen Partikelchen und die Widerlegung der Angaben von Pouchet hat er

---

[1]) C. r. **50**, 849 (1860).
[2]) Siehe einundzwanzigstes Kapitel.
[3]) A. **89**, 232 (1854).
[4]) Leçons prof. à la Soc. chimique en 1861.

1862 im Zusammenhang veröffentlicht[1]). Auch für die Fäulnis und Verwesungsprozesse hat Pasteur von neuem bewiesen, daß sie durch niedere Organismen, deren Keime durch die Luft verbreitet werden, bedingt sind[2]). Diese Beobachtungen wurden für die Menschheit überaus segensreich; sie haben Lister angeregt, die antiseptische Methode in die Chirurgie einzuführen.

Kurze Zeit nachdem Pasteur seine ersten Mitteilungen über Gärung der Öffentlichkeit übergab, unternahmen es Traube und Berthelot, den Vorgang der Zuckerspaltung durch rein chemische Betrachtungen zu erklären, also die Frage zu beantworten, von der Pasteur angab, er wisse nichts darüber. Traube[3]) hat in einer 1858 erschienenen Schrift „Theorie der Fermentwirkungen" eine eigene Gärungstheorie aufgestellt, bei der er von folgendem Gesichtspunkt ausging: „Selbst wenn alle Fäulnisprozesse von der Gegenwart von Infusorien oder Pilzen abhingen, würde eine gesunde Naturforschung nicht durch eine derartige Hypothese[4]) den Weg zu weiterer Forschung sich selbst versperren; sie würde aus den Tatsachen nur einfach schließen, daß in den mikroskopischen Organismen chemische Stoffe vorhanden sind, die die Erscheinungen der Zersetzung hervorbringen. Sie würde versuchen, diese Stoffe zu isolieren und wenn sie sie ohne Veränderung ihrer Eigenschaften nicht zu isolieren vermag, würde sie daraus schließen, daß alle zur Abscheidung angewandten Mittel auch gleichzeitig einen verändernden Einfluß auf jene Stoffe ausgeübt haben müssen." Den Vorgang der Gärung erklärt er nun durch die Annahme, die Hefepilze verwandeln die stickstoffhaltigen Bestandteile des Traubensaftes in ein Ferment. „Dieses zersetzt mit Hilfe einer Atomgruppe des gärenden Körpers das Wasser; A nimmt den Wasserstoff, das Ferment den Sauerstoff auf, um ihn auf eine Atomgruppe B des gärenden Körpers zu übertragen." Später nahm er keine Wasserzersetzung mehr an, sondern sagte, das Ferment bewirke Sauerstoffübertragung von einem Teil des Zuckers auf den anderen Teil, wodurch der Sauerstoffträger durch Abgabe des aufgenommenen Sauerstoffs wieder zu neuer Wirkung befähigt werde[5]).

Berthelot gelangte infolge der Entdeckung des Invertins gleichfalls zu einer rein chemischen Theorie, die, wie die von Traube, zum

---

[1]) A. ch. [3] **64**, 5 (1862).
[2]) C. r. **56**, 1189 (1863).
[3]) Moritz Traube (1826—1894), zu Ratibor geboren, hat bei Liebig angefangen, sich der Chemie zu widmen, dann sich aber der Medizin zugewandt, bis ihn Familienverhältnisse veranlaßten, in das väterliche Weingeschäft einzutreten. Er beschäftigte sich aber neben seinem Beruf mit biologischen Problemen. 1876 gab er seine kaufmännische Tätigkeit auf und widmete sich ausschließlich wissenschaftlichen Untersuchungen. Nekrolog in B. **28** [4], 1085.
[4]) D. h. die von Schwann.
[5]) B. **7**, 884 (1850).

Unterschied von der vitalistischen als Enzymtheorie bezeichnet wird. Mitscherlich hatte 1841 die Beobachtung gemacht, daß beim Ausziehen von Hefe mit Wasser eine Lösung erhalten wird, die den Rohrzucker in einen linksdrehenden Zucker überführt, von dem Dubrunfaut 1849 nachwies, daß er aus einem Gemenge von Traubenzucker und Fruchtzucker besteht. Berthelot gelang es dann 1860, aus den Hefeauszügen die den Rohrzucker umwandelnde Substanz zu isolieren[1]). Er nannte sie ferment glucosique[2]). Dieses Resultat veranlaßte ihn, anzunehmen, daß in der Hefe auch ein zweites Ferment, welches die Alkoholbildung hervorruft, enthalten sei. „En me fondant sur les expériences nouvelles que je viens de rapporter, je pense ce végétal n'agit pas sur le sucre en vertu d'un acte physiologique mais simplement par les ferments qu'il a la propriété de sécréter, au même titre que l'orge sécrète la diastase, les amandes sécrètent l'émulsine etc." Er unterscheidet nun zwischen löslichen Fermenten und unlöslichen. „Les ferments insolubles demeurent engagés dans les tissus organisés et ne peuvent en être séparés." Zu diesen rechnet er das die alkoholische Gärung bewirkende Ferment.

Da aber es weder Traube und Berthelot noch Hoppe-Seyler, der sich auch zugunsten der Enzymtheorie aussprach, gelang, experimentelle Beweise für dieselbe aufzufinden, so erwarb sich diese Theorie nicht die allgemeine Anerkennung. Erst im Jahre 1897 machte E. Buchner die schöne Entdeckung, daß sich aus der Hefe ein ungeformtes Ferment, die Zymase, ausziehen läßt, die den Zucker in Alkohol und Kohlensäure zu zerlegen imstande ist. Doch ist die Bildung der Zymase bisher ein Vorrecht der Hefe geblieben und hat diese daher ihre Bedeutung für die Alkoholgärung behalten.

Einundvierzigstes Kapitel.

Der Einfluß der organischen Chemie auf die Anerkennung der Avogadroschen Theorie.

Obwohl das Gay-Lussacsche Volumgesetz sofort in seiner Bedeutung voll erkannt und bei der Wahl der Atomgewichte berücksichtigt wurde, war dies bei den theoretischen Ansichten, die jenem Gesetz entsprungen sind, nicht der Fall. Die Hypothese, daß bei allen einfachen und zusammengesetzten Körpern im Gaszustand, gleiche Volume eine gleiche Anzahl Moleküle enthalten, wurde 1811 von Avogadro und drei Jahre nachher auch von Ampère aufgestellt. Erst ein halbes Jahrhundert später gelangte sie zur Anerkennung, nachdem auf dem Gebiet der organischen Chemie durch Forschungen,

---
[1]) C. r. **50**, 980 (1860).
[2]) Für dasselbe hat Donath den Namen Invertin vorgeschlagen, B. **8**, 795 (1875).

die den vierziger und fünfziger Jahren angehören, neue Anschauungen über die Molekularformeln gewonnen waren. Deshalb ist es wohl gerechtfertigt, an dieser Stelle einen kurzen Überblick über die Aufstellung der Molekulartheorie und ihre Geschichte einzuschalten. Ausführlich hat der Verfasser dieses Buches dieselbe in einer Abhandlung[1]) „Der Entwicklungsgang der Avogadroschen Theorie" geschildert.

Avogadro[2]) gelangte in seiner Abhandlung[3]) „Essai d'une manière de déterminer les masses relatives des molécules élémentaires des corps et les proportions selon lesquelles elles entrent dans ces combinaisons", zu der Hypothese: „que les nombres des molécules intégrantes dans les gaz quelconques est toujours le même à volume égal, ou est toujours proportionnel aux volumes." Die Bezeichnung molécules élémentaires entspricht in dieser Abhandlung unseren Atomen, dagegen molécules intégrantes dem, was wir Moleküle nennen. Das Neue und Geniale in seinen theoretischen Schlußfolgerungen ist wesentlich die Ansicht, daß die Moleküle der Elemente zusammengesetzt sind. Er nahm an, daß sie aus zwei Atomen bestehen, was auch den damals bekannten Dichten der gasförmigen Elemente entsprach. Seine Abhandlung wurde bei ihrem Erscheinen kaum beachtet und vergessen, bis im Jahre 1858 Cannizzaro auf dieselbe aufmerksam machte.

Drei Jahre nach obiger Abhandlung erschien Ampères[4]) Abhandlung: „Sur la détermination des proportions dans lesquelles les corps se combinent d'après le nombre et la disposition respective des molécules dont leurs particules intégrantes sont composées[5])." Damals bezeichnete dieser Forscher noch die Moleküle als particules und die Atome als molécules. Erst in einer Abhandlung aus dem Jahre 1832 benutzte er die Ausdrücke molécules et atomes in demselben Sinne wie wir es jetzt tun. Ampère ist bei seinen Betrachtungen von Gay-Lussacs Volumgesetz ausgehend zu derselben Hypothese gelangt, wie Avogadro. Er gab ihr folgende Fassung: „Les

---

[1]) J. p. [2] 87, 145—208 (1913).
[2]) Amadeo Avogadro di Quaregna (1776—1856), in Turin geboren, war anfangs Jurist, gab aber im Jahre 1800 diese Laufbahn auf und widmete sich dem Studium der Mathematik und Physik. 1809 wurde er Professor am Lyzeum in Vercelli und 1822 Professor der mathematischen Physik (Fisica Sublime) an der Universität von Turin.
[3]) Journal de physique par Delamétrie 73, 58 (1811).
[4]) André Marie Ampère (1775—1822) war in Lyon geboren, und zwar ein Jahr vor Avogadro und drei Jahre vor Gay-Lussac, gehört also zu den Zeitgenossen von letzterem und von Berzelius. Wie Arago im zweiten Band seiner Oeuvres berichtet, hatte bei Ampère, ehe er schreiben konnte, sich schon die Fähigkeit entwickelt, arithmetische Rechnungen auszuführen. 1801 wurde dieser vielseitig begabte Forscher Professor der Physik in Bourg; 1805 Professor der Mathematik an der Ecole polytechnique in Paris und 1824 Professor der Physik am Collège de France.
[5]) A. ch. 90, 43 (1814).

particules de tous les gaz, soit simples, soit composés, sont placées à la même distance les unes des autres. Le nombre de particules est dans cette supposition, proportionnel au volume des gaz."

Da er von der auf geometrischen Betrachtungen fußenden Ansicht ausging, daß die Partikel mindestens aus vier Molekülen (d. h. Atomen) bestehen müssen, so nahm er an, daß bei Wasserstoff, Stickstoff und Sauerstoff jene kleinsten Teilchen aus vier Atomen gebildet sind. Für das Chlor glaubte er sogar annehmen zu dürfen, daß dessen Partikel aus acht Atomen bestehen. Dadurch komplizierte er seine Darlegungen und schadete wohl auch deren Annahme. Obwohl er schon damals als Physiker und Mathematiker eine angesehene Stellung einnahm, so erlangten unter den Chemikern seine Hypothesen zunächst noch keine Anhänger. Vor dem Jahre 1826 wurde sie überhaupt von denselben nicht in Betracht gezogen.

Der erste Chemiker, der sie berücksichtigte, war Dumas in seiner 1826 erschienenen Abhandlung[1] „Sur quelques points de la théorie atomique", die er unternommen hatte, um durch Dampfdichtebestimmungen das Atomgewicht einer größeren Zahl von Körpern zu bestimmen. In betreff der Dichten im Gaszustand sagte er: „Tous les physiciens sont d'accord à cet égard. Elle consiste à supposer que, dans tous les fluides élastiques sous les mêmes conditions, les molécules se trouvent placées à égale distance, c'est à dire qu'elles sont en même nombre. Le résultat le plus immédiat de cette manière d'envisager la question a été déjà savamment discuté par M. Ampère; mais il ne paraît avoir encore été admis dans la pratique par aucun chimiste, si ce n'est par M. Gay-Lussac. Il consiste à considérer les molécules des gaz simples comme étant susceptibles d'une division ultérieure."

Um nun auch Dampfdichten von Körpern bestimmen zu können, für die Gay-Lussacs Methode nicht brauchbar ist, wie für solche, die Quecksilber angreifen oder zu hoch sieden, gelang es Dumas, eine neue Methode aufzufinden, die dann als die Dumassche bezeichnet wurde und die in der Folge den Chemikern gute Dienste leistete. Er machte eine Reihe von Bestimmungen mittels anorganischer Verbindungen, wie Jod, Quecksilber, mehreren Chloriden usw., wandte aber bei der Diskussion der Resultate die Molekularhypothese nicht in konsequenter Weise an, sagte vielmehr am Ende seiner Abhandlung: „Nous sommes bien éloignés encore de l'époque où la chimie moléculaire pourra se diriger par des règles certaines, malgré les avantages immenses que cette partie de la philosophie naturelle a retirés des travaux de M. M. Gay-Lussac, Berzelius, Dulong et Petit, Mitscherlich, ainsi des vues théoriques de M. M. Ampère et Avogadro." Es ist

---

[1] A. ch. [2] **33**, 337 (1826).

dies das einzige Mal, daß in der ersten Hälfte des vorigen Jahrhunderts Avogadro in betreff der Molekulartheorie erwähnt ist.

Wie schon oben im Kapitel über die Ätherintheorie angegeben ist, hat Dumas bei seinen organischen Arbeiten, die Dampfdichten benutzt, um die Resultate der Analyse zu bestätigen oder zu kontrollieren, dieselben aber nicht in konsequenter Weise angewandt, um die Molekulargröße zu bestimmen. Einzelne seiner Formeln, wie die von Äther und Oxalsäureäther, entsprechen einem Rauminhalt von zwei Volumen, andere, wie Alkohol und die meisten Ester, aber vier Volumen. Nachdem er dann beobachtet hatte, daß die Dampfdichte der Essigsäure drei Volumen entspricht, sprach er sich folgendermaßen aus: „So drängt uns dieses Beispiel die Notwendigkeit auf, durch den Versuch dieses Element der physikalischen Charakteristik der Körper zu bestimmen, ohne sich auf Analogie zu verlassen." Daß bei Aufstellung der Äthyltheorie Liebig die Dampfdichte des Äthers nicht als einen Beweis gegen die von ihm vertretene Formel ansah, darauf ist schon oben hingewiesen worden.

Die von Dumas für die Dampfdichten von Quecksilber, Phosphor und Schwefel erhaltenen Zahlen veranlaßten Berzelius[1]) seine Ansicht, daß sich die spezifischen Gewichte der einfachen Gase wie die Atomgewichte verhalten, aufzugeben. Jene Beobachtungen hat dann Gaudin[2]) im gleichen Jahre als erster doch auf die Molekulartheorie zurückgeführt[3]). Ausgehend von Ampère entwickelte er in klarer Weise, wieviel Atome in den Molekülen anzunehmen sind, hat aber dessen Ansicht, daß die Moleküle nicht weniger als vier Atome enthalten können, nicht adoptiert. Für die gasförmigen Elemente sowie für Jod und Brom nahm er ebenso wie Avogadro zwei Atome an. Er veranschaulichte dann die der Bildung von Salzsäure, Wasser und Ammoniak entsprechenden Volumverhältnisse durch folgende schematische Figuren:

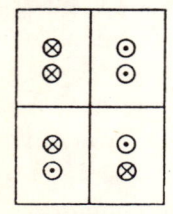

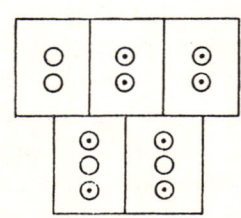

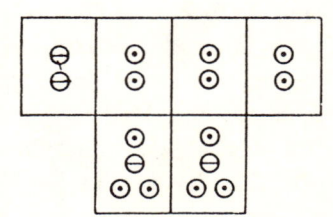

---

[1]) J. Berz. **13**, 63 (vorgelegt 1833).

[2]) Marc Antoine Gaudin (1804—1880), ein Schüler Ampères, war Rechner am Bureau des Longitudes. Er beschäftigte sich mit Vorliebe mit der Frage nach der Lagerung der Atome im Raum und, soweit es seine bescheidene Stellung erlaubte, auch mit experimentellen Studien. Er hat zuerst mittels des Knallgasgebläses künstliche Rubine dargestellt und gezeigt, daß der Quarz wie Glas geschmolzen, ausgezogen und geblasen werden kann.

[3]) A. ch. [2] **52**, 113 (1833).

Als erster gab er auch an, daß in den Molekülen des Quecksilberdampfs nur ein Atom, in denen des Phosphors vier und des Schwefels sechs Atome anzunehmen sind. „La vapeur de mercure est monatomique, donc ses particules sont des atomes." Gay-Lussac und Becquerel, die der Akademie sehr ausführlich und anerkennend über Gaudins Abhandlung Bericht erstatteten, gaben zustimmend an, daß dieser gezeigt habe, „la vapeur de mercure est monatomique; le phosphore, à l'état de vapeur est tétratomique et le soufre hexatomique". Auch Berzelius[1]) sagt von dieser Vorstellung, daß sie etwas Verlockendes habe, ohne ihr aber voll zuzustimmen.

In betreff organischer Verbindungen, hat Gaudin angegeben, daß der Alkohol aus zwei Atomen Kohlenstoff, sechs Wasserstoff und einem Atom Sauerstoff, dagegen der Äther aus vier Kohlenstoff, zehn Wasserstoff und einem Sauerstoff bestehe. Diese Schlußfolgerung stand, wie auch zum Teil die Formeln, die er für anorganische Verbindungen aufstellte, im Gegensatz zu den Ansichten, die die Chemiker damals als richtig ansahen, daher wurde seine Abhandlung so gut wie nicht in Betracht gezogen und nicht als maßgebend für die Ermittlung der Atomgewichte der Elemente und der Verbindungen angesehen. Der Gegensatz der aus chemischen Beobachtungen abgeleiteten Formeln zu denen, die sich aus der Molekulartheorie ergaben, trat noch stärker hervor, nachdem die Chemiker an Stelle der Berzeliusschen Atomgewichte die Gmelinschen Äquivalente adoptiert hatten.

Dem Standpunkt, den die Chemiker meistens diesen Fragen gegenüber in den vierziger Jahren und auch noch später einnahmen, entsprechen folgende Sätze Gmelins aus seinem Handbuch der Chemie[2]): „Das Gesetz von Berzelius, daß einfache Stoffe im Gaszustand bei gleichem Volum eine gleiche Zahl von Atomen enthalten, ist bereits durch die Erfahrung widerlegt. — Daß eine Notwendigkeit für die Annahme, daß alle Gase bei gleichem Volum eine gleiche Anzahl Atome enthalten, nicht besteht, sieht man daraus, daß dieses Gesetz bei den zusammengesetzten Gasen bald paßt, bald nicht. — Das Atomgewicht der elastisch flüssigen Stoffe, sie seien permanente Gase oder Dämpfe, steht in einem einfachen Verhältnis zu ihrem spezifischen Gewicht." So wurden damals für die Atom- oder Molekulargewichte meist eine Raumerfüllung von ein, zwei oder vier Volumen angenommen. Das Gay-Lussacsche Volumgesetz wurde dieser Annahme zugrunde gelegt, die Avogadrosche Regel aber nicht berücksichtigt. Der Name von Avogadro sowie der von Gaudin sind in der in den Jahren 1843—47 erschienenen Geschichte der Chemie von H. Kopp nicht erwähnt; Ampères Ansichten über Ammonium und

---

[1]) J. B. **14**, 113 (1834).
[2]) Vierte Auflage I, S. 46, 47 und 53 (1843).

die Wasserstoffsäuren sind besprochen, aber nicht die über die Moleküle.

Im Gegensatz zu den in den vierziger Jahren geltenden Ansichten betrat Gerhardt durch seine Reform den Weg, der im Laufe von zwei Jahrzehnten zur Anerkennung der Avogadroschen Theorie als einer der wichtigsten Grundlagen unserer theoretischen Ansichten führte. Wie schon im sechsundzwanzigsten Kapitel angegeben ist, war Gerhardt von chemischen Betrachtungen ausgehend zu einer Vereinfachung der Formeln vieler organischen Verbindungen und namentlich solcher gelangt, die bei der Aufstellung der Theorien von Wichtigkeit waren. In der für seine Ansichten grundlegenden Abhandlung[1]), „Considérations sur les équivalents de quelques corps simples et composés," war er von den Formeln HCl, H_2O, NH_3, CO_2, KHO, SO_4H_2 ausgegangen. Seine Atomgewichte entsprachen für die Metalloide denen von Berzelius, aber mit dem wichtigen Unterschied, daß er keine Doppelatome annahm, die der Metalle waren aber nur halb so groß. Anfangs ging er noch von Sauerstoff $= 100$ aus; in den späteren Veröffentlichungen aber von $H = 1$, $O = 16$ und $C = 12$. Indem er nun die für Gas- und Dampfdichten gefundenen Werte mit den seinen Formeln entsprechenden theoretischen Dichten einer Vergleichung unterzog, kam er zur Ansicht, daß bei allen organischen Verbindungen die Raumerfüllung ausnahmslos zwei Volumen entspricht. Er berechnete noch, wie es damals üblich war, die theoretischen Dichten aus der Summe der Dichten der einzelnen Elemente, wie z. B. für Alkohol $= C_2H_6O$ [2]).

„2 fois la densité de la vapeur de carbone $= 2 \times 0{,}826 = 1{,}652$
6 fois la densité du gaz d'hydrogène $= 6 \times 0{,}068 = 0{,}408$
1 fois la densité du gaz oxygène $= 1 \times 1{,}105 = \underline{1{,}105}$
$3{,}165$

La somme $\dfrac{3{,}165}{2} = 1{,}582$ doit se confondre avec la somme obtenue directement pour la densité de la substance, si la formule adoptée est exacte."

Die einzige organische Verbindung, bei der dies nicht zutraf, war der Perchlormethyläther, dessen Dampfdichte nur halb so groß gefunden war, als der von Gerhardt angenommenen Formel C_2Cl_6O entspricht. Dieser nahm daher an, daß der Dampf desselben aus einem Gemenge zweier Körper bestehe, was er dann später genauer begründete und was 1893 durch Soney experimentell bewiesen wurde.

Auf die einfachen Körper hat Gerhardt seine Regel nicht ausgedehnt. Noch wandte er Atom und Volum als synonym an. Der

---

[1]) A. ch. [3] **7**, 129 und **8**, 238 (1843).
[2]) Précis I, 57 (1844).

erste Chemiker, der diese Worte in dem Sinne adoptierte, wie sie Ampère und Gaudin 1833 benutzt hatten, und auch annahm, daß die Moleküle der Elemente zusammengesetzt sind, war Laurent. Dieser war aber hierbei von chemischen Tatsachen und speziell von der Einwirkung des Chlors auf organische Substanzen ausgegangen. Am Schluß einer Abhandlung über stickstoffhaltige organische Verbindungen[1]) sagte er: „Ma molécule représenterait la plus petite quantité d'un corps simple qu'il faut employer pour **opérer une combinaison**, quantité qui est divisible en deux par l'acte même de la combinaison. Ainsi, Cl peut entrer dans une combinaison; mais pour faire celle-ci, il faut employer Cl_2. J'admets donc, avec M. Ampère, la double décomposition du chlore par l'hydrogène." Auch hat er schon damals darauf hingewiesen, daß es wohl am besten sei, alle Körper auf ein Volum zu beziehen: „Si nous représentons tous les corps, tant simples que composés, par 1 volume nous aurons une notation beaucoup plus régulière. — On a alors:

1 Molécule
„Oxygène O_2 = 200 = 1 vol.
Hydrogène H_2 = 12,5 = 1 vol.
Eau H_2O = 112,5 = 1 vol.
Acide chlorhydrique HCl = 227,0 = 1 vol."

Laurent führte noch als eine weitere für diese Ansicht sprechende chemische Tatsache die sonst ganz unverständliche Wirkung des Wasserstoffs im Entstehungszustand an.

Wichtige Beobachtungen zugunsten der Gerhardtschen Formeln für Alkohol und Äther, die bei allen Diskussionen immer im Vordergrund standen, ergaben sich im Jahre 1850 aus Williamsons Arbeiten über Ätherbildung und daran anschließend aus Chancels Darstellung der zwei verschiedene Alkoholradikale enthaltenden Ester der Kohlensäure und Oxalsäure sowie aus Gerhardts Entdeckung der Säureanhydride.

Daß Laurent in seinem letzten Werk, Méthode de Chimie, nicht mehr an der vollkommen allgemein geltenden Regel, wie er sie 1843 angenommen hatte, festhielt, war eine Folge der von Bineau beobachteten Dampfdichten von Chlorammonium und von Schwefelsäure. In betreff der ersteren Verbindung hatte er zwar 1846 gesagt: „Quant aux très-rares composés anomaux que l'on rencontre, il faudrait les représenter ainsi: Chlorhydrate d'ammoniaque $\frac{ClH_4N}{2}$, voulant indiquer par là que la molécule est ClH_4N, mais que sous

---

[1]) A. ch. [3] **18**, 266 (1846).

l'influence de la chaleur, elle est divisée en deux en passant à l'état gazeux." Vermutlich unter dem Einfluß von Gerhardt, dem es vor allem darum zu tun war, zu beweisen, daß seine Formel SO_4H_2 richtig ist, gab er die Möglichkeit zu, daß es auch Verbindungen gibt, deren Formeln auf vier Volumen zu beziehen sind (Méthode p. 192).

Gerhardt hatte 1851, unter Festhalten an der gleichen Raumerfüllung für alle organischen Verbindungen aber gesagt: „Est-ce à dire que deux volumes sont toujours synonymes de molécule? Logiquément on ne conçoit pas la nécessité de cette synonymie. Il y a de molécules à 1, à 2, à 4 volumes." Er zitierte dann als Beleg die Dampfdichten von Phosphorchlorid, Chlorammonium und Schwefelsäure[1]).

Die Aufklärung, wie die sogenannten anormalen Dampfdichten aufzufassen sind, lieferten im Jahre 1857, also nach dem Tod von Laurent und Gerhardt, die Untersuchungen von H. Sainte-Claire Deville über Dissoziation. Sofort nach dem Erscheinen derselben sagte Cannizzaro[2]), daß die von Deville aufgefundenen Tatsachen ihn in dem schon länger gehegten Verdacht bestärkt hätten, daß die Zahlen, welche bei den Dampfdichtebestimmungen einiger Körper erhalten wurden, dem Gewicht ihrer Zersetzungsprodukte entsprechen. Dieselbe Ansicht entwickelten unabhängig von ihm und voneinander auch Kopp[3]) und Kekulé[4]).

Cannizzaro fügte in jener Notiz noch hinzu: „Ich glaube, daß es keine Ausnahme von dem allgemeinen Gesetz gibt, nach welchem gleiche Volumen gasförmiger Körper eine gleiche Anzahl Moleküle enthalten, und daß die scheinbaren Anomalien bei strenger Prüfung verschwinden werden." So war bestimmt von seiten eines Chemikers die Molekulartheorie als allgemeingültige Regel anerkannt. Im darauffolgenden Jahre hat er dann seine berühmte Abhandlung[5]): „Sunto di un corso di filosofia chimica fatto nella R. Università di Genova" veröffentlicht. In dem Sunto (Auszug) hat er in klarer und präziser Weise entwickelt, wie sich die Begriffe von Molekül und Atom geschichtlich entwickelt haben. Wie er angab, hat er in der ersten Vorlesung begonnen „zu zeigen, wie aus der Betrachtung der physikalischen Eigenschaften der Gase und des Gay-Lussacschen Gesetzes über das Verhältnis des Volumens der Verbindungen und ihrer Bestandteile jene Hypothese fast von selbst entsprungen ist, welche zuerst von Avogadro und kurz nachher von Ampère verkündigt wurde".

---

[1]) C. r. ch. 1851. 129.
[2]) Nuovo Cimento **6**, 428 (1857).
[3]) A. **105**, 394 (1858).
[4]) A. **106**, 143 (1858).
[5]) Nuovo Cimento **7**, 321 (1858); Ostwalds Klassiker Nr. 30.

In dieser Abhandlung wurde also bestimmt angegeben, daß jene Hypothese von Avogadro zuerst aufgestellt war. Cannizzaro hat auch darauf hingewiesen, daß sich die Molekulargewichte direkt aus den Dichten im Gaszustand ableiten lassen, wenn man sie auf das Molekül des Wasserstoffs gleich 2 bezieht, und die auf Luft als Einheit berechneten Dichten mit 28,87 multipliziert. In betreff der Atomgewichte bezeichnet er es als einen Irrtum, daß man sie aus den Dampfdichten der Elemente in freiem Zustand herleiten wollte, statt aus den Dampfdichten und der Zusammensetzung ihrer Verbindungen. Er verweist darauf, daß aus der Dampfdichte des Zinkäthyls sich die Formel $\left.\begin{array}{l}C_2H_5 \\ C_2H_5\end{array}\right\}$ Zn und für dieses Metall ein doppelt so hohes Atomgewicht ergibt, wie es Gerhardt annahm, und daß dasselbe gleichfalls bei dem Quecksilber der Fall ist.

Dann gelangte er zu dem wichtigen Ergebnis, daß auch das Dulong-Petitsche Gesetz in Übereinstimmung mit der Avogadroschen Hypothese steht, wenn man die Atomgewichte der Metalle so wählt, daß das Produkt aus Atomgewicht und spezifischer Wärme den Wert 6 bis 6,6 und nicht, wie damals noch vielfach angenommen wurde, einem halb so großen entspricht.

Daß auf die Entwicklung seiner Ansichten Gerhardts Veröffentlichungen und dessen Reform einen großen Einfluß ausgeübt haben, hat Cannizzaro vollständig anerkannt und auch bei der Feier seines siebzigsten Geburtstages hervorgehoben. Auch Kekulé hat in betreff der Molekulartheorie an Gerhardt angeknüpft und in Übereinstimmung mit demselben in der 1859 erschienenen Lieferung seines Lehrbuchs die Bestimmung der chemischen Molekulargewichte zuerst abgehandelt und dann erst die physikalischen Gasgewichte. Auf S. 97 sagte er: „Um die Atomgröße und die Molekulargröße mit einiger Wahrscheinlichkeit herleiten zu können, ist es nötig, eine sehr große Anzahl von Verbindungen und eine sehr große Anzahl chemischer Metamorphosen der Betrachtung und der Vergleichung zu unterziehen." Indem er die Einwirkung von Chlor auf eine Reihe organischer Verbindungen durch Gleichungen veranschaulichte, kam er, wie schon Laurent, zu der Ansicht, daß diese Vorgänge beweisen, daß die Molekulargröße des Chlors $= Cl_2$ ist. Aus Bildung und Verhalten des Cyangases geht nach ihm hervor, daß für dasselbe die Formel C_2N_2 angenommen werden muß. In dem Kapitel über die Beziehungen zwischen den chemischen und den physikalischen Eigenschaften sagte er dann auf S. 233: „Wenn man die nach früher mitgeteilten Betrachtungen festgestellten chemischen Molekulargewichte vergleicht mit den spezifischen Gewichten in Dampfform, so findet man, daß beide für nahezu alle und namentlich für alle kohlenstoffhaltigen Verbindungen identisch sind." So gelangt Kekulé zu dem Schluß: „daß die chemischen Moleküle identisch sind mit den physikalischen Gasmolekülen."

Als diese Publikationen von Cannizzaro und von Kekulé erschienen, herrschte noch ein großer Wirrwarr in der chemischen Literatur. Die meisten Chemiker gingen von Äquivalenten aus und machten keine Unterscheidung zwischen Äquivalent, Atom und Molekül. Um zu einer Übereinstimmung über diese Grundbegriffe zu gelangen, fand auf Kekulés Initiative in Karlsruhe im September 1860 ein Kongreß statt, an dem eine große Zahl hervorragender Chemiker aus den verschiedensten Ländern teilnahm[1]). Obwohl der Antrag von Cannizzaro: „Ich schlage vor, das System Gerhardts anzunehmen und dabei die als notwendig erkannten Veränderungen der Atomgewichte einer Reihe von Metallen zu berücksichtigen", keine Annahme fand, hat doch die Zusammenkunft sehr günstig auf die Klärung der Ansichten gewirkt. Am meisten wurde dieselbe dadurch gefördert, daß Cannizzaro[2]) am Schluß der Tagung Sonderabdrücke seines Sunto verteilen ließ.

Begeistert hat Lothar Meyer den Eindruck geschildert, den diese Schrift auf ihn machte[3]): „Ich las sie wiederholt und auch zu Hause und war erstaunt über die Klarheit, die das Schriftchen über die wichtigsten Streitpunkte verbreitete. Es fiel mir wie Schuppen von den Augen, die Zweifel schwanden und das Gefühl ruhigster Sicherheit trat an ihre Stelle. Wenn ich einige Jahre später etwas für die Klärung der Sachlage und der Beruhigung der erhitzten Gemüter habe beitragen können, so ist dies zu einem nicht unwesentlichen Teil der Schrift Cannizzaros zu verdanken."

Den Namen Avogadro und dessen Hypothese, die später als Regel oder Theorie bezeichnet wurde, lernten viele Chemiker, wie auch der Verfasser dieses Buches, erst aus der 1864 erschienenen Schrift Lothar Meyers „Die modernen Theorien der Chemie" kennen.

---

[1]) In der interessanten Schrift von Carl Engler: „Vier Jahrzehnte chemischer Forschung unter besonderer Rücksicht auf Baden als Heimstätte der Chemie" (Karlsruhe 1892) ist Entstehung und Verlauf des Kongresses beschrieben.

[2]) Stanislao Cannizaro (1826—1912) gehört ungefähr zur Altersklasse von Kekulé. Er studierte in seiner Vaterstadt Palermo Medizin und dann Chemie in Pisa bei Piria. Da er 1847 an dem sizilianischen Aufstand teilnahm, mußte er 1849 flüchten und ging nach Paris, wo er in Chevreuls Laboratorium arbeitete. Er kehrte 1851 nach Italien zurück. Im Jahre 1855 wurde er Professor an der Universität Genua, 1861 nach Palermo und 1871 nach Rom berufen. In der italienischen Hauptstadt nahm er sowohl als Lehrer und Forscher wie als Senator eine hervorragende Stellung ein.

[3]) Ostwalds Klassiker Nr. 30, S. 59.

Sechster Abschnitt.

Dieser Abschnitt umfaßt wesentlich die Beschreibung der Arbeiten, die die Weiterentwicklung der Strukturtheorie gefördert haben, aber nur, soweit sie die Gruppe der Fettkörper betreffen. Von dem Jahre 1860 an kommen nach und nach die neueren Atomgewichte in Gebrauch. Die in folgenden Kapiteln enthaltenen Formeln beziehen sich daher auf $O = 16$, soweit nicht besonders darauf hingewiesen ist, daß denselben noch die Äquivalente $O = 8$ oder $C = 6$ zugrunde liegen. Eine Zeitlang war es gebräuchlich, um bequem unterscheiden zu können, ob die Verfasser ihren Veröffentlichungen die ältere oder neuere Schreibweise zugrunde legten, entsprechend einem Vorschlag von Williamson, für diejenigen Elemente, deren Atomgewichte doppelt so groß sind als die Gmelinschen Äquivalente, durchstrichene Symbole anzuwenden. Diesen Vorschlag hatte auch Kekulé in seinem Lehrbuch adoptiert. Da es sich aber nur um eine für die damalige Zeit zweckmäßige Schreibweise und nicht, wie bei den Formeln von Berzelius, um Doppelatome handelte, und da auch diese durchstrichenen Atomzeichen nach und nach wieder aus der chemischen Literatur verschwunden sind, so erschien es nicht nötig, sie bei der Wiedergabe der Formeln hier zu benutzen.

Die zum Teil gleichzeitig mit den in diesem Abschnitt erwähnten Abhandlungen, in den sechziger Jahren erschienenen Untersuchungen über aromatische Verbindungen bilden den Gegenstand des folgenden Abschnitts.

Zweiundvierzigstes Kapitel.
Die Entwicklung der Strukturtheorie und die Anwendung graphischer Formeln und Atommodelle.

Den Namen chemische Struktur hat Butlerow[1]) 1861 in einem Vortrag auf der Naturforscherversammlung in Speyer vorgeschlagen[2]), „um den chemischen Zusammenhang oder die Art und Weise der gegenseitigen Bindung der Atome in einem zusammen-

---

[1]) Alexander Butlerow (1826—1886) war in Tschistopol (Gouv. Kasan) geboren. Zuerst als Professor in Kasan und seit 1868 an der Universität Petersburg hat er viele tüchtige Chemiker ausgebildet. Er hat von Anfang an die Lehren der Strukturtheorie in konsequenter Weise vertreten und viele wertvolle Arbeiten auf dem Gebiet der organischen Chemie ausgeführt.

[2]) Z. **4**, 549 (1861).

gesetzten Körper zu bezeichnen". Diese anfangs von verschiedenen Seiten angegriffene Benennung hat sich dauernd eingeführt und die Bildung der Worte Strukturformeln und Strukturtheorie veranlaßt. Am Schluß seines Vortrags sprach Butlerow sich dafür aus, ,,daß es Zeit wäre, die Idee der Atomigkeit und der chemischen Struktur in allen Fällen und ganz frei von der typischen Anschauung als Grundlage für die Betrachtung chemischer Konstitution anzuwenden und daß dieselbe ein Mittel der jetzigen unbehaglichen Lage der Chemie abzuhelfen, an die Hand zu geben scheint."

Obwohl Kekulé 1859 in seinem Lehrbuch mittels graphischer Formeln an einzelnen Beispielen die Atomverkettung veranschaulichte, hatte er sich bis 1864 noch wesentlich der typischen Schreibweise bedient und dabei vermieden, bis auf die Elemente zurückzugehen. Den Grund hierfür hat er in der in jenem Jahre erschienenen Lieferung angegeben[1]). ,,Wenn man, wie dies in neuerer Zeit vielfach versucht worden ist, die in den typischen Formeln angenommenen Radikale weiter auflösen will, so läßt sich bei konsequenter Durchführung keinerlei Grenze dieses Auflösens finden." In betreff der von ihm benutzten Formeln sagte er: ,,Sie leisten darauf Verzicht, die Verbindungsweise der Kohlenstoffatome selbst und der vollständig an sie gebundenen Atome anderer Elemente auszudrücken; und zwar, weil bei vollständigem Auflösen der Radikale so komplizierte Formeln erhalten werden, daß alle Übersichtlichkeit verlorengeht; und weil, anderseits, nur halbauflösende Formeln der Willkür allzuviel Spielraum lassen und trotzdem einer konsequenten Durchführung kaum fähig sind."

Auch die meisten der damals führenden Forscher benutzten am Anfang der sechziger Jahre noch die typische Schreibweise und waren in der Anwendung von Strukturformeln sehr zurückhaltend. Würtz sagte 1863 in betreff der Konstitution von Glykol- und Milchsäure[2]): ,,On pourrait essayer d'exprimer ces conditions par des formules rationelles ou par des représentations graphiques analogues à celles dont M. Kekulé s'est servi dans son remarquable Traité. Lorsqu'il s'agirait de combinaisons riches en carbone, ces formules deviendraient non seulement arbitraires, mais tellement compliquées, qu'elles seraient un embarras pour l'exposition et un défi pour la mémoire."

Vielleicht sind Kekulé und Würtz damals noch zu vorsichtig gewesen. Dagegen ist Loschmidt 1861 bei der Aufstellung von schematischen Formeln in vielen Fällen über das hinausgegangen, was sich aus den experimentellen Tatsachen herleiten ließ. Hierüber soll weiter unten berichtet werden.

---

[1]) Lehrbuch, 2. Band, S. 249 und 250 (1864).
[2]) A. ch. [3] **67**, 108 (1863).

Die Anwendung von Strukturformeln hat sich erst allmählich entwickelt, nachdem neue Beobachtungen es möglich machten, auch für kompliziertere Körper bis auf die Elemente zurückzugehen. Einen Markstein in der Geschichte dieser Bestrebungen bildet Mitte der sechziger Jahre Kekulés Abhandlung über die Konstitution der aromatischen Verbindungen, in der er vollkommen aufgelöste Formeln seinen Betrachtungen zugrunde legte. Seit dieser Zeit wurde die Zahl der Chemiker, die sich der Strukturformeln bedienten, immer zahlreicher. Von hervorragenden Forschern, die auf dem Gebiet der organischen Chemie tätig waren, verhielten sich nur Kolbe und Berthelot scharf ablehnend.

Da zum Verständnis der neuen Ansichten sowie zu Demonstrationen sich die graphischen Formeln und namentlich Modelle als wichtige Hilfsmittel bewährt haben, so sollen deren Anwendung hier besprochen und auch einige Angaben aus älterer Zeit eingeschaltet werden. Zu Anfang des vorigen Jahrhunderts hatte Dalton, um seine Theorie verständlich zu machen, die Atome durch Kreise veranschaulicht. Thomson, welcher der erste war, dem jener Forscher Mitteilung über seine Theorie machte, hat in seiner History of Chemistry[1]) den Wert dieser bildlichen Darstellung hervorgehoben. „It was that happy idea of representing the atoms and constitution of bodies by symbols that gave M. Daltons opinion so much clearness." Obwohl jene Symbole durch die viel bequemere Formelsprache von Berzelius verdrängt wurden, so hat doch dieser Chemiker sie benutzt, um zu zeigen, daß Verbindungen bei der Zersetzung, je nach den Bedingungen, verschiedene Produkte liefern können, ohne daß man anzunehmen braucht, daß diese schon gesondert in denselben vorhanden waren. Es hat dies an dem Beispiel des Eisen- und des Manganoxyduloxyd veranschaulicht[2]):

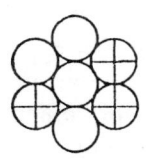

„Die drei mit + bezeichneten Kugeln bedeuten die Atome des Eisens, die vier weißen Kugeln die Atome des Sauerstoffs." Dieses Schema erkläre nach Berzelius, warum sich aus dem Manganoxyduloxyd sowohl Manganoxyd wie Mangandioxyd neben Manganoxydul bilden kann. Er fügte hinzu, „dasselbe gilt auch von dem Äther, ob er nämlich $= C^4H^{10} + O$ ist oder $C^4H^8 + H^2O$; von dem Chlorwasserstoffäther, ob er $C^4H^{10} + 2\,Cl$ oder $C^4H^8 + 2\,HCl$ ist usw."

---
[1]) Bd. II, 291.
[2]) J. B. **15**, 249.

Gaudin hat, worauf im vierundsechzigsten Kapitel zurückzukommen ist, als er 1833 den Versuch machte, die Lagerung der Atome im Raum zu ermitteln, seine Ideen sowohl durch graphische Figuren wie durch aus gefärbten Perlen bestehende Modelle veranschaulicht. Dann wurde von Gmelin bei Besprechung der Kerntheorie empfohlen, Kugeln von verschieden gefärbtem Wachs anzuwenden[1]), um jene Theorie besser zu verstehen.

Großen Nutzen und Anklang fanden aber erst schematische Formeln, nachdem sie Kekulé in der 1859 erschienenen ersten Lieferung seines Lehrbuchs anwandte[2]). Die Atome einwertiger Elemente veranschaulichte er durch Kreise, die der mehrwertigen durch zwei-, drei- oder viermal so große Figuren, wie folgende Formeln zeigen:

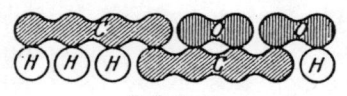

Essigsäure   Blausäure

Um Mißverständnisse zu verhüten, hielt es damals Kekulé für notwendig, darauf hinzuweisen, „daß die gezeichnete Größe der Atome nicht die wirklichen Größenverhältnisse, vielmehr die Basizität derselben, und die Stellung der einzelnen Atome in keiner Weise die relative Stellung im Raum ausdrücken soll". Sehr zweckmäßig für Demonstrationen erwiesen sich damals Modelle aus Holz, deren Form jenen Zeichnungen entsprach. Der Verfasser dieses Buchs lernte sie schätzen, als er 1865 in Baeyers Laboratorium mit der Anwendung derselben bekannt wurde.

Würtz in seinen Leçons de philosophie chimique und Naquet in dem Lehrbuch Principes de Chimie haben 1864 Kekulés Figuren, nur in der Zeichnung vereinfacht, adoptiert. Blomstrand hat von denselben in seinem 1869 erschienenen Buch „Die Chemie der Jetztzeit" einen ausgiebigen Gebrauch gemacht und auf S. 67 gesagt: „Schon durch die Einführung dieser graphischen Formelsprache hat Kekulé ohne Frage genug geleistet, um seine wissenschaftliche Ehre zu begründen, geschweige denn, um den hervorragenden Platz als Bannerträger der jüngeren Typentheorie unbestritten einzunehmen."

Loschmidts[3]) schon oben erwähnte Abhandlung[4]), „Konstitutionsformeln der organischen Chemie in graphischer Darstellung",

---

[1]) Handbuch, 4. Aufl., **4**, 25 (1845).
[2]) Bd. I, 160, 164 und 165.
[3]) Josef Loschmidt (1821—1895), in der Nähe von Karlsbad als Sohn armer Landleute geboren, hatte in Wien nach schwerer Jugendzeit unter Meißner Chemie studiert, leitete dann einige Zeit eine Salpeterfabrik, wurde Hauslehrer und unterrichtete später an einer Schule in Wien. Während dieser Zeit verfaßte er die hier zu besprechende Abhandlung, dann beschäftigte er sich mit seinem späteren Lebensberuf, mit Physik. Nachdem er seine berühmte Abhandlung „Zur Größe der Luft-

ist, als sie 1861 erschien, so gut wie unbeachtet geblieben. Erst ein halbes Jahrhundert später hat Anschütz auf diese schwierig zu erhaltende Broschüre aufmerksam gemacht, den wesentlichsten Inhalt veröffentlicht[1]) und sie dann in Ostwalds Klassikern (Nr. 190) vollständig herausgegeben. Loschmidt ist von der Vorstellung ausgegangen, daß die Atome dem Mittelpunkt von Kugeln entsprechen, „deren Halbmesser die Distanz bezeichnet, in welcher sich das Atom, wenn es eine chemische Verbindung eingegangen, von der Gleichgewichtssphäre jedes anderen Atoms, mit welchem es durch seine Atomkraft verknüpft ist, behauptet". Diese Sphären veranschaulicht Loschmidt in seinen schematischen Formeln durch Kreise. Wie folgende Beispiele zeigen, berühren sich diese bei Atomen, die in einfacher Bindung zueinander stehen, in einem Punkt, durchschneiden sich aber, wenn sie durch zwei oder drei Valenzen verbunden sind.

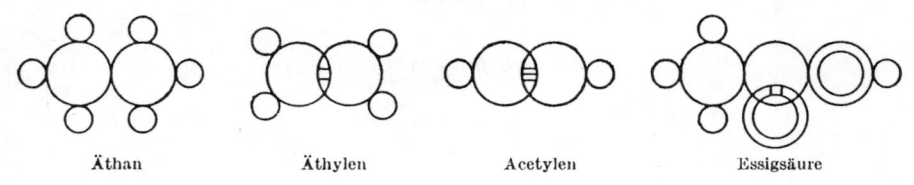

Äthan   Äthylen   Acetylen   Essigsäure

Loschmidt hat seine Konstitutionsbetrachtungen mit großem Geschick und Fleiß über das ganze Gebiet der organischen Chemie ausgedehnt. Unter den 368 graphischen Formeln, die in seiner Schrift enthalten sind, haben sich ziemlich viele später als richtig erwiesen, obwohl damals häufig noch die experimentellen Beweise fehlten; bei anderen hat er sich geirrt.

Wie aus der chemischen Literatur hervorgeht, ist seine Abhandlung so gut wie unbeachtet geblieben, und hat daher auf die Entwicklung der organischen Chemie keinen Einfluß ausgeübt. Es beruht dies wohl zum Teil auf dem Umstand, daß der damals noch unbekannte und später nicht als Chemiker, sondern als Physiker berühmt gewordene Verfasser seine Broschüre nur im Selbstverlag herausgab und keine Untersuchungen zum Beweis seiner Schemata ausführte. Auch hat seine Abhandlung sicherlich auf diejenigen, in deren Hände sie damals gelangte, einen zu hypothetischen Eindruck gemacht. Da sie keine neue Tatsachen enthielt, wurde im Jahresbericht der Chemie nur das Erscheinen derselben angegeben. Folgender Satz[2]) aus Kekulés

---

moleküle" veröffentlicht hatte, wurde er an der Wiener Universität Privatdozent, 1868 außerordentlicher und 1872 ordentlicher Professor der Physik. Boltzmann hat ihm in seinen „Populären Schriften", Leipzig 1905, einen sehr anerkennenden Artikel gewidmet.

[4]) In einer Broschüre „Chemische Studien", Wien 1861, veröffentlicht.
[1]) B. **45**, 539 (1912).
[2]) A. **137**, 134, Fußnote (1866).

Abhandlung über die Konstitution der aromatischen Verbindung ist die einzige Erwähnung der Schemata von Loschmidt: „Ich habe dieselbe Form graphischer Formeln beibehalten, deren ich mich 1859 bediente. Diese Form ist mit kaum bemerkenswerten Veränderungen von Würtz angenommen worden; sie erscheint mir vor den neuerdings von Loschmidt und von Crum-Brown vorgeschlagenen gewisse Vorzüge darzubieten."

Crum-Brown hatte 1864 in einer Abhandlung[1]), „The Theorie of the Isomeric Compounds", die Atome durch Striche verbunden, deren Zahl der Wertigkeit entsprechen, wie folgende Formel für die Essigsäure zeigt:

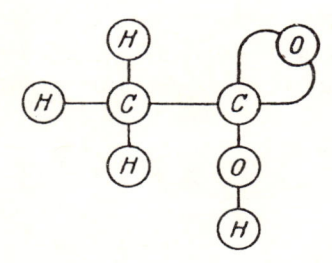

Modelle, die aus Kugeln bestanden und die durch Metallstäbe sich verbinden ließen, wurden von A. W. Hofmann und anderen benutzt. Da bei diesen die Metallstäbe in einer Ebene lagen, so ermöglichten sie nicht, Acetylen und ebensowenig wie Kekulés ältere Modelle, ringförmige Verbindungen aufzubauen. Kekulé zeigte dann 1867, daß sich bei dem Kugelmodell diese Unvollkommenheit beseitigen läßt, wenn man[2]), „die vier Verwandtschaftseinheiten des Kohlenstoffs statt sie in eine Ebene zu legen, in der Richtung hexaedrischer Achsen so von der Atomkugel auslaufen läßt, daß sie in Tetraederebenen endigen. Dabei werden die Längen der Drähte, welche die Verwandtschaftseinheiten ausdrücken, ebenfalls so gewählt, daß die Abstände der Ecken gleich groß sind. Eine einfache Vorrichtung macht es möglich, die Drähte je nach Bedürfnis gradlinig oder in jedem beliebigen Winkel zu verbinden. Ein derartiges Modell leistet, wie mir scheint, alles, was ein Modell zu leisten imstande ist."

Es leistete aber noch mehr, als Kekulé damals annahm; es erfüllte auch später die Möglichkeit, stereochemische Betrachtungen zu veranschaulichen. Für die Wiedergabe durch Schrift und Druck waren aber die verschiedenen schematischen Figuren wenig bequem und auch bei komplizierten Verbindungen unübersichtlich. Es ge-

---

[1]) Trans. soc. of Edinburgh **23**, III, 707 (1864).
[2]) Z. **10**, 217 (1867).

langte daher die oben erwähnte Schreibweise von Couper mit der Zeit immer häufiger zur Anwendung. Nachdem die Strukturformeln allgemein angenommen und leicht verständlich waren, konnte auch dieselbe durch teilweises oder vollständiges Weglassen der Striche noch vereinfacht werden.

Dreiundvierzigstes Kapitel.
Die Gleichwertigkeit der Kohlenstoffvalenzen und die Theorie von der wechselnden Valenz.

Als die Chemiker mit dem Ausbau der Strukturtheorie beschäftigt waren, tauchte auch die Frage auf, ob die vier Valenzen des Kohlenstoffs gleichwertig sind. Die Annahme, daß es zwei isomere Kohlenwasserstoffe C_2H_6 und zwei Verbindungen CH_3Cl gibt, erschien sowohl nach der Radikaltheorie wie nach der Typentheorie ganz erklärlich, mußte aber nach der Strukturtheorie zu der Ansicht von Ungleichheit der Kohlenstoffvalenzen führen. Butlerow hat daher 1862 aus der Existenz jener beiden Kohlenwasserstoffe geschlossen[1]), „daß die Affinitätseinheiten, welche die Kohlenstoffatome verbinden, nicht dieselben in beiden Fällen sind". In seiner Broschüre, „die modernen Theorien der Chemie," sagte L. Meyer[2]) 1864: „Nach den Untersuchungen von Baeyer gibt es zwei in ihren Eigenschaften verschiedene, also nur isomere und nicht identische Verbindungen der Formel CH_3Cl. Die Verschiedenheit kann nur daher rühren, daß es nicht gleichgültig ist, welche der vier Affinitäten des Kohlenstoffs durch Chlor, welche durch Wasserstoff gesättigt wird." Die Verschiedenheit von Äthylwasserstoff und Dimethyl erklärte er genau wie Butlerow.

Hätten spätere Untersuchungen die Tatsachen, auf denen diese Folgerungen beruhen, bestätigt, so wäre das Studium der Isomerie viel komplizierter geworden. Es ist das große Verdienst von Schorlemmer, die Versuche Franklands über das Verhalten jener beiden Kohlenwasserstoffe gegen Chlor wiederholt und 1864 nachgewiesen zu haben[3]), daß Äthylwasserstoff und Dimethyl identisch sind.

---
[1]) Z. **5**, 298 (1862).
[2]) Lothar Meyer (1830—1895), in Varel (Oldenburg) geboren, studierte in Zürich Medizin und arbeitete dann bei Bunsen über die Gase des Blutes. Um seine naturwissenschaftlichen Studien zu vervollkommnen, hörte er in Königsberg Neumanns Vorlesung über theoretische Physik. Er habilitierte sich 1859 in Breslau, wurde 1866 Professor der Chemie an der Forstakademie in Eberswalde, 1868 an dem Polytechnikum in Karlsruhe, 1876 an der Universität Tübingen. Wenn auch seine Forschertätigkeit wesentlich das Gebiet der physikalischen Chemie betrifft, so haben seine Arbeiten und die oben erwähnte Schrift auch einen fördernden Einfluß auf die organische Chemie ausgeübt. Nekrolog in B. **28**, 4, 1109.
[3]) A. **131**, 76 und **132**, 234 (1864).

L. Meyer[1]) hat dann unter Bezugnahme auf seine frühere Schlußfolgerung 1866 gesagt: „Seit aber Schorlemmer erwiesen, daß die bisher angenommenen Unterschiede zwischen Äthylwasserstoff und Methyl (oder Dimethyl) nicht bestehen, ist auch die Identität von Chlormethyl und einfach gechlortem Grubengas nicht mehr zweifelhaft, welche durch die Versuche Berthelots noch nicht völlig erwiesen schien. Damit sind aber alle jene Beobachtungen als irrig erkannt, und die Annahme der Verschiedenheit unter den Affinitäten des Kohlenstoffatoms erscheint überflüssig." Seit dieser Zeit ist keine richtig beobachtete Tatsache aufgefunden worden, welche dieses Urteil umstoßen konnte.

Schorlemmer[2]) hat bei seiner Untersuchung nachgewiesen, daß auch andere der früher als Alkoholradikale in freiem Zustand bezeichneten Kohlenwasserstoffe sich gegen Chlor wie Dimethyl verhalten und mit Recht auf die Bedeutung dieser Resultate für die Synthese hingewiesen[3]): „So ist durch diese Bildung von Chloräthyl aus Methyl (d. h. Dimethyl) der Weg gebahnt, aus dem einfachsten Kohlenwasserstoffe, dem Sumpfgase, nicht nur die ganze Reihe seiner Homologen aufzubauen, sondern auch, da dieselben den Ausgangspunkt bilden können für die große Gruppe der Kohlenstoffverbindungen, in welchen man die Kohlenstoffatome in einfachster Form aneinander angelagert anzunehmen hat und welche Kekulé mit dem Namen der Fettkörper bezeichnet, die Möglichkeit gegeben, diese wichtige Gruppe durch sehr einfache Synthesen aus den Grundstoffen darzustellen."

Im Anschluß an die Arbeiten aus den fünfziger Jahren wurde in dem folgenden Jahrzehnt die Frage, ob konstante oder wechselnde Valenz anzunehmen ist, von neuem diskutiert. Wie im einunddreißigsten Kapitel schon angegeben, hatte Frankland 1852 die Ansicht aufgestellt, daß die Atome der Stickstoffgruppe sich sowohl mit drei wie mit fünf Äquivalenten verbinden können.

Gerhardt hat hiermit übereinstimmend in seinem Traité[4]) den Stickstoff im Ammoniak, im freien Stickstoff, im Salpetrigsäureanhydrid usw. als „Radical azote N, équivalent de H^3" und den in der Salpetersäure und den Verbindungen von Teträthylammonium als „Radical nitricum équivalent de H^5" bezeichnet. Ebenso spricht

---

[1]) A. **139**, 283 (1866).
[2]) Carl Schorlemmer (1834—1892), zu Darmstadt geboren, war anfangs Apotheker, widmete sich dann der Chemie und wurde 1859 Assistent von Roscoe in Manchester und 1874 daselbst Professor der Chemie am Owens College. Mit Roscoe zusammen veröffentlichte er ein vortreffliches Lehrbuch der Chemie. Einen sehr schönen Nachruf hat Spiegel auf ihn verfaßt. B. **25** c, 1107.
[3]) A. **131**, 79 (1864).
[4]) Vol. **4**, 595, 601 und 607 (1854).

er von dem dreiatomigen Arsenik als arséniosum und dem fünfatomigen als arsénicum.

Weiteres wichtiges Material zugunsten der wechselnden Valenz hat Baeyer[1]) in seiner schönen Untersuchung über organische Arsenikverbindungen geliefert. Er zeigte, daß das Kakodyl sich nicht nur mit einem sondern auch mit drei Atomen Chlor verbinden kann. Aus dem Trichlorid gelangte er durch Abspalten von Chlormethyl zu dem Dichlorid des Arsenmonomethyls, welches den Ausgangspunkt für die Monomethylverbindungen des Arseniks bildet. Baeyer hat die Frage nach der Valenz nicht diskutiert, aber folgende Tabelle aufgestellt, die der Ansicht entspricht, daß das Arsenik in der ersten Reihe als fünfwertiges in der zweiten als dreiwertiges Element funktioniert:

$AsCH_3CH_3CH_3CH_3Cl$
$AsCH_3CH_3CH_3ClCl$ $AsCH_3CH_3CH_3$
$AsCH_3CH_3ClClCl$ $AsCH_3CH_3Cl$
$AsCH_3ClClClCl$ $AsCH_3ClCl$
                                  $-AsClClCl$.

Kekulé nahm dagegen an, daß die Elemente der Stickstoffgruppe ausschließlich dreiwertig sind[2]). „Stickstoff, Phosphor, Arsen, Antimon und Wismut sind dreiatomig; ihre einfachsten Verbindungen besitzen die allgemeine Formel $R''' \cdot 3\,R'$, worin R' ein einatomiges Element oder auch ein einatomiges Radikal sein kann. Diese einfachsten Verbindungen besitzen die Eigenschaft, sich durch molekulare Aneinanderlagerung noch mit zwei einatomigen Elementen vereinigen zu können zu Verbindungen von der Formel $R''' \cdot 3\,R' + 2\,R'$. Die so erzeugten Verbindungen sind nur in festem oder flüssigem Zustand beständig; beim Übergang in den gasförmigen Zustand zerfallen die aneinander gelagerten Moleküle zu zwei getrennten Molekülen." Für Salmiak und Phosphoroxychlorid gab er folgende Schemata:

Couper hatte dagegen denselben Standpunkt wie Frankland eingenommen. „Des raisons entièrement semblables à celles qui me font admettre 4 pour limite du pouvoir de combinaison du carbone, me conduisent à assigner 5 comme limite de combinaison à l'azote. Le premier degré de combinaison se rencontre dans l'ammoniaque. Le second qui est égal à 5, se trouve entre autre dans le chlorure d'ammonium etc."

---

[1]) A. **107**, 257 (1858).
[2]) Lehrbuch I, 443.

Naquet[1]) hat 1864 in einer Notiz, Sur l'atomicité de l'oxygène du soufre, du sélénium et du tellure, in betreff der Frage, ob diesen Elementen eine einzige oder mehrere Wertigkeiten zukommen, folgendermaßen sich ausgesprochen[2]): „Cette question me paraît être plutôt dans les mots que dans les faits. Si par atomicité on entend seulement la valeur de substitution d'un corps, sans tenir compte de la saturation des composés qu'il forme, il est certain que les corps ont plusieures atomicités; si au contraire, on appelle atomicité d'un corps sa capacité de saturation maxima, il est non moins incontestable que l'atomicité des corps est invariable." Ausgehend von der Tatsache, daß Schwefel, Selen und Tellur in den meisten Verbindungen mit zwei Atomen einwertiger Elemente oder Radikale verbunden sind, aber auch Verbindungen wie SCl_4, $SeCl_4$ und $TeCl_4$ liefern, sagte er von diesen drei Elementen: „Il est donc nécessaire de dire, ou que ces corps peuvent être alternativement bi- et tétratomiques, ou qu'ils sont tétratomiques, selon que l'on admet pour le mot atomicité l'une ou l'autre des deux définitions qui précèdent."

Naquet besprach dann die Frage, ob auch der Sauerstoff vieratomig sei: „La question est délicate: en effet, si l'on se reporte aux nombreuses analogies qui rapprochent l'oxygène du soufre, on est tenté de la résoudre affirmativement; mais d'un autre côté, l'oxygène n'entre comme tétratomique dans aucune combinaison connue, ce qui tendrait à faire rejeter l'hypothèse de sa tétratomicité." Er bevorzugt aber doch die Ansicht, daß die Maximalvalenz des Sauerstoffs gleich vier sei. Diese Publikation veranlaßte Kekulé, seinen Standpunkt zu verteidigen[3]). „La théorie de l'atomicité est donc une modification que j'ai cru pouvoir apporter à la théorie de Dalton et l'on comprend ainsi que, dans ma manière de voir, l'atomicité est une propriété fondamentale de l'atome, propriété qui doit être constante et invariable comme le poids de l'atome même." Er machte dann auch in dieser Veröffentlichung einen Unterschied zwischen combinaisons atomiques und combinaisons moléculaires. In einer Antwort spricht sich Naquet[4]) dafür aus, daß die Eigenschaft einer Verbindung sich unzersetzt zu verflüchtigen oder beim Erhitzen zu

---

[1]) Alfred Naquet (1834—1916) wurde 1863 Professeur agrégé an der medizinischen Fakultät in Paris, bald darauf Professor am technischen Institut in Palermo, wo er seine 1864 erschienenen Principes de Chimie, das erste Lehrbuch nach den neuen Ansichten in französischer Sprache, verfaßte. Nach Paris zurückgekehrt wurden ihm an der Faculté de Médicine die Vorlesungen über organische Chemie übertragen. Da er diese Stellung 1869 infolge seiner politischen Reden verlor, befaßte er sich mit Journalistik und wurde 1871 zum Deputierten gewählt. Er widmete sich jetzt ganz der Politik.

[2]) C. r. **58**, 381 (1864).
[3]) C. r. **58**, 510 (1864).
[4]) C. r. **58**, 675 (1864).

zerfallen, es nicht erlaube, zwischen diesen beiden Arten von Verbindungen zu entscheiden. „La propriété qui caractérise les combinaisons atomiques, c'est qu'elles peuvent entrer en réaction et faire double décomposition avec d'autres corps, tandis que les combinaisons moléculaires ne réagissent que par les composés atomiques dont elles sont formées."

In einer auf Kolbes Veranlassung unternommenen Arbeit gelangte v. Oefelé zu einem wichtigen experimentellen Beweis[1]), daß es organische Verbindungen gibt, in denen der Schwefel vierwertig ist. Durch direkte Vereinigung von Schwefeläthyl und Jodäthyl erhielt er eine krystallinische Verbindung, die er als Triäthylsulfinjodid bezeichnete und aus der er durch Silberoxyd eine stark basische Verbindung das Triäthylsulfinoxydhydrat erhielt. Kolbe[2]) nahm an, daß in diesen Verbindungen das Doppelatom $S_2 = 32$ vierwertig sei. Auch sprach er sich dafür aus, daß dieses Doppelatom sechsatomig auftreten kann. Diese Ansicht, aber für $S = 32$, hat Blomstrand in seinem 1869 erschienenen Buch, „Die Chemie der Jetztzeit", weiter entwickelt und für Schwefelsäure die Formel $HO \cdot \overset{VI}{SO_2} \cdot OH$ und für die Sulfonsäuren $R \cdot \overset{VI}{SO_2} \cdot OH$ aufgestellt.

Ob der Kohlenstoff, abgesehen vom Kohlenoxyd, in allen seinen Verbindungen immer nur als vierwertiges Element funktioniert, ist eine Frage, die mit der Beurteilung der Konstitution der ungesättigten Substanzen zusammenhängt und die daher erst im fünfundvierzigsten Kapitel besprochen wird.

Vierundvierzigstes Kapitel.
Die Konstitution der gesättigten Verbindungen.

In seinem Lehrbuch ist Kekulé von einer Einteilung ausgegangen, bei der „alle die Substanzen, in welchen man die Kohlenstoffatome als in einfachster Weise aneinander gelagert annehmen kann", der ersten Klasse und die wasserstoffärmeren der zweiten Klasse angehören. Später wurden diese Verbindungen meist als gesättigte und ungesättigte bezeichnet. Um für die Kohlenwasserstoffe eine einfache Nomenklatur zu haben, schlug A. W. Hofmann[3]) vor, für die gesättigten zur Namenbildung die Endsilbe „an", für die ungesättigten die Endungen „en", „in" usw. zu benutzen. Für die drei ersten Glieder der Grubengasreihe wählte er die Namen Methan, Äthan und Propan, für die folgenden Quartan, Pentan, Hexan usw. Diese Vorschläge

---

[1]) A. **132**, 86 (1864).
[2]) Lehrbuch II, 870 (1864).
[3]) Berl. Acad. Ber. 1865, S. 649 und Z. **9**, 161.

haben sich rasch eingebürgert, doch wurde an Stelle von Quartan der Name Butan bevorzugt.

Für die Methan- und die Äthanderivate konnten schon bei Beginn der sechziger Jahre Strukturformeln aufgestellt werden, für die meisten Propanabkömmlinge genügten aber die ermittelten Tatsachen noch nicht. Es war noch unmöglich, anzugeben, welche der beiden für Propylalkohol theoretisch möglichen Formeln dem Chancelschen Alkohol aus den Weintrebern oder dem aus Propylen erhaltenen entspricht. Grundlegend für die Ermittlung der Konstitution derselben wurde im Jahre 1862 Friedels[1]) Beobachtung, daß Aceton durch Natriumamalgam bei Gegenwart von Wasser in einen Alkohol C_3H_8O verwandelt wird, von dem er es in seiner ersten Publikation[2]) noch unentschieden ließ, ob er als normaler Propylalkohol anzusehen sei. Kolbe[3]) machte dann, entsprechend seiner Prognose, sofort darauf aufmerksam, daß der aus Aceton erhaltene Alkohol vermutlich als „einfach methylierter Äthylalkohol anzusehen ist und bei der Oxydation Aceton liefern werde". Friedel hat dann durch den Versuch die Richtigkeit dieser Voraussetzung bestätigt. Im Anschluß an dieses Ergebnis teilte Berthelot mit, daß der von ihm aus Propylen dargestellte Propylalkohol sich gleichfalls durch Oxydation in Aceton verwandelt. So klärte es sich auch auf, weshalb er einen wesentlich niedrigeren Siedepunkt fand, wie ihn Chancel für den Propylalkohol aus Tresterbranntwein erhalten hatte. Von letzterem Chemiker wurde dann nachgewiesen[4]), daß der von ihm entdeckte Alkohol durch Oxydation einen Aldehyd C_3H_6O und Propionsäure liefert.

Als weiteres Ergebnis aus der Entdeckung des Isopropylalkohols ergab sich die Aufklärung der Konstitution des Propyljodids, welches Erlenmeyer 1862 aus Glycerin erhalten hatte und von dem er jetzt nachwies, daß es sich in den Propylalkohol aus Aceton überführen läßt[5]). In dieser Mitteilung gelangte Erlenmeyer[6]) auch zur Aufstellung folgender Formel für Glycerin:

---

[1]) Charles Friedel (1832—1890) war zu Straßburg geboren und hörte in seiner Vaterstadt die Vorlesungen von Pasteur. Er beschäftigte sich dann in Paris bei seinem Großvater Duvernoy mit Mineralogie und arbeitete in dem Laboratorium von Würtz. Von 1856—1870 bekleidete er die Stelle eines Konservators der Mineraliensammlung an den Ecoles des Mines und 1876 wurde er Professor der Mineralogie an der Sorbonne. Doch war auch während dieser Zeit die organische Chemie sein eigentliches Arbeitsgebiet. 1884 wurde er Nachfolger von Würtz an der Sorbonne. Ladenburg hat den Nachruf auf ihn verfaßt B. **32**, 3721.

[2]) C. r. **55**, 53 (1862).
[3]) Z. **5**, 687 (1862).
[4]) C. r. **68**, 659 (1869).
[5]) Z. **7**, 642 (1864).
[6]) Emil Erlenmeyer (1825—1909) war in Wahren bei Wiesbaden geboren, hatte in Gießen studiert und sich dann als Apotheker etabliert, diesen Beruf aber

$$\begin{array}{l} CH_2 \cdot OH \\ | \\ CH \cdot OH\,, \\ | \\ CH_2 \cdot OH \end{array}$$

die schon damals als sehr wahrscheinlich schien, aber erst endgültig bewiesen wurde, nachdem aus dem Glycerin die β-Jodpropionsäure erhalten und diese in β-Oxypropionsäure übergeführt war.

Dem Anfang der sechziger Jahre gehören auch die ersten Versuche an, die Natur der von Berzelius 1806 im Muskelfleisch entdeckten Säure, die von diesem Chemiker als identisch mit Milchsäure angesehen wurde, aufzuklären. Liebig, der 1847 bei seinen Untersuchungen der Fleischflüssigkeit das Vorkommen derselben bestätigte, fand aber bei der Analyse des Kalksalzes einen anderen Krystallwassergehalt, als den von Engelhardt kurze Zeit vorher für das Calciumsalz der gewöhnlichen Milchsäure angegebenen. Hierdurch wurde nun Engelhardt veranlaßt, vergleichende Versuche mit beiden Säuren anzustellen. Aus denselben ergab sich, daß die Fleischmilchsäure von der Gärungsmilchsäure verschieden ist.

Wislicenus[1], der sich seit 1862 wiederholt mit Studien der Milchsäure beschäftigt hatte, versuchte auf synthetischem Wege die Konstitution der Fleischmilchsäure zu ermitteln[2]. Durch Ersatz des Chlors im Glycolchlorhydrin durch Cyan und nachheriges Verseifen erhielt er, wenn auch nur mit geringer Ausbeute, eine Säure, deren Zinksalz dem der Fleischmilchsäure entsprach, und die er als Äthylenmilchsäure bezeichnete. Die gewöhnliche Milchsäure, die er jetzt direkt aus Aldehyd, ohne den Umweg über Alanin, dargestellt hatte, nannte er zur Unterscheidung von der Fleischmilchsäure Äthylidenmilchsäure. Die Isomerie beider Säuren erklärte er durch die

---

1855 aufgegeben. Er zog nach Heidelberg, wo er gleichzeitig mit Baeyer zu den ersten Zuhörern Kekulés gehörte. 1857 habilitierte er sich daselbst und unterrichtete in einem Privatlaboratorium. 1868 wurde er als Professor an die neuerrichtete Polytechnische Schule in München berufen. 1883 trat er in den Ruhestand und zog nach Frankfurt a. M. Später lebte er in Aschaffenburg. Mit Butlerow gehört er zu den ersten, die sich am Ausbau der Strukturtheorie mit Erfolg beteiligten. M. Conrad hat den Nekrolog auf ihn verfaßt. B. **43**, 3645.

[1] Johannes Wislicenus (1835—1902), in Klein-Eichstedt (Kreis Merseburg) geboren, hatte seine Studien bei Heintz begonnen, mußte aber, da er seinem Vater, der 1853 seiner freireligiösen Schriften wegen nach Amerika flüchtete, nachfolgte, sie nach dem ersten Semester unterbrechen. Nach drei Jahren nach Europa zurückgekehrt, vollendete er seine Studien in Zürich und Halle. Er habilitierte sich dann an der Züricher Universität, wurde an derselben und später am Eidgenössischen Polytechnikum Professor. 1872 wurde er nach Würzburg und 1885 nach Leipzig berufen. Wislicenus gehörte zu den ersten Chemikern, die sofort van t'Hoffs Chimie dans l'espace richtig einschätzten und deren Erscheinen freudig begrüßten. Eine ausführliche Würdigung seiner Persönlichkeit und seiner Leistungen hat E. Beckmann veröffentlicht B. **37**, 4861.

[2] A. **128**, 1 (1863).

Annahme zweier isomerer Radikale Äthylen und Äthyliden, ohne aber diese Isomerie durch ganz aufgelöste Formeln zu veranschaulichen. Den Namen Äthyliden hatte Lieben für die im Aldehyd mit Sauerstoff verbundene Atomgruppe vorgeschlagen[1]).

Um die Richtigkeit obiger Ansicht zu prüfen, unternahm, auf Veranlassung von Wislicenus, Dossios eine Untersuchung der Oxydation der Fleischmilchsäure, und da er glaubte, hierbei Malonsäure erhalten zu haben[2]), so stellte er für die beiden Milchsäuren folgende Strukturformeln auf:

$$\begin{cases} CH_2(OH) \\ CH_2 \\ CO(OH) \end{cases} \quad \begin{cases} CH_3 \\ CH(OH) \\ CO(OH) \end{cases}$$

Fleischmilchsäure   Milchsäure

Dieselben wurden auch allgemein als richtig angesehen, bis Erlenmeyer fünf Jahre später mitteilte[3]), daß es ihm bei genauem Befolgen der Angaben von Dossios nicht gelungen sei, Malonsäure unter den Oxydationsprodukten der Fleischmilchsäure nachzuweisen. Wislicenus, der daher seine Untersuchung wieder aufnahm, kam alsdann zu dem Resultat, daß dem ganzen Verhalten nach für Fleischmilchsäure dieselbe Konstitutionsformel anzunehmen sei wie für die gewöhnliche Milchsäure, und zog daraus die Folgerung[4]), „daß die Verschiedenheit ihren Grund nur in einer **verschiedenartigen räumlichen Lagerung** der in gleichbleibender Reihenfolge mit einander verbundenen Atome habe". Welche Bedeutung dieser Ausspruch später für die Aufstellung der Lehre von der Stereochemie erlangte, ist im vierundsechzigsten Kapitel zu besprechen. Auch machte schon damals Wislicenus die Beobachtung, daß die Fleischmilchsäure optisch aktiv ist, während dies bei der gewöhnlichen Milchsäure und der von Beilstein entdeckten Hydracrylsäure (β-Oxypropionsäure) nicht der Fall ist.

Die Ermittlung der Struktur der wichtigsten Butanderivate beruht wesentlich auf synthetischen Versuchen. Von den beiden theoretisch möglichen Kohlenwasserstoffen C_4H_{10} war aus früherer Zeit nur das Diäthyl bekannt, für welches Schorlemmer zuerst nachwies[5]), daß es in die Grubengasreihe gehört, und der Bildung nach zu den Kohlenwasserstoffen, die als normale bezeichnet werden. Wenn es auch schon möglich war, für Bernsteinsäure und für Äpfelsäure Strukturformeln herzuleiten, so war dies erst für die meisten Butylderivate im Laufe der sechziger Jahre möglich.

[1]) C. r. **46**, 662 (1858).
[2]) Z. **9**, 449 (1866).
[3]) A. **158**, 262 (1871).
[4]) A. **167**, 343 (1873).
[5]) Siehe S. 239.

Durch Einwirkung von Acetylchlorid auf Zinkmethyl hatte Butlerow[1]) 1864 den ersten tertiären Alkohol, das Trimethylcarbinol, entdeckt, dessen Konstitution also der vierten von den Formeln, die jetzt dieser Chemiker für die vier der Theorie entsprechenden Butylalkohole aufstellte, entspricht. Er schrieb sie noch typisch, doch stimmen sie genau mit den folgenden übersichtlicheren Formeln überein.

$$\text{I.} \begin{array}{c} CH_2 \cdot OH \\ | \\ CH_2 \\ | \\ CH_2 \\ | \\ CH_3 \end{array} \quad \text{II.} \begin{array}{c} CH_3 \\ | \\ CH \cdot OH \\ | \\ CH_2 \\ | \\ CH_3 \end{array} \quad \text{III.} \begin{array}{c} CH_2 \cdot OH \\ | \\ CH \\ / \quad \backslash \\ CH_3 \quad CH_3 \end{array} \quad \text{IV.} \begin{array}{c} CH_3 \\ | \\ C \cdot OH \\ / \quad \backslash \\ CH_3 \quad CH_3 \end{array}$$

Für den im Fuselöl enthaltenen Butylalkohol wurde die Frage, ob er nach I oder III konstituiert, auch auf synthetischem Wege gelöst, und zwar durch die Entdeckung der Isobuttersäure. Markownikow[2]) zeigte 1866, daß das aus Isopropyljodid erhaltene Propylcyanid eine Säure liefert, die sich durch Siedepunkt und vor allem durch die Löslichkeit des Kalksalzes von der Gärungsbuttersäure unterscheidet. Er nannte sie daher Isobuttersäure und stellte für sie die Formel $\begin{array}{c}CH_3\\CH_3\end{array}\!\!>\!CH \cdot CO_2H$ auf[3]). Chevreul hatte schon für die Buttersäure aus Butter als besonders charakteristisch angegeben, daß eine kalt gesättigte, wässerige Lösung des Kalksalzes beim Erwärmen in einer zugeschmolzenen Röhre vollständig erstarrt. Für die durch Gärung erhaltene Buttersäure hatten Pelouze und Gélis das gleiche Verhalten beobachtet. Das Calciumsalz der Isobuttersäure löst sich dagegen, wie Markownikow fand, in heißem Wasser leichter wie in kaltem. So war ein Mittel gegeben, beide Säuren leicht voneinander zu unterscheiden. Da jetzt Erlenmeyer nachwies[4]), daß der im Fuselöl vorkommende Butylalkohol bei der Oxydation Isobuttersäure liefert, so ergab sich für diesen die Formel III. Es gehören daher alle in älterer Zeit beschriebenen Butylverbindungen der Isoreihe an. Indem Erlenmeyer gleichzeitig fand, daß sich mittels Isobutyljodid dieselbe Valeriansäure erhalten läßt, die aus Amylalkohol entsteht, so ergab sich auch für diesen Bestandteil

---

[1]) Z. **7**, 385 (1864).
[2]) Wladimir Markownikow (1838—1904), in der Nähe von Nischni-Novgorod geboren, hat in Kasan unter Butlerow studiert, dann in den Laboratorien von Erlenmeyer, Baeyer und Kolbe gearbeitet. Zuerst Dozent in Kasan, wurde er 1871 nach Odessa und 1873 nach Moskau als Professor berufen. 1898 wurde er durch ein Dekret der Regierung in den Ruhestand versetzt, doch behielt er sein Privatlaboratorium im chemischen Institut der Universität. Die Veranlassung war politischer Natur, wie in dem von Decker verfaßten Nekrolog (B. **38**, 4249) angegeben ist.
[3]) A. **138**, 361 (1866).
[4]) A. Suppl. **5**, 337 (1867).

des Fuselöls, daß er sich nicht von einem normalen Kohlenwasserstoff, sondern von dem Dimethyläthylmethan ableitet.

Aus dem Erythrit hatte de Luynes 1864 einen neuen Alkohol $C_4H_{10}O$ erhalten und als hydrate de butylène beschrieben. Lieben[1]), der in den sechziger Jahren Untersuchungen über den synthetischen Aufbau von Alkoholen der Fettreihe in Angriff genommen hatte[2]), erhielt jenen Alkohol auch durch Einwirkung von Zinkäthyl auf Dichloräthyläther; so ergab sich, daß derselbe ein Derivat des normalen Butans ist. Da er ferner fand, daß dieser Alkohol durch Oxydation ein Keton liefert, so war seine Natur als sekundärer Butylalkohol entsprechend obiger Formel II bewiesen. Nachdem Lieben und Rossi[3]) aus der Buttersäure den normalen Butylalkohol dargestellt hatten, waren alle vier Atome Kohlenstoff enthaltende Alkohole bekannt und ihre Konstitution ermittelt.

Für die Weinsäure hatte sich aus der Reduktion und den früher erwähnten Synthesen ergeben, daß sie als eine Dioxybernsteinsäure anzusehen ist. Noch blieb aber zu entscheiden, ob die zwei Hydroxyle in dem einen Methylen oder in den beiden enthalten sind. Dieses Problem wurde durch eine neue Synthese gelöst. Strecker erhielt 1868 durch Kochen einer wässerigen Lösung von Glyoxal mit Blausäure und etwas Salzsäure eine Säure, die mit der von Kekulé aus Dibrombernsteinsäure erhaltenen Weinsäure identisch ist[4]); worauf er angab: ,,Durch diese Bildungsweise ist die Konstitution dieser Modifikation der Weinsäure entschieden:

$$\begin{array}{c} CO \cdot OH \\ | \\ CH \cdot OH \\ | \\ CH \cdot OH \\ | \\ CO \cdot OH \end{array}$$

und es ist wohl ohne Zweifel auch für die übrigen Modifikationen eine analoge Konstitution anzunehmen." So war also schon fünf Jahre früher wie für Milchsäure und Fleischmilchsäure die Ansicht ausgesprochen worden, daß es mehrere Modifikationen einer Verbindung geben kann, denen ein und dieselbe Strukturformel zukommt, freilich

---

[1]) Adolf Lieben (1836—1914), zu Wien geboren, hatte zuerst in seiner Vaterstadt, dann in Heidelberg und Paris studiert. Nach kurzer Tätigkeit in Kuhlmanns Fabrik in Lille kehrte er nach Paris zurück und arbeitete in dem Laboratorium von Würtz. 1863 wurde er an die Universität in Palermo, dann nach Turin und später nach Prag berufen. Von 1875—1906 wirkte er als Professor der Chemie an der Universität Wien. In der zu seinem Doktorjubiläum 1906 erschienenen Festschrift ist eine von ihm selbst verfaßte Schilderung seiner Jugend- und Wanderjahre enthalten. Nachruf auf ihn B. **49**, 835.

[2]) A. **141**, 236 (1867).

[3]) C. r. **68**, 1561 (1869).

[4]) Z. **11**, 216 (1868).

ohne einen Hinweis, daß dies auf räumlicher Lagerung beruhe. Pasteurs Ansichten über die asymmetrische Gruppierung der Atome in den optisch-aktiven Substanzen wurden bei Isomeriefragen noch nicht in Betracht gezogen.

Auch die Konstitution der dritten von Scheele entdeckten Fruchtsäuren wurde in den sechziger Jahren ermittelt. Daß die Citronensäure zu den Oxysäuren gehört, hat zuerst Kolbe anangenommen. Die von diesem Chemiker aufgestellte Formel

$$3\ HO \cdot C_6 \left\{ \begin{matrix} H_4 \\ HO_2 \end{matrix} \right\} \left[\begin{matrix} C_2O_2 \\ C_2O_2 \\ C_2O_2 \end{matrix} \right] O_3\ (C = 6)$$

konnte dann weiter aufgelöst werden, nachdem Dessaignes 1862 die Aconitsäure in eine Säure überführte, die sich als identisch mit der von Simpson 1863 aus Tribromhydrin erhaltenen Carballylsäure erwies[1]). Dadurch war erkannt, von welchem Kohlenstoffskelett sich die Citronensäure ableitet. Da nun unter den Zersetzungsprodukten dieser Säure Aceton auftritt, so konnte, wie es von Salet[2]) geschah, die vollkommen aufgelöste Formel

$$\begin{matrix} H \\ HC - CO \cdot OH \\ | \\ HOC - CO \cdot OH \\ | \\ HC - CO \cdot OH \\ H \end{matrix}$$

gegeben werden.

Gestützt auf dieselbe ist es dann im Jahre 1880 Grimaux und Adam[3]) gelungen, die Citronensäure durch eine größere Zahl von Umwandlungen aus dem Glycerin zu erhalten:

$$\begin{matrix} CH_2 \cdot OH \\ | \\ CH \cdot OH \\ | \\ CH_2 \cdot OH \end{matrix} \longrightarrow \begin{matrix} CH_2Cl \\ | \\ CH \cdot OH \\ | \\ CH_2Cl \end{matrix} \longrightarrow \begin{matrix} CH_2Cl \\ | \\ CO \\ | \\ CH_2Cl \end{matrix} \longrightarrow \begin{matrix} CH_2Cl \\ | \\ C{<}^{OH}_{CN} \\ | \\ CH_2Cl \end{matrix} \longrightarrow$$

$$\begin{matrix} CH_2Cl \\ | \\ C{<}^{O}_{CO_2H} \\ | \\ CH_2Cl \end{matrix} \longrightarrow \begin{matrix} CH_2 \cdot CN \\ | \\ C{<}^{OH}_{CO_2H} \\ | \\ CH_2 \cdot CN \end{matrix} \longrightarrow \begin{matrix} CH_2 \cdot CO_2H \\ | \\ C{<}^{OH}_{CO_2H} \\ | \\ CH_2 \cdot CO_2H \end{matrix}$$

In betreff dieser künstlichen Darstellung der Citronensäure sagten die beiden Chemiker: „La synthèse a pu être ainsi réalisée grâce à la connaissance exacte de sa constitution par les recherches analytiques."

---

[1]) Vgl. Wichelhaus A. **132**, 61 (1864).
[2]) Dictionnaire de Chimie I, 934 (1869).
[3]) C. r. **90**, 125 (1880).

Zu den wichtigen, in den siebziger Jahren aufgefundenen Synthesen gehört die Entdeckung des Aldols. Würtz hatte 1872[1]) durch Einwirkung von Salzsäure auf Aldehyd eine Verbindung erhalten, die ihrem Verhalten nach sowohl den Charakter eines Aldehyds wie eines Alkohols besitzt und die er aldol als Abkürzung von aldéhyde-alcool nannte. In dieser ersten Mitteilung nahm er an, daß bei diesem Vorgang, durch den Einfluß der Salzsäure, ein Teil des Aldehyds sich in $CH_3 \cdot C(OH)$ verwandele, und daß diese Atomgruppe infolge der Tendenz, sich zu sättigen, einem zweiten Molekül Aldehyd ein Atom Wasserstoff entreiße und dann sich mit dem Kohlenstoffatom desselben verbinde. „De cette manière 2 molécules d'aldéhyde deviennent une molécule d'aldol $CH_3 — CH \cdot OH — CH_2 — CHO$." In seiner zweiten Mitteilung[2]) gab er folgende einfachere Erklärung für die Bildung desselben: „Ce corps se forme par l'union de 1 atome d'oxygène d'une des molécules d'aldehyde avec 1 atome d'hydrogène du groupe méthylique de l'autre molécule."

$$CH_3 — CHO + CH_3 — CHO = CH_3 — CH(OH) — CH_2 — CHO\,.$$
2 m. d'aldéhydeAldol

Par suite de cette formation d'oxyhydryle, les 2 molécules d'aldéhyde devenues incomplètes l'une et l'autre se soudent en une seule."

Nachdem Berthelot 1860 nachgewiesen hatte, daß der Mannit ein sechsatomiger Alkohol ist, haben die Chemiker, die die neueren Atomgewichte angenommen hatten, für diese Substanz sich der Formel $\left.\begin{array}{c}C_6H_8\\H_6\end{array}\right\}O_6$ oder $C_6H_8(OH)_6$ bedient. Noch fehlte es aber an einer experimentellen Grundlage, um zu entscheiden, welches Hexan in derselben anzunehmen ist. Die ersten Tatsachen, die dazu führten, dieses Problem zu lösen, haben Erlenmeyer und Wanklyn[3]) beim Behandeln des Mannits mit Jodwasserstoffsäure aufgefunden. Aus dem hierbei entstandenen Jodid $C_6H_{13}J$ erhielten sie durch Einwirkung von Zink und Wasser Hexylwasserstoff. Dann zeigten sie später[4]), daß aus jenem Jodhexyl ein Hexylalkohol entsteht, der durch Oxydation ein Keton liefert, das bei stärkerer Einwirkung in Buttersäure und Essigsäure gespalten wird. Eine Folgerung über die Konstitution ihres Hexylwasserstoffs haben sie hieraus aber nicht gezogen.

Es war Schorlemmer[5]), der im Verlauf seiner Untersuchungen über die Kohlenwasserstoffe der Reihe C_nH_{2n+2} bestimmt angab, der Hexylwasserstoff aus Mannit sei normales Hexan. Einige Jahre später

---

[1]) C. r. **74**, 1136 (1872).
[2]) C. r. **76**, 1165 (1873).
[3]) Z. **4**, 606 (1861).
[4]) A. **135**, 129 (1865).
[5]) A. **147**, 220 (1868).

hat er darauf hingewiesen[1]), daß auch die Bildung von Essigsäure und Buttersäure aus dem oben erwähnten Keton dies beweise, und hat ferner angegeben, daß das aus Jodpropyl $CH_3 \cdot CH_2 \cdot CH_2J$ dargestellte Dipropyl dieselben physikalischen Eigenschaften besitzt wie das Hexan aus Mannit.

Eine Bestätigung der weiteren Folgerung, daß auch die Zuckerarten, die sich aus Mannit erhalten oder in Mannit überführen lassen, ein dem normalen Hexan entsprechendes Kohlenstoffskelett besitzen, ergab sich aus der 1868 von Wislicenus[2]) aufgefundenen Synthese der Adipinsäure aus β-Jodpropionsäure[2]) und aus der schon 1863 von Crum-Brown aufgefundenen Bildung von Adipinsäure aus Schleimsäure. Vervollständigt wurde diese Beweisführung durch H. de la Motte, der 1879 nachwies, daß auch die Zuckersäure durch Reduktion mit Jodwasserstoff in Adipinsäure übergeht.

Daß im Mannit jedes Kohlenstoffatom mit einem Hydroxyl verbunden ist, wurde schon anfangs der sechziger Jahre als wahrscheinlich angenommen, da eine Reihe von Beobachtungen gezeigt hatten, daß es nicht möglich ist, Alkohole, die die Gruppe $C{<}^{OH}_{OH}$ enthalten, darzustellen, ohne daß Wasserabspaltung eintritt. Als Würtz[3]), um das Glycerin der Methylreihe zu erhalten, Jodoform auf essigsaures Silber einwirken ließ, erhielt er nur Ameisensäure oder Kohlenoxyd. Auch Sawitsch[4]) hat beim Erhitzen von Orthoameisensäureäther $CH(OC_2H_5)_3$ mit Essigsäure oder Essigsäureanhydrid gefunden, daß neben Essigäther nur ameisensaures Äthyl entsteht. Ebenso waren die Versuche von Simpson[5]), aus Bromäthylenbromid das Glycerin der Äthylreihe darzustellen, erfolglos. An Stelle eines Glykols des Äthylidens erhielt Geuther[6]) aus dem essigsauren Aldehyd $CH_3 \cdot CH(OC_2H_3O)_2$ Aldehyd. Dann haben Hofacker und Beilstein[7]) nachgewiesen, daß aus dem Acetal $CH_3 \cdot CH(O \cdot C_2H_5)_2$ beim Erhitzen mit Essigsäure kein zweiatomiger Alkohol, sondern Aldehyd entsteht.

Aus diesen Tatsachen hat schon Loschmidt in der im zweiundvierzigsten Kapitel zitierten Broschüre, bei Besprechung des Glycerins, den Schluß gezogen: „Es scheint überhaupt für die Alkohole die Regel zu gelten, daß jedes C nur ein Hydroxyl tragen kann." Hiermit übereinstimmend, aber wohl unabhängig von Loschmidt, sagte Erlenmeyer: „Es scheine, als wenn in jedem Kohlenstoff nur 1 Äquivalent

---

[1]) A. **161**, 275 (1872).
[2]) Z. **11**, 680 (1868).
[3]) C. r. **43**, 480 (1856).
[4]) Bl. 1860, 239.
[5]) C. r. **46**, 467 (1858).
[6]) A. **106**, 25 (1858).
[7]) C. r. **48**, 1121 (1859).

zur Aufnahme von HO geeignet wäre[1]). Im gleichen Jahre hat Kekulé[2]) eine Zusammenstellung von Formeln der Anfangsglieder ein- und mehratomiger Alkohole und der denselben entsprechenden Säuren gegeben und daran die Bemerkung geknüpft, daß dieselben „genau ebensoviel Kohlenstoffatome enthalten, als typische Sauerstoffatome im Moleküle vorhanden sind. — Die bis jetzt bekannten Tatsachen sind nicht zahlreich genug, um aus ihnen mit voller Sicherheit die Existenz eines empirischen Gesetzes herleiten zu können".

Diese Frage hat einige Jahre später Baeyer in seiner interessanten Abhandlung[3]) „Über die Wasserentziehung und ihre Bedeutung für das Pflanzenleben und die Gärung" behandelt. Er wies zuerst darauf hin, „daß sich alle sauerstoffhaltigen Verbindungen von Hydroxylsubstitutionsprodukten ableiten lassen", und besprach dann die Fälle, in denen infolge von Wasserabspaltung der Sauerstoff mit beiden Valenzen an Kohlenstoff gebunden ist. „Die Gruppe $C = O$ kommt in den Aldehyden, Acetonen und Säuren vor und läßt sich in der Regel nicht in die Gruppe $C{<}^{OH}_{OH}$ überführen, weil diese Gruppe in den meisten Fällen von selbst in $C = O$ übergeht. Bei der Glyoxylsäure, der Mesoxalsäure und dem Chloralhydrat kennt man beide Formen und kann sie leicht ineinander überführen; bei den gewöhnlichen Aldehyden, Acetonen und Säuren sind dagegen nur die Äther bekannt, z. B. der dreibasische Ameisensäureäther. Welche Umstände die Beständigkeit der Gruppe $C{<}^{OH}_{OH}$ bedingen, ist noch nicht festgestellt, indessen scheint die Gegenwart negativer Elemente, wie O und Cl, dafür günstig zu sein."

Die Bildung der Aldehyde, Acetone und Säuren aus den normalen Hydraten bezeichnete Baeyer als **innere Anhydridbildung** an demselben C-Atome. Da spätere Beobachtungen jene Ansichten bestätigten, so gelangte die Regel, nach der, abgesehen von den wenigen, durch negative Gruppen bedingten Ausnahmen, zwei Hydroxyle nicht an ein und demselben Kohlenstoffatom beständig sind, zur Anerkennung. Für den Mannit erlangte dadurch die Formel

$$CH_2OH(CHOH)_4CH_2OH$$

große Wahrscheinlichkeit. Durch spätere Untersuchungen, und vor allem durch E. Fischers Zuckersynthesen wurde sie einwandfrei bewiesen.

Berthelot, der anfangs annahm, daß auch der Traubenzucker als ein sechsatomiger Alkohol anzusehen sei, hat es dann 1863 als

---

[1]) Z. **7**, 18 (1864).
[2]) Lehrbuch II, 244.
[3]) B. **3**, 63 (1870).

wahrscheinlicher erklärt, daß die Glucose ein Alkohol-Aldehyd sei[1]). Zu dieser Ansicht gelangte er durch die 1861 von Gorup - Besanez[2]) gemachte Beobachtung, daß der Mannit durch vorsichtige Oxydation in einen gärungsfähigen Zucker, die Mannitose, übergeht und vor allem durch die Mitteilung von Linnemann[3]), daß Mannit bei der Einwirkung von Natriumamalgam auf Invertzucker erhalten wird. Berthelot sagte daher: „D'après ces faits, la glucose, ou plus exactement l'espèce de glucose que j'ai nommée lévulose, pourrait être regardée comme le premier aldéhyde dérivé de la mannite." Er fügte hinzu, daß dieser Zucker gleichzeitig ein mehratomiger Alkohol geblieben sei und noch fünf von den sechs Alkoholfunktionen besitze.

Linnemann hatte dagegen angenommen, daß die Bildung von Mannit aus Invertzucker der Reduktion von Fumarsäure entspreche und für den Zucker, der den Mannit liefert, die Formel $\left.\begin{array}{c}C_6H_6\\H_6\end{array}\right\}O_6$ aufgestellt. Kekulé hat in der 1864 erschienenen Lieferung seines Lehrbuchs[4]) es wegen Mangel an Anhaltspunkten noch unentschieden gelassen, ob man diese Formel den Zuckerarten aus der Glucosegruppe zuerteilen oder sie „als dem Mannit entsprechende Aldehyde oder Acetone betrachten" soll. Auch die Versuche von Schützenberger und Naudin über Einwirkung von Essigsäureanhydrid auf Kohlenhydrate[5]) gaben keine Entscheidung, da nur eine Triacetylglucose und bei längerem Erhitzen eine der Formel $C_{12}H_{14}(C_2H_3O)_8O_{11}$ entsprechende Verbindung entstand.

Im darauffolgenden Jahre erhielt Colley[6]) bei Einwirkung von Acetylchlorid auf Traubenzucker die Acetochlorglucose $C_6H_5O(O \cdot C_2H_3O)_4Cl$ und bezeichnete dies als einen Beweis dafür, daß in diesem Zucker fünf Hydroxyle vorhanden sind, erklärte aber die Annahme einer Aldehyd- oder Ketogruppe für unwahrscheinlich. „Mais les réactions de la glucose excluent une semblable hypothèse. Il semble donc rationnel d'admettre que l'atome d'oxygène dont il s'agit joint ensemble deux atomes différents de carbone." Diese Ansicht fand aber in der folgenden Zeit keine Anhänger. Erst im Jahre 1883 hat Tollens für Trauben- und Fruchtzucker Formeln aufgestellt, in denen fünf Hydroxyle enthalten sind und das sechste Sauerstoffatom mit zwei Kohlenstoffatomen verbunden ist.

---

[1]) Nachschrift zu einem 1862 gehaltenen Vortrag „Sur les Principes sucrés" (Paris 1863).
[2]) A. **118**, 257. (1861).
[3]) A. **123**, 136 (1862).
[4]) Bd. II, S. 330.
[5]) C. r. **68**, 814 (1869).
[6]) C. r. **70**, 401 (1870).

Im Laufe der siebziger Jahre wurden aber meist jene beiden Zuckerarten als Aldehydalkohole angesehen. Dieses beruhte wesentlich auf der von Butlerow gefundenen Synthese eines Zuckers aus Methylaldehyd. Dieser Chemiker hatte bei Einwirkung von Methylenjodid auf oxalsaures Silber eine feste weiße Substanz erhalten, für die er infolge einer Dampfdichtebestimmung die Formel $C_2H_4O_2$ aufstellte und die er Dioxymethylen nannte[1]. Im Jahre 1861 hatte er dann die wichtige Beobachtung gemacht, daß dieselbe beim Behandeln mit verdünnten Alkalien oder Kalkwasser eine Verbindung liefert, die er, wegen Ähnlichkeit mit Mannitan, als méthylènitane bezeichnete. Obwohl seine Analysen besser der Formel $C_7H_{14}O_6$ als $C_6H_{12}O_6$ entsprachen, so betrachtete er doch die Bildung des Methylenitans als eine Zuckersynthese[2]. „C'est le premier exemple de la production synthétique d'une substance ayant les allures d'un corps sucré au moyen des composés les plus simples de la chimie organique."

Erhöhtes Interesse erlangte diese Beobachtung durch die acht Jahre später gemachte Entdeckung des Methylaldehyds. Hofmann[3] hatte, um eine Lücke in der Aldehydgruppe auszufüllen, einen mit Holzgeistdämpfen beladenen Luftstrom über eine glühende Platinspirale geleitet und dabei eine Flüssigkeit erhalten, die einen tadellosen Silberspiegel liefert. Da er ferner fand, daß hierbei Ameisensäure entsteht, so nahm er an, daß in jener Flüssigkeit Methylaldehyd enthalten sei. Als er dieselbe in der Luftleere verdampfen ließ, blieb eine feste Substanz zurück, deren Eigenschaften dem Butlerowschen Dioxymethylen entsprachen, deren Dampfdichte aber die Formel CH_2O ergab. Bei dieser Bestimmung hatte Hofmann den von ihm kurze Zeit vorher beschriebenen Apparat benutzt. Als er in demselben das Dioxymethylen verdampfte, fiel es ihm auf, daß das Quecksilber nicht wieder nach dem Erkalten bis zu dem Punkte zurückstieg, den es vor dem Versuch einnahm, und ihn auch nach 48 Stunden noch nicht erreicht hatte. Er schloß daraus, „daß der Aldehyd nur langsam und allmählich von dem normalen in den polymolekularen Zustand übergeht". Butlerow wiederholte nach Kenntnisnahme von diesem Ergebnis die Bestimmung der Dampfdichte seines Dioxymethylens und erhielt jetzt denselben Wert wie Hofmann.

Infolge dieses Resultats erklärte darauf Baeyer[4] in seiner Abhandlung über Wasserentziehung, die Methylenitanbildung durch eine durch Wasserabspaltung bewirkte Kondensation: „Ein Vorgang von großer Wichtigkeit gehört jedenfalls hierher, nämlich die Bildung

---

[1] A. **111**, 242 (1859).
[2] C. r. **53**, 145 (1861).
[3] B. **2**, 152 (1869).
[4] B. **3**, 66 (1870).

von Methylenitan aus dem Aldehyd der Ameisensäure. Nach Butlerow entsteht ein zuckerähnlicher Körper, wenn man die wässerige Lösung des Formaldehyds mit Alkalien versetzt. Der Formaldehyd hat nach Hofmanns Untersuchungen in Gasform die Zusammensetzung COH_2, aber nichts hindert, ihn in wässeriger Lösung als $CH_2(OH)_2$ anzusehen. Wenn man nun annimmt, daß je ein OH eines Moleküls mit je einem H eines andern Wasser bildet, und daß die dadurch frei gewordenen C-Affinitäten sich miteinander verbinden, so bekommt man bei 6 Molekülen folgende Gleichung:

$$6\,CH_2(OH)_2 - 5\,H_2O = C(OH)_2H \cdot C(OH)H \cdot \overline{C}(OH)H \cdot C(OH)H$$
$$\cdot\ C(OH)H \cdot C(OH)H_2\,.$$

Nimmt man dann noch ein Wasser fort, indem man aus der Gruppe $C(OH)_2$ am linken Ende eines austreten läßt, so bekommt man

$$COH \cdot (C\,[OH]H)_4 \cdot CH_2OH\,.\text{``}$$

So war jetzt zum ersten Male eine ganz aufgelöste Formel für einen aus einer Aldehyd- und fünf Alkoholgruppen bestehenden Zucker aufgestellt. Couper hatte freilich schon 1858 für Glucose die in der ersten der obigen Gleichungen enthaltene Formel gegeben, nach der dieser Zucker sieben Hydroxyle enthält, aber damals wurde noch nicht angenommen, daß die Gruppe $CH(OH)_2$ einem Orthoaldehyd entspricht. Auch war noch nicht nachgewiesen, welches Kohlenstoffskelett in den Zuckerarten anzunehmen ist.

In derselben Abhandlung hat auch Baeyer seine zu großer Anerkennung gelangte Hypothese über die Zuckerbildung in den Pflanzen folgendermaßen mitgeteilt: „Wenn nun Sonnenlicht Chlorophyll trifft, welches mit CO_2 umgeben ist, so scheint die Kohlensäure dieselbe Dissoziation wie in hoher Temperatur zu erleiden, es entweicht Sauerstoff und das Kohlenoxyd bleibt mit dem Chlorophyll verbunden. Die einfachste Reduktion des Kohlenoxyds ist die zum Aldehyd der Ameisensäure, es braucht nur Wasserstoff aufzunehmen: $CO + H_2 = COH_2$, und dieser Aldehyd kann sich unter dem Einfluß des Zelleninhalts ebenso wie durch Alkalien in Zucker verwandeln."

Während Baeyer die Entstehung eines Zuckers aus Methylaldehyd auf Wasserabspaltung des in Lösung als $CH_2(OH)_2$ enthaltenen Methylaldehyds zurückführte, gelangte Würtz 1872[1]) infolge seiner Entdeckung des Aldols zu der Annahme, daß sie auf einer Aldolbildung beruhe und kam so zu folgender Modikation von Baeyers Ansicht:

„On conçoit d'ailleurs que le plus simple des aldéhydes, l'aldéhyde formique puisse prendre naissance dans les procédés de la

---

[1]) C. r. **74**, 1366 (1872).

végétation, par la réduction partielle d'une molécule d'eau et d'une molécule d'acide carbonique

$$CO^2 + H^2O - O^2 = CH^2O$$

et que la condensation de plusieurs molécules d'aldéhyde formique puisse donner naissance à des hydrates de carbone, à la fois alcools et aldéhydes au même titre et par le même procédé que la condensation de deux molécules d'aldéhyde ordinaire produit de l'aldol."

In einer als Broschüre „Über die Konstitution der sogenannten Kohlenhydrate" erschienenen Festrede[1]) hatte Fittig die Ansicht entwickelt, daß sowohl Traubenzucker wie Fruchtzucker eine Aldehydgruppe enthalten. Dies führte ihn naturgemäß zur Annahme zweier verschiedener Kohlenstoffskelette in diesen beiden Zuckerarten. Da nun der Traubenzucker bei der Oxydation Gluconsäure, der Fruchtzucker aber Glykolsäure liefert, so betrachtete er den ersten in Übereinstimmung mit der obigen Baeyerschen Formel als ein Derivat des normalen Hexans, den Fruchtzucker aber als ein Derivat eines Isohexans. Eine derartige Ansicht war damals nicht unberechtigt, denn noch war es nicht ermittelt worden, welcher Bestandteil des Invertzuckers bei der Reduktion in Mannit übergeht. Nachdem aber Bouchardat 1872 nachgewiesen, daß vollkommen reiner Traubenzucker Mannit liefert und Krusemann 1876 gezeigt hat, daß auch der aus Inulin gewonnene Fruchtzucker in Mannit umgewandelt wird, war es klar, daß beide Abkömmlinge des normalen Hexans sind und daher nicht beide Aldehydalkohole sein können.

Auch tauchten bald nachher Zweifel auf, ob überhaupt in den Glucosen Aldehydgruppen anzunehmen sind. Gelegentlich einer Untersuchung des Acetylcarbinols $CH_3 - CO - CH_2 \cdot OH$ äußerte Zincke[2]) die Vermutung, daß vielleicht jene Zuckerarten ebenfalls die Atomgruppe $- CO - CH_2 \cdot OH$ enthalten. Da es sich ferner zeigte, daß die für die Aldehyde charakteristische Rotfärbung einer durch schweflige Säure entfärbten Fuchsinlösung nicht durch die Glucosen bewirkt wird, so kam auch V. Meyer[3]) zu der Schlußfolgerung: „Daß die Zuckerarten die Reaktion nicht geben, spricht, ebenso wie ihr Gesamtverhalten gegen die Auffassung als Aldehyde und macht die Annahme, daß dieselben Ketonalkohole seien, aufs neue wahrscheinlich."

Nachdem Kiliani[4]) 1880 gefunden hatte, daß die Gluconsäure das erste Oxydationsprodukt des Traubenzuckers ist, aus Fruchtzucker aber sofort Glykolsäure entsteht, sagte er: „Dieser Unterschied

---

[1]) Tübingen 1871.
[2]) B. **13**, 638 (1880).
[3]) B. **13**, 2343 (1880).
[4]) A. **205**, 145 (1880).

läßt sich vielleicht am einfachsten durch die Annahme erklären, daß die Dextrose der Aldehyd, die Lävulose dagegen ein Keton des Mannits sei." Einige Jahre[1]) später gelang es ihm, die Richtigkeit dieser Ansicht durch die Entdeckung der Verbindungen von Blausäure mit diesen Zuckerarten zu beweisen. Aus dem Cyanhydrin des Fruchtzuckers erhielt er eine Carbonsäure und aus dieser durch Reduktion eine Heptylsäure, die sich als identisch mit der aus Acetessigäther erhaltenen Methyl-butylessigsäure erwies. Jetzt konnte er mit Recht sagen: „Der Lävulose muß endgültig die Konstitutionsformel

$$CH_2OH \cdot CO \cdot CHOH \cdot CHOH \cdot CHOH \cdot CH_2OH$$

zuerkannt werden."

Aus dem Traubenzucker[2]) erhielt er in derselben Weise zuerst eine Hexaoxysäure und aus dieser die normale Heptylsäure, was dann zugunsten der Aldehydformel sprach. In seinem Vortrag über Synthesen[3]) in der Zuckergruppe beurteilte E. Fischer diese schönen Untersuchungen folgendermaßen: „Durch diese von H. Kiliani ersonnene Methode, welche ich als den größten Fortschritt in der Erforschung der Zuckergruppe während der letzten Dezennien bezeichnen darf, wurde die alte Formel des Traubenzuckers und die obige Ketonformel des Fruchtzuckers in unzweideutiger Weise festgestellt." Eine neue Epoche in dem Studium der Zuckergruppe haben Emil Fischers bewunderungswerte Synthesen eröffnet. Die Anfänge derselben sind im dreiundsechzigsten Kapitel im Anschluß an die Entdeckung des Phenylhydrazins erwähnt.

In diesem Kapitel sind noch die Arbeiten zu besprechen, die im Laufe der sechziger Jahre infolge der Untersuchungen über Organometalle Frankland in Gemeinschaft mit seinem Freunde Duppa[4]) ausgeführt hat. Wie er in einer vorläufigen Notiz 1863 mitteilte, entsteht durch Einwirkung von Zinkäthyl auf Oxaläther der Ester einer mit Leucinsäure gleich zusammengesetzten Säure. Dann zeigten Frankland und Duppa[5]), daß sich diese Reaktion in einfacherer Weise durch Erhitzen von Oxalsäureestern mit Jodalkylen und granuliertem Zink oder Zinkamalgam ausführen läßt. Auf diese Weise gelangten sie zu den Estern und aus diesen zu den Säuren, die sich von der Oxalsäure durch Ersatz eines Atom Sauerstoff durch zwei Alkyle

---

[1]) B. **18**, 3066 (1885) und **19**, 221 (1886).
[2]) B. **19**, 1128 (1886).
[3]) B. **23**, 2114 (1890).
[4]) Baldwin Francis Duppa (1828—1873), durch seine Gesundheit wiederholt zu längerem Aufenthalt im Süden gezwungen, hatte keine Berufstätigkeit ausüben können. Zuerst in Gemeinschaft mit Perkin, dann von 1863—1867 mit Frankland, arbeitete er auf dem Gebiete der organischen Chemie, bis er infolge von schwerer Erkrankung seine wissenschaftliche Tätigkeit aufgeben mußte.
[5]) A. **133**, 80 und **135**, 25 (1865).

herleiten. Wie folgende Formeln zeigen, entstehen so Säuren der Milchsäurereihe:

$$C_2\begin{cases} O \\ OH \\ O \\ OH \end{cases} \qquad C_2\begin{cases} (CH_3)_2 \\ OH \\ \overline{O} \\ OH \end{cases} \qquad C_2\begin{cases} (C_2H_5)_2 \\ OH \\ \overline{O} \\ OH \end{cases}$$
$$\text{Oxalsäure} \qquad\qquad \text{Dimethoxalsäure} \qquad\quad \text{Diäthoxalsäure}$$

Als dann Frankland und Duppa als Ausgangspunkt ihrer Synthesen den Essigester anwandten, gelangten sie zu Beobachtungen, die besonders wertvolle Resultate lieferten. Wie sie in ihren „Notizen aus Untersuchungen über die Synthese von Äthern" mitteilten[1]), entstehen bei „der stufenweisen Einwirkung von Natrium und Jodmethyl oder Jodäthyl auf Essigsäureäther" ätherartige Substanzen von höherem Kohlenstoffgehalt. Sie nahmen, um diesen Vorgang zu erklären, an, daß die beim Erwärmen von Natrium mit Essigäther, unter Wasserstoffentwicklung gebildete krystallinische Masse ein Gemenge zweier Natriumverbindungen:

$$C\begin{cases} C\begin{cases} Na \\ H \\ H \end{cases} \\ O \\ OC_2H_5 \end{cases} \qquad\qquad C\begin{cases} C\begin{cases} Na \\ Na \\ H \end{cases} \\ O \\ OC_2H_5 \end{cases}$$
$$\text{Natriumessigsäureäther} \qquad\qquad \text{Dinatriumessigsäureäther}$$

ist. Bei Anwendung von Jodäthyl hätten sich dann aus diesen

$$C\begin{cases} C\begin{cases} C_2H_5 \\ H \\ H \end{cases} \\ O \\ OC_2H_5 \end{cases} \quad \text{und} \quad C\begin{cases} C\begin{cases} C_2H_5 \\ C_2H_5 \\ H \end{cases} \\ O \\ OC_2H_5 \end{cases}$$
$$\text{Buttersäureäther} \qquad\qquad \text{Capronsäureäther}$$

gebildet.

Zwei Jahre ehe diese Mitteilung erschien, hatte Geuther[2]) Versuche über Einwirkung von Natrium auf Essigäther veröffentlicht, die aber anfangs nicht allgemein bekannt wurden, da er sie nicht in einer chemischen Zeitschrift mitteilte.

Veranlaßt wurde Geuther zur Inangriffnahme seiner wichtigen Arbeit[3]) durch folgende eigentümliche Vorstellung über die Konstitution der Essigsäure:

$$CH_2, CO_2\begin{cases} HO \\ HO \end{cases},$$

---

[1]) A. **135**, 217 (1865).

[2]) Anton Geuther (1832—1889), zu Neustadt (Koburg) geboren, war Schüler und Assistent von Wöhler. Von 1863 an wirkte er als Professor in Jena. Seine theoretischen Betrachtungen tragen den Stempel der Originalität, und seine experimentellen Arbeiten zeichnen sich durch Zuverlässigkeit und Schärfe im Beobachten aus.

[3]) Nachrichten d. Ges. d. Wissenschaften in Göttingen 1863, S. 281.

wobei er $C = 12$ aber $O = 8$ annahm. Um die Richtigkeit dieser Formel zu beweisen, erwärmte er essigsaures Natron mit Natrium, erhielt aber an Stelle eines Dinatriumsalzes nur Zersetzungsprodukte. Er wiederholte darauf den Versuch mit „dem bei gewöhnlicher Temperatur flüssigen Äthylensalz, d. h. Essigäther CH_2, $CO_2 \begin{Bmatrix} HO \\ HO \end{Bmatrix}$, C_2H_4 ", und erhielt eine feste Masse, aus der er eine krystallisierte Verbindung isolierte. Entsprechend der analytischen Zusammensetzung stellte er die Formel

$$\begin{matrix} CH_2, & CO_2 \\ CH_2, & CO_2 \end{matrix} \Big\} \begin{matrix} NaO \\ HO, \ C_2H_4 \end{matrix}$$

auf und bezeichnete sie als Dimethylencarbonäthylen-Natron. Durch Behandeln derselben mit Jodmethyl und Jodäthyl erhielt er die entsprechenden Äther. Indem er nun die Natronverbindung im Kohlensäurestrom erhitzte, entdeckte er den Acetessigester, der hierbei neben Essigester als eine bei 180,8° siedende Flüssigkeit entstanden war. Genauer hat er denselben zwei Jahre später[1]) unter dem Namen Äthyldiessigsäure beschrieben, nachdem er gefunden hatte, daß er sich glatt darstellen läßt, wenn man zur Zersetzung der Natriumverbindung Essigsäure anwendet. Auch machte er die für die Beurteilung der Konstitution seiner Äthyldiessigsäure (d. h. des Acetessigesters) grundlegende Beobachtung, daß dieselbe beim Behandeln mit starken Säuren oder Alkalien in Aceton, Kohlensäure und Alkohol zerfällt.

In demselben Jahre, in dem er diese Abhandlung dem Druck übergab, erschien auch die ausführliche Abhandlung[2]) von Frankland und Duppa, in der sie genauer die Einwirkung von Natrium und Jodäthyl auf Essigäther beschrieben haben und angeben, daß außer den Homologen der Essigsäure noch Produkte entstehen, „deren Bildung auf der Verdoppelung des Atoms des Essigsäureäthers beruht". Für dieselben haben sie folgende Konstitutionsformeln aufgestellt:

$$C_4 \begin{cases} H_3 \\ \overline{O} \\ C_2H_5 \\ H \\ \overline{O} \\ OC_2H_5 \end{cases} \qquad C_4 \begin{cases} H_3 \\ \overline{O} \\ (C_2H_5)_2 \\ \overline{O} \\ OC_2H_5 \end{cases}$$

Äthylacetonkohlensaures Äthyl   Diäthylacetonkohlensaures Äthyl

Als charakteristisch gaben sie an, daß aus dem ersteren beim Zersetzen „äthyliertes Aceton" und aus dem anderen „diäthyliertes

---

[1]) Jenaische Z. f. Med. u. Nat. **2**, 387 (1866).
[2]) R. Soc. Proc. **14**, 458 (1865) und A. **138**, 206 (1866).

Aceton" (diethylated acetone) entsteht. Um nun die gleichzeitige Bildung dieser beiden Ester (d. h. des Äthyl- und des Diäthylacetessigesters) und der früher beschriebenen Äther der Butter- und Capronsäure zu erklären, nahmen sie jetzt an, daß bei Einwirkung von Natrium auf Essigäther vier Natriumverbindungen entstehen, und zwar außer dem Natrium- und Dinatriumessigsäureäther auch Natrium- und Dinatriumacetonkohlensaures Äthyl, die dann durch Ersatz des Natriums durch Äthyl jene Ester liefern

Geuther machte, gestützt auf seine Beobachtungen, dagegen geltend, daß bei Einwirkung von Natrium auf Essigäther nur eine Verbindung sich bilde[1]): „Nun habe ich aber gezeigt, und ich glaube so exakt wie möglich, daß bei Einwirkung von Natrium auf Essigäther, abgesehen von etwas färbender Materie und etwas von unvermeidlicher Feuchtigkeit herstammenden essigsaurem Natron, außer Alkoholnatron n u r die eine Verbindung das äthylen-dimethylencarbonsaure Natron (natriumacetonkohlensaures Äthyl von Fr. und D.) entsteht." Durch eine Reihe sorgfältiger quantitativer Versuche hat er dann in einer späteren Arbeit[2]), gezeigt wie aus dieser Verbindung (d. h. dem Natriumacetessigester) die anderen Äther durch die nachherige Einwirkung von Jodäthyl gebildet werden. Er teilte zugleich die für die Beurteilung der Acetessigätherbildung wichtige Beobachtung mit, daß dieser Ester auch bei der Einwirkung von Natriumäthylat auf Essigäther entsteht.

Am Schluß dieser Mitteilungen ist er alsdann zu dem Ausspruch gelangt: „Es bedarf, glaube ich, keiner weiteren Argumentation für meine Behauptung, sowohl was die Konstitution der Äthyldiacetsäure (Acetessigäther) betrifft, als dafür, daß die Äthyl- und Diäthylessigsäure sowie die Diäthyldiacetsäure (Äthylacetessigäther) Zersetzungsprodukte jener sind." Seinen Anschauungen gegenüber wurde aber damals allgemein die Auffassung von Frankland und Duppa bevorzugt. Dieselbe erschien einfacher und besser den Synthesen zu entsprechen.

Wislicenus, der anfangs diese Ansicht teilte, kam dann 1874 infolge von Versuchen, die in seinem Laboratorium ausgeführt waren, zu der Überzeugung[3]), „daß die Geuthersche Angabe, es entstehe aus Natrium und Essigäther neben Natriumäthylat nur Natracetessigester vollkommen richtig ist". Dagegen nahm er in Übereinstimmung mit Frankland und Duppa an, daß sowohl der Ester wie seine Natriumverbindung, wie folgende Formeln zeigen:

---

[1]) Z. **9**, 439 (1866).
[2]) Jen. Z. f. Med. u. Nat. **4**, 240 und 570 (1868).
[3]) B. **7**, 683 (1874).

$$\begin{array}{ll} \text{CH}_3 & \text{CH}_3 \\ | & | \\ \text{CO} & \text{CO} \\ | & | \\ \text{CH}_2 & \text{CHNa} \\ | & | \\ \text{CO}\cdot\text{OC}_2\text{H}_5 & \text{CO}\cdot\text{OC}_2\text{H}_5 \\ \text{Acetessigester} & \text{Natronessigester} \end{array}$$

eine Ketogruppe enthalten. Ausführlich hat Wislicenus dann 1877 in der Abhandlung[1] „Über Acetessigestersynthesen" diese Frage besprochen und durch seine und seiner Schüler Untersuchungen wesentlich dazu beigetragen, daß der Acetessigester ein mit so großem Erfolg benutztes Ausgangsmaterial wichtiger Synthesen wurde. Auch hat er damals wesentlich zur Anerkennung obiger Konstitutionsformeln beigetragen.

Geuther ist aber noch wiederholt für die Ansicht eingetreten, daß im Acetessigester ein Hydroxyl anzunehmen ist. So hat er 1883 im Anschluß an eine in seinem Laboratorium von Wedel ausgeführte Untersuchung aus den erhaltenen Resultaten den Schluß gezogen[2]: „Dann aber kommt dem Acetessigester die Formel

$$\text{CH}_3 - \text{C(OH)} = \text{CH} - \text{COOC}_2\text{H}_5$$

zu und nicht die Formel $\text{CH}_2 = \text{C(OH)} - \text{CH}_2 - \text{COOC}_2\text{H}_5$."

Nachdem er dargelegt hat, daß nach dieser Konstitution auch die Bildung der Natriumverbindung leicht verständlich ist, charakterisiert er den chemischen Charakter des Acetessigesters folgendermaßen: „Die Tatsache, daß in dem Acetessigester die Gruppe $\text{C}-\text{COH} = \text{C}$, d. h. die gleiche wie im Phenol enthalten ist, hat Wedel veranlaßt, dem Hydroxyl dieser Gruppe im Acetessigester einen **phenolartigen** Charakter zuzusprechen und darin die Erklärung zu finden für die Leichtigkeit, mit welcher ihr Wasserstoff gegen Metalle ausgewechselt wird. Für diese Ansicht sprechend kann man ferner auch die **blauen, violetten** und **roten Färbungen** anführen, welche sowohl der Acetessigester, als seine Abkömmlinge und die ihm verwandten Verbindungen mit Eisenchlorid geben."

In der damaligen Zeit wurde für Acetessigester und seine Derivate aber noch meist die Ketoformel bevorzugt. Mit der Aufstellung der Lehre von der Tautomerie gewann dann die Geuthersche Formel wieder Bedeutung.

---

[1] A. **186**, 161 (1877).
[2] A. **219**, 122 (1883).

Fünfundvierzigstes Kapitel.
Die Konstitution der ungesättigten Verbindungen.

Die Anhänger der Radikaltheorie sowie die der Typentheorie hatten sich anfangs begnügt, Radikale oder Reste wie Vinyl oder Allyl anzunehmen, ohne Ansichten über deren Konstitution aufzustellen. Wie im vierunddreißigsten Kapitel schon angegeben ist, hat als erster Rochleder 1853 den Versuch gemacht, die wasserstoffärmeren Radikale durch Annahme von Lücken, die im Stammradikal Methyl C_2H_3 ($C = 6$) durch Austritt zweier Atome Wasserstoff entstehen, zu erklären. Er hatte dies durch das Schema $C_2 \{ \begin{smallmatrix} H \\ \square \\ \square \end{smallmatrix}$ veranschaulicht. Dieser Ansicht entsprechen auch die von H. L. Buff in einer Abhandlung über die Konstitution der Kohlenwasserstoffe[1]) aufgestellten Formeln wie z. B.:

$$C \left\{ \begin{matrix} CH_3 \\ H \end{matrix} \right. \qquad C \left\{ \begin{matrix} CH_3 \\ CH_3 \end{matrix} \right. \qquad C \left\} C \right\} \begin{matrix} CH_3 \\ H \\ H \\ \overline{H} \end{matrix} \right\} O$$

Äthylen　　　Propylen　　　Allylalkohol

Sie stimmen also mit der Annahme von zweiwertigem Kohlenstoff überein. Den Gedanken, daß der Kohlenstoff in seinen Verbindungen sowohl zweiwertig wie vierwertig funktionieren kann, hat aber erst im Jahre 1858 Couper bestimmt ausgesprochen, jedoch nicht durch Beispiele entwickelt, sondern auf eine spätere Abhandlung verwiesen, die ihm das Schicksal nicht mehr vergönnt hat abzufassen. In seinen Publikationen kommen Formeln für Äthylen oder dessen Derivate nicht vor.

Im Jahre 1860 hat Kolbe[2]) in der Abhandlung „Über den natürlichen Zusammenhang der organischen und unorganischen Verbindungen" auf die Analogie zwischen Kohlenoxyd und Äthylen hingewiesen und für letzteres die Formel $\begin{matrix} C_2H_3 \\ H \end{matrix} \Big\} C_2$ ($C = 6$) vertreten Dies führte ihn dann dazu, das Äthylenchlorid als $\begin{matrix} C_2H_3 \\ H \end{matrix} \Big\} C_2Cl_2$ aufzufassen, was freilich mit der Tatsache, daß das Glykol bei der Oxydation Glykolsäure und Oxalsäure liefert, schwer in Einklang zu bringen war.

Daß für Äthylen und die wasserstoffärmeren Verbindungen noch eine andere Auffassung möglich ist, darauf hatte Kekulé 1858 bei seinen Betrachtungen über die Natur des Kohlenstoffs und dann auch in seinem Lehrbuch[3]) folgendermaßen hingewiesen:

---
[1]) A. **100**, 219 (1856).
[2]) A. **113**, 309 (1860).
[3]) Bd. I, S. 156 (1859).

„Viele organische Verbindungen enthalten indes eine im Vergleich zur Summe der übrigen Atome verhältnismäßig größere Anzahl von Kohlenstoffatomen; so daß man in ihnen eine dichtere Aneinanderlagerung der Kohlenstoffatome annehmen muß." Loschmidt, der Kekulés Ansicht adoptierte, sagte von der Äthylenformel: „Es sind also in dem Kern C_2'''' von den acht Stellen des Kohlenstoffs vier durch Kohlenstoff selbst besetzt." Für die Annahme einer Doppelbindung im Äthylen hat sich auch Erlenmeyer ausgesprochen[1]).

Von folgenden Äthylenformeln entspricht die erste der Ansicht von Rochleder und Kolbe, die zweite der von Kekulé.

$$\text{I} \begin{array}{c} CH_3 \\ | \\ CH \end{array} \qquad \text{II} \begin{array}{c} CH_2 \\ \| \\ CH_2 \end{array} \qquad \text{III} \begin{array}{c} CH_2 \\ | \\ CH_2 \end{array}.$$

Zu den Chemikern, die sich damals für die erstere Formel entschieden hatten, gehörte auch Würtz[2]). Dagegen machte Crum-Brown in einer Abhandlung „On the Theory of Isomeric" darauf aufmerksam, daß die Bildung von Glykolsäure aus Glykol gegen die Ansicht spricht, daß ein zweiatomiges Kohlenstoffatom im Äthylen vorhanden sei und daß es richtiger wäre, anzunehmen, beide Kohlenstoffatome seien vierwertig, wie es folgende Figur zeigt[3]), die der Kekuléschen Ansicht entspricht:

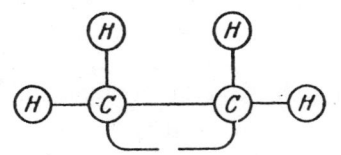

Die obige Formel III wurde dagegen von Lothar Meyer bevorzugt[4]): „Für das Elayl braucht man nicht anzunehmen, die beiden C-Atome seien durch zwei Affinitäten verbunden, nach der Verbindung mit Chlor aber nur mit einer, sondern man darf annehmen, es seien in dieser Verbindung zwei Affinitäten ungesättigt:

$$\underbrace{\cdot H H C}_{\overbrace{C H H}} \cdot \text{."}$$

Seit Mitte der sechziger Jahre zeigt sich aber in den Veröffentlichungen das Bestreben, in allen organischen Verbindungen, mit Ausnahme von Kohlenoxyd und Säuren wie Maleïn- oder Fumarsäure, nur vieratomigen Kohlenstoff anzunehmen. Zugunsten der Annahme

---

[1]) Z. **5**, 28 (1867).
[2]) Leçons de philosophie chimique 136 (1864).
[3]) Tr. Soc. Edinburgh **23**, 707 (1864).
[4]) Moderne Theorie der Chemie 102 (1864).

doppelter Bindung zwischen den beiden Kohlenstoffatomen des Äthylens sprach hauptsächlich die Erfahrung, daß es nicht gelungen war, Methylen, Äthyliden oder CCl_2 darzustellen. Schon Dumas und Peligot hatten in ihrer Arbeit über Holzgeist vergeblich Versuche gemacht, Methylen zu erhalten. Als dann Regnault den Chlorkohlenstoff CCl_2 nicht darstellen konnte, sprach er sich dahin aus, daß auch das Methylen nicht existenzfähig zu sein scheine[1]). Wichtig wurde besonders die Beobachtung, daß Zersetzungen, bei denen man die Bildung von Methylen hätte erwarten können, Äthylen liefern. So erhielt Perrot[2]) beim Durchleiten von Chlormethyl durch eine glühende Röhre Äthylen und ebenso beobachtete Butlerow[3]), daß beim Erhitzen von Methylenjodid mit Kupfer und Wasser sich Äthylen bildet. Bei Versuchen, durch Einwirkung von Natrium auf Äthylidenchlorid, $CH_3 \cdot CHCl_2$, Äthyliden zu isolieren, hat Tollens[4]) Äthylen erhalten.

Im Gegensatz zu diesen Tatsachen stand nur die Angabe von Harnitz-Harnitzki, daß bei Einwirkung von Chlorkohlenoxyd auf Aldehyd eine Substanz entsteht, die er Chloraceten[5]) nannte, und von der er angab, daß sie nach Zusammensetzung und Dampfdichte genau dem gechlorten Äthylen C_2H_3Cl entspricht, von demselben sich aber ganz wesentlich unterscheidet. Diese Angaben wurden damals allgemein als richtig angesehen und wurden auch wiederholt theoretischen Betrachtungen zugrunde gelegt, in denen die Strukturformel $CH_3 - CCl$, in der das eine Kohlenstoffatom also ungesättigt ist, angenommen war. Auch war das Chloraceten von anderen Chemikern dargestellt worden, ohne daß Zweifel an der Richtigkeit der gemachten Angaben auftauchten.

Kekulé erschien aber, infolge der Weiterentwicklung seiner theoretischen Ansichten über wasserstoffärmere Verbindungen, die Existenz einer der obigen Formel entsprechenden Verbindung unwahrscheinlich. Er unternahm es daher in Gemeinschaft mit Zincke, die Sachlage experimentell zu prüfen. Durch eine mühsame und gründliche Untersuchung gelangten die beiden Chemiker[6]) zu dem Nachweis, daß das Chloraceten aus einem Gemenge von Aldehyd, Paraldehyd und Chlorkohlenoxyd besteht. Von da an verschwand das Chloraceten aus der Zahl chemischer Verbindungen.

Besonders große Schwierigkeiten machte die Aufklärung der chemischen Natur der durch Wasserabspaltung aus Äpfelsäure entstehen-

---

[1]) A. ch. [2] **71**, 427 (1839).
[2]) A. ch. [3] **49**, 194 (1857).
[3]) C. r. **53**, 247 (1861).
[4]) A. **137**, 311 (1866).
[5]) C. r. **48**, 649 (1859).
[6]) B. **3**, 129 (1870).

den Fumar- und Maleïnsäure. Kekulé hat durch seine 1861 und 1862 veröffentlichten hervorragenden Untersuchungen[1]) über organische Säuren nachgewiesen, daß jene beiden Säuren sowie die drei aus Citronensäure erhaltenen Säuren $C_5H_6O_4$ sich direkt mit zwei Atomen Brom verbinden. Er fand dann, daß sich der Allylalkohol ebenso verhält, und daß daher nicht nur die Kohlenwasserstoffe der Äthylenreihe, sondern ganz allgemein alle ungesättigten Verbindungen sich durch Addition mit Chlor oder Brom vereinigen.

Er machte darauf die wichtige Entdeckung, daß sowohl die Fumarsäure wie die Maleïnsäure durch Wasserstoff im Entstehungszustand in Bernsteinsäure übergeführt werden, aber durch Addition von Brom zwei verschiedene Dibrombernsteinsäuren liefern. Ebenso beobachtete er, daß die Itacon-, die Citracon- und die Mesaconsäure bei der Reduktion in Brenzweinsäure übergehen, während beim Behandeln mit Brom sich drei isomere Säuren $C_5H_6Br_2O_4$ bilden. So waren interessante, aber schwer zu deutende Tatsachen aufgefunden worden. Kekulé versuchte jedoch am Schluß seiner 1862 veröffentlichten Abhandlung eine Ansicht über dieselben zu gewinnen. Darauf hinweisend, daß in der Bernsteinsäure $\begin{matrix} CH_2 \cdot CO_2H \\ | \\ CH_2 \cdot CO_2H \end{matrix}$ und der Brenzweinsäure die Gruppen CH_2 vorkommen, sagte er:

„Da nur in der Bernsteinsäure zwei solcher Paare an den Kohlenstoff gebundener Wasserstoffatome vorhanden sind, so sieht man die Möglichkeit der Existenz zweier wasserstoffärmerer Säuren ein, je nachdem das eine oder das andere dieser Wasserstoffpaare fehlt. Für die Brenzweinsäure versteht man ebenso die Existenz dreier isomerer wasserstoffärmerer Säuren. — An der Stelle des Moleküls, wo die beiden Wasserstoffe fehlen, sind zwei Verwandtschaftseinheiten des Kohlenstoffs nicht gesättigt: es ist an der Stelle gewissermaßen eine Lücke." Das Wort Lücke hat Kekulé mit folgender Anmerkung versehen: „Man kann natürlich ebenso gut annehmen, die Kohlenstoffatome seien an der Stelle gewissermaßen zusammengeschoben, so daß zwei Kohlenstoffatome sich durch je zwei Verwandtschaftseinheiten binden. Es ist dies nur eine andere Form für denselben Gedanken."

Diese nicht recht klare Erklärung hat Kekulé nicht durch Formeln verständlich gemacht. Der Annahme von Lücken würden die Formeln I und III entsprechen, doch kann nur bei der letzteren ein Zusammenschieben der Kohlenstoffatome durch Umwandlung in II eintreten:

$$\text{I} \quad \begin{matrix} =C-CO_2H \\ | \\ H_2C-CO_2H \end{matrix} \qquad \text{II} \quad \begin{matrix} CH-CO_2H \\ \| \\ CH-CO_2H \end{matrix} \qquad \text{III} \quad \begin{matrix} HC-CO_2H \\ | \\ HC-CO_2H \end{matrix}.$$

---

[1]) A., Supp. **1**, 129 (1861) und Supp. **2**, 85 (1862).

Meist wurde in der Folge die Isomerie jener beiden Säuren durch die Formeln I und II erklärt. Fittig hat sich hierüber 1877 in der ersten seiner schönen Untersuchungen über ungesättigte Säuren in folgender Weise ausgesprochen[1]: „Es gibt keine Konstitutionsformeln, welche allen diesen Tatsachen Genüge leisten, wenn man an dem Dogma festhält, daß in den ungesättigten Verbindungen die Kohlenstoffatome immer mehrfach gebunden sind." Er nahm für die Maleïnsäure die Formel I, für die Fumarsäure II an, da die erstere sich leichter als diese mit Brom verbindet. Jedoch war schon vor dem Erscheinen dieser Arbeit das Rätsel gelöst. Van't Hoff hatte in seiner 1875 erschienenen Schrift La Chimie dans l'Espace gezeigt, daß die Isomerie jener Säuren auf einer verschiedenen Lagerung der Atome im Raum beruht und die Struktur beider Säuren der Formel II entspricht. Diese Erklärung gelangte aber, wie im vierundsechzigsten Kapitel angegeben, erst allmählich zu allgemeiner Anerkennung.

Eine Gruppe von Verbindungen, für die es anfangs zweifelhaft war, ob in denselben ein zweiwertiges Kohlenstoffatom anzunehmen ist, sind die Carbylamine oder Isonitrile genannten Substanzen. Die erste derselben wurde von A. Gautier 1866 entdeckt, als er, um eine größere Menge Cyanäthyl darzustellen, Cyansilber mit Jodäthyl behandelte[2]. Er erhielt eine außerordentlich intensiv riechende Flüssigkeit, die er 1867 genauer untersuchte und dann éthylcarbylamine nannte, weil sie sich wie die Amine mit Säuren verbindet und ein Kohlenstoffatom enthält, das nur an Stickstoff gebunden ist. Für das Äthylcarbylamin zog er anfangs folgende beide Formeln als gleichwertig in Betracht:

$$\text{I} \quad \overset{\text{III}}{\text{N}} = \overset{\text{II}}{\underset{\diagdown \text{C}_2\text{H}_5}{\text{C}}} \qquad \text{II} \quad \overset{\text{V}}{\text{N}} \equiv \underset{\diagdown \text{C}_2\text{H}_5}{\text{C}^{\text{IV}}}.$$

In seiner späteren Abhandlung[3] hat er sich für I entschieden und nahm jetzt an, daß in allen Carbylaminen ein zweiwertiges Kohlenstoffatom vorkommt.

Auf einem ganz anderen Wege gelangte Hofmann zur Entdeckung derselben Körperklasse[4]. Er hatte, um in einer Vorlesung die Bildung von Blausäure aus Chloroform und Ammoniak zeigen zu können, der Mischung dieser beiden Substanzen etwas Ätzkali zugesetzt und nach dem Aufkochen der Flüssigkeit schwefelsaures Eisenoxyduloxyd hinzugefügt. Nach dem Ansäuern war reichlich Berlinerblau entstanden. Dies veranlaßte ihn, die Reaktion mit verschiedenen pri-

---

[1] A. **188**, 99 (1877).
[2] C. r. **63**, 920 (1866) und **65**, 90 (1867).
[3] C. r. **66**, 1214 (1868).
[4] A. **144**, 114 (1867) und **146**, 107 (1868).

mären Aminen zu wiederholen. Jedesmal erfolgte lebhafte Einwirkung und entwickelten sich heftig riechende Dämpfe. Die so gebildeten Verbindungen bezeichnete er anfangs als neue Homologe der Cyanwasserstoffsäure, später als Isonitrile. Während er anfangs nur Bruttoformeln benutzte, stellte er später für das aus Anilin erhaltene Isonitril die Formel

$$\begin{array}{c} C_6H_5 \\ | \\ N \equiv C \end{array}$$

auf, entschied sich also für vierwertigen Kohlenstoff[1]).

In der Folge wurde bald die Auffassung von Gautier, bald die von Hofmann bevorzugt. Erst gegen Ende des vorigen Jahrhunderts gelangte die erstere zu allgemeiner Anerkennung. Auch wurde dann nachgewiesen, daß die Knallsäure zu der kleinen Zahl derartiger Kohlenoxydderivate gehört, in denen ein zweiwertiges Kohlenstoffatom vorhanden ist.

Aus dem Studium der ungesättigten Verbindungen ergab sich auch die Tatsache, daß der Vinylalkohol $CH_2 = CH \cdot OH$ und analoge Körper nicht beständig zu sein scheinen. Bei Reaktionen, bei denen man das Auftreten derartiger Verbindungen erwarten konnte, waren immer Aldehyde oder Ketone entstanden, so z. B. bei der Bildung von Aldehyd aus Bromäthylen $CH_2 = CHBr$ und von Aceton aus dem gebromten Propylen $CH_2 = CBr — CH_3$. Derartige Beobachtungen erklärte Erlenmeyer[2]) 1880 durch Umlagerung von als Zwischenprodukte entstandenen ungesättigten Alkoholen[4]):

$$\begin{array}{c} CH \cdot OH \\ \| \\ CH_2 \end{array} \longrightarrow \begin{array}{c} CHO \\ | \\ CH_3 \end{array} \quad \text{und} \quad \begin{array}{c} CH_2 \\ \| \\ C \cdot OH \\ | \\ CH_3 \end{array} \longrightarrow \begin{array}{c} CH_3 \\ | \\ CO \\ | \\ CH_3 \end{array},$$

und wies darauf hin, daß diese Annahme auch die Bildung von Aldehyd aus Glykol und von Acroleïn aus Glycerin erkläre.

Indem er diese Ansicht auf die Bildung von Brenztraubensäure aus Glycerinsäure und Weinsäure anwandte[3]), zeigte er, daß bei diesen Umwandlungen es zweckmäßig ist, saures schwefelsaures Kali als Entwässerungsmittel anzuwenden, und fügte hinzu[4]), „daß auch hier dieselbe Regel gilt bezüglich der Wanderung des Hydroxylwasserstoffs des Carbinolradikals an das benachbarte doppelt gebundene Kohlenstoffatom". Diese Regel wird als Erlenmeyersche Regel bezeichnet.

---

[1]) B. **10**, 1098 (1877).
[2]) B. **13**, 309 (1880).
[3]) B. **14**, 321 (1881).
[4]) A. **192**, 106 (1878).

Während nun bei diesen Vorgängen die theoretisch angenommenen Zwischenprodukte sich nicht haben isolieren lassen, konnten sie in Form ihrer Äther dargestellt werden. Wislicenus[1]) erhielt 1878 durch Einwirkung von Natrium auf Chloracetal $CH_2Cl-CH(OC_2H_5)_2$ den Vinyläthyläther $CH_2=CH(OC_2H_5)$ als eine bei 35,5° siedende Flüssigkeit, die sich durch Addition mit zwei Atomen Chlor oder Brom verbindet und durch verdünnte Schwefelsäure in Alkohol und Aldehyd zerlegt wird, wodurch die Erlenmeyersche Regel von neuem bestätigt wurde.

Daß sich unter bestimmten Umständen in den ungesättigten Substanzen die Doppelbindungen in dem Kohlenstoffskelett verschieben können, ergab sich zum ersten Male aus Untersuchungen über Crotonsäure. Nachdem Will und Körner[2]) diese Säure synthetisch aus Cyanallyl erhalten hatten[3]), wurde für dieselbe die Konstitutionsformel

$$CH_2=CH-CH_2-CO_2H.$$

angenommen.

Als nun Kekulé, „um durch das Experiment die Art der Bindung der Kohlenstoffatome im Benzol festzustellen", eine Untersuchung einiger Kondensationsprodukte des Aldehyds ausführte, fand er, daß die von Lieben als ein Äther des Aldehyds beschriebene Verbindung $\begin{matrix}C_2H_3\\C_2H_3\end{matrix}\Big\}O$, Crotonaldehyd ist, dessen Bildung er durch folgende Formeln erklärte:

$$\begin{matrix}HOC-CH_3\\H_3C-COH\end{matrix} \quad\text{gibt}\quad \begin{matrix}HC-CH_3\\\|\\HC-COH\end{matrix} = CH_3-CH=CH-COH.$$

Für die schon durch Oxydation an der Luft entstehende, bei 72° schmelzende Crotonsäure gelangte Kekulé daher zu der Strukturformel:

$$CH_3-CH=CH-CO_2H.$$

Als weiteren Beweis für die Richtigkeit derselben gab er in einer zweiten Mitteilung an, daß sowohl die auf diese Weise, wie die aus Cyanallyl erhaltene Crotonsäure beim Schmelzen mit Kali fast quantitativ Essigsäure liefert.

Kekulé hat dann in seinen beiden ausführlichen Abhandlungen[4]) über die Kondensationsprodukte des Aldehyds die Einwendungen besprochen, die von verschiedenen Seiten gegen seine, mit der Synthese aus Cyanallyl schwer in Einklang zu bringende Crotonsäureformel gemacht wurden, und darauf hingewiesen, daß „Versuche, die

---

[1]) A. **192**, 106 (1878).
[2]) A. **125**, 273 (1863).
[3]) B. **2**, 365 (1869) und **3**, 604 (1870).
[4]) A. **162**, 77 und 309 (1872).

er in Gemeinschaft mit Dr. Rinne begonnen, alle Aussicht bieten, das Dunkel endgültig zu lösen". Dies ist diesen beiden Chemikern auch gelungen. Aus Allylalkohol und Allyljodid erhielten dieselben[1]) bei der Oxydation durch Chromsäure sowie durch Salpetersäure nur Ameisensäure und Oxalsäure, aber keine Essigsäure. Das Allylcyanid lieferte aber Essigsäure.

Kekulé und Rinne schlossen aus diesen Beobachtungen: „Man darf es also wohl als feststehend betrachten, daß bei der Umwandlung des Allylalkohols in Crotonsäure eine Verschiebung der dichteren Bindung dann stattfindet, wenn man aus dem Jodid in das Cyanid übergeht." So war zum ersten Male nachgewiesen worden, daß bei ungesättigten Verbindungen eine Wanderung der doppelten Bindung erfolgen kann. In den achtziger Jahren wurden durch Fittig und Baeyer derartige Vorgänge in großer Zahl beobachtet und erfolgreich studiert.

Im Laufe der sechziger Jahre führten die Untersuchungen über Acetylen zu dem Ergebnis, daß es auch Verbindungen gibt, in denen Kohlenstoffatome durch drei ihrer Wertigkeiten untereinander verbunden sind. Diesen interessanten gasförmigen Kohlenwasserstoff hat Edm. Davy[2]) 1836 entdeckt, als er die bei der Kaliumdarstellung aus Weinstein und Kohle als Nebenprodukt gebildete graubraune Masse mit Wasser behandelte[3]). Er zeigte, daß derselbe der Formel $2C + H$ ($H = 1$ und $C = 6$) entsprechend zusammengesetzt ist, mit glänzender Flamme verbrennt und sich beim Zusammenbringen mit Chlor entzündet. Er hat ihn als einen neuen Kohlenwasserstoff beschrieben und angenommen, daß er aus einem in dem Rückstand enthaltenen Kohlenstoffkalium sich bilde.

Zweiundzwanzig Jahre später machte der Physiker Quet[4]) die Beobachtung, daß bei Einwirkung von Induktionsfunken auf Alkohol Gase auftreten, die in ammoniakalischen Lösungen von Kupferoxydul oder Silberoxyd explosive Niederschläge erzeugen, aus denen beim Behandeln mit Salzsäure sich ein mit leuchtender Flamme brennendes Gas entwickelt. Auch gab er an, daß dasselbe beim Durchleiten von Alkohol durch eine glühende Röhre entsteht. In demselben Jahre teilte R. Boettger[5]) mit, daß diese explosiven Kupfer- und Silberniederschläge sich auch beim Einleiten von Leuchtgas in jene

---

[1]) B. **6**, 386 (1873).
[2]) Edmund Davy (1785—1857), zu Pensance (Cornwall) geboren, war einige Zeit Assistent von seinem Vetter Humphry Davy, wurde 1813 Professor in Cork (Irland) und dann in Dublin. Er beschäftigte sich mit Vorliebe mit Problemen der Agrikulturchemie.
[3]) A. **23**, 144 (1837).
[4]) C. r. **46**, 903 (1858).
[5]) J. phys. Verein in Frankfurt 1858 und A. **109**, 351 (1859).

Lösungen bilden. Die chemische Natur des aus diesen Fällungen erhaltenen Gases haben aber Quet und Boettger nicht ermittelt und auch nicht darauf hingewiesen, daß es mit Davys neuem Kohlenwasserstoff identisch ist.

Die genauere Kenntnis desselben verdankt die Chemie den umfangreichen Untersuchungen Berthelots[1]), der denselben acétylène nannte, indem er bei der Namenbildung von der älteren Bezeichnung Acetyl für Vinyl ausging. Dieser Forscher stellte anfangs das Acetylen durch Leiten von Alkohol- oder Ätherdämpfen durch rotglühende Röhren und Isolieren desselben mittels der bräunlichroten Kupferverbindung dar. Er ermittelte dessen Formel C^4H^2 ($C = 6$) durch Analyse und Dampfdichtebestimmung.

Eine bequemere Darstellungsweise des Acetylens und zugleich ein Verfahren, die Körper der Äthylenreihe in solche der Acetylengruppe zu verwandeln, wurde 1861 von Savitsch[2]) entdeckt. Wie dieser zeigte, entsteht bei Einwirkung alkoholischer Kalilösung auf Bromäthylen oder Äthylenbromid durch Bromwasserstoffabspaltung Acetylen. Nach diesem Verfahren wurde gleichzeitig von Savitsch und von Markownikoff das Allylen dargestellt. In der Folge wurde diese Methode häufig zur Gewinnung von Verbindungen, die dreifach unter sich verbundene Kohlenstoffatome enthalten, angewandt.

Nach vielen vergeblichen Versuchen gelang es 1862 Berthelot[3]), direkt Kohlenstoff und Wasserstoff mit Hilfe des elektrischen Flammenbogens zu verbinden und nachzuweisen, daß hierbei Acetylen entsteht. In demselben Jahre machte Wöhler[4]) die Beobachtung, daß das von ihm durch Erhitzen einer Zinkcalciumlegierung mit Kohle erhaltene Kohlenstoffcalcium „die merkwürdige Eigenschaft hat, sich mit Wasser in Kalkhydrat und Acetylengas zu zersetzen, denselben Kohlenwasserstoff, der zuerst von Davy entdeckt und in neuester Zeit von Berthelot durch Zersetzung verschiedener Stoffe bei Glühhitze als auch direkt aus Kohle und Wasserstoffgas hervorgebracht wurde". Dreiunddreißig Jahre später gelangte diese Beobachtung zu wichtiger Anwendung. Nachdem es möglich war, das Calciumcarbid direkt aus Kohle und Ätzkalk darzustellen, konnte auch Acetylen technisch gewonnen werden.

Von anderen Bildungsweisen des Acetylens sei erwähnt, daß Kekulé[5]) es durch Elektrolyse von fumar- und von maleïnsaurem Natron erhalten hat. Dann hat Berthelot[6]) 1866 gefunden, daß

---

[1]) Erste Mitteilung C. r. **50**, 185 (1860).
[2]) C. r. **52**, 157 (1861).
[3]) C. r. **54**, 620 (1862).
[4]) A. **124**, 220 (1862).
[5]) A. **131**, 84 (1864).
[6]) C. r. **62**, 95 (1866).

bei unvollständiger Verbrennung vieler organischer Stoffe, wie Äthylen, Amylen, Äther usw., Acetylen auftritt. Dies veranlaßte Rieth[1]), zur Darstellung desselben die Gase der zurückgeschlagenen Flamme eines Bunsenbrenners zu benutzen.

Berthelot hat im Laufe einer Reihe von Jahren das Acetylen zum Gegenstand vieler interessanter Untersuchungen gemacht, die sowohl das chemische Verhalten wie die physikalischen Eigenschaften, namentlich die thermischen und explosiven, betreffen. In dem aus drei Bänden bestehenden Werke[2]), in dem er seine Abhandlungen über Kohlenwasserstoffe zusammenstellte, ist der über vierhundert Seiten umfassende erste Band fast ausschließlich dem Acetylen gewidmet. Berthelot hat auch die beiden charakteristischen Kupfer- und Silberverbindungen analysiert und gefunden, daß in denselben die Wasserstoffatome des Acetylens durch Metallatome ersetzt sind. Als charakteristisch für den chemischen Charakter ermittelte er, daß das Acetylen sich durch Addition mit 2 oder 4 Atomen Brom und mit einem oder zwei Molekülen Jodwasserstoff verbindet, daß es sich zu Äthylen und Äthan reduzieren und durch Oxydation in Essigsäure verwandeln läßt. Jetzt konnte Berthelot seine früheren Darlegungen über vollständige Synthese dadurch ergänzen, daß er das Acetylen als das Ausgangsprodukt wählte, aus dem sich die komplizierteren Verbindungen aufbauen lassen. Nachdem er 1866 gefunden, daß bei Einwirkung dunkler Rotglut auf Acetylen Benzol entsteht, hat er sie dann auch auf aromatische Verbindungen ausgedehnt.

Während er früher in seinen Abhandlungen nur Bruttoformeln benutzte, entwickelte er jetzt ein System rationeller Formeln, das als eine Weiterbildung der Ätherintheorie erscheint. Er vermied dabei die Anwendung der damals gebräuchlichen Radikale, die er, wie früher, als imaginäre Wesen bezeichnete und bekämpfte. In seinem Lehrbuch der organischen Chemie sagte er daher: ,,On raisonne sur les générateurs et non sur des êtres imaginaires." So suchte er bei Aufstellung seiner Formeln von Körpern auszugehen, aus denen sich die Verbindungen direkt oder indirekt darstellen lassen. Bis zum Jahre 1890 hat er auch noch die Äquivalente beibehalten. Die Kohlenwasserstoffe teilte er, wie er zuerst 1864 in einem Vortrag über Isomerie entwickelte[3]), in vollständige und unvollständige ein:

hydrure d'éthylène $C^4H^6 = C^4H^4(H^2)$ carbure complet,
éthylène $\qquad\qquad C^4H^4(-)$ carbure incomplet,
acéthylène $\qquad\quad C^4H^2(-)(-)$ carbure incomplet du 2me ordre.

---

[1]) Z. **10**, 598 (1867).
[2]) Les carbures d'hydrogène, Paris 1901. In diesem Werk hat Berthelot seine Formeln entsprechend den jetzt gebräuchlichen Atomgewichten umgeändert.
[3]) Leçons professées en 1864 (Paris 1866) und A. ch. [4] **12**, 64 (1867).

Die beiden letzten Formeln bezeichnete er als formules avec des vides, was also den Rochlederschen lückenhaften Verbindungen entspricht. Den Übergang vom Acetylen zum Äthylen erklärt er durch Ausfüllen einer Lücke durch ein Volum Wasserstoff und die Bildung des Äthans durch Ausfüllen der beiden Lücken. In ähnlicher Weise entstehen nach ihm aus den einfachen Kohlenwasserstoffen die kohlenstoffreicheren. Wenn sich gleiche Moleküle von Äthylen und Grubengas verbinden, wird in dem ersteren die Lücke ausgefüllt und es entsteht hydrure de propylène $C^4H^4(C^2H^4)$ d. h. Propan. Vereinigen sich dagegen zwei unvollständige Moleküle, wie bei der Kondensation von zwei Amylen, so wird das eine gesättigt, das andere bleibt unvollständig. „Tandis que la molécule primitive est saturée, la molécule additionelle demeure incomplète, et elle conserve une partie de ses propriétés primitives au sein de la combinaison:

$$C^{10}H^{10}(-) + C^{10}H^{10}(-) = C^{10}H^{10}[C^{10}H^{10}(-)].\text{''}$$

Nach den von ihm bevorzugten Vorstellungen betrachtete Berthelot die Bildung von Methylalkohol aus Methylchlorid als einen Ersatz von Chlorwasserstoff durch Wasser. „Nous enlevons les éléments de l'acide chlorhydrique et nous les remplaçons par les éléments de l'eau." Sein Bestreben, keine Radikale in seinen Formeln anzunehmen, veranlaßte ihn damals, sowie auch noch in den Auflagen seines Lehrbuchs aus den Jahren 1881 und 1886, Formeln wie die folgenden zu bevorzugen:

$C^4H^4(H^2O^2)$	$C^4H^4(HCl)$	$C^4H^4(NO^5, HO)$
alcool	éther chlorhydrique	éther nitrique
$C^4H^4(C^4H^4O^4)$	$C^4H^4(NH^3)$	$C^4H^2(H^2O^2(H^2O^2)$
éther acétique	éthylamine	glycol

Während durch seine experimentellen Untersuchungen die organische Chemie sehr gefördert wurde, war dies bei den theoretischen Betrachtungen nicht der Fall. Seine damaligen Formeln entsprachen nicht mehr den Fortschritten der Wissenschaft. Doch ist es wohl gerechtfertigt, sie bei der bedeutenden Stellung, die Berthelot als Forscher einnimmt, hier zu erwähnen. Sehr bald nach seinen ersten Arbeiten über Acetylen wurden auch für diesen Kohlenwasserstoff folgende Formeln in Betracht gezogen:

I. $CH \equiv CH$; II. $CH_2 = C$, III. $CH - CH$.

Die Formel I entspricht dem schon auf S. 237 mitgeteilten Schema von Loschmidt. Zu derselben Zeit sprach sich auch Erlenmeyer dafür aus[1]), daß im Acetylen „zweimal 3 Affinitäten Kohlenstoff mit-

---

[1]) Z. **5**, 28 (1862).

einander verbunden sind". Formel II entspricht dagegen der von Kolbe in seinem Lehrbuch aufgestellten Ansicht¹) und III der von Würtz in seinen Leçons de philosophie chimique (1864) angenommenen Formel. Diese letztere hat dann Kolbe in seiner 1869 erschienenen Schrift „Über die chemische Konstitution der organischen Kohlenwasserstoffe" bevorzugt, wobei er aber der Ansicht war, daß $(HC)' - (HC)'$ und ${(HC)' \atop H}\bigg\}C$ zwei verschiedenen Verbindungen entsprechen.

Eingehende Diskussionen über jene verschiedenen Ansichten haben aber später nicht stattgefunden, so daß fast stillschweigend die Formel $CH \equiv CH$ zu allgemeiner Geltung gelangte.

Sechsundvierzigstes Kapitel.
Bildung und Zersetzung der Ester.

Die als zusammengesetzte Äther oder Ester bezeichneten Ätherarten haben bei dem Studium der organischen Verbindungen von Anfang an eine wichtige Rolle gespielt. Bei der Aufstellung rationeller Formeln wurden sie meist mit den Salzen verglichen, doch wurde schon wiederholt auch darauf hingewiesen, daß in bezug auf Bildung und Zersetzung charakteristische Verschiedenheiten zwischen Estern und Salzen bestehen. Anfang der sechziger Jahre unternahmen es Berthelot und Péan de Saint-Gilles, die Gesetze zu erforschen, von denen diese Vorgänge abhängen, wobei sie von folgenden Gesichtspunkten ausgingen²): „Les lois générales de statique chimique qui président à la formation et la décomposition des sels sont depuis longtemps l'objet de l'étude des chimistes, tandis que l'on n'a guère que des idées vagues et confuses sur celles qui régissent les éthers composés. Cependant les réactions des éthers se distinguent des réactions des sels par deux caractères essentiels; savoir la lente progression des réactions éthérées et la combinaison toujours incomplète des acides avec les alcools mis en présence. De là des problèmes nouveaux, d'un intérêt spécial dans la théories des affinités."

In drei umfangreichen Abhandlungen³) haben in den Jahren 1862 und 1863 die beiden französischen Chemiker ihre zahlreichen Versuche und ihre theoretischen Schlußfolgerungen veröffentlicht. Sie ließen genau äquivalente Mengen eines Alkohols und einer organischen Säure in zugeschmolzenen Röhren bei verschiedenen Temperaturen aufeinander einwirken und ermittelten dann durch Titrieren mit

---

[1] Bd. II, S 579 (1863).
[2] C. r. **53**, 474 (1861).
[3] A. ch. [3] **65**, 385 und **66**, 5 (1862); **68**, 225 (1863).

Barytwasser den Anteil der nicht in Reaktion getretenen Säure. Ihre Resultate führten sie zur Aufstellung folgender Gesetze:

„1. La combinaison s'opère d'une manière lente progressive, avec une vitesse qui dépend des influences auxquelles le système est soumis.

2. La combinaison n'est jamais complète, qu'elle que soit la durée du contact.

3. La proportion d'éther neutre, formée dans des conditions définies, tend vers une limite."

Genau nach denselben Gesetzen, aber im umgekehrten Sinne, erfolgt die Zersetzung der Ester beim Erhitzen mit Wasser. Bei Anwendung gleicher Äquivalente von Essigsäure und Alkohol entspricht der Grenzzustand 66,5% der umgewandelten Substanzen und beim Erhitzen von Essigester mit Wasser bleiben 66,5% Ester unzersetzt. Der Endzustand ist daher in beiden Fällen genau der nämliche. Der Einfluß der Konstitution war auf den Verlauf dieser Reaktionen bei den damals zur Anwendung gekommenen Homologen der Essigsäure und des Alkohols kein erheblicher. Aus den Versuchen ergab sich ferner, daß die Geschwindigkeit der Esterifikation durch die Höhe der Temperatur stark beeinflußt wird. Bei gleichmolekularen Mengen von Alkohol und Essigsäure wurde der Grenzzustand bei 200° in 22 Stunden, bei 100° aber erst in 150 Tagen erreicht, und bei gewöhnlicher Temperatur erfolgte die Esterifikation außerordentlich langsam, nach einem Jahre waren nur 55% und, wie Berthelot 1877 mitteilte, nach 15 Jahren 65% und nach 16 Jahren 65,4% Ester gebildet.

Bei Anwendung anderer Verhältnisse zwischen Alkohol und Säure ergaben sich andere Grenzwerte. Aus den zahlreichen Versuchen sei nur noch das Ergebnis erwähnt, daß beim Erhitzen von 1 Äquivalent Essigsäure mit 3 Äquivalenten Alkohol 88% der Säure in Ester verwandelt wird. Ebenso vermehrte sich die aus 1 Äquivalent Alkohol gebildete Estermenge, wenn er mit mehr wie einem Äquivalent der Säure erwärmt wurde.

Obwohl schon Wilhelmy 1850, wie im siebenundzwanzigsten Kapitel angegeben ist, Messungen über Reaktionsgeschwindigkeiten angestellt hatte, so waren es doch erst die Arbeiten von Berthelot und de Saint-Gilles, die die Aufmerksamkeit auf dieses wichtige Gebiet lenkten. Als neu wurden von den beiden Chemikern die Begriffe von begrenzten und von umkehrbaren Reaktionen in die Wissenschaft eingeführt. Ihre in betreff von Bildung und Zersetzung des Essigesters erhaltenen Resultate kann man durch folgende Gleichung veranschaulichen, wenn man das von van 't Hoff vorgeschlagene Zeichen $\rightleftarrows$ benutzt:

$$CH_3 \cdot CO_2H + C_2H_5 \cdot OH \rightleftarrows CH_3 \cdot CO_2C_2H_5 + H_2O \,.$$

Wie anregend die Versuche von Berthelot und Péan de Saint-Gilles wirkten, beweisen folgende Sätze[1] aus den „Studien über Affinität", die Guldberg und Waage der wissenschaftlichen Gesellschaft in Christiania im Jahre 1864 vorlegten: „Wir haben nach einer direkten Methode zur Bestimmung der Wirkungsweise dieser Kräfte gesucht, und wir glauben in einer quantitativen Untersuchung über die gegenseitige Einwirkung der verschiedenen Stoffe einen Weg eingeschlagen zu haben, welcher am sichersten und natürlichsten zum Ziele führen muß. Wir fühlen uns gedrungen, hervorzuheben, daß die im Sommer 1862 veröffentlichten Arbeiten von Berthelot und St. Gilles über Esterifikation zum wesentlichsten Teil uns veranlaßt haben, gerade diese Methode zu wählen." Im Jahre 1877 bildeten die Untersuchungen der beiden französischen Chemiker die experimentelle Grundlage für van 't Hoffs Abhandlung „Die Grenzebene, ein Beitrag zur Ätherbildung".

Inwieweit die Konstitution der Alkohole und Säuren den Verlauf der Esterbildung beeinflußt, wurde erst Ende der siebziger Jahre Gegenstand experimenteller Arbeiten. In der ersten dieses Problem betreffenden Abhandlung sagte Menschutkin[2]: „Auf die klassische Arbeit von Berthelot und Péan de St. Gilles über die Bildung und Zersetzung der zusammengesetzten Äther mich stützend, glaubte ich an die Möglichkeit, diese Reaktion zur näheren Erforschung der Isomerie der Alkohole und Säuren verwenden zu können. — Schon die Resultate der ersten Versuche haben meine kühnsten Hoffnungen übertroffen; es hat sich ergeben, daß nicht nur bei den primären, sekundären und tertiären Alkoholen die Bildung zusammengesetzter Äther verschieden erfolgt, sondern, daß sich auch durch diese Reaktion die gesättigten Alkohole von den ungesättigten unterscheiden[3]".

Menschutkin hat bei seinen umfangreichen Versuchen molekulare Mengen von Alkohol und Säuren auf 154° erwärmt. Den nach Verlauf von einer Stunde umgewandelten Teil bezeichnet er als Geschwindigkeit, den nach 120 Stunden umgewandelten als Grenze der Esterifikation. Bei Anwendung der Essigsäure ergab sich für den eine Sonderstellung einnehmenden Methylalkohol als Geschwindigkeit die Zahl 55,6 und für Äthylalkohol 46,95, womit auch die Geschwindigkeiten bei den normalen Homologen übereinstimmen. Für Isobutyl-

---

[1] Nach der in Ostwalds Klassikern Nr. 104 mitgeteilten Übersetzung.

[2] Nicolai Menschutkin (1842—1907), zu Petersburg geboren, studierte zuerst in seiner Vaterstadt und arbeitete dann in den Laboratorien von Strecker, Würtz und Kolbe. An der Petersburger Universität war er zugleich mit Butlerow und Mendelejeff Professor und leitete die analytischen Arbeiten. Seine wichtigsten Untersuchungen betreffen das Grenzgebiet von organischer und physikalischer Chemie. Ein von seinem Sohn verfaßter Nachruf ist B. **41**, 5087 erschienen.

[3] A. **195**, 334 (1878) und **197**, 193 (1879).

alkohol wurde aber 44,3 gefunden. Bei den sekundären Alkoholen sank dieser Wert auf 19—25 und bei den tertiären sogar auf 0,9 bis 2. Der ungesättigte primäre Allylalkohol lieferte 36,7. In ähnlicher Weise beeinflußte die Konstitution der Säuren die Geschwindigkeit der Esterbildung. Auch auf mehrwertige Alkohole und mehrbasische Säuren hat Menschutkin seine Untersuchungen ausgedehnt. Aus der Gesamtheit der Resultate ergab sich, daß bei der Esterbildung organischer Säuren die Konstitution der Komponenten einen großen und charakteristischen Einfluß ausübt.

Bei diesen Arbeiten kam noch nicht die von Scheele entdeckte Methode, durch Zusatz von Salzsäure oder Schwefelsäure die Esterbildung zu befördern, in Betracht. Während in älterer Zeit angenommen wurde, diese Säuren wirken als wasserentziehendes Mittel, hatte Mitscherlich[1]) schon darauf hingewiesen, daß dieselben als Kontaktsubstanzen einwirken. Friedel[2]) nahm dann an, daß hierbei, wie bei der Ätherdarstellung, eine Zwischenreaktion eintrete, und daß beim Einleiten von Salzsäure in ein Gemisch von Alkohol und Essigsäure sich zuerst Chloracetyl bilde, das dann unter Regeneration von Chlorwasserstoff den Alkohol etherifiziert. Als Beweis gab er an, daß man Essigsäure, wenn man Phosphorsäureanhydrid zusetzt, durch Chlorwasserstoff in Chloracetyl überführen kann.

Berthelot, der nach dem allzufrühen Tod seines Mitarbeiters St. Gilles die Untersuchung über Esterbildung nicht weitergeführt hatte, unternahm es 16 Jahre später, den Einfluß von gasförmigem Chlorwasserstoff zu studieren und gelangte zu folgendem Ergebnis[3]): „L'acide auxiliaire détermine une accélération très-grande de l'éthérification, la limite étant atteinte au bout d'un petit nombre d'heures à la température ordinaire; tandis qu'il faudrait des années pour arriver au même résultat sans acide chlorhydrique. — La limite change avec la proportion chlorhydrique." Ein Gemenge gleicher Moleküle von Alkohol und Essigsäure, das auf 106 g 0,67 g HCl enthielt, war bei gewöhnlicher Temperatur nach 8 Tagen zu 68,5%, bei 4,77 g HCl in 8 Stunden zu 73,8% und bei 11,84 g HCl ($^1/_3$ Molekül für 1 Molekül Alkohol und 1 Molekül Essigsäure) in 6 Stunden zu 76,4% esterifiziert.

Wurden darauf die Mischungen längere Zeit erwärmt, so trat Verlust an Essigäther infolge von Chloräthylbildung ein. Obwohl aus diesen Versuchen hervorging, daß relativ geringe Mengen Salzsäure zur Esterifikation genügen, wurde bei den Darstellungen das Gemenge

---

[1]) P. **55**, 227 (1842).
[2]) C. r. **68**, 1557 (1869).
[3]) C. r. **86**, 1227 (1878); A. ch. [5] **15**, 220 (1879).

von Alkohol und Säure meist mit Chlorwasserstoff gesättigt, bis E. Fischer, auf die Untersuchung von Berthelot hinweisend, in Gemeinschaft mit A. Speier es unternahm, die Bereitung der Ester mit wenig Mineralsäure von neuem zu prüfen und durch seine mit einer größeren Zahl von Säuren und mit Äthyl- oder Methylalkohol ausgeführten Versuche[1] „zu dem Resultat gelangte, daß dadurch in vielen Fällen die Operation bequemer und die Ausbeute besser wird". Bei diesen Versuchen wurde meist während 4 Stunden zum Kochen erhitzt. Am Schluß fügte Fischer hinzu: „Durch die vorliegenden Beobachtungen kommen wir zu dem Schluß, daß von den gewöhnlichen Veresterungsmethoden keine einzige für alle Fälle zu empfehlen ist. Man wird vielmehr gut tun, für jede einzelne Säure die günstigsten Bedingungen besonders zu ermitteln."

Daß auch bei der Esterbildung mit Hilfe von Salzsäure die Konstitution einen großen Einfluß ausübt, hat V. Meyer durch seine Untersuchungen über sterische Hinderung (1894) bewiesen.

Siebenundvierzigstes Kapitel.

Untersuchungen über stickstoffhaltige aliphatische[2] Verbindungen.

Unter den hierhergehörenden, in den sechziger Jahren veröffentlichten Untersuchungen nehmen diejenigen von Adolf von Baeyer eine hervorragende Stelle ein. Dieser am 31. Oktober 1835 zu Berlin geborene große Chemiker hat schon in früher Jugend an der Hand von Stöckhardts Schule der Chemie eifrig privatim experimentiert, dann aber in seinen ersten Semestern in Berlin Mathematik und Physik studiert. Doch war er für chemisches Arbeiten so gut vorbereitet, daß, als er in Heidelberg sein eigentlich chemisches Studium begann, ihm Bunsen schon nach einem Semester eine selbständige Arbeit übertrug. Unter dem Einfluß von Kekulé wandte er sich aber der organischen Chemie zu und führte in dessen Privatlaboratorium in Heidelberg seine schon oben erwähnte Arbeit über Arsenmonomethyl aus. Als dieser Forscher nach Gent berufen wurde, folgte Baeyer ihm dahin nach.

Im Jahre 1860 habilitierte er sich an der Universität Berlin. Zugleich hatte er das Glück, daß an der Gewerbeakademie, der Vorgängerin der Technischen Hochschule, ein Lehrstuhl für organische Chemie gegründet und ihm übertragen wurde. So gelangte er in den Besitz des Laboratoriums, in dem er während 12 Jahren tätig war und seine große Begabung als Lehrer und Forscher entwickelte. 1872

---

[1] B. 28, 3252 (1895).
[2] Den Namen aliphatisch hat A. W. Hofmann für die Fettkörper in die Chemie eingeführt.

folgte er einem Ruf nach Straßburg und 1875 wurde er Liebigs Nachfolger in München. Das nach seinen Angaben erbaute große chemische Institut hat er aufs vortrefflichste eingerichtet und den Unterricht mustergültig organisiert. Eine außerordentlich große Zahl von Schülern haben demselben ihre Ausbildung zu verdanken. Sehr zahlreich war auch die Menge der schon etwas älteren Chemiker, die während kurzerer oder längerer Zeit in Baeyers Laboratorium sich mit Untersuchungen beschäftigten. Sehr viele von seinen Schülern gelangten später an Hochschulen oder in der Industrie zu hervorragenden Stellungen. Unermüdlich hat Baeyer geforscht und unterrichtet, bis er im Alter von achtzig Jahren in den Ruhestand trat. Er ist am 20. August 1917 gestorben. Als Einleitung zu den beiden Bänden ,,Adolf von Baeyers gesammelte Werke" (1905) hat er seinen Werdegang geschildert und sehr interessante Angaben über Entstehung seiner großen Untersuchungen mitgeteilt.

Wie schon im fünfundzwanzigsten Kapitel erwähnt, waren es die von Schlieper an Baeyer übergebenen Präparate, die zu den Untersuchungen über Harnsäure führten. Die ersten Resultate betrafen die aus Uramil (Amidobarbitursäure) durch Kochen mit cyansaurem Kali erhaltene Säure und wurden unter dem Titel ,,Recherches sur le groupe urique par A. Schlieper et Ad. Baeyer" veröffentlicht[1]). Da jene Säure ein Molekül Wasser mehr enthält als die Harnsäure und wie diese durch Salpetersäure in Alloxan übergeführt wird, so gaben die beiden Chemiker ihr den Namen acide pseudourique. Die Entdeckung derselben war ein erster Schritt zur Synthese der Harnsäure, die dann 35 Jahre später E. Fischer und Ach zu einer vollständigen machten, indem es ihnen gelang, die Pseudoharnsäure durch Erhitzen mit Oxalsäure in Harnsäure überzuführen.

Baeyer[2]) hat die Pseudoharnsäure auch in der ersten der Abhandlungen beschrieben, in der er seine umfangreichen Ergebnisse mitteilte, durch die er die Zahl der Derivate aus der Alloxan- und Parabanreihe erheblich vermehrte, sowie deren Konstitution endgültig feststellte. Vorher hatte nur für die beiden direkten Oxydationsprodukte der Harnsäure Gerhardt eine zutreffende Ansicht aufgestellt. In seinem Traité[3]) bezeichnete dieser das Alloxan als ein Mesoxalylderivat und die Parabansäure als ein Oxalylderivat des Harnstoffs. Da er aber damals den Harnstoff noch als hydrate d'oxyde de cyanammonium bezeichnete, so waren seine Namen und Formen noch sehr kompliziert und wurden erst durch Kekulé in die folgenden übertragen[4]):

---

[1]) Bull. Académie de Belgique [2] **9**, Nr. 2 (1860).
[2]) A. **121**, 1 und 199 (1863); **130**, 129 und **131**, 291 (1864).
[3]) Traité I, 486 (1853).
[4]) Lehrbuch II, 65 (1863).

$$\text{Alloxan} \begin{matrix} C_3O_3 \\ CO \\ H_2 \end{matrix} \Big\} N_2, \qquad \text{Parabansäure} \begin{matrix} C_2O_2 \\ CO \\ H_2 \end{matrix} \Big\} N_2.$$

Nachdem Baeyer 1864 die von ihm Barbitursäure genannte Verbindung $C_4H_4O_3N_2$ entdeckt und nachgewiesen hatte, daß sie bei der Spaltung Harnstoff und Malonsäure liefert und daher Malonylharnstoff ist, zeigte er, daß alle Glieder der Alloxangruppe als Derivate der Barbitursäure anzusehen sind, also sich vom Malonylharnstoff ableiten lassen. Ebenso ergab sich für die Verbindungen der Parabanreihe, daß man sie von dem Hydantoin (Glykolylharnstoff), das er durch Reduktion von Allantoin und Alloxansäure erhalten hatte, herleiten kann.

Am Schluß seiner dritten Abhandlung sagte er gestützt auf seine zahlreichen experimentellen Beobachtungen: „Es ist also mit völliger Strenge bewiesen, daß die Alloxangruppe aus substituierten Harnstoffen besteht, und daß der Reihe derselben eine Reihe von Säuren entspricht, welche zwischen der Malon- und Mesoxalsäure liegen. Da dasselbe schon früher von der Parabangruppe nachgewiesen ist, so kann man das Ergebnis meiner Untersuchungen der Harnsäuregruppe folgendermaßen zusammenfassen: Die Abkömmlinge der Harnsäure bestehen zum Teil aus substituierten Harnstoffen, welche die Stammreihe bilden (Alloxanreihe: Alloxan, Dialursäure, Barbitursäure; Parabanreihe: Allantursäure, Hydantoin, Acetylharnstoff), zum Teil aus mehr oder weniger komplizierten Derivaten derselben." Diese Schlußfolgerung ergänzte er durch die Formeln von acht Harnsäurederivaten, deren Zusammenhang mit den entsprechenden Säuren erwiesen war. Er bediente sich damals noch der typischen Schreibweise, ohne die Radikale ganz aufzulösen, wie folgende Beispiele zeigen:

$$N_2 \begin{cases} CO \\ C_3O_3 \\ H_2 \end{cases} \qquad N_2 \begin{cases} CO \\ C_3O_2H_2 \\ H_2 \end{cases} \qquad N_2 \begin{cases} CO \\ C_2O_2 \\ H_2 \end{cases} \qquad N_2 \begin{cases} CO \\ C_2OH_2 \\ H_2 \end{cases}$$
$$\text{Alloxan} \qquad\qquad \text{Barbitursäure} \qquad \text{Parabansäure} \qquad\quad \text{Hydantoin}$$

Gestützt auf die von ihm ermittelten Tatsachen konnten diese Formeln, entsprechend der Strukturtheorie, sich leicht weiter entwickeln lassen. Strecker hat dies 1868 in der fünften Auflage seines Lehrbuchs durchgeführt. Es ergab sich daraus, daß in diesen Verbindungen die Kohlenstoff- und Stickstoffatome ringförmig untereinander gebunden sind.

$$\begin{matrix} NH-CO \\ | \quad\quad | \\ CO \quad CO \\ | \quad\quad | \\ NH-CO \end{matrix} \qquad \begin{matrix} NH-CO \\ | \quad\quad | \\ CO \quad CH_2 \\ | \quad\quad | \\ NH-CO \end{matrix} \qquad \begin{matrix} NH \!\diagdown\!\! \\ \quad\;\; CO \\ CO \\ \quad\;\; CO \\ NH\!\diagup \end{matrix} \qquad \begin{matrix} NH \!\diagdown\!\! \\ \quad\;\; CO \\ CO \\ \quad\;\; CH_2 \\ NH\!\diagup \end{matrix}$$
$$\text{Alloxan} \qquad\qquad \text{Barbitursäure} \qquad\quad \text{Parabansäure} \qquad\quad \text{Hydantoin}$$

Die durch Spaltung ermittelte Konstitution hat Baeyer für eine dieser Verbindungen noch durch die künstliche Darstellung bestätigt. Aus Harnstoff und Bromacetylbromür erhielt er den Bromacetylharnstoff $CO{<}^{NH(CO \cdot CH_2Br)}_{NH_2}$ der durch Einwirkung von Ammoniak unter Austritt von Bromwasserstoff Hydantoin liefert. Es war dies die erste totale Synthese auf diesem Gebiet.

In dem folgenden Jahrzehnte wurden dann die Synthesen aus der Harnsäuregruppe durch Grimaux[1]) weiter vervollständigt. Aus der Oxalursäure, die sich künstlich aus Äthyloxalsäurechlorid, also aus Oxalsäure und Harnstoff darstellen läßt, erhielt dieser Chemiker 1873 beim Behandeln mit Phosphoroxychlorid die Parabansäure[2]). Einige Jahre später gelang es ihm, aus Glyoxylsäure und Harnstoff das Allantoin und aus Malonsäure und Harnstoff die Barbitursäure darzustellen[3]). Auch Homologe jener Verbindungen wurden jetzt künstlich erhalten. Grimaux stellte mittels Brenztraubensäure das Pyruvil und Mulder (1879) die Dimethylbarbitursäure dar.

Von weiteren Metamorphosen der Harnsäure sei noch erwähnt, daß Strecker beim Erhitzen derselben mit Jodwasserstoffsäure Glykokoll, Kohlensäure und Ammoniak erhielt. Diese Tatsache führte Horbaczewski 1882 zu der ersten Synthese der Harnsäure durch Zusammenschmelzen von Glykokoll mit Harnstoff.

Längere Zeit hat es gedauert, bis es möglich war, für die Harnsäure eine zufriedenstellende Konstitutionsformel aufzustellen. Baeyer hatte 1863 noch dieselbe als einen Abkömmling des Cyanamids angesehen. Auch verschiedene andere Chemiker nahmen Formeln an, in denen ein Cyan enthalten ist. Medicus[4]), der im Jahre 1875 dieselben, in einer Abhandlung „Zur Konstitution der Harnsäure", einer Kritik unterwarf, gelangte darauf zur Aufstellung folgender Harnsäureformel:

$$CO{<}^{NH-C}_{NH-C}{<}^{CO-NH}_{}{>}^{CO}_{NH}$$

Bewiesen wurde diese Formel aber erst durch E. Fischer, dessen Harnsäureuntersuchungen, die nicht nur für die Chemie, sondern

---

[1]) Eduard Grimaux (1835—1900), in Rochefort-sur-Mer geboren, hatte sich als Pharmazeut in einer kleinen Stadt der Vendée niedergelassen, so daß er erst dazu gelangte, sich ganz der Chemie zu widmen, als er 1867 nach Paris übersiedelte und in dem Laboratorium von Würtz arbeiten konnte. Auch wurden ihm an der Ecole de Médecine Vorlesungen übertragen, und 1876 wurde er Professor der Chemie an der Ecole polytechnique. Da er zu den ersten gehörte, die einen Protest gegen die Verurteilung von Dreyfuß unterschrieben hatten, verlor er 1898 diese Stellung.

[2]) C. r. **77**, 548 (1873).

[3]) A. ch. [5] **11**, 389 (1876) und **17**, 276 (1879).

[4]) A. **175**, 230 (1875).

auch für Physiologie und Pharmakologie von größter Bedeutung wurden, liegen aber jenseits der Grenzen dieses Bandes. Es sei daher auf den zweiten Band dieser Geschichte verwiesen, zugleich aber auch auf Fischers Vortrag [1]): „Synthesen in der Puringruppe", in denen er seine während 18 Jahren veröffentlichten Resultate zusammenstellte.

Im Laufe der sechziger Jahre wurde noch von anderen physiologisch interessanten Verbindungen die Konstitution ermittelt. Kolbe[2]) stellte, in analoger Weise, wie vorher das Alanin, aus Isäthionsäure das 1824 von L. Gmelin in der Ochsengalle entdeckte Taurin dar. Seiner Schreibweise entsprechend hat er folgende Formeln (nach Äquivalenten) aufgestellt:

$$HO \cdot C_4 \left\{ \begin{matrix} H_4 \\ HO_2 \end{matrix} \right\} [S_2O_4]O, \quad HO \cdot C_4 \left\{ \begin{matrix} H_4 \\ H_2N \end{matrix} \right\} [S_2O_4]O.$$
$$\text{Isäthionsäure} \qquad\qquad\qquad \text{Taurin}$$

Volhard[3]), der 1862 das Sarkosin $CH_2(NHCH_3) \cdot CO_2H$ künstlich aus Monochloressigsäure und Methylamin dargestellt hatte, teilte 1868[4]) mit, daß er durch Vereinigung von Sarkosin mit Cyanamid Kreatin erhalten habe. In betreff der Konstitution schloß er sich der von Kekulé und von Strecker gemachten Annahme, daß das Kreatin eine Cyangruppe enthält, an. Strecker[5]), der 1861 das Guanidin aus Guanin durch Behandeln mit chlorsaurem Kali und Salzsäure erhalten hatte, betrachtete auch dieses als eine Cyanverbindung $\left. \begin{matrix} CN \\ H_5 \end{matrix} \right\} N_2$. Ebenso Hofmann[6]), als er mitteilte, daß sich Guanidin synthetisch durch Einwirkung von Ammoniak auf Chlorpikrin sowie auf orthokohlensaures Äthyl darstellen läßt. Erlenmeyer[7]) gelangte dann für die Gruppe dieser drei Atome Stickstoff enthaltenden Verbindungen zu den Formeln, die sich dauernd als richtig erwiesen haben:

$$\begin{matrix} H_3C-N-CH_2 \\ | \quad\quad | \\ HN=C \quad COOH \\ | \\ H_2N \end{matrix} \qquad \begin{matrix} H_3C-N \\ | \quad\quad\;\;\searrow\!CH_2 \\ HN=C \\ | \quad\quad\;\;\nearrow\!CO \\ HN \end{matrix} \qquad \begin{matrix} NH_2 \\ | \\ C=NH \\ | \\ NH_2 \end{matrix}$$
$$\text{Kreatin} \qquad\qquad \text{Kreatinin} \qquad\qquad \text{Guanidin}$$

---

[1]) B. **32**, 435 (1899).
[2]) A. **122**, 33 (1862).
[3]) Jacob Volhard (1834—1910), zu Darmstadt geboren, war Schüler von Liebig und arbeitete dann in London bei Hofmann und bei Kolbe in Marburg. In München, wo er sich habilitierte, übertrug ihm Liebig die Vorlesungen über organische Chemie, Nach Bayers Berufung leitete er in dem neuen Laboratorium die anorganische Abteilung. 1879 wurde er nach Erlangen und 1882 nach Halle berufen. Sein Leben und Wirken hat sein Nachfolger Vorländer geschildert. B. **45**, 1855.
[4]) Münchner Akad. Sitzungsb. 1868, II, 472.
[5]) A. **118**, 159 (1861).
[6]) A. **139**, 107 (1866).
[7]) A. **146**, 258 (1868).

Die Entdeckung der Imidchloride durch Wallach (1875) und die der Imidäther durch Pinner lehrten neue Reihen von Verbindungen kennen, in denen gleichfalls der Atomkomplex C = NH enthalten ist.

Im Laufe der sechziger Jahre wurde auch die Konstitution des im Pflanzen- und Tierreich sehr verbreiteten Cholins aufgeklärt. Strecker hatte dasselbe 1849 in der Galle aufgefunden, dann 1861 genauer untersucht und für das Platinsalz die Formel $C_5H_{13}NO$, $HCl + PtCl_2$ (Pt = 99) ermittelt. Aus der Gehirnsubstanz erhielt dann Liebreich[1]) als Zersetzungsprodukt eine Base, die ihm ein Platinsalz $C_5H_{14}NCl_3Pt$ lieferte. Er bezeichnete dieselbe als Neurin. Im Begriff, dieselbe genauer zu untersuchen, wurde er als Militärarzt eingezogen, er gab daher die zu weiterem Studium bestimmte größere Menge Gehirn an Baeyer. Dieser[2]) stellte dann fest, daß nach Analyse des Goldsalzes und nach dem Verhalten, das Neurin als Hydrat von Trimethyloxyäthylammonium

$$N(CH_3)_3 \cdot C_2H_4(HO) \brace H \Big\} O$$

anzusehen ist. Auch wies er nach, daß man aus demselben das von Hofmann synthetisch erhaltene Hydrat des Vinyltrimethylammoniums darstellen kann. Zum Beweis, daß in dem von ihm untersuchten Neurin Oxäthyl vorhanden ist, stellte er mit Chloracetyl ein Acetylderivat dar.

Durch Baeyers Mitteilung veranlaßt, gelang es Würtz[3]) durch Einwirkung von Glykolchlorhydrin auf Trimethylamin und auch durch Vereinigung von Äthylenoxyd mit konzentriertem wässerigen Trimethylamin, das Neurin synthetisch darzustellen. Nachdem Dybkowsky[4]) durch Vergleich und Analyse der Platinsalze gefunden hatte, daß das Neurin mit Cholin identisch ist, bürgerte sich der letzte Namen auch für die von Baeyer und Würtz als Neurin bezeichnete Base ein, während der Name Neurin, in Anlehnung an Liebreichs Publikation, auf die Vinylbase übertragen wurde.

Die Ermittlung der Konstitution des Cholins ermöglichte auch einen näheren Einblick in die Natur des Gehirnbestandteils, aus dem es erhalten war. Liebreich hatte denselben als Protagon bezeichnet und hatte auf Grund seiner Analyse die Formel $C_{116}H_{241}N_4PO_{22}$ aufgestellt. Diakonow[5]), der das von Gobley als Lecithin bezeich-

---

[1]) Oscar Liebreich (1839—1908) hatte anfangs Chemie studiert und sich dann der Medizin zugewandt, 1872 wurde er Professor der Arzneimittellehre an der Berliner Universität.
[2]) A. **140**, 306 (1866); **142**, 322 (1867).
[3]) C. r. **65**, 1015 (1867) und **66**, 772 (1868).
[4]) Z. **100**, 153 (1867).
[5]) Tübinger mediz. Unters. **1**, 221 (1868).

nete phosphorhaltige Fett genauer untersuchte, gelangte zur Ansicht, daß das Protagon ein Gemenge von Cerebrin mit Lecithin sein möge. Aus seinen Analysen des Lecithins leitete er die Formel $C_{44}H_{90}NPO_9$ her. Da das Lecithin durch Kochen mit Barytwasser in Stearinsäure, Glycerinphosphorsäure und Cholin gespalten wird, betrachtete er es als:

$$\left.\begin{array}{l} R \cdot O \\ R \cdot O \end{array}\right\} C_3H_5 \cdot O - PO {<} {OH \atop O \cdot N(CH_3)_3 \cdot CH_2 \cdot CH_2 \cdot OH)} \; .$$

($R = C_{18}H_{35}O$ oder ein ähnliches Radikal). Er nahm nämlich außer dem Distearyl-Lecithin noch die Existenz eines Dioleyl-Lecithins an. Strecker[1]), der kurze Zeit nachher aus dem Lecithin ein Platindoppelsalz und eine Chlorcadmiumverbindung erhalten hatte, schloß daraus, daß in demselben der basische Charakter des Cholins beibehalten sei, und änderte daher Diakonows Formel entsprechend ab. Zugleich schloß er aus seinen Beobachtungen, daß in dem von ihm untersuchten Lecithin nicht die Radikale der Stearinsäure, sondern die der Öl- und Margarinsäure anzunehmen sind. So gelangte er zu folgender Formel:

$$\begin{array}{l} CH_2 - O - PO \\ | \\ CH_2 - N(CH_3)_3 \cdot OH \end{array} \left\}{O \atop OH} \cdot C_3H_5 \left\{{O \cdot C_{16}H_{31}O \atop O \cdot C_{18}H_{33}O}\right. \; .$$

Er hatte aber zugleich darauf hingewiesen, daß „so wie es zahllose Mischungen von Fetten gibt, so werden auch vielfache Lecithine existieren"

Eine zu dem Cholin in naher Beziehung stehende Base, das Betaïn, hatte Scheibler 1866[2]) aus dem Rübensaft isoliert, aber damals noch nichts über deren Zusammensetzung angegeben. Liebreich[3]) erhielt drei Jahre später durch Oxydation des Cholins eine Base, deren Chlorverbindung $N(CH_3)_3(CH_2CO_2H)Cl$ er auch durch Einwirkung von Trimethylamin auf Monochloressigsäure darstellte. Für die freie Base fand er aber, daß ihre Zusammensetzung nicht der Formel $C_5H_{13}O_3N$, sondern $C_5H_{11}O_2N$ entspricht. Jetzt teilte Scheibler[4]) mit, daß sein bei 100° entwässertes Betain die gleiche Zusammensetzung hat und deren salzsaures Salz $= C_5H_{11}NO_2$, HC ist[5]). Es

---

[1]) A. **148**, 77 (1868).
[2]) Z. **9**, 279 (1866).
[3]) B. **2**, 13 und 167 (1869).
[4]) Carl Scheibler (1827—1899) hatte sich seit jungen Jahren der Zuckerindustrie zugewandt und errichtete dann 1866 in Berlin ein Versuchslaboratorium für den Verein für die Zuckerindustrie. Er nahm in diesem Fach eine hervorragende Stellung ein. Seine Arbeiten wurden bahnbrechend für die Betriebskontrolle. Zugleich nahm er regen Anteil an der Entwicklung der wissenschaftlichen Chemie.
[5]) B. **2**, 292 (1869)

ergab sich aus den beiderseitigen Untersuchungen dann die vollständige Identität des oxydierten Cholins mit Betaïn[1]).

Griess[2]) entdeckte 1873 analoge Verbindungen in der aromatischen Reihe, wie das durch Methylieren der Aminobenzoesäure erhaltene Trimethylbenzbetain $C_7H_4(CH_3)_3NO_2$. Die ersten Konstitutionsformeln für Betaine stellte erst Brühl[3]) 1875 in einer Untersuchung einer schon von Hofmann durch Einwirkung von Triäthylamin auf Chloressigäther erhaltenen Chlorverbindung auf, und zwar für Betaïn die folgende:

$$\begin{array}{c c} CH_2 - N(CH_3)_3 \\ | \quad\quad\quad | \\ CO - \!\!\!- O \end{array}$$

Achtundvierzigstes Kapitel.
Entdeckung der Chlorüberträger.

Bei den Darstellungen gechlorter Derivate war früher das Sonnenlicht das ausschließliche Hilfsmittel gewesen. Als nun Hofmann 1860[4]) Tetrachlorkohlenstoff darstellen wollte und es bei dem Londoner Novemberhimmel nicht möglich war, es aus Chloroform zu gewinnen, so nahm er zur Einwirkung von Chlor auf Schwefelkohlenstoff seine Zuflucht und fand, daß diese durch die Gegenwart von Antimonchlorid sehr gefördert wird. Er zeigte dann, daß in einer Atmosphäre dieser Antimonverbindung die Vereinigung des Chlors und des Äthylens ohne die geringste Schwierigkeit vonstatten geht und wies zugleich darauf hin: „Das Antimonchlorid läßt sich in vielen Fällen als williger Überträger freien Chlors benutzen."

Zwei Jahre später machte H. Müller[5]) die für Gewinnung von Substitutionsprodukten wertvolle Entdeckung, daß Jod ein geeigneter Chlorüberträger ist. Er wollte, wie er 1862 mitteilte, Chlorbenzol darstellen, erhielt aber sowohl bei gewöhnlicher wie höherer Temperatur nur Additionsprodukte. Da er nun früher in Gemeinschaft mit Warren De la Rue beobachtet hatte, daß bei Einwirkung von Chlorjod auf Naphta statt der erwünschten Jodderivate nur gechlorte Verbindungen entstehen, so leitete er Chlor in eine Lösung

---

[1]) B. **3**, 155 und 161 (1870)
[2]) B. **6**, 585 (1873)
[3]) B. **8**, 479 (1875)
[4]) A. **115**, 264 (1860)
[5]) Hugo Müller (1832—1915), zu Wunsiedel in Oberfranken geboren, hatte in Leipzig und dann in Göttingen studiert. 1854 wurde er in London, wo er bis zu seinem Tode verblieb, zuerst Assistent von Warren de la Rue, dann Associé der bekannten Fabrik von Thomas, De la Rue & Co und nahm in den industriellen sowie in den wissenschaftlichen Kreisen eine hervorragende Stellung ein. Neben seiner Berufstätigkeit hat er sich bis in sein hohes Alter mit wissenschaftlichen Untersuchungen und namentlich mit organisch-chemischen Arbeiten beschäftigt. Nekrolog B. **48**, 1023.

von Jod in Benzol und fand, daß auf diese Weise sich leicht große Mengen gechlortes Benzol darstellen lassen. Er hat dann „eine Anzahl verschiedenartiger Körper in ihrem Verhalten gegen Chlor in Gegenwart von Jod untersucht und hierbei ohne Ausnahme gefunden, daß das Chlor unter diesen Umständen mit verhältnismäßiger Leichtigkeit sogar auf solche Verbindungen wirkt, die allein, selbst unter Mitwirkung von starkem Sonnenlicht nur schwierig angegriffen werden"[1]). Unter den Beispielen gibt er an, daß sich aus Essigsäure, in der etwas Jod aufgelöst ist, bei Siedehitze leicht Chloressigsäure bildet. Im Gegensatz zu Jod liefert Antimonchlorid vorzüglich die höher gechlorten Derivate.

Die Auffindung eines anderen wirkungsvollen Chlorüberträgers ergab sich aus einer anorganischen Arbeit. Als Aronheim mit einer Untersuchung von Molybdänpentachlorid beschäftigt, nach einem geeigneten Lösungsmittel suchte, beobachtete er, daß beim Erwärmen desselben mit Benzol eine starke Salzsäureentwicklung auftrat. Da nun Lothar Meyer, in dessen Laboratorium dieser Versuch ausgeführt war, vermutete, daß das $MoCl_5$ als Chlorüberträger Verwendung finden könnte, stellte Aronheim in dieser Richtung Versuche an und kam zu dem Resultat, „daß das $MoCl_5$, wenn nicht in allen, so doch in vielen Fällen dem bisher gebräuchlichen Jod vorzuziehen ist"[2]).

Mehrere Jahre später wurden dann auf Veranlassung von L. Meyer durch Alfred Page verschiedene andere Metallchloride auf ihre Fähigkeit als Chlorüberträger zu dienen, untersucht[3]). Von denselben war in erster Linie Eisenchlorid „sehr empfehlenswert" und fand daher in der Folge häufige Anwendung. Später wurden auch Phosphor und Schwefel empfohlen und wird namentlich letzterer industriell zur Gewinnung von Chloressigsäure benutzt.

Bei allen diesen Chlorüberträgern kamen Elemente in Betracht, die sich mit Chlor nach wechselnden Verhältnissen verbinden. Dadurch wurde häufig angenommen, ihre Wirkung beruht auf abwechselnden Übergang chlorreicher in chlorärmere Verbindungen. Einen Fall, bei dem aber dies nicht zutrifft, hat Paterno[4]) 1878 aufgefunden, indem er beobachtete, daß sich Kohlenoxyd und Chlor bei Gegenwart von Tierkohle auch im Dunkeln zu Phosgen verbinden. Auch diese Beobachtung gelangte zu industrieller Anwendung.

[1]) Z. **5**, 99 (1862).
[2]) B. **8**, 1400 (1875).
[3]) A. **225**, 196 (1884).
[4]) J. 1878, 228.

Siebenter Abschnitt.

Neunundvierzigstes Kapitel.
Die Konstitution der aromatischen Verbindungen.

Im Jahre 1865 hat Kekulé die Chemie mit einer Theorie beschenkt, die nicht nur Klarheit in ein vorher wirres Gebiet brachte, sondern auch in großartigster Weise anregend auf das Studium der organischen Verbindungen einwirkte. Schon 1858 hatte dieser Forscher in seiner Abhandlung über die Konstitution und Metamorphosen der chemischen Verbindungen darauf hingewiesen, daß im Benzol und mehr noch im Naphtalin[1]) „eine dichtere Aneinanderlagerung des Kohlenstoffs angenommen werden muß", ohne dies aber genauer darzulegen. Auch zwei Jahre später in einer Arbeit „Beiträge zur Kenntnis der Salicylsäure und Benzoesäure" sagte er[2]): „Bei dem unvollständigen Zustand unserer Kenntnisse über die aus der Salicylsäure gewonnene Benzoesäure scheint es mir ungeeignet, jetzt schon die Verschiedenheit dieser isomeren Körpergruppen durch theoretische Betrachtungen erklären zu wollen."

Die Existenz einer mit Benzoesäure isomeren Säure würde mit der Theorie, wie sie Kekulé später aufstellte, im Widerspruch gestanden haben. Kolbe hatte jene Isomerie durch eine Verschiedenheit des in Benzoesäure und Salylsäure vorhandenen Radikals $C_{12}H_5$ erklärt.

Der erste, der den Versuch machte, für eine aromatische Verbindung eine vollständig aufgelöste Formel aufzustellen, war Couper[3]). Für Salicylsäure nahm dieser Chemiker eine Konstitution an, nach der diese Säure als Derivat eines Benzols

$$CH_2 = C = CH - CH = C = CH_2$$

erscheint, in dem also zwei Atome Kohlenstoff mit zwei Atomen Wasserstoff, zwei andere nur mit einem und die beiden übrigen gar nicht mit Wasserstoff verbunden wären. Ein Schema für den „Kern C_6

---

[1]) A. **106**, 156 (1858).
[2]) Bull. Acad. de Belgique [2] **10**, 337 (1860) und A. **117**, 145 (1861).
[3]) C. r. **46**, 1160 (1858).

der Phenylreihe", welches zu derselben Stellung der Wasserstoffatome im Benzol führt, hat Loschmidt gegeben:

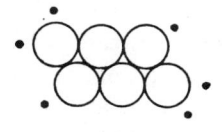

Fügt man seinem Schema Punkte, die den Stellen entsprechen, die unbesetzt sind, also mit Wasserstoff verbunden sein können, hinzu, so tritt dies deutlich hervor. Er hat dies aber nur als einen Versuch hingestellt und gesagt: „Jedenfalls ist nach dem bis jetzt Vorliegenden unmöglich, hierüber zu einem definitiven Resultat zu gelangen, und wir können unsere Entscheidungen um so mehr in suspenso lassen, als unsere Konstruktionen davon unabhängig sind. Wir nehmen für den Kern C_6^{VI} das Symbol $\bigcirc$ und behandeln denselben ganz so, als ob er ein sechsstelliges Element wäre. Das Benzol

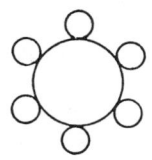

ist in der Phenylreihe, was das Sumpfgas in der Methylreihe."

Als einen eigentlichen Vorläufer von Kekulé kann man daher Loschmidt nicht bezeichnen. Er hat weder die Struktur des Benzols aufgeklärt, noch eine Erklärung für die damals bekannten Isomerien, wie z. B. Salicylsäure und Oxybenzoesäure, oder über die Zahl der möglichen Isomeriefälle gegeben. Auch nahm er an, daß im Benzol ein Atom Sauerstoff zwei und ein Atom Stickstoff drei Atome Wasserstoff ersetzen könne. Ferner sagte er: „Die Existenz eines isomeren Parabenzols erklärt sich leicht aus einer etwas veränderten Konfiguration des Kerns."

Wie bei seinen Formeln der Fettkörper, haben sich manche seiner Schemata für die aromatischen Verbindungen später als richtig erwiesen, dies war namentlich bei den einfacheren Derivaten des Benzols und Toluols der Fall. Letzteren Kohlenwasserstoff betrachtete er als Benzylwasserstoff, wohl in Anlehnung an Rochleder, der das Benzyl als phenyliertes Methyl bezeichnet hatte. Zutreffend erklärte Loschmidt den Unterschied von Benzylalkohol und Kresol. Viele seiner Schemata sind aber zu voreilig aufgestellt und verfehlt. So nahm er im Azobenzol eine Gruppe NH an, die zwei Atome Wasserstoff des Benzols ersetzt; und in seinen Schemata für Indigo und Isatin ist Stickstoff vorhanden, der mit drei Kohlenstoffatomen des Benzolkerns verbunden ist. Es konnten daher Loschmidts Schemata, trotz dem großen Fleiß, den er auf deren Aufstellung verwandt hat, keinen Einfluß auf die Erkenntnis der Konstitution aromatischer Verbindungen ausüben.

Daß schon zu Anfang der sechziger Jahre Kekulé sich eifrig mit dem Benzolproblem beschäftigte und dadurch seine Phantasie aufs intensivste angeregt wurde, geht aus der Mitteilung[1]) hervor, die er 1890 bei dem Benzolfest im Anschluß an die S. 179 zitierten Worte über die Entstehung der Strukturtheorie machte: „Da saß ich und schrieb an meinem Lehrbuch, aber es ging nicht recht; mein Geist war bei anderen Dingen. Ich drehte meinen Stuhl nach dem Kamin und versank in Halbschlaf. Wieder gaukelten die Atome vor meinen Augen. Kleine Gruppen hielten sich diesmal bescheiden im Hintergrund. Mein geistiges Auge, durch wiederholte Gesichte ähnlicher Art geschärft, unterschied jetzt größere Gebilde von mannigfacher Gestaltung. Lange Reihen, vielfach dichter zusammengefügt. Alles in Bewegung, schlangenartig sich windend und drehend. Und siehe, was war das? Eine der Schlangen erfaßte den eigenen Schwanz und höhnisch wirbelte das Gebilde vor meinen Augen. Wie durch einen Blitzstrahl erwachte ich, auch diesmal verbrachte ich den Rest der Nacht, um die Konsequenzen der Hypothese auszuarbeiten."

Da Kekulé angab, daß dieses Erlebnis in Gent in seinem Junggesellenheim stattgefunden hatte, so muß es vor dem 12. September 1862 (Tag seiner Verheiratung) erfolgt sein. Er übereilte sich aber nicht mit der Veröffentlichung der so plötzlich in seinem Geist aufgetauchten Hypothese, sondern unternahm es vorher, sich experimentell mit derselben zu beschäftigen. Auch von anderer Seite wurden bald darauf wichtige Tatsachen aufgefunden, die es ihm erlaubten, zu einem Urteil über die Zahl der möglichen Isomerien zu gelangen und dieses für die Begründung seiner Theorie zu verwerten.

Aus Anissäure hatte Const. Saytzeff[2]) durch Entmethylierung mittels Jodwasserstoff die dritte Oxybenzoesäure, die er Paraoxybenzoesäure nannte, erhalten. In derselben Zeit und gleichfalls in Kolbes Laboratorium beobachtete G. Fischer[3]), daß eine beim Nitrieren von toluolhaltigem Benzol auftretende Säure eine neue Nitrobenzoesäure ist, die beim Reduzieren eine von Anthranilsäure und der bekannten Amidobenzoesäure verschiedene Aminosäure liefert, welche sich in Paraoxybenzoesäure überführen läßt. Beim Schmelzen von Galbanum mit Kalihydrat hatten Hlasiwetz und Barth[4]) das Resorcin entdeckt. Das Brenzcatechin war 1839 von

---

[1]) B. **23**, 1306.
[2]) A. **127**, 129 (1863).
[3]) A. **127**, 137 (1863).
[4]) A. **130**, 354 (1864).

Reinach und das Hydrochinon 1844 von Wöhler aufgefunden worden.

Von Reichenbach und Beilstein[1] wurde 1864 nachgewiesen, daß Salylsäure mit Benzoesäure identisch ist und daß auch die Paraamidobenzoesäure in Benzoesäure übergeführt werden kann, also nicht, wie Kolbe annahm, als ein Derivat einer Parabenzoesäure anzusehen sei. Von besonderem Wert war für Kekulé, wie er bei der Mitteilung seiner Theorie hervorhob, die von Tollens und Fittig 1864 veröffentlichte Synthese von Kohlenwasserstoffen aus der Benzolreihe. Fittig hatte, als er anfing, sich mit dem Studium aromatischer Verbindungen zu beschäftigen, versucht, durch Einwirkung von Cyankalium auf Brombenzol Benzonitril darzustellen. Da keine Einwirkung erfolgte, suchte er das Brombenzol in anderer Weise zu verwerten und fand, daß dasselbe beim Behandeln mit Natrium einen neuen Kohlenwasserstoff, den er anfangs Phenyl und dann Diphenyl nannte, liefert. Dieses Resultat veranlaßte ihn, in Gemeinschaft mit Tollens Natrium auf ein Gemenge von Brombenzol und Jodmethyl einwirken zu lassen[2]. Es ergab sich, daß das so erhaltene „Methyl-Phenyl" mit dem von Pelletier und Walter 1837 bei der trockenen Destillation des Harzes von Pinus maritima erhaltenen und dann 1841 von Deville unter den Zersetzungsprodukten des Tolubalsams aufgefundene Toluol identisch ist. Fittig und Tollens stellten auf gleiche Weise auch Äthyl- und Amylphenyl dar.

Kekulé veröffentlichte dann am Anfang des Jahres 1865 seine geniale Theorie unter dem Titel „Sur la constitution des substances aromatiques"[3] und sandte noch in demselben Jahre seine durch eigene experimentelle Untersuchungen vervollständigte Abhandlung[4] an die Annalen. Mit Bezugnahme auf die erste Mitteilung sagte er in der zweiten: „Seitdem haben sowohl eigene Versuche als Untersuchungen anderer die Hypothese so weit bestätigt, daß ihr jetzt eine gewisse Wahrscheinlichkeit nicht mehr abgesprochen werden kann." Darauf hinweisend, daß in allen aromatischen Substanzen eine aus sechs Kohlenstoffatomen bestehende Gruppe, die er als noyau oder Kern[5] bezeichnete, enthalten ist, sagte er: „Man muß sich also zunächst von der atomistischen Konstitution dieses Kerns Rechenschaft geben." Er entwickelte dann die Ansicht, daß in dem Kern, der allen aromatischen Substanzen gemeinsam ist, die sechs Kohlenstoffatome abwechselnd durch je eine und durch je zwei

---

[1] A. **132**, 309 (1864).
[2] A. **131**, 303 (1864).
[3] Bl. [2] **3**, 98 (1865).
[4] A. **137**, 129 (1866).
[5] Schon Gmelin hatte in seinem Handbuch Bd. 5, S. XI (1852) die Phenylverbindungen auf den „Stammkern $C_{12}H_6$" bezogen.

Verwandtschaftseinheiten gebunden sind, und knüpft daran folgende Betrachtung:

„Nimmt man nämlich an: sechs Kohlenstoffatome seien nach diesem Symmetriegesetz aneinandergereiht, so erhält man eine Gruppe, die, wenn man sie als **offene Kette** betrachtet, noch acht nicht gesättigte Verwandtschaftseinheiten enthält (Fig. 1).

Macht man dann die weitere Annahme, die zwei Kohlenstoffatome, welche die Kette schließen, seien untereinander durch je eine Verwandtschaftseinheit gebunden, so hat man eine **geschlossene Kette** (einen symmetrischen Ring), die noch sechs freie Verwandtschaftseinheiten enthält (Fig. 2)."

Um die Konstitution der geschlossenen Kette deutlicher wiederzugeben, fügte er in seinem Lehrbuch 1866 folgende graphische Formel hinzu:

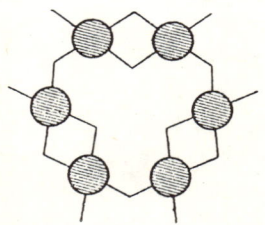

Nachdem er angegeben, „daß die sechs Verwandtschaftseinheiten dieses Kerns durch sechs einatomige Elemente gesättigt werden können", sagt er in einer für seinen Scharfblick bewunderungswerten Weise[1]): „Sie können sich ferner, alle oder zum Teil, wenigstens durch je eine Affinität mehratomiger Elemente sättigen; diese letzteren müssen aber dann notwendigerweise andere Atome mit in die Verbindung einführen und so eine oder mehrere **Seitenketten**[2]) erzeugen. Ein Sättigen zweier Verwandtschaftseinheiten des Kerns durch ein Atom eines zweiatomigen Elements oder dreier Verwandtschaftseinheiten durch ein Atom eines dreiatomigen Elements ist der Theorie nach nicht möglich. Verbindungen von der Molekularformel: C_6H_4O, C_6H_4S, C_6H_3N sind also nicht denkbar; wenn Körper von dieser Zusammensetzung existieren, und wenn die Theorie richtig ist, so müssen die Formeln der beiden ersten verdoppelt, die der dritten verdreifacht werden."

---

[1]) A. **137**, 135.
[2]) In dieser Abhandlung ist zum ersten Male der Ausdruck „Seitenketten" in der Chemie in Anwendung gekommen.

Einer eingehenden Betrachtung hat Kekulé die Derivate, in denen mit dem Kern noch andere Kohlenstoffatome verbunden sind, unterworfen. Die Homologen des Benzols aufzählend, sagt er: „Die schönen Untersuchungen Fittigs lassen keinen Zweifel mehr über die Konstitution dieser Kohlenwasserstoffe." An dem Beispiel der Chlorderivate des Toluols bespricht er die Verschiedenheit im Verhalten, je nachdem das Halogen in den Kern oder in die Seitenkette eingetreten ist: „Der eine Körper ist das Monochlortoluol; es ist beständig wie das Monochlorbenzol; die andere isomere Modifikation zeigt leicht doppelten Austausch, genau wie das Methylchlorid:

$$C_6H_4Cl(CH_3) \qquad C_6H_5(CH_2Cl).\text{"}$$
Chlortoluol $\qquad\qquad$ Benzylchlorid

Als Oxydationsgesetz bezeichnete Kekulé die Tatsache, „daß die an den Kern C_6 als Seitenketten angelagerten Alkoholradikale (Methyl, Äthyl usw.) bei hinlänglich energischer Oxydation in die Gruppe CO_2H umgewandelt werden. Die Oxydationsprodukte enthalten also stets ebensoviel Seitenketten, wie die Körper, aus welchen sie erzeugt werden". Es können also aus Dimethylbenzol eine einbasische Monocarbonsäure und eine zweibasische Dicarbonsäure, aus Trimethylbenzol aber auch noch eine dreibasische Säure erhalten werden.

Während Kekulé in seinen früheren Abhandlungen, wie in dem die Fettkörper betreffenden Teil seines Lehrbuchs, fast ausschließlich die typischen Formeln benutzte, hat er diese Schreibweise jetzt aufgegeben und sich dafür ausgesprochen, daß es besser sei, sie ganz zu verlassen. Er benutzt daher, neben ganz aufgelösten Formeln, solche, in denen die aromatischen Verbindungen als Substitutionsprodukte des Benzols erschienen, wie folgende Beispiele zeigen:

$$C_6H_5 \cdot OH, \quad C_6H_5 \cdot NH_2, \quad C_6H_5 \cdot CH_3, \quad C_6H_5 \cdot CO_2H,$$

$$C_6H_4 \begin{cases} CH_3 \\ CH_3 \end{cases}, \quad C_6H_4 \begin{cases} OH \\ CO_2H \end{cases}, \quad C_6H_4 \begin{cases} CO_2H \\ CO_2H \end{cases}.$$

Bei Besprechung der Zahl der möglichen Isomerien hat er auch die wichtige Frage aufgeworfen: „Sind die sechs Wasserstoffatome des Benzols gleichwertig oder spielen sie vielleicht, veranlaßt durch ihre Stellung ungleiche Rollen?" Er hat dann der ersteren Hypothese den Vorzug gegeben und sich in seinem Lehrbuch noch bestimmter zugunsten der Ansicht, daß die sechs Wasserstoffatome gleichwertig sind, ausgesprochen, „weil sie die einfachste ist und weil dermalen noch keine Tatsachen bekannt sind, welche die zweite kompliziertere Hypothese wahrscheinlicher erscheinen lassen".

Von diesem Standpunkt ausgehend hat er dann entwickelt, wieviel isomere Derivate des Benzols anzunehmen sind, wobei er folgendes einfache Sechseck seinen Betrachtungen zugrunde legte:

$$\begin{array}{c} d \\ e \diagup \diagdown c \\ f \diagdown \diagup b \\ a \end{array}$$

In seinem Lehrbuch hat er die Buchstaben durch die Ziffern 1 bis 6 ersetzt, was sich auch als bequemer erwies und später allgemein angenommen wurde. An dem Beispiel der Brombenzole zeigte er dann, daß nach seiner Theorie nur ein Mono- und nur ein Pentasubstitutionsprodukt möglich ist, daß aber beim Ersatz von zwei, drei oder vier Wasserstoffatomen durch Brom je drei Isomere existieren können. Treten an Stelle von zwei Wasserstoffatomen zwei verschiedene Elemente oder Seitenketten, so ist die Zahl der Isomeren gleichfalls gleich drei. Für die Dibromnitrobenzole ergeben sich aber sechs Modifikationen. So hat Kekulé hier das Beispiel gewählt, welches später bei den Ortsbestimmungen eine wichtige Rolle spielte.

Kurze Zeit nach der Veröffentlichung der Benzoltheorie wurde der Nachweis geführt, daß es möglich ist, durch glatte Reaktionen von Körpern der Fettreihe zu aromatischen Verbindungen zu gelangen. Berthelot[1]) hatte 1866 die interessante Entdeckung gemacht, daß bei dunkler Rotglut sich aus Acetylen Benzol bildet. Da im Acetylen jedes Kohlenstoffatom mit einem Wasserstoffatom verbunden ist, so steht diese Synthese in bester Übereinstimmung mit der Annahme, daß auch im Benzol mit jedem Kohlenstoffatom ein Wasserstoffatom vereinigt ist. Auch die Bildung des Mesitylens aus Aceton läßt sich in einfacher Weise durch Kekulés Benzolformel erklären. Für das 1838 von Kane entdeckte Mesitylen hatte A. W. Hofmann 1849 die richtige empirische Formel C_9H_{12} aufgestellt. Dann machte 1866 Fittig[2]) die wichtige Beobachtung, daß durch Einwirkung verdünnter Salpetersäure auf Mesitylen die einbasische Mesitylensäure entsteht, die durch stärkeres Oxydieren in die dreibasische Trimesinsäure übergeht, und hieraus gefolgert, daß das Mesitylen ein trimethyliertes Benzol sei[3]). Baeyer[4]) wies daher darauf

---

[1]) C. r. **63**, 479 (1866).
[2]) Rudolph Fittig (1835—1910), zu Hamburg geboren, war ein Schüler von Wöhler und Limpricht, 1858 wurde er Assistent am chemischen Laboratorium in Göttingen und nahm 1866 als außerordentlicher Professor an der Leitung desselben teil. 1870 wurde er an die Universität Tübingen und 1876 nach Straßburg berufen. In allen diesen Stellungen hat er mit großem Erfolg als Lehrer und Forscher gewirkt und durch seine zahlreichen vortrefflichen Arbeiten einen großen Einfluß auf die Entwicklung der organischen Chemie ausgeübt. Einen ausführlichen Nachruf hat Fr. Fichter verfaßt (B. **44**, 139).
[3]) Z. **9**, 518 (1866).
[4]) A. **140**, 306 (1866).

hin, „daß bei der Bildung des Mesitylens aus Aceton, das eine Methyl des letzteren zwei Atome Wasserstoff verliert, während das andere unberührt bleibt. Denkt man sich in dieser Weise drei Atome zu einer in sich geschlossenen Kette vereinigt, so bekommt man ein Benzol, in welches drei Methyle symmetrisch eingefügt sind".

Dann zeigte Kekulé, mittels folgender Figuren, daß die Kondensation dreier Moleküle Aceton zu einem Ring führt, in dem die Kohlenstoffatome genau so unter sich verbunden sind, wie in seiner Benzolformel[1]).

Im Anschluß an diese Darlegung hatte Kekulé sein im zweiundvierzigsten Kapitel beschriebenes Tetraedermodell veröffentlicht.

Als Kekulé beschäftigt war, für sein Lehrbuch die Benzolderivate abzuhandeln, gelang es ihm durch theoretische Betrachtungen sowie durch Versuche, die er selbst anstellte oder in seinem Laboratorium ausführen ließ, die Konstitution wichtiger Verbindungen aufzuklären. So verdanken wir ihm die Kenntnis der Struktur der Azo- und der Diazoverbindungen. Von dem Azobenzol hatte Mitscherlich die Zusammensetzung richtig angegeben und Laurent und Gerhardt auf Grund der Darstellung eines Nitroderivats und dann der Dampfdichte des Azobenzols gezeigt, daß die ältere Formel zu verdoppeln ist. 1852 hatte Zinin aus dem Azobenzol durch Reduktion eine Base erhalten, die er Benzidin nannte und die dann Fittig auch aus dem Dinitrobiphenyl erhielt und so nachwies, daß sie ein Diaminobiphenyl ist[2]). Hofmann fand ein Jahr nachher[3]), daß das Azobenzol sich nicht direkt in Benzidin verwandelt, sondern ein Isomeres desselben, das Hydrazobenzol, als Zwischenprodukt entsteht. In

[1]) Z. **10**, 214 (1867).
[2]) A. **124**, 280 (1862).
[3]) London Soc. Proc. **12**, 576 (1863).

seinem Lehrbuch¹) hat Kekulé für diese Verbindungen Konstitutionsformeln aufgestellt, welche die Beziehungen zueinander und die Entstehung derselben klar veranschaulichen.

$$\left.\begin{array}{l} C_6H_5 \cdot N \\ C_6H_5 \cdot N \end{array}\right\} O \qquad \begin{array}{l} C_6H_5 \cdot N \\ \| \\ C_6H_5 \cdot N \end{array} \qquad \begin{array}{l} C_6H_5 \cdot NH \\ | \\ C_6H_5 \cdot NH \end{array}$$

$$\text{Azoxybenzol} \qquad \text{Azobenzol} \qquad \text{Hydrazobenzol}$$

Für das Benzidin bediente er sich folgender Figur:

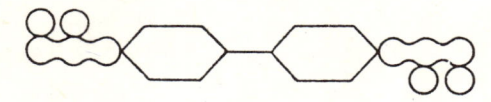

Daß dasselbe in der Tat ein Diparaderivat ist, wurde durch G. Schultz 1881 bewiesen.

Das Diazobenzol hatte Griess als Benzol angesehen, in dem zwei Wasserstoffatome durch die Gruppe N_2 ersetzt sind. Kekulé wies aber darauf hin²), „daß diese zweiwertige Stickstoffgruppe N_2 mit dem Kohlenstoffskelett des Benzols nur an einer Stelle in Verbindung steht; sie ersetzt also nicht zwei Atome Wasserstoff des Benzols". Seine Ansicht veranschaulichte er folgendermaßen:

Diazobenzolbromid $C_6H_5 \cdot N = N - Br$
Diazobenzolnitrat $C_6H_5 \cdot N = N - NO_3$
Diazobenzol-Kali $C_6H_5 - N = N - OK$
Diazoamidobenzol $C_6H_5 - N = N - NH(C_6H_5)$.

Das Diazobenzol, das in freiem Zustand nicht zu analysieren war, betrachte er als $C_6H_5 - N = N - OH$. Aus den von Griess ermittelten Tatsachen zog er dann die Schlußfolgerung: „Alle Metamorphosen der Diazoverbindungen sprechen zugunsten der Ansicht, daß in diesen Körpern noch fünf vom Benzol herrührende Wasserstoffatome anzunehmen sind."

So fanden jetzt die Übergänge der Diazokörper in die Phenole, in die Halogenderivate usw. eine bessere Erklärung als früher. Auch wurde es jetzt möglich, sie zu den Ortsbestimmungen zu benutzen, was nach der älteren Ansicht nicht der Fall war. Kekulé gelang es auch, den Vorgang bei der Bildung des Anilingelbs aufzuklären und im Anschluß daran das erste Musterbeispiel für die Darstellung der Azofarben zu entdecken.

Das von Mène³) 1861 durch Einwirkung von salpetriger Säure auf Anilin erhaltene Anilingelb, das seit 1863 in den Handel kam,

---

¹) Bd. II, 689 (1866).
²) Lehrbuch II, 717 und Z. 9, 700 (1866).
³) C. r. 52, 311 (1861).

hatten Martius und Griess untersucht und gefunden[1]), daß es die gleiche Zusammensetzung wie das Diazoamidobenzol besitzt. Sie bezeichneten es als Amidodiphenylimid ohne eine Konstitutionsformel zu geben, waren aber geneigt, es als Amidoazobenzol anzusprechen. Auch hatten sie schon die für die Untersuchung der Azofarben wichtige Beobachtung gemacht, daß das Anilingelb durch Erwärmen mit Zinn und Salzsäure in Anilin und Paraphenylendiamin gespalten wird.

Nachdem Kekulé zu seiner Konstitutionsformel für Azobenzol gelangt war, stellte er[2]) für das Anilingelb die Formel:

$$C_6H_5 - N = N - C_6H_4(NH_2)$$

auf und teilte mit, daß das isomere Diazoamidobenzol in Amidoazobenzol übergeht, wenn man es in alkoholischer Lösung mit etwas salzsaurem Anilin einige Zeit stehen läßt. Für den Mechanismus dieses Vorganges gab er folgende Erklärung: „Der im Diazoamidobenzol durch Vermittlung des Stickstoffs gebundene Anilinrest $NH \cdot C_6H_5$ wird durch das einwirkende Anilinsalz verdrängt; ein gleich zusammengesetzter Anilinrest tritt jetzt durch Vermittlung des Kohlenstoffs mit den zwei Stickstoffatomen in Bindung:

$$C_6H_5 - N = N - NH \cdot C_6H_5 + C_6H_5 \cdot NH_2HCl \quad \text{gibt}$$
Diazoamidobenzol

$$C_6H_5 - N = N - C_6H_4 \cdot NH_2 + C_6H_5 \cdot NH_2HCl\,.$$
Amidoazobenzol

Da hierbei eine dem verbrauchten Anilinsalz gleich große Menge von Anilinsalz wieder in Freiheit gesetzt wird, so ist es einleuchtend, daß eine verhältnismäßig kleine Menge von salzsaurem Anilin eine große Menge von Diazoamidobenzol in Amidoazobenzol umzuwandeln imstande ist, was denn auch durch den Versuch bestätigt wird. Das Anilinsalz wirkt gewissermaßen, wenn man sich dieses Ausdruckes bedienen will, als Ferment."

Nun ließ Kekulé[3]) in Gemeinschaft mit Hidegh, um bei diesem Vorgang das Anilin durch Phenol zu ersetzen, salpetersaures Diazobenzol auf Phenolkali einwirken. Dabei entstand das Oxyazobenzol

$$C_6H_5 - N = N - C_6H_4 \cdot OH\,,$$

welches mit dem von Griess aus salpetersaurem Diazobenzol beim Behandeln mit kohlensaurem Baryt erhaltenen Phenodiazobenzol sich als identisch erwies. Die Aufklärung der Konstitution des Anilingelbs und die direkte Gewinnung von Oxyazobenzol aus einem Salz des Diazobenzols und Phenol bilden von da an die theoretische

---
[1]) Z. **9**, 132 (1866).
[2]) Z. **9**, 689 (1866).
[3]) B. **3**, 233 (1870).

Grundlage für die Gewinnung der so außerordentlich zahlreichen und industriell wichtigen Azofarbstoffe.

Die Anschauung Kekulés, daß die beiden Stickstoffatome in den Diazoverbindungen als dreiwertige Elemente entsprechend der Gruppe — N = N — anzunehmen sind, wurde von den meisten Chemikern adoptiert. Gegen dieselbe machten aber Blomstrand[1]) und Strecker[2]) geltend, daß die Bildung jener Substanzen aus Anilinsalzen es wahrscheinlicher mache, daß eins der Stickstoffatome fünfwertig und für das Diazobenzolnitrat die Formel:

$$C_6H_5 - \overset{|||}{\underset{N}{N}} - O \cdot NO_2$$

anzunehmen sei. Für das Diazoamidobenzol adoptierte aber Blomstrand die Kekulésche Formel, während Erlenmeyer[3]) auch für dieses ein fünfwertiges Stickstoffatom, entsprechend der Formel

$$C_6H_5 - \overset{|||}{\underset{N}{N}} - NH \cdot C_6H_5$$

annahm.

In seiner ausführlichen Abhandlung über Phenylhydrazin hat sich E. Fischer, wie im dreiundsechzigsten Kapitel angegeben ist, zugunsten der Kekuléschen Formel und gegen die von Blomstrand und Strecker ausgesprochen. In neuester Zeit hat diese Frage viele interessante Arbeiten und Erörterungen veranlaßt.

Kekulé wurde nach Aufstellung seiner Theorie durch folgenden Gesichtspunkt veranlaßt, das Phenol zum Gegenstand einer Untersuchung zu machen. Schon in seiner ersten Abhandlung über die Konstitution der aromatischen Verbindungen hatte er darauf hingewiesen, daß man früher wesentlich auf die Analogien, die viele aromatischen Substanzen mit den entsprechenden Verbindungen aus der Klasse der Fettkörper zeigen, Gewicht legte. „Die Theorie, die ich entwickelt habe, legt aber mehr Gewicht auf die Verschiedenheiten." So war er zu der Idee gelangt, daß die sogenannte Phenylschwefelsäure nicht, wie man allgemein annahm, eine der Äthylschwefelsäure ähnliche Konstitution besitze, sondern daß das Phenol durch Schwefelsäure wie beim Behandeln mit Salpetersäure, in ein Substitutionsprodukt umgewandelt werde. Bei der experimentellen Prüfung dieser Ansicht fand er[4]), daß bei Einwirkung von Schwefelsäure auf Phenol zwei isomere Säuren entstehen, die ihrem Verhalten nach als Phenolsulfosäuren $C_6H_4 \begin{cases} OH \\ SO_3H \end{cases}$ zu betrachten sind. In seinem Lehrbuch sagte er

---

[1]) Chemie der Jetztzeit 272 (1869).
[2]) B. **4**, 786 (1871).
[3]) B. **7**, 1100 (1874).
[4]) Z. **10**, 197 (1867).

darüber[1]): „Bei diesen fundamentalen Verschiedenheiten ist es jedenfalls geeignet, die Phenole, mit Berthelot[2]), als besondere Körperklasse zu unterscheiden und mit einem besonderen Namen zu bezeichnen."

Gleichzeitig haben Würtz und Kekulé[3]) gezeigt, daß beim Schmelzen der benzolsulfonsauren Salze mit Kalihydrat Phenol gebildet wird, und hat Dussart[4]) mitgeteilt, daß aus Naphtalinsulfonsäure ein bei 86° schmelzendes Naphtol entsteht. Dann zeigte Merz 1868, daß man mit Hilfe der Sulfonsäuren auch von den Kohlenwasserstoffen zu den Carbonsäuren gelangen kann. So konnten von da an für den synthetischen Aufbau aromatischer Verbindungen die Sulfonsäuren in den Fällen benutzt werden, in denen die Chlorüre und Bromüre nicht reaktionsfähig sind.

An dem weiteren Ausbau der Chemie der Benzolderivate haben sich auch die beiden Chemiker beteiligt, die vor dem Jahre 1865 schon durch ihre Untersuchungen Material für die Aufstellung der Benzoltheorie geliefert hatten. Fittig vervollständigte in den Jahren 1867—1870 seine Synthesen der aromatischen Kohlenwasserstoffe. Aus dem Bromtoluol erhielt er ein Dimethylbenzol, daß sich als identisch mit dem 1850 von Cahours im Holzteer entdeckten Xylène erwies. In analoger Weise stellte er dann das Tri- und das Tetramethylbenzol, das Diäthyl- und das Propylbenzol dar. Durch Überführen in Säuren bestätigten er und seine Schüler die Richtigkeit des Kekuléschen Oxydationsgesetzes. Bei der Untersuchung der Mesitylensäure entdeckte Fittig das Isoxylol und fand, daß dasselbe neben den bekannten Xylol im Steinkohlenteer vorkommt. Letzteres wurde, nachdem die Stellung der Methyle ermittelt war, als Paraxylol bezeichnet. Das dritte Isomere, das o-Xylol, haben Fittig und Bieber 1870 bei der Destillation der Paraxylylsäure mit Kalk erhalten, und O. Jacobsen wies 1877 nach, daß es gleichfalls im Teer vorkommt.

Beilstein[5]) veröffentlichte in den Jahren 1866—1875, teils allein, teils in Gemeinschaft mit Schülern, eine Reihe von Abhandlungen

---

[1]) Bd. III, 11.
[2]) Chimie organique fondée sur la Synthèse I, 466.
[3]) C. r. **64**, 749 und 752 (1867).
[4]) C. r. **64**, 859 (1867).
[5]) Friedrich Beilstein (1838—1906) war als Sohn deutscher Eltern in Petersburg geboren und hat in Heidelberg, Göttingen und Paris studiert. 1860 wurde er Assistent im Wöhlerschen Laboratorium und 1866 Professor an dem technologischen Institut in Petersburg, an dem er bis 1896 wirkte. Schon während seiner Göttinger Dozentenzeit befaßte Beilstein sich mit der Abfassung seines großen Handbuchs der organischen Chemie, deren erste Lieferung 1880 erschien und das nach zwei Jahren vollständig vorlag. Er hat noch die folgenden Auflagen herausgegeben und auch seine unermüdliche Sammeltätigkeit fortgesetzt. Dann hat er in dankenswerter Weise dafür gesorgt, daß sein unentbehrliches Werk durch Übertragung an die Deutsche Chemische Gesellschaft weitergeführt werde. Das Nähere hierüber ist in dem von Hjelt verfaßten Nekrolog (B. **40**, 5041) angegeben.

"Über Isomerie in der Benzolreihe". Eingehend wurden von ihm namentlich die Halogenderivate untersucht und viele neue Derivate dargestellt. Die Widersprüche, die in den Angaben über das aus Toluol erhaltene Monochlorderivat vorhanden waren, wurden durch eine von ihm mit P. Geitner ausgeführte Arbeit[1]) beseitigt. Es ergab sich die interessante Tatsache, „daß das Chlor auf Toluol ganz verschieden einwirkt, je nachdem man es in der Hitze oder in der Kälte darauf einwirken läßt". Bei höherer Temperatur entsteht Benzylchlorid, bei niederer Temperatur Chlortoluol. Fügt man Jod hinzu, so bildet sich letzteres auch beim Erwärmen. Ähnliche Beobachtungen ergaben sich auch beim Behandeln von Xylol mit Chlor.

Fünfzigstes Kapitel.
Ortsbestimmung der Benzolderivate.

Kekulé hat in seiner Abhandlung aus dem Jahre 1866 für das Bibrombenzol die Frage aufgeworfen[2]), „an welchen Ort tritt das zweite Bromatom?" und sie dann in folgender Weise beantwortet: „Diese Frage wird, wie mir scheint, mit ziemlicher Sicherheit durch folgende Betrachtung entschieden. Die Atome eines Moleküls machen ihre Anziehung auf eine gewisse Entfernung hin geltend. — Ist ein bestimmter Ort von Brom eingenommen, so sind dadurch alle innerhalb der Anziehungssphäre des Bromatoms liegenden anderen Atome in bezug auf ihre Anziehung zu Brom gesättigt, oder diese Anziehung ist wenigstens geschwächt. Ein zweites in das Monobromderivat eintretende Bromatom wird also die Nähe des schon vorhandenen Broms möglichst vermeiden." Kekulé hat daraus die Folgerung gezogen. „das aus dem Monobrombenzol durch direkte Substitution entstehende Bibrombenzol wird also die beiden Bromatome an den Orten a und d enthalten", also nach dem in seinem Lehrbuch benutzten Schema

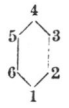

$$\begin{array}{c} 4 \\ 5 \diagup \diagdown 3 \\ 6 \diagdown \diagup 2 \\ 1 \end{array}$$

ein 1·4 Dibrombenzol sein.

Dieser Ansicht gegenüber hat Baeyer folgendes geltend gemacht[3]) „Eine solche spezifische Bromanziehung ist schwer zu denken, und es ist wahrscheinlicher, daß die Anziehung, welche auf ein Wasserstoffatom ausgeübt wird, die Resultante der Anziehungen aller anderen Atome ist. — So sehen wir z. B. im Chloräthyl, daß der mit CCl verbundene

---
[1]) A. **139**, 331 (1866).
[2]) A. **137**, 174 (1866).
[3]) A. Supp. **5**, 85 (1867).

Wasserstoff gelockert und leichter angegriffen wird wie der des unveränderten Methyls." Es waren also zwei vollkommen entgegengesetzte Ansichten aufgestellt worden, doch zeigte sich später, daß keine derselben zu Ortsbestimmungen führte. Anfangs war es überhaupt nur möglich, die Benzolderivate, entprechend den experimentell ermittelten Übergängen, in Reihen zu ordnen, ohne durch Ziffern die Stellung der Substituenten anzugeben. In einer Abhandlung aus dem Jahre 1867 hat W. Körner[1]) für die Namensbildung der Diderivate die Vorsilben Ortho, Para und Meta vorgeschlagen und auf Grund seiner Versuche folgende Tabelle aufgestellt:

$C_6H_4J \cdot OH$	Orthojodphenol	Parajodphenol	Metajodphenol
$C_6H_4 \cdot SO_3H \cdot OH$	—	Paraphenolsulfonsäure	Metaphenolsulfonsäure
$C_6H_4 \cdot NO_2 \cdot OH$	Orthonitrophenol	—	—
$C_6H_4 \cdot OH \cdot OH$	Hydrochinon	Resorcin	Brenzcatechin

In demselben Jahre hat Graebe in einer in Gemeinschaft mit Born veröffentlichten Abhandlung[2]) über Hydrophtalsäure darauf hingewiesen, daß die Leichtigkeit der Anhydridbildung bei der Phtalsäure im Vergleich mit der Terephtalsäure dafür spricht, ,,daß in der Phtalsäure die beiden Carboxyle[3]) mit zwei benachbarten Kohlenstoffatomen verbunden sind". Bestimmter hat er sich für diese Ansicht zwei Jahre später auf Grund der inzwischen ermittelten Konstitution des Naphtalins ausgesprochen. Da sich ferner aus Baeyers Ansicht über die Stellung der Methyle im Mesitylen ergab, daß die inzwischen von Fittig und Velguth endeckte Isophtalsäure ein 1·3-Derivat ist, so gelangte Graebe[4]) zu folgender Ortsbestimmung: ,,Für die Terephtalsäure bleiben also nur die Plätze 1·4 übrig. Hierdurch ist die Konstitution der drei Benzoldicarbonsäuren aufgeklärt. Die Terephtalsäure gehört in die Parareihe, da sie aus dem Bromtoluol, welches Parabrombenzoesäure liefert, erhalten werden kann, wenn man aus demselben zuerst nach der Fittigschen Methode Xylol oder nach der Kekuléschen Toluylsäure darstellt. Die Verbindungen der Parareihe haben mithin die Stellung 1·4. Es bleibt also noch zu entscheiden, ob die Orthoreihe 1·3 oder 1·2 ist. Dies würde sich sofort ergeben, wenn man nachweisen könnte, welcher Phtalsäure die Verbindungen der Orthoreihe entsprechen, was durch die bisher bekannten Tatsachen nicht möglich ist. Einen Anhaltspunkt zur Lösung dieser Frage glaube ich jedoch in meiner Untersuchung der Chinongruppe gegeben zu haben."

---

[1]) Bull. Acad. de Belgique [2] **24**, 166 (1867).
[2]) A. **142**, 333 (1867).
[3]) Die Bezeichnung Carboxyl hatte Baeyer für $CO \cdot OH$ in A. **135**, 307 (1865) vorgeschlagen.
[4]) A. **149**, 27 (1869).

Da Hydrochinon das einzige der drei Dioxybenzole war, das man in ein Chinon überführen konnte, so nahm er als wahrscheinlich an, daß es zu den 1·2-Derivaten gehöre. Weil Körner und auch Kekulé das Hydrochinon als ein Orthoderivat bezeichneten, so wählte Graebe für die 1·2-Reihe den Namen Ortho und bezeichnete als Hauptrepräsentanten der drei Reihen die folgenden:

Orthoreihe	Metareihe	Parareihe
1·2	1·3	1·4
Hydrochinon	Brenzcatechin	Resorcin
Oxybenzoesäure	Salicylsäure	Paraoxybenzoesäure
Phtalsäure	Isophtalsäure	Terephtalsäure

Die Einreihung der Oxybenzoesäure entsprach der Synthese der Methoxybenzoesäure aus demjenigen Bromphenol, das Körner in dieselbe Reihe wie Hydrochinon aufgenommen hatte.

Graebes Ansicht über die Konstitution der Phtalsäuren wurde in der Folge als Grundlage von Ortsbestimmungen vielfach benutzt. Auch hat sie sich dauernd als richtig erwiesen. Für die drei Dioxybenzole sowie für Salicylsäure und Oxybenzoesäure ergab sich aber, daß seine Ansicht nicht richtig war. Daß die Paraoxybenzoesäure der 1·4-Reihe angehört, zeigte sich bald nachher auch aus Beobachtungen von Hübner und Petermann, welche 1869 beim Nitrieren von Brombenzoesäure zwei isomere Nitrobrombenzoesäuren erhalten hatten, die beide beim Behandeln mit Natriumamalgam Anthranilsäure liefern. Aus dieser Tatsache ergibt sich, worauf Ladenburg hinwies[1]), daß weder die Anthranilsäure noch die zu jenen Versuchen benutzte Brombenzoesäure der Parareihe angehören können. So ergab sich also, daß Salicylsäure und Oxybenzoesäure nicht die Stellung 1·4 besitzen, doch blieb noch zu entscheiden, welche derselben der Phtalsäure und welche der Isophtalsäure entspricht.

Um dieses Problem zu lösen, versuchte V. Meyer, ob eine dieser beiden Säuren mit einer der Phtalsäuren in Zusammenhang zu bringen sei. Doch zeigte es sich, daß keine der bekannten Methoden hierzu geeignet war. Nachdem er dann gefunden hatte, daß aromatische Sulfonsäuren sich durch Erhitzen mit ameisensauren Salzen in Carbonsäuren überführen lassen[1]), fand er, daß durch Zusammenschmelzen von sulfobenzoesaurem Kalium mit Natriumformiat Isophtalsäure entsteht[2]). Hiermit war mit großer Wahrscheinlichkeit bewiesen, daß die Oxybenzoesäure der 1·3 Reihe angehört, da, wie Barth 1868 mitgeteilt hatte, aus derselben Sulfobenzoesäure durch Schmelzen mit Alkalien Oxybenzoesäure gebildet wird. Für die Salicylsäure blieb nur die Stellung 1·2 übrig.

---

[1]) B. **2**, 141 (1869).
[2]) A. **156**, 273 (1870).

Nachdem Griess[1]) aus der Amidobenzoesäure zwei isomere Diamidobenzoesäuren dargestellt und nachgewiesen hatte, daß beide durch Abspalten von Kohlensäure das vorher nicht bekannte bei 99° schmelzende Phenylendiamin liefern, konnte V. Meyer einen weiteren wichtigen Schritt in der Ortsbestimmung tun. Aus jenen Tatsachen gelangte er in einer gemeinschaftlich mit Wurster veröffentlichten Abhandlung[2]) zu der Folgerung: „Da diese Säuren sich beide von der nämlichen 1·3-Amidobenzoesäure ableiten, so erklärt sich die Isomerie der beiden Säuren einfach durch folgende Formeln:

$$\begin{array}{cc}\text{COOH} & \text{COOH} \\ \bigcirc\text{NH}_2 & \bigcirc\text{NH}_2 \\ \text{NH}_2 & \text{NH}_2\end{array}$$

Hiernach würde sich für das bei 99° schmelzende Phenylendiamin die Stellung 1·2 ergeben."

Mit der Aufgabe, die Stellungen der beiden anderen Phenylendiamine und daran anschließend die der Dioxybenzole zu ermitteln, hat sich Th. Petersen[3]) beschäftigt. Ausgehend von der Annahme, daß die Paranitrobenzoesäure ein 1·4- und die Nitrobenzoesäure ein 1·3-Derivat ist, entwickelte er die Ansicht, daß im Dinitrotoluol die beiden NO_2-Gruppen in 1·3-Stellung zueinander stehen und übertrug dies auf das Dinitrobenzol. Er nahm daher an, daß das bei 63° schmelzende Phenylendiamin der 1·3-Reihe angehört. Da nun das Phenylendiamin von Griess eine 1·2-Verbindung ist, so ergab sich, daß das aus Nitroanilin erhaltene β-Phenylendiamin ein 1·4-Derivat sein muß. Infolge der Umwandlungen dieser Verbindungen gelangte Petersen zu der Ansicht, daß das Brenzcatechin der 1·2-, das Resorcin der 1·3- und das Hydrochinon der 1·4-Reihe angehört. Seine damals wohl nicht mit der nötigen Deutlichkeit entwickelten Folgerungen fanden anfangs keine Anerkennung. Ihre Richtigkeit wurde bald darauf aber durch Arbeiten anderer Chemiker, wie namentlich durch Wurster[4]) und H. Salkowski[5]) erwiesen. Auch die von Petersen für eine größere Zahl von Benzolderivaten angegebenen Stellungen bewährten sich als zutreffend.

---

[1]) B. **5**, 201 (1872).
[2]) B. **5**, 635 (1872).
[3]) Theodor Petersen (1836—1918) war zu Hamburg geboren und hat in Göttingen und Heidelberg studiert. Er hatte sich in Karlsruhe habilitiert und dann in Frankfurt a. M. ein privates Laboratorium für technisch-chemische Untersuchungen errichtet.
[4]) B. **6**, 368 (1873).
[5]) B. **6**, 1542 (1873).

Die Grundlage für alle diese Ortsbestimmungen beruhten auf derjenigen für Phtalsäure als 1·2 und der Paraoxybenzoesäure als 1·4 sowie der Oxybenzoesäure als 1·3. Da sie sich jedoch vielfach gegenseitig bestätigten, so konnte ihnen mit Recht, wie es damals geschah, eine große Wahrscheinlichkeit zugesprochen werden. Von größtem Wert wurde es für dieses Problem, daß ganz unabhängig von jenen Grundlagen, es im Jahre 1874 Griess und Körner gelang, die Stellung der Benzolderivate zu ermitteln. Durch dieselben wurde auch die Richtigkeit obiger Annahme einwandsfrei bewiesen.

Griess war es bei Untersuchungen über die Dinitrobenzoesäuren gelungen, nachzuweisen, daß aus den sechs der Benzolformel von Kekulé entsprechenden Diaminobenzoesäuren durch Abspalten von Kohlensäure nur die drei bekannten Phenylendiamine entstehen[1]). Das bei 99° schmelzende Diaminobenzol erhielt er aus zwei, das vom Schmelzpunkt 63° aus drei und das bei 149° schmelzende Paraphenylendiamin nur aus einer jener Säuren. Er konnte daher mit Recht die Wichtigkeit dieser Versuche für die Ortsbestimmung hervorheben[2]). „So ist die Überführung dieser Säuren in die drei isomeren Phenylendiamine von besonderem Interesse, indem dadurch zugleich der unumstößliche Beweis geliefert wird, daß die für die letzteren neuerdings, namentlich von V. Meyer, Wurster und Salkowski, aufgestellten Konstitutionsformeln unbedingt richtig sind. Diesen Chemikern gemäß nehmen die Amidogruppen in den Phenylendiaminen die folgenden Stellungen ein:

$$\begin{array}{ccc} \overset{\displaystyle NH_2}{\underset{\displaystyle NH_2}{\bigcirc}} & \overset{\displaystyle NH_2}{\underset{\displaystyle NH_2}{\bigcirc}} & NH_2\overset{\displaystyle NH_2}{\bigcirc} \\ \text{Ortho-} & \text{Meta-} & \text{Para-Phenylendiamin} \\ \text{bei 99°} & \text{63°} & \text{140° Schmelzpunkt} \end{array}$$

Während Griess diese Beweisführung auf den Abbau von Trisubstitutionsprodukten begründete, hat Körner bei seiner Methode der Ortsbestimmung den umgekehrten Weg eingeschlagen. Durch eine umfangreiche und mit außerordentlicher Sorgfalt ausgeführte Untersuchung[3]) hat er die drei Dibrombenzole in die Tribrom- und die Nitrodibromderivate übergeführt und experimentell bewiesen, daß sich aus dem bei 93° schmelzenden Dibrombenzol nur ein Triderivat, aus dem flüssigen drei und dem bei 1° schmelzenden zwei darstellen lassen. Das erste gehört also zur 1·4-, das zweite zur 1·3- und das dritte zur 1·2-Reihe. Er veranschaulichte dies durch folgende Übersichtstabelle:

[1]) B. **7**, 1008 (1874).
[2]) B. **7**, 1227 (1874).
[3]) Studi sull' isomeria delle così dette sostanze aromatiche a sei atomi di carbonio, G. **4**, 305 (1874).

| 1·4 | 1·3 | 1·2 |

(Strukturformeln der Dibrombenzole: 1·4, 1·3, 1·2)

| 1·2·4 | 1·3·4 | 1·3·5 | 1·2·3 | 1·2·4 = 1·3·4 | 1·2·3 |

(Strukturformeln der Tribrombenzole)

(Strukturformeln der Bromnitrobenzole)

Von diesen Bestimmungen ausgehend hat Körner für eine große Zahl von Verbindungen die Stellungen in einer Tabelle zusammengestellt, in der er die 1·4-Reihe als die Ortho-, die 1·3- als die Para- und die 1·2- als die Metareihe bezeichnet. Da sich aber inzwischen die Bezeichnungen, Ortho = 1·2, Meta = 1·3 und Para = 1·4, allgemein eingebürgert hatten, so wurde diese letzteren an Stelle der des Originals in dem ausführlichen, die Körnersche Abhandlung betreffenden Artikel, der im Jahresbericht der Chemie für 1875 erschienen ist[1]) und durch den dieselbe allgemeiner bekannt wurde, benutzt.

Körner hat in seiner hervorragenden Abhandlung auch noch die Frage erörtert, welche Stellung beim Übergang eines Monoderivats in ein Biderivat der zweite Substituent einnimmt, und hat folgende Regeln aufgestellt:

1. Wenn Chlor, Brom, Jod oder Salpetersäure auf Chlor-, Brom- oder Jodbenzol, auf Anilin, Phenol oder Toluol einwirkt, so bildet sich immer als Hauptprodukt ein 1·4-Derivat und als Nebenprodukt (in Mengen von 14 bis 45%) ein 1·2-Derivat, und zwar um so mehr, je heftiger die Reaktion ist (bei Phenol und Toluol gleichzeitig auch in variabler Menge ein 1·3-Derivat).

2. Enthält das Benzol eine saure Gruppe: $COOH$, NO_2, SO_3H, so entsteht wesentlich ein Körper aus der 1·3-Reihe, neben verhältnismäßig kleinen Mengen von 1·2-, zuweilen auch von 1·4-Derivaten.

Durch eine Tabelle hat er diesen orientierenden Einfluß des im Benzol schon vorhandenen Substituenten auf den hinzutretenden veranschaulicht und durch seine Betrachtungen auch die Grundlage für die Lehre von den Substitutionsregelmäßigkeiten gegeben.

---

[1]) J. **28**, 299—366; erschienen 1877.

Anschließend an dieselben wurde dieses Problem der Gegenstand zahlreicher Arbeiten. In neuester Zeit hat darüber Hollemann eingehend in seinem Werke „Die direkte Einführung von Substituenten in den Benzolkern (1910)" und in einem Vortrag[1]) „Sur les règles de Substitution dans le noyau benzénique" berichtet.

Von den Bestrebungen, die Stellungen in Benzolderivaten zu ermitteln, ist die Arbeit von Ladenburg[2]) über Mesitylen noch zu erwähnen. Indem dieser Chemiker die Nitrogruppe in verschiedener Reihenfolge in Mesitylen einführte, fand er, daß immer dasselbe Dinitromesitylen und dasselbe Nitromesidin erhalten wird[3]): „Es sind also die drei dem Benzolkern angehörigen Wasserstoffatome des Mesitylens gleichwertig", was die Ansicht, daß das Mesitylen $1 \cdot 3 \cdot 5$-Trimethylbenzol ist, bestätigte.

Wesentlich auf Grundlage der Konstitution der Biderivate des Benzols gelang es auch, die Stellungen der Substituenten in den höher substituierten Derivaten zu ermitteln.

Einundfünfzigstes Kapitel.

Die Modifikationen der Benzolformel.

Kekulés Ansicht, daß im Benzol eine ringförmige Aneinanderlagerung der Kohlenstoffatome anzunehmen ist, gelangte sehr rasch zu allgemeiner Anerkennung, dagegen tauchten Zweifel auf, ob die Idee von abwechselnd einfachen und doppelten Bindungen richtig sei. Gegen diese Annahme machte Claus[4]) geltend, daß das Benzol sehr beständig ist, daß aber Äthylen und seine Derivate geringere Beständigkeit zeigen als die Verbindungen, in denen die Kohlenstoffatome nur durch je eine Valenz unter sich zusammenhängen[5]). Er hielt es daher für wahrscheinlicher, „daß in dem Kern C_6 jedes Atom mit drei verschiedenen Atomen je eine Affinität austauscht, so daß also eine mehrfache Bindung zweier Atome untereinander ausgeschlossen

---

[1]) Bl. [4] **9**, I (1911).

[2]) Albert Ladenburg (1842—1911) war in Mannheim geboren, hatte in Heidelberg studiert und dann in den Laboratorien von Kekulé in Gent und von Würtz in Paris gearbeitet. 1867 hatte er sich in Heidelberg habilitiert, 1873 wurde er an die Universität Kiel und 1889 nach Breslau berufen. Sein Arbeitsfeld war hauptsächlich die organische Chemie. Seine in Heidelberg gehaltenen Vorträge „Über die Entwicklungsgeschichte der Chemie" hat er 1869 als Buch herausgegeben; die vierte Auflage erschien 1889. Nachruf auf ihn ist in B. **45**, 3597 veröffentlicht.

[3]) B. **7**, 1135 (1874).

[4]) Adolf Claus (1840—1900), in Kassel geboren, war Schüler von Kolbe und Wöhler. Zuerst als Privatdozent und dann als Professor wirkte er an der Universität Freiburg i. Br. Außer zahlreichen Experimentaluntersuchungen veröffentlichte er viele theoretische und kritische Abhandlungen. Nekrolog J. p. [2] **62**, 127.

[5]) Ber. d. naturf. Ges. Freiburg 1867, 116.

ist. Es würde sich hiernach die Möglichkeit zweier verschiedener Konstitutionen ergeben, wie die beiden Formeln:

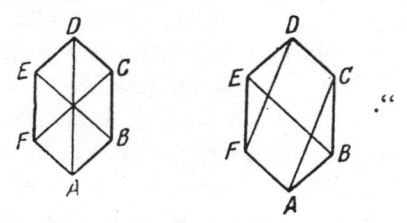

Von denselben bevorzugte er die erstere und nahm sie ausschließlich in seinen späteren Abhandlungen an. Sie wurde in der Folge daher als die Claussche oder als Diagonalformel bezeichnet.

Ladenburg[1]) hat dann 1869 darauf hingewiesen, daß nach Kekulés Hypothese die Stellung von $1 \cdot 2 = 1 \cdot 6$ und von $1 \cdot 3 = 1 \cdot 5$ ist, daß aber nach der Formel „$1 \cdot 2$ und $1 \cdot 6$ ungleich sein müßten, während man über die Identität der Plätze 3 und 5 verschiedener Ansicht sein könne. „Jene beiden Proportionen werden aber durch andere Formeln erfüllt, die, soviel ich weiß, noch nicht vorgeschlagen wurden. In derselben wird angenommen, daß jedes Kohlenstoffatom mit drei anderen in direkter Beziehung steht

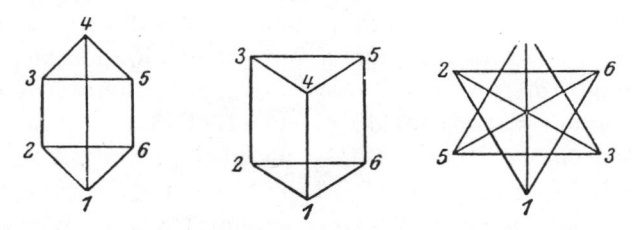

In der zweiten Mitteilung gab er an, daß er „nicht drei Formeln hat geben wollen, sondern nur eine einzige, die in verschiedenen Stellungen gezeichnet ist". Er bevorzugte später die als Prisma gezeichnete. Diese wurde daher Ladenburgsche oder Prismenformel genannt.

Kekulé sagte[2]) darauf in einer Beurteilung der von ihm und von anderen vorgeschlagenen. Formeln:

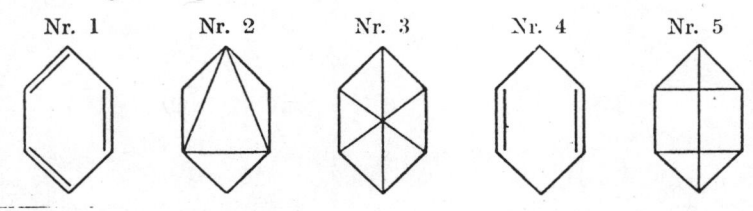

Nr. 1   Nr. 2   Nr. 3   Nr. 4   Nr. 5

---
[1]) B. 2, 140 und 272 (1869).
[2]) B. 2, 362 (1869).

„Der Hypothese 1 hatte ich den Vorzug gegeben; Claus hatte Nummer 3 und 5 diskutiert, entschied sich aber für 3; Nummer 5 wurde von Ladenburg nochmals vorgeschlagen. Wichelhaus empfahl Nummer 4, wie es Städeler vor ihm getan hatte. Ich bekenne zunächst, daß auch mir längere Zeit Nummer 3 besonders eingeleuchtet hat, und daß ich später, wenn auch von anderem Gesichtspunkt aus wie Ladenburg, in Nummer 5 viel Schönes fand. Dabei muß ich gleich weiter erklären, daß mir vorläufig die Hypothese 1 immer noch die wahrscheinlichste scheint. Sie erklärt ebenso einfach wie eine der anderen und wie mir scheint, eleganter und symmetrischer die Bildung des Benzols aus Acetylen und die Synthese des Mesitylens aus Aceton; sie zeigt mindestens ebenso schön, wenn nicht schöner wie andere, die Beziehungen zwischen Benzol, Naphtalin und Anthracen; und sie scheint mir namentlich die Bildung der aus dem Benzol entstehenden Additionsprodukte in befriedigenderer Weise zu deuten als die anderen. Die Gründe aber, die gegen die Hypothese vorgebracht worden sind, scheinen mir vorläufig nicht allzu gewichtig. Ich glaube, daß Ladenburg auf die mögliche oder wahrscheinliche Verschiedenheit 1·2 und 1·6 zu viel Wert legt."

Im Anschluß an Untersuchungen über zweifach-substituierte Benzole[1]) sprach sich V. Meyer zugunsten von Kekulés Hypothese aus, und sagte in betreff jenes Einwandes: „Man wird aus der Tatsache, daß zwischen den Anthranil- und Salicylsäuren 1·2 und 1·6 kein Unterschied gefunden werden konnte, den Schluß ziehen müssen, daß ein so feiner Unterschied in der Struktur, der auf etwas abweichender Verteilung der Valenzen des Kohlenstoffs beruht, auf die äußeren Eigenschaften einer Substanz keinen merklichen Einfluß ausübt."

Kekulé hat dann im Jahre 1872 die Frage nach der Bindung der sechs Kohlenstoffatome im Benzol nochmals einer eingehenden Erörterung unterzogen[2]). Ausgehend von der Ansicht, „die Atome müssen in den Systemen, die wir Moleküle nennen, in fortwährender Bewegung angenommen werden", entwickelte er die Hypothese, die Wertigkeit beruhe auf der Anzahl der Stöße, die ein Atom in der Zeiteinheit durch andere Atome erfährt. Diese Hypothese führt ihn nun zu der Annahme, daß die beiden Formeln:

$$
\begin{array}{cc}
\begin{array}{c} H \quad H \\ C = C \\ {}_4\diagup \quad {}_3\diagdown \\ HC_5 \quad {}_2CH \\ {}_{\diagdown 6} \quad {}_{1\diagup} \\ C - C \\ H \quad H \end{array}
& \text{und} \quad
\begin{array}{c} H \quad H \\ C - C \\ {}_4\diagup \quad {}_3\diagdown \\ HC_5 \quad {}_2CH \\ {}_{\diagdown 6} \quad {}_{1\diagup} \\ C = C \\ H \quad H \end{array}
\end{array}
$$

---

[1]) A. **156**, 295 (1870).
[2]) A. **162**, 77 (1872).

nur Phasen der Atombewegung veranschaulichen. „Die gewöhnliche Benzolformel drückt nur die in einer Zeiteinheit erfolgenden Stöße, also die eine Phase aus, und so ist man zu der Ansicht verleitet worden, Biderivate mit den Stellungen der 1·2 und 1·6 müßten notwendig verschieden sein. Wenn die eben mitgeteilte Vorstellung oder eine ihr ähnliche für richtig gehalten werden darf, so folgt daraus, daß diese Verschiedenheit nur eine scheinbare aber keine wirkliche ist."

Genau zu gleicher Zeit suchte L. Meyer diese Frage durch folgende Ansicht zu lösen[1]): „Mit der von Kekulé gewählten Schablone nahezu identisch ist die Annahme ringförmiger Verkettung und je einer freien Affinität an jedem Atome.

$$\begin{array}{c} H-C-C-H \\ H-C-\!\!\!*\!\!\!*\!\!\!*-C-H \\ H-C-C-H \end{array}$$ "

Von dieser Formel sagte er: „Wir haben also in Übereinstimmung mit der Erfahrung drei verschiedene Substitutionsprodukte, in welchen zwei H ersetzt sind. Für die Kekulésche Schablone in ihrer ersten Gestalt ist dies nicht ganz richtig, da in dieser Betrachtung kein Unterschied gemacht ist zwischen einfacher und doppelter Bindung der C-Atome."

In dem letzten Kapitel seiner großen Abhandlung aus dem Jahre 1874 hat sich Körner im Anschluß an die Beobachtungen über „den lockernden Einfluß", den die Gruppe NO_2 auf die Vertretbarkeit von Chlor und von Br, J, $NH_2 \cdot OCH_3$ usw. ausübt, sich zugunsten der Claussehen Formel ausgesprochen. Die Tatsache, daß dieser lockernde Einfluß sich auf die Stellungen 1·2 (1·6) und 1·4 beschränkt und nicht erfolgt, wenn jene Gruppe sich in 1·3 (oder 1·5) befindet, sei, wie Körner entwickelt, nicht mit dem ursprünglichen Schema von Kekulé zu verstehen. Sie lasse sich aber nach der Clausschen Formel erklären, da in dieser die mit den Wasserstoffatomen 4, 2 und 6 verbundenen Kohlenstoffatome direkt mit dem Kohlenstoff, das den Wasserstoff 1 trägt, verbunden sind, während bei 3 und 5 dies nicht der Fall ist.

Ladenburg ist dann 1876 in einer Broschüre „Die Theorie der aromatischen Verbindungen" nochmals für seine Formel eingetreten. Diesen Darlegungen gegenüber machte aber van't Hoff[2]) darauf aufmerksam, daß gerade die Prismenformel auf dieselben Schwierigkeiten stößt, wie das Sechseck mit festen Doppelbindungen. „Die Möglichkeit zweier Orthoderivate, je nachdem beide Kohlenstoff-

---

[1]) Die moderne Theorie der Chemie, 2. Aufl. S. 183 (1872).
[2]) B. **9**, 1881 (1876).

atome im Sechseck durch eine doppelte oder einfache Bindung vereinigt sind, findet sich in der Prismenformel wieder." Nachdem er dies durch Zeichnungen dargelegt hat, gelangte er zu der Folgerung: „Wo nun durch eine bestimmte Auffassung der Doppelbindungen, wie schon Kekulé sie gab, wenigstens die Möglichkeit dargetan ist, im Sechseck die Schwierigkeit zu beseitigen, bleiben sie bloß der Ladenburgschen Formel anhaften. Somit ist die ursprüngliche Auffassung Kekulés nicht nur die einfachere, sondern auch die den Tatsachen am meisten gemäße Formel des Benzols."

Im Jahre 1880 wurden auch die physikalischen Eigenschaften zur Beurteilung des Benzolproblems herangezogen, doch führten die Folgerungen, die einerseits aus der Lichtbrechung in Flüssigkeiten, anderseits aus den Verbrennungswärmen hergeleitet wurden, zu keinem übereinstimmenden Resultat. In einer umfangreichen Arbeit „Die chemische Konstitution organischer Körper in Beziehung zu deren Dichte und ihrem Vermögen, das Licht fortzupflanzen" hat Brühl[1]) gefunden, daß die doppelte Bindung zwischen den Kohlenstoffatomen einen wesentlichen und konstanten Einfluß auf den Refraktionskoeffizienten ausübt. Die von ihm ermittelten Zahlen entsprechen der Annahme, daß im Benzol die Kohlenstoffatome mittels drei einfachen und drei doppelten Bindungen untereinander im Zusammenhang stehen. Er kam daher zu der Folgerung, daß „die geniale Hypothese von Kekulé über die Konstitution des Benzols in der Tat die einzige ist, welche sowohl dem chemischen wie dem physikalischen Verhalten der aromatischen Verbindungen Rechnung trägt".

Julius Thomsen hatte aus den Resultaten seiner thermochemischen Untersuchung die Folgerung gezogen, „daß bei der einfachen und der doppelten Bindung der Kohlenstoffatome eine gleich große Energie entwickelt wird, daß aber bei der dreifachen Bindung die entwickelte Energie gleich Null anzusehen ist". Nachdem er die Verbrennungswärme des Benzols bestimmt hatte, benutzte er den erhaltenen Wert zur Beurteilung der Konstitution dieses Kohlenwasserstoffs[2]) und kam zur Ansicht: „Die sechs Kohlenstoffatome des Benzols sind durch neun einfache Bindungen mit einander verknüpft, und die bisherige Annahme einer Konstitution des Benzols mit drei einfachen und drei zweifachen Bindungen stimmt nicht mit der Erfahrung überein."

In demselben Jahre ist auf Grund chemischer Beobachtungen Barth gleichfalls zu dieser letzteren Auffassung gelangt[3]). Durch Einwirkung von salpetriger Säure auf Brenzcatechin hatte er die

---

[1]) A. **200**, 228 (1880).
[2]) B. **13**, 1808 (1880).
[3]) M. **1**, 869 (1880).

von Gruber 1879 aus Protocatechusäure dargestellte und als Carboxytartronsäure $C(OH)(CO_2H)_3$ angesehene Säure erhalten. Infolge seiner Beobachtung nahm nun Barth an, „daß im Benzol jedenfalls ein Kohlenstoffatom mit drei anderen verbunden sein muß und daß dies auch für die fünf anderen anzunehmen sei, und im Benzol also nicht drei doppelte und drei einfache Bindungen vorhanden sind; mit einem Wort, daß wir die Ringformel verlassen, und zur sogenannten Prismenformel oder einer anderen, dieselbe Bindung erfüllenden übergehen müssen."

Diese Schlußfolgerung veranlaßte zu Anfang der achtziger Jahre viele Chemiker, wie z. B. Beilstein in seinem Handbuch, R. Meyer in dem zweiten Band von Erlenmeyers Lehrbuch und Henniger im Dictionnaire de Chimie[1]), die Prismenformel als die den Tatsachen am besten entsprechende anzusehen. Da für die Carboxytartronsäure aber nur die Analyse des krystallwasserhaltigen Natronsalzes und die Beobachtung vorlag, daß dieses durch Erhitzen in tartronsaures Natron übergeht, so unternahm es Kekulé, jene Säure näher zu untersuchen[2]). Es ergab sich nun, daß dieselbe sich in Weinsäure überführen und auch aus der Nitroweinsäure darstellen läßt, daß sie also als Dioxyweinsäure

$$\begin{array}{l} C(OH)_2 - CO_2H \\ | \\ C(OH)_2 - CO_2H \end{array}$$

aufgefaßt werden muß. Jetzt sagte Kekulé: „So ist ihre Bildung aus Brenzcatechin kein Argument gegen die von mir ursprünglich ausgesprochene Ansicht über die Konstitution des Benzols", fügte aber hinzu: „Ich will damit nicht behaupten, die Erkenntnis der Konstitution der sogenannten Carboxytartronsäure beweise die Richtigkeit dieser Ansicht und das Irrtümliche der durch die Prismenformel ausgedrückten. — Dabei ist indes wohl kaum zu verkennen, daß sich die Bildung der Dioxyweinsäure aus Brenzcatechin leichter erklären lasse, wenn man für das Benzol die Sechseckformel, als wenn man die Prismenformel annimmt."

Drei Jahre später hat dann Baeyer gefunden, daß der Dioxyterephtalsäureäther bei der Reduktion Succinylobernsteinsäureäther liefert, in dem, entsprechend seiner Synthese aus Bernsteinsäureäther, die Carboxyle und Hydroxyle in Parastellung stehen und daraus die Folgerung gezogen[3]): „Die Prismenformel ist demnach unhaltbar." Von da an ist sie kaum mehr bei den Erörterungen über die Konstitution des Benzols berücksichtigt worden, dagegen kam es jetzt zur Aufstellung der zentrischen Formel.

[1]) Supplement I, 210.
[2]) A. **221**, 230 (1883).
[3]) B. **19**, 1801 (1886).

Bezugnehmend auf die Einwürfe, die gegen Kekulés Ansicht gemacht wurden, suchte **Armstrong** eine einwandfreie Formel aufzustellen und entwickelte diese folgendermaßen[1]): „I venture to think that a symbol free from all objections may be based on the assumption that of the twenty-four affinities of the six carbon-atoms twelve are engaged in the formation of the six-carbon ring and six retaining the six hydrogen-atoms; while the remaining six react upon each other, acting towards a centre as it were, so that the affinity may be said to be uniformly and symmetrically distributed. I would, in fact, make use of he following symbol:

$$\begin{array}{c} H\ \ H \\ C-C \\ HC \rightarrow \ \ \leftarrow CH \\ C-C \\ H\ \ H \end{array}.$$

Baeyer, der zu derselben Zeit seine Untersuchungen über die Konstitution des Benzols begonnen hatte, war durch das Studium der Hydroterephtaläuren zu der Ansicht gelangt[2]), „daß die Terephtalsäure eine Konstitution besitzt, welche durch keine der bisherigen Theorien erklärt wird. — Stellt man sich vor, daß die sechs Valenzen im gewöhnlichen Sinne in Freiheit sind, so kommt man allerdings zu einer unzulässigen Formel, da ein solcher Körper jedenfalls äußerst reaktionsfähig sein müßte. Nimmt man aber an, daß die sechs Kohlenstoffatome sich infolge der Anziehung der freien Valenzen so um die durch die Seiten des Sechsecks gebildeten Achsen drehen, daß ihre Richtung nach innen zu in die Ebene des Ringes fällt, so liegen diese sechs Angriffspunkte im Innern des Ringes in völlig symmetrischer Lage und können sich dort so gegenseitig paralysieren, daß sie für gewöhnlich nicht zur Geltung kommen, was identisch mit dem Ausdruck ist: Der Kohlenstoff im Benzol ist dreiwertig". Dieser Ansicht nach erteilte **Baeyer** der Terephtalsäure die Formel:

$$\begin{array}{c} CO_2H \\ | \\ C \\ HC \diagup \ \diagdown CH \\ HC \diagdown \ \diagup CH \\ C \\ | \\ CO_2H \end{array}$$

---

[1]) Soc. **51**, 264 (1887).
[2]) A. **245**, 120 und 122 (1888).

und die entsprechende Formel des Benzols bezeichnete er als „Zentrische Formel des Benzols".

Baeyer, der bei Abfassung seiner Abhandlung es übersehen hatte, daß L. Meyer eine in der Form mit der zentrischen übereinstimmende Benzolformel aufgestellt hatte, übersandte nachträglich eine Anmerkung[1]), die durch ein Versehen statt in Band 245 erst in A. 246, 382 abgedruckt ist und in der er folgendes angab: „L. Meyer hat die freien Affinitäten in der Richtung nach dem Mittelpunkt gezeichnet, ohne diesem Umstand eine besondere Bedeutung beizulegen."

Als nun Baeyer im weiteren Verlauf seiner Untersuchungen über die Konstitution des Benzols für das Phloroglucin zu der Formel

$$\underset{HO}{\overset{OH}{\bigcirc}}OH$$

gelangte, nahm er an, daß es auch Verbindungen gibt, in denen die Kekulésche Benzolformel anzunehmen ist. In seiner Rede bei der Benzolfeier sagte er daher[2]): „Wir haben die Überzeugung gewonnen, daß das Verhalten des Benzols in seinen verschiedenen Verbindungen teils der Kekuléschen teils der zentrischen Formel entspricht." Zwei Jahre später änderte er diese Ansicht in der Art, daß er auf Grund neuer Beobachtungen, die Claussche Formel an Stelle der zentrischen bevorzugte und erklärte dies durch folgenden, für seine Methode des Forschens charakteristischen Satz[3]): „Die Aufgabe, welche ich mir bei Beginn dieser Untersuchungen gestellt habe, war, auf experimentellem Gebiet die Konstitution des Benzols zu ermitteln, und nicht, die Richtigkeit irgendeiner Hypothese durch das Experiment nachzuweisen." Wenn es ihm nicht gelungen ist, das Benzolproblem endgültig zu lösen, so hat er durch die Inangriffnahme jener Arbeiten die organische Chemie in außerordentlich wichtiger Weise gefördert und bereichert. Sie wurden zum Ausgangspunkt seiner klassischen Untersuchungen über hydroaromatische Verbindungen.

Hier darf wohl des Zusammenhanges wegen noch darauf hingewiesen werden, daß im Laufe der neunziger Jahre in höherem Maße eine Rückkehr zur alten Kekuléschen Formel erfolgte. Während zum Beispiel am Anfang der achtziger Jahre, wie oben erwähnt, im Dictionnaire de Chimie die Prismenformel bevorzugt wurde, sprach sich Friedel[4]) ein Jahrzehnt später in einem Artikel, in dem er sehr eingehend diese Frage behandelte, sich zugunsten der Kekuléschen

---

[1]) A. **245**, 120 und 122 (1888).
[2]) B. **23**, 1286 (1890).
[3]) A. **269**, 176 (1892).
[4]) Dict. de Chimie, zweiter Supplementband I, 451.

Ansicht aus. „Il nous semble que toutes ces considérations justifient l'emploi qui est fait dans cet ouvrage de la formule de M. Kekulé pour le benzène et de celle de M. Erlenmeyer pour le naphtalène." Aber auch in der neuesten Zeit ist in betreff der Frage, welche der Benzolformeln am besten den Tatsachen entspricht, noch keine vollkommene Übereinstimmung erreicht worden. Näher hierauf einzugehen muß dem zweiten Band dieser Geschichte vorbehalten bleiben.

Zweiundfünfzigstes Kapitel.
Benzolderivate mit ungesättigten Seitenketten.

Daß es aromatische Verbindungen gibt, die ungesättigte Seitenketten enthalten, wurde zuerst durch das Studium der Zimtsäure nachgewiesen. Nachdem Chiozza gefunden hatte, daß die Zimtsäure durch Schmelzen mit Kalihydrat in Benzoe- und Essigsäure gespalten wird, sagte er[1]): „L'acide cinnamique présente avec l'acide benzoïque les mêmes rapports que l'acide angélique avec l'acide propionique." Rochleder stellte dann für die Zimtsäure eine Formel mit zwei Lücken auf, die nach unserer Schreibweise der folgenden entspricht:

$$C_6H_5 - C - CH_2 \cdot CO_2H \ .$$

Daß sich die Zimtsäure mit zwei Atomen Wasserstoff und gleichfalls durch Addition mit zwei Atomen Brom verbindet, wurde von Erlenmeyer und Alexejew und von A. Schmidt gefunden. Nachdem Kekulé seine Benzoltheorie veröffentlicht hatte, machte Erlenmeyer[2]) alle die Atomgruppierungen, die für die Zimtsäure als möglich erscheinen, zum Gegenstand einer Besprechung und entschied sich für die folgende:

$$C_6H_5 - CH = CH - CO_2H \ .$$

Auch sprach er die Vermutung aus, daß der aus Zimtsäure durch Abspalten von Kohlensäure erhaltene Kohlenwasserstoff C_8H_8 Phenyläthylen

$$C_6H_5 - CH = CH_2$$

sei. Gerhardt und Cahours, die denselben 1841 aus Zimtsäure durch Erhitzen mit Ätzbaryt erhalten hatten, nannten ihn cinnamène. Spätere Versuche[3]) machten es wahrscheinlich, daß er mit dem im flüssigen Styrax vorkommenden Styrol identisch ist. Von da an bürgerte sich letzterer Namen ein.

---
[1]) A. ch. [3] **39**, 435 (1853).
[2]) A. **137**, 351 (1866).
[3]) Blyth und Hofmann A. **53**, 289 (1845).

Glaser, der im Laufe der sechziger Jahre umfangreiche Untersuchungen über Derivate der Zimtsäure ausgeführt hatte, bevorzugte anfangs eine Zimtsäureformel, in der ein Kohlenstoffatom mit zwei freien Valenzen vorhanden ist, nahm aber, nachdem er die Phenylpropiolsäure $C_6H_5 \cdot C \equiv C \cdot CO_2H$ und das Phenylacetylen $C_6H_5 \cdot C \equiv CH$ entdeckt hatte[1]), die Erlenmeyersche Ansicht an.

Unter den aromatischen Verbindungen mit ungesättigter Seitenkette ist auch das Cumarin als Ausgangspunkt interessanter Arbeiten zu erwähnen. Aus dieser zuerst in den Tonkabohnen und dann auch im Waldmeister aufgefundenen, wohlriechenden Substanz hatte Delalande 1842 durch Kochen mit Alkalien eine neue Säure, acide cumarique, und dann bei stärkerer Einwirkung Salicylsäure erhalten. Chiozza hat dann in der oben erwähnten Abhandlung angegeben, daß das Zerfallen der Cumarsäure in Salicylsäure und Essigsäure ganz dem der Zimtsäure entspreche. Als nun Perkin in der Absicht, den Salicylaldehyd zu acetylieren, dessen Natriumverbindung mit Essigsäureanhydrid erhitzte, erhielt er Cumarin[2]). Da er annahm, bei dieser Synthese bilde sich zuerst Acetylsalicylaldehyd und dann durch Wasserabspaltung Cumarin, stellte er folgende Gleichung auf:

$$\left. \begin{array}{l} (CO, H) \\ (C_6H_4^-) \\ (CO) \\ (CH_3) \end{array} \right\} O - H_2O = \left. \begin{array}{l} (CO) \\ (C_6H_3) \\ (CO) \\ (CH_3) \end{array} \right\} O$$

Acetosalicylwasserstoff   Cumarin

Fittig, der in einer Abhandlung[3]) „Über die Konstitution des Cumarins, der Cumarsäure und der Melilotsäure" auf die Unwahrscheinlichkeit dieser Formeln hinwies, erklärte den Vorgang durch die Annahme, „daß die von Perkin entdeckte Reaktion in derselben Weise verläuft, wie die von Bertagnini bei der künstlichen Darstellung der Zimtsäure aus Bittermandelöl und Acetylchlorid. Er nahm daher an, daß sich zuerst Cumarsäure $C_6H_4 \begin{cases} OH \\ CH = CH \cdot CO_2H \end{cases}$ und daraus das Cumarin $C_6H_4 \begin{cases} O\text{———} \\ CH = CH \cdot CO \end{cases}$ durch Wasserabspaltung bilde.

Perkin gelang es einige Jahre nachher, sein Verfahren zu verbessern und zu einer allgemeinen Darstellungsmethode zu erweitern. Er zeigte, daß es zweckmäßig ist, den Salicylaldehyd mit einem Gemenge von Essigsäureanhydrid und Natriumacetat zu erhitzen und daß man in analoger Weise auch Zimtsäure und andere ungesättigte

---

[1]) Z. **11**, 138 (1868).
[2]) Soc. [2] **6**, 53 (1868).
[3]) Z. **11**, 595 (1868).

aromatische Säuren vorteilhaft darzustellen kann[1]). Dieses von da an als **Perkinsche Reaktion** bezeichnete Verfahren ist außerordentlich fruchtbar geworden. Über den Verlauf derselben haben sich die Ansichten aber erst allmählich geklärt. Perkin nahm an, daß bei seiner Methode, die er 1877 ausführlich beschrieben hat[2]), das Anhydrid mit den Aldehyden in Reaktion tritt und daß das Natriumacetat nur die Wasserabspaltung fördere und veranschaulichte durch folgende Gleichung den Reaktionsverlauf:

$$2\,C_6H_5 \cdot COH + \begin{matrix}CH_3CO\\CH_3CO\end{matrix}\!\!\rangle = \begin{matrix}C_6H_5 \cdot CH = CH\\C_6H_5 \cdot CH = CH\end{matrix}\!\!\rangle O + 2\,H_2O\,.$$

Durch Einwirkung des Wassers gehe dann das so gebildete Anhydrid in Zimtsäure über.

Für die aus Bittermandelöl und den Anhydriden von Propionsäure und Buttersäure sowie deren Natriumsalzen erhaltenen Säuren stellte er daher folgende Formeln auf:

Phenylcrotonsäure $C_6H_5 \cdot CH = CH - CH_2 \cdot CO_2H$
Phenylangelicasäure $C_6H_5 \cdot CH = CH - CH_2 - CH_2 - CO_2H$.

Mit diesen stand aber die Markownikowsche Regel[3]), nach der in Säuren, wie Propionsäure, Buttersäure usw., die dem Carboxyl benachbarten Wasserstoffatome am leichtesten vertreten werden, nicht in Übereinstimmung. Gabriel und Michael, die hierauf aufmerksam machten, erklärten daher es wahrscheinlicher, daß bei der Perkinschen Reaktion der Aldehydrest in α-Stellung eintrete[4]). Hiermit übereinstimmend hat Fittig für obige Säuren folgende Formeln[5]) aufgestellt:

$$C_6H_5 - CH = C\!\!\begin{matrix}<CH_3\\<CO \cdot OH\end{matrix}\;,\qquad C_6H_5 - CH = C\!\!\begin{matrix}<CH_2 - CH_3\\<CO \cdot OH\end{matrix}\;.$$
Phenylcrotonsäure · · · · · · · · · · · · · Phenylangelicasäure

Daß diese Annahme richtig ist, wurde im Jahre 1880 für die Phenylangelicasäure durch Baeyer und Jackson[6]) und für die Phenylcrotonsäure durch Bischoff[7]) experimentell bewiesen.

Auch wurde zu derselben Zeit die Frage gelöst, ob bei der Reaktion von Perkin das Anhydrid oder die im Natriumsalz enthaltene Säure mit dem Aldehyd sich verbindet. Oglialoro[8]) hatte schon in den

---

[1]) B. **8**, 1599 (1875).
[2]) Soc. **31**, 388 (1877).
[3]) Markownikow war zu dieser Regel bei Besprechung des Einflusses, den der Sauerstoff auf benachbarte Wasserstoffatome ausübt, gelangt. A. **146**, 348 (1868).
[4]) B. **11**, 1016 (1878).
[5]) A. **195**, 172 (1879).
[6]) B. **13**, 115 (1880).
[7]) A. **204**, 188 (1880).
[8]) G. **8**, 429 (1878); **9**, 428 und 533 (1879).

Jahren 1878 und 1879 mitgeteilt, daß bei Einwirkung von phenylessigsaurem Natrium und Essigsäureanhydrid auf Bittermandelöl, Salicylaldehyd oder Anisaldehyd nicht Zimtsäure, und deren Derivate, sondern Phenylzimtsäure, Phenylcumarin und Methoxyphenylzimtsäuren entstehen. Fittig, der sich gleichfalls mit dem Studium dieser Vorgänge beschäftigte, gelangte 1881 bei seinen umfangreichen Untersuchungen über ungesättigte Säuren und Lactone zu folgenden Sätzen[1]):

„1. Daß die Kondensation nicht, wie von Perkin und seitdem allgemein angenommen wird, zwischen dem Aldehyd und dem Anhydrid, sondern zwischen dem Aldehyd und dem Natriumsalz erfolgt und das Anhydrid nur die Rolle des wasserentziehenden Agens spielt.

2. Daß bei diesen Reaktionen nicht gleich Wasserabspaltung, sondern zunächst eine Kondensation nach Art der Würtzschen Aldolbildung stattfindet." In den darauf folgenden Jahren teilte er die experimentellen Beweise mit, die diese Sätze rechtfertigen.

Als bei Beginn der technischen Gewinnung des künstlichen Indigos die Zimtsäure als Ausgangsmaterial diente, fand H. Caro[2]), daß man diese Säure auch direkt aus Benzalchlorid $C_6H_5CHCl_2$ durch Erhitzen mit Natriumacetat darstellen kann und der Umweg über Benzaldehyd nicht nötig ist, um die Zimtsäure synthetisch aus Toluol zu erhalten. Damals kam auch die Beobachtung von Glaser, daß man von der Zimtsäurereihe zu der Phenylpropiolsäurereihe gelangen kann, zu wichtiger wissenschaftlicher und technischer Anwendung, worauf im Kapitel über Indigo zurückzukommen ist.

Dreiundfünfzigstes Kapitel.

Die Additionsprodukte aromatischer Verbindungen.

Wie Mitscherlich gefunden hatte, verbinden sich Chlor und Brom mit Benzol, ohne daß Wasserstoff austritt. Es wurden daher für die so entstandenen Verbindungen Konstitutionsformeln aufgestellt, die den Ansichten über das Öl der holländischen Chemiker entsprachen. Gerhardt bezeichnete das Mitscherlichsche Chlorbenzin als trichlorure de benzine $= C_6H_6 + 3\,Cl_2$, Kolbe dagegen als Dichlorphenylchlorür-Trichlorwasserstoff: $C_{12}\begin{Bmatrix}H_3\\Cl_2\end{Bmatrix}Cl \cdot 3\,HCl$. Kekulé hat bei Aufstellung seiner Benzoltheorie diese Verbindung nicht in Betracht gezogen und es in seinem Lehrbuch noch unentschieden gelassen, ob das Chlorderivat $C_6H_6Cl_6$ als eine Molekularverbindung oder als das Chlorid eines sechsatomigen Radikals anzusehen sei.

---

[1]) B. **14**, 1824 (1881) und A. **216**, 115 (1882).
[2]) D. R. Patent vom 14. Aug. 1880.

Die Additionsprodukte aus der Benzolreihe erlangten erst größere Bedeutung, als die hydroaromatischen Verbindungen entdeckt und genauer untersucht wurden. Die älteste Beobachtung in dieser Beziehung rührt von Kolbe her, der 1861 angab[1]), daß aus Benzoesäure beim Behandeln mit Natriumamalgam neben Bittermandelöl eine ölige Säure entsteht, deren Untersuchung er W. Herrmann[2]) überließ. Dieser stellte fest, daß diese Säure, der er den Namen Benzoleinsäure gab, die Zusammensetzung $C_{14}H_{10}O_4$ ($C = 6$ und $O = 8$) besitzt. Er betrachtete sie als ein intermediäres Glied zwischen Benzoesäure und Önanthylsäure. Graebe hat dann, entsprechend älteren und eigenen Beobachtungen, darauf hingewiesen, daß die Chinasäure[3]) wie die Benzoleinsäure und das Mitscherlichsche Benzolchlorür eine besondere Klasse der aromatischen Verbindungen bilden und nicht zu den Fettkörpern gehören.

Es war dann wesentlich das Studium der Reduktionsprodukte von Phtalsäure und Mellitsäure, wodurch die Erkenntnis dieser Körperklasse gefördert wurde. Über die Inangriffnahme dieser Untersuchungen hat Baeyer später folgendes veröffentlicht[4]): „Als Kekulé im Jahre 1865 seine Benzolformel entwickelt hatte, kam ich auf den Gedanken, die Richtigkeit derselben zu prüfen. Nachdem ich mich überzeugt hatte, daß Natriumamalgam auf Phtalsäure schon in der Kälte einwirkt, gab ich dieses Thema dem Praktikanten Born zu weiterer Bearbeitung, der aber damit nicht zustande kam. Anderweitig hinreichend beschäftigt, bat ich Graebe, der durch seine Studien über Chinasäure Interesse für die hydroaromatischen Körper gewonnen hatte, die Sache in die Hand zu nehmen, so entstand die Abhandlung von Graebe und Born über Hydrophtalsäure. Noch in demselben Jahre erschien Dr. Scheibler in meinem Laboratorium und brachte eine kleine Schachtel mit Honigsteinkrystallen zur Untersuchung. Da Wöhler für die Mellitsäure die Formel $C_4H_2O_4$ aufgestellt hatte, erwartete ich bei der Destillation derselben mit Kalk Acetylen zu bekommen, erhielt aber Benzol und erkannte sie als Benzolhexacarbonsäure. Bei dem Abbau leistete mir die Reduktion mit Natriumamalgam treffliche Dienste und ich war imstande, die Konstitution aller als Abbauprodukte erhaltenen mehrbasischen Säuren festzustellen. Dagegen habe ich bei der Diskussion des Grundes der Isomerie der beiden Formen der Hexahydromellitsäure die Cistransisomerie nicht erkannt." Baeyer hat seine erste kurze Mitteilung über Mellitsäure 1867 in den Annalen[5]) veröffentlicht.

---

[1]) A. **118**, 122 (1861).
[2]) A. **132**, 75 (1864).
[3]) A. **138**, 197 (1866).
[4]) Gesammelte Werke XXXII.
[5]) A. **141**, 171 (1867).

In demselben Jahre teilten Graebe und Born[1]) mit, daß bei der Reduktion die Phtalsäure sich mit zwei Atomen Wasserstoff verbindet und eine zweibasische Säure bildet, die sie Hydrophtalsäure nannten. Die Untersuchung derselben ergab, daß sie sich mit Leichtigkeit wieder in Verbindungen vom Benzoltypus verwandelt. Bei Einwirkung der verschiedenartigsten Reagenzien wird Benzol, Benzoesäure oder Phtalsäure gebildet. Graebe gelangte dadurch zur Ansicht, daß in der Hydrophtalsäure die ringförmige Bindung der sechs Kohlenstoffatome erhalten geblieben sei. Da er nun feststellte, daß unter denselben Bedingungen Benzoesäure, Salicylsäure und Methylsalicylsäure durch Natriumamalgam nur schwierig hydriert werden, so nahm er an, daß die leichte Reduzierbarkeit der Phtalsäure durch das Vorhandensein zweier Carboxyle in Orthostellung bedingt sei und der Hydrophtalsäure vermutlich folgende Formel zukommt:

$$CH = CH - CH = CH - CH(CO_2H) - CH(CO_2H).$$

In einer Abhandlung[2]) „Über die sogenannten Additionsprodukte" hat er dann darauf hingewiesen, daß alle dieser Gruppe angehörigen Substanzen als Derivate dreier Kohlenwasserstoffe C_6H_8, C_6H_{10} und C_6H_{12} anzusehen sind, deren Kohlenstoffatome ringförmig miteinander in Verbindung stehen. Für die Chinasäure als ein Derivat des Hexahydrobenzols stellte er die Formel $C_6H_7(OH)_4 \cdot CO_2H$ auf.

Im Anschluß an seine vorläufige Mitteilung, in der er schon angab, daß sich Mellitsäure mit sechs Atomen Wasserstoff verbindet, veröffentlichte Baeyer in den Jahren 1870 und 1873 seine beiden ausführlichen Abhandlungen über diese Säure[3]). Durch Reduzieren und darauf folgendes Behandeln mit Schwefelsäure entdeckte er zwei neue Tetracarbonsäuren des Benzols und zwei neue dreibasische Säuren. Dann wies er nach, daß auch die von Erdmann erhaltene Pyromellitsäure zu jenen vierbasischen Säuren gehört. So konnte er in der zweiten Abhandlung angeben: „Mit Ausnahme der fünfbasischen Säure sind jetzt alle Carbonsäuren des Benzols, welche nach Kekulés Theorie möglich sind, dargestellt." Versuche, durch vorsichtigen Abbau der Hydromellitsäure zur fünfbasischen Säure zu gelangen, zeigten, daß es auf diesem Wege nicht möglich ist, sie zu erhalten. Dieselbe wurde 1884 von Friedel und Crafts durch Oxydation von Pentamethylbenzol dargestellt.

---

[1]) A. **142**, 330 (1867).
[2]) A. **146**, 66 (1868).
[3]) A. Suppl. **7**, 1 (1870) und A. **166**, 233 (1873).

Da Baeyer fand, daß die drei Benzoltetracarbonsäuren bei der Reduktion in Tetrahydrosäuren übergehen, so machte er darauf aufmerksam, daß bei den Benzolpolycarbonsäuren die Anzahl der aufgenommenen Wasserstoffatome der Zahl der Carboxyle entspricht. Auf indirektem Wege, durch Abbau der Hydromellitsäure, erhielt er jedoch die Tetrahydro- und die Hexahydrophtalsäure. Beim Erhitzen der Hydromellitsäure mit Salzsäure auf 180° beobachtete er die Umwandlung in eine isomere Säure[1]). Später hat sich aus der Aufstellung der Stereochemie ergeben, daß hier, wie im vierundsechzigsten Kapitel besprochen ist, ein Fall von Cistransisomerie vorliegt. Es war dies das erste Beispiel einer derartigen Isomerie bei einer ringförmigen Verbindung.

Alle die in diesem Kapitel besprochenen Reduktionen waren, wie früher die von Malein- und Fumarsäure, mittels Natriumamalgam erhalten worden. Im Laufe der sechziger Jahre ist als zweites Hydrierungsmittel die Jodwasserstoffsäure, deren reduzierende Wirkung vorher nur benutzt wurde, um organischen Verbindungen Sauerstoff zu entziehen, in Anwendung gekommen. Berthelot hatte als erster 1867 gezeigt, daß man mit Hilfe dieser Säure ungesättigte in gesättigte Verbindungen überführen kann, wie Äthylen und Acetylen in Äthan und Jodallyl in Propan. Nach diesem Verfahren, das er als Méthode universelle pour réduire et saturer d'hydrogène les composés organiques[2]) beschrieb, hat er die verschiedenartigsten Verbindungen aus der Gruppe der Fettkörper bis zu den gesättigten Kohlenwasserstoffen reduziert, und dann angegeben, daß auch die aromatischen Verbindungen sich in diese überführen lassen. Durch längeres Erhitzen mit bei 0° gesättigter Jodwasserstoffsäure auf 275—280° erhielt er aus Benzol, Phenol und anderen Benzolderivaten einen bei 69° siedenden Kohlenwasserstoff, von dem er annahm, daß er mit Hexan identisch sei. Ferner gab er an, daß auf gleiche Weise aus Toluol, Benzoesäure usw. Heptan entstehe und sich auch kohlenstoffreichere Substanzen, wie Naphtalin, Anthracen, Terpene usw., in Glieder der Grubengasreihe von der gleichen Anzahl von Kohlenstoffatomen verwandeln lassen. Spätere Versuche zeigten freilich, daß die Reduktion nicht so weit geht. Berthelots Mitteilungen hatten aber zum ersten Male gezeigt, daß sich aromatische Kohlenwasserstoffe mit Wasserstoff verbinden lassen.

Baeyer, dem es in Anbetracht seiner Beobachtungen über das Verhalten der aromatischen Säuren gegen Natriumalmagam unwahrscheinlich erschien, daß durch Jodwasserstoff die aromatischen Kohlenwasserstoffe in die Grubengasreihe übergehen, unternahm es daher,

---

[1]) B. **1**, 119 (1868).
[2]) C. r. **64**, 760 (1867).

nach dieser Richtung hin Versuche anzustellen, wählte aber an Stelle von Jodwasserstoff als Reduktionsmittel Jodphosphonium, um das Freiwerden von Jod zu vermeiden[1]). Aus seinen Versuchen ergab sich, daß Benzol beim Erhitzen von Jodphosphonium selbst bei 350° nicht angegriffen wird, Toluol sich aber mit zwei, Xylol mit vier und Mesitylen sich mit sechs Atomen Wasserstoff verbindet. Aus Naphtalin erhielt er Tetrahydronaphtalin, das sich, wie Graebe angab[2]), bequemer mittels Jodwasserstoffsäure von 127° Siedepunkt und rotem Phosphor durch Erhitzen auf 220° darstellen läßt. Daß Benzol, Toluol, Xylol und Cumol, auch wenn man genau nach Berthelots Vorschrift arbeitet, sich nicht in die Kohlenwasserstoffe der Grubengasreihe überführen lassen, hat Wreden[3]) nachgewiesen. Jene aromatischen Kohlenwasserstoffe hatten sich niemals mit mehr als sechs Atomen Wasserstoff verbunden.

Eine neue Epoche des Studiums aromatischer Hydroverbindungen begann kurz nach Mitte der achtziger Jahre. Zwei Jahrzehnte nach Aufstellung der Theorie der aromatischen Verbindungen hatte es Baeyer von neuem unternommen, zu ermitteln, ob im Benzol Doppelbindungen der Kohlenstoffatome vorkommen. Im Jahre 1886 publizierte er die erste jener mustergültigen Abhandlungen, durch die er die Chemie der hydroaromatischen Verbindungen außerordentlich bereicherte und die Konstitution derselben ermittelte. Diese vortrefflichen Arbeiten, sowie auch diejenigen der zu derselben Zeit begonnenen ausgezeichneten Untersuchungen Wallachs über Terpene gehören einer späteren Periode an, die erst im zweiten Band dieser Geschichte zu besprechen ist.

Ebenso kann hier nur auf die Anfänge der Arbeiten hingewiesen werden, durch die zuerst nachgewiesen wurde, daß außer der Gruppe des Hexahydrobenzols auch kohlenstoffärmere Verbindungen existieren, die als ringförmige Polymethylenverbindungen anzusehen sind. Im Jahre 1882 entdeckte A. Freund das Trimethylen und 1883 erschien die erste der Abhandlungen von W. H. Perkin (junior) über Carbonsäuren von Tri- und Tetramethylen, die er dann ausführlich zugleich mit den von ihm entdeckten Pentamethylenverbindungen unter dem Titel ,,On the Synthetical Formations of Closed Carbon-chains" beschrieben hat.

---
[1]) A. **155**, 266 (1870).
[2]) B. **5**, 678 (1872).
[3]) A. **187**, 163 (1877).

Vierundfünfzigstes Kapitel.
Untersuchungen über Indigo.

Ein Vierteljahrhundert nach der Entdeckung des Isatins, hat Baeyer dasselbe zum Ausgangspunkt von Untersuchungen gemacht, die zu den hervorragendsten gehören, die wir auf dem Gebiet der organischen Chemie besitzen. Es gelang ihm, die Muttersubstanz und wichtige Umwandlungsprodukte des Indigos zu entdecken, diesen Farbstoff synthetisch darzustellen und durch seine Arbeiten die Fabrikation des künstlichen Indigos zu begründen. In einem Vortrag „zur Geschichte der Indigo-Synthese", hat er über die Veranlassung zur Inangriffnahme dieser Untersuchungen folgendes mitgeteilt[1]): „Als ich mich eines Tages mit den Eigenschaften des Isatins beschäftigte, fiel mir die große Ähnlichkeit mit dem Alloxan auf." Nachdem er dann darauf hingewiesen, daß die Versuche, das Isatins zu reduzieren, nur zu komplizierten Produkte geführt hatten, sagte er: „Indessen stand zu hoffen, daß die leitenden Gedanken, welche mich durch das uferlose Meer komplizierter Harnsäurederivate zu dem Malonylharnstoff geführt, auch bei dem Isatin gute Dienste leisten würden."

Er unternahm es daher, in Gemeinschaft mit C. A. Knop[2]), die Reduktion des Isatins zu studieren, was zur Entdeckung zweier neuer Körper $C_8H_7NO_2$ und C_8H_7NO führte, die sie als Hydroxylderivate einer hypothetischen Verbindung, des Indols C_8H_7N, ansahen. Die erstere bezeichneten sie als Dioxindol, die andere als Oxindol. Nachdem Baeyer eine neue Methode aufgefunden hatte, um schwer reduzierbaren Substanzen, wie Phenol, durch Erhitzen mit Zinkstaub den Sauerstoff zu entziehen, gelang es ihm, das Indol aus Oxindol zu erhalten[3]). Auf diese Weise entdeckte er die Muttersubstanz der Indigogruppe.

Drei Jahre später erhielten Baeyer und Emmerling[4]) das Indol auch auf synthetischem Wege, wobei sie von der Überlegung ausgingen, daß, um dies zu verwirklichen, „man in das Benzol eine zweigliedrige Kohlenstoffkette und ein Stickstoffatom einführen und beide miteinander verbinden muß". Durch Zusammenschmelzen von Nitrozimtsäure mit Kalihydrat und etwas Eisen gelang es ihnen, die Synthese des Indols zu verwirklichen. Bildung und Konstitution veranschaulichten sie durch die Gleichung:

---

[1]) B. **33**, Sonderheft LI (1890).
[2]) A. **140**, 1 (1866).
[3]) A. **140**, 295 (1866).
[4]) B. **2**, 679 (1869).

$$C_6H_4{-CH \atop -NO_2} = CH-COOH \quad -CO_2-O_2 = C_6H_4\genfrac{}{}{0pt}{}{CH}{\genfrac{}{}{0pt}{}{\|}{\genfrac{}{}{0pt}{}{CH}{NH}}}$$
Indol

Zugleich stellten sie für Isatin und seine Umwandlungsprodukte folgende Formeln auf:

$$C_6H_4\genfrac{}{}{0pt}{}{C}{\genfrac{}{}{0pt}{}{\|}{\genfrac{}{}{0pt}{}{C}{NH}}}\!\!>\!\!O_2 \;,\quad C_6H_4\genfrac{}{}{0pt}{}{C-OH}{\genfrac{}{}{0pt}{}{\|}{\genfrac{}{}{0pt}{}{C-OH}{N-OH}}} ,\quad C_6H_4\genfrac{}{}{0pt}{}{C-OH}{\genfrac{}{}{0pt}{}{\|}{\genfrac{}{}{0pt}{}{C-OH}{NH}}} ,\quad C_6H_4\genfrac{}{}{0pt}{}{C-OH}{\genfrac{}{}{0pt}{}{CH}{NH}}$$

Isatin · · · · Isatinsäure · · · · Dioxindol · · · · Oxindol

Gegen diese Auffassung erhob Kekulé den Einwand[1]): „Die von Baeyer ausgesprochene Ansicht, die Isatinsäure sei Trioxindol, hat wenig Wahrscheinlichkeit. Da zur schrittweisen Reduktion der Isatinsäure drei verschiedene Reduktionsmittel angewandt werden müssen, so liegt die Vermutung nahe, die Isatinsäure enthalte drei in verschiedener Weise verbundene Sauerstoffatome." Kekulé nahm daher als wahrscheinlich an, dieselbe sei ein Aminoderivat der damals noch unbekannten Säure $C_6H_5 \cdot CO \cdot COOH$ und das Isatin dem Carbostyryl, dem Hydrocarbostyryl usw. vergleichbar:

$$C_6H_4\!\left\{\!\!{CO-CO\cdot OH \atop NH_2}\right. , \qquad C_6H_4\!\left\{\!\!{CO-CO \atop NH}\right.$$

Isatinsäure · · · · · · · · · · · · · · · Isatin

In betreff von Dioxindol und Oxindol sagte er, ihre Konstitution lasse verschiedene Deutung zu. „Der erstere Körper ist vielleicht ein Aldehyd; beim Oxindol hat wohl schon direktere Bindung des Kohlenstoffs stattgefunden. Wird endlich Indol erzeugt, so geht die Kohlenstoffbindung noch weiter; das Indol erscheint als Amidoderivat des von Glaser entdeckten Acetenylbenzols, und zwar als $C_6H_4\!\left\{\!{C \equiv CH \atop NH_2}\right.$"; doch sei „durch neue Versuche festzustellen, ob diese Formeln wirklich die Konstitution der in Rede stehenden Körper ausdrücken". Spätere Untersuchungen zeigten dann die Richtigkeit der Kekuléschen Ansicht für Isatinsäure und Isatin. Für das Indol war dies aber nicht der Fall; die von Baeyer und Emmerling aufgestellte Formel hat sich dauernd als zutreffend bewiesen.

Nachdem V. Meyer nachgewiesen hatte, daß die Salicylsäure der 1, 2-Reihe angehört, hat Baeyer jene Formel weiter aufgelöst und

---

[1]) B. **2**, 748 (1869).

darauf hingewiesen[1]), „daß das Indol aus Benzol und Pyrrol zusammengesetzt wäre, wie das Naphtalin aus zwei Benzolringen:

$$\underset{\text{Indol}}{\begin{array}{c}\text{H H}\\ \text{C C}\\ \text{HC} \diagup \text{C} \diagdown \text{CH}\\ | \quad \| \quad |\\ \text{HC} \diagdown \text{C} - \text{N}\\ \text{C} \quad \text{H}\\ \text{H}\end{array}} \quad , \quad \underset{\text{Pyrrol.}}{\begin{array}{c}\text{H}\\ \text{C}\\ \text{HC} \diagup \diagdown \text{CH}\\ | \quad \quad |\\ \text{C} - \text{N}\\ \text{H} \quad \text{H}\end{array}}$$

Anknüpfend hieran sprach er die Ansicht aus, daß mit dieser Formel für Pyrrol, sich auch „die sauerstoffhaltigen Derivate der Brenzschleimsäure leicht in Einklang bringen lassen, wenn man die Gruppe NH durch O ersetzt:

$$\underset{\text{Tetraphenol Limprichts}^{2})}{\begin{array}{c}\text{H}\\ \text{C}\\ \text{HC} \diagup \diagdown \text{CH}\\ | \quad \quad |\\ \text{HC} - \text{O}\end{array}} \quad \underset{\text{Brenzschleimsäure}}{\begin{array}{c}\text{H}\\ \text{C}\\ \text{HC} \diagup \diagdown \text{C} - \text{CO} \cdot \text{OH}\\ \| \quad \quad |\\ \text{HC} - \text{O}\end{array}}.\text{"}$$

Das später Furan genannte Tetraphenol hatte Limpricht einige Monate vorher durch Erhitzen von brenzschleimsaurem Baryt mit Natronkalk erhalten[2]).

Diese von Baeyer für Indol, Pyrrol und Furan aufgestellten Formeln sowie diejenige, die Körner zu der gleichen Zeit für Pyridin vorschlug, wurden die Musterbeispiele für die später als heterocyclische Verbindungen bezeichneten Substanzen. In derselben Abhandlung, in der Baeyer diese Ansichten entwickelte, teilte er auch die in Gemeinschaft mit Emmerling aufgefundene Tatsache mit, daß sich das Isatin durch Erwärmen mit phosphorhaltigem Phosphorchlorür in Indigo zurückverwandeln läßt. Diese Beobachtung war der erste Schritt zur Synthese des Indigos, die er acht Jahre später, als er seine Untersuchungen über das Isatin wieder aufnahm, zu einer vollständigen machte, indem er die Phenylessigsäure in Isatin überführte und so das Problem der künstlichen Darstellung des Indigos löste[3]). Aus der o-Nitrophenylessigsäure erhielt er durch Reduktion Oxindol und aus diesem das Isatin. Kekulés Formel für letzteres adoptierend, veranschaulichte Baeyer jetzt durch folgende Formeln den Übergang von obiger Nitrosäure in Isatin:

---

[1]) B. **3**, 517 (1870).
[2]) B. **3**, 90 (1870).
[3]) B. **11**, 582, 1228, 1296 (1878).

$$\text{C}_6\text{H}_4\!\!<\!\!{\text{CH}_2 \cdot \text{CO}_2\text{H} \atop \text{NH}_2}, \quad \text{C}_6\text{H}_4\!\!<\!\!{\text{CH}_2-\text{CO} \atop \text{NH}}, \quad \text{C}_6\text{H}_4\!\!<\!\!{\text{CH(NO)}-\text{CO} \atop \text{NH}}$$

o-Amidophenylessigsäure   Oxindol   Nitrosooxindol

$$\text{C}_6\text{H}_4\!\!<\!\!{\text{CH(NH}_2)-\text{CO} \atop \text{NH}}, \quad \text{C}_6\text{H}_4\!\!<\!\!{\text{CO}-\text{CO} \atop \text{NH}}.$$

Amidooxindol   Isatin

Er zeigte dann, daß man einfacher und glatter als früher den Indigo aus Isatin erhält, wenn man zuerst Phosphorchlorid und dann erst Phosphor oder ein anderes Reduktionsmittel einwirken läßt.

Wegen der großen Zahl von Reaktionen bot sich aber noch nicht die Möglichkeit, den Indigo synthetisch im großen darzustellen. Diese erfolgte erst, als Baeyer zwei Jahre[1]) später die o-Nitrophenylpropiolsäure

$$\text{C}_6\text{H}_4\!\!<\!\!{-\text{C}\equiv\text{C}-\text{CO}_2\text{H} \atop -\text{NO}_2}$$

entdeckte.

Wie Baeyer in seinem Patent vom 19. März 1880 und dann im Dezember desselben Jahres durch seine Mitteilung an die Berichte[1]) angab, scheidet sich aus den Lösungen dieser Säure in verdünnten wässerigen Alkalien beim Erwärmen mit Trauben- oder Milchzucker der Indigo in Form feiner blauer Nädelchen aus. Nachdem er diese Beobachtungen gemacht hatte, wandte er sich wegen deren technischen Verwertung an Caro und schloß mit der Badischen Anilin- und Sodafabrik eine Vereinbarung, in die dann auch die Höchster Farbwerke eintraten. Es zeigte sich aber, daß der nach dieser Synthese dargestellte Indigo wegen der zu großen Herstellungskosten nicht mit dem natürlichen Indigo in Konkurrenz treten konnte. Dagegen gelang es Caro, ein Verfahren auszuarbeiten, das es möglich machte, die o-Nitrophenylpropiolsäure zur Erzeugung von Indigo auf der Faser anzuwenden. So kam dann in dieser Form der künstliche Indigo, wenn auch in beschränkterer Menge zur technischen Verwertung. Die dazu erforderliche Nitrophenylpropiolsäure wurde als „Propiolsäure" in den Handel gebracht.

Von den übrigen von Baeyer entdeckten Synthesen hatte namentlich die von ihm in Gemeinschaft mit Drewsen aufgefundene Indigobildung aus o-Nitrobenzaldehyd und Aceton[2]) große Hoffnungen erweckt. Aber trotz der großen Mühe, die auf die Verwendung von o-Nitrobenzaldehyd zur Fabrikation des künstlichen Indigos angewandt wurde, gelang es nicht, denselben billig genug darzustellen[3]).

---

[1]) Über die Beziehungen der Zimtsäure zu der Indigogruppe B. **13**, 2254 (1880).
[2]) B. **15**, 2856 (1882).
[3]) Vgl. Bernthsens Nekrolog auf Caro B. **45**, 2028.

Baeyer war aber eifrig bemüht, sowohl die junge Industrie als auch gleichzeitig die Wissenschaft zu fördern. Durch seine im Laufe der achtziger Jahre ausgeführten Arbeiten über die Indigogruppe hat er die organische Chemie außerordentlich bereichert. Anfangs zurückhaltend in Aufstellung einer Strukturformel für den Indigo, gelangte er 1883[1]) auf Grund seiner Synthesen und namentlich der aus Dinitrodiphenylbiacetylen $NO_2C_6H_4-C\equiv C-C\equiv C-C_6H_4NO_2$, zu der folgenden, alle Tatsachen befriedigend erklärenden Indigoformel:

$$C_6H_4\!<\!\!{NH \atop CO}\!\!>\!C = C\!<\!\!{NH \atop CO}\!\!>\!C_6H_4\;.$$

In derselben Abhandlung war er auch zu dem theoretisch interessanten Ergebnis gekommen, „daß Isatin und Indoxyl sich erst in isomere Verbindungen umwandeln müssen, wenn sie in Glieder der eigentlichen Indigogruppe übergehen. Die Isomeren sind nur in Verbindungen bekannt, im freien Zustand gehen sie von selbst in die ursprüngliche Form zurück. Ihre Unbeständigkeit ist auf die Beweglichkeit der Wasserstoffatome zurückzuführen." Diese labilen Substanzen bezeichnete er als Pseudoverbindungen:

<table>
<tr><td align="center">Stabile Form</td><td align="center">Labile Form</td></tr>
<tr><td align="center">$\begin{array}{c}C_6H_4-CO\\|\quad\quad|\\N=C\cdot OH\end{array}$</td><td align="center">$\begin{array}{c}C_6H_4-CO\\|\quad\quad|\\HN-CO\end{array}$</td></tr>
<tr><td align="center">Isatin</td><td align="center">Pseudoisatin</td></tr>
<tr><td align="center">$\begin{array}{c}C_6H_4-C\cdot OH\\|\quad\quad\|\\HN-CH\end{array}$</td><td align="center">$\begin{array}{c}C_6H_4-CO\\|\quad\quad|\\HN-CH_2\end{array}$</td></tr>
<tr><td align="center">Indoxyl[2])</td><td align="center">Pseudoindoxyl</td></tr>
</table>

Anknüpfend an diese Betrachtungen hat Laar in den Jahren 1885 und 1886 seine Theorie der Tautomerie entwickelt. Auch hat an dieselben die spätere Entwicklung der großen Indigoindustrie angeknüpft. Sie erlangten also nach diesen beiden Richtungen die größte Bedeutung.

Durch dieselben veranlaßt, hat es Heumann[3]) unternommen, „jenes Pseudoindoxyl darzustellen, um so von ihm aus zum Indigo

---

[1]) B. **16**, 2204 (1883).
[2]) Als Indoxyl hatten Baumann und Brieger im Jahre 1879 die im Harnindican an Schwefelsäure gebundene Substanz bezeichnet. Siehe S. 377.
[3]) Carl Heumann (1850—1894) war in Darmstadt geboren und hat in seiner Vaterstadt, in Heidelberg und in Berlin studiert. Er habilitierte sich in Darmstadt an der technischen Hochschule und wurde 1877 zum Professor und Assistenten an dem technisch-chemischen Laboratorium des Polytechnikums in Zürich ernannt. Er starb, ehe seine Entdeckung industriell von Erfolg gekrönt war.

zu gelangen[1])". Er versuchte daher nach folgender Gleichung dem Phenylglykokoll Wasser zu entziehen:

$$C_6H_5 \cdot NH-CH_2 \cdot CO \cdot OH = H_2O + C_6H_4{<}^{CO}_{NH}{>}CH_2.$$

Da die Anwendung wasserentziehender Mittel, wie Chlorzink, Schwefelsäure usw. ein negatives Resultat gab, erhitzte er Phenylglykokoll mit Ätzkali bei Luftabschluß auf 260°. Nach dem Lösen der Schmelze in Wasser erfolgte durch Einwirkung der Luft eine voluminöse Ausscheidung von Indigo. In der zweiten Mitteilung gab er an, daß sich auch die aus Anthranilsäure dargestellte Phenylglycin-o-carbonsäure

$$C_6H_4{<}^{CO_2H}_{NH \cdot CH_2 \cdot CO_2H}$$

in gleicher Weise verhält, und daß bei dieser die Reaktion sogar leichter verläuft.

Die Badische Anilin- und Sodafabrik übernahm die Ausarbeitung dieser überraschenden Entdeckungen. Es bedurfte aber noch einer während mehreren Jahren mit größter Ausdauer fortgesetzten Arbeit, bis es gelang, den künstlichen Indigo konkurrenzfähig zu machen. Wesentlich ist durch die Energie und den Wagemut Bruncks es erreicht worden, daß im Jahre 1897 der künstliche Indigo auf den Markt kam. Von da an entwickelte sich dessen Fabrikation so gewaltig, daß es im Laufe der folgenden Jahre gelang, den natürlichen Indigo vollständig zu ersetzen.

In vortrefflicher Weise sind die wissenschaftlichen und technischen Leistungen, durch deren erfolgreiches Zusammenarbeiten jenes schöne Ziel erlangt wurde, in einer Festsitzung der deutschen chemischen Gesellschaft geschildert worden[2]). Baeyer sprach über „die Geschichte der Indigosynthese" und Brunck über „die Entwicklungsgeschichte der Indigofabrikation". Von den beiden von Heumann patentierten Verfahren war es das zweite, das anfangs allein die genügende Ausbeute lieferte. Daß dasselbe im großen zur Ausführung gelangen konnte, beruhte einerseits auf dem von Hoogewerff und van Dorp 1891 aufgefundenen Methode die Anthranilsäure aus Phtalimid darzustellen und anderseits auf dem in der Badischen Anilin- und Sodafabrik aufgefundenen Verfahren, die Phtalsäure aus Naphtalin durch Oxydation mittels Schwefelsäure bei Gegenwart von Quecksilber zu gewinnen.

Die Bildung des Indigos aus Phenylglykokoll wurde erst industriell brauchbar, nachdem J. Pfleger im Jahre 1901 die interessante

---

[1]) B. **23**, 3043 und 3431 (1890).
[2]) B. **33**, Sonderheft (1900).

Beobachtung machte, daß sich dieselbe zweckmäßiger statt mit Alkali durch Natriumamid bewirken läßt. Von da an waren beide Verfahren in Anwendung und wurden daher zur Gewinnung des künstlichen Indigos außer Essigsäure sowohl Naphtalin wie Benzol als Rohmaterial benutzt.

Fünfundfünfzigstes Kapitel.

Die Chinone und die Konstitution von Naphtalin und Anthracen.

Als Kekulé seine Theorie der aromatischen Verbindungen entwickelte, sprach er sich über die Chinone in folgender Weise aus[1]: „Die offene Kette findet sich im Chinon, im Chloranil und den wenigen Verbindungen, die zu beiden in naher Beziehung stehen." Graebe, dem diese Ansicht nicht mit dem leichten Übergang von Chinon in Hydrochinon im Einklang zu stehen schien, suchte[2] „durch eine experimentelle Untersuchung zu prüfen, ob es nicht richtiger sei, das Chinon entsprechend der Formel

$$C_6H_4\!\!<\!\!^O_O$$

auf die geschlossene Kette zurückzuführen". Da Chinon damals noch eine schwer zugängliche Substanz war, so wählte er das Chloranil als Ausgangspunkt seiner Arbeit. Nachdem er gefunden hatte, daß aus diesem beim Erhitzen mit Phosphorchlorid entsprechend der Gleichung

$$C_6Cl_4O_2 + 2\,PCl_5 = C_6Cl_6 + Cl_2 + 2\,POCl_3,$$

Hexachlorbenzol entsteht, sagte er: „Diese Reaktion sowie das Verhalten des Chinons gegen reduzierende Substanzen, durch welche ein Dioxybenzol und nicht der Körper $C_6H_6(OH)_2$ entsteht, der sich bilden müßte, wenn im Chinon wie im Aceton der Sauerstoff ganz an Kohlenstoff gebunden wäre, lasse sich am einfachsten durch Annahme obiger Formel erklären. Die einfachsten Verbindungen der Chinonreihe sind dann folgendermaßen aufzufassen:

$C_6H_4(O_2)''$ Chinon
$C_6Cl_4(O_2)''$ Chloranil
$C_6Cl_2(H_2N)_2(O_2)''$ Chloranilamid
$C_6Cl_2(HO)_2(O_2)''$ Chloranilsäure."

In der ausführlichen Abhandlung über die Chinongruppe[3] hatte Graebe jedoch auch die Möglichkeit in Betracht gezogen, daß das

---

[1] A. **137**, 134 (1866).
[2] Z. **10**, 39 (1867).
[3] A. **146**, 1 (1868).

Chinon zu den Additionsprodukten des Benzols gehöre und daß die beiden Sauerstoffatome, wie es die Formel

$$\begin{array}{c} CH \\ HC \diagup C = O \\ HC \diagdown C = O \\ CH \end{array}$$

veranschaulicht, mit ihren beiden Valenzen mit den Kohlenstoffatomen in Verbindung stehen. Auch diese Annahme mache es möglich, das Verhalten der Chinone zu erklären, doch seien „diese Erklärungen weniger einfach und klar, wie diejenigen, welche sich aus der Formel $C_6H_4\begin{Bmatrix} O \\ O \end{Bmatrix}$ ergeben". Diese Peroxydformel fand auch damals fast allgemein Anerkennung.

Die Ansicht, daß es richtiger sei, die Chinone als Diketone zu betrachten, knüpfte an die 1872 von Kekulé und Franchimont gemachte Beobachtung an, daß beim Erhitzen von benzoesaurem Kalk außer dem Hauptprodukt, dem Benzophenon, auch Anthrachinon entsteht. Dies veranlaßte zu der gleichen Zeit Zincke[1]) und Fittig[2]) für Anthrachinon die Formel

$$C_6H_4 \diagup^{CO}_{CO} \diagdown C_6H_4$$

als wahrscheinlich zu bezeichnen. Letzterer ging sofort einen Schritt weiter und erklärte, „daß das Anthrachinon, über dessen Konstitution jetzt kaum noch ein Zweifel bestehen kann, auf das deutlichste zeigt, daß bei der Chinonbildung durch den Eintritt von zwei Sauerstoffatomen an die Stelle von zwei Wasserstoffatomen eine zum Zusammenhang des Moleküls überflüssige Bindung zweier Kohlenstoffatome aufgehoben wird. Alle über das Verhalten der Chinone bekannten Tatsachen lassen sich mit dieser Annahme ebenso gut, zum Teil viel besser in Einklang bringen, als mit Graebes Hypothese".

Eine Bestätigung der Auffassung des Anthrachinons als ein Diketon lieferte die von Behr und van Dorp[3]) aufgefundene, durch Wasserabspaltung aus o-Benzoylbenzoesäure erfolgte Bildung von Anthrachinon.

$$C_6H_4 \diagup^{CO \cdot C_6H_5}_{CO \cdot OH} = C_6H_4 \diagup^{CO}_{CO} \diagdown C_6H_4 + H_2O \ .$$

Es war dies das erste Beispiel einer derartigen Ringschließung.

Während diese Auffassung dann auch allgemein adoptiert wurde, war dies für das Chinon selbst noch nicht der Fall. Nachdem die

---

[1]) B. **6**, 137 (1873).
[2]) B. **6**, 168 (1873).
[3]) B. **7**, 578 (1874).

Stellung 1, 4 für Hydrochinon bewiesen war, befinden sich in der Literatur folgende beiden aufgelösten Formeln:

I, II (Strukturformeln)

Die der Figur II entsprechende Fittigsche Formel gelangte erst allgemein zur Anerkennung, nachdem H. Goldschmidt 1884 gefunden hatte[1]), daß sich das Chinon in ein Oxim überführen läßt.

Da bei seinen Untersuchungen über die Chinongruppe Graebe zu der Ansicht gekommen war, daß, abgesehen von den Nitroderivaten, alle gefärbten organischen Verbindungen dem Chinontypus angehören, so hat er die von Hesse[2]) entdeckten gefärbten thiochronsauren und euthiochronsauren Salze, deren Analysen nicht damit übereinstimmten, einer Untersuchung unterworfen. Aus seinen Analysen wie aus dem Studium des Verhaltens ergab sich, daß sie zu den Chinonen gehören und daß bei ihrer Bildung durch Einwirkung von schwefligsaurem Kali auf Chloranil das Chlor durch SO_3K ersetzt wird. Sie sind daher die ersten Beispiele von sulfonsauren Salzen, die mittels Alkalisulfiten erhalten wurden. Wie Strecker fand, läßt sich in analoger Weise diese Reaktion auch bei den Fettkörpern durchführen. Durch Einwirkung von Jodäthyl auf Kaliumsulfit erhielt dieser Chemiker „sulfoäthylsaures Kali" $C_2H_5 \cdot SO_2 \cdot OK$[3]).

Die Erkenntnis, daß die Chloranilsäure zu den hydroxylierten Chinonen gehört, veranlaßte Graebe[4]), die von Laurent entdeckten chlor- und sauerstoffhaltigen Naphtalinderivate, oxynaphtalose und acide chlornaphtalique, zu untersuchen, wobei er zu dem Resultat gelangte, daß sie Derivate von einem noch unbekannten Naphtochinon sind, und zwar entsprechend folgenden Formeln:

$$C_{10}H_4Cl_2 \left\{ \begin{matrix} O \\ O \end{matrix} \right\rangle \text{Dichlornaphtochinon,}$$

$$C_{10}H_4Cl \left\{ \begin{matrix} (O_2)'' \\ OH \end{matrix} \right. \text{Chloroxynaphtochinon,}$$

(Chlornaphtalinsäure).

Als Beweis führte er an, daß diese beiden gefärbten Verbindungen wie die Benzolchinone durch Reduktion farblose Hydroderivate liefern, aus denen sie durch Oxydation wieder regeneriert werden, und daß Fünffachchlorphosphor das Dichlornaphtochinon genau so

---

[1]) B. **17**, 213 (1884).
[2]) A. **114**, 313 (1860).
[3]) Z. **11**, 213 (1868).
[4]) Über die Konstitution des Naphtalins und der Naphtochinone Z. **11**, 114 (1868).

wie das Trichlorchinon verwandelt. Die Sauerstoffatome werden durch zwei Chloratome ersetzt und das hierbei freiwerdende Chlor bildet aus der Tetrachlorverbindung ein Pentachlornaphtalin. Er teilt ferner mit, daß auch die von Martius und Griess aus dem Dinitronaphtalin erhaltene und als eine mit Alizarin isomere Säure beschriebene Substanz als Oxynaphtochinon anzusehen sei. Hierdurch sei auch der Beweis geliefert, daß in den aus Naphtalin dargestellten Säuren, die noch 10 Atome Kohlenstoff enthalten, kein Carboxyl vorhanden ist, was in Übereinstimmung mit der von Erlenmeyer vorgeschlagenen Naphtalinformel stehe.

Im Anschluß an Betrachtungen über Polymerisation hatte Erlenmeyer[1]) folgende Fußnote veröffentlicht: „Das Naphtalin kann man sich zusammengesetzt denken:

$$\begin{array}{c} \text{H} \quad \text{H} \quad\quad \text{H} \quad \text{H} \\ \text{C} = \text{C} - \text{C} = \text{C} - \text{C} = \text{C} \\ \quad\quad | \quad\quad | \\ \quad\quad \text{HC} \quad \text{CH} \\ \quad\quad \| \quad\quad \| \\ \quad\quad \text{HC} - \text{CH} \end{array}$$

Es wäre freilich auch denkbar, daß in dem Kohlenwasserstoff C_8H_8 an die Stelle von 1 Atom Wasserstoff eine Affinität Kohlenstoff getreten wäre, welche im Acetylen mit Wasserstoff verbunden ist." Weiteres hat er hierüber nicht mitgeteilt.

Graebe wies nun darauf hin, daß nach der Erlenmeyerschen Formel „das Naphtalin aus zwei Benzolkernen besteht, die zwei Kohlenstoffatome gemeinsam haben:

$$\begin{array}{c} \text{HC} \quad\quad \text{CH} \\ \text{HC} \diagup \quad\quad \diagdown \text{CH} \\ \quad\quad \text{C} = \text{C} \\ \text{HC} \diagdown \quad\quad \diagup \text{CH} \\ \text{HC} \quad\quad \text{CH} \end{array}"$$

und daß daher bei der Oxydation des Naphtalins zur Phtalsäure sowohl der eine wie der andere Kern angegriffen und die Carboxyle liefern könne. Experimentell ließe sich dies nur auf die Art nachweisen, daß man durch Einführung anderer Elemente ins Naphtalin zu unterscheiden imstande sei, welcher Kern oxydiert werde und welcher erhalten bleibe. Es sei ihm nun gelungen, einen derartigen Beweis aufzufinden. Wie schon Laurent fand, liefert das Dichlornaphtochinon Phtalsäure, es werde also der Kern angegriffen, dessen Kohlenstoffatome mit Chlor und Sauerstoff verbunden sind. Dagegen bilde sich aus dem oben erwähnten Pentachlornaphtalin bei der Oxydation Tetrachlorphtalsäure und in diesem Falle liefere also der andere

---

[1]) A. **137**, 346 (1866).

Kern die Carboxyle. Graebe hat in der ausführlichen Abhandlung[1]) über Naphtalin seine Beweisführung durch Formeln veranschaulicht, die er auf Naphtalin = $C_4H_4(C_2)C_4H_4$ bezog:

$$C_4H_4(C_2)C_4Cl_2(O_2) \longrightarrow C_4H_3Cl(C_2)C_4Cl_4 ,$$
$$\text{Dichlornaphtochinon} \qquad \text{Pentachlornaphtalin}$$
$$\downarrow \qquad\qquad\qquad \downarrow$$
$$C_6H_4(CO_2H)_2 , \qquad (CO_2H)_2C_6Cl_4 .$$
$$\text{Phtalsäure} \qquad \text{Tetrachlorphtalsäure}$$

Geht man von der Diketonformel für Chinon und der Ermittelung, daß das hier in Betracht kommende Naphtochinon der Reihe 1·4 angehört, aus, so kann man obige Schreibweise durch folgende ersetzen:

[Strukturformeln: 1,4-Dichlornaphtochinon → Pentachlornaphtalin; darunter Phtalsäure und Tetrachlorphtalsäure]

Bei der Bildung der Phtalsäure wird der Ring I erhalten, bei der der Tetrachlorphtalsäure aber zerstört.

Nachdem Monnet, Reverdin und Nölting[2]) mitgeteilt hatten, daß bei der Oxydation von Naphtylamin Phtalsäure entsteht, ergab sich aus dieser Tatsache und aus der älteren Beobachtung Marignacs, daß Nitronaphtalin Nitrophtalsäure liefert, eine einfachere Beweisführung für die Konstitution des Naphtalins.

Wie aus der obigen Strukturformel hervorgeht, müssen zwei Reihen von Monosubstitutionsprodukten des Naphtalins existieren. Die einzige aus früherer Zeit beobachtete Tatsache einer derartigen Isomerie, war die Angabe von Faraday über die Existenz zweier gleichzusammengesetzter Sulfosäuren. Diese Tatsache war aber nicht beachtet und so gut wie vergessen worden. In dem Handbuch von Gmelin ist die zweite Faradaysche Säure, die des sogenannten verglimmenden Barytsalzes, mit einem Fragezeichen versehen und in den Lehrbüchern von Gerhardt, von Kolbe und von Limpricht ist sie überhaupt nicht erwähnt. Es ist das Verdienst von Merz[3]),

---
[1]) A. **149**, 1 (1869).
[2]) B. **12**, 2306 (1879).
[3]) Victor Merz (1839—1904) war in Odessa geboren, studierte unter Städeler in Zürich, habilitierte sich daselbst an der Universität, an der er 1870 zum Professor und Direktor des Laboratoriums ernannt wurde. 1893 zog er sich ins Privatleben zurück. Von seinen vielen wertvollen, die organische Chemie betreffenden Arbeiten hat er einen großen Teil zusammen mit dem sieben Jahre jüngeren Freunde W. Weith ausgeführt.

die Richtigkeit der Faradayschen Beobachtungen nachgewiesen und jene zweite Säure, die er β-Naphtalinsulfosäure nannte, genauer untersucht zu haben[1]). Die in dem mit Flamme verbrennenden Barytsalz enthaltene Säure bezeichnet er mit α. Diese Unterscheidung in Alpha- und Beta-Derivate kam später auch für höher substituierte Derivate des Naphtalins zur Anwendung, namentlich so lange es noch nicht möglich war, das schon 1869 von Graebe vorgeschlagene Schema:

zu benutzen.

Daß die meisten der damals bekannten Derivate, wie das Nitronaphtalin und dessen Umwandlungsprodukte, der α-Reihe angehören, ergab sich aus der Überführung der α-Naphtalinsulfonsäure in dasselbe Naphtol, welches Griess 1866 aus Naphtylamin erhalten hatte. Auch der erste technisch zur Anwendung gekommene Naphtalinfarbstoff, das nach dem Entdecker Martiusgelb genannte Dinitronaphtol ist ein Derivat des α-Naphtols, da es aus dem Naphtylamin dargestellt war. Noch lagen aber keine Tatsachen vor, um zu entscheiden, ob die α-Stellung den Ziffern 1, 4, 5 und 8 oder 2, 3, 6 und 7 entspricht. Einige Jahre später hat Petersen in seiner Abhandlung über die Konstitution der Benzolkörper folgende Formel für das 1873 von Groves durch Oxydation von Naphtalin erhaltene Naphtochinon aufgestellt[2]):

Liebermann[3]) hat dann 1876 im Verlauf seiner Studien über die Naphtalingruppe nachgewiesen, daß das Naphtochinon sich auch aus demjenigen Naphtylendiamin und dem Aminonaphtol bildet, deren beide Substituenten den α-Stellungen entsprechen und in einem

---
[1]) Z. **11**, 393 (1868).
[2]) B. **6**, 402 (1873).
[3]) Karl Liebermann, am 23. Februar 1842 zu Berlin geboren, studierte in seiner Vaterstadt und in Heidelberg. Er hat unter Baeyer seine Doktorarbeit über Derivate des Allylens ausgeführt und darauf, um sich der Industrie zu widmen, zuerst in einer Fabrik in Mülhausen und dann in der seinem Vater gehörenden Kattundruckerei gearbeitet. 1867 kehrte er in das Laboratorium von Baeyer zurück, zu dessen Nachfolger an der Gewerbeakademie er 1872 ernannt wurde. Bis zum Jahre 1914 hat er unermüdlich und erfolgreich als Professor der organischen Chemie an der Technischen Hochschule unterrichtet und seine zahlreichen Untersuchungen ausgeführt und ist, bald nachdem er in den Ruhestand getreten war, am 28. Dezember 1914 gestorben. Der Nekrolog auf ihn ist von Wallach und Jacobson verfaßt. B. **51**, 1135.

der Naphtalinringe enthalten sind. Ausgehend davon, daß das Hydrochinon zur 1·4 Reihe gehört, gelangte er zu folgender Ansicht[1]): „So muß man sehr geneigt werden, dem Naphtochinon, welches in allen äußeren Verhältnissen dem Benzochinon ungemein gleicht, ebenfalls die Stellung der Sauerstoffatome 1·4 zuzuschreiben. Hieraus würde sich folgendes Naphtalinschema ergeben:

$$\begin{array}{ccc} \alpha_1 & \alpha & \\ C & C & \\ \beta_1 C & C & C\beta \\ \beta_1 C & C & C\beta \\ C & C & \\ \alpha_1 & \alpha & \end{array}."$$

Diese damals sehr wahrscheinliche Ansicht verlor ihre Beweiskraft, als im darauf folgenden Jahre Stenhouse und Groves ein zweites Naphtochinon entdeckten, das ebenfalls die beiden Sauerstoffatome in demselben Kern enthält. Im Jahre 1880 wiesen dann Reverdin und Nölting[2]) darauf hin, daß, wie aus in den Jahren 1878 und 1879 von O. Miller und von Schall veröffentlichten Versuchen hervorgeht, die aus α-Nitronaphtalin erhaltene Nitronaphtalsäure die Konstitution:

$$\begin{array}{c} \diagup CO_2H \\ \diagdown CO_2H \\ NO_2 \end{array}$$

besitzt, und „so ist nachgewiesen, daß die α-Stellung die den beiden gemeinschaftlichen Kohlenstoffatomen benachbarte ist". Auch konnte jetzt Liebermanns Schema als einwandfrei angesehen werden.

Eine schöne Bestätigung, daß den α-Derivaten die Stellung 1, 4, 5 und 8 zukommt, lieferte die 1883 von Fittig und H. Erdmann entdeckte Synthese des α-Naphtols durch Erhitzen von Isophenylcrotonsäure. Von dieser der folgenden Gleichung entsprechenden Reaktion

$$\begin{array}{cc} \begin{array}{c} CH\ CH \\ HC\ C\ CH \\ HC\ CH\ CH_2 \\ CH\ C=O \\ OH \end{array} = & \begin{array}{c} CH\ CH \\ HC\ C\ CH \\ HC\ C\ CH \\ CH\ C-OH \end{array} + H_2O \end{array}$$

sagten dieselben[3]): „Es kann diese sehr interessante Naphtolbildung wohl als eine Bestätigung der heute fast allgemein angenommenen

---

[1]) A. **183**, 257 (1876).
[2]) B. **13**, 36 (1880).
[3]) B. **16**, 43 (1883).

Formel des Naphtalins und zugleich davon angesehen werden, daß die α-Wasserstoffe des Naphtalins an Kohlenstoffatomen sitzen, die der Verbindungsstelle benachbart sind."

Das oben erwähnte zweite Chinon hatten Stenhouse und Groves[1]) aus Nitroso-β-napthol erhalten und daher als β-Naphtochinon bezeichnet. Daß es ein Orthonaphtochinon ist und die Sauerstoffatome die Stellung 1·2 besitzen, haben Liebermann und Jacobson[2]) bewiesen.

An dieser Stelle mag noch erwähnt werden, daß zum ersten Male am Anfang der achtziger Jahre aufgefunden wurde, daß auch einige Derivate des Naphtalins im Pflanzenreich vorkommen. Cannizzaro und Carnelutti[3]) erhielten 1882 durch Abbau aus Santonin Dimethylnaphtalin und 1884 teilte Bernthsen[4]) mit, daß das in den Walnußschalen vorkommende Juglon beim Erhitzen mit Zinkstaub Naphtalin liefert und die Zusammensetzung eines Oxynaphtochinons besitzt. Die Zahl der in der Natur vorkommenden Naphtalinverbindungen blieb aber eine sehr beschränkte. Einen um so umfangreicheren Raum nehmen aber die künstlich aus dem Naphtalin dargestellten Verbindungen in der chemischen Literatur ein. Nachdem der Wert derselben für die Gewinnung der Azofarben erkannt war, wurden eine große Zahl von Sulfonsäuren der Oxy- und Aminoderivate des Naphtalins industriell dargestellt.

Graebes Ansicht, daß die Chlornaphtalinsäure sowie die von Martius und Griess aus Dinitronaphtol erhaltene und als ein Isomeres des Alizarins beschriebene Verbindung $C_{10}H_6O_3$ zu den Chinonen gehören, ließ es als wahrscheinlich erscheinen, daß auch das Alizarin eine Chinonsäure sei und machte den Wunsch geltend, auch die Konstitution dieses Farbstoffs aufzuklären. Meist wurde derselbe damals, wie z. B. in den Lehrbüchern von Gerhardt und von Limpricht als ein Abkömmling des Naphtalins angesehen[5]). Es fehlte aber noch ein experimenteller Beweis. Als nun Graebe und Liebermann den Entschluß faßten, das Alizarin zum Gegenstand einer Untersuchung zu machen, waren sie so glücklich, die von Baeyer, in dessen Laboratorium sie arbeiteten, entdeckte Reduktionsmethode mittels Zinkstaub benutzen zu können. Beim Erhitzen von Alizarin mit Zinkstaub erhielten sie einen festen Kohlenwasserstoff, dessen Analyse und Eigenschaften darauf hinwiesen, daß er mit dem von Dumas und Laurent im Teer entdeckten und dann 1862 von Anderson etwas genauer untersuchten Anthracen identisch ist.

[1]) A. **189**, 153 (1877).
[2]) A. **211**, 63 (1882).
[3]) G. **12**, 293 (1882).
[4]) B. **17**, 1943 (1884).
[5]) Siehe fünfundzwanzigstes Kapitel, S. 120.

Hieraus ergab sich die Tatsache, daß das Alizarin vierzehn Atome Kohlenstoff enthalten muß. Auch zeigte eine Durchmusterung der älteren Analysen, daß dieselben gut mit der Formel $C_{14}H_8O_4$ übereinstimmen. Diese wurde dann von Graebe und Liebermann, „gestützt auf die Ähnlichkeit der physikalischen Eigenschaften des Alizarins mit denen der Chlornaphtalinsäure und des Oxynaphtochinons", in folgender Weise weiter aufgelöst:

$$C_{14}H_6 \begin{cases} (OH)_2 \\ (O_2)'' \end{cases}.$$

Anknüpfend hieran sagten sie: „Der Nachweis, daß das Alizarin ein Derivat des Anthracens ist, erlaubt auch einen Schluß auf die Konstitution dieses Kohlenwasserstoffs." Von der Tatsache ausgehend, daß aus dem Alizarin Phtalsäure entsteht und daß Benzol, Naphtalin und Anthracen ein Reihe von Kohlenwasserstoffen bilden, deren Formeln sich durch C_4H_2 unterscheiden, nahmen sie an, daß „das Anthracen in derselben Weise aus drei Benzolringen bestehe, wie das Naphtalin aus zweien gebildet ist:

(I)

Auch haben sie darauf hingewiesen, daß diese Formel mit der von Limpricht 1866 entdeckten Anthracensynthese[1]), durch Erhitzen von Benzylchlorid mit Wasser auf 190°, übereinstimmt. In ihrer ausführlichen Abhandlung über Anthracen und Alizarin[2]), haben Graebe und Liebermann jedoch angegeben, daß sowohl diese Synthese, wie die Bildung von Phtalsäure aus Alizarin ebensogut folgender Formel entspricht:

(II)

---

[1]) A. **139**, 307 (1866).
[2]) A. Suppl. **7**, 257 (1869).

Sie bevorzugten aber damals die Formel I, weil sie die von Berthelot[1]) aufgefundene Bildung des Anthracens aus Styrol und Benzol einfacher veranschauliche. Aus der Entdeckung und dem Studium des Phenanthrens[2]) ergab sich sodann 1872, daß die Formel I dem Phenanthren zukommt, und daher für Anthracen die Formel II anzunehmen ist. Bestätigt wurde dieselbe durch die in demselben Jahre von van Dorp[3]) aufgefundene Anthracenbildung beim Durchleiten von Benzyltoluol $C_6H_4{\genfrac{}{}{0pt}{}{-CH_2 \cdot C_6H_5}{-CH_3}}$ durch eine glühende Röhre und dann später durch die Synthesen von Oxyanthrachinonen aus Phtalsäure und Hydroxylderivaten des Benzols.

Graebe und Liebermann unternahmen sofort, nachdem sie das Alizarin zu Anthracen reduziert hatten, Versuche, dasselbe aus diesem Kohlenwasserstoff künstlich darzustellen. Obwohl anfangs die Schwierigkeit, Anthracen zu erhalten, die Arbeit sehr erschwerte, konnten sie im November 1868 Patente auf die künstliche Gewinnung von Alizarin einreichen. Ihr Verfahren beruhte auf Umwandlung von Anthracen in Anthrachinon, Einführen von Brom in dasselbe und Ersatz des Broms durch Hydroxyl.

Als Anthrachinon bezeichneten sie die von Laurent durch Einwirkung von Salpetersäure auf Anthracen erhaltene Anthracenuse, die Anderson 1862 auf gleiche Weise darstellte und Oxanthracen genannt hatte. Graebe und Liebermann gaben in ihrem Patent schon an, daß man zur Darstellung desselben an Stelle von Salpetersäure zweckmäßiger Kaliumdichromat und Schwefelsäure oder Essigsäure anwendet. Später teilten sie mit, daß für Gewinnung kleiner Mengen Chromsäure und Eisessig noch geeigneter sind. Die Überführung in Alizarin gelang durch Erwärmen des Anthrachinons mit Brom auf 100° und Erhitzen des entstandenen Bromprodukts mit ganz konzentrierter Kalilauge bis etwas über 180°. Aus der in Wasser gelösten Schmelze schied sich auf Zusatz von Salzsäure Alizarin aus. So wurde die erste Synthese eines in dem Pflanzenreich vorkommenden Farbstoffs aufgefunden.

Graebe und Liebermann hatten auch schon versucht, das Anthrachinon in Sulfonsäuren überzuführen, aber dabei nicht höher erhitzt, als es bei den Darstellungen von Sulfonsäuren üblich war. Ein glücklicher Zufall führte dann Caro[4]), wie sich der Verfasser

---

[1]) A. ch. [4] **12**, 27 (1867).
[2]) Siehe Kapitel 56.
[3]) B. **5**, 1070 (1872).
[4]) Heinrich Caro (1834—1910), zu Posen geboren, war von 1852—1855 Schüler des Gewerbeinstituts in Berlin, dann einige Zeit in Mülheim a. Ruhr in einer Kattundruckerei in Stellung, wurde 1859 in Manchester Assistent von John Dale. Nachdem er ein Patent auf eine Verbesserung der Mauveindarstellung genommen hatte, wurde er Associé von Roberts Dale & Cie. Nach Deutschland zurückgekehrt, trat er 1868

dieses Buches, der damals mit ihm zusammen an der Verwertung des Alizarinpatents arbeitete, erinnert und wie auch Bernthsen angab[1]), auf den richtigen Weg. Caro wollte durch Erhitzen von Anthrachinon mit Oxalsäure und Schwefelsäure eine der Rosolsäure analoge Verbindung darstellen. Als er den Versuch schon als resultatlos hatte aufgeben wollen, wurde er abgerufen. Nach seiner Rückkehr war Überhitzung eingetreten und in der Schale eine Masse zurückgeblieben, deren Aussehen für Bildung einer Sulfonsäure sprach. Dieser Beobachtung verdankt das am 25. Juni 1869 eingetragene, aber schon früher übersandte englische Patent von Caro, Graebe und Liebermann seine Entstehung. Durch Schuld des Patentagenten war eine Verzögerung eingetreten. Am 26. Juni reichte Perkin auf dasselbe Verfahren ein Patent ein.

In ihrer ausführlichen Abhandlung über Anthracen und Alizarin haben Graebe und Liebermann auch die Frage diskutiert, in welcher Weise die Sauerstoffatome im Anthrachinon und Alizarin enthalten sind. Infolge des Verhaltens dieser beiden Verbindungen gegen Oxydationsmittel gelangten sie zu der Ansicht, daß die Chinonsauerstoffe dem mittleren, die Hydroxyle einem der äußeren Ringe angehören, wie folgende Formeln zeigen:

$$C_{14}\begin{cases} H_4 \\ O_2 \\ H_4 \end{cases}, \qquad C_{14}\begin{cases} H_4 \\ O_2 \\ H_2(OH)_2 \end{cases}.$$

Anthrachinon   Alizarin

Eine Bestätigung dieser Anthrachinonformel ergab sich aus der Beobachtung, daß das Anthrachinon in der Kalischmelze in Benzoesäure übergeführt wird, also eine Spaltung des mittleren Ringes erfolgt[2]). Weitere Beweise lieferte das von Kekulé und Franchimont 1872 mitgeteilte Auftreten von Anthrachinon als Nebenprodukt bei der Benzophenondarstellung und die Bildung von Oxyanthrachinonen aus Oxybenzoesäuren sowie bei Einwirkung von Phenol und Hydrochinon auf Phtalsäureanhydrid.

Bei der Untersuchung der Anthrachinonderivate hatten Graebe und Liebermann gefunden, daß Monobromanthrachinon beim

---

in die Badische Anilin- und Soda-Fabrik ein, wurde Leiter des wissenschaftlichen Laboratoriums und später Mitglied des Vorstandes. Von 1899 bis zu seinem Tode gehörte er dem Verwaltungsrat dieser Fabrik an. In diesen verschiedenen Stellungen beteiligte er sich von den ersten Anfängen der Teerfarbenindustrie an aufs erfolgreichste an deren Entwicklung, die er auch in interessanter Weise in B. 25, R. 955 (1892) geschildert hat. In dem von Bernthsen auf Caro verfaßten Nachruf, B. 45, 1987, ist gleichfalls viel wertvolles Material zur Geschichte jener Industrie enthalten.

[1]) S. 2003 des Nekrologs auf Caro. In demselben hat auch Bernthsen die Schwierigkeiten geschildert, die mit der Patentierung verbunden waren.

[2]) B. 3, 634 (1870).

Schmelzen mit Kalihydrat Alizarin liefert, sich also genau so verhält wie das Trichlorchinon, das durch Alkalien in Chloranilsäure übergeführt wird. In einer Ergänzung[1]) zu ihrer früheren Abhandlung teilten sie 1871 mit, daß auch die Anthrachinonmonosulfosäure Alizarin liefert und, daß dabei zuerst ein Oxyanthrachinon entsteht, dessen Auftreten schon Glaser und Caro als Nebenprodukt bei der Alizarinfabrikation beobachtet hatten und das in der Schmelze zu Alizarin oxydiert wird. Es ergab sich dann, wie von den in der Industrie beschäftigten Chemikern gefunden wurde, als vorteilhaft, der Schmelze die berechnete Menge von Kaliumchlorat oder auch Salpeter hinzuzufügen, um eine vollständige Umwandlung des Oxyanthrachinons in Alizarin zu bewirken. Daß die Anthrachinondisulfonsäuren sich ebenso verhalten, wurde von Caro und Perkin bei der Ausarbeitung der Alizarinfabrikation beobachtet. Es entstehen zuerst Dioxyanthrachinone, die Anthraflavinsäure und die Isoanthraflavinsäure, und dann die technisch wertvollen Trioxyanthrachinone, das Anthrapurpurin und das Flavopurpurin.

Daß die von Robiquet 1836 durch Erwärmen von Gallussäure mit konzentrierter Schwefelsäure erhaltene Rufigallussäure ein Anthracenderivat und als Hexaoxyanthrachinon aufzufassen ist, hat Benno Jaffé 1870 bewiesen[2]). Diese Reaktion wurde dann durch Barth[3]) und Senhofer auf Dioxybenzoesäure und Oxybenzoesäure angewandt[4]); sie erhielten aus der ersteren das Anthrachryson und aus der anderen ein Dioxyanthrachinon, das mit der Anthraflavinsäure aus Anthrachinon identisch ist. Alle die aus den Oxysäuren dargestellten Verbindungen enthalten ihrer Bildung nach die Hydroxyle zwischen den beiden äußeren Ringe verteilt und liefern daher bei der Oxydation keine Phtalsäure. Ebenso verhalten sich im Gegensatz zum Purpurin die beiden künstlich aus den Anthrachinondisulfonsäuren entstehenden Trioxyanthrachinone.

Die Stellung der Hydroxyle im Alizarin wurde 1874 durch die schönen Untersuchungen von Baeyer und Caro[5]) „Synthesen von Anthrachinonabkömmlingen aus Benzolderivaten und Phtalsäure" ermittelt. Dieselben erhielten durch Kondensation von Phtalsäureanhydrid mit Phenol neben dem bekannten Oxyanthrachinon dessen Isomeres, das sie Erythroxyanthrachinon nannten und von dem sie

---

[1]) A. **160**, 132 (1871).
[2]) B. **3**, 694 (1870).
[3]) Ludwig Barth von Barthenau (1839—1890), in Roveredo geboren, war ein Schüler von Hlasiwetz, zu dessen Nachfolger in Innsbruck er 1867 ernannt wurde. 1876 wurde er an die Universität in Wien berufen. Sein Forschergebiet betrifft wie das seines Lehrers wesentlich die Untersuchung pflanzlicher Produkte und die der hydroxylierten aromatischen Verbindungen. Nekrolog in B. **24**, Ref. 1089.
[4]) A. **164**, 113 (1872) und **170**, 100 (1873).
[5]) B. **7**, 968 (1874).

nachwiesen, daß es ebenso wie das Oxyanthrachinon durch Schmelzen mit Alkalien in Alizarin verwandelt wird. Da sie nun ferner aus Phtalsäure und Brenzcatechin Alizarin und aus Phtalsäure und Hydrochinon ein neues Dioxyanthrachinon, das Chinizarin, erhielten, so war es ihnen möglich, folgende Formeln für diese Farbstoffe aufzustellen:

$$C_6H_4 \cdot C_2O_2 \diagup\hspace{-0.5em}\genfrac{}{}{0pt}{}{\text{OH}}{\underset{\underset{\text{H}}{\text{C}}}{\overset{\overset{\text{OH}}{\text{C}}}{\begin{array}{c}\text{C} \text{ COH}\\ \| \; |\\ \text{C} \text{ CH}\end{array}}}}\diagdown\hspace{-0.5em} \quad , \quad C_6H_4 \cdot C_2O_2 \diagup\hspace{-0.5em}\genfrac{}{}{0pt}{}{\text{OH}}{\underset{\underset{\text{OH}}{\text{C}}}{\overset{\overset{}{\text{C}}}{\begin{array}{c}\text{C} \text{ CH}\\ \| \; |\\ \text{C} \text{ CH}\end{array}}}}\diagdown\hspace{-0.5em}$$

Alizarin   Chinizarin

Gleichfalls durch Synthese wurde auch die Stellung der drei Hydroxyle im Purpurin aus Krapp ermittelt. F. de Lalande[1]) hatte 1874 Alizarin durch Oxydation mittels Braunstein in diesen Farbstoff übergeführt. Baeyer und Caro[2]) erhielten denselben nach diesem schönen Verfahren auch aus Chinizarin, woraus sich die Stellung für Purpurin 1·2·4 ergab. Demnach mußte das mit demselben isomere, aus Gallussäure und Benzoesäure erhaltene Anthragallol 1·2·3-Trioxyanthrachinon sein. Diese Tatsache hatte zugleich den ersten Beweis, daß in der Pyrogallussäure die Hydroxyle die Stellung 1·2·3 einnehmen, geliefert.

Aus Reduktionsversuchen des Chinizarins ergab sich die Stellung des Hydroxyls in den beiden Monooxyanthrachinonen. Wie Liebermann 1878 mitteilte, läßt sich aus diesem Dioxyanthrachinon Erythroxyanthrachinon erhalten[3]). Letzteres gehört also der Reihe 1 und das Oxyanthrachinon der Reihe 2 an, wenn man für die Wasserstoffatome des Anthrachinons dieselben Ziffern verwendet wie für Naphtalin. Die Ermittlung dieser Stellungen wurde eine wichtige Grundlage für die der anderen Abkömmlinge des Anthracens.

Aus der Untersuchung des im folgenden Kapitel zu besprechenden Phenanthrens ergab sich zum ersten Male die Tatsache, daß es, außer den Chinonen, in denen, wie im Benzo-, Naphto- und Anthrachinon, die beiden mit Sauerstoff verbundenen Kohlenstoffatome sich in Parastellung befinden, auch solche gibt, die als Orthochinone zu bezeichnen sind. Wie in demselben Kapitel angegeben ist, wurde dann auch für Chrysochinon die Zugehörigkeit zu dieser Gruppe erwiesen. Ferner zeigte sich, daß, wie oben erwähnt, das β-Naphtochinon zu derselben gehört.

---

[1]) C. r. **79**, 69 (1874).
[2]) B. **7**, 152 (1875).
[3]) B. **11**, 1610 (1878) und A. **212**, 23 (1882).

Während infolge der Entwicklung der Alizarinindustrie es in den siebziger Jahren möglich war, die an Kohlenstoff reichen Chinone leicht zu erhalten, war das einfachste Chinon wie dessen Hydroverbindung noch so lange ein schwierig zu verschaffender Körper, bis Nietzki[1]) die Beobachtung machte, daß bei der Oxydation von Anilinschwarz mit Kaliumdichromat und Schwefelsäure reichlich Chinon entsteht[2]). Er teilte dann 1877 mit, daß mittels dieses Oxydationsmittels sich aus Anilin sowohl Hydrochinon wie Chinon leicht darstellen läßt. Genauer hat er seine vortreffliche Methode in dem folgenden Jahr beschrieben. Wie erwünscht sie für diejenigen war, die Hydrochinon benutzen wollten, zeigt sofort eine Abhandlung[3]) von Eckstrand, der am Anfang derselben angab: „Nachdem das Hydrochinon durch Nietzkis schöne Darstellungsmethode ein sehr leicht zugänglicher Körper geworden, habe ich auf Veranlassung des Herrn Prof. Baeyer die von Grimm begonnene, aber wegen Mangel an Material nicht weiter geführte Untersuchung des Hydrochinonphtaleïns wiederaufgenommen."

Nietzki selbst benutzte seine Methode zum weiteren Ausbau der Chinongruppe und gelangte dann in den achtziger Jahren, nachdem er seine Stellung in der Industrie aufgegeben hatte, durch eine Reihe mustergültiger Untersuchungen zu sehr interessanten Resultaten. Ausgehend von der schon 1877 gemachten Entdeckung der Nitranilsäure erhielt er 1885 in Gemeinschaft mit Benckiser das Hexaoxybenzol, das Tetroxychinon und Di- und Trichinoylderivate des Benzols, also eine neue Art von Verbindungen, in denen die für Chinon charakteristische Gruppe zwei- oder dreimal enthalten ist. Zugleich konnte er nachweisen, daß das Kohlenoxydkalium ein Benzolderivat $C(OK)_6$ ist, und die Konstitution der aus demselben erhaltenen Rhodizon- und Krokonsäure aufklären[4]).

Am Schluß dieses Kapitels ist noch darauf hinzuweisen, daß das Studium der Chinone zu Aufstellung einer Theorie über die Beziehungen zwischen Konstitution und Farbe der organischen Verbindungen geführt hat, deren Entstehung und Weiterbildung Baeyer

---

[1]) Rudolf Nietzki (1847—1917), in Heilsberg (Ostpreußen) geboren, widmete sich anfangs der Apothekerlaufbahn, zog es aber 1871 vor, Privatassistent von A. W. Hofmann zu werden. 1874 wurde er Analytiker in einer Schwefelsäurefabrik. Da ihm diese Tätigkeit nicht zusagte, nahm er 1876 eine Assistentenstelle bei Franchimont in Leyden an. 1879 trat er in das wissenschaftliche Laboratorium der Farbenfabrik von Kalle & Co. ein. Vier Jahre später gab er diese Stellung auf und habilitierte sich an der Universität Basel. 1887 wurde er daselbst außerordentlicher und 1895 ordentlicher Professor. Der Anfang einer schweren Krankheit nötigte ihn, im Jahre 1911 seine Entlassung zu nehmen. Ein von H. Rupe verfaßter Nekrolog ist in Ch. Z. 1918, S. 101 erschienen.

[2]) B. 10, 1934 (1877) und 11, 1610 (1878).
[3]) B. 11, 713 (1878).
[4]) B. 18, 499 (1885).

in seinem schönen Vortrag über Anilinfarben[1]) folgendermaßen schilderte:

„Die erste Theorie des Zusammenhanges zwischen Farbe und chemischer Konstitution verdankt man Carl Graebe. Dieser hatte Mitte der sechziger Jahre in meinem Laboratorium in Berlin eine Untersuchung über das Chinon angestellt, und war durch den Farbenreichtum in dieser Gruppe zu der Überzeugung gelangt, daß die meisten Farbstoffe Abkömmlinge des Chinons sind. So wurde er zur Untersuchung des Krappfarbstoffs geführt, den er mit Liebermann ausführte. Eine Frucht dieser Arbeit war die im Jahre 1868 von beiden veröffentlichte Abhandlung[2]): ‚Über den Zusammenhang zwischen Molekularkonstitution und Farbe bei organischen Verbindungen', in der die noch heute geltende Theorie der Farbstoffe aufgestellt wurde. Witt führte diese Gedanken in seiner acht Jahre später erschienenen Abhandlung[3]) ‚Zur Kenntnis des Baues und der Bildung färbender Kohlenstoffverbindungen', noch weiter aus und stellte den Satz auf, daß neben der farbgebenden Gruppe, dem Chromophor, zur Bildung eines Farbstoffes auch noch eine salzbildende Gruppe, das Auxochrom, erforderlich sei. Die Ansichten von Graebe, Liebermann und Witt werden heute noch von den meisten Chemikern geteilt, und namentlich hat der ursprüngliche Gedanke von Graebe, daß die Chinongruppe in den meisten Farbstoffen das farberzeugende Prinzip sei, unter dem Namen der chinoiden Theorie der Farbstoffe immer mehr Anhänger gefunden."

Sechsundfünfzigstes Kapitel.

Pyrogene Synthesen und die Bestandteile des Steinkohlen- und Buchenholzteeres.

Einwirkung höherer Hitze war von alters her eines der am meisten angewandten Mittel zur Gewinnung organischer Umwandlungsprodukte. Mit wenig Ausnahmen wurden hierbei aus kompliziert zusammengesetzten Verbindungen einfachere erhalten. Auch in jenen wenigen Fällen, in denen, wie bei der Bildung von Aceton oder von Cyangas, aus kohlenstoffärmeren Stoffen kohlenstoffreichere entstehen, wurde anfangs Zersetzung angenommen. Der erste, der den Begriff von pyrogener Synthese schuf und durch ein reiches Beobachtungsmaterial begründete, war Berthelot. Er zeigte, wie aus zwei der einfachsten Kohlenwasserstoffe, aus Acetylen und Äthylen, unter dem Einfluß hoher Temperatur sich jene Verbindungen

---

[1]) Z. Ang. **19**, 1287 (1906).
[2]) B. **1**, 106 (1868).
[3]) B. **9**, 522 (1876).

bilden, die er als carbures pyrogénés bezeichnete. Dieses Arbeitsgebiet, über das er im Laufe der zweiten Hälfte der sechziger Jahre eine große Zahl von Abhandlungen veröffentlichte, hat er- im Anschluß an seine Untersuchungen über Acetylen in Angriff genommen[1]: „Ayant été conduit par la suite de mes expériences à observer l'action de la chaleur sur l'acétylène, j'ai reconnu, non sans étonnement, que ce carbure se détruit avec une extrême facilité sous l'influence d'une très haute température : résultat en apparence contradictoire avec la stabilité extraordinaire qui est attestée par les conditions de la synthèse de l'acétylène. L'explication de ce paradoxe peut être trouvée, en examinant de plus près l'action de la chaleur sur l'acétylène et sur divers autres carbures d'hydrogène, soit purs, soit mélangés entre eux, soit enfin mis en présence de certains corps étrangers." So gelangte er zu der für pyrogene Synthesen grundlegenden Beobachtung[2], daß beim Erhitzen von Acetylen in einer gebogenen Röhre bis zum Weichwerden des Glases. infolge von Polymerisation, sich Benzol bildet.

Da er beobachtete, daß gleichzeitig auch geringe Mengen eines höher siedenden Produkts auftraten, leitete er das Benzol durch eine bis zu lebhafter Rotglut erhitzte Porzellanröhre und erhielt[3] auf diese Weise das von Fittig entdeckte Biphenyl. Entsprechend seinen damaligen Ansichten über die Konstitution der Kohlenwasserstoffe erklärte Berthelot diesen Vorgang folgendermaßen : „Je représente ce carbure comme engendré par la substitution d'une molécule de benzine $C^{12}H^6$ à un volume égal d'hydrogène H^2 dans une autre molécule de benzine,

$$\text{diphényle } C^{12}H^4(C^{12}H^6) \text{."}$$

Von allen derartigen synthèses pyrogénées ist die Biphenylbildung die glatteste und wird auch heute noch zur Darstellung dieses Kohlenwasserstoffs benutzt.

Viel komplizierter erfolgt die Umwandlung des Toluols bei hoher Temperatur. Berthelot fand, daß neben viel flüssigen Produkten Anthracen entsteht. Daß sich auch gleichzeitig Phenanthren bildet, hat Graebe nachgewiesen. Auch die Produkte, die bei hoher Temperatur durch Einwirkung von Acetylen und namentlich von Äthylen auf Benzol, Styrol und Naphtalin entstehen, hat Berthelot untersucht[4]. Aus Benzol und Äthylen erhielt er Styrol, Naphtalin und Anthracen. Reichlicher bildeten sich Naphtalin und Anthracen aus Äthylen und Styrol. Naphtalin lieferte bei der Kondensation mit

---

[1] C. r. **62**, 905 (1866); A. ch. [4] **9**, 455 (1866).
[2] C. r. **63**, 479 (1866).
[3] C. r. **63**, 788 (1866).
[4] A. ch. [4] **12**, 5 (1867).

Äthylen oder Acetylen das Acenaphten, das er auch bei seinen Untersuchungen des Steinkohlenteers[1]) aufgefunden hatte und das er als „le plus beau peut-être des carbures contenus dans le goudron" bezeichnete. Berthelot hat zur Erkennung dieser Kohlenwasserstoffe, die von Fritzsche 1857 gemachte Beobachtung, daß Benzol, Naphtalin und Anthracen mit Pikrinsäure charakteristische Verbindungen bilden, in allen diesen Arbeiten benutzt.

Da bei dem synthetischen Aufbau der Kohlenwasserstoffe durch pyrogene Reaktion immer freier Wasserstoff entsteht, so hat Berthelot auch die entgegengesetzte Reaktion studiert und gefunden, daß in jenen Kohlenwasserstoffen durch Wasserstoff bei hoher Temperatur Spaltungen bewirkt werden. Auf diesen Vorgang ist, wie er ausführlich durch Formeln veranschaulichte, der komplizierte Verlauf der pyrogenen Umwandlungen zurückzuführen. Die hierbei auftretenden Zersetzungen bezeichnete er im Gegensatz zu der synthèse pyrogénée als analyse pyrogénée und erklärte mit Hilfe der letzteren die Bildung von Teerbestandteilen, die er durch die erstere nicht erhalten konnte.

Toluol, das beim Durchleiten von Benzol und Methan durch eine glühende Röhre nicht entstanden war, befand sich in dem bei hoher Temperatur durch Einwirkung von Wasserstoff auf Styrol auftretenden Produkte[2]), was er durch folgende Gleichung veranschaulichte:

$$2\ C^6H^4(C^2H^4) + H^2 = 2\ C^6H^4(CH^4) + C^2H^2\ .$$
Styrolène   Méthylbenzine   Acéthylène

Diese Formeln entsprechen dem Abdruck seiner Abhandlungen in dem Werk „Les Carbures d'Hydrogène". In den ursprünglichen Publikationen waren sie noch nach Äquivalenten geschrieben. Berthelot nahm dann an, daß auch in den Retorten der Gasfabriken dieselbe Reaktion das Toluol erzeugt. Die Entstehung von Xylol führte er ebenfalls auf Styrol zurück, das durch Aufnahme von Wasserstoff in Äthylbenzol übergehe, das dann sich in Xylol umlagere.

Da er ferner gefunden hatte, daß bei Rotglühhitze aus Benzol und Ammoniak sich etwas Anilin bildet, so führte er die Bildung der hauptsächlichsten Bestandteile des Steinkohlenteers auf Kondensation einer kleinen Zahl einfacher Verbindungen, und zwar wesentlich auf Acetylen, Äthylen und Ammoniak zurück. „Deux conditions générales président au développement du goudron, savoir: La distillation sèche de la houille, c'est-à-dire la décomposition

---

[1]) C. r. **65**, 507 (1867).
[2]) A. ch. [4] **12**, 81 (1867).

d'une matière organique complexe, sous l'influence d'une température croissante jusqu'au rouge vif, et l'action prolongée de la température rouge sur les produits formés d'abord pendant la distillation sêche. Suivant que l'une et l'autre de ces conditions prédomine, les produits changent de nature et de proportion relative. Dans la destillation industrielle de la houille, la seconde condition, c'est-à-dire l'influence de la température rouge, est d'ordinaire rendue prépondérante. Les principes du goudron énumérées plus haut[1]) prennent surtout naissance dans cette condition. — Les corps développés sous l'influence prolongée de la température rouge sont formés non seulement au dépens de la houille, mais aussi aux dépens d'une multitude d'autres substances organiques: c'est pourquoi ils doivent être engendrés par la transformation et par les actions réciproques d'un petit nombre de principes, produits ultimes de toute décomposition." In betreff des Auftretens von Naphtalin bei der trockenen Destillation hat schon Reichenbach 1831 auf Grund seiner Versuche die Ansicht aufgestellt, daß es sich aus den entstandenen Dämpfen durch Einwirkung höherer Temperatur bilde.

Wenn auch Berthelot wiederholt vorgeworfen wurde, er habe sich bei seinen Feststellungen zu sehr auf qualitative Reaktionen verlassen, so haben sich seine Angaben über die pyrogenen Synthesen doch im großen und ganzen bestätigt, wie es sich vor allem aus den in größerem Maßstab in der allerletzten Zeit ausgeführten Versuchen über pyrogene Acetylen-Kondensationen ergeben hat[2]). Inwieweit aber bei der Bildung des Teers neben dem Aufbau aus den einfachen Kohlenwasserstoffen auch die Zersetzung von in den Steinkohlen enthaltenen komplizierten Stoffen eine wesentliche Rolle spielt, wird wohl das ebenfalls in der letzten Zeit begonnene Studium der chemischen Natur der Steinkohlen aufklären. Berthelot verbleibt jedenfalls das Verdienst, zuerst das Problem über die Teerbildung auf Grund eigener experimenteller Untersuchungen in seinen wesentlichsten Gesichtspunkten entwickelt zu haben.

In älterer Zeit war der Gasteer noch ein unerwünschtes Nebenprodukt gewesen, das nur eine beschränkte Anwendung zum Konservieren von Holz und zur Fabrikation von Dachpappe gefunden hatte. Vergeblich hatte Runge versucht, es zu verwerten. Ein wertvolles Rohprodukt und eine reiche Fundgruppe zahlreicher wichtiger und interessanter Körper wurde es erst, als die Industrie der Teerfarben sich entwickelte. Die Entdeckung von Naphtalin, Anthracen und Phenol ist schon früher erwähnt worden. Nach-

---

[1]) Es sind dies Benzol, Toluol, Xylol, Styrol, Cumol, Naphtalin, Acenaphten, Anthracen, Phenol und Anilin.
[2]) R. Meyer, B. **45**, 1609 (1912) und **46**, 3183 (1913).

zutragen ist noch, daß in verschiedenen chemischen Werken schon angegeben war, im Teer sei auch Benzol enthalten, bestimmt nachgewiesen wurde dies aber erst durch Hofmann[1]), der 1845 mitteilte, daß aus den leicht flüchtigen Anteilen sich Anilin darstellen läßt. 1847 nahm dann Mansfield ein Patent auf Anwendung des Teerbenzols zur Darstellung von Nitrobenzol, das bald darauf als künstliches Bittermandelöl oder Essence de Mirbane in den Handel kam. Derselbe zeigte auch, wie sich reines Benzol aus Teerölen gewinnen läßt und fand, daß auch Toluol in denselben enthalten ist[2]). Als Muspratt und Hofmann vier Jahre vorher Toluol zu ihrer Arbeit über Toluidin nötig hatten, mußten sie es aus Tolubalsam gewinnen. Ebenso hatte Fittig 1862 bei seinen ersten Arbeiten über Benzolderivate diesen Kohlenwasserstoff noch aus Benzoesäure dargestellt, da er in reinem Zustand noch nicht käuflich war. Für die leichter flüchtigen Kohlenwasserstoffe sowie für Phenol änderte sich dies erst in dem Maße, als durch die Fabrikation der Anilinfarben auch die Teerdestillation zu besserer Entwicklung gelangte.

Die Gewinnung des künstlichen Alizarins machte es dann auch möglich, die über 300° siedenden Bestandteile des Teers für wissenschaftliche Arbeiten zu verwerten. Laurent hatte 1837 Chrysen und Pyren aus einem Material isoliert, das er aus einer Fabrik erhielt, die Öle und Fette zur Leuchtgasbereitung benutzte. Williams konnte dann 1855 nachweisen, daß im Steinkohlenteer Chrysen vorkommt, Pyren fand er in demselben nicht. Auch Berthelot hat bei seinen pyrogenen Synthesen das Auftreten von Chrysen, aber nicht von Pyren beobachtet. Von einer Fabrik, welche die Destillation von Teer bis auf Koks ausführte, erhielten Ende der sechziger Jahre Graebe und Liebermann eine feste Masse, die sich durch Schwefelkohlenstoff in einen schwer und einen leicht löslichen Teil trennen ließ. Liebermann[3]) konnte aus dem ersteren Chrysen isolieren, es genauer untersuchen und die Richtigkeit der von Galletly 1864 aufgestellten Formel $C_{18}H_{12}$ bestätigen. Graebe[4]) stellte aus dem leicht löslichen Teil mit Hilfe der sehr charakteristischen Pikrinsäureverbindung das Pyren rein dar, ermittelte seine Zusammensetzung und fand, daß dasselbe zu den Kohlenwasserstoffen gehört, die bei der Oxydation Chinone liefern.

Aus einem gleichfalls aus der Verarbeitung des Teers auf Anthracen stammenden Material haben Fittig und Gebhardt 1877[5]) außer Pyren noch einen neuen Kohlenwasserstoff $C_{15}H_{16}$, den sie Fluoran-

---

[1]) A. **55**, 200 (1845).
[2]) A. **69**, 162 (1849).
[3]) B. **3**, 152 (1870).
[4]) B. **3**, 742 (1870).
[5]) B. **10**, 2143 (1870).

then nannten, erhalten. Zu der gleichen Zeit hat G. Goldschmiedt[1]) bei den Untersuchungen des sogenannten Stuppfetts, welches in Idria bei der Destillation der Quecksilbererze gewonnen wurde, sowohl Pyren wie den von ihm Idryl genannten Kohlenwasserstoff $C_{15}H_{16}$ isoliert[2]). Aus einem Vergleich der unabhängig voneinander ausgeführten Arbeiten ergab sich die Identität von Idryl und Fluoranthen. Seit jener Zeit ist weder das Pyren noch das Fluoranthen mehr im Steinkohlenteer aufgefunden worden. Es ist daher recht wahrscheinlich, daß der damals erhaltene Teer zum Teil aus Gasfabriken stammte, die auch Öle oder bituminöse Substanzen verarbeiteten.

Infolge der Verwertung der hochsiedenden Destillate des Teers zur Anthracengewinnung wurden auch neue Bestandteile entdeckt. Durch Ausziehen von Rohanthracen mit Säuren erhielten Graebe und Caro 1870 eine Base, die auf die Haut und namentlich die Schleimhäute heftig reizend einwirkt und der sie daher den Namen Acridin gaben[3]). Als sie nach einer Unterbrechung ihre Untersuchung wiederaufnahmen, fanden sie[4]), daß diese Base, für die sie anfangs die Formel $C_{12}H_9N$ angenommen hatten, in naher Beziehung zum Chinolin steht. Sie hatten durch Oxydation des Acridins eine Chinolindicarbonsäure erhalten. Riedel[5]) gelangte dann in einer Arbeit über Chinolincarbonsäure zur Ansicht, daß die Zusammensetzung des Acridins der Formel $C_{13}H_9N$ entspricht und als Anthracen anzusehen sei, in dem ein CH durch Stickstoff ersetzt und ihre Konstitution daher die folgende ist:

$$C_6H_4 \diamondsuit_{N}^{CH} C_6H_4.$$

Beweisend für diese Ansicht wurde die zu derselben Zeit von Bernthsen und Bender aufgefundene schöne Synthese des Acridins aus Diphenylamin und Ameisensäure[6]).

Ein zweiter stickstoffhaltiger Körper wurde aus Rohanthracen beim Destillieren desselben über Ätzkali erhalten. Dieses Verfahren wurde zur Reinigung des Anthracen im großen angewandt[7]). Glaser,

---

[1]) Guido Goldschmiedt (1850—1915), war zu Triest geboren, hatte in Wien und Heidelberg und dann in Straßburg unter Baeyer studiert. Er wurde 1875 Privatdozent in Wien, 1891 Professor in Prag und 1911 an die Universität Wien berufen. Das Stuppfett hat er ausführlich untersucht und dann sich neben anderen Arbeiten eingehend mit dem Studium des Papaverins beschäftigt. Nekrolog in B. **49**, 893 (1916).
[2]) B. **10**, 2022 (1870).
[3]) B. **3**, 746 (1870).
[4]) B. **13**, 99 (1880).
[5]) B. **16**, 1611 (1883).
[6]) B. **16**, 1805 (1883).
[7]) Hierüber wurde erst 1880, A. **202**, 23 Mitteilung gemacht.

der mit der Fabrikation von Alizarin beschäftigt war, suchte die Wirkungsweise des Alkalis aufzuklären und fand, daß hierbei ein Rückstand entsteht, der bei stärkerem Erhitzen sich vollständig zersetzt, aber nach Behandeln mit Wasser beim Sublimieren einen bei 230° schmelzenden farblosen Körper liefert, der sich wie ein Kohlenwasserstoff verhält und den er in Gemeinschaft mit Graebe untersuchte. Wie sie in ihrer gemeinschaftlichen Arbeit[1]) angaben, entspricht dessen Zusammensetzung der Formel $C_{12}H_9N$. Da derselbe in Säuren und Alkalien unlöslich ist und wie die Kohlenwasserstoffe eine gefärbte Verbindung mit Pikrinsäure liefert, so nannten sie ihn Carbazol. Einen näheren Einblick in seine Konstitution lieferte die Synthese. Graebe fand, daß das Carbazol aus Diphenylamin beim Durchleiten durch eine glühende Röhre entsteht und stellte daher folgende Formel für es auf[2]):

$$\begin{array}{c} C_6H_4 \\ | \\ C_6H_4 \end{array}\!\!>\!\!NH.$$

Ein anderer Begleiter des Anthracens wurde gleichzeitig von Graebe und Glaser[3]) sowie von Fittig und Ostermeyer[4]) entdeckt. Aus der Untersuchung ergab sich, daß er mit Anthracen isomer ist. Da bei der Oxydation des Phenanthrenchinons eine Diphenyldicarbonsäure entsteht, so prägte Fittig den Namen Phenanthren und wies darauf hin, wie schon auf S. 335 angegeben ist, daß demselben die früher für Anthracen bevorzugte Formel zukommt. Graebe stellte dann das Phenanthren synthetisch in ähnlicher Weise wie vorher das Carbazol dar. Er erhielt es sowohl aus Stilben wie aus Dibenzyl beim Durchleiten durch eine glühende Röhre. Dieses Verfahren, welches er später auch zur Synthese des von Berthelot 1867 im Steinkohlenteer aufgefundenen Fluorens anwandte, hatte er dann als Diphenylbildung innerhalb des Moleküls[5]) bezeichnet und nachgewiesen, daß bei derselben Wasserstoff nur in geringer Menge auftritt, dagegen ein Teil der ursprünglichen Substanz zerlegt wird, wie z. B. folgende Gleichung für die Entstehung des Phenanthrens zeigt:

$$3\;\begin{array}{c}C_6H_5-CH\\ \|\\ C_6H_5-CH\end{array} = 2\;\begin{array}{c}C_6H_4-CH\\ |\quad\;\|\\ C_6H_4-CH\end{array} + 2\,C_6H_5\cdot CH_3\;.$$

Bei der Bildung des Carbazols entstehen als Spaltungsprodukte Benzol und Ammoniak oder Anilin. Da diese Reaktion bei ver-

---

[1]) B. **5**, 13 und A. **163**, 343 (1872).
[2]) B. **5**, 376 (1872).
[3]) B. **5**, 861 (1872).
[4]) B. **5**, 934 (1872).
[5]) A. **174**, 177 (1874).

hältnismäßig niederer Temperatur (dunkle Rotglut) erfolgt, so erfahren die Spaltungsprodukte keine wesentlich weitere Umwandlung.

Auf Grund eines Vergleichs des Verhaltens und der Eigenschaften von Chrysochinon und Phenanthrenchinon hatte Graebe für Chrysen die Formel

$$\begin{array}{c} C_{10}H_6-CH \\ | \quad \quad \| \\ C_6H_4-CH \end{array}$$

aufgestellt[1]) und dann in Gemeinschaft mit Bungener gefunden, daß dieser Kohlenwasserstoff beim Durchleiten von Naphtylphenyläthan $C_{10}H_7 - CH_2 - CH_2 - C_6H_5$ durch eine glühende Röhre entsteht[2]).

Im Anschluß an seine frühere Untersuchung fand Berthelot in Gemeinschaft mit Bardy, daß Acenaphten sich aus Äthylnaphtalin beim Leiten durch eine rotglühende Röhre erhalten[3]) läßt. Nachdem dann Behr und van Dorp gefunden hatten, daß dieser Kohlenwasserstoff durch Oxydation eine von ihnen Naphtalsäure genannte Naphtalindicarbonsäure liefert, stellten diese Chemiker für Acenaphten folgende Formel auf[4]):

$$C_{10}H_6\!\!<\!\!\begin{array}{c}CH_2 \\ | \\ CH_2\end{array}.$$

Bamberger und Philip gelang es dann vierzehn Jahre später[5]) zu beweisen, daß jene Säure ein 1·8 Derivat ist und daß obige Acenaphtenformel sich in folgender Weise weiter auflösen läßt:

$$\mathrm{CH_2-CH_2}$$

Bei dieser Gelegenheit schlugen sie auch für die Bezeichnung der der Reihe 1·8 angehörenden Abkömmlinge des Naphtalins das Präfix „Peri" vor.

Im Anschluß an die von Riedel entwickelte Formel für Acridin zeigte Graebe[6]), daß auch dieser Teerbestandteil durch pyrogene Synthese, und zwar aus o-Tolylanilin erhalten wird.

Nachdem infolge der Farbenfabrikation auch die Teerindustrie sich wissenschaftlicher entwickelt hatte, wurden die oben erwähnten Substanzen zugänglicher und daher der Gegenstand zahlreicher

---

[1]) B. 7, 782 (1874).
[2]) B. 12, 1078 (1878).
[3]) C. r. 74, 1463 (1872).
[4]) B. 6, 60 (1873).
[5]) B. 20, 237 (1887).
[6]) B. 17, 1370 (1884).

Untersuchungen. Auch wurden später neue interessante Bestandteile, wie Cumaron und Inden, im Steinkohlenteer aufgefunden. Hier kann nur noch, als in den Rahmen dieses Abschnittes fallend, die interessante Entdeckung des Thiophens erwähnt werden. Baeyer hatte 1879 angegeben, daß beim Schütteln von in konzentrierter Schwefelsäure gelöstem Isatin mit käuflichem, als rein bezeichnetem Benzol ein blauer Farbstoff entsteht. Diese Reaktion wollte V. Meyer, wie er in seinem Buch über Thiophen mitteilte, benutzen, um in der Vorlesung die Bildung von Benzol aus Benzoesäure nachzuweisen. Die Blaufärbung trat aber nicht ein. Der Versuch war also nicht so verlaufen, wie er nach Vorversuchen mit käuflichem Benzol erwartet hatte, dagegen führte er zur Entdeckung des Thiophens. V. Meyer ermittelte sofort[1]), daß alle Proben von Teerbenzol jene Reaktion geben, aber durch Schütteln mit konzentrierter Schwefelsäure diese Eigenschaft verlieren. Dann gelang es ihm[2]), aus der hierbei gebildeten Sulfonsäure eine bei 84° siedende Flüssigkeit zu isolieren, deren Analyse und Dampfdichte der Formel C_4H_4S entsprach und die die Veranlassung ist, daß Benzol aus Teer sich leicht braun färbt. Er nannte sie Thiophen und nahm schon am Anfang seiner Untersuchung an, daß dasselbe vermutlich folgende, dem Furfuran entsprechende Konstitution

$$\begin{array}{c} \text{H} \quad \text{H} \\ \text{C} - \text{C} \\ \text{HC} \quad \text{CH} \\ \diagdown \diagup \\ \text{S} \end{array}$$

besitze. Die bald darauf entdeckten Synthesen lieferten Stützpunkte für diese Ansicht.

In Gemeinschaft mit Sandmeyer fand V. Meyer, daß beim Durchleiten von Äthylen oder Acetylen durch siedenden Schwefel neben Schwefelwasserstoff und Schwefelkohlenstoff Thiophen entsteht[3]). Dann teilte er mit, daß es auch beim Durchleiten von Schwefeläthyl durch eine glühende Röhre gebildet wird[4]). Im gleichen Jahre zeigten Volhard und H. Erdmann[5]), daß man es auch bei Einwirkung von Phosphorpentasulfid auf Bernsteinsäureanhydrid erhält. In seinem 1888 erschienenen Buch, „Die Thiophengruppe", hat dann V. Meyer die Resultate seiner zahlreichen vortrefflichen Untersuchungen sowie die von Anderen erhaltenen zusammengestellt.

---

[1]) B. **15**, 2893 (1882).
[2]) B. **16**, 1465 (1883).
[3]) B. **16**, 2176 (1883).
[4]) B. **18**, 217 (1885).
[5]) B. **18**, 454 (1885).

Nachdem in früherer Zeit Kreosot und Carbolsäure meist als identisch angesehen wurden, ergab sich aus späteren Untersuchungen, daß dies nicht der Fall ist und daß im Holzteer alkalilösliche Substanzen vorkommen, die im Steinkohlenteer nicht enthalten sind. Reichenbach hatte schon beobachtet, daß sein Kreosot mit Ätzkali eine krystallinische Verbindung bildet. Von dieser Angabe ausgehend, gelangte Hlasiwetz 1858[1]) dazu, einen der Bestandteile, den er Kreosol nannte, in reinem Zustand zu isolieren und seine Zusammensetzung $= C_8H_{10}O_2$ nachzuweisen. Die Konstitution desselben wurde durch Hugo Müller[2]) ermittelt, indem dieser fand, daß das Kreosol beim Behandeln mit Jodwasserstoffsäure unter Abspalten von Jodmethyl in Oxykresylsäure (Homobrenzcatechin) übergeht und also als methylierte Oxykresylsäure zu betrachten ist. Gorup-Besanez[3]) zeigte dann, daß in den etwas niedriger siedenden Anteilen des Holzteers eine Verbindung vorkommt, die mit dem 1826 von Unverdorben durch trockene Destillation von Guajacharz erhaltenen Guajacol identisch ist. Er fand dann, daß auch dieses ein Methyläther, und zwar methyliertes Brenzcatechin ist[4]).

Unklar blieb aber, warum die Analysen der nur durch Destillation voneinander getrennten Bestandteile des Buchenholzteers, mehrere Prozente Kohlenstoff mehr ergaben, als dem Guajacol und dem Kreosol entspricht. Auch die von Gorup-Besanez beobachtete Bildung gechlorter Chinone aus Kreosot ließ sich schwer erklären. Marasse gelang es, diese Tatsachen aufzuklären[5]), indem er nachwies, daß im Buchenholzteer auch Phenol und seine Homologen vorkommen und daß das Kreosot aus zwei Reihen von Verbindungen besteht, von denen nur die Guajacolreihe krystallisierte Salze bildet. Er veranschaulichte durch folgende Formeln, daß in beiden Reihen Verbindungen von fast gleichen Siedepunkten vorkommen, wodurch sich das Verhalten beim Destillieren erklärt.

Phenolreihe	Siedepunkt	Guajacolreihe	Siedepunkt
$C_6H_5 \cdot OH$	184°	—	—
$C_6H_4\begin{cases}OH\\CH_3\end{cases}$	203°	$C_6H_4\begin{cases}OH\\OCH_3\end{cases}$	200°
$C_6H_3\begin{cases}OH\\CH_3\\CH_3\end{cases}$	220°	$C_6H_3\begin{cases}OH\\OCH_3\\CH_3\end{cases}$	219°

---

[1]) A. **106**, 339 (1858).
[2]) Z. **7**, 703 (1864).
[3]) E. von Gorup-Besanez (1817—1878) war zu Graz geboren, hatte in München Medizin studiert, sich dann aber mit chemischen Untersuchungen beschäftigt. Er wurde 1849 in Erlangen zum außerordentlichen und 1855 zum ordentlichen Professor ernannt. Am bekanntesten wurde er durch seine vortrefflichen Lehrbücher.
[4]) A. **143**, 129 (1867).
[5]) A. **152**, 59 (1869).

In betreff der Ansicht, daß die Bildung der Teerbestandteile unabhängig von der Natur des angewandten Materials sei, sagte Marasse: „Es ist wahrscheinlicher, daß eigentümliche im Holz vorkommende Stoffe die Veranlassung zur Bildung des Guajacols und des Kreosols sind." Hiermit stimme auch überein, daß, wie Julius Erdmann gefunden hat, aus Holz durch Schmelzen mit Ätzkali Brenzcatechin erhalten wird.

In den siebziger Jahren wurde die Konstitution des von Reichenbach als Picamar beschriebenen, höher wie Kreosot siedenden Bestandteils des Buchenholzteers aufgeklärt. Hofmann erkannte, daß es aus den Dimethyläthern der Pyrogallussäure und deren Homologen besteht[1]). Auch zeigte er, daß Reichenbachs Cedriret aus dem Pyrogalloldimethyläther gebildet wird und mit der bei der Holzessigfabrikation erhaltenen gefärbten Verbindung übereinstimmt, die Liebermann als Cörulignon bezeichnet hatte und für die dieser Chemiker die Formel

$$C_6H_2\diagdown\begin{matrix}C_6H_2(OCH_3)_2\\ O\\ O\\ (OCH_3)_2\end{matrix}$$

aufstellte. Es ist dies das erste Beispiel eines Zweikernchinons.

Im darauffolgenden Jahre wies Hofmann nach[2]), daß die in dem blauen Reichenbachschen Pittakal enthaltene Eupittonsäure sich in analoger Weise bildet wie das Pararosanilin aus Anilin und Toluidin und veranschaulichte dies durch die Gleichung:

$$2\,C_8H_{10}O_3 + C_9H_{12}O_3 = C_{25}H_{26}O_9 + 3\,H_4$$

Pyrogallussäure   Methylpyrogallussäure   Eupittonsäure
Dimethyläther   Dimethyläthre

Er betrachtete daher die Eupittonsäure als sechsfach methoxylierte Rosolsäure[3]):

$$C_{19}H_8(OCH_3)_6O_3.$$

---

[1]) B. **11**, 329 (1878).
[2]) B. **12**, 1371 (1879).
[3]) Sie wird jetzt richtiger als ein Aurinderivat bezeichnet.

Achter Abschnitt.

In diesem Abschnitt sind diejenigen Forschungsgebiete aufgenommen, deren Anfänge wesentlich den siebziger Jahren angehören, und die deshalb in den vorhergehenden Abschnitten noch nicht in Betracht kamen. In noch höherem Maße wie früher betreffen die experimentellen Arbeiten künstlich dargestellte Verbindungen. Interessante neue Körperklassen wurden entdeckt und neue Darstellungsmethoden aufgefunden. Bei den Synthesen kamen Kontaktsubstanzen zu vielseitiger Anwendung. Die Ermittlung der Strukturformeln früher bekannter Verbindungen machte gleichfalls wichtige Fortschritte. Auch wurde durch diese Untersuchungen die chemische Industrie erheblich gefördert. Das Studium der Umwandlungen organischer Verbindungen im tierischen Organismus lieferte chemisch wie physiologisch interessante Ergebnisse. Durch theoretische Betrachtungen über Lagerung der Atome im Raume wurde es möglich Isomeriefälle zu erklären, bei denen die Strukturtheorie versagt hatte.

Im Laufe der siebziger Jahre haben zwei gleichaltrige Chemiker im jugendlichen Alter von zweiundzwanzig Jahren jene Abhandlungen veröffentlicht, die den Ausgangspunkt ihrer großartigen Forscherlaufbahn bilden. van't Hoff als Theoretiker und Emil Fischer als Experimentator haben von da an auf die Entwicklung der organischen Chemie ebenso anregend und erfolgreich eingewirkt wie ein Jahrhundert früher die beiden gleichaltrigen Lavoisier und Scheele.

Siebenundfünfzigstes Kapitel.

Synthesen mittels Kontaktsubstanzen.

Bei Versuchen durch Einwirkung von Metallen auf ein Gemisch von Benzylchlorid und Chloressigsäure die Phenylpropionsäure darzustellen, hatte Zincke 1871 die Beobachtung gemacht, daß Kupfer sehr heftig auf Benzychlorid einwirkt, wobei unter Entwicklung von Salzsäure wesentlich Harze entstanden[1]). Um deren Bildung zu vermeiden, benutzte er als Verdünnungsmittel aromatische Kohlenwasserstoffe und entdeckte so ein Verfahren, kohlenstoffreiche

---

[1]) A. **159**, 367 (1871).

Kohlenwasserstoffe synthetisch darzustellen. Als vorteilhafter ergab sich die Anwendung von Zinkstaub an Stelle von Kupfer. Durch Kochen von Benzylchlorid und Benzol mit diesem Reagens erhielt Zincke entsprechend der Gleichung

$$C_7H_7Cl + C_6H_6 = C_{13}H_{12} + HCl$$

das „Benzylbenzol", von dem er dann nachwies, daß es mit dem kurze Zeit vorher von Jena durch trockene Destillation von diphenylessigsaurem Baryt mit Natronkalk dargestellten Diphenylsumpfgas identisch ist. Bei Anwendung von Toluol und von Xylol erhielt er die Homologen des Diphenylmethans. Auch andere Chemiker benutzten dann Zinckes Methode zu synthetischen Darstellungen.

Friedel und Crafts, die im Jahre 1877 die Entdeckung machten[1]) daß Aluminiumchlorid in überraschend vielseitiger Weise sich für Synthesen eignet, waren gleichfalls zu derselben durch Versuche gelangt, die sie zu einem ganz anderen Zweck angestellt hatten. Um Amyljodid nach dem Verfahren von Gustavson[2]) darzustellen, hatten sie ein Gemenge von Aluminium und Jod auf Amylchlorid einwirken gelassen und dabei beobachtet, daß sich reichlich Salzsäure entwickelt, die auch eintrat, als sie das Jod fortließen. Da sie nun ferner beobachteten, daß diese Reaktion um so heftiger erfolgt, je reichlicher Chloraluminium beim Erwärmen des Amylchlorids mit Aluminium entsteht, so unternahmen sie es, Chloraluminium auf Amylchlorid einwirken zu lassen, fanden aber, daß sich zu einer Untersuchung wenig einladende Substanzen bilden. Veranlaßt durch Zinckes Abhandlung setzten sie dann Benzol hinzu und erhielten Amylbenzol. Hierüber haben sie in der ihre Resultate zusammenfassenden Abhandlung[3]) folgendes angegeben:

„On sait que c'est en faisant réagir le zinc en poudre sur le chlorure de benzyle en présence de la benzine et d'autres carbures aromatiques que M. Zincke a découvert ce fait d'un haut intérêt, que la benzine entrait dans la réaction. C'est la connaissance du résultat obtenu par M. Zincke qui nous avait engagé, lorsque nous avons découvert l'action du chlorure d'aluminium sur le chlorure d'amyle, à essayer la même réaction avec addition de benzine".

Ihre erste Beobachtung weiter verfolgend, gelangten sie, wie Baeyer[4]) sagte, zu „ihrer in bezug auf die Mannigfaltigkeit der Erfolge fast an das Märchen von der Wünschelrute erinnernden Chloraluminiummethode."

---

[1]) C. r. **84**, 1392 und 1450 (1877).
[2]) Gustavson hatte 1874 (A. **172**, 173) Tetrajodkohlenstoff durch Einwirkung von Jodaluminium auf CCl_4 erhalten.
[3]) A. ch. [6] **1**, 449 (1884).
[4]) B. **12**, 642 (1879).

An zahlreichen Beispielen[1]) haben Friedel und Crafts 1877 gezeigt, daß sich mit Hilfe von Chloraluminium sowohl Alkoholradikale wie Säureradikale in die aromatischen Kohlenwasserstoffe einführen lassen. Aus Benzol und Methylchlorid erhielten sie Toluol und aus diesem die ganze Reihe der methylierten Derivate bis zum Hexamethylbenzol. Aus Benzol stellten sie mittels Acetylchlorid Acetophenon, mittels Chlorkohlenoxyd Benzophenon, mittels Phtalylchlorid das Phtalophenon dar. Von letzterem nahmen sie, entsprechend der damals allgemein adoptierten symmetrischen Formel des Phtalylchlorids an, daß es ein Diketon $C_6H_4\genfrac{}{}{0pt}{}{-CO \cdot C_6H_5}{-CO \cdot C_6H_5}$ sei. Benzol und Benzylchlorid lieferten ihnen das Diphenylmethan. Um diese Reaktionen zu erklären, haben sie die Annahme gemacht, daß sich zuerst unter Entwicklung von Salzsäure aus Benzol und Aluminiumchlorid eine organometallische Verbindung bildet und sich dann unter Regeneration von Aluminiumchlorid die Synthese vollzieht[2]). ,,Nous admettons que le chlorure d'aluminium réagit sur l'hydrocarbure, la benzine par exemple, en donnant lieu au dégagement d'une molécule d'acide chlorhydrique et à la formation d'une combinaison organométallique renfermant le résidu des deux molécules de benzine et de chlorure d'aluminium C^6H^5, Al^2Cl^5. C'est sur ce composé que réagirait à son tour le chlorure organique, en régénerant le chlorure d'aluminium et en donnant l'hydrocarbure qui est le produit principal de la réaction :

$$C^5H^{11}Cl + C^6H^5, Al^2Cl^5 = Al^2Cl^6 + C^6H^5, C^5H^{11}.\text{''}$$

Aufs erfolgreichste haben dann Friedel und Crafts die Verwertung ihrer Methode durch Anwendung der Säureanhydride, namentlich des Phtalsäureanhydrids, an Stelle der Chloride, erweitert. Sie zeigten[3]), daß sich Benzol bei Gegenwart von Aluminiumchlorid direkt mit Kohlensäure zu Benzoesäure und mit Phtalsäure zu o-Benzoylbenzoesäure verbindet. Auch bei diesen Synthesen nahmen sie an, daß sich zuerst obige Aluminiumverbindung des Benzols bildet, aber der Atomkomplex Al_2Cl_5 nicht abgespalten wird, sondern in der entstandenen Säure den Wasserstoff des Carboxyls ersetzt und folgende Gleichung der Synthese der o-Benzoylbenzoesäure entspricht:

$$C^6H^4\genfrac{}{}{0pt}{}{-CO}{-CO}{>}O + C^6H^5Al^2Cl^5 = C^6H^4\genfrac{}{}{0pt}{}{-CO \cdot C^6H^5}{-CO \cdot O \cdot Al^2Cl^5}.$$

Am Ende dieser Abhandlung sagten sie daher: ,,Nous nous voyons fondés à voir dans ces résultats, en même temps qu'une série de

---
[1]) In der oben zitierten Abhandlung.
[2]) C. r. **85**, 74 (1877).
[3]) C. r. **86**, 884 und 1368 (1878).

synthèses nouvelles, de fortes preuves en faveur de notre manière d'interpréter l'action du chlorure d'aluminium sur les hydrocarbures."

Da Behr und van Dorp 1874 aufgefunden hatten[1]), daß die o-Benzoylbenzoesäure durch Wasserentziehung sich in Anthrachinon verwandeln läßt:

$$C_6H_4{-CO \cdot C_6H_5 \atop -CO \cdot OH} = C_6H_4{-CO- \atop -CO-}C_6H_4 + H_2,$$

so erlangte die Gewinnung der Benzoylbenzoesäure sowie ihrer Homologen und Substitutionsprodukte nach dem Chloraluminiumverfahren für das Studium der kohlenstoffreichen Parachinone große Bedeutung. Es wurden daher die aus Phtalsäure und verschiedenen aromatischen Kohlenwasserstoffen sowie die aus substituierten Phtalsäuren und Benzol erhaltenen Säuren der Gegenstand vieler Untersuchungen.

Achtundfünfzigstes Kapitel.
Triphenylmethan, Rosanilin, Rosolsäure und die Phtaleïne.

Um die Reihe der phenylierten Methanderivate zu vervollständigen, haben im Jahre 1872 Kekulé und Franchimont[2]) Quecksilberdiphenyl auf Benzalchlorid, $C_6H_5 \cdot CHCl_2$, einwirken lassen und auf diese Weise das Triphenylmethan $CH \cdot (C_6H_5)_3$ entdeckt. Zwei Jahre später hat es Hemilian durch Kochen von Benzhydrol $(C_6H_5)_2CH \cdot OH$ mit Benzol und Phosphorsäureanhydrid erhalten[3]). Nachdem Friedel und Crafts 1877 gefunden, daß es sich nach der Chloraluminiummethode aus Chloroform und Benzol darstellen läßt, wurde die Gewinnung des Triphenylmethans leichter zugänglich.

Eine besondere Bedeutung erlangte dieser Kohlenwasserstoff durch den Nachweis, daß Rosanilin und die Phtaleïne sich von ihm ableiten. Anknüpfend an Hofmanns Arbeiten (sechsunddreißigstes Kapitel) haben sich die Ansichten über Rosanilin nach Aufstellung der Theorie der aromatischen Verbindungen folgendermaßen entwickelt. Kekulé hat in der 1866 erschienenen Lieferung seines Lehrbuchs[4]) dargelegt, wie man sich die Annahme, daß im Rosanilin die Stickstoffatome, die drei Kerne zusammenhalten, vorstellen kann. „Man

---

[1]) Wie diese beiden Chemiker in B. **7**, 578 (1874) mitteilten, hatten sie das Anthrachinon beim Erhitzen der Benzoylbenzoesäure mit Phosphoranhydrid erhalten. Später wurde zu dieser Ringbildung meist konzentrierte Schwefelsäure als Wasser entziehendes Mittel benutzt.
[2]) B. **5**, 906 (1872).
[3]) B. **7**, 1203 (1874).
[4]) Bd. 2, S. 672.

könnte diese Ansicht etwa durch folgende graphische Formel ausdrücken:

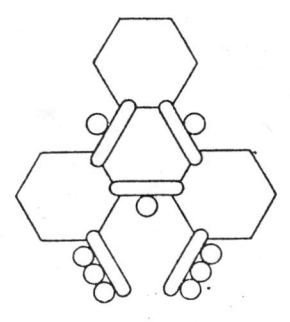

"Vielleicht ist diese Ansicht insofern etwas zu modifizieren, daß man annimmt, die beiden Methylradikale der zwei Toluidine spielen für den Zusammenhang des Moleküls eine wesentliche Rolle." In demselben Jahre haben Caro und Wanklyn[1]) die für die weitere Konstitutionsbeurteilung wichtige Tatsache aufgefunden, daß salpetrige Säure die Rosanilinsalze in eine Diazoverbindung überführt, die beim Kochen mit Salzsäure unter Stickstoffentwicklung sich in Rosolsäure verwandelt. Die Beziehungen zwischen Rosanilin und Rosolsäure haben sie durch folgende Formeln veranschaulicht:

$$C_2 \begin{cases} N \cdot C_6H_5 \cdot H \\ N \cdot C_6H_5 \cdot H \\ N \cdot C_6H_5 \cdot H \\ H \end{cases} \qquad C_2 \begin{cases} O \cdot C_6H_5 \\ O \cdot C_6H_5 \\ O \cdot C_6H_5 \\ OH \end{cases}$$

Rosanilin   Rosolsäure

Im Gegensatz mit diesen älteren Ansichten haben Graebe und Caro 1873 die Anschauung vertreten[2]), daß jene Verbindungen Derivate eines Kohlenwasserstoffs $C_{20}H_{18}$ sind und daß folgende Formeln wohl am besten den damals bekannten Tatsachen entsprechen:

$$C_6H_3(NH_2) \begin{cases} CH_2 \cdot C_6H_4 \cdot NH \\ CH_2 \cdot C_6H_4 \cdot NH \end{cases}, \qquad C_6H_3(NH_2) \begin{cases} CH_2 \cdot C_6H_4 \cdot NH_2 \\ CH_2 \cdot C_6H_4 \cdot NH_2 \end{cases},$$

Rosanilin   Leukanilin

$$C_6H_3(OH) \begin{cases} CH_2 \cdot C_6H_4 \cdot O \\ CH_2 \cdot C_6H_4 \cdot O \end{cases}, \qquad C_6H_3(OH) \begin{cases} CH_2 \cdot C_6H_4 \cdot OH \\ CH_2 \cdot C_6H_4 \cdot OH \end{cases}.$$

Rosolsäure   Leukorosolsäure

Sie haben jedoch darauf hingewiesen, daß die Bildung der Diazoverbindung des Rosanilins sich nur schwierig erklären lasse. Versuche, durch Behandeln derselben mit Alkohol den Kohlenwasserstoff $C_{20}H_{18}$ zu erhalten, blieben resultatlos. Auch gelang es ihnen nicht,

[1]) Z. **9**, 511 (1866).
[2]) B. **6**, 1390 (1873) und A. **179**, 184 (1875).

aus der Rosolsäure durch Erhitzen mit Zinkstaub die Grundsubstanz dieser Farbstoffe darzustellen.

Im Jahre 1876 haben dann E. und O. Fischer dieses wichtige Problem gelöst und es dadurch möglich gemacht, die Konstitution der Rosanilingruppe endgültig aufzuklären. Wie dieselben in ihrer Abhandlung[1] „Zur Kenntnis des Rosanilins" angaben, hatten sie die Absicht, diesen Farbstoff in ein Hydrazinderivat zu verwandeln. „Bei dem Studium der Hydrazinverbindungen des Rosanilins, welches wir gemeinschaftlich in Erwartung interessanter Farbstoffe begonnen, wurden wir durch die abnormen Erscheinungen, welche die bei den gewöhnlichen aromatischen Aminbasen so glatt verlaufende Hydrazinbildung hier zeigte, zuerst auf das eigentümliche Verhalten der Diazoverbindungen dieser Gruppe aufmerksam und zur Aufklärung unserer Versuche gezwungen, eine ausführliche Untersuchung dieser Körper vorzunehmen." An Stelle von Rosanilin behandelten sie das Leukanilin mit salpetriger Säure, und erhielten aus der Diazoverbindung durch Einwirkung von Alkohol einen bei 58° schmelzenden Kohlenwasserstoff, dessen Analyse mit der Formel $C_{20}H_{18}$ übereinstimmte, der aber keinem bekannten Kohlenwasserstoff entsprach. Sie wiederholten darauf ihren Versuch mit dem von Rosenstiehl durch Oxydation von krystallisiertem Toluidin und Anilin dargestellten und als Pseudorosanilin beschriebenen Farbstoff, und konnten im Januar 1878 die wichtige Entdeckung mitteilen, daß aus demselben Triphenylmethan entsteht und angeben[2]: „Die Muttersubstanz der Rosanilingruppe ist das Triphenylmethan und die verschiedenen Leukaniline sind Triamidoderivate dieses Kohlenwasserstoffs und seiner Homologen." Um den Namen Rosanilin für den Farbstoff $C_{20}H_{19}N_3$ beizubehalten, bezeichneten sie die der Formel $C_{19}H_{17}N_3$ entsprechende Farbstoffbase (das Pseudorosanilin) als Pararosanilin. Nachdem sie aus dem Triphenylcarbinol ein Trinitroderivat dargestellt und nachgewiesen[3], daß dieses durch Reduzieren Pararosanilin liefert, stellten sie folgende Konstitutionsformel für diese Substanz auf:

$$\begin{matrix} NH_2 \cdot C_6H_4 \\ NH_2 \cdot C_6H_4 \end{matrix} > C < \begin{matrix} NH \\ | \\ C_6H_4 \end{matrix}$$

In der gleichen Sitzung der Deutschen Chemischen Gesellschaft wurde eine Arbeit[4] von Caro und Graebe mitgeteilt, in der diese nachwiesen, daß das von Dale und Schorlemmer aus dem roten

---

[1] B. **9**, 891 (1876).
[2] B. **11**, 195 (1878).
[3] B. **11**, 1079 (1878).
[4] B. **11**, 1116 (1878).

Farbstoff, den Kolbe und Schmitt 1861 durch Erhitzen von Phenol mit Oxalsäure erhalten hatten, isolierte Aurin sich auch aus Pararosanilin darstellen läßt und von der Rosolsäure aus Rosanilin unterscheidet. Sie stellten für diese beiden Farbstoffe folgende Formeln auf:

$$C\begin{cases}-C_6H_4\cdot OH \\ -C_6H_4\cdot OH \\ -C_6H_4\\ O\end{cases}\!\!\!\rule[0.5em]{0.5em}{0.4pt}\, , \qquad C\begin{cases}-C_6H_3(CH_3)\cdot OH \\ -C_6H_4\cdot OH \\ -C_6H_4\\ O\end{cases}\!\!\!\rule[0.5em]{0.5em}{0.4pt}$$

Aurin   Rosolsäure

In dem gleichen Jahre haben E. und O. Fischer ihre ausführliche Abhandlung[1] „Über Triphenylmethan und Rosanilin" veröffentlicht, in der sie als Einleitung in vortrefflicher Weise die wissenschaftliche Geschichte des Rosanilins schilderten und dann ihre für diesen Farbstoff und seine Derivate grundlegende Untersuchung im Zusammenhang mitteilten. Als Ergänzung[2] haben sie zwei Jahre später Betrachtungen veröffentlicht, durch die sie zur Ermittlung der Stellung der Stickstoffatome gelangten. Von der Tatsache, daß das aus Aurin erhaltene Dioxybenzophenon eine Diparaverbindung ist und von der Synthese des Paraleukanilins aus p-Nitrobenzaldehyd und Anilin ausgehend, stellten sie folgende Strukturformel für die Pararosanilinbase auf:

structural formula with three benzene rings bearing NH$_2$ groups connected to a central C–OH

und nahmen an, daß unter dem Einfluß von Säuren eine Wasserabspaltung zwischen der Carbinol- und einer Amidogruppe in der Art erfolgt, wie es der 1878 aufgestellten Formel für Rosanilin entspricht.

Eine wichtige Vermehrung der Triphenylmethanfarbstoffe ergab sich aus der Entdeckung der als Bittermandelölgrün oder Malachitgrün bezeichneten Verbindung. Otto Fischer hatte 1877 gefunden, daß beim Behandeln eines Gemisches von Benzaldehyd und Dimethylanilin mit Chlorzink eine farblose Base $C_{23}H_{26}N_2$ entsteht,

[1] A. **194**, 242 (1878).
[2] B. **13**, 2204 (1880).

die sich an der Luft etwas blaugrün färbt. Im darauffolgenden Jahre gab er an[1]), daß sie als Tetramethyldiamido-Triphenylmethan anzusehen sei und durch Oxydation in einen grünen Farbstoff übergeht. Diese Veröffentlichung veranlaßte Doebner zu der Mitteilung[2]), daß er durch Einwirkung von Benzotrichlorid, $C_6H_5CCl_3$, auf Dimethylanilin einen grünen Farbstoff erhalten habe, der seit einigen Monaten unter dem Namen Malachitgrün in den Handel gekommen sei. Derselbe verwandle sich durch Reduktion in die von O. Fischer entdeckte Leukobase. Im Anschluß an ihre früheren Untersuchungen über die Rosanilingruppe gelangten alsdann E. Fischer und O. Fischer[3]) für das Bittermandelöl- oder Malachitgrün zu folgender Formel:

$$N(CH_3)_2 \cdot C_6H_4 \cdot C \begin{matrix} C_6H_5 \\ | \\ \end{matrix} \begin{matrix} C_6H_4 \\ N \begin{matrix} CH_3 \\ CH_3 \\ Cl \end{matrix} \end{matrix}$$

Sie haben daher für dasselbe wie für Rosanilin angenommen, daß die Bindung zwischen dem Methankohlenstoff und dem Stickstoff derjenigen der Sauerstoffatome im Chinon nach der älteren Formel entspricht. Nietzki hat dann 1899 in seinem Buch „Chemie der organischen Farbstoffe" als erster darauf hingewiesen, daß es wohl richtiger sei, auch für diese Gruppe die Formeln auf die Fittigsche Chinonformel zu beziehen. „Wenn man die heute ziemlich allgemein herrschende Ansicht über die Konstitution der Chinone konsequent durchführen will, so muß auch die Formelschreibung einer großen Zahl von Farbstoffen geändert werden." Nach Aufstellung von Formeln für Indamin und Indophenol sagte Nietzki: „Auch im Rosanilin und der Rosolsäure kann eine ähnliche Konstitution angenommen werden,

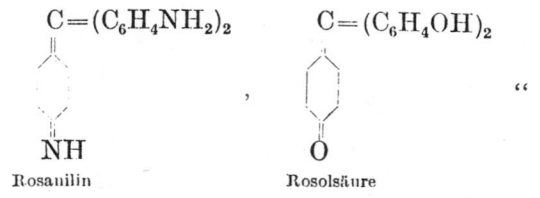

$$\underset{\text{Rosanilin}}{\begin{matrix} C=(C_6H_4NH_2)_2 \\ \| \\ \\ NH \end{matrix}} , \underset{\text{Rosolsäure}}{\begin{matrix} C=(C_6H_4OH)_2 \\ \| \\ \\ O \end{matrix}}$$ "

Diese Auffassung hat er dann in seinem Buch auf die ganze Gruppe dieser Farbstoffe angewandt. Auch gelangte sie rasch zu allgemeiner Anerkennung.

Die Entdeckung einer zweiten Klasse von gefärbten Triphenylmethanderivaten, die der Phtalsäure, verdankt die Chemie Baeyer.

---

[1]) B. **11**, 950 (1878).
[2]) B. **11**, 1236 (1878).
[3]) B. **12**, 2348 (1879).

Wie dieser Forscher zu derselben gelangte, darüber hat er in der Einleitung zu seinen Gesammelten Werken folgendes mitgeteilt[1]). „Bei Versuchen, eine Kondensation durch Wasserabspaltung zwischen mehreren Molekülen im Pflanzenreich vorkommender Phenole zu bewirken, wollte ich Phtalsäureanhydrid als Entwässerungsmittel anwenden und schmolz dieses mit Pyrogallussäure zusammen. So wurde das Galleïn entdeckt." Als er den Versuch mit Resorcin anstellte, erhielt er eine gelbe Substanz, deren Lösungen in Ammoniak prachtvoll grün fluorescieren und die er daher Fluoresceïn nannte. Zwei Monate später entdeckte er die einfachste Verbindung dieser „neuen Klasse von Farbstoffen"[2]) bei dem Erwärmen von Phenol und Phtalsäureanhydrid mit einem Zusatz von etwas konzentrierter Schwefelsäure und stellte fest, daß das Phtalsäureanhydrid entsprechend folgender Gleichung an der Reaktion teilnimmt:

$$2\,C_6H_6O + C_8H_4O_3 = C_{20}H_{14}O_4 + H_2O\,.$$

Er bezeichnete daher diese neue Verbindung als Phtaleïn des Phenols. Von da an datiert die Verallgemeinerung des Wortes Phtaleïn. Als dann Baeyer in einem Vortrag über die von seinem Schüler F. Grimm ausgeführte Arbeit „Über das Phtaleïn des Hydrochinons und Chinizarin" Mitteilung machte, erklärte er die Bildung dieser Körper[3]): „Bei den Phtaleïnen greift jedes der CO der Phtalsäure in ein besonderes Benzol ein, während beim Anthrachinon beide gleichzeitig in eins eintreten, so daß den Phtaleïnen eine dem Anthrachinon ähnliches Phtalylketon zugrunde liegt:

$$C_6H_4\genfrac{}{}{0pt}{}{-CO-C_6H_5}{-CO-C_6H_5}\,,\qquad C_6H_4\genfrac{}{}{0pt}{}{-CO-}{-CO-}C_6H_4\,.$$

Die gleichzeitige Bildung eines Phtaleïns und eines Anthrachinonderivates beim Erhitzen von Hydrochinon und Phtalsäure erklärt sich hiernach sehr gut folgendermaßen:

$$C_6H_4\genfrac{}{}{0pt}{}{-CO-C_6H_3(OH)}{-CO-C_6H_3(OH)}\!\!>\!O\quad\text{und}\quad C_6H_4\genfrac{}{}{0pt}{}{-CO-}{-CO-}C_6H_2(OH)_2$$

Phtaleïn des Hydrochinons Chinizarin

und entspricht dem Auftreten von Anthrachinon bei der Darstellung des Benzophenons."

Von den Verbindungen aus der Phtaleïngruppe erlangte das Fluoresceïn auch technische Bedeutung. Caro, dem Baeyer eine Probe desselben übergeben hatte, um es auf seine Verwendbarkeit

---

[1]) S. XXXII.
[2]) B. **4**, 555 (1871).
[3]) B. **6**, 510 (1873).

als Farbstoff zu prüfen, gelang es, aus demselben durch Bromieren einen prachtvollen roten Farbstoff darzustellen, der im Sommer 1874 von der Badischen Anilin- und Sodafabrik unter dem Namen Eosin[1]) in den Handel gebracht wurde. Dieses Resultat war nicht nur für die Farbstoffindustrie von großer Bedeutung, sondern wurde auch für wissenschaftliche Untersuchungen sehr wertvoll. Von da an wurden Phtalsäure und Resorcin leicht zugängliche Ausgangsmaterialien.

In Gemeinschaft mit tüchtigen Schülern hat Baeyer das von ihm erschlossene Gebiet während einer Reihe von Jahren eingehend erforscht. Dabei gelangte er zu einer neuen Auffassung der Konstitution der Phtaleïne. Dieser Umschwung erfolgte durch eine auf seine Veranlassung von Hessert ausgeführte Untersuchung der von Kolbe und Wischin 1866 durch Reduktion des Phtalychlorids erhaltenen und als Phtalaldehyd bezeichneten Verbindung. Hessert[2]) gelang es nachzuweisen, daß dieser Körper, für den er den Namen Phtalid vorschlug, „ein lactidähnliches Anhydrid von der Zusammensetzung:

$$C_6H_4{-CH_2 \atop -CO}\!\!>\!\!O$$

ist und daher vollständig dem Mekonin entspricht, für welches Beckett und Wright bereits im Jahre 1876 die Formel $C_6H_2\left\{{CH_2 \atop CO}\!\!>\!\!O \atop (OCH_3)_2\right.$ aufgestellt haben."

Um nun die durch dieses Ergebnis hervorgerufene Unsicherheit der früheren Phtaleïnformeln zu beseitigen, hat Baeyer[3]) mit Zustimmung von Friedel und Crafts das von diesen Chemikern 1878 entdeckte Phtalophenon in den Kreis seiner Untersuchungen einbezogen. Er erhielt aus demselben durch Nitrieren, Reduzieren und Diazotieren eine Dioxyverbindung, die vollkommen mit Phenolphtaleïn übereinstimmte. Darauf zeigte er, daß sich Phtalophenon in alkoholischem Natron löst und durch nachheriges Behandeln mit Zinkstaub in Triphenylmethancarbonsäure verwandelt wird, also ein Lacton ist. So ergaben sich die folgenden Formeln:

$$C_6H_4{-C(C_6H_5)_2 \atop -CO}\!\!>\!\!O \qquad , \qquad C_6H_4{-C(C_6H_4OH)_2 \atop -CO}\!\!>\!\!O$$

$$\text{Phtalophenon} \qquad\qquad\qquad \text{Phenolphtaleïn}$$

Auch konnte Baeyer die von ihm in Gemeinschaft mit Burkhardt ein Jahr vorher aufgefundene Tatsache, daß das Phenol-

---

[1]) Baeyer, Zur Geschichte des Eosins, B. **8**, 146 (1875).
[2]) B. **11**, 237 (1878).
[3]) B. **12**, 642 (1879).

phtaleïn beim Schmelzen mit Ätzkali Dioxybenzophenon und Benzoesäure liefert, jetzt befriedigend erklären. Den Beweis, daß das Phenolphtaleïn als Diphenylphtalid ein Triphenylmethanderivat ist, hat er dann auch für die Formeln der anderen Phtaleïne verwertet und seinen in den achtziger Jahren veröffentlichten Abhandlungen „Über die Verbindungen der Phtalsäure mit den Phenolen" zugrunde gelegt.

Neunundfünfzigstes Kapitel.

Die Azofarben.

Obwohl das Anilingelb zu den ältesten Teerfarben gehört und Kekulé dessen Bildung im Jahre 1866 aufgeklärt, sowie vier Jahre später durch die Darstellung des Oxyazobenzols aus Diazobenzol und Phenol ein Musterbeispiel für die Gewinnung derartiger gefärbter Verbindungen geliefert hatte, so erfolgte die eigentliche Entwicklung der Fabrikation erst gegen Ende der siebziger Jahre. Daß diese nicht früher eintrat, war dadurch bedingt, daß das Interesse sich vorher wesentlich der Vervollkommnung der Fabrikation der Rosanilin- und Anthracenfarbstoffe sowie dann auch dem seit 1874 in den Handel gekommenen Eosin zugewandt hatte.

Die Anregung zu der bald darauf beginnenden rapiden Entwicklung der Industrie der Azofarben erfolgte durch die Entdeckung einiger neuer Farbstoffe. Caro hatte 1875 und einige Monate später auch Witt durch Einwirkung von Phenylendiamin auf Diazobenzolchlorid ein Diaminoazobenzol

$$C_6H_5 - N = N - C_6H_3(NH_2)_2$$

dargestellt, dessen salzsaures Salz 1876 als Chrysoidin in den Handel kam. Über Bildung und Zusammensetzung des neuen Farbstoffs wurde nichts mitgeteilt und auch kein Patent eingereicht. Lange sollte aber die Geheimhaltung, welche den beiden Chemikern wünschenswert erschien[1]), nicht dauern. A. W. Hofmann, der den neuen Farbstoff einer Untersuchung unterwarf, teilte im darauffolgenden Jahre[2]) mit, daß die Zusammensetzung des Chrysoidins der Formel $C_{12}H_{12}N_4HCl$ entspricht und man dasselbe durch Eintragen von Phenylendiamin in eine Lösung von salpetersaurem Diazobenzol darstellen kann.

Ebenfalls im Jahre 1876 wurde von der Poirrierschen Fabrik in Paris verschiedene als Orangés bezeichnete Farbstoffe in den Handel

---

[1]) Vgl. B. **10**, 388 (1877) Brief von Griess an Hofmann.
[2]) B. **10**, 213 (1877).

gebracht. Roussin[1]), der Entdecker derselben, machte gleichfalls keine Mitteilung über deren Darstellung, sondern beschrieb sein Verfahren nur in plis cachetés, die er bei der Pariser Akademie hinterlegte, die aber erst 1907 geöffnet wurden. In dem offiziellen Bericht der Pariser Ausstellung vom Jahre 1878 wurde jedoch von Lauth über diese Farbstoffe folgendes angegeben: „L'industrie s'est enrichie depuis 1875 d'une nouvelle série de matières colorantes constituées par les dérivés sulfoconjugés des corps azoïques seuls ou en combinaison avec les phénols et les amines. Le mérite de cette découverte revient à M. Roussin."

Diese neuen Farbstoffe erregten in industriellen Kreisen sofort großes Interesse, sie wurden, wie Caro in seinem Vortrag über die Entwicklung der Teerfarbenindustrie sagte, „von bahnbrechend neuem technischem Effekt". Der erste, der eine Angabe über die Zusammensetzung eines derselben machte, war wieder Hofmann[2]). Auf Grund seiner Analysen nahm er an, daß derselbe entweder durch Vereinigung von 1 Molekül Naphtolsulfosäure mit 1 Molekül Diazobenzol oder aus azotierter Sulfanilsäure und einem der Naphtole entstanden sei. Daß der von ihm untersuchte Farbstoff das Orangé II war und mittels β-Naphtol und Sulfanilsäure sich erhalten läßt, hat im folgenden Jahre Griess in der weiter unten besprochenen Abhandlung angegeben.

Veranlaßt durch Hofmanns Veröffentlichung teilte Witt[3]) in einer kurzen Notiz mit, daß er die seit Frühjahr 1877 in England fabrizierten und als Tropäoline bezeichneten Farbstoffe entdeckt habe und daß dieselben „Sulfosäuren hydroxylierter und amidierter Azokörper" sind[4]).

---

[1]) Z. Roussin (1827—1894) war von Beruf Militärapotheker und als solcher von 1875—1879 Chefapotheker eines Militärhospitals in Paris. Er gab dann diese Stellung auf, um diese Stadt nicht verlassen zu müssen. Neben pharmazeutischen Untersuchungen hat er sich wesentlich mit der Aufgabe beschäftigt, das Naphtalin technisch zu verwerten und dabei als erster Zinn und Salzsäure zur Reduktion von Nitrokörpern benutzt. Als er versuchte, Dinitronaphtalin in Alizarin umzuwandeln, entdeckte er das Naphtazarin. Seine Verdienste um die Farbenindustrie sind in dem Buch: „Le Chimiste Z. Roussin par A. Balland et D. Luizet" ausführlich angegeben.

[2]) B. **10**, 1378 (1877).

[3]) O. N. Witt (1853—1915) ist in Petersburg geboren, wo sein Vater, ein geborener Holsteiner, Professor an der Apothekerschule war. Da dieser seit 1866 in Zürich lebte, so vollendete Witt seine Schulzeit in dieser Stadt und studierte am eidgenössischen Polytechnikum. 1875 wurde er Chemiker in einer englischen Farbenfabrik, trat 1879 in gleicher Eigenschaft bei Cassella & Cie. in Frankfurt a. M. ein und war dann von 1882—1885 einer der Direktoren des Vereins chemischer Fabriken in Mannheim. Darauf entschloß er sich, als seiner Neigung und Begabung besser entsprechend, sich der akademischen Laufbahn zu widmen und habilitierte sich an der Technischen Hochschule in Charlottenburg, an der er 1891 zum Professor der technischen Chemie ernannt wurde. Vielseitig begabt, zeichnete er sich auch als Schriftsteller auf naturwissenschaftlichem Gebiet aus. Ein umfangreicher Nachruf ist von Nölting, B. **49**, 1751 (1916) verfaßt.

[4]) B. **10**, 1509 (1877).

So war die Farbenindustrie auf die wichtige Anwendung von Sulfonsäuren sowie auf den Wert der Naphtalinderivate aufmerksam geworden. Dann kam auch der erste rote Azofarbstoff in den Handel. 1877 hatte Roussin und kurze Zeit nachher auch Caro das Roccelline oder Echtrot durch Kombination von diazotierter α-Naphtylaminsulfosäure mit β-Naphtol erhalten. Daß es auch möglich ist, Azoverbindungen, die zweimal die Gruppe — N = N — enthalten, darzustellen, wurde 1877 von Caro und Schraube[1]) mitgeteilt. Durch Einwirkung von diazotiertem Aminoazobenzol auf Phenol erhielten sie die Verbindung

$$C_6H_5 - N = N - C_6H_4 - N = N - C_6H_4 \cdot OH$$

und gaben zugleich an, daß in analoger Weise sich auch noch kompliziertere Azoketten erhalten lassen.

Nun begann eine intensive Entdeckertätigkeit; zahlreiche neue Kombinationen wurden aufgefunden. So erhielt H. Baum im Jahre 1878 mittels der β-Naphtoldisulfosäure eine Reihe wertvoller roter und blauroter Farbstoffe die unter den Namen von Bordeaux, Ponceau usw. von den Höchster Farbwerken in den Handel kamen. In dem gleichen Jahre machte Griess als Fortsetzung seiner Untersuchungen über Diazoverbindungen Mitteilungen[2]) ,,Über die Einwirkung einiger Diazosulfosäuren auf Phenole'' und zeigte, daß die auf diese Weise dargestellten Verbindungen durch Zinn und Salzsäure in analoger Weise wie das Anilingelb gespalten werden. Er erhielt dabei aus den mit Phenol dargestellten Verbindungen p-Aminophenol und konnte so nachweisen, daß auch bei der Bildung jener Azoderivate der Stickstoff in Parastellung zum Hydroxyl eintritt. Für die aus der Poirrierschen Fabrik stammenden Farbstoffe und für das von Caro erhaltene Echtrot stellte er folgende Formeln auf:

$$\text{Orange Nr. I} \quad C_6H_4(\overset{4}{S}O_3H)\overset{1}{N} = \alpha\, NC_{10}H_6(OH),$$
$$\text{Orange Nr. II} \quad C_6H_4(\overset{4}{S}O_3H)\overset{1}{N} = \beta\, NC_{10}H_6(OH),$$
$$\text{Echtrot} \quad C_{10}H_6(SO_3H)N = \beta\, NC_{10}H_6(OH).$$

Der erste wertvolle Farbstoff aus den zweimal die Gruppe — N = N — enthaltenden Tetrazo- oder Disazofarbstoffen wurde 1877 von Nietzki[3]) durch Einwirkung von diazotierter Aminoazobenzoldisulfosäure,

$$SO_3H \cdot C_6H_4 - N = N \cdot C_6H_3(SO_3H)NH_2,$$

---

[1]) B. **10**, 2230 (1877).
[2]) B. **11**, 2191 (1878).
[3]) B. **13**, 800 und 1838 (1880).

auf β-Naphtol dargestellt und erhielt den Namen Biebricher Scharlach. Nietzki hat auch in der ersten dieser beiden Mitteilungen darauf aufmerksam gemacht, daß von den mittels Naphtolen dargestellten Azofarbstoffen „die mit β-Naphtol wohl die einzig wichtigen sind". Zahlreiche Beobachtungen haben dann die Tatsache ergeben, daß für den technischen Wert dieser Farbstoffe nicht nur die Natur und Zahl der Substituenten, sondern auch ihre Stellung von erheblichem Einfluß ist. Dies führte nun dazu, daß die Chemiker, welche dieses Gebiet bearbeiteten, eifrig nach neuen Zwischenprodukten suchten.

Entsprechend der oben erwähnten Arbeit von Griess ergab sich allgemein die Regel, daß bei der Bildung der Azokörper, wenn es möglich ist, die Substitution in Parastellung und wenn diese besetzt ist, in Orthostellung erfolgt. Daß bei Einwirkung einer Diazoverbindung auf β-Naphtol der Stickstoff in die 1-Stellung eintritt, haben Liebermann und Jacobson durch ihre Untersuchung des β-Naphtochinons bewiesen. Als weitere Erfahrung ergab sich, daß meistens die Nuance der Farbstoffe mit Zunahme des Moleklargewichts sich vertieft. Obwohl sich zeigte, daß diese Regel keine ganz allgemein gültige ist, war sie praktisch wichtig für Auffindung neuer Farbstoffe. Der Entdeckung der gelben, orangen und roten Azofarbstoffe folgte die der violetten, blauen und schwarzen. Der Verlauf dieses ganzen Entwicklungsganges ergibt sich am besten aus der Patentliteratur, wie sie Friedländer in den verschiedenen Bänden seiner „Fortschritte der Teerfarbenfabrikation" zusammengestellt hat.

Den achtziger Jahren gehört auch die technisch wichtige Entdeckung der sogenannten direkten oder substantiven Baumwollfarbstoffe an. Wie P. Boettiger 1884 in seinem Patent[1]) angab, entsteht aus diazotiertem Benzidin durch Vereinigung mit zwei Molekülen Naphtylaminsulfosäure ein Farbstoff, der von ungebeizter Baumwolle direkt fixiert wird. Derselbe hat unter dem Namen „Congorot" die Reihe der sich in gleicher Weise verhaltenden Farbstoffe eröffnet.

Da (entsprechend der für die Bildung des Oxyazobenzols aufgestellten Gleichung) mit Leichtigkeit sich neue Kombinationen auffinden laßen, so vermehrte sich von Jahr zu Jahr die Zahl der in den Handel gekommenen Azofarben. In der 1888 erschienenen „Tabellarischen Übersicht der künstlichen organischen Farbstoffe von G. Schultz und P. Julius", in der 278 Farbstoffe aufgezählt sind, umfaßt die Gruppe der Azofarbstoffe 141 und 1914 in der fünften Auflage gehören von der Gesamtzahl von 923 künstlichen Farbstoffen 492 zu der Gruppe der Azokörper.

Der große Fortschritt, der bei den Azofarben durch Anwendung von Sulfonsäuren erreicht war, führte auch dazu, daß wasserlösliche

---

[1]) D. R. P. 28 753 vom 27. Februar 1884.

Farbstoffe aus der Triphenylmethanreihe in Sulfonsäuren übergeführt wurden. Vorher war dies, entsprechend der Bildung von Indigosulfonsäuren, nur bei dem in Wasser unlöslichen Anilinblau in Anwendung gekommen. Im Jahre 1877 hat Caro mittels rauchender Schwefelsäure aus Rosanilin eine Trisulfonsäure, deren Natriumsalz als Fuchsin S oder Säurefuchsin in den Handel kam, und aus dem Methylviolett das Säureviolett dargestellt. Als Zweck dieser Verfahren gab er in dem betreffenden Patent[1]) an: „Durch Umwandlung dieser Farbstoffbasen in Derivate mit ausgeprägtem Säurecharakter war eine vorteilhafte Veränderung der färbenden Eigenschaften zu erwarten, und in der Tat haben wir dieselben durch die Darstellung der Sulfonsäuren in vollkommener Weise erzielt." Auch die von demselben Chemiker 1879 dargestellte Dinitronaphtolsulfonsäure (Naphtolgelb S) besitzt vor dem Dinitronaphtol den Vorzug einer größeren Affinität zur Faser.

Am Schluß dieses Kapitels sei noch darauf hingewiesen, daß die große Zahl der Teerfarbstoffe durch Synthese aus einer kleinen Zahl von Rohprodukten erhalten werden. Für die bei weitem meisten kommen von Teerbestandteilen nur die vier Kohlenwasserstoffe Benzol, Toluol, Naphtalin und Anthracen sowie ferner Phenol in Betracht. In beschränktem Maße kommen in neuester Zeit auch Phenanthren, Carbazol und Acenaphten in Anwendung. Aus der Gruppe der Fettkörper bilden Alkohol, Methylalkohol und Essigsäure, die wichtigsten Rohmaterialien. Letztere wurde von großer Bedeutung, als der künstliche Indigo in größerer Menge fabriziert wurde.

Sechzigstes Kapitel.
Untersuchungen über Alkaloide.

Erst nachdem die Erkenntnis der chemischen Struktur der Fettkörper und der aromatischen Verbindungen genügend fortgeschritten war, ist es gelungen, durch Studium der Abbauprodukte die Grundlagen zu schaffen, die es möglich machten, näheren Einblick in die Konstitution der Alkaloide zu gewinnen. Schon aus älteren Untersuchungen hatte sich ergeben, daß bei vielen Alkaloiden zweierlei Arten von Zersetzungsprodukten, stickstofffreie und stickstoffhaltige, entstehen. Wöhler, der 1844 das erste derartige Beispiel auffand, zeigte, daß das Narkotin einerseits die keinen Stickstoff enthaltende Opiansäure und anderseits das basische Kotarnin liefert. Dreizehn Jahre später erhielten v. Babo und Keller[2]) durch Behandeln des in verschiedenen Pfefferarten vorkommenden Piperins mit alkoholischer

---
[1]) D. R. P. 2096 vom 16. Dezember 1877 der Bad. Anilin- und Sodafabrik.
[2]) J. pr. 72, 53 (1857).

Kalilauge die Piperinsäure und das stickstoffhaltige Piperidin. Wie die in den sechziger Jahren veröffentlichten Untersuchungen von Kraut und von Lossen zeigten, zerfällt das Atropin bei der Einwirkung von Alkalien oder von Säuren in Tropin und die stickstofffreie Tropasäure oder Atropasäure.

Um näheren Einblick in die Konstitution jener Alkaloide zu gewinnen, war es also erforderlich, die Struktur der Spaltungsprodukte zu ermitteln. Für die stickstoffreien Säuren ist dies zuerst gelungen. Aus der Piperinsäure hatte Strecker 1861[1]) durch Schmelzen mit Ätzkali eine Säure $C_7H_6O_4$ erhalten, die er Protocatechusäure nannte, weil sie große Ähnlichkeit mit der Catechusäure besitzt, aber weniger Kohlenstoff enthält. Auch fand er, daß sie beim Erhitzen in Brenzcatechin und Kohlensäure zerfällt. Fittig, der in den Jahren 1869 bis 1874 in Gemeinschaft mit Mielck und Remsen die Piperinsäure zum Gegenstand einer ausführlichen Untersuchung machte, gelangte für diese Säure zu folgender Konstitutionsformel[2]):

$$C_6H_3 \underset{CH=CH-CH=CH-CO \cdot OH}{\overset{O}{\underset{O}{\diagup}}\!\!\!\diagdown} CH_2$$

Hierdurch war zum ersten Male nachgewiesen, daß im Pflanzenreich Verbindungen vorkommen, die die Gruppe $\overset{-O}{\underset{-O}{\diagup}}CH_2$ enthalten.

Näheren Aufschluß über die von Wöhler entdeckte Hemipinsäure lieferte die Beobachtung von Matthiessen und Foster[3]), daß dieselbe durch Jodwasserstoffsäure in eine neue Säure $C_7H_6O_4$ verwandelt wird.

$$C_{10}H_{10}O_6 + 2\,HJ = 2\,CH_3J + C_7H_6O_4 + CO_2\,.$$

Sie kamen daher zu der Ansicht, daß die Hemipinsäure ein zweifach methyliertes Derivat einer zweibasischen aber vieratomigen Säure sei. Dann gelangten Beckett und Wright[4]) durch das Studium der aus Narkotin erhaltenen Säuren und durch die Beobachtung, daß die Opiansäure sich in dimethylierten Protocatechualdehyd überführen läßt, zur Aufstellung folgender Formeln für die stickstoffreien Narkotinabkömmlinge:

$$C_6H_2\begin{cases}CO \cdot OH \\ CO \cdot OH \\ O \cdot CH_3 \\ O \cdot CH_3\end{cases}, \quad C_6H_2\begin{cases}COH \\ CO \cdot OH \\ O \cdot CH_3 \\ O \cdot CH_3\end{cases}, \quad C_6H_2\begin{cases}CH_2\!\!\diagdown\!\!O \\ CO\diagup \\ O \cdot CH_3 \\ O \cdot CH_3\end{cases}.$$

Hemipinsäure   Opiansäure   Mekonin

---

[1]) A. **118**, 280 (1861).
[2]) A. **172**, 134 (1874).
[3]) A. Suppl. **1**, 333 (1861).
[4]) Soc. **29**, 281 (1876).

Da **Barth** nachgewiesen hatte[1]), daß den Substituenten in der Protocatechusäure die Stellung 1·3·4 ($CO_2H = 1$) entspreche, so war auch dieselbe für die Piperinsäure ermittelt. Bei der Hemipinsäure blieb für die Hydroxyle damals noch die Wahl zwischen 3·4 und 4·5, die später zugunsten von 3·4 entschieden wurde, so daß die Struktur dieser Verbindungen restlos ermittelt war.

Die richtigen Konstitutionsformeln der aus Atropin erhaltenen Säure hat **Fittig** bei seinen Untersuchungen der ungesättigten Säuren aufgestellt[2]):

$$C_6H_5-C(OH){\stackrel{-CH_3}{-CO_2H}}, \qquad C_6H_5-C{\stackrel{=CH_2}{-CO_2H}}.$$
Tropasäure · · · · · · · · · · · Atropasäure

Erst in späteren Jahrzehnten wurde es möglich, auch für die stickstoffhaltigen Spaltungsprodukte zu Strukturformeln zu gelangen. Ein wesentlicher Fortschritt war aber schon vorher durch Ermittlung der Konstitution von **Pyridin** und **Chinolin**, also von zwei der wichtigsten Muttersubstanzen der Alkaloide, erreicht worden. Wie schon auf S. 128 angegeben ist, hatte **Gerhardt** im Jahre 1842 entdeckt, daß verschiedene Alkaloide, wie Chinin, Cinchonin und Strychnin, beim Schmelzen mit Ätzkali Chinolin liefern. Fünfundzwanzig Jahre später teilte C. **Huber** mit, daß durch Oxydation aus Nicotin eine Säure $C_6H_5NO_2$ entsteht, die bei der Destillation mit Kalk eine Base C_5H_5N liefert[3]). In einer ebenso kurzen Notiz[4]) fügte er im Jahre 1870 hinzu, daß jene Säure eine Pyridincarbonsäure sei. Daß die bei der Zersetzung derselben entstehende Base Pyridin ist, wurde durch **Weidel** und durch **Laiblin** bestätigt.

Ausgehend von Kekulés Benzolformel haben unabhängig voneinander **Körner** und **Dewar** die Ansicht entwickelt, das Pyridin könne als ein Benzol angesehen werden, in dem ein CH durch ein Stickstoffatom ersetzt ist. **Körner** hatte dieselbe in einer Fußnote zu einer Mitteilung über Toluidin 1869 an die Comptes rendus eingeschickt. Da diese Fußnote nicht mit abgedruckt wurde, ist sie damals nur in der Zeitschrift ,,Scienze Naturali ed Economiche, Palermo 1869" erschienen und lautet nach der Festschrift, Publicazioni scientifiche del prof. G. Koerner (Milano 1910), folgendermaßen:

,,L'isomérie qui existe entre l'aniline et la picoline est complètement inexpliquée[5]) jusqu'ici. Qu'il me soit permis de représenter ici au moyen d'une formule une idée que je m'avais faite sur la

---
[1]) A. **159**, 233 (1871).
[2]) A. **195**, 168 (1878).
[3]) A. **141**, 271 (1867).
[4]) B. **3**, 849 (1870).
[5]) In bemerkenswerter Weise hatte aber schon **Anderson**, den damaligen Ansichten entsprechend, eine Erklärung für diese Isomerie gegeben. Vgl. oben S. 147.

constitution de la pyridine et qui ne me paraît pas sans intérêt. Voici cette formule:

$$\begin{array}{c} H \\ | \\ C \\ H-C \diagdown \diagup C-H \\ | \quad | \\ H-C \diagup \diagdown C-H \\ N \end{array}$$

Non seulement cette manière de voir rend compte de la transformation de la naphtaline en pyridine, observée par M. Perkin et de la préparation de cette base par déshydratation du nitrate d'amyle réalisée par M.M. Chapmann et Smith, mais elle explique aussi pourquoi cette série commence par un terme de cinq atomes de carbone." Obige Formel ist in den Referaten und in dem Jahresbericht nicht erwähnt, aber durch mündliche Mitteilung bekannt geworden. So hat Baeyer 1870 auf dieselbe, als von Körner herrührend, in einer Abhandlung, in der er die Synthese von Picolin aus Acroleïnammoniak mitteilte, Bezug genommen[1]).

In demselben Jahre hat Dewar[2]) in einer in Kekulés Laboratorium begonnenen Arbeit über die Oxydationsprodukte des Picolins, in betreff der Konstitution des Pyridins gesagt: „Pyridine may be written graphically as benzol in which nitrogen functions in place of the triatomic residue $\overset{\text{\tiny III}}{C}H$ and thus must be represented as a closed chain." Die Formel, durch welche er diese Ansicht veranschaulichte, stimmt genau mit der obigen überein. Er wies zugleich darauf hin, daß es wohl möglich sei, Pyridin aus Acetylen und Blausäure darzustellen. „Thus as three molecules of acetylene condense and form benzol, so may two molecules of acetylene and one of hydrocyanic acid condense and produce pyridine." Ramsay[3]) hat dann 1876 angegeben, daß sich beim Durchleiten von Acetylen und Blausäure durch eine glühende Röhre geringe Mengen von Pyridin bilden[3]).

Dewar hat seine Ansicht über diese Base gleichzeitig auch auf Chinolin ausgedehnt und darauf hingewiesen, daß dieses zum Pyridin in derselben Beziehung stehe, wie das Naphtalin zum Benzol:

Naphtalin	Chinolin
C_6H_4	$C_5H_3\dot{N}$
C_2H_2	C_2H_2
C_2H_2	C_2H_2

[1]) A. **155**, 282 (1870).
[2]) Trans. Soc. of Edinburgh **26**, 289 (1870); Z. **14**, 116 (1871).
[3]) Phil. Mag. [5] **2**, 269 (1876).

Obwohl Körner nichts über die Konstitution des Chinolins veröffentlicht hat, wurde die der Dewarschen Ansicht entsprechende Chinolinformel auch als die Körnersche bezeichnet. So sagte Königs[1]) in seiner Mitteilung über die Synthese des Chinolins aus Allylanilin: „Körner hat zuerst die Vermutung ausgesprochen, das Chinolin sei ein Naphtalin, in welchem eine CH-Gruppe durch Stickstoff vertreten sei." Diese Angabe beruht vermutlich auch auf einer Privatmitteilung.

Entsprechend der Bildung von Naphtalin aus Phenylbutylen, gelang Königs die erste Chinolinsynthese[2]). Er erhielt dasselbe beim Durchleiten von Allylanilin durch eine zu schwacher Rotglut erhitzten Röhre. Einen weiteren wichtigen Beweis für die Struktur des Chinolins hat gleichzeitig Baeyer[3]) aufgefunden. Aus dem von Buchanan und Glaser 1869 durch Reduktion der o-Nitrophenylpropionsäure dargestellten Hydrocarbostyril $C_6H_4 \genfrac{}{}{0pt}{}{-C_2H_4 \cdot CO}{-NH}$ erhielt er durch Behandeln mit Phosphorchlorid eine Chlorverbindung und aus dieser durch Natriumamalgam Chinolin. Er sagte, diese Bildung „hat nichts Auffallendes, wenn man sich der Körnerschen Formel erinnert:

Hydrocarbostyril   Chinolin von Körner

Für diese beiden Verbindungen wurden von Baeyer zum ersten Male vollkommen entwickelte Strukturformeln gegeben.

Inzwischen hatten industrielle Versuche zur Entdeckung eines Anthracenfarbstoffs geführt, der zu der Chinolingruppe gehört. Der Kolorist Prud'homme in Mülhausen hatte 1877 die Beobachtung gemacht, daß durch Behandeln von Nitroalizarin mit Glycerin und Schwefelsäure ein blaufärbender Farbstoff entsteht. Brunck, als Chemiker der Badischen Anilin- und Sodafabrik, unternahm es,

---

[1]) Wilhelm Königs (1851—1906), zu Dülken (Regierungsbezirk Düsseldorf) geboren, hat in Berlin studiert und dann längere Zeit in Kekulés Laboratorium gearbeitet. 1876 trat er in Baeyers Laboratorium ein, dem er bis zu seinem Tode treu blieb, obwohl er einen Ruf als ordentlicher Professor an die Technische Hochschule in Aachen erhalten hatte. In München war er zuerst Privatdozent, dann außerordentlicher Professor. Seine Arbeitskraft hat er fast ausschließlich dem Studium der Alkaloide gewidmet. Seine Persönlichkeit hat Curtius und seine wissenschaftlichen Arbeiten Bredt geschildert B. 45, 3780.

[2]) B. 12, 453 (1879).

[3]) B. 12, 460 (1879).

diese Beobachtung industriell zu verwerten. Ihm gelang dies so vorzüglich, daß am Anfang von 1878 jener Farbstoff als Alizarinblau in den Handel kam. Die wissenschaftliche Untersuchung übertrug er an Graebe, der noch in dem gleichen Jahre mitteilte[1]), daß das Alizarinblau der Formel $C_{17}H_9NO_4$ entsprechend zusammengesetzt ist und beim Erhitzen mit Zinkstaub zu einer Base $C_{17}H_{11}N$ reduziert wird. Nachdem Graebe festgestellt, daß in dem neuen Farbstoff wie im Alizarin zwei Hydroxyle vorhanden sind, gelangte er, von Königs Chinolinsynthese ausgehend, zu der Ansicht, daß bei der Darstellung des Alizarinblaus die Kohlenstoffatome des Glycerins in der Art in das Nitroalizarin eintreten, daß ein dem Chinolin entsprechender Ring entsteht und zur Aufstellung folgender Formeln[2]), wobei er das mit Zinkstaub erhaltene Reduktionsprodukt als Anthrachinolin bezeichnete:

$$
\begin{array}{cc}
\text{Alizarinblau} & \text{Anthrachinolin}
\end{array}
$$

Königs hatte darauf, wie er 1880 angab[3]), versucht, durch Einwirkung von Glycerin und Schwefelsäure auf Nitrobenzol Chinolin darzustellen, aber nur Spuren erhalten. Skraup[4]), dem es ebenso ging, kam dann auf den glücklichen Gedanken, an Stelle von Nitrobenzol ein Gemenge von Nitrobenzol und Anilin mit Glycerin und Schwefelsäure zu behandeln[5]). Auf diese Weise erhielt er eine reichliche Ausbeute an Chinolin und gelangte so zu einem Verfahren von allgemeiner Anwendbarkeit. Er stellte dann nach demselben o- und p-Toluchinolin, α-Naphtochinolin und Chinolincarbonsäure dar[6]). Sehr bald wurde auch von anderen Chemikern die Skraupsche Methode zur Gewinnung neuer Chinolinderivate benutzt.

Im Jahre 1882 machte dann La Coste[3]) die wichtige Beobachtung, daß bei Anwendung von substituierten Anilinen es nicht nötig ist,

---

[1]) B. **11**, 1646 (1878).
[2]) B. **12**, 1416 (1879).
[3]) B. **13**, 911 (1880).
[4]) Zdenko Hans Skraup (1850—1910) war in Prag geboren, entstammte aber, wie H. Schötter in dem Nachruf (B. **43**, 3683) angibt, einer ganz deutschen Familie. Er studierte an der Technischen Hochschule in Prag, war dann kurze Zeit in einer Porzellanfabrik und in der Wiener Münze tätig. 1873 wurde er Assistent von Rochleder, mit dem er über Oxydation von Cinchonin arbeitete. Von da an hat er sich, wie der ein Jahr jüngere Königs, mit Vorliebe mit dem Studium der Chinaalkaloide beschäftigt. 1880 wurde er Professor an der Wiener Handelsakademie, 1886 nach Graz und 1900 an die Universität in Wien berufen.
[5]) Wiener Akad. Ber. **81**, 503 (1880).
[6]) B. **15**, 557 (1882).

das entsprechende Nitrobenzolderivat zu benutzen, sondern daß man dieses durch Nitrobenzol ersetzen kann. Als er Glycerin und Schwefelsäure mit p-Bromanilin und p-Bromnitrobenzol erhitzte, war der größte Teil des letzteren in den Hals des Kolbens und in den Kühler sublimiert. Er ersetzte es daher durch Nitrobenzol und fand, daß hierbei nur Bromchinolin und keine Spur von Chinolin entstanden war und schloß daraus, daß bei der Chinolinsynthese das Nitrobenzol nur als Oxydationsmittel wirkt, was er dadurch bestätigte, daß auch bei der Synthese gechlorter und nitrierter Chinoline Nitrobenzol angewandt werden kann. Auch bei anderen Darstellungen war es vorteilhaft, die Amine mit Nitrobenzol der Einwirkung von Glycerin und Schwefelsäure zu unterwerfen.

Daß man vom Chinolin zum Pyridin gelangen kann, wurde von Hoogewerf und van Dorp[1]) sowie von Königs[2]) nachgewiesen. Die ersteren erhielten aus Teerchinolin und der letztere aus Chinolin, das aus Cinchonin bereitet war, eine Dicarbonsäure, die beim Erhitzen mit Natronkalk Pyridin liefert. Dadurch war die Möglichkeit gegeben, aus Verbindungen, die sich durch vollständige Synthese erhalten lassen, auch zum Pyridin zu gelangen.

In demselben Jahre fand Königs[3]), daß sich Pyridin aus Piperidin bildet, wenn man letzteres mit konzentrierter Schwefelsäure erwärmt. Für das Piperidin stellte er infolge dieser Beobachtung die Formel

$$\begin{array}{c} H \\ N \\ H_2C \diagup \diagdown CH_2 \\ | \quad\quad | \\ H_2C \quad\, CH_2 \\ \diagdown \diagup \\ C \\ H_2 \end{array},$$

auf.

Darauf hinweisend, daß die Konstitution des Piperidins und der Piperinsäure jetzt ermittelt ist, sagte er: „So wäre das Piperin das erste Alkaloid, dessen Konstitution man mit ziemlicher Wahrscheinlichkeit kennt." Nachdem für verschiedene Säuren, die aus den Alkaloiden durch Oxydation entstehen, nachgewiesen war, daß sich dieselben vom Pyridin herleiten, hat Königs in seiner Schrift[4]) „Studien über die Alkaloide" den Vorschlag gemacht, diese Bezeichnung nur auf Pyridinabkömmlinge anzuwenden. „Unter Alkaloide versteht man diejenigen in den Pflanzen vorkommenden organischen Basen,

---

[1]) B. **12**, 747 (1879).
[2]) B. **12**, 983 (1879).
[3]) B. **12**, 2341 (1879).
[4]) Habilitationsschrift München 1880.

welche Pyridinderivate sind." Dieser Vorschlag fand damals Beifall; es wurde aber später die Bezeichnung Alkaloid wieder weniger eingeschränkt und auch auf solche pflanzliche Basen ausgedehnt, die sich nicht von Pyridin oder Chinolin ableiten.

Nachdem die Grundlagen für die Beurteilung der Konstitution der Alkaloide geschaffen waren, begann seit Ende der siebziger Jahre eine intensive und erfolgreiche Bearbeitung dieses Gebiets der organischen Chemie. Im Jahre 1879 gelang dann der erste Versuch, ein Alkaloid aus seinen Spaltungsprodukten zu regenerieren. Ladenburg erhielt aus tropasaurem Tropin durch längeres Behandeln mit Salzsäure wieder Atropin[1]). Bald darauf zeigte Königs, daß beim Reduzieren des Pyridins mit Zinn und Salzsäure Piperidin entsteht[2]). Diese Umwandlung, die nur geringe Mengen lieferte, wurde durch Ladenburg[3]) dadurch verbessert, daß er das Pyridin in heißer alkoholischer Lösung der Einwirkung von Natrium unterwarf. Bei Anwendung von absolutem Alkohol erhielt er nahezu quantitative Ausbeute. Da aus Piperidin und dem Chlorid der Piperinsäure L. Rügheimer[4]) das Piperin wieder aufgebaut hatte, so fehlte damals zur vollständigen Synthese dieses Alkaloids nur noch die erst später verwirklichte synthetische Bildung der Piperinsäure.

Die erste derartige Synthese eines Alkaloids war daher die des Coniins, welches Ladenburg[5]) 1886 aus dem α-Picolin, $CH_3 \cdot C_5H_4N$, darstellte, indem er dieses durch Erhitzen mit Paraldehyd in Allylpyridin $C_3H_5 \cdot C_5H_4N$ überführte, aus dem er durch Reduktion mit Natrium und Alkohol inaktives Propylpiperidin $C_3H_7 \cdot C_5H_9NH$ erhielt. Mittels der weinsauren Salze gelang es ihm, die beiden aktiven Modifikationen voneinander zu trennen und „die vollständige Identität des Coniins mit dem rechtsdrehenden α-Propylpiperidin nachzuweisen". Nachdem er gefunden hatte, daß sich das α-Picolin, das vorher nur aus animalischem Teer erhalten war, durch Erhitzen von Pyridin-Jodmethylat darstellen läßt, konnte Ladenburg in seiner ausführlichen Abhandlung[6]) über Pyridin- und Piperidinbasen mit Recht angeben, daß „dadurch die erste vollständige Synthese eines Alkaloids ausgeführt ist". Näher auf die Entwicklung der Chemie der Alkaloide einzugehen, liegt jenseits der Grenzen dieses Bandes.

[1]) B. **12**, 941 (1879).
[2]) B. **14**, 1856 (1881).
[3]) B. **17**, 388 (1884).
[4]) B. **15**, 1390 (1882).
[5]) B. **19**, 2578 (1866).
[6]) A. **247**, 1 (1888).

Einundsechzigstes Kapitel.
Die künstlich dargestellten Riechstoffe.

Aus dem Pflanzen- und Tierreich stammende Substanzen sind ihres Wohlgeruchs wegen schon im hohen Altertum zu ausgedehnter Anwendung gekommen. Aber erst seit Mitte des vorigen Jahrhunderts wurden künstlich dargestellte Verbindungen in die Parfümerie eingeführt. Einer der ersten derartigen Stoffe war das Nitrobenzol, von dem der Entdecker, Mitscherlich, schon 1833 angegeben hatte, daß es „einen Geruch besitzt, der zwischen dem von Bittermandelöl und Zimmtöl liegt". Untersuchungen über Buttersäure, Valeriansäure und Amylalkohol hatten zu Beginn der vierziger Jahre zur Darstellung von Estern geführt, die einen angenehmen, an Früchte erinnernden Geruch zeigten. Gegen Ende dieses Jahrzehnts hat darauf die Industrie begonnen, jene Beobachtungen zu verwerten und auf der Londoner Ausstellung waren 1851 verschiedene derartige Präparate zu sehen. A. W. Hofmann als Jurymitglied hat dieselben untersucht und mitgeteilt[1]: „Die künstliche Erzeugung aromatischer Öle für die Zwecke der Industrie kann erst seit wenigen Jahren im Gange sein." Über die Zusammensetzung der ausgestellten Präparate hat er angegeben, daß das sogenannte „Pear Oil (Birnöl)" aus essigsaurem Amyloxyd, das „Äpfelöl (apple-oil)" aus valeriansaurem Amyloxyd, das „Ananasöl (pine apple-oil)" aus buttersaurem Äthyl bestehen. Das sogenannte Cognac-oil, das er der geringen Menge wegen nicht genauer untersuchen konnte, sei eine Amylverbindung. Unter den französischen Parfümerien befand sich mehr oder minder reines Nitrobenzol unter dem Namen Essence de Mirbane.

Das Studium der chlorhaltigen Toluolderivate hatte zur künstlichen Darstellung des Bittermandelöls geführt. Cahours hat es 1863 aus Benzalchlorid, $C_6H_5 \cdot CHCl_2$, durch Einwirkung von Alkalien und Lauth und Grimaux 1866 aus Benzylchlorid mittels verdünnter Salpetersäure oder Bleinitratlösung erhalten. Nach letzterem Verfahren dargestellter Benzaldehyd kam seit 1870 als künstliches Bittermandelöl in den Handel. Später wurde die Gewinnung aus Benzalchlorid, das mit Wasser und Kalkmilch in Autoklaven erhitzt wurde, vorgezogen.

Ein neuer wichtiger Fortschritt für die Gewinnung wohlriechender Substanzen wurde durch die Untersuchung des Coniferins von Tiemann und Haarmann gewonnen[2]. Aus dieser im Cambialsaft der Coniferen enthaltenen Verbindungen haben dieselben 1874 durch Oxydation das 1858 von Gobley entdeckte Vanillin erhalten. Auch

---

[1] Die organische Chemie in ihrer Anwendung auf Parfümerie A. **81**, 87 (1852).
[2] B. **7**, 608 (1874).

konnten sie durch Überführen desselben in Protocatechusäure nachweisen, daß es ein methylierter Protocatechualdehyd:

$$C_6H_3{\overset{\diagup OCH_3}{\underset{\diagdown COH}{-OH}}}$$

ist. Nach Vollendung dieser wichtigen Arbeit, gründete Haarmann in dem in waldreicher Gegend gelegenen Holzminden eine Vanillinfabrik, während Tiemann[1]) als wissenschaftlicher Beirat die neue Industrie förderte.

Tiemann gelang es bald darauf, das Vanillin aus der Protocatechusäure zu erhalten[2]), in dem er diese methylierte und das Calciumsalz des von ihm als Vanillinsäure bezeichneten Monomethylderivats mit ameisensaurem Kalk erhitzte. Technisch war dieses Verfahren, da nur etwa 2% Vanillin entstehen, nicht brauchbar, aber mit Recht konnte Tiemann darauf hinweisen, daß „das Vanillin hinfort der Klasse der synthetisch darstellbaren organischen Verbindungen zuzuzählen ist".

Im Jahre 1876 entdeckte Reimer[3]) die schöne Methode, Phenole durch Einwirkung von Chloroform und Alkalien in Oxyaldehyde überzuführen[4]). Zugleich teilte er mit, daß er, um diese Untersuchung rascher zu fördern, sich mit Tiemann vereinigt habe und fügte hinzu: „Schon heute kann ich als erstes von uns gemeinschaftlich erhaltenes Resultat anführen, daß wir aus Guajacol mittels der obigen Reaktion Vanillin dargestellt haben." Das Studium dieser Synthese zeigte, daß sie sich aber zur technischen Ausbeutung ebenfalls nicht eignet, da gleichzeitig mit Vanillin Methoxysalicylaldehyd entsteht, der vom ersten sich nur schwierig trennen läßt, und ferner große Mengen unkrystallisierbarer Produkte gebildet werden. So blieb die Vanillinfabrikation auf die Anwendung des Coniferins angewiesen, bis Tiemann[5]) 1891 fand, daß das im Nelkenöl enthaltene Eugenol sich glatt

---

[1]) Ferdinand Tiemann (1848—1899), zu Rübeland im Harz geboren, studierte in Braunschweig und Berlin. Zuerst als Assistent, dann als außerordentlicher Professor hat er im Hofmannschen Laboratorium seine schönen Untersuchungen, die meistens die Aromatica betreffen, ausgeführt. Während fünfzehn Jahren hat er die Redaktion der Berichte der Deutschen chemischen Gesellschaft in vortrefflicher Weise besorgt. Seine Bedeutung als Forscher und seine Verdienste um die Industrie hat Witt B. **34**, 4403 (1901) geschildert.

[2]) B. **8**, 1123 (1875).

[3]) Karl Ludwig Reimer (1845—1883), zu Leipzig geboren, hatte in Göttingen, Heidelberg und Berlin studiert und sich dann der Industrie zugewandt. Die nach ihm benannte Methode der Aldehydgewinnung entdeckte er, als er Leiter einer Fabrik von Zinnpräparaten in Berlin war. Nach Auffindung der Vanillinsynthese trat er als Teilhaber in die Fabrik von Haarmann ein. Nachruf auf ihn B. **16**, 99.

[4]) B. **9**, 423 (1876).

[5]) B. **24**, 2870 (1891).

in Isoeugenol $\mathrm{{}^{HO-}_{CH_3O-}C_6H_3 \cdot CH = CH \cdot CH_3}$ überführen und sich aus diesem durch Oxydation mit Vorteil Vanillin darstellen läßt. Von da an wurde diese Fabrikation vom Holz unabhängig und konnte sich in größerem Maßstab entwickeln.

Die Fabrik Haarmann und Reimer hatte 1878 auch die Fabrikation von Cumarin und die von Piperonal, welches als Heliotropin in den Handel kam, aufgenommen. Seitdem die Salicylsäure im großen aus Phenol erhalten wurde, konnte auch der künstlich dargestellte Methyläther in der Parfümerie Verwendung finden. An der weiteren Entwicklung der Industrie der künstlichen Riechstoffe haben sich außer Tiemann, der auf diesem Gebiete dauernd mit großem Erfolge tätig war, in der Folge viele Chemiker beteiligt, so daß aus dem Zusammenwirken von Wissenschaft und Technik sich für beide schöne und reiche Resultate ergaben. Auch die schon im dreiundfünfzigsten Kapitel erwähnten klassischen Arbeiten von Wallach über die Terpene gehören zu denen, die für das Gebiet der Riechstoffe von größter Bedeutung wurden.

Zweiundsechzigstes Kapitel.

Umwandlungen organischer Verbindungen im tierischen Organismus.

Im sechsunddreißigsten Kapitel wurde schon angegeben, daß Wöhler 1830 die Vermutung aussprach, die Benzoesäure werde im Organismus des Hundes in Hippursäure verwandelt und Ure 1841 beobachtete, daß dies beim Menschen der Fall ist. Ferner wurde daselbst mitgeteilt, daß 1845 Dessaignes die für die Beurteilung dieses Vorgangs wichtige Entdeckung machte, daß Hippursäure bei der Einwirkung von Säuren in Benzoesäure und Glykokoll zerfällt. In diesem Kapitel soll eine Übersicht über die von jener Zeit an bis zu Anfang der achtiger Jahre veröffentlichten Arbeiten gegeben werden, die sich mit den Veränderungen im Organismus derjenigen organischen Verbindungen, die nicht zu den Nahrungsmitteln gehören, befaßt haben. Die betreffenden Untersuchungen haben sowohl für die Chemie wie für die Physiologie wichtige Resultate ergeben und sind teils von Chemikern teils von Medizinern ausgeführt worden.

Von Wöhler und Frerichs[1]) wurden in der Hoffnung die chemischen Kräfte, welche im Organismus tätig sind, genauer kennenzulernen, am Ende der vierziger Jahre Versuche „Über die Veränderungen, welche namentlich organische Stoffe bei ihrem Übergang in den

---

[1]) Der berühmte Kliniker F. Frerichs war damals außerordentlicher Professor in Göttingen.

Harn erleiden" angestellt[1]). Im Harn von Hunden konnten sie nach Gaben von Bittermandelöl, von Benzoeäther und von Tolubalsam (aus letzterem infolge des Gehalts von Zimtsäure) das Auftreten von Hippursäure nachweisen. Im Laufe der fünfziger Jahre erhielt Bertagnini[2]) nach Versuchen, die er an sich selbst anstellte, bei Genuß von Nitrobenzoesäure Nitrohippursäure und von Salicylsäure Salicylursäure. Welche in der Nahrung der Pflanzenfresser enthaltenen Stoffe die Benzoesäure liefern, die sich in dem Organismus mit dem Glykokoll verbindet, darüber gab zuerst eine Untersuchung der Chinasäure einen Anhaltspunkt. Lautemann hatte 1863 gefunden[3]), daß die Chinasäure durch Jodwasserstoff zu Benzoesäure reduziert wird und dann beobachtet, daß nach Einnehmen von chinasaurem Kalk im Harn reichlich Hippursäure vorhanden war. Da einige Zeit vorher das Vorhandensein von Chinasäure in ziemlicher Menge im Heidelbeerkraut nachgewiesen war, so hielt es Lautemann für nicht unwahrscheinlich, daß sie auch in verschiedenen Gräsern vorkomme und daß der Hippursäuregehalt der grasfressenden Kühe von Chinasäure herrühre. O. Loew teilte dann 1879 mit, daß er aus 1 kg Heu 6 g chinasauren Kalk habe isolieren können[4]).

Die ersten Mitteilungen über das Verhalten aromatischer Kohlenwasserstoffe im Organismus verdanken wir zwei Medizinern. Schultzen und Naunyn fanden 1867[5]), daß Toluol als Hippursäure, Xylol als Tolursäure zur Ausscheidung gelangt und daß nach Genuß von Benzol der Harn von Menschen oder Hunden nachweisbare Mengen Phenol enthält. In welcher Form letzteres im Harn enthalten ist, wurde neun Jahre später durch Baumann[6]) entdeckt. Wie dieser 1876 mitteilte[7]), besteht die im Harn vorkommende ,,Phenol bildende und die Indigo bildende, ferner die Brenzcatechin bildende Substanz" aus Salzen gepaarter Schwefelsäuren. Nachdem er anfangs angenommen hatte, dieselben gehören zu den Sulfonsäuren, gelangte er zu dem interessanten Resultat, daß sie den Charakter von Ätherschwefelsäuren besitzen. Er machte dann die Beobachtung, daß das Kaliumsalz der bisher nicht bekannten Phenylschwefelsäure sich durch Er-

---

[1]) A. **65**, 335 (1848).
[2]) A. **78**, 100 (1851) und A. **97**, 248 (1856).
[3]) A. **125**, 9 (1863).
[4]) J. p. [2] **19**, 310 (1879).
[5]) Archiv f. Anatomie 1867, S. 352.
[6]) Eugen Baumann (1846—1896), in Kannstatt geboren, hatte sich anfangs dem Apothekerberuf gewidmet. Als er 1870 in Tübingen studierte, wurde er Assistent von Hoppe-Seyler, was ihn veranlaßte, sich der physiologischen Chemie zuzuwenden. 1876 habilitierte er sich in Berlin und wurde daselbst Vorsteher der chemischen Abteilung des Physiologischen Instituts. 1883 wurde er als Professor der Chemie in der medizinischen Fakultät nach Freiburg berufen. Den Nekrolog auf ihn hat A. Kossel verfaßt. B. **30**, 3197 (1897).
[7]) B. **9**, 54 (1876).

hitzen von pyroschwefelsaurem Kalium mit Phenolkalium erhalten läßt[1].)

$$C_6H_5 \cdot OK + K_2S_2O_7 = \left.\begin{matrix}C_6H_5\\K\end{matrix}\right\} SO_4 + K_2SO_4 \,.$$

Auch das aus Pferdeharn isolierte Kaliumsalz der Kresylschwefelsäure stellte er in analoger Weise dar.

Im Anschluß an diese Untersuchungen teilte Baumann mit, daß in den Produkten, die bei der Fäulnis der Eiweißkörper entstehen, sich Phenol befindet, was das häufige Vorkommen von phenylschwefelsauren Salzen im Hundeharn erkläre[2]).

Das Auftreten geringer Mengen einer Substanz im Harn von Menschen und Tieren, welche auf Zusatz von etwas eisenchloridhaltiger Salzsäure eine Ausscheidung von Indigblau liefert, hat Schunck 1857 beobachtet und angenommen, daß dieselbe eine dem Pflanzenindican ähnliche Konstitution besitze. M. Jaffé machte 1872[3]) die interessante Beobachtung, daß beim Hund nach subcutaner Einspritzung von Indol, im Urin diese indigobildende Substanz auftritt und nahm, gestützt auf die Beobachtung des Physiologen Kühne, daß sich Indol bei der Pankreasverdauung bilde, an, das im normalen Harn vorkommende Indican entstehe durch Verbindung von Indol mit Zucker. Nachdem Baumann[4]) nachgewiesen, daß Harnindican und Pflanzenindican nicht identisch sind, gelang es ihm in Gemeinschaft mit Brieger[5]), die Konstitution des ersteren aufzuklären. Aus dem Urin eines Hundes, dem im Laufe von fünf Tagen 18 g Indol verabfolgt waren, isolierten sie eine reichliche Menge einer krystallisierten Substanz, deren Zusammensetzung der Formel $C_8H_6NSO_4K$ entsprach. Hieraus zogen Baumann und Brieger den Schluß, daß im Organismus das Indol genau in gleicher Weise wie Benzol oxydiert werde, sich dann mit Schwefelsäure verbinde und so das Harnindican liefere. Von diesem sagten sie: „Es ist die Alkaliverbindung der Ätherschwefelsäure eines hydroxylierten Indols, die wir Indoxylschwefelsäure nennen." Die Indigobildung aus derselben erklärten sie durch folgende beiden Gleichungen:

$$C_8H_6NSO_4K + H_2O = KHSO_4 + C_8H_6N(OH),$$
$$2\,C_8H_6N(OH) + O_2 = C_{16}H_{10}N_2O_2 + 2\,H_2O\,.$$

Sie nahmen also an, durch Salzsäure werde das Indoxyl abgespalten und dann durch Oxydation, wozu sich Eisenchlorid am besten eignet, in Indigo verwandelt.

---

[1]) B. **9**, 1389 und 1715 (1876).
[2]) B. **10**, 685 (1877).
[3]) Centralbl. med. Wiss. 1872, S. 2.
[4]) Pflügers Archiv **13**, 291.
[5]) H. **3**, 254. (1879).

In einer Abhandlung[1]) über die Konstitution des Indigos teilten Baumann und Tiemann mit, daß bei Versuchen, das Indoxyl zu isolieren, nur ölige, fäkalartig riechende Tröpfchen entstanden waren, die sich sehr rasch in eine amorphe Masse verwandelten.

Von der Analogie der Bildung vom Harnindican und der Phenylschwefelsäure im Organismus ausgehend, nahmen sie an, das Indoxyl sei Indol, in dem ein Wasserstoff des Benzolrings durch Hydroxyl ersetzt ist. Aus Baeyers Untersuchungen der Indoxylverbindungen[2]) ergab sich aber für Indoxyl die Formel:

$$C_6H_4 \begin{cases} C(OH) \\ \parallel \\ CH \\ | \\ NH \end{cases} .$$

Zugleich zeigte dieser Forscher, daß sich, trotz leichter Veränderlichkeit, reine Lösungen dieser Substanz erhalten lassen. Aus einer solchen konnte er auch künstlich das indoxylschwefelsaure Kali darstellen.

Eine dritte Art der Paarung im Organismus entdeckten Schmiedeberg und H. Meyer[3]) bei Fütterung von Campher an Hunde. Sie isolierten aus dem Harn eine Säure $C_{16}H_{24}O_8$, die sie Camphoglykuronsäure nannten und die beim Kochen mit verdünnten Säuren in

„Campherol $C_8H_4 \begin{cases} CH \cdot OH \\ | \\ CO \end{cases}$" und die von ihnen als Glykuronsäure

bezeichnete Verbindung gespalten wird. Von dieser nahmen sie als wahrscheinlich an, daß ihr als einem Abkömmling der Dextrose die Konstitution

$$(CH \cdot OH)_4 \begin{cases} CHO \\ CO \cdot OH \end{cases}$$

entspräche. Physiologische Versuche zeigten, daß die Glykuronsäure, wie das Glykokoll und die Schwefelsäure die Eigenschaft besitzt, durch Kupplung als Schutzstoff zu dienen und verschiedenartige in den Organismus gelangte Substanzen in ihrer Wirkung unschädlich zu machen oder abzuschwächen.

Zu diesen Substanzen gehört auch das Chloralhydrat. O. Liebreich hatte 1869 Versuche angestellt[4]), „um die Frage zu erledigen, ob bei der Spaltung von denjenigen Körpern, deren Spaltungsprodukte in ihrer Wirksamkeit bekannt sind, die Wirkung der Spaltungsprodukte zur Geltung kommt". Da nun Chloralhydrat durch alkalische Lösungen in Chloroform und Ameisensäure zerlegt wird,

---

[1]) B. **12**, 1098 (1879).
[2]) B. **14**, 1742 (1881).
[3]) H. **3**, 422 (1879).
[4]) B. **2**, 269 (1869).

stellte er mit einer Lösung desselben zuerst an Tieren, dann an Menschen Versuche an und fand, daß dieselben in lang dauernden Schlaf verfielen. So wurde das Chloralhydrat in den Arzneischatz als ein viel benutztes Schlafmittel eingeführt. Während Liebreich die Ansicht vertrat, das Chloralhydrat werde im alkalischen Blut in Chloroform und Ameisensäure gespalten und auch verschiedene Forscher dieselbe adoptierten, haben andere sich gegen diese Auffassung ausgesprochen. Um diese Streitfrage zu entscheiden, unternahmen v. Mering und Musculus[1]) eine Untersuchung des Chloralharns und fanden, daß in demselben das Kaliumsalz einer chlorhaltigen Säure enthalten ist, die sie Urochloralsäure nannten und deren Entstehung sie auf Vereinigung des Chloralhydrats mit einer Substanz des Organismus zurückführten. Einige Jahre später teilte v. Mering mit[2]), daß die Urochloralsäure, für welche er jetzt die Formel $C_8H_{11}Cl_3O_7$ aufstellte, beim Kochen mit verdünnten Säuren in Trichloräthylalkohol und Glykuronsäure gespalten wird und also das Chloralhydrat sich im Organismus in analoger Weise wie Campher umwandelt. Es erfolgt Oxydation und Kupplung mit Glykuronsäure.

In demselben Jahre wurde durch A. Spiegel[3]) die Tatsache aufgefunden, daß die im Indischgelb (Piuri) enthaltene Euxanthinsäure beim Erhitzen mit Wasser oder verdünnter Schwefelsäure auf 140° glatt in Euxanthon und in Glykuronsäure zerlegt wird. Nach einem 1883 im Journal of Arts (5), 32, 16, veröffentlichten Bericht[4]) wird das Piuri in Indien aus dem Harn von Kühen gewonnen, die zum Zweck der Farbstoffgewinnung mit Mangoblätter gefüttert werden. Es muß also eine in diesen Blättern enthaltene Substanz das Euxanthon liefern, das im Organismus der Kühe sich mit Glykuronsäure verbindet. Welches die Natur dieser Substanz ist, wurde aber bisher noch nicht ermittelt. Dagegen konnte Kostanecki[5]) nachweisen, daß beim Füttern von Euxanthon an Kaninchen im Harn Euxanthinsäure vorhanden ist[6]).

Die schon in Meissners physiologischem Laboratorium in Göttingen gemachte Beobachtung, daß im Organismus der Vögel die Benzoesäure in eine von Hippursäure verschiedene Substanz übergeht,

---

[1]) B. 8, 662 (1875).
[2]) B. 15, 1019 (1882).
[3]) B. 15, 1964 (1882).
[4]) Dieser interessante Bericht ist wörtlich übersetzt in A. 254, 268 (1889) mitgeteilt.
[5]) Stanislaus von Kostanecki (1860—1910) in Mysaków (Russisch-Polen) geboren, studierte in Berlin, wurde daselbst Assistent von Liebermann. 1886 wurde er Abteilungsvorstand in Nöltings Laboratorium in Mühlhausen i. E. und 1890 Professor der organischen Chemie in Bern. Nachruf B. 45, 1683 (1912).
[6]) B. 19, 2918 (1886).

wurde von Jaffe[1]) 1877 genauer untersucht. Aus den Exkrementen von Hühnern, denen Benzoesäure eingegeben wurde, isolierte derselbe eine Säure, die er Ornithursäure nannte, und aus der er durch Kochen mit Salzsäure neben Benzoesäure eine alkalisch reagierende und mit Salzsäure und Oxalsäure krystallisierte Salze bildende Substanz $C_5H_{12}N_2O_6$[2]) erhielt. Er bezeichnete sie daher als Ornithin und da für ein Molekül derselben bei ihrer Bildung aus Ornithursäure zwei Moleküle Benzoesäure abgespalten werden, so nahm er an, daß das Ornithin zwei NH_2-Gruppen enthalte und vermutlich Diaminovaleriansäure $C_5H_8(NH_2)_2O_2$ sei. Spätere Untersuchungen haben die Richtigkeit dieser Vermutung bestätigt und zugleich gezeigt, daß das Ornithin zu den wichtigen Abbauprodukten der Proteine gehört.

Dreiundsechzigstes Kapitel.

Entdeckung neuer stickstoffhaltiger Verbindungen.

Die ersten Nitroderivate aliphatischer Verbindungen waren durch tief eingreifende Zersetzungen erhalten worden, wie das Dichlordinitromethan aus Naphtalintetrachlorid durch Marignac (1841) und das Chlorpikrin CCl_3NO_2 aus Pikrinsäure durch Stenhouse (1848). Ebenfalls durch Abbau hatte Chancel aus dem Keton der Buttersäure Nitropropionsäure erhalten. Dann stellte 1857 Schischkoff aus fulminursauren Salzen das Nitroform sowie Di- und Trinitroacetonitril dar. Diese zufällig erhaltenen Verbindungen waren aber wenig untersucht. Nur für Chlorpikrin war bekannt, daß es durch Reduktion in ein Amin übergeht.

Nähere Kenntnis über den Charakter der Nitroderivate aus der Klasse der Fettkörper verdanken wir erst der Entdeckung einer allgemeinen Darstellungsmethode durch V. Meyer[3]). Wie dieser For-

---

[1]) Max Jaffé (1842—1911) gehört zu den Medizinern, die sich erfolgreich mit chemischen Problemen beschäftigten. Zuerst Assistenzarzt an der medizinischen Klinik in Königsberg, wurde er 1873 an der dortigen Universität Professor der Arzneimittellehre.

[2]) B. **10**, 1925 (1877) und **11**, 406 (1878).

[3]) Victor Meyer, am 8. September 1848 in Berlin geboren und am 8. August 1897 gestorben, hat seine Studien in seiner Vaterstadt begonnen, ging aber schon nach einem Semester nach Heidelberg, wo er, noch nicht ganz neunzehn Jahre alt, im Mai 1867 promovierte. Von dieser Zeit bis zum Herbst 1868 hat er als Assistent von Bunsen Analysen von Mineralwasser ausgeführt. Dann kehrte er nach Berlin zurück und begann in Baeyers Laboratorium sich mit organischer Chemie zu beschäftigen. Auf Baeyers Empfehlung wurde er im Alter von dreiundzwanzig Jahren außerordentlicher Professor in Stuttgart und 1872 an das eidgenössische Polytechnikum in Zürich berufen. Im Jahre 1885 folgte er einem Rufe an die Universität Göttingen, und 1889 wurde er Bunsens Nachfolger in Heidelberg. Gleich hervorragend als Forscher wie als Lehrer hat er die Entwicklung der Chemie in hohem Maße gefördert und speziell die organische Chemie durch seine vielen Entdeckungen bereichert.

scher in Gemeinschaft mit O. Stüber im Jahre 1872 fand, bilden sich bei Einwirkung von Alkyljodiden auf salpetersaures Silber Nitroderivate[1]). Auf diese Weise haben diese beiden Chemiker Nitromethan, Nitroäthan und Nitropropan erhalten. Kurze Zeit nach dem Erscheinen dieser ersten Veröffentlichung, teilte Kolbe[2]) mit, daß er an Stelle von Nitroessigsäure, die er durch Erhitzen von chloressigsaurem und salpetrigsaurem Kali darstellen wollte, Nitromethan erhalten habe. In entgegenkommender Weise überließ er aber Meyer das weitere Studium desselben.

Die in Stuttgart begonnene Untersuchung hat V. Meyer in Zürich in Gemeinschaft mit einer größeren Zahl von Schülern weitergeführt[3]) und in eingehender Weise gezeigt, wie sich die Nitroderivate der Fettreihe von denen der aromatischen unterscheiden. Er fand, daß in den primären und sekundären Nitrokörpern sich ein Atom Wasserstoff leicht durch Natrium ersetzen läßt, und bezeichnete sie daher als „acide", dagegen die tertiären, bei denen, wie beim Nitrobenzol, dies nicht der Fall ist, als „indifferente" Nitroderivate. Hieraus den Schluß ziehend, daß nur Wasserstoffatome, die mit demselben Kohlenstoffatom wie die NO_2-Gruppe verbunden sind, leicht sich ersetzen lassen, stellte er für das Natrium-Nitroäthan die Formel:

$$CH_3 - CHNa \cdot NO_2$$

auf. Ferner zeigte er, daß auch von salpetriger Säure nur die primären und sekundären Nitrokohlenwasserstoffe angegriffen werden. Aus den ersteren erhielt er die merkwürdigen Nitrolsäuren, die Lackmus röten und sich in Alkalien mit roter Farbe lösen. Im weiteren Verlauf dieser Untersuchungen erschien es ihm wahrscheinlich, daß diese Säuren Hydroxylaminderivate seien und daher der aus Nitroäthan erhaltenen Äthylnitrolsäure die Formel[4]):

$$CH_3 - C \genfrac{}{}{0pt}{}{= N \cdot OH}{- NO_2}$$

zukomme. Um diese Ansicht experimentell zu prüfen, behandelte er das Dibromnitroäthan $CH_3 - CBr_2 \cdot NO_2$ mit wässeriger Hydroxylaminlösung und erhielt, wie er erwartete, Äthylnitrolsäure. Ein zweiter Beweis für obige Formel ergab sich aus der Beobachtung,

---

Leben und Wirken des großen Chemikers hat sein Bruder R. Meyer ausführlich in B. **41**, 4505 geschildert und diesen Nachruf, durch viele interessante Briefe bereichert, unter dem Titel „Victor Meyer, Leben und Wirken eines deutschen Chemikers und Naturforschers" herausgegeben (1917).

[1]) B. **5**, 203 und 399 (1872).
[2]) J. p. [2] **5**, 427 (1872).
[3]) Die ausführlichen Abhandlungen A. **171**, 1 (1874); **175**, 88, 142 (1875); **180**, 111, 166 (1876).
[4]) B. **7**, 1138 (1874).

daß durch Einwirkung von Zinn und Salzsäure die Äthylnitrolsäure ganz glatt in Hydroxylamin[1]) und Essigsäure gespalten wird[2]).

Ein weiteres wichtiges Ergebnis dieser Untersuchungen war mehrere Jahre später die Entdeckung der Oxime. In der Absicht, entsprechend der Synthese der Äthylnitrolsäure die Verbindung $CH_3-CO-CH=N \cdot OH$ darzustellen, ließ er in Gemeinschaft mit Janny[3]) Hydroxylamin auf das Dichloraceton $CH_3-CO-CHCl_2$ einwirken. Es zeigte sich aber das „unerwartete Resultat", daß nicht nur die Chloratome, sondern auch der Sauerstoff durch $=N \cdot OH$ ersetzt wird. Die so entstandene, „Acetoximsäure" genannte Verbindung,

$$\begin{array}{c} CH_3 \\ | \\ C=N \cdot OH \\ | \\ HC=N \cdot OH \end{array}$$

war der Ausgangspunkt der wichtigen Untersuchungen über Oxime. Kurze Zeit darauf teilten Meyer und Janny mit[4]), „daß das Aceton mit äußerster Leichtigkeit von Hydroxylamin angegriffen und glatt in einen Körper von höchst charakteristischen Eigenschaften übergeführt wird", den sie als Acetoxim beschrieben haben. Auch gaben sie in derselben Mitteilung an, „daß Aldehyd und Chloral leicht auf Hydroxylamin einwirken und gut charakterisierte, stickstoffhaltige Produkte geben". In betreff der Konstitution des Acetoxims nahmen sie anfangs die Möglichkeit an, daß dasselbe eine der drei Gruppen

$$CH(NO), \quad C=N-OH \quad \text{oder} \quad C{-O \atop -NH}\!\!>$$

enthalte. V. Meyer entschied sich im Verlauf der weiteren Untersuchung für die zweite Gruppe, so daß er für die beiden typischen Verbindungen dieser neuen Körperklasse folgende Formeln feststellte:

$$\begin{array}{cc} CH_3 & CH_3 \\ | & | \\ C=N \cdot OH, & C=N \cdot OH. \\ | & | \\ CH_3 & H \\ \text{Acetoxim} & \text{Aldoxim} \end{array}$$

Von ihm sowie von seinen Schülern wurden in einer größeren Zahl von Arbeiten nachgewiesen, daß Hydroxylamin ein bequemes Mittel ist, um das Vorhandensein einer Keton- oder Aldehydgruppe nach-

---

[1]) Das Hydroxylamin gehört zu den anorganischen Verbindungen, deren Entdeckung der organischen Chemie zu verdanken ist. W. Lossen erhielt es als Reduktionsprodukt von Salpetersäureäther. Z. 8, 551 (1865).
[2]) B. 8, 217 (1875).
[3]) B. 15, 1165 (1882).
[4]) B. 15, 1324 (1882).

zuweisen. So konnte, wie schon im vierundfünfzigsten Kapitel angegeben ist, H. Goldschmidt einen Beweis für die Ansicht, daß das Chinon ein Diketon ist, durch die Bildung eines Oxims liefern. Während dasselbe bei Anthrachinon, Phenanthrachinon und Fluorenon zutraf, versagte es bei dem Xanthon $C_6H_4 {-CO- \atop -O-} C_6H_4$. Spiegler[1]), der dies Verhalten untersuchte, nahm daher an, daß diese dem sonstigen Verhalten gut entsprechende Formel unrichtig sei. Später gelang es aber aus demselben auf indirektem Wege, durch Überführen in Xanthion $C_6H_4 {-CS- \atop -O-} C_6H_4$ das entsprechende Oxim zu erhalten[2]).

Zu den wichtigsten Entdeckungen, die in diesem Kapitel zu besprechen sind, gehört die des Phenylhydrazins. Emil Fischer, dem wir dieselbe verdanken, wurde am 9. Oktober 1852 zu Euskirchen (Bezirk Köln) geboren. Nach dem Abiturientenexamen ist er, dem Wunsch der Familie folgend, in ein kaufmännisches Geschäft eingetreten, doch trat er bald wieder aus und ging, um Chemie zu studieren, im Jahre 1871 nach Bonn und im darauffolgenden Jahre nach Straßburg. Daß der Aufenthalt in Baeyers Laboratoriums für die Wahl seiner Laufbahn ausschlaggebend war, hat er in seiner Antrittsrede vor der preußischen Akademie der Wissenschaften folgendermaßen mitgeteilt[3]):

„Obschon anfänglich mehr zu den physikalischen Studien neigend, wurde ich durch den Einfluß meines Lehrers A. von Baeyer der organischen Chemie zugeführt und habe mich seitdem aus ihrem Zauberbann nicht wieder lösen können."

Als Baeyer im Jahre 1875 nach München übersiedelte, folgte Fischer ihm nach. Daselbst wurde er 1879 zum außerordentlichen Professor ernannt und ihm die Leitung der analytischen Abteilung des Universitätslaboratoriums übertragen. Im Jahre 1882 wurde er nach Erlangen, 1885 nach Würzburg und 1892 nach Berlin als Nachfolger Hofmanns berufen. In allen seinen Stellungen hat er unermüdlich und außerordentlich erfolgreich als Lehrer und Forscher gewirkt.

Während Fischer bei seinen ersten Arbeiten, wie über Fluoresceïn und das Phtaleïn des Orcins, die Hydrazine und die Rosaniline sich mit künstlich dargestellten Verbindungen beschäftigte, wandte er sich seit dem Anfang der achtziger Jahre jenen Untersuchungen zu, die für organische Chemie wie für die Physiologie von größter Bedeutung wurden. Aus diesen klassischen experimentellen Arbeiten zeigte sich sehr bald, daß es ihm nicht nur darum zu tun

---

[1]) B. **17**, 807 (1884).
[2]) B. **32**, 1688 (1899).
[3]) Sitzungsb. Akad. z. Berlin 1893, 632.

war, die Konstitution der für das Leben wichtigen organischen Verbindungen zu ermitteln und deren Synthese zu realisieren, er hatte sich gleichzeitig ein höheres Ziel gesteckt. Er wollte die Erkenntnis der Lebensvorgänge fördern. Daß hierzu die organische Chemie mitwirken müsse, hat er dann in seiner Berliner Antrittsrede klar betont.

„So lange man aber von den chemischen Trägern des Lebens, den Eiweißstoffen kaum mehr als die prozentische Zusammensetzung kennt, so lange man nicht einmal den funtamentalen Prozeß der organischen Natur, die Verwandlung der Kohlensäure in Zucker in den grünen Pflanzen erklären kann, müssen wir eingestehen, daß die physiologische Chemie noch in den Kinderschuhen steckt. Wird sie jemals imstande sein, die verwickelten Vorgänge im Pflanzen- und Tierleibe bis in die Einzelheiten zu verfolgen und ihren Einfluß auf die Formbildung festzustellen? Wird es möglich sein, den durch Krankheit gestörten Stoffwechsel unseres eigenen Körpers zu regulieren und so den Traum der Alchimisten vom Lebenselixier teilweise zu verwirklichen? Ich zweifle nicht daran. Aber die Hilfsmittel zur Erwerbung dieser Kenntnisse müssen der Physiologie von der organischen Chemie geliefert werden und das scheint mir eine so vornehme Aufgabe der letzteren zu sein, daß ich an der Lösung derselben nach Maßgabe meiner Kraft teilnehmen will".

Auch in seinem Nobelvortrag 1902 in Stockholm hat Fischer „die Rückkehr der organischen Chemie zu den großen Problemen der Biologie" als eine Notwendigkeit hingestellt. Bis zu seinem am 15. Juli 1919 erfolgten Tode hat er in dieser Richtung geforscht und der Wissenschaft einen überaus reichen Schatz vortrefflicher experimenteller Untersuchungen hinterlassen. Mustergültig sind durch Klarheit der Darlegungen und Schönheit der Sprache alle seine Veröffentlichungen und namentlich seine prachtvollen Vorträge, in denen er in großen Zügen über die Ergebnisse seiner Forschungen berichtete.

Über die Entdeckung des Phenylhydrazins, zu der er gelangte, als er in Straßburg Unterrichtsassistent war, hat Fischer[1] angegeben:
„Ein Praktikant sollte Diphenol aus Benzidin darstellen und erhielt bei der Diazotierung der Base regelmäßig unerquickliche, schmutzige Produkte. Da ich seiner Geschicklichkeit nicht traute, so wiederholte ich den Versuch selbst und kam auf den Gedanken, daß vielleicht die oxydierende Wirkung der Untersalpetersäure schuld an diesem Mißerfolg sei. Ich setzte deshalb zur Verhinderung der mutmaßlichen Oxydation schwefligsaures Natron der Flüssigkeit zu und beobachtete dabei die Bildung eines gelben Niederschlags, der mir und auch Professor Baeyer unerklärlich war. Die Wiederholung des Experi-

---

[1] In den von ihm verfaßten und in Baeyers gesammelten Werken veröffentlichten „Erinnerungen aus der Straßburger Studienzeit", S. XXV.

mentes mit Diazobenzol gab dann das bekannte, schöne, gelbe Salz, das offenbar etwas bisher Unbekanntes war. Seine weitere Bearbeitung führte mich im Frühjahr 1875 zur Auffindung des Phenylhydrazins."

Wie Fischer in seiner ersten Abhandlung[1] „Über aromatische Hydrazinverbindungen" angab, entsteht beim Eintragen einer Diazobenzolnitratlösung in eine Lösung von saurem oder besser neutralem schwefligsaurem Kali ein gelbes, zur Klasse der Diazokörper gehörendes Salz, welches durch Zinkstaub in das weiße Salz übergeht, welches schon Strecker und Römer durch Einwirkung von saurem schwefligsaurem Kali auf eine Diazobenzolnitratlösung erhalten hatten. Aus diesem Salz erhielt Fischer[2] durch Behandeln mit Salzsäure das Hydrochlorat $C_6H_5N_2H_3$, HCl und dann die freie Base, die er Phenylhydrazin nannte. In seiner zweiten Mitteilung stellte er für diese die Konstitutionsformel $C_6H_5NH-NH_2$ auf, die sich dauernd als richtig erwies. Kurze Zeit darauf entdeckte er durch Reduktion von Nitrosodimethylamin mit Zinkstaub und Eisessig das Dimethylhydrazin $\genfrac{}{}{0pt}{}{CH_3}{CH_3}{>}N-NH_2$, die erste Hydrazinverbindung der Fettreihe und zeigte dann, daß in gleicher Weise auch andere Nitrosoverbindungen sich umwandeln lassen. Das reiche Material seiner Untersuchungen hat er in den Jahren 1877 bis 1882 in drei ausführlichen, für diese neue Körperklasse grundlegenden Abhandlungen „Über die Hydrazinverbindungen" veröffentlicht[3].

In der ersten dieser Abhandlungen ist auch schon die Angabe enthalten, daß aus Aldehyden und Phenylhydrazin gut krystallisierte Verbindungen entstehen und das Äthylidenphenylhydrazin

$$C_6H_5N_2H : CHCH_3$$

sowie das entsprechende Benzylidenderivat

$$C_6H_5N_2H : CHC_6H_5$$

beschrieben. In einer Fußnote zu einer auf seine Veranlassung von H. Reisenegger ausgeführten Untersuchung „Über die Verbindungen der Hydrazine mit den Ketonen" sagte Fischer[4]: „Die Reaktion scheint allgemein auch für die komplizierten Ketone gültig zu sein. Acetessigäther z. B. verbindet sich mit dem Phenylhydrazin sofort bei gewöhnlicher Temperatur; ebenso die Brenztraubensäure. V. Meyer schlägt das Hydroxylamin als Reagens für die Ketone vor. In manchen Fällen wird man gewiß das leichter

---

[1] B. **8**, 589 (1875).
[2] B. **8**, 1005 und 1587 (1875).
[3] A. **190**, 67 (1877); **199**, 281 (1879); **212**, 316 (1882).
[4] B. **16**, 661 (1883).

zugängliche Phenylhydrazin mit dem gleichen Erfolg zum Nachweis und zur Abscheidung derselben benutzen können." In diesen Sätzen war ein ganzes Programm für spätere Arbeiten, die reiche Früchte lieferten, enthalten.

Im darauffolgenden Jahre veröffentlichte Fischer unter dem Titel[1]) „Phenylhydrazin als Reagens auf Aldehyde und Ketone" nähere Angaben über dessen Anwendung und gab an, „daß dasselbe in vielen Fällen wegen der Leichtigkeit der Handhabung für die Erkennung und Unterscheidung der einzelnen Ketone und Aldehyde dem Hydroxylamin vorzuziehen sei". Anschließend an diese Mitteilung veröffentlichte er dann die zu so außerordentlicher Wichtigkeit gelangten Beobachtungen über die „Verbindungen des Phenylhydrazins mit den Zuckerarten"[2]). Er teilte in dieser Abhandlung mit, daß Dextrose, Lävulose, Galaktose, Rohrzucker, Milchzucker, Sorbin und Maltose sämtlich Hydrazinderivate liefern. Welche hervorragende Bedeutung diese Tatsache später erlangte, beweisen Fischers klassische Untersuchungen über die Synthesen in der Zuckergruppe, bei denen die Bildung der Hydrazinverbindungen ein vortreffliches Hilfsmittel war.

Die Entdeckung des Phenylhydrazins machte auch die des Antipyrins möglich. L. Knorr, der sich mit Synthesen von Chinolinderivaten aus Acetessigester und aromatischen Aminen beschäftigte, hat seine Versuche „mit gütiger Erlaubnis von E. Fischer"[3]) auch auf Phenylhydrazin ausgedehnt. Durch Einwirkung dieser Substanz auf Acetessigäther erhielt er ein Kondensationsprodukt, das durch Alkohol eine Verbindung $C_{10}H_{10}N_2O$ liefert. Am 22. Juli 1883 hat er ein Patent auf Verfahren zur Darstellung desselben und seiner Derivate eingereicht[4]). Wie er in demselben angab, „sollen dieselben für technische Zwecke Anwendung finden". Da er nun damals[5]) der Ansicht war, daß dieselben als reduzierte Chinolinderivate anzusehen sind, so faßte er deren medizinische Verwendung ins Auge und veranlaßte W. Filehne, die physiologische Untersuchung des durch Methylieren der Verbindung $C_{10}H_{10}N_2O$ erhaltenen Dimethyloxychinizin zu übernehmen. Er wählte dieses, da das ursprüngliche Produkt fast unlöslich war, die Löslichkeit aber durch Einführen von Methylgruppen bedeutend zunimmt.

Nachdem Filehne „durch eine Reihe von Versuchen eine kräftige antipyretische Wirkung" konstatiert hatte, übernahmen die Höchster

---

[1]) B. **17**, 572 (1884).
[2]) B. **17**, 579.
[3]) B. **16**, 2597 (1883).
[4]) D. R. P. Nr. 26 429.
[5]) B. **17**, 2032 (1884).

Farbwerke die Fabrikation des neuen Arzneimittels, das als Antipyrin in den Handel kam und sehr rasch einen unerwartet großen Erfolg hatte. Auch auf die Entwicklung der Industrie künstlich dargestellter organischer Arzneistoffe hatte diese Entdeckung einen wichtig anregenden Einfluß. Vorher waren es die 1869 durch Liebreich eingeführte Anwendung des Chlorals und die von Kolbe als Medikament 1874 empfohlene Salicylsäure, die diesen neuen Fabrikationszweig begründet hatten. Infolge der Entdeckung des Antipyrins wurden jetzt viele bekannte, sowie neu entdeckte organische Verbindungen auf ihre medizinische Verwendbarkeit geprüft und der Schatz an wichtigen Arzneimitteln außerordentlich bereichert.

Bei der Fortsetzung seiner Untersuchungen gelangte Knorr zum Nachweis, daß das Antipyrin nicht ein Chinolin, sondern ein Pyrazolderivat ist. Seine ausführlichen Untersuchungen über die von ihm entdeckten Pyrazole gehören aber einer späteren Zeit an.

Auch die Farbenindustrie wurde durch einen Abkömmling des Phenylhydrazins bereichert. Im Jahre 1885 kam unter dem Namen Tartrazin ein von H. Ziegler[1]) durch Einwirkung von Phenylhydrazinsulfonsäure auf Dioxyweinsäure dargestellte, echt gelbfärbende Substanz in den Handel. Dieselbe hat sich dauernd als wertvoller Farbstoff bewährt.

In diesem Kapitel ist auch noch in ihren ersten Anfängen die Entdeckung der interessanten Diazoverbindungen der Fettreihe zu erwähnen. Bei Beginn der achtziger Jahre hatte Th. Curtius auf Veranlassung von Kolbe eine Untersuchung über die Dessaignesschen Hippursäuresynthesen unternommen und war im Anschluß daran dazu gekommen, eine ausführliche Arbeit über Glykokoll in Angriff zu nehmen. Als er beschäftigt war, dieselbe in München weiterzuführen, ersetzte er auf den Rat von Baeyer das Glykokoll durch dessen Äthylester[2]). Als er nun das salzsaure Salz dieses Esters mit salpetrigsaurem Natron behandelte, entdeckte er im Jahre 1883[3]) den Diazoessigäther und ermittelte, daß dieser sehr reaktionsfähigen Substanz folgende Konstitutionsformel zukommt:

$$\begin{array}{c} CH(N:N) \\ | \\ COOC_2H_5 \end{array}$$

Während einer Reihe von Jahren hat er dann das neu erschlossene Gebiet aus erfolgreichste durch eine große Zahl mustergültiger Untersuchungen weiter ausgebaut und ist dabei auch zu der interessanten

---
[1]) D. R. P. 34 294 (1885); auch B. **20**, 834.
[2]) Siehe „Festschrift Theodor Curtius" (Heidelberg 1907).
[3]) B. **16**, 2230 (1883) und **17**, 953 (1884).

Entdeckung des Hydrazins NH_2-NH_2 und der merkwürdigen Stickstoffwasserstoffsäure $\overset{N}{\underset{N}{\|}}{>}NH$ gelangt. Die Geschichte dieser Errungenschaften gehört aber in den zweiten Band dieses Werkes.

Vierundsechzigstes Kapitel.
Die Lagerung der Atome im Raum.

Obwohl die Strukturtheorie es möglich gemacht hatte, die Konstitution einer großen Zahl organischer Verbindungen durch vollständig aufgelöste Formeln in befriedigender Weise zu veranschaulichen, so blieben doch Isomeriefälle, wie namentlich die Modifikationen der optisch-aktiven Substanzen, übrig, in denen sie versagte, bis es im Jahre 1874 zwei jugendlichen Forschern gelang, diese Schwierigkeit zu beseitigen. Der damals 27 Jahre alte Le Bel und der fünf Jahre jüngere van 't Hoff haben die damaligen Ansichten über Konstitution durch Betrachtungen über den räumlichen Bau der Moleküle in der Art ergänzt, daß die vorher unverständlichen Isomerien eine den Tatsachen aufs beste entsprechende Erklärung fanden. Auch ergab sich aus den epochemachenden Veröffentlichungen jener beiden Chemikern eine Fülle von Anregungen zu neuen Untersuchungen.

Jacobus Henricus van 't Hoff, am 30. August 1852 in Rotterdam geboren, hatte schon während seiner Schulzeit sich sehr für Chemie interessiert und um einen dieser Neigung entsprechenden Lebensberuf wählen zu können, die polytechnische Schule in Delft besucht. Als er vorübergehend während der Ferien in einer Zuckerfabrik gearbeitet hatte, überzeugte er sich, daß eine derartige Tätigkeit ihm nicht zusage und er beschloß, sich der wissenschaftlichen Laufbahn zu widmen. Über seine weiteren Studien hat er in seiner Antrittsrede in Berlin[1]) folgendes berichtet: „Für die chemische Technik bestimmt, führte mich mein mathematisches Bedürfnis alsbald nach der Universität Leiden und ich widmete mich der Mathematik, bis die alte Liebe zur Chemie wieder in den Vordergrund trat und mich ein paar großen Zentren der Strukturchemie zuführte, bei Kekulé in Bonn und bei Würtz in Paris. Dieser doppelte Drang, zur Mathematik einerseits, zur Chemie anderseits, hat sich dann meinen sämtlichen wissenschaftlichen Bestrebungen aufgeprägt."

So wurde van't Hoff der hervorragendste Begründer der neueren theoretischen Chemie. Im Jahre 1876 erhielt er eine Anstellung als Dozent an der Tierarzneischule in Utrecht, 1877 wurde er an die neu

---

[1]) Sitzungsber. Berl. Akad. 1896, II, S. 745.

errichtete Universität in Amsterdam als Lektor berufen und im
darauffolgenden Jahre an derselben zum Professor der Chemie ernannt. Nachdem er 1894 die Stelle eines Professors der Physik an
der Berliner Universität ausgeschlagen hatte, folgte er, um sich frei
von beruflichen Pflichten ganz seiner Forschertätigkeit widmen zu
können, 1896 einer Berufung an die Akademie der Wissenschaften in
Berlin, an der er bis zu seinem am 1. März 1911 erfolgten Tode eine
hervorragende Stellung einnahm. Sein Leben und Wirken ist von
Ernest Cohn in einem umfangreichen und sehr interessanten Werk
„Jacobus Henricus van't Hoff (Leipzig 1912)" geschildert worden.
Aus der großen Zahl der ihm zu Ehren gehaltenen Gedenkreden sind
die von Ostwald[1]) und die seines genau gleichaltrigen Kollegen
E. Fischer[2]) besonders hervorzuheben.

Daltons Theorie, nach der die chemischen Verbindungen durch
Aneinanderlagerung von Atomen gebildet sind, hat sehr bald nach
ihrer Aufstellung die Frage angeregt, ob es möglich sei, eine bestimmte
Ansicht über deren räumliche Lagerung zu gewinnen. Von Wollaston
wurde schon im Jahre 1808 im Anschluß an seine das Gesetz der
multiplen Proportionen bestätigenden Versuche über die Zusammensetzung kohlensaurer und oxalsaurer Salze, folgende bemerkenswerten
Betrachtungen veröffentlicht[3]): „Ich bin geneigt anzunehmen, daß,
wenn unsere Anschauungen genügend entwickelt sind, um uns mit
Schärfe über die Verbindungen der elementaren Atome ein Urteil
zu gestatten, wir die arithmetische Beziehung allein nicht genügend
finden werden, um ihre Wechselwirkung zu erklären und daß wir genötigt sein werden, uns eine geometrische Vorstellung ihrer relativen
Anordnung in allen drei Dimensionen des körperlichen Raumes zu
bilden. Nehmen wir beispielsweise an, daß die Grenze der Annäherung
der Atome nach allen Seiten dieselbe und daher ihre virtuelle Form
die einer Kugel ist (was die einfachste Annahme wäre), so ist, wenn
verschiedene Arten sich 1 zu 1 vereinigen, nur eine Art der Verbindung vorhanden." Nachdem er darauf hingewiesen, daß bei dem
Verhältnis 2 : 1 sich die beiden Atome an entgegengesetzten Polen
des anderen Atoms und bei 3 : 1 die drei an den Ecken eines gleichseitigen Dreiecks anordnen (letzteres sei aber von unstabilem Gleichgewicht), sagt er: „Wenn das Verhältnis 4 : 1 ist, so kann wieder
ein stabiles Gleichgewicht eintreten, wenn die vier Atome sich an den
Ecken der vier gleichseitigen Dreiecke anordnen, welche ein reguläres
Tetraeder bilden." Er fügte jedoch hinzu, daß „diese geometrische

---

[1]) B. **44**, 2219 (1911).
[2]) Abhandl. Akad. d. Wissenschaften, Berlin 1911.
[3]) Phil. Trans. Royal Soc. of London 1808, p. 96; obiges Zitat ist Ostwalds
Klassiker Nr. 3 (1889) entnommen.

Anordnung der Elemente völlig hypothetisch ist" und „es vielleicht zu viel zu hoffen ist, daß die geometrische Anordnung jemals genau gekannt sein wird".

Im Jahre 1814 hat Ampère in seiner die Molekulartheorie betreffenden Abhandlung die Ansicht entwickelt, daß die Atome, die er damals noch Moleküle nannte, sich entsprechend den primitiven Formen der Krystalle untereinander verbinden. Ausgehend von dieser Idee hat dann Gaudin im Anschluß an seine im einundvierzigsten Kapitel erwähnte Abhandlung aus dem Jahre 1833 auf Grundlage der krystallographischen Symmetriegesetze den Versuch gemacht, durch Zeichnungen die Lagerung der Atome im Raum zu veranschaulichen. Der vielen Tafeln wegen wurde dieser Teil seiner Abhandlung nicht mit abgedruckt. Er teilte denselben sowie die Zeichnungen, die seiner Ansicht nach der räumlichen Lagerung der Atome für einige anorganische und organische Verbindungen entsprechen, 1847 in einer Broschüre „Recherches sur le groupement des atomes" mit. Im Jahre 1873 veröffentlichte er dann in einem Buch „L'Architecture du Monde des Atomes" eine große Zahl derartiger räumlichen Vorstellungen. In beiden Publikationen ist er nur von geometrischen Betrachtungen ausgegangen, ohne das chemische Verhalten der Verbindungen zu berücksichtigen. So hat er in dem Alkohol C_2H_3O die Atomgruppierung als einer sechsseitigen Doppelpyramide entsprechend angenommen. Der Sauerstoff befinde sich in der Mitte der gemeinschaftlichen Basis, die beiden Kohlenstoffatome seien an den Spitzen der Doppelpyramide und die Wasserstoffatome an den sechs anderen Ecken gelagert. Eine derartige Ansicht aber entsprach nicht den chemischen Tatsachen und wurde daher von den Chemikern nicht beachtet.

Vom chemischen Standpunkt ausgehend hat zuerst Laurent, wie im siebzehnten Kapitel angegeben ist, versucht, seine Kerntheorie durch geometrische Vorstellungen verständlich zu machen. Auch diesem Versuch gegenüber verhielten sich die Chemiker meist ablehnend. Nur Gmelin rechtfertigte 1847[1]) in seinem Handbuch bei Besprechen der Kerntheorie das Bestreben, die relative Lagerung der Atome im Raum zu ermitteln, folgendermaßen[1]): „Die Chemiker huldigen fast allgemein der Atomtheorie, sie bestimmen das relative Gewicht der Atome, ihre relative Entfernung von einander, oder den relativen Raum, welchen jedes Atom der verbundenen Stoffe mit Inbegriff der dasselbe umgebenden Wärmehülle einnimmt; man stellt Vermutungen auf über die Form der Atome usw. Warum sollte man nicht auch über die gegenseitige Stellung der Atome in einer Verbindung Vermutungen aufstellen?"

---

[1]) 4. Aufl. **4**, 27 (in der 1847 erschienenen Lieferung).

Nachdem er diese Ansicht zuerst an anorganischen Beispielen veranschaulicht hatte, sagte er: „Möge die Stellung der Atome, wie sie hier vermutungsweise angedeutet wurde, die richtige sein oder nicht, immerhin werden die Atomistiker zugeben müssen, daß die Atome nicht, wie es die Formel ausdrückt, in einer Reihe aneinander gelagert sind, sondern sich vermöge ihrer Affinität möglichst nähern, und dadurch mehr oder weniger reguläre, meist körperliche Figuren hervorbringen; daß es von der größten Wichtigkeit ist, diese Stellung, soweit es geht, mit einiger Wahrscheinlichkeit zu ermitteln, sofern hierdurch vielleicht mehr Licht über die Krystallform, Isomerie und andere Verhältnisse gewonnen werden würden und sofern nur hierdurch eine richtige Ansicht von der Konstitution organischer Verbindungen begründet und so mancher Streit über die richtige Abfassung der rationellen Formeln entschieden werden kann." Gmelin hat seine Ideen auch auf organische Verbindungen ausgedehnt. Wie er den Alkohol auffaßte, ist schon oben (S. 91) angegeben. Damals waren aber die Konstitutionsermittlungen noch nicht genügend fortgeschritten, um einen derartigen Versuch genügend auf Tatsachen begründen zu können.

Dies war auch der Fall, als Pasteur 1848 die geniale Ansicht aufstellte, daß die Eigenschaft gewisser organischer Verbindungen die Ebene des polarisierten Lichts zu drehen auf einer Asymmetrie der Moleküle beruhe. Sie wurde erst fruchtbringend, nachdem durch die Strukturtheorie Aufschluß über die Konstitution jener Verbindungen erlangt war. In der Zwischenzeit waren aber Anschauungen aufgetaucht, die den Charakter von Vorahnungen räumlicher Vorstellungen zeigen. Eine solche darf man wohl bei Kekulés Ansicht, daß im Benzol sich zwei Atome Wasserstoff nicht durch ein Sauerstoffatom ersetzen lassen, annehmen. Auch die Vermutung, daß in der Phtalsäure wegen der Anhydridbildung die beiden Carboxyle mit benachbarten Kohlenstoffatomen verbunden sind, ging, als sie ausgesprochen wurde[1], über die Strukturtheorie hinaus.

Von Bedeutung wurde es, daß, wie im dreiundvierzigsten Kapitel angegeben ist, Wislicenus 1873 die Ansicht aufstellte, es sei für Milchsäure und Fleischmilchsäure dieselbe Strukturformel anzunehmen, und ihre Verschiedenheit beruhe auf „geometrischer Isomerie", also auf einer verschiedenen räumlichen Anordnung der Atome. In betreff der Möglichkeit einer solchen Isomerie gab er damals an: „Über das spezielle Wie dieser Erklärung bin ich noch mit experimentellen Untersuchungen beschäftigt."

Auf rein theoretischem Wege wurde dann im Jahre 1874 dieses Problem von van't Hoff und von Le Bel in überraschender Weise

---

[1] A. **142**, 333 (1866).

gelöst und durch dieselben die später als Stereochemie[1]) bezeichnete Lehre von der Lagerung der Atome im Raum geschaffen. Van't Hoff erste Mitteilung erschien im Herbst dieses Jahres als Broschüre in holländischer Sprache und erst im folgenden Frühjahr ein Auszug aus derselben im Bulletin de la Société chimique, diejenige von Le Bel dagegen im November 1874 in dieser Zeitschrift. So kam es, daß die erstere erst später allgemein bekannt wurde und auch im Jahresbericht der Chemie erst bei den Arbeiten von 1875 über dieselbe berichtet wurde, während dies schon im Bericht für 1874 für die Arbeit von Le Bel erfolgt war. Beiden Forschern gebührt aber die Ehre, gleichzeitig und unabhängig voneinander diese so überaus wichtige Theorie aufgestellt zu haben. J. A. Le Bel, der sich 1873 mit Untersuchungen über den optischaktiven Amylalkohol beschäftigt hatte, veröffentlichte seine Ansichten[2]) unter dem Titel: „Sur les relations qui existent entre les formules atomiques des corps organiques et le pouvoir rotatoire de leurs solutions." Er charakterisierte den damaligen Zustand unserer Kenntnisse hierüber folgendermaßen: „Pour prévoir si la dissolution d'une substance a ou n'a pas le pouvoir rotatoire, on ne possédait aucune règle certaine; on savait seulement que les dérivés d'une substance active sont en général actifs; encore voit-on souvent le pouvoir rotatoire disparaître subitement dans ces dérivés. En m'appuyant sur des considérations d'un ordre purement géométrique, je suis arrivé à formuler une règle beaucoup plus générale. — Les travaux de M. Pasteur et de plusieurs autres savants ont établi d'une façon complète la corrélation qui existe entre la dissymétrie des molécules et le pouvoir rotatoire."

Von geometrischen Betrachtungen ausgehend, gelangte er für den Typus MA^4 zu folgenden Sätzen (principes): „Donc en général si un corps dérive de notre type primitif MA^4 par la substitution à A de trois atomes ou radicaux distincts, sa molécule sera dissymétrique et il aura le pouvoir rotatoire. — Si dans notre type fondamental nous ne substitutions que deux radicaux R et R^I, il pourra y avoir symétrie ou dissymétrie suivant la constitution de la molécule type MA^4. Si cette molécule avait primitivement un plan de symétrie passant par les deux atomes A qui ont été remplacé par R et R^I, ce plan restera un plan de symétrie après la substitution; le corps obtenu sera donc inactif."

Le Bel zeigt dann, wie bei den gesättigten Verbindungen der Fettreihe man aus den entwickelten Formeln sehen kann, ob sie

---

[1]) Der Name Stereochemie ist entstanden aus dem von V. Meyer in B. **21**, 789 (1888) gemachten Vorschlag: „Die Konstitution unter Berücksichtigung der geometrischen Lage als stereochemische Konstitution zu bezeichnen."

[2]) Bl. [2] **22**, 337 (1874).

aktiv oder inaktiv sind. Bei Besprechung der Lagerung der Atome in den ungesättigten Verbindungen kam er damals, wie unten angegeben ist, noch zu keiner Entscheidung, sondern stellte drei Hypothesen auf. Am Schluß seiner Abhandlung gelangte er für die künstliche Bildung optisch-aktiver Substanzen zu folgendem wichtigen Theorem:

„Lorsqu'il se forme un corps dissymétrique dans une réaction où l'on n'a mis en présence les uns des autres que des corps symétriques, il y aura formation dans la même proportion des deux isomères de symétrie inverse. — Nous possédons un exemple frappant de ce fait dans l'acide tartrique. En effet, l'on n'a jamais obtenu par synthèse directement l'acide droit ou l'acide gauche, mais toujours l'acide inactif ou l'acide racémique qui est une combinaison à parties égales des acides droit et gauche."

In vollkommener Übereinstimmung mit Le Bels Ansicht über den Zusammenhang zwischen optischem Drehungsvermögen und geometrischer Lagerung der Atome sind diejenigen, zu denen van 't Hoff gelangt war. In betreff der Isomerie von Verbindungen wie Fumar- und Maleïnsäure hat aber der letztere schon von Anfang an jene Raumformeln aufgestellt, die sich dauernd als richtig erwiesen haben. Über die Veranlassung, sich mit diesen Problemen zu befassen, hat er selbst bei Eröffnung des nach ihm benannten Laboratoriums in Utrecht folgendes berichtet[1]): „Als ich seinerzeit die Wislicenussche Abhandlung über die Milchsäuren in der Utrechter Bibliothek studierte, habe ich das Studium auf halbem Wege unterbrochen, um einen Spaziergang zu machen, und es war während dieses Spaziergangs, daß unter dem Einfluß der frischen Luft der Gedanke an das asymmetrische Kohlenstoffatom bei mir aufgestiegen ist."

Van't Hoffs in holländischer Sprache im September 1874 erschienene Schrift trägt nach deren Übersetzung in Cohens Werk den Titel[2]): „Vorschlag zur Ausdehnung der gegenwärtig in der Chemie gebrauchten Strukturformeln in den Raum nebst einer damit zusammenhängenden Bemerkung über die Beziehung zwischen dem optischen Drehvermögen und der chemischen Konstitution organischer Verbindungen." Darauf hinweisend, daß die heutigen Konstitutionsformeln nicht imstande sind, gewisse Isomeriefälle zu erklären, bespricht er die Anzahl der theoretisch möglichen isomeren Methanderivate, je nach der Art, wie die Atome gelagert sind:

„Macht man die Annahme, daß die Atome in einer Ebene ausgebreitet sind, so ist die Anzahl offenbar eine viel größere als die bis dahin bekannte. Eine zweite Annahme bringt die Theorie mit den

---

[1]) Ernst Cohen, Van't Hoff, S. 85.
[2]) Daselbst S. 72.

Tatsachen in Übereinstimmung, und zwar die, daß man sich die Affinitäten des Kohlenstoffatoms gegen die Ecken eines Tetraeders gerichtet denkt, dessen Mittelpunkt dieses Atom selbst bildet, die Anzahl dieser Isomeren wird dann einfach folgende: Eines für CH_3R_1, $CH_2(R_1)_2$, $CH_2(R_1R_2)$, $CH(R_1)_3$, $CH(R_1)_2R_2$, jedoch zwei für $CH(R_1R_2R_3)$ oder mehr allgemein für $C(R_1R_2R_3R_4)$. — In dem Falle, daß die vier Affinitäten eines Kohlenstoffatoms durch vier voneinander verschiedene univalente Gruppen gesättigt sind, lassen sich zwei und nicht mehr verschiedene Tetraeder erhalten, von denen das eine das Spiegelbild des anderen ist." Diesen Darlegungen hat van 't Hoff die Figur 1 zugrunde gelegt.

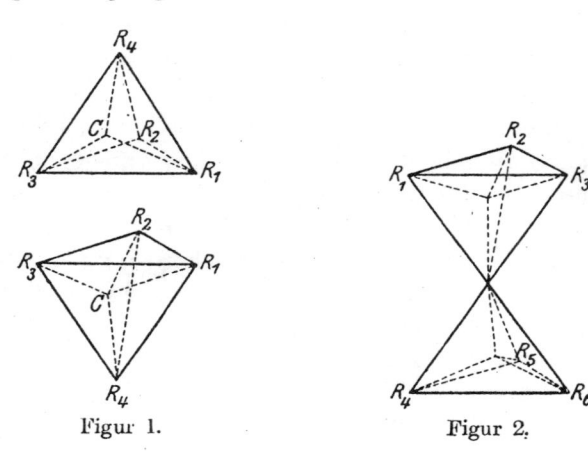

Figur 1.   Figur 2.

Er fügte dann hinzu: „Beim Vergleich der Tatsachen mit diesem ersten Resultat der Hypothese glaube ich, daß es mir tatsächlich gelungen ist, den Beweis zu erbringen, daß Verbindungen, die ein derartiges Kohlenstoffatom enthalten (d. h. ein solches, das an vier voneinander verschiedene univalente Gruppen gebunden ist und das wir fortan ein asymmetrisches nennen wollen), hinsichtlich der Isomerie und anderer Eigenschaften voneinander abweichen." Darauf hat er folgende Sätze aufgestellt:

„a) Jede Kohlenstoffverbindung, welche im gelösten Zustand eine Drehung der Schwingungsebene des polarisierten Lichtstrahls bewirkt, enthält ein asymmetrisches Kohlenstoffatom.

b) Die Derivate optisch-aktiver Substanzen verlieren das Drehungsvermögen, wenn die Asymmetrie sämtlicher Kohlenstoffatome aufgehoben wird, im entgegengesetzten Falle häufig nicht."

Dann hat er darauf hingewiesen, „daß in ziemlich vielen Fällen das Umgekehrte von a) nicht eintrifft, d. h. nicht jede Verbindung, die ein derartiges Atom enthält, scheint auf das polarisierte Licht zu wirken; dies kann drei Ursachen zugeschrieben werden:

1. der Tatsache, daß jene Verbindungen aus einem inaktiven Gemenge von zwei Isomeren bestehen, die gleich stark, aber entgegengesetzt aktiv sind;

2. daß das Drehungsvermögen noch ungenügend untersucht wurde,

3. daß die Bedingung: asymmetrischer Kohlenstoff nicht zur optischen Aktivität genügt."

In seiner 1887 veröffentlichten Broschüre „Dix années dans l'histoire d'une théorie" hat van't Hoff die Frage „La présence du carbone asymétrique est-elle suffisante pour produire l'activité optique?" auf Grund der neuen Beobachtungen von Le Bel bejaht: „Il paraît que toute restriction a perdu sa raison d'être." Er ließ also die Möglichkeit 3 fallen.

Die Aufmerksamkeit der Chemiker auf diese neue Theorie wurde wesentlich erst durch van't Hoffs berühmte, 1875 erschienene Schrift[1]) „La Chimie dans l'Espace" und deren deutsche Bearbeitung[2]) angeregt. In derselben hat van't Hoff seine Vorstellungsweise auch auf die Kombination zweier, durch einfache Bindung vereinigte Kohlenstoffatome übertragen. Wie er an der Hand obiger Figur 2 zeigte, gelangt man bei einem stabilen System zu einer zu großen Zahl von Isomeriefällen, er machte daher die Annahme von einer dauernden Rotation der beiden Atome um eine gemeinschaftliche Achse, und zwar in entgegengesetztem Sinne. Später legte er aber seinen Betrachtungen die Ansicht zugrunde, daß an Stelle einer dauernden Rotation in jedem einzelnen Falle die Atome diejenige Stellung einnehmen, die am besten der Stabilität entspricht:[3]) „Il n'y aura parmi les positions possibles qu'une seule qui correspond à l'état de stabilité." Sowohl die frühere, wie die spätere Anschauung führte für Verbindungen mit zwei Atomen asymmetrische Kohlenstoffatome nach der allgemeinen Formel $C(R^1R^2R^3)C(R^4R^5R^6)$ zu vier Isomeren, aber nach der einfacheren Formel $C(R^1R^2R^3)C(R^1R^2R^3)$ zu drei, wie es bei der Rechts- und Linksweinsäure und der inaktiven Weinsäure der Fall ist, zu denen dann noch die aus gleichen Molekülen der beiden ersteren bestehende Traubensäure hinzukommt.

Für die Isomeriemöglichkeiten bei n-asymmetrischen Kohlenstoffatomen stellte van't Hoff die allgemeine Formel $N = 2^n$ auf. Die Zahl verringert sich aber, wie bei obigem Beispiel, wenn zwei oder mehrere asymmetrische Kohlenstoffatome mit denselben Atomen oder Radikalen verbunden sind.

Indem er seine Vorstellungen auch auf Substanzen mit Doppelbindung der Kohlenstoffatome ausdehnte, ist es ihm gleichfalls schon

---

[1]) Rotterdam 1875.
[2]) Die Lagerung der Atome im Raum von J. H. van't Hoff, deutsch bearbeitet von F. Herrmann (1877).
[3]) Dix années S. 52.

in seiner ersten Schrift[1]) gelungen, ein viel diskutiertes, aber vorher noch ungelöstes Problem aufzuklären, wobei er von folgendem Schema ausging, das er ebenfalls seinen Darlegungen in der Chimie dans l'Espace zugrunde legte.

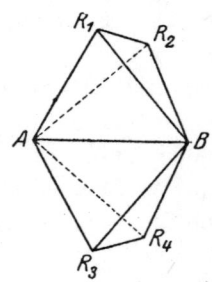

„Die Vorstellung einer Doppelbindung wird zwei mit einer Kante aneinanderstoßende Tetraeder, wo A und B die Bindungen der beiden Kohlenstoffatome, R_1, R_2, R_3 und R_4 univalente Gruppen vorstellen, durch welche die übrigen freien Affinitäten der Kohlenstoffatome gesättigt sind. Sind R_1, R_2, R_3 und R_4 die gleichen Gruppen, so ist nur eine Figur denkbar, ebenso wenn nur R_1 und R_2 oder R_3 und R_4 gleich sind, **falls aber gleichzeitig R_1 und R_2 sowie R_3 und R_4 verschieden sind, in welchem Falle dennoch R_1 und R_3 und R_2 und R_4 unter sich gleich sein können, so werden zwei Figuren denkbar, deren Unterschied durch die relative Lage der Gruppe R_1 und R_2 zu R_3 und R_4 verursacht wird.**" Zum Beweis bezieht er sich auf Maleïn- und Fumarsäure, sowie die feste und die flüssige Krotonsäure und veranschaulicht deren Isomerie mit Hilfe der obigen Raumformel.

In einer zweiten, in holländischer Sprache veröffentlichten Mitteilung[2]) hat er dann durch einfachere, später häufig benutzte Formeln diese Isomerie sowie die Bildung des Maleïnsäureanhydrids veranschaulicht. „Maleïn- und Fumarsäure stelle ich mittels Figur VII und VIII dar; es ist klar, daß (wie bei der Phtalsäure) die benachbarte Lagerung der Carboxylgruppen in Figur VII leicht zur Abspaltung von Wasser und Bildung des Anhydrids Figur IX führen muß; das ist tatsächlich einer der Hauptunterschiede

$$\begin{array}{ccc}
\text{H}-\overset{\text{C}}{\underset{\text{C}}{\|}}-\text{CO}_2\text{H} & \text{CO}_2\text{H}-\overset{\text{C}}{\underset{\text{C}}{\|}}-\text{H} & \text{H}-\overset{\text{C}}{\underset{\text{C}}{\|}}-\text{CO}\!\!>\!\!\text{O} \\
\text{H}-\phantom{\overset{\text{C}}{\|}}-\text{CO}_2\text{H}, & \text{H}-\phantom{\overset{\text{C}}{\|}}-\text{CO}_2\text{H}, & \text{H}-\phantom{\overset{\text{C}}{\|}}-\text{CO} \\
\text{VII} & \text{VIII} & \text{IX}
\end{array}$$

zwischen den genannten Säuren."

---

[1]) E. Cohen: Van't Hoff, S. 79.
[2]) E. Cohen, S. 113, aus Maandblad vor Naturwetenschappen 1875.

Ein drittes Problem, welches gleichfalls noch auf Lösung gewartet hatte, die Erklärung der Isomerie der beiden Hydromellitsäuren, hat er in seiner Chimie dans l'Espace im Anschluß an die Besprechung von Malein- und Fumarsäure aufgeklärt: „C'est ici le lieu de parler d'une isomérie inexplicable par la théorie actuelle: savoir celle des acides hydro- et isohydromellithique de M. Baeyer: $C_6(CO_2H)_6H_6$. — Si l'on applique mes vues au symbole d'addition, l'isomérie en question se trouve expliquée, et se rapproche parfaitement à celles des acides fumarique et maléique, et qui est du reste confirmé par la manière dont l'acide hydromellithique se transforme en son isomère."

Durchmustert man das, was über das Verhalten der Chemiker der neuen Theorie gegenüber veröffentlicht ist, so zeigt sich, daß anfangs nur die Ansichten über den asymmetrischen Kohlenstoff in Betracht gezogen wurden und neben ablehnender Kritik auch sofort verständnisvolle Anerkennung fanden. Die Betrachtungen über die Isomerie von Fumar- und Maleïnsäure sowie über die Hydromellitsäuren sind dagegen erst später fruchtbar geworden. Zu den ersten Chemikern, welche die Bedeutung der Le Bel-van't Hoffschen Theorie richtig einschätzten, gehören Baeyer und Wislicenus. In betreff des ersteren hat E. Fischer folgendes berichtet[1]:

„Ich erinnere mich sehr wohl, wie mein Lehrer, Adolf v. Baeyer, im Sommer 1875 eines Tages, als ihm van't Hoff die französische Broschüre mit einigen Modellen zugeschickt hatte, im Laboratorium erschien und uns erklärte: Da ist wirklich einmal wieder ein neuer guter Gedanke in unsere Wissenschaft gekommen, der reiche Früchte tragen wird. Beim Anblick der Modelle und beim Vergleich mit den Strukturformeln waren auch wir Jüngeren sofort in der Lage, uns von der Brauchbarkeit der neuen Theorien zu überzeugen und ist dies dann vielfach Gegenstand unserer Gespräche gewesen."

In demselben Jahre hat Wislicenus sich an van't Hoff wegen Übersetzung der Chimie dans l'Espace gewandt und darauf die deutsche Bearbeitung mit einer sehr anerkennenden Vorrede versehen, in der er unter anderem sagte: „Einen wirklichen und wichtigen Schritt vorwärts hat die Theorie der Kohlenstoffverbindungen damit getan, und dieser Schritt ist ein organischer und innerlich notwendiger." Im allgemeinen anerkennend, aber etwas zurückhaltender hat sich Würtz in einem Brief 1877[2] geäußert: „J'ai lu avec attention et intérêt votre Chimie dans l'Espace et quoiqu'en dise M. Berthelot et aussi M. Kolbe, qui vous a pris à partie, je crois qu'il y a là une voie nouvelle dans laquelle il est bon de s'engager, avec prudence sans

---

[1] In der obenerwähnten Gedenkrede auf van't Hoff.
[2] E. Cohen, S. 137.

doute, mais avec une persévérance que les résultats déjà entrevus paraissent justifier."

Zustimmend äußerte sich bald darauf auch ein Vertreter der physikalischen Chemie. Landoldt sagte in einer Abhandlung „Untersuchungen über optisches Drehungsvermögen", bei Besprechung der Abhängigkeit der optischen Aktivität von der chemischen Konstitution[1]):„In neuester Zeit haben Le Bel, namentlich aber van't Hoff eine Hypothese aufgestellt, welche der Sache viel näher tritt und, indem sie direkt das Drehungsvermögen mit der Konstitutionsformel in Verbindung setzt, für die Chemie von besonderem Interesse ist." Darauf hinweisend, daß bis jetzt kein Fall nachweisbar ist, der mit dieser Hypothese in Widerspruch steht, fügte er hinzu, sie würde, „falls kein widersprechendes Beispiel entdeckt wird, nicht nur eine Kontrolle der aktiven Substanzen erlauben, sondern auch bei der Aufstellung der Strukturformeln bestimmte Anhaltspunkte abgeben können. Das optische Verhalten der organischen Verbindungen gewinnt hierdurch ein erhöhtes Interesse."

Als Gegner der neuen Anschauungen traten jene beiden Forscher auf, die auch wiederholt die Typen- und die Strukturtheorie bekämpft hatten. Berthelot machte sofort nach der Mitteilung von van't Hoffs Ansichten in einer Sitzung der Société chimique geltend,[2]) daß dieselben nicht die Zahl der Modifikationen von Verbindungen, die optisch-aktiv sind, erklären. Er nahm nämlich an, daß bei allen derartigen Substanzen immer vier molekulare Formen, also auch eine inaktive, nicht spaltbare, existieren. „Tel est pour préciser un exemple, l'acide malique inactif dont M. Pasteur a constaté d'ailleurs l'existence." Nachdem Bremer, ein Studiengenosse van't Hoffs, gefunden hatte, daß die aus Traubensäure dargestellte Äpfelsäure in ihre beiden optischen Komponenten sich spalten läßt, ergab sich dasselbe Verhalten für alle Proben künstlich dargestellter Äpfelsäure, was die Annahme berechtigte, daß keine inaktive, nicht spaltbare Äpfelsäure existiert. van 't Hoff hat später die betreffenden Tatsachen zusammengestellt.[3])

Ein zweiter Einwurf betraf das Styrol $C_6H_5 \cdot CH = CH_2$, das, wie die Formel zeigt, kein asymmetrisches Kohlenstoffatom enthält. Berthelot wies nun darauf hin, daß nach seinen Beobachtungen das synthetische Styrol inaktiv, das aus Styrax aber optisch-aktiv ist. van 't Hoff unterzog daher diese Angabe einer experimentellen Prüfung[4]) und gelangte zu dem Resultat, daß das Styrol aus Styrax

---

[1]) A. **189**, 260 (1878).
[2]) Bl. **23**, 339 (1875).
[3]) B. **18**, 2170 (1885).
[4]) B. **9**, 5 und 1339 (1876).

seine Aktivität einer Beimengung verdankt und sie durch genügende Reinigung verliert, also obiger Einwand nicht stichhaltig ist.

Nach dem Erscheinen der deutschen Bearbeitung von der Chimie dans l'Espace hat Kolbe[1]) unter dem Titel „Zeichen der Zeit" die in derselben enthaltenen Ansichten aufs heftigste angegriffen und, ohne Tatsachen anzuführen, sie durch Spott zu bekämpfen gesucht. Auf die auch persönlich beleidigenden Angriffe hat van 't Hoff in einer Abhandlung „Über den Zusammenhang zwischen optischer Aktivität und Konstitution", in der er als Fortsetzung seiner Mitteilung über Styrol die Tatsachen zusammenstellte, die zeigen, daß die Aktivität verschwindet, wenn ein aktiver Körper in einen übergeht, der kein asymmetrisches Kohlenstoffatom mehr enthält, in folgender humoristischer Weise geantwortet[2]):

„Wenn nun jemand, sei es auch ein um die Chemie verdienter Mann wie Kolbe, meint, daß ein Chemiker sich mit den Theorien nicht plagen soll, weil er noch unbekannt und an einer Tierarzneischule angestellt ist; wenn er es nicht für unwürdig hält, den Vertreter einer neuen (eventuell irrigen) Ansicht zu begrüßen, wie die Helden des Homer ihre Gegner vor dem Kampfe, so behaupte ich, daß ein derartiges Benehmen glücklicherweise nicht als Zeichen der Zeit, sondern als Beitrag zur Erkenntnis eines einzelnen gedeutet werden soll."

Zu wichtigen neuen Beweisen für sein oben zitiertes Theorem gelangte Le Bel durch Spaltungsversuche an nicht im Naturreich vorkommenden Substanzen, deren Konstitutionsformeln das Vorhandensein von asymmetrischen Kohlenstoffatomen angab. Als erstes derartiges Beispiel teilte er 1879[3]) mit, daß der aus synthetischem Methylpropylketon durch Reduktion erhaltene sekundäre Amylalkohol

$$CH_3 - CH - C_3H_7$$
$$|$$
$$OH$$

sich gegen Pilze wie Traubensäure verhält. Bei Einwirkung von Penicillium glaucum wird die rechtsdrehende Modifikation angegriffen und so die linksdrehende erhalten[4]). Beim Vergären von Propylenglykol

$$CH_3 - CH - CH_2 \cdot OH$$
$$|$$
$$OH$$

mittels Bacterium termo erhielt er das optisch-aktive Propylenglykol, indem gleichfalls die rechtsdrehende Modifikation zerstört

---

[1]) J. p. [2] **15**, 473 (1877).
[2]) B. **10**, 1620 (1877).
[3]) C. r. **89**, 312 (1879).
[4]) C. r. **92**, 532 (1881).

wird. Auf Landolts Veranlassung hat dann Lewkowitsch aus synthetischer Mandelsäure sowohl durch Einwirkung von Pilzen wie mittels des Cinchoninsalzes die beiden aktiven Komponenten voneinander getrennt[1]).

Von den Konstitutionsformeln ausgehend wurde im Laufe der achtziger Jahre für einige Abbauprodukte der Eiweißstoffe, für Cystin, Leucin und Tyrosin, ihre optische Aktivität nachgewiesen. So konnte van't Hoff in seiner Broschüre[2]) „Dix Années d'une théorie" im Jahre 1887 eine größere Zahl neuer Beobachtungen zugunsten der von ihm und Le Bel aufgestellten Theorie über den Zusammenhang von optischem Drehungsvermögen und dem Vorhandensein von asymmetrischem Kohlenstoff anführen.

Den überraschendsten Beweis hierfür lieferte dann am Anfang der neunziger Jahre E. Fischer durch seine glänzenden Untersuchungen der Zuckergruppe, die es ihm möglich machten, die Konfigurationen der vier asymmetrische Kohlenstoffatome enthaltenden Hexosen abzuleiten. Zugleich hat dieser Forscher auch in genialer Weise den Einfluß der Konfiguration auf die physikalischen und chemischen Eigenschaften und die Bedeutung der stereochemischen Resultate für die Physiologie hervorgehoben. Da diese wichtigen Errungenschaften erst einer späteren Zeit angehören, kann hier nur auf den zweiten Band dieses Buchs sowie auf die zusammenfassenden Vorträge[3]) E. Fischers „Synthesen in der Zuckergruppe" hingewiesen werden.

Während die Le Bel-van't Hoffsche Theorie vom asymmetrischen Kohlenstoff verhältnismäßig rasch Anerkennung fand und auch in die Lehrbücher aufgenommen wurde, dauerte es längere Zeit, bis dies auch für van't Hoffs Ansicht über die Isomerie von Fumar- und Maleïnsäure der Fall war. So hatten Kekulé und Anschütz[4]), als sie ihre interessante Beobachtung mitteilten, daß durch Oxydation die Fumarsäure in Traubensäure und die Maleïnsäure in inaktive Weinsäure verwandelt wird, jene Ansicht überhaupt nicht erwähnt, sondern 1881 am Schluß ihrer Abhandlung gesagt: „Dagegen drängt sich der Gedanke auf, es könne vielleicht die Ursache der Isomerie der Fumarsäure und der Maleïnsäure derselben Art sein wie die der Traubensäure und inaktiven Weinsäure. Dann sollten außer der inaktiven noch zwei aktive Modifikationen der Maleïnsäure existieren, die durch Spaltung der Fumarsäure müßten erhalten werden können.

---

[1]) B. **15**, 1505 (1882) und **16**, 1568 (1883).
[2]) In dieser Broschüre ist auch der wesentlichste Teil aus Le Bels Abhandlung aus dem Jahre 1874 und aus van't Hoffs Chimie dans l'Espace abgedruckt.
[3]) B. **23**, 2114 (1890) und **27**, 3189 (1894).
[4]) B. **13**, 2150 (1880) und **14**, 713 (1881).

Unsere in dieser Richtung unternommenen Versuche sind freilich bis jetzt resultatlos geblieben, sollen aber fortgesetzt werden."

Le Bel, der in seiner Abhandlung aus dem Jahre 1874 die Frage nach der Raumformel des Äthylens noch unentschieden gelassen und drei Möglichkeiten erwähnt hatte, entschied sich[1]) infolge der Versuche von Kekulé und Anschütz für die schon damals in Betracht gezogene Ansicht, daß im Äthylen die Wasserstoff- und Kohlenstoffatome in einer Ebene liegen: „Les quatre atomes d'hydrogène sont dans le même plan que les carbones et forment un rectangle." In einer Fußnote gab er an, daß diese Hypothese genau mit der von van't Hoff aufgestellten Raumformel für Äthylen übereinstimmt. Die Maleïn- und die Fumarsäure veranschaulichte Le Bel durch die Figuren I und II:

```
    H        H              COOH      H
    ┌─────────┐              ┌─────────┐
    │ C     C │              │ C     C │
    └─────────┘              └─────────┘
  COOH      COOH              H       COOH
         I                          II
```

und wies dann darauf hin, daß bei Addition von zwei Hydroxylen an Formel I die Symmetrieebene erhalten bleibt und diese also der Maleinsäure entspricht, daß aber aus der der Formel II entsprechenden Säure ebenso gut rechts- wie linksdrehende Weinsäure entstehen kann: „c'est de l'acide racémique, mélange ou combinaison d'isomères droit et gauche, qui prendra naissance; la figure II correspond donc à l'acide fumarique."

In seiner Broschüre[2]) „Etudes de dynamique chimique" erinnert van't Hoff daran, daß schon in „Lagerung der Atome im Raume", S. 40, darauf hingewiesen ist, daß Maleïnsäure bei Addition von Brom eine Dibrombernsteinsäure gibt, die der inaktiven Weinsäure entspricht, aus Fumarsäure aber zwei Dibromsäuren von entgegengesetzter Aktivität entstehen. Ergänzend bespricht er jetzt den Übergang von Fumarsäure in Brommaleïnsäure und von Maleïnsäure in Bromfumarsäure: „La transformation de l'acide fumarique en acide brommaléique et de l'acide maléique en bromofumarique par la bromuration et l'enlèvement de l'acide bromhydrique se déduit nécessairement de mes conceptions," was er durch Formeln erläuterte.

In den damals verfaßten Lehrbüchern wurden aber nur ausnahmsweise diese Ansichten über die Konstitution jener ungesättigten Säuren erwähnt. Zu diesen gehört das 1884 veröffentlichte Lehrbuch

---

[1]) Formules géométriques des acides maléique et fumarique déduites de leurs produits d'oxydation; Bl. [2] **37**, 300 (1882).
[2]) Amsterdam 1884, p. 99.

von Roscoe und Schorlemmer, die nach Anführung der älteren Anschauungen über Fumar- und Maleinsäure sagten: „Eine Hypothese, die sehr vieles für sich hat, ist von van't Hoff aufgestellt worden." In den meisten Werken wurde damals aber, wie 1886 im ersten Band von Beilsteins Handbuch) und in dem in demselben Jahre erschienenen Lehrbuch der theoretischen Chemie von Horstmann, in der Maleïnsäure zweiatomiger Kohlenstoff und in der Fumarsäure doppelte Bindung zwischen den beiden Kohlenstoffatomen angenommen. Es war daher ein Verdienst von Wislicenus, daß er in einer Abhandlung[1] „Über die räumliche Anordnung der Atome in organischen Molekülen" die geometrische Isomerie ungesättigter Verbindungen ausführlich entwickelte. Durch diese Abhandlung sowie durch seine im Jahre 1888 erschienenen „Untersuchungen zur Bestimmung der räumlichen Atomlagerung" hat Wislicenus wesentlich dazu beigetragen, van't Hoffs Ansichten über diesen Teil der Stereochemie zur Anerkennung zu bringen.

Zwei Jahre vor dem Erscheinen der Wislicenusschen Abhandlung hat Baeyer[2] das „Le Bel-van't Hoffsche Gesetz" benutzt, um die Explosivität des Acetylens zu erklären. Am Schluß einer Abhandlung über Polyacetylenbildung hat er auf Grund von Betrachtungen über die Theorie der Ringschließung und der doppelten Bindung folgende Sätze aufgestellt, von denen der erste mit der auf S. 394 zitierten van't Hoffschen Ansicht[3] übereinstimmt, der zweite aber von Baeyer neu hinzugefügt wurde:

„Die vier Valenzen der Kohlenstoffatome wirken in den Richtungen, welche den Mittelpunkt der Kugel mit den Tetraedecken verbinden und welche miteinander einen Winkel von 109° 28′ machen.

Die Richtung der Anziehung kann eine Ablenkung erfahren, die jedoch eine mit der Größe der letzteren wachsende Spannung zur Folge hat." Diese später als Spannungstheorie bezeichnete Ansicht entwickelte er dann in folgender Weise: „Eine Vorstellung von der Bedeutung dieses Satzes kann man sich leicht machen, wenn man von dem Kekuléschen Kugelmodell ausgeht und annimmt, daß die Drähte einer elastischen Feder ähnlich nach allen Richtungen hin beweglich sind. — Wie gut diese Anschauung mit den Tatsachen übereinstimmt, erhellt aus der Betrachtung der aus mehreren Methylengruppen gebildeten Ringe." Baeyer hat dann berechnet, wie viel jede Achse von ihrer Ruhelage abgelenkt wird. Für Äthylen, das er

---

[1] Abhandl. d. sächsischen Gesellschaft für Wissenschaften Bd. **14**, 37 (1887); auch als Broschüre erschienen.

[2] B. **18**, 2277 (1885).

[3] In der deutschen Bearbeitung von van't Hoffs Schrift lautet dieser Satz folgendermaßen (S. 4): „Alle diese Schwierigkeiten schwinden, wenn man sich die vier Affinitäten des Kohlenstoffatoms gegen die Ecken eines Tetraeders gerichtet denkt."

als einfachsten aus Methylen bestehenden Ring bezeichnete, und die anderen Polymethylenringe erhielt er folgende Werte:

$$\begin{array}{c} CH_2 \\ \| \\ CH_2 \\ +54,44° \end{array} , \quad \begin{array}{c} CH_2 \\ \diagup \diagdown \\ CH_2-CH_2 \\ +24°44' \end{array} , \quad \begin{array}{c} CH_2-CH_2 \\ | \quad | \\ CH_2-CH_2 \\ +9°34' \end{array} , \quad \begin{array}{c} CH_2 \\ \diagup \diagdown \\ CH_2 \quad CH_2 \\ | \quad | \\ CH_2-CH_2 \\ +0°44' \end{array} , \quad \begin{array}{c} CH_2 \\ \diagup \diagdown \\ CH_2 \quad CH_2 \\ | \quad | \\ CH_2 \quad CH_2 \\ \diagdown \diagup \\ CH_2 \\ -5°16' \end{array}$$

und fügte hinzu:

„Das Dimethylen ist in der Tat der lockerste Ring, welcher von Bromwasserstoff, Brom und sogar Jod gesprengt wird, das Trimethylen wird nur durch Bromwasserstoff aber nicht durch Brom aufgelöst, das Tetramethylen und Hexamethylen sind nicht oder sehr schwer zu sprengen."

Für die dreifache Bindung zwischen zwei Kohlenstoffatomen wird „jede um 70° 32′ gebogen, wenn man die Richtung der drei Affinitätsachsen als parallel annimmt. Es muß daher auch die Spannung im Acetylen eine sehr viel beträchtlichere sein als im Äthylen."

Diese Betrachtungen wurden dann die Veranlassung, daß Baeyer seine wichtigen Untersuchungen über die Konstitution des Benzols in Angriff nahm und zu diesem Zweck die Reduktion von Terephtalsäure und Phtalsäure studierte. Er gelangte dabei zur Entdeckung einer Reihe von Isomeriefällen, von denen die beiden Hydromellitsäuren das erste Beispiel geliefert hatten. Wie oben angegeben, nahm schon van 't Hoff in der Chimie dans l'Espace an, daß diese Isomerie derjenigen von Fumar- und Maleïnsäure entspreche. Der betreffende Abschnitt ist aber in die deutsche Bearbeitung jener Schrift und auch in Dix années d'une théorie nicht aufgenommen. Jene Ansicht blieb daher ganz unbeachtet, bis Baeyer ein zweites Beispiel bei der Reduktion der Terephtalsäure entdeckte und angab[1]): „Die geometrische Isomerie der Hexahydroterephtalsäure entspricht ganz und gar derjenigen der Fumarsäure und der Maleïnsäure." Für diese beiden Arten von Isomeriefällen schlug er „die Bezeichnung cis und trans vor, welche andeuten sollen, daß der eine Bestandteil diesseits und der andere jenseits der Ebene des Ringes befindlich ist. Für die Form der Maleïnsäure würde daher die Bezeichnung cis-cis oder kürzer cis und für die Fumarsäure cis-trans in Anwendung kommen." Letztere wurde in der Folge in trans vereinfacht. Baeyer hat dann noch andere Beispiele von Cis-Trans-Isomerie bei cyklischen Verbindungen entdeckt. Eine Besprechung seiner interessanten Resultate liegt aber jenseits der Grenzen dieses Bandes.

[1]) A. **245**, 130 und 137 (1888).

Namenregister.

Achard 15.
Adam 249.
Alexejew 312.
Ampère 27, 91, **224**—227, 390.
Anderson **145**, 333, 335.
Anschütz 400.
Arago 111.
Armstrong 310.
Aronheim 285.
Avogadro 16, **224**—227.

Babo 365.
Baeyer 117, 241, 254, **277** bis 280, 282, 292, 298, 309—311, 316—318, 320, bis 325, 337—339, 358 bis 360, 368, 369, 378, 397, 402.
Balard 105.
Bamberger 347.
Bárdy 217.
Barth 288, 308, **337**, 367.
Bartoletti 2.
Baumann 211, **376**, 378.
Béchamp 173.
Beckett 360, 366.
Behr 327, 347.
Beilstein 246, 251, 289, **297**.
Benckiser 339.
Bender 345.
Bergmann 8.
Bernthsen 333, 345.
Bertagnini **209**, 376.
Berthelot 69, **194**—198, 200 bis 202, 223, 250, 270 bis 276, 318, 340—343, 346, 347, 398.
Berthollet 10, 15, 24, 114.
Berzelius 16, **20**—23, 25, 37, 50—54, 60, 64, 65, 71, 87, 90, 96, 108, 235, 245.
Biot 111, 126, 164.
Black 198.
Blau 193.
Blomstrand 236, 243.
Boettger 124, 269.

Boettiger 364.
Born 317.
Bouchardat 127, 256.
Boullay 57.
Boutron-Charlard 96.
Braconnot **28**, 29, 122.
Bremer 398.
Brieger 377.
Bromeis 190.
Brown 238, 251, 263.
Brühl 308.
Brüning 204.
Brugnatelli 14, 115.
Brunck 325, 369.
Brunner (Bern) 23.
Brunner 211.
Buchner 223.
Buff 262.
Buniva 13.
Bunsen **72**—75, 152.
Butleron **233**, 239, 247, 254.

Cadet 73.
Cagniard Latour 98.
Cahours **105**, 172, 373.
Cannizzaro 160, 209, 230 bis **232**, 333.
Carnelutti 333.
Caro 315, **335**, 337, 338, 345, 355, 361—365.
Caventou **36**.
Chancel 168, **171**, 244, 380.
Chapotout 216.
Chardonet 126.
Chautard 162.
Chevreul 22, **30**—35, 117.
Chiozza 209, 210, 317.
Claus **304**, 311.
Colin 119.
Couper **184**, 185, 262, 286.
Coupier 215, 241.
Crafts 317, 352, 353.
Crum **117**.
Curtius 387.

Dalton 16, 235.
Daniell 39.

Davy, Edmund, 40, **269**.
Davy, Humphry 16, 39.
Debus 120, 197.
Delalande 313.
Derosne 35.
Desfosses 37, 55.
Dessaignes 163, **164**, 199, 248.
Dewar 368.
Diakonow 282.
Diesbach und Dippel 1.
Döbereiner 22, 28, **40**, 63, 114.
Doebner 358.
Dorp, van 325, 327, 335, 347, 371.
Dubrunfaut 28.
Dulong 111, 127.
Dumas 23, 37, **47**, 57, 72, 77, 84, 91—93, 103—105, 111, 112, 118, 133, 151, 175, 225.
Duppa 208, **257**.
Dussart 297.

Eckstrand 339.
Emmerling 320.
Engelhardt 245.
Erdmann 113, 118, **119**, 122.
— H. 332, 348.
Erlenmeyer **244**, 250, 263, 267, 281, 322, 329.

Fairlie 107.
Faraday 39, **43**—46, 51, 111.
Fehling 150.
Fischer, Emil 296, 356 bis 358, **383**—386, 400.
— Otto 356—358.
— G. 288.
Fittig 256, 289, **292**, 297, 299, 315, 327, 332, 344, 346, 366.
Flores da Monte 125.
Fourcroy 10, **12**—15, 94.

Namenregister.

Franchimont 327, 354.
Frankland 149—153, **154** bis 160, 257—260.
Fremy **190**.
Freund 319.
Friedel 207, **244**, 311, 317, 352, 353.
Fritzsche **118**, 211, 342.

Gabriel 314.
Gaudin 170, **226**, 390.
Gautier 266.
Gay-Lussac 16, **17**—27, 34, 36, 50—54, 63, 76, 94, 227.
Gebhardt 344.
Geitner 298.
Gélis 193.
Gerhardt 42, 87, 107. 111, 120, 122, 128, **130**—134, 149, 153—157, 170—177, 228, 230.
Gerland 205.
Geuther 251, **258**—261.
Girard 215, 216.
Glaser 313, 315, 337, 345, 346.
Gmelin 26, **56**, 90, 148, 227, 281, 390.
Gobley 193.
Goldschmidt, G. **345**.
— H. 328.
Gorup-Besanez **349**.
Gottlieb 150, 191.
Graebe 120, 299, 316, 320 bis 340, 341—347, 354, 370.
Graham 108.
Griess **211**,—213, 284, 295, 296, 301, 362.
Grimaux 249, **280**, 373.
Groves 331, 332.
Guyard 218.
Guyton de Morveau 10, 14.

Haarmann 373—375.
Harnitzki 264.
Hausmann 14, 117.
Heintz **192**.
Hermbstädt 13.
Herrmann 316.
Hess 23, **114**.
Hesse 328.
Hessert 360.
Hlasiwetz 288, 349.
Hofacker 251.
Hoff, van't **388**—403.
Hoffmann, Reinhold 204.

Hofmann, A. W. 85, 118, **139**—146, 214—217, 243, 254, 266, 281, 344, 350, 361.
— F. Chr. 14.
Holländische Chemiker 15.
Hoogewerff 325, 371.
Hoppe-Seyler 223.
Horbaczewski 280.
Huber 367.
Hübner 300.
Humboldt 49.
Hunt 141.
Hyatt 126.

Jackson 86.
Jacobsen 297.
Jacobson 364.
Jaffé, B. 357.
— M. 377, **380**.
Janny 382.
Jochheim 75.
John 52.
Jungfleisch 166.

Kane **66**, 121, 292.
Kay 292.
Kekulé 93, **177**—185, 204 bis 208. 231, 234, 236 bis 238, 241, 243, 262—269, 286—300, 305, 306, 315, 354, 391, 400.
Keller, A. 199.
— E. 365.
Kiliani 256.
Kirchhoff **28**.
Kjeldahl 23.
Klaproth **14**, 16.
Knop, C. A. 320.
— W. 124.
Knorr 386.
Königs **369**—372.
Körner 268, 299, 302, 303, 367.
Kolbe **147**—151, 153, 187 bis 190, 205—210, 262, 266, 287, 357, 381, 399.
Kopp 101, 132, **136**—138, 230.
Kosegarten 14.
Kostanecki **379**.
Krusemann 255.
Kühne 377.
Kürschner 75.
Kützing 99.

La Coste 370.
Ladenburg 300, **304**—307, 372.

Laire 215.
Landolt 398.
Lassaigne 37.
Lauraguais 6.
Laurent 65, 79—87, **88** bis 93, 106, 114, 119, 130 bis 134, 229, 344.
Lautemann 210. 376.
Lauth **217**, 373.
Lavoisier 1, **9**—11.
Le Bel 392—401.
Leblanc 151.
Lewkowitsch 400.
Lieben **248**.
Liebermann 120, **331**, 334 bis 340. 364.
Liebig 22, 38, 42, **48**, 50 bis 54, 59, 64, 67—76, 84, 96, 100, 108—110, 114, 140, 295, 344.
Liebreich **282**, 378.
Lightfoot 218.
Limpricht 88, 171, **207**.
Linnemann 253.
Loschmidt **236**, 263, 287.
Lossen 382.
Lowitz 15.
Luca 196.
Lüdersdorff 102.
Luynes 248.

Macquer 1.
Magnus 61.
Malaguti **83**, 84, 151.
Mansfield 344.
Marasse 349.
Marcet 148.
Marchant 113.
Marggraf 1.
Marignac **115**, 137, 380.
Markownikow **247**, 314.
Martius 295, 329, 331.
Medicus 280.
Medloch 215.
Mège-Mouriès 192.
Meissner 37.
Melsens **84**.
Ménard 126.
Mène 294.
Menschutkin **275**, 276.
Mering 378.
Merz 201, **330**.
Meyer, H. 378.
— Herm. 190.
— L. 232, **239**, 263, 307.
— V. 256, 277, 300, 306, 348, **380**—382.

Michael 314.
Mielck 366.
Milly 34.
Mitscherlich **62**, 64, 86, 95, 98, 101, 161.
Motte, de la 251.
Mulder 280.
Müller, H. **284**.
Musculus 378.
Musprat 142.

Naquet **242**.
Natanson 214.
Naudin 253.
Naunyn 376.
Nietzki **339**, 358.
Nobel 126.
Nölting 330, 332.

Odling 181.
Oefele 243.
Oersted 39.
Oglialoro 314.
Oppermann 111.
Ortigosa 39.
Ostermeyer 346.
Otto 124.

Page 285.
Pasteur 103, **160**—166, 219 bis 222, 390.
Paterno 285.
Payen 28.
Péan de Saint Gilles 273 bis 275.
Péligot **103**, 104.
Pelletier **36**,
Pelouze 56, 61, **123**—125, 149, 193.
Perkin 207, 208, **214**, 313 bis 315, 336, 337.
— (junior) 319.
Perrot 264.
Persoz 28.
Petersen **301**, 331.
Pfleger 325.
Philip 347.
Phillips 44.
Pinner 282.
Piria **97**, 171, 210.
Porret 25.
Pouchet 221.
Proust 16.
Prout **29**, 116.

Quet 269.

Ramsay 368.
Redtenbacher 113, 190, **193**.

Regnault 38, **70**, 175.
Reichenbach, K. von **107**, 108.
— E. 289.
Reimer **374**.
Reisenegger 385.
Remsen 366.
Retzius 4.
Reverdin 330, 332.
Riedel 345.
Robiquet 13, **37**, 96, 119, 120.
Rochleder 121, 146, **186**, 262.
Römer 385.
Rouelle 13.
Roussin **362**.
Rucellai 121.
Rügheimer 372.
Runge **106**, 214.

Sacc 116.
Salet 249.
Salkowski 301.
Sandmeyer 348.
Saussure 26.
Savitsch 280.
Saytzeff 288.
Scheele 1, **3**—9, 57, 114.
Scheibler **283**.
Schiel 133.
Schisskoff 380.
Schiff 23.
Schlieper **116**, 150.
Schlossberger 100, **102**.
Schlumberger 116.
Schmidt 312.
Schmiedeberg 318.
Schmitt, C. 30.
— R. 211, 357.
Schönbein **123**, 124.
Schorlemmer **240**, 250.
Schröder 136.
Schützenbach 41.
Schultz 284.
Schultzen 376.
Schunck **120**, 121.
Schwann 98.
Schwannert 147.
Senhofer 211, 337.
Sertürner **36**.
Simpson, J. 86.
— M. 203, 251.
Skraup **370**.
Sobrero 125.
Soubeiran 76.
Spiegel 379.
Städeler **128**.

Stahl 100.
Stas 105, 112, **114**.
Stenhouse **121**, 122, 332, 333.
Strecker 120, **151**, 248, 279 bis 283, 366, 385.
Stüber 381.

Taylor 103.
Thénard 14, **18**—23.
Thomsen 308.
Tiemann 373, **374**, 375, 378.
Tollens 253, 289.
Traube **222**.
Turpin 99.

Unverdorben 118.
Ure 199.
Uslar 88.

Varrentrapp 23, 190.
Vauquelin **12**—16, 94.
Verguin 215.
Vieille 125.
Volhard **251**, 348.

Wagemann 41.
Wallach 282, 319, 375.
Wanklyn 188, 250, 355.
Welter 14.
Wertheim 146.
Wilhelmy 138.
Will 23, 268.
Williams 147.
Williamson **107**, **167**—171, 181.
Willis 101.
Winckler 56.
Wislicenus 152, **245**, 260, 268, 391, 402.
Witt 340, 361, **362**.
Witz 219.
Wolff 120.
Wollaston 111, 389.
Woskresensky 112, 128, 135.
Wrede 113.
Wreden 319.
Wright 360, 366.
Wurster 301.
Würtz **139**, 143—146, 196, 200, 204—207, 234, 250, 255, 282, 297, 397.

Zeise 69, 70.
Zenneck 120.
Ziegler 387.
Zincke 256, 264, 327, 351.
Zinin **118**, 293.